职业技能鉴定石油石化行业题库试题选编

锅炉运行值班员

中国石油化工集团公司职业技能鉴定指导中心　编

中国石化出版社

内 容 提 要

《锅炉运行值班员》为《职业技能鉴定石油石化行业题库试题选编》丛书之一，由中国石油化工集团公司职业技能鉴定指导中心按照石油石化行业《锅炉运行值班员职业资格等级标准》及《职业技能鉴定国家题库开发技术规程》组织编写。内容包括：锅炉运行值班员中级工、高级工、技师和高级技师的职业资格等级标准、鉴定要素细目表、理论知识试题和技能操作试题，是锅炉运行值班员进行职业技能鉴定的必备学习资料。

图书在版编目（CIP）数据

锅炉运行值班员 / 中国石油化工集团公司职业技能鉴定指导中心编 .
—北京：中国石化出版社，2008（2025.8 重印）
（职业技能鉴定石油石化行业题库试题选编）
ISBN 978-7-80229-678-7

Ⅰ. 锅… Ⅱ. 中… Ⅲ. 锅炉运行-职业技能鉴定-习题
Ⅳ. TK227-44

中国版本图书馆 CIP 数据核字（2008）第 106468 号

中国石化出版社出版发行
地址：北京市东城区安定门外大街 58 号
邮编：100011　电话：(010)57512500
发行部电话：(010)57512575
http://www.sinopec-press.com
E-mail:press@ sinopec.com.cn
宝蕾元仁浩（天津）印刷有限公司
全国各地新华书店经销
*
787×1092 毫米 16 开本 36.25 印张 886 千字
2025 年 8 月第 1 版第 5 次印刷
定价：65.00 元

#《职业技能鉴定石油石化行业题库试题选编》
编 委 会 名 单

前　　言

为进一步加强石油石化行业技能操作队伍建设的基础工作，满足培训、鉴定工作需要，根据有关职业技能鉴定工作协议，中国石油化工集团公司职业技能鉴定指导中心和中国石油天然气集团公司职业技能鉴定指导中心共同组织，开发(修订)了167个工种的石油石化行业题库。其中，中国石油化工集团公司职业技能鉴定指导中心牵头组织了44个工种题库的开发(修订)，并于2008年6月正式启用。

为满足员工学习专业知识、提高操作技能的需要，我们选编了题库的部分试题，按职业(工种)出版《职业技能鉴定石油石化行业题库试题选编》丛书。该丛书内容包括石油石化行业职业资格等级标准、鉴定要素细目表、理论知识试题和技能操作试题等，其中，理论知识试题和技能操作试题各占总题量的70%左右。

《锅炉运行值班员》分册由广州石化主编。主要执笔人：王和平，参审人员：李继伟、张海彬、宋清军、魏本杰、李丽华、何冰流、仵忠、田耀民、曾小中等。

由于水平有限，书中难免有遗漏或欠妥之处，敬请谅解并提宝贵意见。

中国石油化工集团公司职业技能鉴定指导中心

目录

第一部分

中 级 工

一、石油石化职业资格等级标准(中级工工作要求)

职业功能	工作内容	技能要求		相关知识
一、工艺操作	(一)锅炉启动前的准备	锅炉辅机	1. 能对检修后的转动设备进行验收 2. 能完成转动设备启动前的检查 3 能完成除尘设备启动前检查 4. 能配合有关人员进行辅机试验 5. 能完成对除灰设备和系统进行启动前的检查	1. 转动设备的工作特性 2. 电除尘器操作方法 3. 烟气脱硫操作方法 4. 电动机保护 5. 热工仪表的投入方法 6. 燃料的输送和储存方法
		锅炉本体	1. 能进行承压部件的水压试验操作 2. 能进行烘炉的操作 3. 能完成锅炉自动调节装置试验 4. 能完成锅炉保护装置试验 5. 能完成锅炉联锁装置试验 6. 能对检修后的本体设备进行验收 7. 能完成锅炉冷态进水操作 8. 能对设备进行添加润滑油	1. 整个装置的主要流程 2. 锅炉汽包工作原理 3. 锅炉加热设备工作原理 4. 锅炉蒸发设备工作原理 5. 锅炉过热设备工作原理 6. 能执行《电力安全工作规程》(热力和机械部分)内容 7. 水压试验合格标准 8. 调节阀门的检查合格标准
	(二)锅炉启动操作	辅助设备	1. 能完成辅机的启动 2. 能操作除灰设备及系统 3. 能操作除渣设备及系统 4. 能进行电除尘器的启动操作	1. 安全阀校验方法和规定 2. 能进行流量计一次仪表的投入 3. 能进行烟气脱硫设备的投入 4. 能进行控制和调整锅炉膨胀 5. 锅炉启动水循环的控制原理 6. 除氧器投运与锅炉运行的关系 7. 锅炉汽包应力的产生因素和控制
		锅炉本体	1. 能进行锅炉水、汽系统投入操作 2. 能操作燃料制备系统 3. 能进行给水系统投运操作 4. 能进行减温水系统投运操作 5. 能进行汽包就地水位计投入操作 6. 能操作锅炉点火装置 7. 能在锅炉启动过程中正确保护承压设备 8. 能进行底部加热操作 9. 能按顺序启动风机	
	(三)锅炉正常操作	辅助设备	1. 能调整辅机安全经济运行 2. 能切换备用辅机 3. 能改变辅机的运行方式	1. 自动调节装置一般知识和投入方法 2. 保护装置的逻辑关系 3. 给水泵的启动方法和联动操作 4. 油泵的种类和启动操作 5. 锅炉炉外水处理方法 6. 燃料燃烧特性 7. 掌握锅内水处理工作过程 8. 压力变化与汽包水位的关系 9. 负荷与压力的关系 10. 负荷与主蒸汽温度的关系 11. 负荷与汽包水位的关系
		锅炉本体	1. 能进行水、汽系统切换操作 2. 能进行锅水处理操作 3. 能进行压力的调节 4. 能进行温度的调节 5. 能进行水位的调节 6. 能进行燃烧的调节 7. 能进行 DCS 操作 8. 能投用或退出燃烧器 9. 能进行再热汽温的调节 10. 能使用吹灰器	

续表

<table>
<tr><th>职业功能</th><th>工作内容</th><th colspan="2">技 能 要 求</th><th>相 关 知 识</th></tr>
<tr><td rowspan="2"></td><td rowspan="2">（四）锅炉停运操作</td><td>锅炉辅机</td><td>1. 能解列辅机
2. 能进行除灰设备停运操作
3. 能进行除灰系统的停运操作
4. 能进行电除尘设备停运操作
5. 能进行除灰、清渣设备及系统的停运操作</td><td rowspan="2">1. 常用仪表的退出
2. 水击的防止
3. 空压机的停运操作
4. 锅炉给水产生主要过程
5. 能进行汽水系统检修隔离工作
6. 能更换油枪
7. 能正确隔离锅炉燃油系统
8. 能完成燃料防止自燃的操作
9. 能进行锅炉一般故障查找</td></tr>
<tr><td>锅炉本体</td><td>1. 能进行水、汽系统解列操作
2. 能对油枪进行吹扫
3. 能在锅炉停运过程中保护承压设备
4. 能在停炉过程中对煤、油、气和风调配操作
5. 能操作排渣系统
6. 能在停炉前正确完成锅炉全面检查工作</td></tr>
<tr><td rowspan="2">二、设备使用与维护</td><td>（一）设备的使用</td><td colspan="2">1. 能正确使用压力表
2. 能正确使用水位计
3. 能进行除灰操作
4. 能进行清渣操作
5. 能进行除焦工作
6. 能根据数据判断锅水品质优劣
7. 能根据数据判断蒸汽品质的优劣
8. 能正确解列和投入水位计
9. 能利用设备运行手段调整燃料颗粒度
10. 能调整粗粉分离器导向板
11. 能进行燃料取样</td><td>1. 氧化锆的使用方法
2. 油泵的工作原理
3. DCS 一般知识
4. FSSS 系统一般知识
5. 电动机常识
6. 电气仪表基础
7. 汽包旋风分离器工作过程
8. 锅炉蒸汽品质的指标
9. 锅炉锅水品质的指标
10. 锅炉燃料特性指标</td></tr>
<tr><td>（二）运行设备的维护</td><td colspan="2">1. 能根据辅机冷却方式进行设备日常维护和保养
2. 能进行现场巡视和检查
3. 能对除灰设备和系统进行维护
4. 能进行润滑油三级过滤操作
5. 能使用加油工具
6. 能检查联箱膨胀情况
7. 能在锅炉运行中正确保护承压设备
8. 能使用测振仪和温度测量仪器
9. 能进行冲洗水位计操作
10. 能进行排污操作
11. 能运用“听、摸、闻、看”技巧对设备进行巡检
12. 能合理利用冷却水，有节能意识</td><td>1. 常用润滑油的性质与作用
2. 滚动轴承和滑动轴承工作特性
3. 测温仪的使用
4. 测振仪的使用
5. 润滑油的管理制度
6. 设备密封知识
7. 设备完好标准
8. 具有一般检修工具使用知识
9. 能进行热交换器的反冲洗
10. 能进行减少受热面积灰操作
11. 能正确使用阀门</td></tr>
</table>

续表

职业功能	工作内容	技能要求	相关知识
	(三)停运设备的维护	1. 能按规定检查备用动设备 2. 能转换备用设备 3. 能进行停炉后的防腐保养监护 4. 能对备用设备盘车	1. 电动机的防潮 2. 锅炉湿保养方法 3. 锅炉干保养方法 4. 转动机械的一般维护
三、事故判断与处理	(一)判断事故	1. 能根据辅机运行参数判断运行是否正常 2. 能判断管道故障 3. 能判断阀门一般故障 4. 能判断锅炉汽包满水事故 5. 能判断锅炉汽包缺水事故 6. 能判断炉膛灭火事故 7. 能判断烟道发生二次燃烧事故 8. 能判断受热面损坏事故 9. 能判断燃料输送(炉前)设备故障 10. 能判断空气压缩机故障 11. 能判断冷却水系统故障	1. 防止燃料爆炸方法 2. 能判断压力表是否合格 3. 锅炉电气信号系统故障判断 4. 管道支吊设备的故障分析 5. 叫水法的操作 6. 汽轮机故障时锅炉的处理 7. 发电机甩负荷时锅炉的处理 8. 高加退出运行时锅炉的处理
	(二)处理事故	1. 能处理风机跳闸突发性事故 2. 能处理水泵故障 3. 能处理空气压缩机一般故障 4. 能处理给水、蒸汽系统泄漏事故 5. 能处理阀门一般故障 6. 能完成紧急停炉操作 7. 能处理锅炉水位事故 8. 能处理锅炉灭火事故 9. 能处理烟道二次燃烧事故 10. 能处理承压部件损坏事故 11. 能处理燃油、燃煤燃烧事故 12. 能处理仪表、电气故障	1.《电力工业锅炉监察规程》 2.《电力生产事故调查规程》 3.《火力发电厂锅炉燃烧室防爆规程》 4. 能在特殊条件下进行仪表一般故障处理
四、绘图与计算	(一)绘图	1. 能识读受热面设备布置图 2. 能绘制锅炉汽水系统图 3. 能看懂锅炉设备原理图 4. 能绘制锅炉疏水系统图 5. 能绘制锅炉联锁、保护方框图 6. 能绘制锅炉本体和辅机设备系统图 7. 能绘制锅炉排污和加热系统图 8. 能绘制锅炉减温水系统图 9. 能绘制锅炉辅助蒸汽系统图 10. 能绘出三冲量、二冲量原理图 11. 能绘制锅炉工作过程图	1. 常用仪表简单原理图 2. 电气简单控制回路图 3. 电动机保护工作原理图 4. 识读 FSSS 点火控制逻辑图 5. 识读 FSSS 保护控制逻辑图 6. 识读 MFT 动作首出原因显示逻辑图 7. 能识简单的三视图 8. 能标注出锅炉设备示意图
	(二)计算	1. 锅炉吨汽标准煤耗 2. 锅炉过剩空气系数 3. 锅炉耗电率 4. 锅炉汽水损失率	1. 原煤与标煤的换算 2. 压力的换算 3. 温度的换算

二、理论知识鉴定要素细目表

鉴定范围						鉴定点		
一级		二级		三级		代码	名称	重要程度
代码	名称	代码	名称	代码	名称			
A	基本要求	B	基础知识	A	记录填写基础知识	001	岗位交接班记录的填写要求	X
						002	关键设备巡检记录的填写要求	Y
				B	识图基础知识	001	正投影的特点	Z
						002	三视图的特点	Y
						003	三视图的作图方法	X
						004	零件图的作用	X
				C	安全环保基础知识	001	石化行业安全检查的内容	X
						002	尘毒物质危害人体的主要因素	Y
						003	锅炉污染的控制方法	X
						004	清洁生产理论基础	Y
						005	清洁生产审计的目的	X
						006	灭火的机理	X
						007	ISO 14001 标准的特点	X
						008	ISO 14001 环境因素识别的状态、时态和类型	X
						009	ISO 14001 环境因素识别的步骤	X
						010	ISO 14001 环境因素识别的方法	X
						011	HSE 审核的概念	X
						012	HSE 审核的目的	Y
						013	HSE 危险的概念	Y
						014	废水治理的常识	X
						015	废气治理的常识	X
						016	废渣处理的常识	X
						017	防冻防凝的知识	X
						018	夏季四防的知识	X
						019	职业病的概念	X
						020	职业病的种类	X
						021	石化行业事故的分类	X
						022	石化行业事故分级的规定	X
						023	HSE 不符合的概念	X
						024	HSE 事故的定义	X
						025	电力行业事故的分类	X

续表

鉴定范围						鉴定点		
一级		二级		三级		代码	名称	重要程度
代码	名称	代码	名称	代码	名称			
				D	质量基础知识	001	标准化的意义	X
						002	质量认证的概念	X
						003	全面质量管理的特点	X
						004	ISO 9000 质量管理体系基础的内容	X
						005	质量管理 PDCA 动态循环的意义	X
						006	ISO 9000 族标准的核心标准	X
						007	ISO 9000 族标准“质量”的意义	X
						008	ISO 9001 标准的八项管理原则	X
				E	计算机基础知识	001	Word 文字处理软件基础知识	Y
						002	Word 表格处理知识	Y
						003	Excel 工作表的建立	Y
						004	Excel 的排版	Y
				F	法律常识	001	合同的形式	Y
						002	合同法关于无效合同的规定	Z
				G	流体力学基础知识	001	流体的概念	X
						002	流体的密度	X
						003	流体的黏度	X
						004	流体的流量	X
						005	流量与其他因素的关系	Y
						006	比体积的概念	Y
						007	真空的概念	Y
						008	流体压力的特性	X
						009	绝对压力、表压力和大气压力	X
						010	真空	Y
				H	工程热力学基础知识	001	工质状态参数	Z
						002	热的辐射	X
						003	对流换热	X
						004	热的传导	X
						005	传热和换热	X
						006	热力过程	X
						007	热力循环	Y
						008	水蒸气	X

续表

鉴定范围						鉴定点		
一级		二级		三级		代码	名称	重要程度
代码	名称	代码	名称	代码	名称			
						009	凝结热	X
						010	露点	Z
						011	湿度	Z
						012	热交换器	Z
				I	机械基础	001	机械概念	Y
						002	机械的特征	Y
						003	零件和部件	Y
						004	机构的组成	X
						005	滑动轴承的类型	X
						006	滚动轴承	X
						007	轴承的润滑方法	X
						008	轴承运行中的规定	X
						009	力的基本性质	Y
						010	联轴器	Y
						011	离合器	Y
						012	齿轮的概念	Y
						013	减速器的种类	Y
						014	轴的概述	X
						015	滑动轴承的用途	Y
						016	滚动轴承种类	Y
						017	离合器和联轴器的作用	Y
				J	金属材料基本知识	001	金属材料的机械性质	X
						002	金属材料的工艺性质	Y
						003	金属材料的分类	Z
				K	热工仪表及自动装置	001	热工仪表基础知识	X
						002	温度测量仪表	X
						003	压力测量仪表	X
						004	流量测量仪表	X
						005	特殊测量仪表	Y
						006	分散控制系统	Z
						007	自动调节基础知识	X
						008	自动调节设备分类	X

续表

鉴定范围						鉴定点		
一级		二级		三级		代码	名称	重要程度
代码	名称	代码	名称	代码	名称			
						009	锅炉自动调节系统	Y
						010	仪表误差的概念	X
						011	常规控制的概念	Z
						012	DCS 系统的基本概念	Z
						013	DCS 系统的基本组成	Z
						014	水位仪表	Y
				L	计量基础知识	001	计量工作的作用	X
						002	计量的特点	Y
						003	法定计量单位	Z
						004	国际单位制	X
						005	锅炉常用的国际单位制	X
						006	常用法定计算单位的使用要求	Y
						007	计量单位的换算	Y
				M	电厂生产过程	001	发电厂的分类与容量	X
						002	电厂的基本生产过程	X
						003	火力发电厂主要生产流程	X
						004	电力安全生产的重要性	X
				N	汽轮机基础知识	001	汽轮机的基本原理	Y
						002	汽轮机的类型	X
						003	汽轮机的特点	Y
						004	凝结水系统	Z
						005	汽轮机的主要部件	Y
						006	除氧器的除氧原理	Y
						007	给水加热器的分类	Y
				O	电厂化学处理	001	水质的概述	X
						002	水的沉淀	Y
						003	水的过滤	Y
						004	离子交换	Y
						005	锅炉取样	Y
						006	锅炉给水处理	X
						007	锅炉加药	X

续表

鉴定范围						鉴定点		
一级		二级		三级		代码	名　称	重要程度
代码	名　称	代码	名　称	代码	名　称			
				P	电厂集控运行	001	单元机组工作原理	Y
						002	单元机组与母管机组的特点	Y
						003	母管制机组工作原理	Y
				Q	电气基础知识	001	电荷与电场	X
						002	电路的组成	Y
						003	电路中的电流	Y
						004	电动势	X
						005	电路的状态	X
						006	导体的电阻	Y
						007	电流的性质	Z
						008	电压的概念	Y
						009	电功、电功率	Y
						010	直流电路	X
						011	交流电的概念	X
						012	电气信号	Y
						013	照明基础	Y
						014	常用低压控制设备	Z
						015	电气有关计量单位	Z
B	本专业知识	A	工艺操作	A	启动前准备	001	给水系统的检查内容	X
						002	烟风系统的检查内容	X
						003	辅机的试验	X
						004	锅炉保护装置试验	X
						005	润滑油的维护	X
						006	除尘设备的启动前准备	X
						007	吹灰器吹灰前的检查方法	X
						008	联锁试验	X
						009	锅炉启动前锅炉内部检查内容	X
						010	风机启动前的检查	X
						011	转动设备的验收	Y
						012	除灰、清渣设备系统的启动	X
						013	汽水系统的投入	X
						014	冷态锅炉进水的操作	X

续表

鉴定范围						鉴定点		
一级		二级		三级		代码	名称	重要程度
代码	名称	代码	名称	代码	名称			
						015	离心式水泵启动前检查内容	X
						016	电除尘器投运前检查项目	X
						017	锅炉启动前外部检查内容	X
						018	锅炉点火前通风操作内容	X
						019	主蒸汽系统的检查	X
						020	减温水系统的检查	X
						021	排污系统的检查	X
						022	锅炉水封设备的检查	X
						023	冷却水系统的检查	X
						024	热工仪表的检查	X
						025	锅炉底部加热投入操作	X
						026	阀门投入运行时主要检查的内容	X
						027	空气压缩机启动前的准备工作	X
						028	水压试验合格标准	Y
				B	启动操作	001	电除尘器的启动步骤	X
						002	脱硫设备的启动步骤	X
						003	除渣、除灰设备的启动步骤	X
						004	空压机的启动步骤	X
						005	离心风机的启动步骤	X
						006	热态锅炉启动主要操作	Y
						007	冷态锅炉启动主要操作	Y
						008	轴流风机的启动步骤	X
						009	回转式空气预热器启动操作方法	X
						010	强制循环泵的启动	X
						011	风机的启动步骤	X
						012	离心泵启动时注意事项	X
						013	电除尘器投运时注意事项	X
						014	大直径的闸阀投入操作	X
						015	给水系统的投入方法	X
						016	给水管道投入时发生水击现象处理方法	X
						017	安全阀整定的规定	X
						018	就地水位计投入	X
						019	减温水系统的投入	X

续表

鉴定范围						鉴定点		
一级		二级		三级		代码	名　称	重要程度
代码	名　称	代码	名　称	代码	名　称			
				C	正常操作	001	锅炉燃料概述	X
						002	燃料的组成成分	X
						003	锅炉燃料的分类	X
						004	锅炉燃料特性	X
						005	燃料的工业分析	Y
						006	燃料的元素分析	Y
						007	元素特性	Z
						008	工业成分的作用	X
						009	碳的性质	X
						010	氢的性质	X
						011	氧的性质	X
						012	氮的性质	X
						013	硫的性质	X
						014	水分的性质	X
						015	灰分的性质	X
						016	挥发分的概念	X
						017	固定炭的概念	X
						018	发热量的概念	X
						019	低位发热量与高位发热量的关系	X
						020	燃油凝固点	Y
						021	燃油闪点的概念	X
						022	闪点和燃点的关系	X
						023	助燃空气	X
						024	烟气分析	Y
						025	气体燃料性质	Y
						026	液体燃料性质	Y
						027	燃烧的定义	X
						028	风机的运行调节方式	X
						029	风机运行中监视内容	X
						030	变角调节原理	Y
						031	变速调节原理	Y
						032	风机的联合运行作用	Y

续表

鉴定范围						鉴定点		
一级		二级		三级		代码	名称	重要程度
代码	名称	代码	名称	代码	名称			
						033	电除尘器的运行调节	X
						034	电除尘器的经济运行途径	Y
						035	脱硫设备的调节	X
						036	除渣、除灰设备的调节	X
						037	空压机的调节	X
						038	空气压缩机运行中监视内容	X
						039	风机的调节	X
						040	电除尘器运行中监视内容	X
						041	锅炉人工放渣操作时注意事项	X
						042	锅炉排污时扩容器的作用	Y
						043	水泵出口逆止阀运行中的作用	X
						044	锅炉运行调节的目的	X
						045	锅炉运行调节的任务	X
						046	气力输灰控制	X
						047	操作吹灰器时注意事项	X
						048	提高锅炉水循环安全性的措施	Z
						049	轴流式风机负荷调节方法	Z
				D	停运操作	001	停炉前的准备	X
						002	停炉方法	X
						003	汽包锅炉停炉注意事项	X
						004	停炉后的冷却和放水	X
						005	电除尘器的停止步骤	X
						006	电除尘紧急停运的条件	X
						007	脱硫设备的停止	X
						008	除渣、除灰设备的停止	X
						009	空压机的停止	X
						010	风机的停止	X
						011	回转式空气预热器的停止	X
		B	设备使用与维护	A	设备使用	001	锅炉的组成	X
						002	烟风系统组成	X
						003	锅炉的分类	X
						004	锅炉直流燃烧器工作原理	Y

续表

鉴定范围						鉴定点		
一级		二级		三级		代码	名称	重要程度
代码	名称	代码	名称	代码	名称			
						005	旋流燃烧器工作原理	Y
						006	锅炉炉膛	X
						007	油燃烧器工作原理	Y
						008	锅炉风机作用	X
						009	自然循环原理	X
						010	控制循环原理	X
						011	直流锅炉原理	Y
						012	锅炉一次风	X
						013	锅炉二次风	X
						014	过热器、再热器布置位置	Z
						015	过热器的分类	X
						016	过热器的作用	Z
						017	再热器	X
						018	省煤器再循环系统	X
						019	高、低压旁路系统作用	Y
						020	省煤器	X
						021	减温器	X
						022	水冷壁作用	X
						023	折焰角	X
						024	下降管型式	X
						025	汽包作用	X
						026	离心泵、风机基本原理	Y
						027	离心风机主要结构	Z
						028	轴流风机特点	Y
						029	泵的调节原理	X
						030	水泵性能参数	X
						031	压力容器一般要求	X
						032	吹灰器工作过程	X
						033	悬吊式锅炉下部水封槽作用	X
						034	锅炉防爆门	X
						035	汽水分离设备工作原理	X
						036	蒸汽净化原理	Y

续表

鉴定范围						鉴定点		
一级		二级		三级		代码	名称	重要程度
代码	名称	代码	名称	代码	名称			
						037	管式空气预热器工作过程	X
						038	回转式空气预热器工作过程	X
						039	阀门的分类	X
						040	阀门的基本构造	Y
						041	给水、蒸汽管道的要求	X
						042	管道支吊装置作用	Y
						043	刮板式捞渣机优点	X
						044	水膜除尘器工作原理	X
						045	电除尘器的工作原理	X
						046	袋式除尘器的工作原理	X
						047	脱硫设备工作原理	X
						048	除渣、除灰设备原理	X
						049	空压机工作过程	Y
						050	简单机械雾化器结构	X
						051	回油式机械雾化器原理	Y
						052	蒸汽雾化器	Y
						053	除氧器	X
				B	设备维护	001	水质标准	X
						002	汽质标准	X
						003	给水标准	X
						004	给水的各组成部分	Y
						005	汽水取样方法	Y
						006	除灰方式	Y
						007	锅炉内部除灰方法	X
						008	锅炉外部除灰方法	X
						009	锅炉吹灰方法	X
						010	锅炉吹灰时的注意事项	X
						011	锅炉排污方法	X
						012	锅炉清焦方法	X
						013	锅炉结渣、积灰的危害	X
						014	电除尘器维护内容	Y
						015	动设备的加油方法	X

续表

鉴定范围						鉴定点		
一级		二级		三级		代码	名称	重要程度
代码	名称	代码	名称	代码	名称			
						016	三级过滤方法	X
						017	三级过滤的意义	X
						018	锅炉加药的目的	X
						019	锅炉汽包水位计正常冲洗操作	X
						020	运行中汽包水位计的退出操作	X
						021	运行中汽包水位计的投入操作	X
						022	阀门运行中检查的内容	Y
						023	炉膛和烟道漏风检查	Z
						024	泵与风机的维护	Z
						025	捞渣机运行中的维护	Y
						026	动设备的巡检方法	X
						027	锅炉最大连续蒸发量、额定蒸发量、瞬时蒸发量的关系	X
						028	锅炉停用保护原则	Y
						029	锅炉防腐	Y
						030	锅炉保养方法	X
						031	备用动设备维护	X
						032	设备管理基本要求	Y
		C	事故判断与处理	A	事故判断	001	锅炉事故危害	X
						002	风机振动增大的原因分析	X
						003	风机轴承温度高判断	X
						004	锅炉汽水共腾判断	Y
						005	厂用电消失事故判断	Y
						006	空压机润滑油压力下降的判断	Y
						007	水泵汽蚀危害与判断	X
						008	水泵汽化危害分析	X
						009	电除尘除尘效率下降分析	X
						010	汽包虚假水位判断	X
						011	水泵故障分析判断	X
						012	管式空气预热器故障分析判断	X
						013	回转式空预器故障分析判断	X
						014	烟道二次燃烧分析判断	X

续表

鉴定范围						鉴定点		
一级		二级		三级		代码	名称	重要程度
代码	名称	代码	名称	代码	名称			
						015	电除尘故障分析判断	X
						016	水位计汽连通管自锁装置堵塞判断	X
						017	水位计水连通管自锁装置堵塞判断	X
						018	汽包两侧就地水位计指示偏差过大分析	X
						019	轴承座内液体润滑油乳化分析	X
						020	给水、蒸汽管路泄漏分析	X
				B	事故处理	001	事故的分类	X
						002	事故处理原则	X
						003	风机振动增大的处理	X
						004	风机轴承温度高处理	X
						005	风机紧急停止运行条件	X
						006	回转式空气预热器内部着火处理	Y
						007	空气压缩机紧急停止运行的条件	Y
						008	锅炉管道水击的处理	Y
						009	冷油器泄露的处理	Y
						010	渣浆泵故障处理	X
						011	水泵汽化处理	X
						012	转动机械温度高的处理	X
						013	电除尘除尘效率下降处理	X
						014	电除尘紧急停运条件	X
						015	汽包虚假水位处理	X
						016	水泵抽空的处理	X
						017	回转式空气预热器跳闸处理	X
						018	电除尘故障的处理	X
						019	水位计连通管自锁装置故障处理	X
						020	轴承座内液体润滑油乳化处理方法	X
						021	现场水位计玻璃板破裂处理	X
C	煤粉锅炉模块	A	工艺操作	A	启动前准备	001	制粉系统启动前的检查	X
						002	磨煤机润滑油系统联锁试验	X
						003	中间储仓式制粉系统启动准备	X
						004	滚筒式磨煤机润滑油系统启动前的工作	X
						005	碗式磨煤机减速器油系统启动程序	Y

续表

鉴定范围						鉴定点		
一级		二级		三级		代码	名称	重要程度
代码	名称	代码	名称	代码	名称			
						006	碗式磨煤机磨辊加压系统的检查	Y
						007	直吹式制粉系统启动前准备	Y
						008	储仓式制粉系统启动前的检查	X
						009	中速磨煤机启动前的准备工作	X
				B	启动操作	001	中速磨煤机启动操作	X
						002	给煤机启动检查和操作步骤	X
						003	滚筒磨煤机启动前的检查	X
						004	滚筒磨煤机启动程序	X
				C	正常操作	001	煤粉的性质	Y
						002	煤粉的品质	X
						003	煤粉的燃烧概念	Y
						004	煤粉的燃烧过程	Y
						005	滚筒磨煤机运行监视内容	X
						006	中速磨煤机运行监视内容	X
						007	风扇磨煤机运行监视内容	Y
						008	中间储仓式制粉系统运行监视内容	X
						009	磨煤出力的调整方法	X
						010	干燥出力的调整方法	X
						011	通风出力的调整方法	X
						012	一次风量的调整方法	X
						013	润滑油量和油压的调整方法	X
						014	直吹式制粉系统运行监视的参数	Y
						015	煤粉气流着火温度的条件	Y
						016	圆盘式给煤机给煤量调整方法	X
						017	电磁振动给煤机运行调整方法	X
						018	刮板式给煤机运行调整	X
						019	磨煤机润滑油过滤装置切换	X
				D	停运操作	001	制粉系统停运操作	X
						002	中速磨煤机停止运行操作	X
						003	滚筒式磨煤机停止运行操作步骤	X

续表

鉴定范围						鉴定点		
一级		二级		三级		代码	名称	重要程度
代码	名称	代码	名称	代码	名称			
		B	设备使用与维护	A	设备使用	001	煤粉炉炉膛结构	Z
						002	低速磨煤机工作原理	Y
						003	中速磨煤机运行指标	Y
						004	高速磨煤机主要参数	Y
						005	给煤机设备种类	X
						006	排粉机工作原理	X
						007	粗粉分离器工作原理	X
						008	细粉分离器工作原理	X
						009	制粉系统辅助设备	X
						010	粉仓与煤仓的要求	X
						011	煤粉燃烧器工作过程	Y
						012	直流煤粉燃烧器	Y
						013	旋流式煤粉燃烧器布置	Y
						014	油气燃烧器型式	Y
						015	圆盘式给煤机工作原理	X
						016	电磁振动给煤机结构	Y
						017	刮板式给煤机工作原理	Y
						018	皮带给煤机组成	Y
						019	点火装置种类	Y
						020	给粉机	Y
				B	设备维护	001	给煤机运行维护内容	X
						002	备用动设备的盘车	X
						003	防爆门的维护	X
		C	事故判断与处理	A	事故判断	001	木头分离器故障分析判断	X
						002	滚筒式磨煤机内部钢甲脱落分析	Y
						003	磨煤机故障判断	X
						004	粗粉分离器回粉管堵塞判断	X
						005	细粉分离器堵塞判断	X
						006	煤粉仓温度升高原因分析	X
						007	防爆门破裂故障分析判断	X
						008	风机风门开关失灵判断	Z
						009	磨煤机润滑油系统故障分析	X

续表

鉴定范围						鉴定点		
一级		二级		三级		代码	名称	重要程度
代码	名称	代码	名称	代码	名称			
						010	燃烧器烧红原因分析	X
						011	润滑油系统故障分析	X
						012	给粉量不均匀原因分析	X
						013	送风机故障分析	X
						014	引风机故障分析	X
						015	排粉机故障分析	X
						016	磨煤机电气部分故障判断	Y
						017	磨煤机大瓦回油温度高判断	X
				B	事故处理	001	制粉系统的自燃处理	X
						002	磨煤机冷却水温度升高处理	X
						003	磨煤机堵塞、断煤处理	Z
						004	翻板式锁气器动作频繁故障处理	X
						005	煤粉仓棚粉故障处理	X
						006	防爆门破裂故障处理	X
						007	低速磨煤机大瓦故障处理	X
						008	制粉系统的紧急停运操作	X
						009	润滑油系统故障处理	X
						010	送风机故障处理	X
						011	引风机故障处理	Y
						012	排粉机故障处理	X
D	CFB锅炉模块	A	工艺操作	A	启动前准备	001	循环流化床锅炉冷态试验目的	Y
						002	冷态试验准备工作	Y
						003	风系统	X
						004	冷渣器的检查	X
						005	密封性检查	X
				B	启动操作	001	CFB启动时床料要求	X
						002	灰渣冷却排放系统的投入	X
						003	循环流化床锅炉点火时注意事项	X
						004	灰渣处理系统启动操作步骤	Y
						005	飞灰再循环的投入	X
						006	烟气再循环的投入	X

续表

鉴定范围						鉴定点		
一级		二级		三级		代码	名称	重要程度
代码	名称	代码	名称	代码	名称			
				C	正常操作	001	流态化过程	Y
						002	流态参数	X
						003	流化床锅炉运行中维护工作	X
						004	运行过程中的污染控制	Z
						005	床温控制目的	X
						006	床温调节方法	X
						007	床层压降的控制	X
						008	床层压降的调整	X
						009	一、二次风量比控制	Y
						010	关键控制点	Y
						011	筛选设备工作原理及过程	X
						012	筛选设备的调整	X
						013	CFB 锅炉运行时应注意的安全事项	X
						014	回料处理系统运行调整内容	Y
						015	循环流化床锅炉的 DCS 系统	X
						016	返料腿的任务	Y
				D	停运操作	001	流化床锅炉停炉顺序	X
						002	循环流化床锅炉膨胀节运行时注意事项	X
						003	冷渣器运行中容易出现的问题	X
						004	灰渣处理系统停运操作	X
		B	设备使用与维护	A	设备使用	001	惯性分离概念	X
						002	冷渣器的作用	X
						003	非机动阀的作用	X
						004	CFB 锅炉的保护装置	X
						005	循环流化床分离器作用	X
						006	循环流化床返料装置作用	X
						007	循环流化床外置换热器作用	Y
						008	流化床温度的规定	X
						009	回料装置工作原理	Y
						010	固体颗粒可控回料系统	Z
						011	锅炉燃料破碎颗粒的分类	Z
						012	布风装置作用	X

续表

鉴定范围						鉴定点		
一级		二级		三级		代码	名称	重要程度
代码	名称	代码	名称	代码	名称			
						013	外置换热器	Y
						014	燃料制备系统组成	X
						015	石灰石系统组成	X
						016	循环流化床锅炉排渣方式	Y
						017	燃料破碎设备	Y
						018	分流回灰换热器	Z
						019	风帽的型式	Y
						020	输砂系统作用	X
						021	循环流化床锅炉的优点	Y
						022	循环流化床锅炉的缺点	Y
						023	循环流化床锅炉的特点	X
						024	循环流化床锅炉主要类型	X
						025	鼓泡流化燃烧方式的概念	X
						026	燃料在循环流化床中的燃烧过程	X
						027	循环流化床的燃烧特性	X
						028	流态化现象的基本特征	X
						029	CFB 锅炉固体颗粒的作用	X
						030	旋转给料阀的作用	X
						031	旋转给料阀的结构	X
						032	回料密封阀作用	X
						033	气力输送阀的工作原理	Y
						034	循环流化床锅炉燃烧过程	X
						035	循环流化床锅炉物料的组成	X
						036	物料循环对锅炉燃烧的影响	Y
						037	飞灰回收装置的工作过程	X
						038	气固旋风分离器工作原理	Z
						039	分离器分离效率对运行的影响	Y
						040	石灰石的作用	X
						041	破碎机运行调整	X
						042	水冷式冷渣器工作原理	Y
				B	设备维护	001	J 阀风机故障预防	Y
						002	CFB 锅炉对石灰石的要求	Y
						003	灰渣处理系统运行维护内容	X

续表

鉴定范围						鉴定点		
一级		二级		三级		代码	名称	重要程度
代码	名称	代码	名称	代码	名称			
		C	事故判断与处理	A	事故判断	001	风帽堵塞现象分析判断	X
						002	回料阀堵塞的判断	X
						003	石灰石输送管堵塞判断	X
						004	石灰石仓不下粉原因分析	X
						005	炉膛排渣管堵塞原因分析	X
						006	床压测量管堵塞原因分析	X
						007	回料装置的流化空气量减少判断	X
						008	CFB 锅炉给煤机燃烧分析	X
						009	耐火材料塌落分析	Y
				B	事故处理	001	风帽堵塞预防及处理	X
						002	回料阀堵塞的处理	X
						003	炉膛排渣管堵塞处理	X
						004	床压测量管堵塞处理	X
						005	冷渣器运行中容易出现问题的处理	X
						006	循环流化床锅炉出力低的处理	X
						007	床料结块处理	X
						008	石灰石进料中断处理	X

三、理论知识试题

判断题

1. 设备巡检包括设备停机过程中的检查。 (✓)

2. 投影线都相互平行的投影称为中心投影。 (×)

正确答案：投影线都相互平行的投影称为平行投影。

3. 在三视图中，能够反映物体前后、左右位置关系的视图为左视图。 (×)

正确答案：在三视图中，能够反映物体前后、上下位置关系的视图为左视图。

4. 画三视图时，左视图和俯视图的关系是长对正。 (×)

正确答案：画三视图时，左视图和俯视图的关系是宽相等。

5. 零件图是直接指导制造零件和检验零件的图样。 (✓)

6. 综合性季度检查中，安全生产不仅是重要内容，还实行一票否决权。 (✓)

7. 锅炉噪声污染可以采取改造设备状况、改善工作环境、提高自我保护能力和设立隔音装置等方法来减少。 (✓)

8. 目前清洁生产审计中应用的理论主要是物料平衡和能量守恒原理。 (✓)

9. 评审是高层管理者对安全、环境与健康管理体系的适应性及其执行情况进行正式评审。 (√)

10. 危害主要是指危险源和事故隐患。 (√)

11. 一级除尘又叫机械除尘。 (√)

12. 废渣处理首先考虑综合利用的途径。 (√)

13. 煤燃烧后形成的灰渣具有较大表面积多孔结构并呈玻璃状等性能，因此，不可以再利用。 (×)

正确答案：煤燃烧后形成的灰渣具有较大表面积多孔结构并呈玻璃状等性能，因此，可以再利用。

14. 职业病是指人们在生产劳动过程中，由于作业环境中某种有毒物质所导致的特有疾病。 (×)

正确答案：职业病是指人们在生产劳动过程中，作业环境中由于化学因素、物理因素和生物因素所导致的特有疾病。

15. 职业中毒不属于职业病。 (×)

正确答案：职业中毒属于职业病。

16. 在生产过程中引起的急慢性中毒皆属于人身事故。 (√)

17. 炼化企业一次造成3套及以上装置停车，影响日产量的50%及以上为一般事故。 (√)

18. 在HSE体系中，一般不符合项是指能使体系运行出现系统性失效或区域性失效的问题。 (×)

正确答案：在HSE体系中，不符合项是指任何与工作标准、惯例、程序、法规、管理体系绩效等的偏离，其结果能够直接或间接导致伤害或疾病、财产损失、工作环境破坏这些情况的组合。

19. 公司应建立事故报告、调查和处理管理程序，所制定的管理程序应保证能及时地调查、确认事故(未遂事故)发生的根本原因。 (√)

20. 设备事故的等级划分如下：特大设备事故、重大设备事故、一般设备事故、设备一类障碍、设备二类障碍。 (√)

21. 标准化的重要意义是提高产品、过程或服务的质量，防止贸易壁垒，并促进技术合作。 (×)

正确答案：标准化的重要意义是改进产品、过程或服务的适用性，防止贸易壁垒，并促进技术合作。

22. 企业质量体系认证依据的标准是产品标准。 (×)

正确答案：企业质量体系认证依据的标准是质量管理标准。

23. 企业应当具备法人的资格或是法人的一部分，才可以申请质量体系认证。 (√)

24. 生产制造过程的质量管理是全面质量管理的中心环节。 (√)

25. PDCA循环是全面质量管理的科学方法，可用于企业各个方面、各个环节的质量管理活动。 (√)

26. 清洁生产审计的目的是：通过清洁生产审计判定生产过程中不合理的废物流和物、能耗部位，进而分析其原因，提出削减它的可行方案并组织实施，从而减少废弃物的产生和排放，达到实现本轮清洁生产目标。 (√)

27. 根据燃烧三要素，采取除掉可燃物、隔绝氧气(助燃物)，将可燃物冷却至燃点以下等措施均可灭火。 (√)

28. ISO 9000 族标准中，质量仅指产品质量。 (√)

29. ISO 9000 族标准质量管理八项原则是一个组织在质量管理方面的总体原则。 (√)

30. Word 字处理软件不仅可以进行文字处理，还可以插入图片、声音等，但不能输入数学公式。 (×)

正确答案：Word 字处理软件不仅可以进行文字处理，还可以插入图片、声音、输入数学公式等。

31. 在使用 Word 的“查找”功能查找文档中的字串时，可以使用通配符。 (√)

32. 在 Word 中，选定整个表格后，按格式工具栏上的左、右、居中对齐等按钮则单元格中的文字内容进行左、右、居中对齐。 (×)

正确答案：在 Word 中，选定整个表格后，右击鼠标“单元格对齐方式”中选择单元格中的文字内容进行左、右、居中对齐排列。

33. 在 Word 中利用表格工作栏还可对表格内容进行垂直对齐。 (√)

34. 保存工作簿的快捷键是 Ctrl+S。 (√)

35. Excel 中的打印可实现放大或缩小比例打印。 (√)

36. 不动产的买卖合同一般采用登记形式。 (√)

37. 在实践中，口头形式是当事人最为普遍采用的一种合同约定形式。 (×)

正确答案：口头形式的合同约定是最难以法律约束的一种，所以一般以合同的书面形式较多。

38. 当气体的压力升高，温度降低时，其体积增大。 (×)

正确答案：当气体的压力升高，温度降低时，其体积减小。

39. 当温度一定时，流体的密度随压力增加而减少。 (×)

正确答案：当温度一定时，流体的密度随压力增加而增大。

40. 气体的黏性随温度的升高而增大。 (√)

41. 运动黏度就是动力黏度。 (×)

正确答案：运动黏度是指动力黏度与同温、同压下流体密度的比值。

42. 如果管道内流体的流量为 $50m^3/h$，它指的是面积流量。 (×)

正确答案：如果管道内流体的流量为 $50m^3/h$，它指的是体积流量。

43. 流量的法定计量单位有两种，即容积流量 m^3/s 和质量流量 kg/s。 (√)

44. 比体积和密度是两个完全不同的概念，它们之间有直接关系。 (×)

正确答案：比体积和密度是两个完全不同的概念，它们之间没有任何关系。

45. 比体积和密度是成正比例关系。 (×)

正确答案：比体积和密度是成倒数关系。

46. 绝对压力值小于大气压力值时称为真空。 (√)

47. 电磁波辐射不可以在真空状态下传递。 (×)

正确答案：电磁波可以在真空状态下传递能量。

48. 液体中物体受到的压力分为动压力和静压力。 (√)

49. 平衡流体中任意点处的静压强的大小随其作用面的方位变化而变化。 (×)

正确答案：平衡流体中任意点处的静压强的大小与其作用面的方位无关。

50. 流体中某一点的静压力是以零压力为基准计算的压力称为绝对压力。（×）

正确答案：流体中某一点的静压力是以绝对真空为基准计算的压力称为绝对压力。

51. 在汽轮机运行中对凝汽器严密性的检测方法不是进行真空严密性测试。（×）

正确答案：在汽轮机运行中对凝汽器严密性的检测方法就是进行真空严密性测试。

52. 气体和液体的可压缩性比固体好。（√）

53. 内能就是物体具有的机械能。（×）

正确答案：内能是物体具有的所有能量之和。

54. 热辐射的强度与物体的摄氏温度的 4 次方成正比。（×）

正确答案：热辐射的强度与物体的热力温度的 4 次方成正比。

55. 决定对流换热效果的因素有表面传热系数，介质流动速度，温度差。（√）

56. 导热系数是表征物体导热能力强弱的标志。（√）

57. 导热系数和热阻都是表示物体导热能力大小的参数，也就是说是两个物理意义完全一样的参数。（×）

正确答案：导热系数与热阻互为倒数。

58. 导热效果的好坏与物体的性质没有关系。（×）

正确答案：导热效果的好坏与物体自身的导热系数有直接的关系。

59. 物体传热过程肯定不会只有一种传热形式单独进行。（×）

正确答案：辐射换热可以单独在真空条件下完成，过程中并没有导热和对流换热的存在。

60. 辐射传热与导热、对流传热一样在传热过程中没有能量形式的转化。（×）

正确答案：辐射换热在传热过程中会伴随着能量形式的转变。

61. 热量传递只可能从高温物体到低温物体或者是从物体的高温部分到低温部分。（×）

正确答案：不一定，只是物体从高温物体到低温物体或者物体的高温部分到低温部分之间的传热过程是自发的，不必要通过外界做功。

62. 理想气体在等压状态条件下，气体的压力随着温度的升高而升高。（√）

63. 比热容就是物体的温度升高或者降低 1K，所吸收或者释放的热量。（×）

正确答案：比热容是在单位质量的前提下温度升高或者降低 1K，所吸收或者释放的热量。

64. 热力循环是工质在经历了一系列变化以后又回到了原来的状态的一个过程。（√）

65. 蒸发和沸腾都只能发生在液体的表面。（×）

正确答案：蒸发只能发生在液体的表面，而沸腾则可以在液体表面和内部同时进行。

66. 凝结过程要释放热量，但是这种热量是没有办法有效利用的。（×）

正确答案：高压加热器就是利用过热蒸汽凝结释放的热量来加热给水的装置。

67. 酸露点就是酸液凝结成液体的温度。（√）

68. 湿度是表示气体中含有水分的比例。（√）

69. 相同质量，不同湿度的湿空气，加热变为同样条件下的干空气，湿度较大的吸收的热量较多。（√）

70. 湿度和干度是两个完全不相关的概念。（×）

正确答案：两者之间有直接的关系，一定条件下的饱和蒸汽的干度是 X，那同一条件下饱和蒸汽的湿度是 $1-X$。

71. 机械是机器和机构的总称。（√）

72. 机械作用是传递力和运动。（√）

73. 机械的种类很多，它们的用途、性能、构造、工作原理完全相同，通常一台完整的机械包括三个基本部分。（×）

正确答案：机械的用途，性能，构造，工作原理各不相同，但是都包含三个基本部分。

74. 从结构和运动的观点来看，机构和机器并无区别，泛称为机械。（√）

75. 机械各部分之间具有不确定的相对运动。（×）

正确答案：机械的各个部分之间具有确定的相对运动。

76. 机械零件可分为两大类：一类是在各种机器中经常都能用到的零件，称为通用零件；另一类则是在特定类型的机器中才能用到的零件，称为专用零件。（√）

77. 部件为完成同一使命在结构上组合在一起的、一道协同工作的部件总称为零件。（×）

正确答案：部件为完成同一使命在结构上组合在一起的、一道协同工作的零件总称为部件。

78. 机构由若干构件组成，各个构件之间具有确定的相对运动，并能实现运动和动力的传递。（√）

79. 构件是机器中的运动单元，零件是制造单元。（√）

80. 润滑膜的形成是滑动轴承能正常工作的基本条件，影响润滑膜形成的因素有润滑方式、运动副相对运动速度、润滑剂的物理性质和运动副表面的粗糙度等。（√）

81. 滑动轴承的承载能力小，回转精度差，润滑膜具有抗冲击作用，因此，在工程上获得广泛的应用。（×）

正确答案：滑动轴承的承载能力大，回转精度高。

82. 以滑动轴承为基础发展起来的滚动轴承，其工作原理是以滚动摩擦代替滑动摩擦，一般由两个套圈，一组滚动体和一个保持架所组成的通用性很强，系列化程度很高的机械基础件。（√）

83. 滚动轴承的摩擦系数比滑动轴承小，传动效率高。一般滑动轴承的摩擦系数为 0. 08~0. 12，而滚动轴承的摩擦系数仅为 0. 001~0. 005。（√）

84. 滚动轴承并不可以应用于空间任何方位的轴上。（×）

正确答案：滚动轴承可以方便地应用于空间任何方位的轴上。

85. 油脂与油液相比，油脂润滑性占优势，但是，润滑油液具有简化轴承周围结构的特长。（×）

正确答案：油液润滑的润滑性占优势。但是，油脂润滑可以简化轴承周围结构。

86. 相对来说滑动轴承的耐热性能好于滚动轴承。（×）

正确答案：相对来说滚动轴承的耐热性能好于滑动轴承。

87. 运行中的轴承只要温度、振动值在规定的范围内即属于合格。（×）

正确答案：除了各方向振动值和轴承温度在规定的范围内，还要满足轴承运转无杂音。

88. 物体之间必须有接触才有力的产生。（×）

正确答案：物体之间不接触也可以产生力，比如地球和太阳之间。

89. 两个完全相同的力，只要满足三要素其中的任何两个即可。（×）

正确答案：两个完全相同的力必须三要素完全相同。

90. 按照联轴器有无弹性元件、对各种相对位移有无补偿能力，即能否在发生相对位移条件下保持连接功能以及联轴器的用途等划分，联轴器可分为刚性联轴器，挠性联轴器和安全联轴器。（√）

91. 联轴器虽然作为两个轴之间的传递装置，但是它也是系统中比较脆弱的部位，在其中任何一个轴出现过载现象的时候联轴器销钉首先断开以保护其他设备，故任何联轴器都是采用销钉连接的。（×）

正确答案：联轴器的连接方式有多种，有螺钉、法兰、销钉等。

92. 离合器是一种可以通过各种操作方式，实现主、从动部分在同轴线上传递运动和动力时具有结合或分离功能的装置。（√）

93. 按照离合器的结合元件传动的工作原理，可以分为嵌合式离合器和摩擦式离合器。（√）

94. 离合器可以实现相对启动或停止，以及改变传动件的工作状态，但是没有办法改变机械的传动比。（×）

正确答案：离合器可以通过改变传动件的工作状态来改变传动比，从而实现运动和动力的传递。

95. 按照齿轮形状可分为圆柱齿轮减速器、圆锥齿轮减速器和圆锥-圆柱齿轮减速器。（√）

96. 减速器选择的唯一依据就是传动比。（×）

正确答案：减速器的选择依据有：传动比，传动类型，传动的稳定性等。

97. 减速器是指原动机与工作机之间独立封闭式传动装置，用来降低转速并相应地增大转矩，绝对不可能增加工作机的速度。（×）

正确答案：在某些场合，也有用作增速的装置，并称为增速器。

98. 轴设计的基本参数只有轴的材料、结构、强度、刚度。（×）

正确答案：轴设计的基本参数只有轴的材料、结构、强度、刚度和稳定性。

99. 轴一般都是采用轧制圆钢或锻件，经过切削加工后直接就可以投入应用了。（×）

正确答案：轴加工后一般要经过热处理，消除内应力以及由于冷加工造成的应力集中。

100. 滑动轴承传动负荷大，回转精度要求高的轴。（√）

101. 滑动轴承可以分为：静压轴承、动压轴承、含油轴承和固体摩擦轴承。（√）

102. 滑动轴承因为可以承受较大的载荷，稳定性较高，所以适合在高速条件下少油运行。（×）

正确答案：虽然滑动轴承具有较高的稳定性，但是在高速情况下，它的润滑油可能造成不连续，最后导致轴承的过热，因此，滑动轴承运行中内部必须有完好的油膜产生。

103. 滚动轴承按其所能承受的载荷方向或公称接触角的不同，分为向心轴承和推力轴承。（√）

104. 轴承按滚动体的列数分为：单列轴承——具有一列滚动体的轴承；双列轴承——具有两列滚动体的轴承；多列轴承——具有多于两列滚动体的轴承。（√）

105. 联轴器的选择过程中应该考虑使用要求和工作条件，考虑联轴器的承载力、转速、

两轴之间的位移、缓冲吸振以及安装、拆装、检修等条件。（√）

106. 按照联轴器的使用性能，联轴器不可以分为刚性联轴器和挠性联轴器。（×）

正确答案： 按照联轴器的使用性能，联轴器可以分为刚性联轴器和挠性联轴器。

107. 强度是金属材料在力的作用下，抵抗塑性变形和断裂的能力，工程上以屈服点和抗拉强度最为常用。（√）

108. 塑性变形是指金属材料产生塑性变形而不被破坏的能力，通常是以伸长率来表示，伸长率是变形量与变形以后长度的比值。（×）

正确答案： 伸长率是伸长量与原长的比值。

109. 疲劳强度是金属在被破坏之前所能承受的应力变化次数。（×）

正确答案： 疲劳强度其实是个应力值，是指在这个应力强度之下，金属可以承受无数次的交替应力。

110. 金属的工艺性能是金属材料的物理、化学性能和力学性能在加工过程中的综合反应，是指是否易于进行冷热加工的性能。（√）

111. 灰铸铁的铸造性能优良，广泛用于制造铸件，同样它的可锻造性较好，也用于制造锅炉承压部件。（×）

正确答案： 灰铸铁具有优良的铸造性能但是可锻造性差，不能应用于锅炉承压部件。

112. 钢材按照用途可以分为：结构钢，工具钢，特殊材料钢。（√）

113. 热电偶和热电阻两种热工仪表可以互相代替使用，只是精度不同而已。（×）

正确答案： 热电偶和热电阻在某些条件下可以互换使用，但是热电偶的工作温度范围比热电阻大，而且两类温度计的安装部位要求不同。

114. 热电阻与热电偶的测温原理不同的是，热电阻是基于电阻的热效应进行温度测量的，即电阻体的阻值随温度的变化而变化的特性。因此，只要测量出感温热电阻的阻值变化，就可以测量出温度。（√）

115. 热电偶、热电阻都可以应用于测量介质的温度，但是热电阻可以用于测量管壁温度，热电偶不可以。（×）

正确答案： 热电偶可以用于测量管壁的温度。

116. 热电阻是利用电桥原理直接测量电阻值的。（×）

正确答案： 热电阻是利用电桥原理，首先测量出电流的大小，然后计算得出电阻的大小。

117. 液柱式压力表是直接将压力显示出来，不需要经过二次仪表变送。（√）

118. 液柱式差压计是利用两点间的差压才测量固定点的压力的仪器。（×）

正确答案： 差压计是测量介质由于受管的阻力产生的压力差的仪器，并不是测量某个点，而是整个流程。

119. 流量测量一般都无法直接得出流量值，而是利用流速、压差等参数计算出来。（√）

120. 分流旋翼式流量计是利用分流管流量按照管径比例分配到整个管来显示流量。（×）

正确答案： 分流旋翼式流量计按照进入叶轮的转速来显示流量。

121. 氧化锆测量含氧量是利用氧化锆与氧气的反映量来直接反映烟气的含氧量。（×）

正确答案： 氧化锆含氧量分析仪是利用烟道内外含氧量的不同导致的氧化锆电极之间的电势差的不同来测量的。

122. 氧化锆测量含氧量与二氧化碳分析仪都可以反映锅炉燃烧工况的好坏，二者测量效果完全一样。（×）

正确答案：氧化锆数据反映了锅炉燃烧状况的好坏，二氧化碳仪器测量效果受到外界的影响，其结果与实际情况不一样。

123. 分散控制系统属于新一代仪表控制系统。（√）

124. 分散控制由于控制系统较为分散，所以协调各个系统就是分散控制系统的重点内容。（√）

125. 自动调节的基本原理是根据偏差进行调节。（√）

126. 在生产自动化系统中，经常将比例、积分、微分三种调节作用结合起来，构成比例积分微分调节，即称 PID 调节。（√）

127. 自动调节系统按调节规律分类有双位式调节系统、温度调节系统、比例积分微分调节系统等。（×）

正确答案：温度调节系统不属于按照调节规律分类的。

128. 自动调节系统：即由调节对象和调节设备组成的具有调节功能的反馈（或前馈-反馈）控制系统。（√）

129. 调节对象是指被控制的生产过程或生产设备。（√）

130. 扰动在生产过程中是引起被调节量变化的各种因素。若扰动发生在闭环系统内部称为外扰；若发生在闭环系统内部称为外扰。（×）

正确答案：扰动在生产过程中，引起被调节量变化的各种因素。若扰动发生在闭环系统内部称为内扰；若发生在闭环系统外部称为外扰。

131. 直流锅炉的自动调节系统的主要任务是保证锅炉正常运行，给水流量与锅炉燃烧率随时保持适当的比例。（√）

132. 锅炉给水调节的任务是维持锅炉汽包水位在允许的范围，使得锅炉的给水量适应锅炉的燃料量。（×）

正确答案：给水量调节的主要任务是保证给水量与主蒸汽量相适应。

133. 根据误差产生的原因及性质可分为系统误差与偶然误差两类。（√）

134. 由于仪器、试验条件、环境等因素的限制，测量不可能无限精确，物理量的测量值与客观存在的真实值之间总会存在着一定的差异，这种差异就是测量错误。（×）

正确答案：物理量的测量值和真实值之间的差异是误差，但不是错误。

135. 常规控制可以是使变量保持在常数的定值调节，也可以是使变量跟踪变化的随动调节。（√）

136. 常规控制就是模拟控制。（√）

137. DCS 是分散控制系统（Distributed Control System）的简称，国内一般习惯称为集散控制系统。它是一个由过程控制级和过程监控级组成的以通信网络为纽带的多级计算机系统。（√）

138. 分散控制的基本思想是：把集中的计算机控制系统分解为分散的控制系统，有专门的过程分散控制装置，在过程控制级各自完成过程中的部分控制和操作。（√）

139. 集散控制系统是以微处理为基础的集中分散控制系统，它的主要特征是集中管理和集中控制。（×）

正确答案：分散控制系统主要特征是集中管理和分散控制。

140. 由于网络对于DCS整个系统的实时性、可靠性和扩充性，起着决定性的作用，所以系统网络是DCS的基础和核心。 （√）

141. DCS中要设置现场I/O控制站，用以分担整个系统的I/O和控制功能。这样既可以避免由于一个站点失效造成整个系统的失效，提高系统可靠性，也可以使各站点分担数据采集和控制功能，有利于提高整个系统的性能。 （√）

142. DCS工程师站主要功能是为系统的运行操作提供人机界面，使操作员可以通过操作员站及时了解现场运行状态、各种运行参数、是否有异常情况发生。 （×）

正确答案：DCS的工程师站，它是对DCS进行离线的配置、组态工作和在线的系统监督、控制、维护的网络节点。

143. 集中控制和分散控制只是把数据都集成到了计算机上，其他的控制执行机构都没有区别。 （×）

正确答案：在系统功能方面，DCS和集中式控制系统的区别不大，但在系统功能的实现方法上却完全不同。

144. 电接点水位计是利用水、汽的导电率的不同的原理制成的。 （√）

145. 在锅炉稳定运行时，锅炉汽包水位始终保持在一定的位置不变化。 （×）

正确答案：锅炉在运行稳定的时候水位始终处于不断变化的状态，但总是维持在一定的范围内。

146. 计量学是关于计量的科学。 （×）

正确答案：计量学是关于测量的科学。

147. 国家在计量方面采用国际单位制。 （√）

148. 由国家以法令形式规定允许使用的计量单位就是法定计量单位。 （√）

149. 我国的法定计量单位中，压强的单位帕斯卡(Pa)是SI的导出单位。 （√）

150. 火力发电厂按原动机分有凝汽式汽轮机发电厂，燃气轮机发电厂，内燃机发电厂，蒸汽-燃汽轮机发电厂等。 （√）

151. 水轮机是将机械能转化为电能的装置，水轮机作为原动机带动发电机运行。 （√）

152. 火电厂是利用煤、石油、天然气作为燃料生产电能的工厂，它的基本生产过程是：燃料在锅炉中燃烧加热水成蒸汽，将燃料的化学能转变成热能，蒸汽压力推动汽轮机旋转，热能转换成机械能，然后汽轮机带动发电机旋转，将热能转变成电能。 （×）

正确答案：汽轮机带动发电机旋转，是将机械能转化为电能。

153. 经过水冷壁出来的汽水混合物，由汽包内的汽水分离装置将水汽分离，水进入下降管，饱和汽进入过热器进行过热。 （√）

154. 锅炉和汽轮机之间的直接连接的流程只有锅炉提供过热蒸汽给汽轮机，汽轮机提供给水给锅炉。 （×）

正确答案：锅炉和汽轮机连接的工艺流程除了过热蒸汽和锅炉给水之外，如果有再热系统的汽轮机，还有汽轮机抽气送回锅炉，锅炉提供再热蒸汽给汽轮机。

155. 直流锅炉的水冷壁内的介质的加热、蒸发、过热三个阶段时间的分界线非常明确，以确保锅炉的稳定运行。 （×）

正确答案：直流锅炉的加热、蒸发、过热三个阶段的分界线不明确，随着锅炉燃烧的调整在不断的变化。

156. 电力安全生产的重要性是由电力生产、电力基本建设、电力多种经营的客观规律和生产特性及社会作用决定的。（✓）

157. 电力生产按生产环节分为发电、输电、变电、配电、用电 5 部分，因为环节较少，所以电力生产的安全性容易保证。（×）

正确答案：电力生产的环节虽然只有五个部分，但是各个过程的流程都较为复杂，安全性保证不容掉以轻心。

158. 在国际单位制中，词头都有特定的含义，可以单独使用。（×）

正确答案：在国际单位制中，词头都有特定的含义，但不能单独使用。

159. 汽轮机内一个动叶片和一个静叶片构成一个级。（✓）

160. 汽轮机转动是靠过热蒸汽速度冲动转动。（×）

正确答案：汽轮机转动是靠过热蒸汽膨胀做功来推动汽轮机的叶片转动。

161. 汽轮机是将机械能转化为电能的装置。（×）

正确答案：汽轮机是将热能转换为机械能的装置，发电机才是将机械能转化为电能的装置。

162. 从能量利用的角度来说，背压机对热能的利用效率高于凝汽机。（✓）

163. 凝汽机的凝汽器运行必须具有一定的真空值。（✓）

164. 汽轮机最多有 2 个压力缸。（×）

正确答案：汽轮机的压力缸可以根据过热蒸汽的压力等级的不同具有多个压力缸，而不是仅仅局限在 2 个以内，多个缸会出现各个缸调整中心比较难的技术问题。

165. 汽轮机是热能转化为机械能的枢纽设备。（✓）

166. 凝结水因为水质不合格，一般情况下都不作回收利用。（×）

正确答案：凝结水的水质较好，一般情况下都作为合格水回收除氧器利用。

167. 高压锅炉需要较高的给水压力，较多情况下采用多个单级给水泵串联使用。（×）

正确答案：高压锅炉一般采用多级给水泵。

168. 汽轮机轴封的主要作用是防止过热蒸汽从轴端泄露。（✓）

169. 汽轮机的轴承是通过水来冷却和润滑的。（×）

正确答案：汽轮机的轴承的冷却是通过润滑油完成的。

170. 汽轮机自动主汽门可以独立的控制每个调速气门。（×）

正确答案：汽轮机自动主汽门可以同时控制所有的调速汽门，但是没有办法独立控制每个调速汽门。

171. 化学除氧中，亚硫酸钠可以应用于高压锅炉。（×）

正确答案：亚硫酸钠在高于 280℃ 时会分解成硫化氢和二氧化硫，对汽水管道产生腐蚀。

172. 除氧器一般都不设置排汽口，只需要留有保证除氧器安全的安全门。（×）

正确答案：除氧器除了设置安全门来保证除氧器的安全以外，还设置排汽口，将通过热力除氧从水中析出来的氧气和其他气体及时排走，保证除氧过程能持续高效的运行。

173. 锅炉给水的水质指标有：给水导电率、给水含氧量、给水酸碱度等多项指标。（✓）

174. 水的沉淀是通过物理静置的方法，将水中的固体杂质分离的过程。（✓）

175. 沉淀是将水中的气体杂质分离出来的过程。 (×)

正确答案：沉淀是将水中的固体杂志通过物理方法分离的过程。

176. 过滤是将水中的液体杂质除去的过程。 (×)

正确答案：过滤是将水中的固体杂质通过滤网分离出来的过程。

177. 离子交换属于水处理常用的方法，按照是否有新的物质产生，可以归类为化学方法。 (√)

178. 离子交换设备中，将阳离子交换而除去的设备是阴床。 (×)

正确答案：将阳离子交换的设备是阳床。

179. 取样汽水由于压力和温度都较高，所以必须经过冷却，降压以后才能进入二次仪表分析检测。 (√)

180. 锅炉取样分析结果主要是为控制汽水品质提供依据，从而保证设备的安全运行。 (√)

181. 锅炉给水除盐的惟一目的是保证锅炉过热蒸汽的蒸汽品质合格。 (×)

正确答案：锅炉给水除盐的目的不光要保证过热蒸汽的品质合格，而且要保护锅炉的受热面。

182. 锅炉加药是指对锅炉给水和锅水加药，目的是降低给水含氧量，调理汽水品质。 (√)

183. 锅炉锅水中加入磷酸盐是为了调理锅炉锅水的导电度和过热蒸汽的导电度。 (×)

正确答案：锅水中加入磷酸盐是为了除去锅水中残余的硬度较大的钙镁离子。

184. 锅炉的加药管应该与连续排污管靠近，以便将硫酸钠中的钠离子排出，避免因为加入磷酸盐而导致过热蒸汽的导电度和过热蒸汽钠的提高。 (×)

正确答案：连续排污管和加药管应该分开设置，避免将锅水加药的磷酸钠从连续排污管排出，达不到除去钙镁离子的作用。

185. 两机两炉才称为是单元制机组。 (×)

正确答案：一般情况下，单元制机组锅炉配置是一炉一机。

186. 母管锅炉机组相对单元机组来说投资较小。 (×)

正确答案：母管制机组锅炉由于母管的存在，导致投资的增大。

187. 单元制机组其机、炉、电配套启动与停止。 (√)

188. 单元制机组为了提高效率采用机炉单独启动的方式。 (×)

正确答案：单元制机组都采用机炉联合启动。

189. 母管制机组相互影响较大，类似于单元制机组锅炉。 (×)

正确答案：母管制机组锅炉中机炉之间相互影响相比单元制机组锅炉来说小很多。

190. 多机多炉通过公共管道相互连接的运行方式称为是母管制机组运行方式，其中公共管道称为是母管。 (√)

191. 摩擦可以使物体带电，不产生电荷。 (×)

正确答案：摩擦可以使物体带电，即产生电荷。

192. 电荷是一种客观存在的物质，既不能创造，又不能消灭，只能从一个物体转移到另一个物体，这叫做电荷守恒。 (√)

193. 平时我们所说的电流就是指电路中的电流强度。 (√)

194. 电荷的流动一般称为电压。 (×)

正确答案：电荷的流动一般称为电流。

195. 电源力把单位正电荷由负极推向正极所做的功叫做电源的电动势。（√）

196. 电源力推动电荷的过程也就是电流做功的过程。（×）

正确答案：电源力推动电荷的过程也就是电源做功的过程。

197. 处于断路状态的负载能正常工作。（×）

正确答案：处于断路状态的负载不能正常工作。

198. 电路的断路就是电源开关被拉开或保险丝熔断或导线断开。（√）

199. 在一定温度下，导体的电阻与导体的长度成反比。（×）

正确答案：在一定温度下，导体的电阻与导体的长度成正比。

200. 在一定温度下，导体的电阻与导体的长度成正比，与截面积成反比，并与导体的材料有关。（√）

201. 电流是有一定方向的，规定正电荷的运动方向为电流的方向。（√）

202. 电流强度是用来表示电流大小的一个物理量，电流的强度简称电流，用 A 表示。（×）

正确答案：电流强度是用来表示电流大小的一个物理量，电流的强度简称电流，用 I 表示。

203. 电压不但有大小，还有一定的方向，通常规定负电荷运动的方向为电压的方向。（×）

正确答案：电压不但有大小，还有一定的方向，通常规定正电荷运动的方向为电压的方向。

204. 电力系统中，常采用 kW·h（千瓦小时，俗称度）来计量电流所做的功。（√）

205. 电功率为 1kW，通电时间为 1h，电流所做的功就是 2kW·h。（×）

正确答案：电功率为 1kW，通电时间为 1h，电流所做的功就是 1kW·h。

206. 电压和电流的大小和方向随时间变化的的电路叫直流电路。（×）

正确答案：电压和电流的大小和方向不随时间变化的的电路叫直流电路。

207. 在直流电路中，导体两端的电压和通过导体电流的比值等于导体的电阻。（√）

208. 交流电的大小随时间而变化。（√）

209. 按正弦规律变化的交流电称为正弦直流电。（×）

正确答案：按正弦规律变化的交流电称为正弦交流电。

210. 用绿灯监视跳闸回路是否正常。（×）

正确答案：用绿灯监视合闸回路是否正常。

211. 电气信号的作用是反映电器工作的状态，如合闸、断开及异常等。（√）

212. 三相电动机的电源可用三相三线制，而照明电源必须用三相四线制。（√）

213. 按钮不能接通和断开控制回路，是一种发送指令的电路器件。（×）

正确答案：按钮能接通和断开控制回路，是一种发送指令的电路器件。

214. 为缩短锅炉启动时间，应提高上水温度，加快上水速度。（×）

正确答案：锅炉上水时应严格控制进水温度和上水时间。

215. 锅炉启动前检查过程中，当炉膛人孔未封闭时，操作人员应及时将人孔门关闭，并将螺丝固定。（×）

正确答案：当炉膛人孔未封闭时，应通知相关人员进行保温和人孔门复位。

216. 引、送风机的试验可分为全特性试验和运行试验。（√）

217. 全特性试验是在锅炉热态时风机单独运行或并列运行条件下进行的。（×）

正确答案：全特性试验是在锅炉冷态时风机单独运行或并列运行条件下进行的。

218. 试验过程中为了防止燃油进入炉膛，所有的油枪手动阀门应在关闭位置。（√）

219. 电气除尘器投入前对绝缘套管加热时，加热温度应在100℃以上。（×）

正确答案：电气除尘器投入前对绝缘套管加热时，加热温度应控制在110℃以上。

220. 当极板、电晕线和绝缘套管上有凝结露水现象时，则电气除尘器不准通电。（√）

221. 锅炉连锁试验中，当连锁解列时，各辅机能任意启动。（√）

222. 当进行连锁试验程序中，连锁投入时，逆程序应可启动。（×）

正确答案：当进行连锁试验程序中，连锁投入时，逆程序启动应拒动。

223. 在锅炉启动前对锅炉内部检查时要保证全部的煤、气、油燃烧器的位置正确，设备完好，喷口无焦渣，火焰监视器探头应无积灰及焦渣现象。（√）

224. 锅炉启动前对锅炉内部检查时，要保证各受热面管壁无裂纹及明显变形现象，各紧固件、管夹及挂钩完整，受热面及烟道内应无堵灰和积灰。（√）

225. 风机启动前风机的入口挡板、动叶可调风机的动叶角度及带有液力联轴器的勺管开度不必关闭到零。（×）

正确答案：风机启动前风机的入口挡板、动叶可调风机的动叶角度及带有液力联轴器的勺管开度应关闭到零。

226. 为检验转动机械安装或检修质量是否符合要求，须经试运行考核。（√）

227. 压差小于2kPa是灰库中的灰罐系统启动时的条件之一。（√）

228. 除渣系统启动时要检查开启渣仓排渣门，关闭渣仓排水门。（×）

正确答案：除渣系统启动时要确认：关闭渣仓排渣门，开启渣仓排水门。

229. 对于新安装的锅炉，在供水与供汽之前只需对锅炉范围内的给水和减温水管道系统进行冲洗和吹扫。（×）

正确答案：对于新安装的锅炉，在供水与供汽之前必须对锅炉范围内的给水、减温水和主蒸汽管道系统进行冲洗和吹扫。

230. 强制循环锅炉启动前，在汽水系统中要重点确定锅水循环泵的冷却装置和密封装置处于正常状态。（√）

231. 离心式水泵启动前必须检查泵体冷却水是否畅通。（×）

正确答案：离心式水泵泵体一般没有冷却水系统。

232. 电除尘器启动前本体电阻不大于5Ω。（×）

正确答案：电除尘器启动前本体电阻不大于4Ω。

233. 电除尘器启动前低压控制柜上各开关均应在“停止”位置。（√）

234. 锅炉点火前需要对炉内进行通风，通风的方法是先启动吸风机，吹扫一次风管，然后启动送风机维持炉膛负压。（×）

正确答案：锅炉点火前炉膛通风吹扫的目的是排出炉膛内及烟道内可能残存的可燃性气体及物质。

235. 投入主蒸汽管道前，管道中的膨胀指示应在正确位置，管道监视装置正常。（√）

236. 在投入减温水前应将减温器调节阀调到全开位置。（×）

正确答案：在投入减温器前应将减温器调节阀全关闭。

237. 在输送减温水前，减温器调节阀在关闭位置，其前后的截止阀应在开启位置。（√）

238. 悬吊式锅炉的水封槽应有足够的水源，并在内侧面产生一定量的水膜。（√）

239. 使用后的冷却水应经过处理后才能二次利用。（×）

正确答案：使用后的冷却水不用处理直接进行再利用。

240. 测量流量的变送器投入前应检查一、二次阀门，排污门应在开启位置，平衡门应处于关闭位置。（×）

正确答案：测量流量的变送器投入前应检查一、二次阀门、排污门应在关闭位置，平衡门应处于开启位置，然后操作一、二次阀门。

241. 差压式水位计汽和水连通阀门不能全开，应留一定的余量。（√）

242. 启动空气压缩机时，待电动机电流恢复到空载电流后，关闭出口门，开启出口排空门，空气压缩机立即带满负荷。（×）

正确答案：启动空气压缩机时，待电动机电流恢复到空载电流后，开启出口门，关闭出口排空门，空气压缩机逐渐带满负荷。

243. 空气压缩机启动前开启空气压缩机出口排空门，关闭空气压缩机出口门。（√）

244. 锅炉水压试验合格的标准之一是要求受热面没有渗水现象。（√）

245. 锅炉水压试验后对有无残余变形没有要求。（×）

正确答案：锅炉水压试验后要求无残余变形。

246. 电除尘所有电加热温度应控制到高于烟气温度5~8℃范围。（×）

正确答案：电除尘所有电加热温度应控制在高于烟气温度20~30℃范围。

247. 锅炉点火时直至电场投运，电除尘器的槽形板振打应连续，待电场正常投运后再改为周期振打。（√）

248. 在电除尘电场正常投运后，将电流极限调至偏小值。（√）

249. 脱硫装置的FGD启动前须给吸收塔注入充足的循环灰。（×）

正确答案：脱硫装置的FGD启动前须给吸收塔注入石膏浆。

250. 脱硫装置启动工艺中，水泵向吸收塔注水，控制水位在规定范围内，然后启动搅拌器。（√）

251. 灰浆泵若启动电流过大，应停止启动，查明原因后再启动运行。（×）

正确答案：灰浆泵若启动电流过大，应停止启动，查明原因，在未经处理的情况下不得再次启动。

252. 搅拌机启动时皮带摆动很大应立即停止搅拌机运行，办理相关手续，调整皮带间距。（√）

253. 在水力除灰系统中，冷渣斗的灰渣直接排入渣沟。（×）

正确答案：在水力除灰系统中，未经碎渣机破碎的灰渣，不得排入渣沟。

254. 空气压缩机启动前应将气缸冷却水投入。（√）

255. 空气压缩机的一、二级冷却器应在确认机组正常后投入运行。（×）

正确答案：一、二级冷却器应在机组启动前投入运行。

256. 离心风机应关闭出口挡板启动。（×）

正确答案：离心风机应关闭进口挡板启动。

257. 离心式风机启动前轴承润滑油完好，冷却水畅通。（√）

258. 轴流式风机应空负荷启动。（×）

正确答案：轴流式风机应满负荷启动。

259. 轴流式风机启动时应开启挡板。 （√）

260. 锅炉运行中回转式空气预热器备用的传动装置应推到工作位置。 （×）

正确答案：回转式空气预热器需要投入运行的传动装置应推到工作位置。

261. 强制循环锅炉是先点火，后启动循环泵。 （×）

正确答案：强制循环锅炉是先启动循环泵，后点火。

262. 强制循环锅炉与自然循环锅炉启动过程相比，主要不同处是在点火前，且锅炉上水至正常水位后，都需要启动控制循环泵。 （√）

263. 准备投入并联的第二台风机前，应按照“风机启动程序”启动。 （√）

264. 当离心泵转速达到正常数值，泵的进、出口压力表不正常时，应停止运行。 （√）

265. 电除尘投入操作高压隔离开关时，发现异常，应进行强行合闸一次。 （×）

正确答案：电除尘投入操作高压隔离开关时，发现异常，禁止强行合闸。

266. 闸阀开启后应保留旁路阀在开启状态。 （×）

正确答案：闸阀开启后应将旁路阀关闭。

267. 在闸阀两端压差较大时，操作前应开启旁路阀，待压力相等后再操作闸阀。 （√）

268. 给水系统暖管时应防止加热过慢。 （×）

正确答案：给水系统暖管时应防止加热过快。

269. 缩短给水管道的长度可以减少水击发生的可能性。 （√）

270. 给水管道上的止回阀忽开忽关不会造成水击。 （×）

正确答案：止回阀忽开忽关，使管道内压力忽高忽低，会产生水击。

271. 在锅炉启停过程中，常采用低置差压水位计来测量汽包水位。 （×）

正确答案：在锅炉启停过程中，常采用就地水位计来测量汽包水位。

272. 表面式减温器投入时应避免预热而带来的损失。 （×）

正确答案：表面式减温器投入时应加强预热。

273. 除核燃料以外，燃料是指能与氧发生剧烈化学反应以取得热量的物质。 （√）

274. 煤中的含碳比例一般为90%(可燃基)。 （×）

正确答案：煤的含碳量是随着地下生成的年限越长而越高，最高达到90%，最低的只有50%。

275. 固态燃料是指煤、木柴和凝固点较大的渣油。 （×）

正确答案：固态燃料是指煤、木柴等，渣油属于液态燃料。

276. 褐煤的挥发分含量很高，不易自燃。 （×）

正确答案：燃料挥发分越高，越容易燃烧，越容易燃尽，褐煤挥发分很高(>40%)，容易燃烧，但固定炭含量很低。

277. 无烟煤含碳量高，着火困难。 （√）

278. 燃料的工业分析主要是测定燃料的水分、灰分、挥发分和固定炭。 （√）

279. 燃料水分是指燃料中固有的水分，它是随燃料的生成而形成的。 （×）

正确答案：燃料的水分分为内水分和外水分两种。

280. 煤组成物质的有机元素主要为碳、氢、氧和少量的氮、水分、硫和磷。 （×）

正确答案：煤组成物质的有机元素主要为碳、氢、氧和少量的氮、硫和磷。

281. 原煤变迁符合下列化学实验式：$\underset{C_{17}H_{24}O_{10}}{\text{植物}}\xrightarrow[C_{16}H_{18}O_5]{-3H_2O、-CO_2}\text{泥碳}\xrightarrow[C_{16}H_{14}O_3]{-2H_2O}\text{褐煤}\xrightarrow[C_{15}H_{14}O]{-CO_2}$烟煤$\xrightarrow[C_{13}H_4]{-2CH_4、-H_2O}$无烟煤。（√）

282. 燃料中硫全部可以燃烧。（×）

正确答案：燃料中硫有可燃硫(即挥发硫)和不可燃硫之分。

283. 将煤样进行干燥、加热和燃烧的方法来测出成分值，这些成分与燃料在炉内燃烧过程中分解出的产物有一定的差距。（×）

正确答案：将煤样进行干燥、加热和燃烧的方法来测出成分值，这些成分正是燃料在炉内燃烧过程中分解出的产物。

284. 炉前煤样都要进行工业成分分析和元素成分分析。（×）

正确答案：炉前煤样一般只进行工业成分分析。

285. 1kg 氢完全燃烧生成水蒸气时能放出约 119600kJ 的热量。（√）

286. 燃料在燃烧过程中，氢能够完全燃烧。（×）

正确答案：燃料中的氢分成两部分，一部分与氧结合形成稳定的化合物，不能燃烧；另一部分形成有机物(碳氢化合物)，加热时挥发出来燃烧放热。

287. 燃料中的游离氧与碳、氢结合，形成化合物，达到助燃的作用。（×）

正确答案：燃料中的游离氧能助燃，另一部分与碳、氢以化合物形态存在，不能助燃。

288. 氧和氮在高温下形成氮氧化合物，不会污染环境。（×）

正确答案：氧和氮在高温下形成氮氧化合物(NO_x)，污染环境。

289. 燃料在燃烧过程中约 20%～40%的氮生成 NO_x。（√）

290. 氮是一种惰性气体元素，所以燃料中的氮不会造成大气污染。（×）

正确答案：氮虽然是一种惰性气体元素，但随煤燃烧时生成氮氧化合物，会污染大气。

291. 1kg 可燃硫完全燃烧需要氧量为 0.7Nm^3。（√）

292. 1kg 可燃硫完全燃烧生成 SO_2 为 1kg。（×）

正确答案：1kg 可燃硫完全燃烧生成 SO_2 为 2kg。

293. 1kg 水分大约要消耗 2.5MJ 的热量。（√）

294. 挥发分大于 20%的煤粉不易自燃。（×）

正确答案：挥发分小于 20%的煤粉不易自燃。

295. 煤样在规定的条件下隔绝空气加热，并进行水分校正后质量的损失率叫挥发分。（√）

296. 焦炭就是固定炭。（×）

正确答案：焦炭由固定炭和灰分组成。

297. 从煤样除去挥发分后的残炭中再减去灰分，剩余的残炭称为固定炭。（√）

298. 单位质量的燃料在一定压力下完全燃烧时所释放出的最大反应热称为发热量。（×）

正确答案：单位质量的燃料在一定温度下完全燃烧时所释放出的最大反应热称为发热量。

299. 煤的收到基低位发热量的计算公式为：$Q_{dw}^{y} = Q_{gw}^{y} - (54H^{y} + 6W^{y}) \times 4.187$kJ/kg。（√）

300. 燃料高、低位发热量之间的关系是：$Q_{ar.net.p} = Q_{ar.gr.p} - 2500(\frac{9H_{ar}}{100} + \frac{M_{ar}}{100}) = Q_{ar.gr.p} - 25(9H_{ar} + M_{ar})$ kJ/kg。 （√）

301. 燃料高、低位发热量之间的关系中的2500表示两者差值。 （×）

正确答案：2500表示水在0℃、常压下的汽化潜热近似值为2500kJ/kg。

302. 实际能被锅炉利用的热量是高位发热量。 （×）

正确答案：实际能被锅炉利用的热量是低位发热量。

303. 燃料油是各种烃的复杂混合物，当温度逐渐降低时，它立即凝固。 （×）

正确答案：燃料油是各种烃的复杂混合物，当温度逐渐降低时，黏度越来越大，它会渐渐凝固，直到完全丧失流动性为止。

304. 原油的凝固点和闪点很接近，因此要特别注意安全防火。 （√）

305. 闪点和燃点的高低表明油的着火燃烧性能。 （√）

306. 油的燃点是保持继续燃烧的最低温度。 （√）

307. 一次风和二次风的调节是决定燃料着火和燃尽过程的关键。 （√）

308. 一次风量应该满足挥发分着火和碳元素助燃所需要的氧量。 （×）

正确答案：一次风量应该满足挥发分着火所需要的氧量。

309. 在锅炉运行中，烟气的成分及含量直接反映出炉内的燃烧工况。 （√）

310. 燃料不完全燃烧时，干烟气中的可燃气体视为化学未完全燃烧热损失的全部。 （√）

311. 炼油装置的瓦斯气体主要成分是氢气。 （×）

正确答案：炼油装置的瓦斯气体主要成分是烷类。

312. 天然气的热值高达16000kJ/m^3以上。 （√）

313. 燃油的黏度特性不同，其加热温度不同。重油的加热温度不宜超过100℃。 （×）

正确答案：对于压力雾化油喷嘴，其运动黏度应小于$2.27\times10^{-5}m^2/s$，加热温度在100℃左右。

314. 燃料中的可燃成分在燃烧后全部生成不能燃烧的产物称为完全燃烧。 （√）

315. 煤的燃烧实际上是煤中碳的燃烧。 （×）

正确答案：煤的燃烧实际上是煤中可燃物的燃烧。

316. 并联风机运行，如果某台风机喘振，应减少振动风机风量，消除喘振。 （×）

正确答案：并联风机运行，如果某台风机喘振，应两台风机风量同时调整，消除喘振。

317. 风机的节流调节是利用改变挡板开度进行工况调节的。 （√）

318. 通过改变入口挡板角度来调节流量为入口端节流调节。 （√）

319. 风机或水泵的入口调节比出口调节损失大。 （×）

正确答案：风机或水泵的入口调节比出口调节损失小。

320. 利用机械传递扭矩，并且起着联轴器的作用，称为液力偶合器。 （×）

正确答案：利用液体传递扭矩，并且起着联轴器的作用，称为液力偶合器。

321. 两台风机同时向同一管路系统输送流体即风机联合运行。 （√）

322. 在调节位置相同情况下，并联运行时每台流量大于单独运行时的风量。 （×）

正确答案：应该是每台流量小于单独运行时的风量。

323. 一般烟气温度在90~150℃范围内时电除尘效率较好。（√）

324. 电除尘运行时应经常保持灰斗清仓，以防堵仓或搭桥。（×）

正确答案：保持电除尘灰斗一定的灰位是减少电除尘漏风的一个重要措施。

325. 适当控制电除尘内烟气流速可以提高除尘效果。（√）

326. 电除尘连续振打可以提高除尘效果。（×）

正确答案：在吸尘板振打过程中会影响吸尘板对尘粒的吸附能力，因此连续振打会影响除尘效果。

327. 流化床锅炉脱硫最适应的锅炉负荷范围在100%~20%。（√）

328. 湿法脱硫应监视浆液管道、箱罐、泵体情况，定期进行清洗。（√）

329. 运行中，当泵进口液体温度过高或压力低于该液体在此时温度下的饱和压力时，液体会产生气化。（√）

330. 在低浓度输灰系统中，输送1t灰渣需要消耗的水量约为15~20t。（×）

正确答案：在低浓度输灰系统中，输送1t灰渣需要消耗的水量约为10~15t。

331. 空气压缩机试运转程序应先瞬时启动，即刻停机检查，确认无误，进行第二次启动，运行5min；第三次启动运行30min，无问题后可进入连续运行。（√）

332. 空气压缩机的密封的作用原理是利用气流经过密封时的阻力来减少泄漏量。（√）

333. 风量调节的原则是：减少燃料量然后减少送风量，最后减少引风量。（√）

334. 从运行电压和电晕电流的变化情况可反映出电除尘运行效率和粉尘比电阻的适应性。（√）

335. 电除尘的漏风率不应该大于15%。（×）

正确答案：电除尘的漏风率不应该大于5%。

336. 当捞渣机故障，应立即进行人工放渣。（×）

正确答案：当捞渣机故障，应立即通知相关人员，在做好安全措施后进行人工放渣。

337. 连续排污水可经过扩容器冷凝后回收到除氧器或水箱。（×）

正确答案：连续排污扩容器是将排污水中的汽化热输送到除氧器利用。

338. 按阀的特性分，水泵出口逆止阀属于驱动阀。（×）

正确答案：水泵逆止阀属于自动阀。

339. 锅炉燃烧调节目的是：保证合格的蒸汽参数，避免锅炉各设备超指标运行。（√）

340. 合理调配风量，使燃料能稳定着火和良好燃烧是锅炉燃烧调节主要任务之一。（√）

341. 注意分析锅炉及辅机运行情况，如有失常应及时停炉处理，以防止事故的发生和扩大。（×）

正确答案：注意分析锅炉及辅机运行情况，如有失常应及时处理，以防止事故的发生和扩大。

342. 气力输灰系统运行中应监视好压缩空气的压力，以防系统堵塞。（√）

343. 当锅炉出现省煤器泄漏时，应增大气力除灰时间。（×）

正确答案：当锅炉出现省煤器泄漏时，应及时退出气力除灰。

344. 吹灰器应定期在操作室进行启动，减少故障率。（×）

正确答案：吹灰器应定期就地手动和电动操作试运行。

345. 为了保证锅炉水循环的安全可靠，循环倍率的数值不应太大。（×）

正确答案：在一定局限内，自然循环锅炉的循环倍率越大越可靠。

346. 锅炉运行中，受热较弱的上升管，容易出现循环停滞。（√）

347. 锅炉停炉前检查锅炉的燃油系统是否正常，以备在停炉的时候投油助燃。（√）

348. 锅炉停炉前对任何阀门不应做操作。（×）

正确答案：锅炉停炉前可以对事故放水，对空排汽门等系统的一次门做开关试验。

349. 汽包锅炉的停运方法分为投运启动分离器和不投运启动分离器。（×）

正确答案：直流锅炉的停运方法分为投运启动分离器和不投运启动分离器。

350. 直流锅炉的停运分为定参数停运和滑参数停运。（×）

正确答案：直流锅炉停运均采用滑参数停运。

351. 锅炉在完全燃烧燃油的时候，不需要停止电除尘各电场，将振打方式改为间断振打。（×）

正确答案：锅炉完全燃烧燃油的时候，需要停止电除尘各电场，将振打方式改为连续振打。

352. 强制循环锅炉在停炉过程中不需要控制汽包壁温。（×）

正确答案：强制循环锅炉在停炉过程中需要控制锅炉的汽包壁温。

353. 锅炉停炉 4~6h 以内，应该紧闭所有的人孔门、烟道门、以及制粉系统各风门，以防止锅炉急剧冷却。（√）

354. 锅炉在冷却过程中应该注意控制汽包上下壁温差，当温差较大的时候可以一边放水，一边补水。（×）

正确答案：锅炉冷却过程中严禁一边放水一边补水。

355. 进入电除尘内部工作，只要等停炉 8h 以后，且振打系统停止即可。（×）

正确答案：进入电除尘内部工作不光要满足停炉 8h，切断电除尘电源，振打停止，办理安全手续，而且还要在引风机挡板关闭的情况下才可以进入电除尘内部。

356. 电除尘停止过程中应该先对设备接地，然后才停止设备。（×）

正确答案：电除尘停止过程中应该先停止设备，然后接地。

357. 锅炉完全烧油的时候为了保证不污染大气，电除尘需要运行。（×）

正确答案：锅炉烧油的时候电除尘需要停止。

358. 电除尘威胁人身安全的时候需要紧急停止。（√）

359. 锅炉运行中湿法脱硫装置停止时，烟气可继续通行。（×）

正确答案：锅炉运行中湿法脱硫装置停止前必须将烟气改为旁路系统行走。

360. 干法脱硫在停止运行前应与主操联系，以防造成锅炉参数的波动。（√）

361. 在停止捞渣机前必须先停止碎渣机运行。（×）

正确答案：在停止碎渣机前必须先停止捞渣机运行。

362. 空气压缩机主机停止运行后，油泵可以停止运行。（×）

正确答案：空气压缩机主机停止运行后，油泵必须运行 30min 以上方可停止运行。

363. 空气压缩机停止以后要停止空气压缩机的冷却水系统。（√）

364. 回转式空气预热器出口烟气温度小于 80℃的时候才可以停止其运行。（√）

365. 回转式空气预热器在锅炉运行状态下跳闸而无法恢复运行的时候，应该立即关闭空气侧和烟气侧挡板。（√）

366. 回转式空气预热器停止以后应该开启冷却水冷却。 (×)

正确答案：空气预热器停止以后应该关闭其冷却水。

367. 烟囱是锅炉辅助设备的一部分。 (√)

368. 汽包锅炉只适用于临界压力以下的工作压力。 (√)

369. 主蒸汽压力为19.6MPa的锅炉为超临界锅炉。 (×)

正确答案：主蒸汽压力为19.6MPa的锅炉为亚临界锅炉。

370. 直流燃烧器气流迎火界越长，吸收高温烟气的热量越多，着火越迅速，迎火界越短，着火越慢。 (√)

371. 均等配风直流燃烧器适用于燃用所有煤种的锅炉。 (×)

正确答案：均等配风直流燃烧器只适用于烟煤、褐煤的锅炉。

372. 与直流燃烧器相比，旋流燃烧器一、二次风混合得晚。 (×)

正确答案：与直流燃烧器相比，旋流燃烧器一、二次风混合得早。

373. 旋流式燃烧器一般适用于高挥发分的煤种。 (√)

374. 燃烧过程的进行不仅与燃烧器的空气动力特性有关，很大程度上决定于炉膛的结构特性。 (√)

375. 固态排渣炉炉膛出口处火焰温度最高。 (×)

正确答案：固态排渣炉炉膛中部火焰温度最高。

376. 机械式燃油燃烧器的油从雾化嘴中喷出后，主要受油流和气体介质相互摩擦作用而雾化成细滴。 (×)

正确答案：机械式燃油燃烧器的油从雾化嘴中喷出后，主要受油流本身的紊流脉动及油流和气体介质相互撞击作用而雾化成细滴。

377. 蒸汽雾化燃油嘴是利用0.3~1.2MPa的蒸汽将油雾化。 (√)

378. 引风机的作用是抽出炉膛内燃料燃烧后产生的烟气，维持烟道及炉膛一定的负压，克服受热面造成的烟气阻力。 (√)

379. 在自然水循环中，循环流速的大小与运动压头有关，与循环回路中的流动阻力无关。 (×)

正确答案：在自然水循环中，循环流速的大小与运动压头和循环回路中的流动阻力都有关。

380. 在自然水循环中，循环流速随着产汽量相应增加以进行补偿的特性，叫做自然循环的自偿特性。 (√)

381. 控制循环主要表现为强制流动特性方面。 (√)

382. 控制循环是在提高给水泵压力的基础上而构成的一种锅炉循环模式。 (×)

正确答案：控制循环是在下降管上安装一个循环泵，使工质在蒸发受热面中强行流动循环模式。

383. 直流锅炉只适用于超临界压力的锅炉。 (×)

正确答案：直流锅炉适用于任何压力的锅炉。

384. 直流锅炉不需要汽包，由给水泵送来的水依次流过加热段、蒸发段和过热段。 (√)

385. 直流锅炉连续排污时要求定时进行。 (×)

正确答案：直流锅炉不能进行连续排污。

386. 一次风主要作用是使燃料得到初期的氧气，因此可以选择热风，也可以选择冷风。 （×）

正确答案：一次风不仅是要提供初期氧量，还要起到干燥、一次助燃和输送煤粉（燃料流化）等作用，因此需要较高的温度。

387. 一次风和二次风的风压相同，而风的温度不同。 （×）

正确答案：我国目前电力锅炉中一次风和二次风参数结构有两种情况，CFB 锅炉其风压不等，风温相等，煤粉锅炉风压基本相等，风温可以进行调整。

388. 二次风应有穿透火焰的能力。 （√）

389. 二次风的温度不应太高，特别是在低负荷时二次风温更应适中，因为过高容易将燃烧器烧环，过低会使着火的稳定性降低。 （×）

正确答案：从燃烧角度看，二次风温愈高，愈能强化燃烧，能在低负荷运行时增强着火的稳定性。

390. 后屏过热器一般布置在炉膛出口。 （√）

391. 随着锅炉参数的提高，过热蒸汽和再热蒸汽的吸热量份额增加，因此过热器和再热器受热面占锅炉总受热面比例越来越小。 （×）

正确答案：锅炉参数越高，过热器和再热器占锅炉总受热面积越大。

392. 过热器分类方法有两种，即传热方式分类和布置位置分类。 （√）

393. 对流过热器主要吸收烟气对流热。 （√）

394. 包覆过热器主要作用是形成水平烟道和尾部烟道，所以一般用在重型炉墙。 （×）

正确答案：包覆过热器作为炉壁，主要用于悬吊炉墙。

395. 后屏过热器主要吸收烟气的对流热。 （×）

正确答案：后屏过热器主要吸收烟气的对流热和炉膛的辐射热。

396. 再热蒸汽的进汽是汽轮机的高压缸排汽。 （√）

397. 采用再热器是为了防止汽轮机汽蚀，与经济性无关。 （×）

正确答案：采用再热器是为了防止汽轮机汽蚀，同时提高经济性。

398. 省煤器再循环管安装在省煤器与给水管路之间。 （×）

正确答案：省煤器再循环管安在省煤器与汽包之间。

399. 高、低压旁路系统可以限制启动速度，改善启动条件。 （×）

正确答案：高、低压旁路系统可以加快启动速度，改善启动条件。

400. 高、低压旁路系统是在机组定参数启动过程中使用。 （×）

正确答案：高、低压旁路系统是在机组滑参数启动过程中使用。

401. 省煤器蛇形管在烟道内的布置方向有纵向和横向两种布置方式。 （√）

402. 由于混合式减温器工作效率较高，因此对减温水的品质要求不高。 （×）

正确答案：混合式减温器是将减温水直接喷入蒸汽中，汽化后成为蒸汽的一部分，因此对减温水质量要求高。

403. 膜式水冷壁能充分保护炉墙，但易结渣。 （×）

正确答案：膜式水冷壁能充分保护炉墙，不易结渣。

404. 水冷壁是现代锅炉的主要受热面，它吸收高温火焰和烟气的辐射热，使水蒸发成蒸汽。 （√）

405. 刺管式水冷壁一般用在折焰角部位。 （×）

正确答案： 刺管式水冷壁一般用在喷燃器附近。

406. 采用折焰角增加了水平烟道的长度，为水平烟道各受热面的布置提供了便利。（√）

407. 折焰角是由前水冷壁管弯曲而成的。 （×）

正确答案： 折焰角是由后水冷壁管弯曲而成的。

408. 离心泵中的液体旋转速度是叶轮旋转速度的 1/4 倍。 （×）

正确答案： 离心泵中的液体与叶轮一块旋转，其旋转速度与液体的容积、黏度、阻力等因素有关。

409. 轴流式风机流量大，风压低(相对离心式风机)。 （√）

410. 轴流式风机比离心式风机体积相对要大。 （×）

正确答案： 轴流式风机比离心式风机体积相对要小。

411. 联动备用泵出口阀应处于关闭状态。 （×）

正确答案： 联动备用泵出口阀应处于开启状态。

412. 液力联轴器是依靠泵轮与涡轮的叶轮腔室内工作油压的多少来调节转速的。（×）

正确答案： 液力联轴器是依靠泵轮与涡轮的叶轮腔室内工作油量的多少来调节转速的。

413. 流量表示水泵所输送的液体数量。 （×）

正确答案： 流量表示单位时间内水泵所输送的液体数量。

414. 汽蚀余量是指泵进口处液体所具有的能量与液体发生汽蚀时具有的能量差值。（√）

415. 水冷壁下联箱下部沿长度装了一块钢板，并插入水封槽的水中，始终不会离开水面。 （√）

416. 运行中水封槽中的水过少会造成炉内火焰中心下移。 （×）

正确答案： 运行中水封槽中的水过少会造成炉内火焰中心上移。

417. 当系统内发生爆燃时，薄膜式防爆门会整块破裂进行卸压。 （×）

正确答案： 当系统内发生爆燃时，薄膜式防爆门会按十字槽指定的区域破裂进行卸压。

418. 根据设计的需要，锅炉装有防爆装置的设备主要有炉膛、烟道、除尘器、制粉系统。 （√）

419. 实际的汽水分离装置，一般不是采用某一种原理，而是综合利用多种分离原理。（√）

420. 钟罩式蒸汽清洗装置工作可靠，清洗效果不好。 （×）

正确答案： 钟罩式蒸汽清洗装置工作可靠，清洗效果好。

421. 在管式空气预热器中，空气在管内流动，烟气则在管外流动。 （×）

正确答案： 在管式空气预热器中，空气在管外和在管内流动两种都有。

422. 在管式空气预热器中，烟气和空气两种介质不会交替流过受热面。 （√）

423. 空气预热器属于混合式换热器。 （×）

正确答案： 空气预热器属于表面式换热器。

424. 受热面回转式空气预热器密封装置是减少外壳漏风而设置的。 （√）

425. 锅炉常用的阀门按用途分有关断阀、调节阀和保护阀三种。 （√）

426. 截止阀和闸阀的内部结构完全不同，由于截止阀流向或流动截面积变化较大，介质压降大，降压消耗动力大，因此，截止阀适合安装在小直径管道上。 （√）

427. 为了减少管道的热应力，必须对管道的膨胀进行自然补偿或加装热膨胀补偿。 （√）

428. 给水和蒸汽管道上的疏水管共用一条母管送入疏水箱进行回收。 （×）

正确答案：不同压力等级的疏水管不可接入同一条母管。

429. 管道支吊架承受管道重量，必须与固定件和管道焊接牢固，防止管道脱落事故发生。 (×)

正确答案：支吊架必须要满足管道热补偿和位移的要求，管道在支吊架上滑动自如。

430. 恒力支吊架一般在管道因热膨胀而产生较大垂直位移造成大应力的地方使用。 (√)

431. 捞渣机与碎渣机形成一个连续性的破碎渣块的作用。 (×)

正确答案：捞渣机不能进行破碎渣块。

432. 烟尘是由水膜除尘器下部中心部位进入，在引风机的抽力下自下而上直线上升。 (×)

正确答案：烟气是以较高的流速切向进入筒体，形成急剧旋转的上升气流。

433. 水膜除尘器筒体内的水膜是水封槽沿壁流下的水而形成。 (√)

434. 尘粒通过电除尘时会带正电荷，被阳极板吸附。 (×)

正确答案：尘粒通过电除尘时会带负电荷，被阳极板吸附。

435. 电除尘变压器的一次电源采用同等电压等级的交流电。 (×)

正确答案：电除尘变压器的一次电源一般采用 380V 的交流电。

436. 袋式除尘器的清灰方法有机械振动清灰、逆气流清灰、气环反吹清灰和脉冲喷吹清灰。 (√)

437. 炉内采用石灰石脱硫时，其炉内温度最好不要超过 1600℃。 (×)

正确答案：炉内采用石灰石脱硫时，其炉内温度最好不要超过 1200℃。

438. 射水泵是用来冲刷灰渣的。 (√)

439. 电厂压缩空气系统供给所有使用压缩空气的设备。 (×)

正确答案：电厂压缩空气系统有两种，即仪表用风系统和杂用风系统。

440. 回油式机械雾化器的结构与简单机式雾化器完全相同。 (×)

正确答案：两者基本相同，不同的是旋流室后部或外缘开有回油孔，回油孔与回油管相连。

441. 回油式机械雾化器的油量调节范围一般在 30%~100%。 (√)

442. 蒸汽雾化油枪的结构简单，出力大，调节范围大。 (√)

443. 蒸汽雾化器的蒸汽是从蒸汽机械式雾化器管内分流到喷嘴汽孔，在喷出时与油混合。 (×)

正确答案：蒸汽是从蒸汽机械式雾化器管内分流到喷嘴汽孔，在混合室与油混合。

444. 电厂一般采用真空除氧和热力除氧。 (√)

445. 热力除氧是依靠蒸汽在 0.02MPa，除氧器内对自下而上流动的除盐水进行加热至汽化状态分离氧。 (×)

正确答案：蒸汽在 0.02MPa 除氧器内对自上而下流动的除盐水进行加热至沸腾状态分离氧。

446. 给水的酸碱度应该尽量保持在 10 以上，以避免对管道造成酸腐蚀。 (×)

正确答案：给水的 pH 维持的范围是 8.9~9.2。

447. 给水含盐量大，可以加强锅水的连续排污比例来加以调节。 (√)

448. 对饱和蒸汽硅监测没有任何意义。 (×)

正确答案：饱和蒸汽硅监测主要防止管道、阀门以及汽轮机的叶片结垢，以免造成阀门动作不灵活，汽轮机转子偏心。

449. 饱和蒸汽钠含量的升高侧面反映了过热蒸汽导电度升高。（√）

450. 饱和蒸汽硅钠含量的升高，最直接的后果就是过热器内部结垢影响传热。（√）

451. 给水温度低于设计值只是表示锅炉需要多投加燃料，对机组的效率没有任何影响。（×）

正确答案：给水温度低于设计值会降低机组效率。

452. 除氧器下水管直接进入给水泵。（√）

453. 给水泵再循环管可以调节给水泵压力，但是只能调大给水泵压力。（×）

正确答案：再循环管可以调节给水泵出口压力，不同的开度对应不同的压力。

454. 高压加热器应该在给水泵之前。（×）

正确答案：高压给水加热器一般在给水泵之后，避免给水温度高损坏给水泵，同时影响给水质量。

455. 汽水取样一般只在锅炉的一侧取样就具有代表性。（×）

正确答案：汽水取样一般都是在锅炉两侧取样，避免单侧取样的数据不准确。

456. 在线监测仪表主要监测导电度、酸碱度、含氧量、含硅钠量。（√）

457. 衡量除尘器好坏的唯一指标就是技术指标。（×）

正确答案：衡量除尘性能好坏的指标主要有技术性能与经济性能。

458. 电除尘阴极是放电极。（√）

459. 压缩风吹灰效果比蒸汽吹灰效果好。（×）

正确答案：压缩风压力小，对于硬度较大的灰处理效果不好，蒸汽吹灰器的压力较高，吹灰效果比压缩风好。

460. 钢球除灰器是利用直径在5~6cm的钢球从垂直烟道上部下落振动受热面，使得灰尘掉落。（√）

461. 蒸汽吹灰器前应该对吹灰系统进行疏水，避免管道积水造成管道水击。（√）

462. 锅炉外部除灰按照介质不同可以分为：电除尘和水力除灰。（×）

正确答案：锅炉外部除灰按照携带灰的介质不同可以分为水力除灰和气力除灰。

463. 由于灰颗粒的不同，锅炉冲灰水水质要求不高。（√）

464. 吹灰器都是利用吹灰介质的压力来吹掉锅炉受热面积灰。（√）

465. 吹灰能保证受热面干净，所以吹灰越多越好。（×）

正确答案：吹灰器吹灰虽然可以保证受热面干净，但是过多的吹灰会导致受热面被吹坏和热损失增加。

466. 吹灰蒸汽压力≤1.5MPa。（√）

467. 吹灰器投运一定要在锅炉低负荷工况下。（×）

正确答案：吹灰器投运时锅炉不低于80%负荷，低负荷的时候容易造成灭火。

468. 锅炉的排污率与锅炉的蒸发量没有任何关系，只与锅炉锅水的含盐量有关。（√）

469. 连续排污的水由于水质不合格，所以不进行任何利用。（×）

正确答案：连续排污水虽然含盐量高，但是由于连续排污过程中带走了热量，为了提高热量的利用率，所以连续排污水经扩容将热量回收利用。

470. 锅炉结焦不可能导致锅炉停炉事故。（×）

正确答案： 如果锅炉结焦严重，采取其他的除焦办法没有效果的情况下要申请停炉除焦。

471. 锅炉除焦目的是保持受热面干净，提高换热效率，避免受热面局部过热。 （√）

472. 锅炉结焦严重情况下要申请停炉除焦。 （√）

473. 锅炉结焦积灰虽然会导致传热的降低，但是附着在管壁上的焦和积灰会对管壁起一定的保护作用，所以应该促成积灰。 （×）

正确答案： 结焦和积灰会降低传热，严重时使金属过热。

474. 积灰和结焦在传热学上是增大了热阻，减小了导热系数。 （√）

475. 电除尘日常运行的重点是检查电极是否跳闸以及振打是否停运。 （√）

476. 动设备润滑不仅可以减少设备的摩擦，同时可以由润滑介质带走一部分热量。 （√）

477. 动设备润滑油的最主要作用是润滑。 （√）

478. 低转速的动设备加油应该用标号比较低的润滑油。 （×）

正确答案： 低转速的动设备加油一般采用润滑脂。

479. 三级过滤的滤网和油壶可以公用，只要每次使用以后冲洗干净即可。 （×）

正确答案： 三级过滤中的滤网和油壶要做到专油专用。

480. 用油设备内部也设有滤网，以增加滤网的数量，提高润滑油的品质。 （×）

正确答案： 用油设备内部一般都不再设置有滤网。

481. 三级过滤属于所有液体润滑油必须要满足的程序。 （√）

482. 联氨不仅可以除去给水中的氧气，同时也可以对部分盐起缓解作用。 （×）

正确答案： 联氨只能除去给水中的氧气，不能对给水中的盐分起缓解作用。

483. 磷酸盐投加在锅水中唯一的目的就是除去锅水中硬度较大的钙离子。 （×）

正确答案： 磷酸盐投入锅水中重要的目的就是除去锅水中硬度较大的钙镁离子。

484. 冲洗水位计应该两侧同时进行，以保证其准确性。 （×）

正确答案： 冲洗水位计不应该同时进行，以避免引起水位剧烈波动。

485. 水位计退出以后可以对水位计的任何部位检修。 （×）

正确答案： 水位计退出以后在确认一次阀完全隔离情况下，办理相关手续后，可以对除了水位计一次阀以外的其他部位检修，一次阀不可以检修。

486. 水位计的中心线在检修过程中不应该变化，避免引起水位指示不准确。 （√）

487. 水位计退出操作的关键是保证水位计内部没有高温汽和高温水。 （√）

488. 运行中的阀门为了确定其执行机构是否动作灵活，可以现场操作一次。 （×）

正确答案： 运行中的阀门禁止试验操作。

489. 阀门的填料是阀门中最容易泄露的地方。 （√）

490. 阀门检查主要从阀门的外观、保温以及阀门所处的状态是否正确等方面检查。 （√）

491. 炉膛或者烟道漏风会给锅炉增加部分氧气，有利于燃烧，所以漏风会提高锅炉的效率。 （×）

正确答案： 锅炉漏风大部分是冷风，会使得锅炉炉膛或者烟道的烟气温度降低，实际上是降低了锅炉效率。

492. 泵和风机等转动设备应该经常检查其振动、温度等参数变化，保证日常运行正常。 （√）

493. 备用的转动设备不允许做任何操作。（×）

正确答案： 备用的转动设备应该定时盘车。

494. 刮板捞渣机转动速度可以调整。（√）

495. 转动设备轴承振动值较大，原因有窜轴、轴承损坏、转子不平衡或有杂质进入了轴承。（√）

496. 动设备事故按钮用于转动设备在事故工况下紧急停止转动设备。（√）

497. 锅炉额定蒸发量时效率低于最大连续蒸发量时候的效率。（×）

正确答案： 锅炉额定蒸发量效率高于最大连续蒸发量的效率。

498. 锅炉最大连续蒸发量是在不考虑锅炉效率前提下的锅炉的最大蒸发量。（√）

499. 不同锅炉采用不同的停用保护方法。（√）

500. 大型超高压汽包锅炉和直流锅炉多数采用干燥剂保护法。（×）

正确答案： 高压锅炉由于过热系统比较复杂，汽水系统的水不容易放尽，所以采用充氮法和压力防腐法较多。

501. 锅炉的保护方法的选择与停炉的时间长短没有关系。（×）

正确答案： 锅炉的保护方法要根据停炉的时间长短来决定，以方便锅炉的启动。

502. 锅炉防腐方法中，溶液保护法实质就是将空气和锅炉的汽水系统隔离开。（√）

503. 氮气保护法中对氮气的纯度要求不高，大于80%即可。（×）

正确答案： 氮气保护法中对于使用的氮气的纯度要求较高，一般维持在99.9%以上。

504. 干燥法锅炉保护采用吸湿能力很强的干燥剂，使锅炉的汽水系统保持干燥。（√）

505. 备用动设备定时日常检查中需要检查润滑油状况。（√）

506. 正确合理使用设备的措施是为设备配备技术娴熟的运行人员；建立建全规章制度；进行定期切换和试验；为设备创造良好的工作环境以及进行设备运行分析。（√）

507. 锅炉处理原则是：消除事故根源，冷静、果断、正确处理事故，防止事故的扩大，尽可能减少下游工序的损失。（√）

508. 不论什么原因，致使锅炉停止运行或造成人身伤害，均为锅炉事故。（×）

正确答案： 在锅炉运行中任何部件的损坏或工作失常，致使锅炉停止运行或限止其出力或造成人身伤害，均为锅炉事故。

509. 当风机在不稳定区工作时，所产生的压力和流量的脉动现象，称为喘振。（√）

510. 风机动、静不平衡会引起振动值减小。（×）

正确答案： 风机动、静不平衡会引起振动值增大。

511. 汽包水位急剧膨胀，而且剧烈波动，这是虚假水位的表现之一。（×）

正确答案： 汽包水位急剧膨胀，而且剧烈波动，锅炉已发生汽水共腾。

512. 锅炉灭火，6kV的引风机、送风机、给水泵仍在运行，380V电压表指示到零，说明厂用电中断。（×）

正确答案： 锅炉灭火，6kV的引风机、送风机、给水泵仍在运行，380V电压表指示到零，说明380V以下电源中断。

513. 所有仪表指示灯熄灭，仪表指示回零，自动调节失灵，阀门气动执行机构仍能控制，说明220V仪表电源消失。（×）

正确答案： 所有仪表指示灯熄灭，仪表指示回零，自动调节失灵，阀门气动执行机构不能控制，说明220V仪表电源消失。

514. 空气压缩机的溢流阀弹簧损坏使润滑油压力保持不变。 (×)

正确答案： 空气压缩机的溢流阀弹簧损坏使润滑油压力降低。

515. 汽蚀使泵内反复出现液体的汽化和凝聚，金属表面受到破坏。 (√)

516. 泵在运行中发生汽蚀会使泵运行得更平稳。 (×)

正确答案： 泵在运行中发生汽蚀会使泵发出噪声和振动。

517. 水泵某一个局部区域的压力降到流体温度相应的饱和压力下时，流体会汽化。 (√)

518. 水泵的盘根冒汽，此现象是汽化的表现。 (×)

正确答案： 水泵的盘根冒汽，此现象有可能是汽化的表现，有可能是由于盘根添加不合适。

519. 电除尘的振打间隔周期越短越好。 (×)

正确答案： 电除尘的振打间隔周期过长或过短都会使电除尘效率下降。

520. 高压供电装置调节失灵或调节不当造成电除尘效率降低。 (√)

521. 煤质的变化和锅炉燃烧工况变化对电除尘除尘效果起着重要的作用。 (√)

522. 燃烧工况突然减弱，水容积中的汽泡会增多，汽包水位会先上升后降低。 (×)

正确答案： 燃烧工况突然减弱，水容积中的汽泡会减少，汽包水位会先降低后上升。

523. 润滑油量不足和润滑油质不好、有杂物是引起轴承温度升高的最大因素。 (√)

524. 泵、偶合器和电动机轴不对中或不平行会使轴承温度降低。 (×)

正确答案： 泵、偶合器和电动机轴不对中或不平行会使轴承温度升高。

525. 尾部再燃烧多数是由长期满负荷运行造成的。 (×)

正确答案： 尾部再燃烧多数是由长期低负荷运行造成的。

526. 为了防止尾部再燃烧，应减少启停炉的次数。 (√)

527. 由于各种原因，烟道内积存大量可燃物质，会引起烟道再燃烧。 (√)

528. 电除尘电场的二次电流偏大，一次电压低，二次电压基本为零，属于高压回路接地或短路。 (√)

529. 灰斗严重积灰会影响干除灰的收集，对电除尘影响不大。 (×)

正确答案： 灰斗严重积灰会使电场短路。

530. 如果就地水位计汽和水连通管都堵塞，水位计的水位不会波动。 (√)

531. 因为汽连通管泄漏，使水位计蒸汽侧压力提高，水位计水位会降低。 (×)

正确答案： 因为汽连通管泄漏，使水位计蒸汽侧压力降低，水位计水位会升高。

532. 水连通管堵塞，就地水位计中的水会通过汽连通管返回汽包。 (×)

正确答案： 当水连通管堵塞时，水位计内蒸汽凝结水而积聚，无法返回汽包。

533. 某侧汽包就地水位计下沉会造成两侧指示偏差增大。 (√)

534. 冷却水泄漏会引起润滑油发生乳化。 (√)

535. 润滑油在运输或保管过程中混入水或其他液体，使油在使用过程中乳化。 (√)

536. 蒸汽管道爆破后有很大的响声，损坏处保温材料潮湿、漏汽。 (√)

537. 管子蠕胀速度超过允许值是发生大直径压力管道爆破的次要原因。 (×)

正确答案： 管子蠕胀速度超过允许值是发生大直径压力管道爆破的主要原因。

538. 发生人身轻伤、重伤一人属于一般事故。 (×)

正确答案：发生人身轻伤、重伤一人属于一般人身事故。

539. 在对事故调查过程中，发生隐瞒事故重要情节，使事故调查不能正常进行或不能得出正确结论，对主要当事人比照隐瞒事故处理。（√）

540. 事故停炉是不论由于锅炉设备本身还是外部原因发生事故，必须停止运行。（√）

541. 在处理事故时要在确保人身和设备安全前提下减少损失。（√）

542. 当发现风机振动增大，立即停止风机运行。（×）

正确答案：当发现风机振动增大，应查明原因，进行相应的处理，当超过规定值，则停机。

543. 转动设备的地脚螺丝出现松动，应进行紧固。（×）

正确答案：运行中的转动设备地脚螺丝松动，必须在允许情况下进行紧固。

544. 轴承损坏引起轴承温度上升，应立即现场观察风机运行状态。（×）

正确答案：轴承损坏引起轴承温度上升，应立即停止风机运行。

545. 在现场检查风机轴承时，温度不高，而仪表显示升高，应退出仪表监视，防止风机保护动作。（√）

546. 当发现风机轴承温度过高时，应首先检查油位、油质和冷却水是否正常。（√）

547. 当回转式空气预热器内部着火，经过处理仍继续燃烧，危及设备安全，应申请停炉。（×）

正确答案：当回转式空气预热器内部着火，经过处理仍继续燃烧，危及设备安全，应立即停炉。

548. 空气压缩机运行中，当压力达到安全阀动作值而不动作时，应紧急停止空气压缩机运行。（√）

549. 空气压缩机的冷却水中断，气缸温度上升，必须加强监视并应立即通知相关人员处理。（×）

正确答案：空气压缩机冷却水中断，气缸失去冷却，应立即停止空压机运行。

550. 在低负荷时主给水阀开度过小发生水击，如有旁路系统应立即切换，否则调整锅炉负荷，增大给水流量。（√）

551. 冷油器泄漏后及时向油箱补充润滑油，确保油箱油位正常。（√）

552. 渣浆泵偶合器全速运行时迷宫漏油，可用一档把电机与偶合器隔开，减少轴向气流。（√）

553. 渣浆泵长期不运行，当投入运行时抽空泵，应采用清水反冲方法清理入口。（√）

554. 经过处理，管道水冲击和振动减弱，排气阀有水溢流时，缓慢开启出口阀恢复正常运行。（√）

555. 对于有备用的转动机械应进行切换工作，超过允许温度值应紧急停止运行。（√）

556. 油杯加油应定时进行，如果轴承温度高，又无异常，应及时添加润滑油脂。（×）

正确答案：油杯加油应定时进行，如果轴承温度高，又无异常，应及时更换油杯内存油，并进行添加。

557. 转动机械温度高时应加强检查，利用看、摸、听、闻初步确定温度高的原因。（√）

558. 合适的振动频率是提高除尘效果的途径之一。（√）

559. 对于粉尘的比电阻不在 $10^4 \sim 10^{11}\Omega \cdot cm$ 范围可采用适当降低烟气温度或炉膛出口喷水方法提高除尘效果。（×）

正确答案：对于粉尘的比电阻不在 $10^4 \sim 10^{11}\Omega \cdot cm$ 范围可采用适当降低烟气温度或除尘器入口喷雾化水方法提高除尘效果。

560. 在巡检时发现电除尘器整流变压器漏油严重，应立即汇报，等待处理。 (×)

正确答案：在巡检时发现电除尘器整流变压器漏油严重，应立即停止电除尘运行。

561. 分析锅炉负荷与给水流量的变化，才能处理负荷变化引起的虚假水位。 (√)

562. 回转式空气预热器跳闸而无明显故障、无异常信号、电流正常，可强行启动一次。 (√)

563. 回转式空气预热器故障停止运行，应紧急停炉。 (×)

正确答案：两侧回转式空气预热器故障停止运行，应紧急停炉。

564. 当检查时发现振打外轴转动，而电场内部无振打声，可判断绝缘轴断裂，应班组进行更换 (×)

正确答案：当检查时发现振打外轴转动，而电场内部无振打声，可判断绝缘轴断裂，应通知相关人员，办理相关手续，停止电场运行进行处理。

565. 当某电场显示内部短路，并自动跳闸，应重新启动一次。 (×)

正确答案：电场显示内部短路，并自动跳闸，不能再启动。

566. 处理就地水位计自锁装置时，操作人员应站在水位计侧面，以防烫伤。 (√)

567. 水位计某侧自锁装置不能回位时，其自锁球两面压强不相等。 (×)

正确答案：水位计某侧自锁装置不能回位时，其自锁球两面压强相等。

568. 转动设备润滑油乳化必须进行润滑油更换。 (√)

569. 叶轮是使吸入叶片间的气体强迫旋转，使其产生离心力而从叶轮中排出。 (√)

570. 吹灰器前进到限位器即完成一个吹扫过程。 (×)

正确答案：枪式吹灰器前进到限位器然后后退到备用位置即完成一个吹扫过程。

571. 轴承振动过大受到过载影响，严重影响润滑油膜的稳定性。 (×)

正确答案：轴承振动过大受到冲击负载影响，严重影响润滑油膜的稳定性。

572. 运行中如果油箱内油质不合格，利用一边注油，一边放油的方法更换润滑油。 (√)

单选题

1. 填写设备巡检记录时下列不需要的是(B)。

A. 填写清楚　B. 双方签字　C. 按时上交　D. 运行状态

2. 投影线或投影方向垂直于投影面的投影称为(B)投影法。

A. 中心　B. 正　C. 斜　D. 平行

3. 不属于平行投影的投影法是(C)投影法。

A. 平行　B. 斜　C. 中心　D. 正

4. 在三视图中，反映物体上下、左右位置关系的视图是(A)。

A. 主视图　B. 俯视图

C. 左视图　D. 在三个视图都中有可能

5. 画三视图时，主视图和左视图的关系是(B)。

A. 长对正　B. 高平齐　C. 宽相等　D. 无关系

6. 零件图的主要作用之一是(B)。

A. 指导读零件的结构　B. 直接指导制造零件

C. 读零件图与装配图关系　D. 读零件之间的配合情况

7. 安全检查中的经常性的“日查”，主要在日常生产活动中进行，一般由(C)组织。

A. 车间主任　B. 技术员　C. 班组长　D. 工段长

8. 安全检查中的“周查”由(D)组织实施。

A. 车间主任　B. 技术员　C. 班组长　D. 值班长或工段长

9. 安全检查中的“日查”主要是检查落实安全技术规程及岗位安全生产责任制，交接班检查，设备的巡回检查，发现隐患，(A)。

A. 纠正违章　B. 分清责任　C. 整改落实　D. 处分责任人

10. 毒物的沸点(C)。

A. 越低毒性越小　B. 越高毒性越大　C. 越低毒性越大　D. 与毒性无关

11. 由呼吸而直接进入人体，这是污染造成(A)途径之一。

A. 危害最大　B. 危害最小　C. 危害一般　D. 没有危害

12. 煤烟对人体健康危害主要体现在直接作用于呼吸系统诱发和加重(B)。

A. 心血管疾病　B. 慢性阻塞性肺炎

C. 呼吸道疾病　D. 神经性疾病

13. (D)是对污染物的回收方法之一。

A. 蒸发　B. 干燥　C. 排放　D. 吸收

14. 清洁生产涵盖有深厚的理论基础，但其实质是(A)。

A. 最优化理论　B. 测量学基本理论

C. 环境经济学基本理论　D. 资源经济学基本理论

15. 通常将(A)m^2 可燃液体表面着火视为初期灭火范围。

A. 1　B. 1.5　C. 2　D. 3

16. ISO 14001 标准以其系统化的思想和广泛的适用性，受到世界各国的重视，其主要特点有强调(D)，强调法律、法规的符合性，强调系统化管理，强调文件化，强调相关方的观点。

A. 污染预防　B. 持续改进

C. 末端治理　D. 污染预防、持续改进

17. ISO 14001 中为了确保环境因素评价的准确性，在识别环境因素时应考虑的三种状态是(C)。

A. 开车、停机和检修状态　B. 连续、间歇和半连续状态

C. 正常、异常和紧急状态　D. 上升、下降和停止状态

18. 为了确保环境因素评价的准确性，ISO 14001 中在识别环境因素时应考虑的三种时态是(A)。

A. 过去、现在和将来　B. 开车、停机和检修

C. 正常、异常和紧急　D. 上升、下降和停止

19. HSE 审核总则：公司应按(A)对 HSE 管理体系进行审核和评审。

A. 适当的时间间隔　B. 半年一次

C. 每年三次　D. 每年四次

20. 公司 HSE 管理体系的审核分为内部审核和(C)。

A. 第一方审核　B. 第二方审核　C. 第三方审核　D. 第四方审核

21. HSE 审核过程中第三方审核一般每(B)年进行一次。

A. 2　　B. 3　　C. 4　　D. 1

22. 评审的目的是检验 HSE 管理体系的适宜性、(B)和有效性。

A. 充分性　　B. 公平性　　C. 权威性　　D. 必要性

23. 危害是指可能造成(C)、疾病、财产损失、工作环境破坏的根源或状态。

A. 设备事故　　B. 工艺事故　　C. 人员伤亡　　D. 环境污染

24. 废水治理的方法有物理法、(A)法和生物化学法等。

A. 化学　　B. 过滤　　C. 沉淀　　D. 结晶

25. 工业废水处理中最常用的是(C)和树脂吸附剂。

A. 白土　　B. 硅藻土　　C. 活性炭　　D. 硅胶

26. (D)不属于工业废水的化学处理法。

A. 中和　　B. 化学沉淀　　C. 氧化还原　　D. 汽提

27. 采用静电、布袋、离心力等方法可以大幅度减少烟气中(A)的含量。

A. 尘粒　　B. 硫　　C. NO_x 化合物　　D. 一氧化氮

28. (D)是降低氮氧化合物产生量的重要方法。

A. 改进设备　　B. 提高燃料质量

C. 烟气内添加硝　　D. 改善燃烧条件

29. 市面上石灰粉煤粉水泥、纯粉煤灰水泥和水泥煤渣瓦、硅酸盐瓦均再利用了(D)。

A. 焦渣　　B. 石灰石　　C. 矿渣　　D. 粉煤灰

30. 为了做好防冻防凝工作，停用的设备、管线与生产系统连接处要加好(B)，并把积水排放吹扫干净。

A. 阀门　　B. 盲板　　C. 法兰　　D. 保温层

31. 为了做好防冻防凝工作，低温处的阀门井、消防栓、管沟要逐个检查，排除积水，采取(C)措施。

A. 加固　　B. 疏导　　C. 防冻保温　　D. 吹扫

32. "夏季四防"包括防暑降温、防汛、(A)、防倒塌。

A. 防雷电　　B. 防霉变　　C. 防跌滑　　D. 防干旱

33. (B)属于石化行业职业病。

A. 近视　　B. 尘肺病　　C. 肩周炎　　D. 哮喘

34. 下列与电力生产密切相关的职业病是(A)。

A. 耳聋　　B. 鼻炎　　C. 关节炎　　D. 眼炎

35. (D)的情况不属于一般事故。

A. 一次造成 1~9 人重伤

B. 一次造成 1~2 人死亡

C. 一次造成直接经济损失 10 万~100 万

D. 一次造成 10 人及以上重伤

36. (B)的情况属于特大事故。

A. 一次事故造成 8 人及以上死亡

B. 一次事故造成直接经济损失 500 万元以上

C. 一次事故造成 3~9 人死亡

D. 一次事故造成 10 人及以上重伤

37. 在 HSE 体系中，(A)是指组织在职业健康安全绩效方面所达到的目的。

A. 目标　　B. 事件　　C. 不合格　　D. 不符合

38. 在 HSE 体系中，(B)是指与组织的职业健康安全绩效有关的或受其职业健康安全绩效影响的个人或团体。

A. 目标　　B. 相关方　　C. 事件　　D. 不符合

39. 造成死亡、职业病、伤害、财产损失或环境破坏的事件称为(C)。

A. 灾害　　B. 毁坏　　C. 事故　　D. 不符合

40. 电网负荷为不满 1000MW 的，减供负荷 20%或者 100MW 属于电力(B)。

A. 重大事故　　B. 一般事故　　C. 一类事故　　D. 特大事故

41. 产品、过程或服务的适用性指的是产品、过程或服务在特定条件下适合(A)用途的能力。

A. 规定　　B. 期待　　C. 最佳　　D. 特殊

42. 量值或种类数量标准化品种控制是指：为满足主要需要，对产品、过程或服务的(D)做最佳选择。

A. 质量　　B. 数量

C. 量值或种类数量　　D. 种类

43. 企业质量体系认证是认证机构作为(C)对企业的质量保证和质量管理能力依据标准所作的综合评价。

A. 第一方　　B. 第二方　　C. 第三方　　D. 政府

44. 产品质量认证活动是(D)开展的活动。

A. 生产方

B. 购买方

C. 生产和购买双方

D. 独立于生产方和购买方之外的第三方机构

45. 我国《标准化法》、《产品质量认证条例》规定，对有(A)的产品，企业可以申请产品质量认证。

A. 国家标准和行业标准　　B. 地方标准和行业标准

C. 地方标准和企业标准　　D. 国家标准和企业标准

46. 全面质量管理与传统质量管理截然不同，它要求产品的质量必须符合(D)要求，这体现出全面质量管理的适用性特点。

A. 技术标准　　B. 规范

C. 企业事先预定的技术　　D. 用户

47. 全面质量管理强调以(B)质量为重点的观点。

A. 产品　　B. 工作　　C. 服务　　D. 工程

48. 按 ISO 9001：2000 标准建立质量管理体系，鼓励组织采用(B)方法。

A. 管理的系统　　B. 过程

C. 基于事实的决策　　D. 全员参与的

49. 质量管理体系要求企业除应有(A)上的保证能力以外，还应有资源上的保证能力。
A. 管理
B. 质量计划
C. 质量政策与程序
D. 质量文件

50. 企业的质量方针是由(D)决策的。
A. 全体员工
B. 基层管理人员
C. 中层管理人员
D. 最高管理层人员

51. 下列关于 PDCA 动态循环标准的论述中，正确的是(A)。
A. 2000 年版质量管理标准采用了 PDCA 的动态循环标准
B. PDCA 的动态循环只能用于单个过程
C. PDCA 的动态循环只能用于整个网络集成管理
D. PDCA 中的 A 指的是“检查”

52. PDCA 循环的四个阶段八个步骤的第四个步骤是(B)。
A. 总结
B. 拟订对策并实施
C. 分析问题原因
D. 效果的确认

53. 关于 PDCA 循环说法不正确的一项是(C)。
A. PDCA 循环是一种科学的工作方法
B. 循环不停地转动，每转动一周提高一步
C. 循环是一个综合性的循环，每个循环不得遗留问题
D. 循环各个环节互相联系，彼此促进

54. 可以用于审核和第三方认证的标准是(B)。
A. ISO 9000：2000《质量管理体系基础和术语》
B. ISO 9001：2000《质量管理体系要求》
C. ISO 9004：2000《质量管理体系业绩改进指南》
D. ISO 10012：2000《测量控制系统》

55. ISO 9001 和 ISO 9004 的区别在于(D)。
A. 采用以过程为基础的质量管理体系模式
B. 建立在质量管理八项原则的基础之上
C. 强调与其他管理标准的相容性
D. 用于审核和认证

56. 关于 ISO 9001 和 ISO 9004 说法不正确的是(A)。
A. 两项标准具有相同的适用范围
B. 两项标准都建立在质量管理八项原则的基础之上
C. 两项标准都采用以过程为基础的质量管理体系模式
D. 两项标准都应用了相同的质量管理体系基础和术语

57. 2000 版 ISO 9000 族标准的核心标准不包括(C)。
A. ISO 9001
B. ISO 9004
C. ISO /TR10013
D. ISO 19011

58. 下列各项中属于产品固有特性的是(B)。
A. 价格
B. 噪声
C. 保修期
D. 礼貌

59. 对于质量定义中的“要求”理解不正确的是(C)。

A. 要求是指明示的需求或期望　　B. 要求是指通常隐含的需求或期望

C. 要求是指标准规定的需求和期望　　D. 要求是指必须履行的需求和期望

60. 质量是一组(D)满足要求的程度。

A. 特性　　B. 内在特性和外在特性

C. 赋予特性　　D. 固有特性

61. PDCA 循环是实施 ISO 9000 族标准(B)原则的方法。

A. 系统管理　　B. 持续改进

C. 过程方法　　D. 以事实为决策依据

62. “将各个过程的目标与组织的总体目标相关联。”是实施 ISO 9000 族标准(C)原则带来的效应。

A. 过程方法　　B. 持续改进　　C. 系统管理　　D. 全员参与

63. “将持续地对产品、过程和体系进行改进作为组织每一名员工的目标。”是实施 ISO 9000族标准(D)原则时要开展的活动。

A. 全员参与　　B. 过程方法　　C. 系统管理　　D. 持续改进

64. 在 Word 中，不能进行的字体格式设置是(C)。

A. 文字的缩放　　B. 文字的下划线

C. 文字的旋转　　D. 文字的颜色

65. Word 的“文件”命令菜单底部显示的文件名所对应的文件是(D)文档。

A. 当前已经打开的所有　　B. 当前被操作的

C. 扩展名是 DOC 的所有　　D. 最近被操作过的

66. 在 Word 中，若要计算表格中某行数值的总和，可使用的统计函数是(A)。

A. Sum( )　　B. Total( )　　C. Count( )　　D. Average( )

67. 在 Word 中，可用于计算表格中某一数值列平均值的函数是(C)。

A. Abs( )　　B. Count( )　　C. Average( )　　D. Total( )

68. 在 Excel 工作表中，单元格区域 D2：E4 所包含的单元格个数是(B)。

A. 5　　B. 6　　C. 7　　D. 8

69. 在 Excel 工作表中，第 11 行第 14 列单元格地址可表示为(D)。

A. M10　　B. N10　　C. M11　　D. N11

70. 在 Excel 工作表中，以下所选单元格区域可表示为(A)。

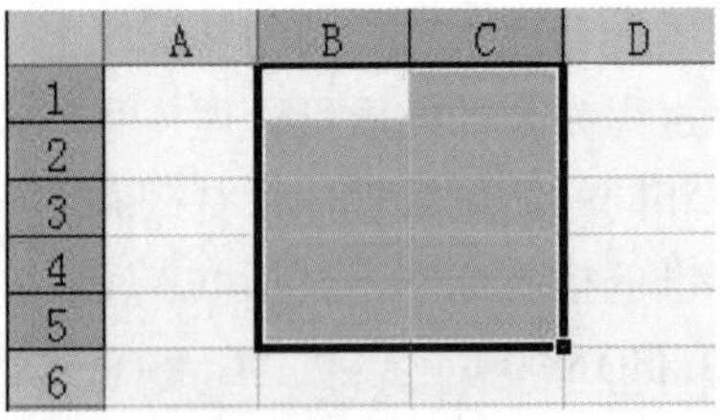

A. B1：C5　　B. C5：B1　　C. C1：C5　　D. B2：B5

71. 如图所示页面中的斜杠是通过(B)中单元格里的边框来实现。

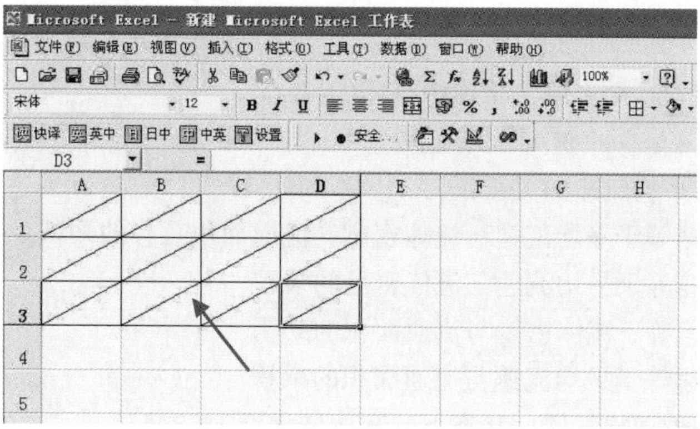

A. 编辑　　B. 格式　　C. 工具　　D. 窗口

72. Excel 的单元格中文字换行用(D)键。

A. Tab　　B. Enter　　C. Ctrl+Enter　　D. Alt+Enter

73. 当事人采用合同书形式订立合同的，自双方当事人(C)时合同成立。

A. 制作合同书　　B. 表示受合同约束

C. 签字或者盖章　　D. 达成一致意见

74. 下列各种合同中，必须采取书面形式的是(D)合同。

A. 保管　　B. 买卖　　C. 租赁　　D. 技术转让

75. 下面不属于书面合同的是(B)。

A. 表格合同　　B. 保险单　　C. 定式合同　　D. 合同确认书

76. 法人的法定代表超越权限签订的合同的效力为(B)。

A. 有效

B. 相对人知道或应当知道其超越权限的无效

C. 无效

D. 法人追认的对法人有效

77. 某企业在其格式劳动合同中约定：员工在雇佣工作期间的伤残、患病、死亡，企业概不负责。如果员工已在该合同上签字，该合同条款(A)。

A. 无效

B. 是当事人真实意思的表示，对当事人双方有效

C. 不一定有效

D. 只对一方当事人有效

78. 理想的流体是一种假象的，属于没有(D)的流体。

A. 磁性　　B. 凝固性　　C. 紊流性　　D. 黏性

79. 密度 ρ 和重度 γ 的关系是(B)。

A. $\rho=\gamma g$　　B. $\gamma=\rho g$　　C. $\gamma=\rho$　　D. 二者无关

80. 液体的密度一般看为常数，完全气体密度是一个(D)。

A. 定值　　B. 反常数　　C. 函数　　D. 无量纲量

81. 在高压下，流体的黏性随压力升高而(A)。

A. 增大　　B. 减少

C. 不变　　D. 变化很小，可以忽略不计

82. 文丘里管装置是用来测定管道中流体的(B)。

A. 压力　　B. 体积流量　　C. 阻力　　D. 流体流速

83. 质量流速与平均流速的关系是(A)。

A. 质量流速等于平均流速、流体密度、流通面积三者的乘积

B. 质量流速等于平均流速与流体密度的乘积

C. 质量流速等于流体密度与流通面积的乘积

D. 质量流速等于平均流速与流通面积的乘积

84. 对于任何一种理想气体，状态下的气体体积皆为(B)L。

A. 12.3　　B. 22.4　　C. 36.5　　D. 41.32

85. 比热容是指单位质量的物质温度升高或者降低(A)℃所吸收或放出的热量。

A. 1　　B. 2　　C. 3　　D. 4

86. 用压力表测得的数值是(D)的部分，这个值称为真空的多少。

A. 大气压力低于表压力　　B. 绝对压力低于表压力

C. 绝对压力高于大气压力　　D. 绝对压力低于大气压力

87. 液体的静压力特性是：静压力方向和其作用面相垂直并指向作用面，静止液体内任一给定点的各个方向的液体静压力(D)。

A. 不等　　B. 波动　　C. 谐振　　D. 相等

88. 稳定流动是指流体中任一点的压力和流速不随时间变化，而只随(D)的不同而变化。

A. 方向　　B. 高度　　C. 平均流速　　D. 空间位置

89. 1at=(B)Pa。

A. 98.0665×10^4　　B. 9.80665×10^4

C. 98.0665×10^2　　D. 9.80665×10^2

90. 根据下图分析出各点压力的关系是(A)。

A. $P_a=P_0+P_k+h$

B. $P_a=P_0-P_k-h$

C. $P_a=P_0-P_k+h$

D. $P_a=P_0+P_k-h$

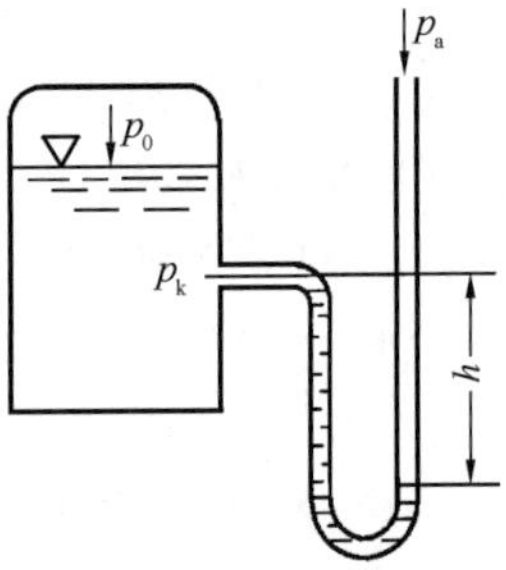

91. 真空严密性测试的目的是检测凝汽设备真空设备真空系统内的(A)、附件以及凝汽器本身的各个结合面的程度。

A. 管路　　B. 管径

C. 汽路　　D. 水路

92. 真空系统大量漏气通常是由于膨胀不均匀或机械碰撞造成(B)管路或管件破裂引起的。

A. 设备系统　　B. 真空系统　　C. 循环系统　　D. 管道系统

93. 下列哪些状态参数不能独立表示工质状态(C)。
A. 温度　B. 压力　C. 内能　D. 焓
94. 下列状态参数不是理想气体状态方程中的有(C)。
A. 温度　B. 压力　C. 内能　D. 体积
95. 在管道材料一定的前提下，决定对流传热的最重要因素是(C)。
A. 温度　B. 表面导热系数　C. 温度差　D. 介质流速
96. 导热系数的单位是(A)。
A. W/(m^2·K)　B. (m^2·K)/W　C. J　D. W
97. 导热率的大小是表征导热效果的好坏，导热率越大(C)。
A. 导热效果越差　B. 热阻越大
C. 导热效果越好　D. 热损失越大
98. 理想气体热力过程 p-V 图中的等温线是(C)形状。
A. 直线　B. 抛物线　C. 双曲线　D. 椭圆
99. 在等温过程中气体的压力随着体积的不断变大而(B)。
A. 不断变大　B. 不断变小　C. 不变化　D. 没有关系
100. 热力循环的经济性指标是：(A)代价。
A. 收获和付出　B. 收获　C. 付出　D. 产汽量的多少
101. 水蒸气的饱和状态是(C)。
A. 永远不变化的过程　B. 静态平衡过程
C. 动态平衡过程　D. 一个交变的状态
102. 水蒸气的凝结过程是一个(B)过程。
A. 吸热　B. 放热
C. 没有能量变化　D. 温度不变化
103. 露点属于(A)固有的属性。
A. 酸液　B. 碱液　C. 盐　D. 有机物
104. 硫酸的露点是(A)℃。
A. 98　B. 102　C. 76　D. 85
105. 水蒸气的湿度是表征(B)程度的参数。
A. 水蒸气的温度　B. 水蒸气中含水量
C. 水蒸气凝结热　D. 水蒸气汽化热
106. 一定压力和温度下的饱和蒸汽的(A)。
A. 湿度最大　B. 湿度最小　C. 过热度较大　D. 100℃
107. 换热器的热量传递是从热流体到(A)。
A. 冷流体　B. 固体　C. 气体　D. 三者都有
108. 锅炉应用的换热器都是采用(A)换热的方式。
A. 对流　B. 辐射　C. 混合　D. 传导
109. 机械各部分之间具有(B)的相对运动。
A. 不确定　B. 确定　C. 完全一致　D. 完全相反

110. 下面几种说法中，属于通用零件的是(D)。
A. 内燃机的曲轴　　B. 汽轮机叶片
C. 汽轮机的轴　　D. 齿轮

111. 下面四种说法中，描述零件部件正确的是(B)。
A. 零件是运动的基本单元
B. 零件是加工的基本单元
C. 机构和零件都可以作为加工的基本单元
D. 机构是加工的基本单元

112. 对于同一机器来说，部件是为完成(A)使命，在结构上组合在一起的。
A. 同一　　B. 两个　　C. 多个　　D. 不确定

113. 下列不属于构件的是(D)。
A. 凸轮机构　　B. 铰链四杆机构　　C. 杠杆机构　　D. 洗衣机

114. 下列不属于按照凸轮形状分类的凸轮机构是(D)。
A. 盘形凸轮　　B. 移动凸轮　　C. 圆柱凸轮　　D. 顶尖从动件

115. 机构是两个以上的构件以机架为基础，由(B)以一定方式联结形成的具有确定相对运动的构件系统。
A. 零件类型　　B. 运动副　　C. 构件类型　　D. 部件类型

116. 大直径的滑动轴承承受的载荷方向是(B)。
A. 轴向　　B. 径向
C. 不确定　　D. 轴向和径向同时存在

117. 以下滚动轴承属于按滚动体种类分类的是(D)。
A. 推力轴承　　B. 轴向轴承　　C. 径向轴承　　D. 调心轴承

118. 滚动轴承与滑动轴承相比具有(A)优点。
A. 滚动轴承的摩擦系数比滑动轴承小，传动效率高
B. 滚动轴承承受负荷的能力比同样体积的滑动轴承小得多
C. 滚动轴承振动和噪声较小，特别是在使用后期尤为显著
D. 滚动轴承对金属屑等异物特别敏感，轴承内一旦进入异物，就会断续地产生较大振动和噪声，亦会引起早期损坏

119. 公称外径尺寸范围为26mm以下的轴承属于(A)。
A. 微型轴承　　B. 小型轴承　　C. 中小型轴承　　D. 中大型轴承

120. 下列对轴承的分类不正确的是(D)。
A. 球形轴承　　B. 圆柱轴承　　C. 推力轴承　　D. 三角轴承

121. 两个相同的力必须满足的条件是(D)。
A. 两个力的大小一样
B. 两个力的方向一样
C. 两个力的作用点一样
D. 两个力的大小，作用点，方向完全一样

122. 力的作用效果描述正确的是(A)。
A. 改变物体的运动状态和形状　　B. 改变物体的质量
C. 改变物体的性质　　D. 改变物体的内部机构

123. 以下力属于性质力的是(D)。

A. 推力　B. 往复力　C. 动力　D. 摩擦力

124. 联轴器所连接转动机械的两个轴中心线(B)。

A. 在空间任意位置　B. 在同一条轴心线上

C. 45°位置　D. 垂直位置

125. 下列因素不是影响离合器的选择条件有(A)。

A. 工艺流程　B. 原动机的启动特性

C. 离合器的承载特性　D. 结合元件的性质

126. 离合器的摩擦件一般是通过离合器的壳体散发到外面去的，一般情况下离合器的外壳的温度不超过(D)℃。

A. 40~50　B. 50~60　C. 60~70　D. 70~80

127. 衡量齿轮大小的根本依据是(A)。

A. 分度圆　B. 齿高圆　C. 齿根圆　D. 齿轮材料

128. 齿顶圆与齿根园半径的差是(D)。

A. 齿轮厚度　B. 齿轮长度

C. 齿轮的齿高　D. 齿轮的啮合长度

129. 减速器按照传动类型分，下面四种中不属于同一类型的是(D)。

A. 斜齿轮减速器　B. 行星齿轮减速器

C. 摆线针轮减速器　D. 单级减速器

130. 下列对于轴的分类中属于按结构来分类的是(C)。

A. 转轴　B. 心轴　C. 阶梯轴　D. 传动轴

131. 滑动轴承和滚动轴承摩擦力的大小关系是(A)。

A. 滑动轴承的摩擦力大于滚动轴承

B. 滑动轴承的摩擦力小于滚动轴承

C. 滑动轴承和滚动轴承的摩擦力一样大

D. 两者之间没有必然联系

132. 以下对离合器的基本要求描述不正确的是(D)。

A. 离合迅速，平稳无冲击，分离彻底，动作准确可靠

B. 结构简单，重量轻，惯性小，外形尺寸小，工作安全可靠，效率高

C. 结合元件的耐磨性能高，使用寿命长，散热条件好，操作方便省力，制造容易，调整维修方便

D. 必须采用润滑油来实现结合部件的冷却

133. 屈服点是金属在拉伸过程中产生屈服现象的应力大小，应力的单位是(C)。

A. ℃　B. N · m　C. MPa　D. N/m^2

134. 一些大型设备的基座大都对金属要求不是很高，故经常采用(B)。

A. 锻件　B. 铸件　C. 冲压件　D. 高标号钢

135. 下列对金属材料的加工工艺中改变了金属内部结构的是(A)。

A. 焊接　B. 磨加工　C. 切削加工　D. 线切

136. 下列钢号中不属于优质碳素结构钢的是(D)。
A. 08　B. 15　C. 15F　D. T10
137. 对于碳素工具钢含碳量比例正确的是(A)。
A. 0.7%~1.35%　B. 0.08%~0.75%　C. >0.35%　D. <0.07%
138. 热工仪表通常应用的条件较普通仪表(A)。
A. 工作条件恶劣　B. 工作条件优越
C. 显示精度高　D. 工作温度高
139. 热电偶的测温范围是(D)℃。
A. 600~1700　B. 800~1700　C. -200~40　D. -200~1700
140. 热电偶的实际温度测量值是(C)。
A. 温度差　B. 温度值　C. 电势信号　D. 脉冲信号
141. 弹簧式压力表测量范围在(D)MPa。
A. 0~20　B. 0~30　C. 0~35　D. 0~40
142. 气动式压差传感器是将被测量的差压变换为(C)。
A. 脉冲信号　B. 液压信号　C. 气压信号　D. 电阻变化信号
143. 以下测量仪表中不属于测量流量的仪表是(D)。
A. 差压式流量计　B. 分流旋翼式流量计
C. 涡流式流量计　D. 皮托管流量计
144. 差压式流量计是利用(B)两点间的差压的原理来测量流量。
A. 阀门前后　B. 节流装置前后
C. 压力表前后　D. 管道中任意两点之间
145. 流量测量仪表是通过测量(B)来间接测量流量的。
A. 压力差　B. 流速　C. 阻力　D. 电动势
146. 分散控制系统是一种以多台(A)为基础，采用控制功能分散、显示操作集中、兼顾分治和综合协调设计原则的新一代仪表控制系统。
A. 微处理器　B. PI 控制器　C. PD 控制器　D. PID 控制器
147. 下列对于自动调节系统的分类不属于按照工艺参数分类的是(A)。
A. 比例调节系统　B. 温度调节系统
C. 压力调节系统　D. 流量调节系统
148. 下列调节系统分类不属于按照动态分类的是(A)。
A. 线性调节系统　B. 连续调节系统
C. 断续调节系统　D. 随动调节系统
149. 下列不属于锅炉燃烧过程自动调节任务的是(D)。
A. 维持锅炉的蒸汽的压力值　B. 保证锅炉燃烧的经济性
C. 维持炉膛负压在设定范围内　D. 保证锅筒水位在一定值
150. 对于系统误差描述不正确的是(D)。
A. 由于仪器结构上不够完善或仪器未经很好校准等原因会产生误差，例如，各种刻度尺的热胀冷缩，温度计、表盘的刻度不准确等都会造成误差
B. 由于实验本身所依据的理论、公式的近似性，或者对实验条件、测量方法的考虑不周也会造成误差

C. 由于测量者的生理特点，例如反应速度，分辨能力，甚至固有习惯等也会在测量中造成误差

D. 在相同条件下，对同一物理量进行多次测量，由于各种偶然因素，会出现测量值时而偏大，时而偏小的误差现象

151. 实验表明，大量次数的测量所得到的一系列数据的偶然误差都服从一定的统计规律，以下对于这些规律描述不正确的是(C)。

A. 绝对值相等的正负误差出现的几率是一样的

B. 绝对值小的误差比绝对值大的误差出现的几率大

C. 绝对值小的误差比绝对值大的误差出现的几率小

D. 误差不会超出一定的范围

152. 由于仪表的原因造成的误差是系统误差，下列(D)因素不是造成仪表误差的原因。

A. 各种刻度尺的热胀冷缩　　B. 表盘的刻度不准确

C. 仪表本身的精度比较小　　D. 试验条件和试验方法不同

153. (C)是由调节器、测量元件和执行器等仪器仪表组成，根据一般规律所进行的一种自动控制系统。

A. 集散控制　　B. 特殊控制　　C. 常规控制　　D. DCS

154. DCS 操作员站主要功能是为系统的运行操作提供人机界面，使操作员可以通过操作员站及时了解现场运行状态、各种运行参数、是否有异常情况发生。下列不属于其基本组成有(C)。

A. 面向被控制现场的现场 I/O 控制站　　B. 面向操作人员的操作员站

C. 面向操作人员的监督管理工程师站　　D. 面向 DCS 监督管理的工程师站

155. 国际单位制的国际通用符号是(B)。

A. SJ　　B. SI　　C. SL　　D. SD

156. 目前，国际单位制基于(D)个基本单位。

A. 1　　B. 3　　C. 5　　D. 7

157. 下列 SI 词头用法中，正确的是(D)。

A. 力矩的单位 Nkm　　B. 电场长度的单位 kV/mm

C. 长度单位 mum　　D. 质量单位 Mg

158. 根据我国的法定计量单位使用要求，电阻率单位 Ωm 的名称书写为应为(A)。

A. 欧姆米　　B. 欧姆/米　　C. 欧姆-米　　D. [欧姆][米]

159. 用量程 1.0MPa 的 1.5 级压力表比用量程为 1.6MPa 的 1.0 级压力表测量 0.8MPa 压力的准确度(B)。

A. 高　　B. 低　　C. 大　　D. 小

160. 火力发电厂与水力发电厂比较具有的特点，下列描述不正确的是(D)。

A. 火力发电厂会对环境产生一定的影响

B. 火力大电厂的运行成本高于水电厂

C. 火力发电厂的前期投资少，建设周期短，见效快

D. 火力大电厂的后期投资少，运行稳定不受外界影响

161. 凝汽器的凝结水在进入除氧器之前，为了避免除氧水与凝结水的温差过大造成水击，凝结水需要经过(B)加热。

A. 高压加热器　B. 低压加热器　C. 轴封加热器　D. 扩容器

162. 锅炉的给水需要较大的压力和较高的温度，为了满足锅炉生产的安全稳定，除氧水还需要经过(B)。

A. 给水泵和低压加热器　B. 给水泵和高压加热器
C. 循环水泵和高压加热器　D. 凝结水泵和高压加热器

163. 电力生产的劳动环境具有的特点描述错误的是(D)。

A. 电气设备多　B. 易燃易爆的物品多
C. 高速转动设备多　D. 无任何潜在危险

164. 下列不属于电业生产的范畴是(C)。

A. 电力生产　B. 电力基本建设　C. 配电　D. 电力多种经营

165. 1cal(卡)等于(B)J(焦尔)。

A. 4.1　B. 4.2　C. 4.3　D. 4.4

166. 1in(英寸)等于(A)mm。

A. 25.4　B. 25.5　C. 25.6　D. 25.7

167. 按照发电厂的容量来分类，300MW 的属于(C)。

A. 小容量发电厂　B. 中容量发电厂
C. 大中容量发电厂　D. 大容量发电厂

168. 发电厂装机容量一般是指该发电厂的所有发电机(B)的总和。

A. 最大功率　B. 额定功率　C. 单机功率　D. 最大功率

169. 电力系统中，火力发电厂承担(A)的任务。

A. 基荷　B. 峰荷　C. 调频　D. 调峰

170. 汽轮机的叶片分为(B)。

A. 动叶片　B. 动叶片，静叶片
C. 静叶片　D. 长叶片，短叶片

171. 背压式汽轮机的排气压力(A)大气压力。

A. 高于　B. 低于　C. 等于　D. 不确定

172. 凝汽式汽轮机较背压式汽轮机在设备方面最大的区别是(C)。

A. 凝汽机不排气　B. 背压机不排气
C. 凝汽机有凝汽器　D. 压力等级不一样

173. 汽轮机是通过(A)将机械能传递给发电机。

A. 轴　B. 轴承　C. 齿轮　D. 减速器

174. 汽轮机的散热损失最大的是(A)。

A. 压力缸　B. 轴封　C. 轴承　D. 主进气管

175. (A)是锅炉给水压力的保证。

A. 给水泵　B. 凝结水泵　C. 循环水泵　D. 疏水泵

176. 凝汽器的凝结水的排出设备是(B)。

A. 循环水泵　B. 凝结水泵　C. 疏水泵　D. 给水泵

177. 下列对于给水泵的压力调整方式不合理的是(D)。
A. 调整给水泵的转速　B. 调整给水泵的出口阀门的开度
C. 利用给水泵的再循环管　D. 调整给水泵的入口阀门的开度
178. 汽轮机的汽缸最主要的作用是(A)。
A. 保证高压蒸汽具有足够的膨胀空间　B. 防止转轮伤人
C. 保温　D. 提供轴承支座
179. 汽轮机的主轴最重要的作用是(A)。
A. 传递机械能　B. 给转轮提供支持
C. 连接发电机和汽轮机　D. 为发电机提供转动中心
180. 热力除氧主要是(B)给水，使得水中的含氧量减少。
A. 加压　B. 加热　C. 加入化学剂　D. 加热和加压
181. 热力除氧主要是应用(C)的原理除氧。
A. 水温越高，水中的溶解氧量就越高
B. 水温越低，水中的溶解氧量就越高
C. 水温越高，水中的溶解氧量就越低
D. 水压越大，水中的溶解氧量就越大
182. 保证除氧器稳定运行的两个基本条件是(C)。
A. 除氧器满水
B. 除氧器蒸汽压力足够大
C. 除氧器具有一定量的水和一定压力的蒸汽
D. 除氧器能承受足够大的压力
183. 给水加热器一般分为(B)。
A. 高压给水加热器和中压给水加热器
B. 高压给水加热器和低压给水加热器
C. 中压给水加热器和低压给水加热器
D. 高压给水加热器，中压给水加热器，低压给水加热器
184. 给水系统中，加热器的蒸汽凝结水水质较好，一般都重复利用于(C)。
A. 疏水箱　B. 扩容器排掉　C. 除氧器　D. 水沟
185. 水质是指(B)。
A. 水的含盐量　B. 水中各项指标的好坏
C. 水的温度　D. 水的密度
186. 锅炉给水的含氧量是(A)mg/L。
A. 2~7　B. 2~4　C. 10~50　D. 1~10
187. 下列水处理方法属于物理方法的是(A)。
A. 沉淀　B. 中和　C. 漂白　D. 除盐
188. 与沉淀效果直接相关的是(D)。
A. 水质的好坏　B. 温度　C. 沉淀池的大小　D. 沉淀的时间
189. 水的过滤是将水通过(B)而将水中的固体杂质分离出来。
A. 离子交换树脂　B. 沙石，滤网等过滤结构
C. 半透膜　D. 反渗透膜

190. 下列离子属于阴床可以除去的离子有(D)。

A. 钙离子　B. 镁离子　C. 钠离子　D. 氯离子

191. 下列离子属于阳床可以除去的离子有(C)。

A. 氯离子　B. 硫酸根离子　C. 钠离子　D. 硝酸根离子

192. 以下取样，不属于锅炉汽水品质检测取样的是(D)。

A. 锅炉锅水取样　B. 锅炉饱和蒸汽取样

C. 过热蒸汽取样　D. 循环水取样

193. 锅炉汽水取样样品后必须(A)以后才可以进入检测仪表。

A. 冷却减压　B. 水处理

C. 人工分析合格　D. 空气中静置

194. 锅炉给水的除氧按照除氧方式可以分为(A)。

A. 热力除氧，化学除氧　B. 电力除氧，机械除氧

C. 淋水盘式除氧，旋膜式除氧　D. 反应剂除氧，钢剂除氧

195. 磷酸盐加入锅炉主要作用是除去锅水中的(A)。

A. 钙镁离子　B. 钠离子

C. 二氧化硅　D. 氢氧根离子和氢离子

196. 单元制锅炉机组最重要的特点是(B)。

A. 机炉互相不干扰　B. 机炉互相影响

C. 锅炉影响汽轮机　D. 汽轮机影响锅炉

197. 母管制机组相对于单元机组的最大优点是(C)。

A. 系统中的任何一台汽轮机出现故障就会影响整个系统的稳定运行

B. 系统中的任何一台锅炉出现故障就会影响整个系统的稳定运行

C. 机炉影响较小，系统中的任何一台锅炉或者汽轮机出现故障都不会对整个系统出现致命故障

D. 汽轮机和锅炉互不影响

198. 母管制机组锅炉相互连接的枢纽部件是(D)。

A. 锅炉连接母管的主蒸汽管道

B. 汽轮机连接母管的主汽管道

C. 汽轮机与锅炉连接母管的主蒸汽管道

D. 母管

199. 电荷与(D)之间有相互作用力。

A. 电流　B. 电压　C. 电阻　D. 电荷

200. 将其他形式的能量转换为电能的装置称为(D)。

A. 负载　B. 导线　C. 元件　D. 电源

201. 将电能转换成其他形式的能量为(C)。

A. 控制元件　B. 导线　C. 负载　D. 电源

202. 连接电源和负载的导体，为电流提供通路并传输电能的部分叫(B)。

A. 电源　B. 导线　C. 负载　D. 元件

203. 电源中具有一种推动电荷的原动力。叫做(A)。

A. 电源力　　B. 电场力　　C. 电动力　　D. 电势力

204. 对于电池来说，电源力就是(D)。

A. 热力　　B. 动力　　C. 机械力　　D. 化学力

205. 电源电动势用(A)表示。

A. E　　B. F　　C. G　　D. H

206. (B)= 1J/1C

A. W　　B. V　　C. Ω　　D. A

207. 当电路中电源开关被拉开或保险丝熔断或导线断开时叫(C)。

A. 电路　　B. 电路处于通路状态

C. 电路处于开路(断路)状态　　D. 电路处于短路状态

208. 电路中任何不同电位的两点，由于某种原因未经负载而直接被连接在一起时称为(D)。

A. 电路　　B. 电路通路　　C. 电路断路　　D. 电路短路

209. 在一定温度下，导体的电阻与导体的长度成(C)。

A. 反比　　B. 不成比例　　C. 正比　　D. 倒数

210. 在一定温度下，导体的电阻与导体的长度成正比，与截面积成反比，并且与导体的材料(A)。

A. 有关　　B. 无关

C. 在一定温度下有关　　D. 在一定条件下有关

211. 带电粒子在电场力的作用下有规则的定向运动，就形成了(A)。

A. 电流　　B. 电压　　C. 电阻　　D. 电势

212. 导体中电流的正方向与自由电子的流动方向(B)。

A. 相同　　B. 相反　　C. 垂直　　D. 无关

213. 电压的英文字母是(C)。

A. W　　B. A　　C. V　　D. R

214. 能推动电子沿导体流动的一种力量，也可以说是电流的一种动力，称为(A)。

A. 电压　　B. 电导　　C. 电势　　D. 电动势

215. 电位是指电路中某一点到参考点的(B)。

A. 电流　　B. 电压　　C. 电阻　　D. 电抗

216. 单位时间内电流所做的功称为(A)。

A. 电功率　　B. 效率　　C. 机械效率　　D. 热效率

217. 电路的连接有串联、(B)、混联三种形式。

A. 相联　　B. 并联　　C. 直联　　D. 横联

218. 在直流电路中应用(A)。

A. 欧姆定律　　B. 电阻定律　　C. 电流定律　　D. 电压定律

219. 欧姆定律就是反映电阻元件的两端的电压与电流同(C)三者之间的关系的定律。

A. 电抗　　B. 电功　　C. 电阻　　D. 电磁

220. 电流是交变电流的电路称(A)。

A. 交流电路　B. 直流电路　C. 电源电路　D. 不变电路

221. 交流电(C)。

A. 有大小无方向　B. 只有大小

C. 既有大小又有方向　D. 大小不变

222. 交流电瞬时值的最大数值叫(B)。

A. 瞬时值　B. 最大值　C. 最小值　D. 瞬间值

223. 在电气设备中，(D)说明电气设备在停止状态，控制回路的电源正常，合闸回路正常。

A. 红灯灭、绿灯闪光　B. 红、绿灯均不亮

C. 红灯亮　D. 绿灯亮

224. 照明电路必须用(D)制。

A. 三相二线　B. 三相三线　C. 三相一线　D. 三相四线

225. 组合开关手柄沿正方向旋转 90°，使开关快速闭合或(B)。

A. 接通　B. 断开　C. 连接　D. 组合

226. 接触器分为交流和直流两类。主要用于启动和控制电动机的(C)。

A. 电流　B. 电压　C. 电路　D. 电阻

227. 闸刀开关可以(A)和断开额定电流以下的负荷。

A. 接通　B. 断开　C. 连接　D. 分离

228. 发电机的发电量是以千瓦时为计量单位，这是(B)的单位名称。

A. 电功率　B. 电能　C. 电势　D. 电压

229. 给水系统投入前，给水主电动阀应在(A)后开启。

A. 所有阀门调整试验完毕　B. 给水调节阀试验完毕

C. 手动阀门检查完毕　D. 省煤器前进水阀试验完毕

230. 给水管道保温完好，当环境温度 20℃时，其保温层外表温度不得超过(A)℃。

A. 45　B. 60　C. 75　D. 80

231. 锅炉点火前应进行烟风挡板试验，挡板的(D)与操作室内相对应的开关方向一致。

A. 手动操作方向　B. 连接杆行走方向

C. 执行机构转动方向　D. 开关方向

232. 风机的运行试验时要求锅炉分别稳定在约(C)种不同负荷下进行试验。

A. 3　B. 4　C. 5　D. 6

233. 风机进行全特性试验时要求将风机入口的导向器或节流门(A)。

A. 全开　B. 全关　C. 半开半闭　D. 微微开启

234. 大容量锅炉一般都是通过锅炉安全监控系统(FSSS)来实现对锅炉设备的保护，它的试验一般是进行(B)。

A. 动态试验　B. 静态试验

C. 先动态后静态的试验　D. 先静态后动态的试验

235. 锅炉保护复位后逐项对锅炉炉膛安全监控系统进行试验，试验时应依照(C)的原则进行，以便于发现问题。

A. 试子程序　B. 试主程序

C. 先试子程序，后试主程序　D. 先试主程序，后试子程序

236. 转动设备加油过程中润滑油的最后一次过滤是(B)。

A. 厂家装桶　B. 油壶过滤　C. 小桶过滤　D. 中桶过滤

237. 电气除尘器投入前，应先送烟气预热，让电场温度逐渐上升至(C)℃。

A. 90~120　B. 100~110　C. 100~120　D. 90~110

238. 电气除尘器投入前烟气中的最大含尘量不得大于(D)g/m^3。

A. 42　B. 45　C. 50　D. 52

239. 吹灰器吹灰前要检查吹灰管拨叉机构无变形损坏，弹簧阀弹簧和阀杆无偏斜，弹簧阀在(B)状态。

A. 微微关闭　B. 完全关闭　C. 全开　D. 半开半闭

240. 风机启动前对于强制油循环的油系统，可提前启动油泵，并在油泵启动后对油系统的一些情况进行全面检查，以下不属于运行检查内容的有(B)。

A. 油压　B. 油特性

C. 油流量　D. 回油量及油泵运转

241. 对于带有油冷却器的风机，应根据(B)情况投入冷却器，并调好冷却水的流量。

A. 压力　B. 温度　C. 流量　D. 运转

242. 对于强制油循环润滑的风机，应检查油箱的(A，C，D)达到启动要求。

A. 油质　B. 油压　C. 油位　D. 油温

243. 依据 DL 标准得知：新安装锅炉的转动机械须进行(B)，以验证其可靠性。

A. 不小于 4h 的试运行　B. 不小于 8h 的试运行

C. 不小于 30min 的试运行　D. 不小于 1h 的试运行

244. 依据 DL 标准得知：锅炉大小修后的转动机械须进行不少于(C)试运行，以验证可靠性。

A. 2h　B. 8h　C. 30min　D. 1h

245. 除灰系统中的灰罐系统启动时的输送压力一般小于(B)kPa。

A. 20　B. 30　C. 35　D. 40

246. 在除渣系统启动中当高效浓缩的污水池水位至(B)处，启动一台污水泵，检查泵运行，投入备用泵连锁开关。

A. 1/3　B. 2/3　C. 1/4　D. 3/4

247. 在除渣系统启动时若运行(D)h 后捞渣机内部温度仍然高于 60℃，视情况投入备用的冷却塔和调节水泵。

A. 1　B. 2　C. 3　D. 4

248. 锅炉启动前汽水系统中的膨胀指示器应完整，无卡涩、顶碰现象，并应将指针调至基准点上，针尖与板面的距离为(C)mm。

A. 2~3　B. 3~4　C. 3~5　D. 4~5

249. 以下不属于离心水泵启动前必须检查的内容是(C)。

A. 水泵与电动机固定是否良好，螺栓有无松动和脱落

B. 用手盘动靠背轮，水泵转子应转动灵活，内部无摩擦和撞击声

C. 检查冷却水是否畅通

D. 对于新安装或检修后的水泵，必须检查电动机转动的方向是否正确

250. 电除尘器启动前用2500V/MΩ 摇表检查电场及高压供电系统绝缘电阻，其值应大于(D)MΩ。

A. 2200　B. 2000　C. 1500　D. 1000

251. 用1000VMΩ 摇表检查低压系统的绝缘电阻，其值应大于(B)MΩ。

A. 200　B. 300　C. 400　D. 500

252. 在锅炉点火前应对炉内进行通风，通风时间应不少于(B)min。

A. 4　B. 5　C. 6　D. 7

253. 点火前炉膛必须以(C)的额定风量对炉膛及烟道通风。

A. 20%~30%　B. 25%~35%　C. 25%~30%　D. 20%~35%

254. 主蒸汽管道在投入前应进行流量计(C)开启操作。

A. 正压侧二次阀　B. 平衡阀

C. 正、负压一次阀　D. 放水阀

255. 大修后投入减温器前应开启(B)，充分暖管后再投入减温器，防止过大热应力的产生。

A. 调节阀　B. 减温器疏水阀

C. 总阀　D. 调节阀前疏水阀

256. 减温系统投入前调节阀气(电)源应送到(D)，并处于备用状态。

A. 阀门　B. 操作室　C. 动力柜　D. 执行机构

257. (A)应在运行状态下才能投入锅炉连续排污。

A. 排污扩容器　B. 疏水泵　C. 除氧器　D. 凝结水系统

258. 捞渣机上的水封完全建立，(C)内壁应有水膜形成。

A. 捞渣机　B. 水冷壁管　C. 水封槽　D. 底部联箱

259. 锅炉投入运行前，炉膛或烟道的防爆装置完好，(D)的溢流管应有一定的水量。

A. 砂封式防爆门　B. 炉膛看火孔　C. 炉膛活动架　D. 水封式防爆阀

260. 板式换热器投入前应将冷却水出口阀全开，用(D)。

A. 热介质出口量调节水温　B. 热介质入口量调节水温

C. 出口阀调节冷却水量　D. 进水阀调节冷却水量

261. 差压式水位计投入二次阀门前应确认(D)打开。

A. 一次门　B. 二次门　C. 排污门　D. 平衡门

262. 使用底部蒸汽加热过程中，应注意汽源压力与汽包压力的差值。其差值不得低于(D)MPa，以防止锅炉水倒入汽源母管。

A. 0.6　B. 0.3　C. 0.4　D. 0.5

263. 空气压缩机启动前投入气缸和一、二级冷却器的冷却水、冷却水压力不应低于(A)MPa。

A. 0.1　B. 0.2　C. 0.3　D. 0.4

264. 并列运行的空气压缩机启动前要对已带(B)的空气压缩机进行一次全面检查。

A. 空负荷　B. 满负荷　C. 一半负荷　D. 四分之一负荷

265. 锅炉水压试验合格的标准中：锅炉水压试验在试验压力下保持5min，压降不超过(C)MPa/min。

A. 0.3　B. 0.4　C. 0.5　D. 0.6

266. 在锅炉点火后期，燃烧稳定、锅炉负荷达到额定负荷的 70%或者排烟温度达到(C)℃时，依次投入电场。

A. 60　　B. 80　　C. 110　　D. 220

267. 锅炉(D)投入电除尘器除灰系统，并确认系统设备工作情况良好。

A. 带额定负荷后　　B. 正常运行后　　C. 点火后　　D. 点火前

268. 脱硫装置启动时，当石灰石浆液(D)达到 1250kg/m^3 时，方可投入水阀自动。

A. 温度　　B. 干度　　C. 重度　　D. 密度

269. 干式脱硫装置启动时应将(C)启动。

A. 送风机　　B. 引风机　　C. 罗茨风机　　D. 冷却风机

270. 湿式脱硫装置投入运行后要注意(B)变化，及时调节石灰石浆的投放量。

A. 硬度　　B. pH 值　　C. 浓度　　D. 含硅量

271. 空气压缩机停止运行后气水分离器内会有(B)，它会影响压缩风系统运行。

A. 存积空气　　B. 积水　　C. 气水混合物　　D. 杂物

272. 待空气压缩机运转正常后，(A)。

A. 开启出口阀，关闭出口排气阀　　B. 关闭出口阀，开启出口排气阀

C. 关闭出口阀，关闭出口排气阀　　D. 开启出口阀，开启出口排气阀

273. 并列运行的空气压缩机启动过程应注意压缩机出口压力尽可能保持(D)。

A. 经常倒换出口　　B. 一高一低

C. 平衡关系　　D. 一致

274. 风机启动后如发现转动部分有强烈噪声，应(C)。

A. 详细检查　　B. 立即汇报

C. 停机检查　　D. 要求检修人员确定

275. 锅炉极热态点火前已经具有一定的(A)，所以点火后升压、升温可适当加快速度。

A. 压力和温度　　B. 压力和湿度　　C. 温度和流量　　D. 温度和压强

276. 锅炉热态启动时(B)。

A. 可以不进行热膨胀监视　　B. 允许变化率偏大

C. 不允许冲洗汽包水位计　　D. 当锅炉点火后就应该投入电除尘

277. 锅炉的热态启动是指锅炉经较短时间停用，在(D)情况下的启动。

A. 没有压力，温度与环境温度相近　　B. 有一定压力，没有温度

C. 没有压力，有一定的温度　　D. 有一定压力和温度

278. 极热态启动时，应合理使用对空排汽和旁路系统，防止冷空气进入(D)产生较大的热应力。

A. 减温器　　B. 空气预热器　　C. 省煤器　　D. 过热器

279. 在锅炉冷态启动过程中，压力升高到(D)MPa 时应关空气门。

A. 2.0　　B. 1.0　　C. 0.8　　D. 0.2

280. 锅炉经长时间备用或检修后，在(D)情况下的启动称为锅炉的冷态启动。

A. 有一定压力，温度与环境温度相近

B. 没有压力，有一定的温度

C. 没有压力，温度与环境温度相近

D. 有一定压力和一定的温度

281. 在锅炉启动过程中，当汽压升至(A)MPa时，应关闭所有空气门。

A. 0.1~0.2　B. 0.2~0.3　C. 0.3~0.4　D. 0.4~0.5

282. 在锅炉起动过程中，当汽压升至(B)MPa时，应冲洗汽包水位计。

A. 0.1~0.2　B. 0.2~0.3　C. 0.3~0.4　D. 0.4~0.5

283. 轴流式风机启动过程是随着风机(C)，风机的功率下降。

A. 转速的增加　B. 负荷的减少　C. 负荷的增加　D. 转速的减慢

284. 动叶可调轴流风机启动时应关闭(A)。

A. 叶片　B. 出口挡板　C. 入口挡板　D. 电动机转速

285. 回转式空气预热器启动前先启动(B)，并且油压和油量正常。

A. 送风机　B. 润滑油泵　C. 引风机　D. 冷凝泵

286. 强制循环锅炉启动时先启动循环泵，其作用是(D)。

A. 使省煤器不过热　B. 保护过热器

C. 减小汽包的温度差　D. 建立水循环

287. 强制循环锅炉热态启动前应对循环水泵进行(B)操作。

A. 疏水　B. 暖泵　C. 充压　D. 卸压

288. 当锅炉需要做正压漏风试验时，启动送风机前应将风机(A)退出。

A. 锅炉联锁装置　B. 机炉联锁装置

C. 电动机保护　D. 一、二次风门

289. 大型并联风机第一台投运后应将工况点调至风机(C)点以下后才启动第二台风机。

A. 风机转速　B. 有效功率　C. 失速线　D. 临界速度

290. 并联风机投入后，(B)应调到与正在运行的风机开度角度一样，使两台风机的风量、风压一致。

A. 电流　B. 进口导叶　C. 出口挡板　D. 入口温度

291. 启动离心泵时，当离心泵所有参数正常后，慢慢开启泵(D)，即水泵进入正常运行。

A. 出口阀　B. 进口阀　C. 出口挡板　D. 入口挡板

292. 安全规程规定，所有人在(B)m以外才能投入高压整流变压器运行。

A. 1.0　B. 1.5　C. 2.0　D. 2.5

293. 高压整流变压器必须在电除尘出口温度达到100℃以上，且预热(A)h以上方可启动。

A. 2　B. 3　C. 4　D. 5

294. 当操作闸阀出现开启力矩很大时，应(D)，防止误操作使阀门损坏。

A. 使用较长的工具　B. 加大力矩

C. 立即汇报　D. 仔细检查

295. 大直径管道要求阀门的(B)，所以闸阀比较适用。

A. 水阻力大　B. 水阻力小　C. 局部阻力大　D. 沿程阻力大

296. 如果在给水管道内有(A)会引起空穴振动。

A. 空气积存　B. 冷积水　C. 蒸汽　D. 汽水混合物积存

297. 如果经过处理水击现象仍然存在应停止投入，待水击现象(D)后，重新进行操作。

A. 加重　B. 缓解　C. 减少　D. 完全消失

298. 高压锅炉安全阀的定值规定是(A)。

A. 控制安全阀为额定压力的105%，工作安全阀为额定压力的108%

B. 由总工程师认定

C. 应高于工作压力

D. 经试验后确定

299. 安全阀的总排汽量必须大于锅炉最大连续蒸发量，并且在锅炉和过热器所有安全阀开启后，汽包内蒸汽压力不得超过设计压力的(C)倍。

A. 1.02　B. 1.05　C. 1.10　D. 1.25

300. 如果汽连通管或水连通管堵塞或阀门未开启，此时水位计的水位会大幅度(C)。

A. 忽上忽下　B. 在中间水位摆动

C. 高于正常水位　D. 低于正常水位

301. 喷水式减温器投入前一定要将(A)全关，然后全开调节阀前后截止阀。

A. 调节阀　B. 调节阀前截止阀

C. 调节阀后截止阀　D. 减温系统总阀

302. 减温器投入前应调整(D)，根据主蒸汽温度和过热器管壁温度来调整调节阀的开度。

A. 给水温度　B. 减温水温度　C. 调节阀开度　D. 锅炉负荷

303. 燃料不仅可以燃烧产生(B)，而且也是化学、冶金等工业的原料。

A. 蒸汽　B. 热量　C. 化学能　D. 机械能

304. 下列不可燃烧元素是(A)。

A. 氧　B. 氢　C. 硫　D. 碳

305. 燃烧速度最快、最易着火的煤是(D)。

A. 烟煤　B. 无烟煤　C. 贫煤　D. 褐煤

306. 挥发分大于40%的煤是(C)。

A. 无烟煤　B. 贫煤　C. 褐煤　D. 烟煤

307. 燃料的性质对锅炉工作的安全性和经济性有重大的影响，对于不同的燃料应采用不同的燃烧方式和(A)。

A. 燃烧设备　B. 锅炉形式　C. 过热设备　D. 加热设备

308. 燃料的工业分析以(A)作为基准。

A. 实际应用的燃料　B. 除去水分的燃料

C. 除去表面水分的燃料　D. 无灰无水的燃料

309. 煤样在烘箱中温度保持在102~105℃下烘至恒重，煤样失去质量的部分称为(D)。

A. 灰分　B. 固定炭　C. 挥发分　D. 水分

310. 燃料的元素分析是分析燃料的(D)。

A. 水分　B. 灰分　C. 挥发分　D. 化学组成成分

311. 燃料的成分分析法有(C)。

A. 元素分析法　B. 工业分析法

C. 元素分析法和工业分析法　D. 其他

312. 1kg 纯碳完全燃烧可放出(B)kJ 热量。
A. 9260　B. 32830　C. 9030　D. 29308
313. 液体燃料含氢量在(C)左右。
A. 5%　B. 10%　C. 15%　D. 20%
314. (D)是以挥发分的形式释放出来进行燃烧的。
A. 碳　B. 灰分　C. 水分　D. 氢
315. (D)分析可以作为电厂燃料分类的重要依据。
A. 低位发热量　B. 挥发分　C. 元素　D. 工业
316. 锅炉正常燃烧的调整参考内容主要根据燃料的(B)进行。
A. 元素分析值　B. 工业分析值　C. 灰的熔融性　D. 干燥无灰基
317. 工业分析是一切工业用煤的基础资料，是了解煤质最基本特性的(A)。
A. 参数　B. 损失　C. 计算　D. 标准
318. 下列燃料中(A)最不容易着火。
A. 纯碳　B. 贫煤　C. 褐煤　D. 烟煤
319. 燃料中的碳进行检测前应预先(B)，其目的是消除检测过程中装置漏气、氧气不纯、净化系统失效等因素。
A. 检查　B. 空白试验　C. 校正　D. 请示
320. (C)是煤的组成成分中发热量最高的元素。
A. C　B. S　C. H　D. N
321. 煤中的氢占比例在(A)。
A. 0.8%~6.6%　B. 1.5%~9.5%　C. 2.8%~11.6%　D. 4.0%~15.2%
322. 煤中氧与碳呈负相关系，即煤中的氧含量(C)。
A. 随碳含量增加而增加　B. 保持不变
C. 随碳含量增加而降低　D. 随碳含量增加呈现正负曲线关系
323. 烟煤的含氧量较高，能够生成较多的(D)。
A. 碳化物　B. 灰分　C. 亚硫酸　D. 挥发物
324. 氮元素的存在会使燃料的发热量(D)。
A. 稳定　B. 发生突变　C. 升高　D. 降低
325. 硫与氧的化学燃烧反应式为(B)。
A. $S+O_2 \longrightarrow SO$　B. $S+O_2 \longrightarrow SO_2$　C. $S+O_1 \longrightarrow SO_2$　D. $S+O_2 \longrightarrow SO_3$
326. 影响煤中固有水分测定的主要因素是(B)。
A. 空气中的氢　B. 空气中的水蒸气
C. 煤的表面水分　D. 空气中的氧
327. 水分对煤的燃烧不利，但水分可防止细煤被风吹走，一般以含水(D)为佳。
A. 10%　B. 5%　C. 2%　D. 8%
328. 当燃烧高灰分的劣质煤时，大量灰分使炉温(B)。
A. 升高　B. 降低　C. 不变　D. 急剧下降
329. 燃料中的灰分熔点越高(B)。
A. 越容易结焦　B. 越不容易结焦　C. 越容易着火　D. 越不容易着火

330. 煤中的矿物质主要是黏土、碳酸钙、(A)、硫酸盐和氧化物以及其他稀散元素。
A. 黄铁矿 B. 白铁矿 C. 有色矿 D. 煤矿
331. 挥发分大于(D)的煤容易自燃。
A. 5% B. 10% C. 15% D. 20%
332. 燃料通过加热，有机物质分解后析出的气体称为(D)。
A. 碳氢化合物 B. 氮气 C. 一氧化碳 D. 挥发分
333. 在煤的燃尽阶段，仍有(B)在继续燃烧。
A. 挥发分
B. 所有可燃物
C. 未燃尽而被少量灰包围的少量固定炭
D. 没有可燃物
334. 标准煤是指(C)低位发热量等于 29307kJ/kg 的煤。
A. 干燥基 B. 干燥无灰基基 C. 收到基 D. 可燃基
335. 煤的低位发热量不包括燃烧产生的(D)。
A. 烟气余热 B. 飞灰可燃物的热量
C. 挥发分的热量 D. 水蒸气的汽化潜热
336. 凝固点是反映燃油(A)的指标。
A. 失去流动性 B. 杂质多少 C. 发热量高低 D. 含硫多少
337. 重油和渣油的凝固点高，所以送入锅炉燃烧前或对输送管道要进行(D)。
A. 冷冻 B. 加压 C. 脱蜡 D. 加热
338. 通常规定当盛油的容器倾斜 45°时，油的表面在 1min 内保持不变的最高温度称为该油的(D)。
A. 燃点 B. 闪点 C. 熔点 D. 凝固点
339. 燃料油从液态变为固态的过程是(D)进行的，它没有一个明确的凝固点。
A. 快速 B. 间距性 C. 逐渐 D. 按曲线
340. 当燃油加热到一定温度时，会使油面附近的油、气混合物达到一定浓度，若有明火接触，就发生短暂的闪光，此时的温度为油的(C)。
A. 着火点 B. 燃点 C. 闪点 D. 临界点
341. 油气与空气混合物遇明火能点燃且燃烧时间持续 5s 以上的最低温度称为油的(A)。
A. 燃点 B. 闪点 C. 熔点 D. 临界点
342. 一般油的燃点比闪点(A)。
A. 高 3~6℃ B. 高 10~15℃ C. 低 3~5℃ D. 低 10~15℃
343. 低氧燃烧时产生的(D)较少。
A. 一氧化碳 B. 二氧化硫 C. 二氧化氮 D. 三氧化硫
344. 低氧燃烧时产生的(A)较多。
A. 一氧化碳 B. 二氧化硫 C. 二氧化氮 D. 三氧化硫
345. 从石油炼制出来的油所蒸发出来的气体，达到一定(D)，遇到明火就能够闪燃或爆炸。
A. 流量 B. 压力 C. 温度 D. 浓度

346. 瓦斯气体的低位发热量在(A)kJ/m^3。

A. 25100~31400　B. 35000~45900　C. 42000 左右　D. 19820 左右

347. 属于燃油流动性指标的是(D)。

A. 凝固点　B. 压力　C. 温度　D. 黏度

348. 燃油的黏度随温度的(A)而降低。

A. 升高　B. 降低　C. 不变　D. 变化不大

349. 燃料完全而迅速燃烧必须具备的条件之一是(D)。

A. 水分少　B. 挥发分高

C. 有一个密闭的空间　D. 有足够的空气

350. 若燃料的燃烧产物中还存在可燃气体，这种情况叫(B)。

A. 完全燃烧　B. 不完全燃烧　C. 固体燃烧　D. 局部燃烧

351. 风机的调节挡板是用于调节风机的(A)的装置。

A. 流量和压力大小　B. 流量和温度

C. 温度和压力的大小　D. 流量和流速的大小

352. 调节门关闭，风机运行时间过长会造成(C)。

A. 轴承温度过高　B. 风机轴负荷过大

C. 机壳过热　D. 电流过大

353. 离心式风机运行时现场无明显的故障，但风机蜗壳振动较大，有可能是(B)。

A. 叶轮动不平衡　B. 风机在喘振区运行

C. 轴承跑外圈　D. 地脚螺栓松动

354. 出口端的节流调节是将多余的能量完全消耗在节流阀(挡板)的节流损失上，因此在(D)。

A. 风机和水泵都不使用这种方法　B. 风机和水泵都使用这种方法

C. 离心式风机常采用　D. 离心泵上使用多，而在离心风机很少

355. 入口导流器调节是改变风机入口导流器的(A)来改变风机性能曲线形状而达到调节目的。

A. 角度　B. 方向　C. 大小　D. 速度

356. 动叶调节在轴流泵或风机上使用，是通过改变(C)安装角实现调节目的。

A. 电动机转速　B. 齿轮速度　C. 动叶片　D. 出入口挡板

357. 改变异步电动机(D)端输入电源频率就改变电动机的转速。

A. 转子　B. 定子　C. 线圈　D. 控制

358. 大容量，超参数机组的给水泵一般采用(B)给水泵。

A. 定速度　B. 调速泵　C. 单级泵　D. 高位泵

359. 串联风机运行主要目的是提高(B)。

A. 静压　B. 风压　C. 动压　D. 流量

360. 电除尘运行中阴极振打时间(A)阳极振打时间。

A. 短于　B. 长于　C. 等于　D. 交错变化

361. 锅炉高负荷或煤质较差时应该适当提高电除尘器电场的(D)，保持高的供电参数。

A. 二次电压　B. 一次电流　C. 振打时间　D. 火花闪络频率

362. 在锅炉低负荷或煤质很好时，可保证电除尘除尘效果基础上，采取降低火花闪络频率或(B)，达到节约能源的目的。

A. 停止振打装置　B. 停用末级电场运行

C. 停用Ⅰ电场运行　D. 停止绝缘子加热

363. 降低锅炉飞灰含碳量可以提高飞灰的(C)，因此电除尘效率可提高。

A. 硬度　B. 热阻　C. 比电阻　D. 颗粒度

364. 调节好钙硫物质的量比可以提高炉内喷钙脱硫效果，一般要求Ca/S(A)。

A. <3　B. $\neq 3$　C. >3　D. $\geqslant 3$

365. 流化床锅炉的石灰石颗粒度应保持在(B)左右，增加脱硫效果。

A. 500μm　B. 0. 2~1. 5mm　C. 3~5mm　D. 5μm

366. 输灰器系统的排灰是由(A)控制的。

A. 灰斗料位　B. 输灰管压力　C. 灰库料位　D. 输灰器压力

367. 正压气力输灰系统的灰库顶部装有(A)，气灰混合物通过它实现分离。

A. 袋式除尘器　B. 旋风分离器　C. 电除尘器　D. 分选风机

368. 离心式压缩机的特点是气体沿着垂直于压缩机轴的(A)流动。

A. 径向　B. 轴向　C. 切向　D. 横向

369. 当离心压缩机的进气阀全开，而旁通阀全闭时，离心压缩机处在(D)位置。

A. 经济流量　B. 平均流量　C. 最小流量　D. 最大流量

370. 电机电流上限值是(C)，如果压缩机驱动电机电流达到这个数据，微机将调节压缩机负荷，以保持压缩机电机低于这一设定的数值运行。

A. 过载保护值　B. 接地保护　C. 过流保护值　D. 压力高保护

371. 空压机的正常运转在很大程度上决定于(A)。

A. 冷却　B. 环境温度　C. 外界用风量　D. 天气情况

372. 空气压缩机润滑油系统，机油泵的工作压力一般为0. 15~0. 25MPa，最低不得小于(B)MPa。

A. 0. 1　B. 0. 15　C. 0. 05　D. 0. 08

373. 冷干机正常工作时，冷媒低压应在0. 3~0. 5MPa范围，冷媒高压应在(B)MPa范围。

A. 0. 2~0. 6　B. 1. 2~1. 6　C. 2. 2~2. 6　D. 3. 2~3. 6

374. 如果风机装有液力偶合器，可以改变(A)达到调节目的。

A. 偶合器转速　B. 电动机转速　C. 电流的大小　D. 改变风量

375. 对于负压锅炉应先增加引风机风量，然后增加(D)风量。

A. 密封风机　B. 高压风机　C. 一次风机　D. 送风机

376. 电除尘 V–I 特性曲线是指(A)关系曲线。

A. 二次电压与二次电流　B. 二次电压与一次电流

C. 二次电流与一次电流　D. 二次电压与电功率

377. 高压硅整流变压器低压线圈和低压瓷套管的绝缘电阻不小于(D)MΩ。

A. 50　B. 100　C. 200　D. 300

378. 连续排污扩容器中的凝结水送入(A)。

A. 定排扩容器　B. 除氧器　C. 疏水箱　D. 循环水塔

379. 定排扩容器可以减少热污染和(B)污染。

A. 粉尘　　B. 噪声　　C. 波　　D. 重金属

380. 在泵备用时，由于逆止阀的作用，防止了泵倒转而对(C)的损坏。

A. 换热器　　B. 冷却器　　C. 液力偶合器　　D. 联轴器

381. 确保锅炉机组安全、经济运行是锅炉运行调节的(B)。

A. 次要目的　　B. 主要目的　　C. 一般目的　　D. 其他目的

382. (A)调节目的是确保锅炉、汽轮机安全与经济运行。

A. 压力、温度　　B. 压力、炉膛负压

C. 主蒸汽温度、风机电流　　D. 烟气流速

383. 燃烧调节要在保证蒸汽品质及维持必要的蒸汽参数前提下，满足(D)变化对蒸汽的需要量。

A. 内扰　　B. 炉内燃烧工况　　C. 锅炉负荷　　D. 外界负荷

384. 运行调节时应维持(A)，尽量减少热损失，提高锅炉效率。

A. 经济燃烧　　B. 分散燃烧　　C. 分布燃烧　　D. 局部燃烧

385. (D)是否能正常工作是气力除灰能否正常运行的重要环节。

A. 锁气阀　　B. 卸灰阀　　C. 冲灰水　　D. 仓泵

386. 水冷壁吹灰后过热器温度会(A)，因此应注意控制主蒸汽温度。

A. 降低　　B. 升高

C. 不变　　D. 升高或下降来回摆动

387. 采用蒸汽吹灰时，蒸汽压力不可过高或过低，一般应保持在(A)MPa。

A. 1.5~3.0　　B. 3.0~4.0　　C. 5.0~6.0　　D. 6.0~7.0

388. 自然循环系统失去自补偿能力，若增加负荷，循环流速(C)，水循环不安全。

A. 增加　　B. 不变　　C. 减小　　D. 更难确定

389. 当循环回路有稳定的循环流速时，运动压头和流动阻力(A)，随着上升管受热的增强，运动压头的增加大于流动阻力的增加，循环流速增加，反之，则减小。

A. 相平衡　　B. 不等于　　C. 相差　　D. 大于

390. 轴流式风机动叶片调节可以(B)的分离损失，提高风机效率。

A. 增大气流　　B. 减少气流　　C. 稳定气流　　D. 任意改变气流

391. 轴流式风机(A)调节可以使气体从导叶中流出后变为轴向流动。

A. 导叶角度　　B. 入口挡板　　C. 出口挡板　　D. 动叶片

392. 锅炉停运过程中，煤油混烧时，当排烟温度低于(C)℃时，要逐渐停止电除尘各电场。

A. 90　　B. 100　　C. 110　　D. 120

393. 强制循环锅炉的强制循环泵停止以后必须(B)。

A. 维持炉膛负压　　B. 停止锅炉通风冷却

C. 排掉锅炉所有锅水　　D. 开锅炉疏水

394. 锅炉停炉(B)h后可以开启烟道挡板进行缓慢自然通风。

A. 2　　B. 4　　C. 6　　D. 8

395. 锅炉停炉(D)h 后才可以打开锅炉的人孔门、看火孔、打焦孔等增加自然通风。
A. 2　B. 4　C. 6　D. 8
396. 当锅炉锅水温度低于(C)℃才可以放水。
A. 80　B. 90　C. 100　D. 105
397. 电除尘的电场的停止顺序是(B)。
A. 从电除尘的首部开始到末级　B. 从电除尘的末级开始逐个停止
C. 任意一个电场开始　D. 从中间的电场开始
398. 下列情况中(C)不需要紧急停止电除尘。
A. 电除尘内部有燃烧的声音　B. 整流器内部有异常杂音
C. 锅炉超负荷运行　D. 整流器漏油严重
399. 电除尘的(A)不需要紧急停止电除尘。
A. 整流器轻微发热　B. 整流器内部有异常杂音
C. 整流器保护装置失灵　D. 整流器漏油严重
400. 如果湿法脱硫紧急停运，应开启排浆阀，将浆液排往(A)。
A. 事故池　B. 灰浆池　C. 污水池　D. 沉淀池
401. 锅炉运行中干法脱硫装置停止运行后，应保持一定的风量冷却脱硫(C)。
A. 风机　B. 仓泵　C. 喷嘴　D. 密封设备
402. 渣浆泵是否停运是依据渣浆池(C)的控制来做决定。
A. 浓度　B. 水量　C. 灰位　D. 流量
403. 锅炉的冷渣器停止运行后，温度降到(C)℃以下才允许关闭冷渣器风门。
A. 50　B. 70　C. 100　D. 200
404. 当空气压缩机停止运行后，关闭出口阀，内部的压力应通过(A)排水阀卸压。
A. 过滤器　B. 储气罐　C. 压缩机本体　D. 管道
405. 空气压缩机停止运行后，各储气罐应(C)。
A. 升压　B. 疏水　C. 卸压　D. 保压
406. 带有辅助油泵的风机必须等风机停运(D)min 后才能停止油泵。
A. 5　B. 10　C. 20　D. 30
407. 回转式空气预热器停运后，对冷却水阀门的处理正确的是(B)。
A. 开启　B. 关闭　C. 保持不变　D. 先开后关
408. 如果回转式空气预热器在运行状态下因故障停运而无法启动运行时，对挡板操作正确的是(C)。
A. 开启烟气侧挡板
B. 关闭空气侧挡板
C. 关闭烟气侧和空气侧挡板
D. 开启烟气侧挡板，关闭空气侧挡板
409. 回转式空气预热器在高温状态下停运会导致受热面(D)。
A. 强度变大　B. 硬度变大　C. 韧性提高　D. 变形
410. 下列属于锅炉本体组成设备的是(A)。
A. 汽包　B. 引风机　C. 烟囱　D. 磨煤机

411. 下列属于锅炉本体组成部分的是(C)。

A. 引风机　B. 烟囱　C. 省煤器　D. 磨煤机

412. 经空气预热器加热后的风一般称为(B)。

A. 冷却风

B. 一次风和二次风

C. 一次风和二次风、三次风

D. 一次风和二次风、三次风及高压风

413. 低倍率循环方式的锅炉与(C)方式的锅炉工作原理基本相同。

A. 自然循环　B. 混合循环　C. 复合循环　D. 控制循环

414. 直流燃烧器的射流特性是气流(C)进入炉膛。

A. 产生强烈旋转　B. 以层流形式

C. 不旋转(自由射流)　D. 以紊流形式

415. 直流燃烧器有布置在炉膛四角、炉膛前后墙和炉膛顶部，从而形成不同的燃烧方式，如(D)、W 形火焰燃烧方式和 U 形火焰燃烧方式。

A. 环形燃烧方式　B. 扩散角燃烧方式

C. 全预混燃烧方式　D. 切圆燃烧方式

416. 双蜗壳扰动式燃烧器大蜗壳中是(B)。

A. 循环风　B. 二次风　C. 一次风　D. 周界风

417. 轴向叶轮式燃烧器的二次风量和风速比一次风大，影响了一次风射流的(C)和内回流区的大小。

A. 旋流区　B. 雾化角　C. 扩展角　D. 燃烧区

418. 由于燃油雾化后，油雾四周的压力高于中心压力，使油雾形成(A)形状。

A. 收缩　B. 圆柱　C. 扩散　D. 各种

419. 引、送风机(B)是为了防止误操作，保证引、送风机按一定的顺序启动和停止的安全措施。

A. 导向板　B. 联锁

C. 现场事故按纽　D. 电动机保护

420. 自然循环锅炉中，水能够循环是因为(D)。

A. 它们与汽包连接的位置不同，一个在汽包的下部，一个在汽包的水平中部

B. 两种管内的介质不同

C. 下降管直径大于水冷壁直径

D. 水冷壁受热而下降管不受热

421. 自然循环稳定流动情况下，运动压头(A)循环回路的流动阻力。

A. 等于　B. 大于　C. 小于　D. 很难确定

422. 超高压大型锅炉采取控制循环，其推荐循环倍率是(B)。

A. <5　B. 5~10 之间　C. >10　D. 10 以上

423. 当锅炉压力达到(C)MPa 时自然循环已不能可靠地工作，因此采用控制循环。

A. 9.8　B. 13.2　C. 18.6　D. 25.0

424. 直流锅炉的中间点温度一般不是定值，而随(B)而改变。

A. 机组效率的改变　　B. 给水流量的变化

C. 燃烧火焰中心位置的变化　　D. 主汽压力的变化

425. 直流锅炉汽水混合物在水冷壁内流动，它不是靠汽水密度差形成的压头，而是依靠(C)的压力推动下强迫流动的。

A. 循环泵　　B. 中继泵　　C. 给水泵　　D. 凝结水泵

426. 锅炉一次风量主要取决于煤质的(C)和挥发分的发热量。

A. 固定炭含量　　B. 灰分含量　　C. 挥发分含量　　D. 全水分含量

427. 一次风速决定着火焰的稳定性，还直接影响一次风气流的(B)。

A. 流速　　B. 刚度　　C. 强度　　D. 压力

428. 二次风进入炉膛后才逐渐与一次风混合，二次风为(B)的燃烧提供氧量。

A. 氢　　B. 碳　　C. 硫　　D. 挥发分

429. 中大型锅炉将过热器系统交叉布置，以减少(B)因烟气侧或蒸汽侧造成的吸热不均匀形成的热偏差。

A. 减温水量　　B. 过热器管道　　C. 烟气流速　　D. 排烟热损失

430. 过热器的作用是将(D)加热到具有一定过热度的合格蒸汽。

A. 过热蒸汽　　B. 锅水　　C. 汽水混合物　　D. 饱和蒸汽

431. 由于中压蒸汽对流放热系数低，比热容小，所以再热器容易(B)。

A. 出现压力增高现象　　B. 管壁超温现象

C. 内部介质流速过低现象　　D. 发生局部过热现象

432. 省煤器再循环系统流程是汽包到再循环管到省煤器到省煤器引出管再到汽包形成一个(C)。

A. 开式循环　　B. 强制循环　　C. 自然循环　　D. 其他循环

433. 省煤器再循环系统应在(A)时投入运行。

A. 锅炉停止进水　　B. 锅炉进水　　C. 锅炉启动　　D. 锅炉停止运行

434. 单元制机组(B)中使用高、低压旁路系统的开度配合锅炉燃烧调整，达到蒸汽参数的稳定。

A. 工作过程　　B. 启、停过程　　C. 运行过程　　D. 事故处理过程

435. 在机组热态启动时，使用旁路系统可提高(D)或新蒸汽的温度。

A. 湿饱和蒸汽　　B. 过热蒸汽　　C. 干饱和蒸汽　　D. 再热蒸汽

436. 错列布置的省煤器最容易磨损的位置是(B)。

A. 迎烟气面第一排管子　　B. 迎烟气错列管束第二排管子

C. 迎烟气错列管束第三排管子　　D. 很难确定

437. 省煤器的作用是(C)，提高给水温度，降低排烟热损失。

A. 吸收给水温度　　B. 吸收辐射热

C. 吸收烟气余热　　D. 吸收烟气中的活性氧

438. 减温器的作用除了将汽温调节到规定范围内，还要使受热面(B)。

A. 洁净　　B. 不过热

C. 工作正常　　D. 不发生过大的热膨胀

439. 高参数锅炉一般要设置两级或三级减温器，第一级和第二级分别为(B)。

A. 细调、粗调　　B. 粗调、细调

C. 烟气侧调、蒸汽侧调　　D. 蒸汽侧调、烟气侧调

440. 锅炉中既能吸收炉膛辐射热，又能保护炉墙不被烧坏的设备是(C)。

A. 省煤器　　B. 下降管　　C. 水冷壁　　D. 防渣管

441. 折焰角向炉膛内凸出的深度一般相当于炉膛宽度的(B)。

A. 1/2～1/3　　B. 1/3～1/4　　C. 1/4～1/5　　D. 1/5～1/6

442. 由于烟气经过折焰角时，其火焰充满度提高，可减少后部受热面的(C)。

A. 磨损　　B. 腐蚀　　C. 热偏差　　D. 换热能力

443. 锅炉下降管分为分散下降管和(D)。

A. 小口径下降管　　B. 循环管

C. 分流下降管　　D. 集中大口径下降管

444. 阻力大对水循环不利的是(A)。

A. 小口径下降管　　B. 集中大口径下降管

C. 强制循环锅炉　　D. 直流锅炉

445. 按汽包内的工作流程可知道，蒸汽第一次分离(旋风分离器或涡轮分离器)出来的蒸汽，进入第二次分离即进入(C)。

A. 蒸汽清洗器　　B. 汇流箱　　C. 波形板　　D. 百叶窗

446. 当锅炉负荷突然升高时，汽包金属壁可以(D)，缓解压力下降的速度。

A. 增加对流换热量　　B. 产生过热蒸汽

C. 吸收温度　　D. 释放热量

447. 离心泵的扩压管的作用是将动能转变为(D)。

A. 电能　　B. 机械能　　C. 化学能　　D. 压力能

448. 离心式风机运行中入口处于(C)状态。

A. 强正压　　B. 微正压　　C. 真空　　D. 周期变动

449. 离心式风机的负荷较小时其效率(B)。

A. 高　　B. 低　　C. 平稳　　D. 波动较大

450. 离心式水泵运行时在叶轮中心区会形成一个(A)，在吸入端压力的作用下，使流体经吸入管、吸入室流向叶轮中心。

A. 低压区　　B. 回流区　　C. 紊流区　　D. 湍流区

451. 离心风机的导流器一般有(B)片径向布置的导叶，执行机构通过转盘带动转动臂转动，改变叶片的旋转角度。

A. 10　　B. 12　　C. 14　　D. 16

452. 离心式风机的特点是(A)、流量小。

A. 压头大　　B. 阻力大　　C. 风速小　　D. 风压小

453. 离心式风机集流器的作用是保证气流均匀地充满叶轮进口，使风机进口处的(C)尽量减少。

A. 风压　　B. 风速　　C. 阻力　　D. 流量

454. 轴流式风机效率是随负荷的增减(B)。

A. 而增减　　B. 其变化不大

C. 而减增　　D. 按一定的规律变化

455. 轴流式风机是利用(D)对空气的推挤作用进行工作的。

A. 叶轮　　B. 蜗壳　　C. 挤压环　　D. 叶片

456. 根据轴流式风机结构可以知道其空气(A)进入集流器。

A. 轴向　　B. 径向　　C. 切向　　D. 旋转

457. 液力联轴器在工作中工作(C)，其传递的转速就愈大。

A. 油温越高　　B. 油温越低　　C. 油量越多　　D. 油量越少

458. 变频调节的原理是改变变频器输出的(A)来调节感应电动机的转速。

A. 交流电频率　　B. 交流电电压　　C. 电动机电流　　D. 电磁感应值

459. 利用截流方法调节泵流量一般采用调整(B)的开度。

A. 进口阀门　　B. 出口阀门　　C. 两个阀门均可以　　D. 其他阀门

460. 水泵的功率指原动机械传给(A)的功率，也称为轴功率。

A. 水泵泵轴　　B. 液体　　C. 泵的叶轮　　D. 蜗壳

461. 水泵的机械损失有(D)两部分。

A. 轴与轴承、轴端密封的摩擦损失和流体之间的分子摩擦损失

B. 叶轮与流体之间的摩擦损失和流体之间的分子摩擦损失

C. 流体之间的分子摩擦损失和蜗壳摩擦损失

D. 叶轮与流体之间的摩擦损失和轴与轴承、轴端密封的摩擦损失

462. 持证锅炉操作人员发现锅炉有异常现象危及安全时，应采取(A)。

A. 紧急停炉措施并及时汇报单位负责人

B. 及时汇报单位负责人后紧急停炉

C. 及时汇报，听从班长的统一指挥

D. 加强监视、调整

463. 压力容器的检验分为(D)。

A. 安全附件检验和水压试验　　B. 保温检验和支吊架检验

C. 金属结构检验和焊口检验　　D. 内部检验和外部检验

464. 蒸汽吹灰的介质为过热蒸汽，其压力应保持在(B)。

A. 锅炉额定压力　　B. 设计值压力　　C. 汽包压力　　D. 抽汽压力

465. 蒸汽吹灰的蒸汽应保持(D)℃的过热度。

A. 50　　B. 100　　C. 150　　D. 200

466. 悬吊式锅炉水封槽在启停时它能保证(D)膨胀的间隙，又保证冷风不从间隙中侵入。

A. 水冷壁横向　　B. 水冷壁向四周　　C. 水冷壁向上　　D. 水冷壁向下

467. 蒸汽在汽包内停留的时间越长，分离效果(A)。

A. 越好　　B. 越差　　C. 一般　　D. 一样

468. 旋风分离器是使汽水混合物切向进入筒体内产生(C)，在离心力的作用下使汽水初步分离。

A. 直线运动　　B. 撞击运动　　C. 旋转运动　　D. 往复运动

469. 空气预热器属于锅炉(B)的组成部分。

A. 辅助设备　B. 本体　C. 辅机　D. 烟道

470. 空气预热器布置在(D)。

A. 水平烟道　B. 转向室　C. 烟道　D. 尾部烟道

471. 空气预热器属于(A)，因为其冷热流体不能混合。

A. 表面式换热器　B. 辐射换热器

C. 混合换热器　D. 风力对流换热器

472. 风罩回转式空气预热器的空气自下而上，经固定风道进入下风罩，然后在受热面内以(C)形状行走换热。

A. L　B. O　C. 8　D. S

473. 风罩式空气预热器运行风罩每转动一圈，受热面换热(B)次，因此其转速较低。

A. 1　B. 2　C. 3　D. 4

474. 受热面回转式空气预热器的空气通道一般在转轴的一侧，空气(D)通过空气预热器。

A. 自左而右　B. 自右而左　C. 自上而下　D. 自下而上

475. 受热面回转式空气预热器是依靠(A)将烟气的热量传递给空气。

A. 转子上的受热元件　B. 金属壁的对流传热

C. 烟气与空气的混合传热　D. 转子带动风扇

476. 关断阀包括(B)等阀门。

A. 闸阀、球阀、节流阀

B. 截止阀、闸阀、针型阀、球阀

C. 减压阀、截止阀、针型阀、球阀

D. 球阀、逆止阀、闸阀、调节阀、速断阀

477. 按动作形式分，下列(A)阀门不属于自动阀。

A. 电动截止阀　B. 逆止阀　C. 自动疏水阀　D. 弹簧安全阀

478. 按驱动形式分，下列(A)阀门不属于驱动阀。

A. 逆止阀　B. 手动阀　C. 气动闸阀　D. 电动截止阀

479. 球阀由于结构特点，介质不得反向流动，否则在阀门关断时，流体的压力仍然作用在(D)上。

A. 阀芯　B. 阀座　C. 阀杆　D. 阀盖

480. 针形阀又称节流阀，开关时可以改变阀芯与阀座的(C)而改变流体的流量和压力。

A. 公称直径　B. 通流面积　C. 环形间隙　D. 阀芯高度

481. 给水、蒸汽管道的保温外表温度与环境温度差应小于(C)℃。

A. 15　B. 20　C. 25　D. 40

482. 给水、蒸汽管道应有(B)倾斜度。

A. 2%　B. 2‰　C. 1%　D. 1‰

483. 对于管径 24~32mm 的蒸汽、给水管道，支吊架间隔为(C)m。

A. 15~2. 0　B. 2. 0~2. 5　C. 2. 5~3　D. 3~3. 5

484. 固定支吊架除承受管道和内部介质的重量外，还要在管道温度发生变化时(D)。

A. 防止管道脱落　　B. 保持管道的径向移动

C. 控制管道位移的幅度　　D. 限制管道位移的方向

485. 弹簧支吊架在支持荷重的同时，还要具备有(B)的作用。

A. 防止水锤　　B. 防止振动

C. 控制载荷量　　D. 限制管道位移的方向

486. 刮板式捞渣机与水力除渣机相比较，具有(B)和投资少优点。

A. 占地面积大　　B. 节水、节电

C. 抗腐蚀性能好　　D. 捞渣的速度快

487. 为解决腐蚀问题，水膜除尘器的筒体一般采用(B)砌筑。

A. 大理石　　B. 花岗岩　　C. 片石　　D. 人造石

488. 电除尘是利用高压直流电产生强电场使气体电离，在(D)的作用下，烟气中的尘粒分离。

A. 水力　　B. 风力　　C. 机械力　　D. 电场力

489. 电除尘除尘效率高，一般对于颗粒小于(D)μm 的尘粒仍有效果。

A. 0. 01　　B. 0. 04　　C. 0. 06　　D. 0. 1

490. 能净化烟气、减少飞灰污染的锅炉辅助设备是(B)。

A. 排粉机　　B. 除尘器　　C. 引风机　　D. 烟道

491. 对于锅炉滤袋的选择应具有较高透气性、耐腐蚀性、耐磨性和(C)。

A. 耐水冲刷　　B. 耐低温　　C. 耐高温　　D. 耐高压

492. 原煤燃烧前的脱硫是指(D)、利用微电磁波使硫与氢和氧反应进行脱硫、强磁场作用下脱硫。

A. 湿式法进行脱硫　　B. 烟气进行脱硫

C. 添加石灰石进行脱硫　　D. 水洗原煤方法进行脱硫

493. 燃料在燃烧过程中添加固硫剂 $CaCO_3$，会形成(B)，达到脱硫效果。

A. C_2O_2　　B. $CaSO_4$　　C. CaO_4　　D. CO_2

494. 湿式脱硫系统中的吸收塔的功能是对烟气进行(C)，使烟气中的硫在悬浮液中被吸收、分离、石灰石中和。

A. 化学反应　　B. 热交换　　C. 喷淋洗涤　　D. 扰动

495. 碎渣机是将捞渣机送过来的渣(B)落入渣沟，便于灰渣在渣沟和渣浆泵的输送。

A. 进行搅拌　　B. 再进行破碎　　C. 进行组合　　D. 进行磨制

496. 刮板式捞渣机是通过链条刮板(A)将炉渣刮走。

A. 沿底板和斜板　　B. 在水中　　C. 往复运动　　D. 进行筛选

497. 除尘器是将烟气中的(D)，减少烟尘对大气环境的污染的重要设备之一。

A. CO_2 与烟气分离　　B. SO_3 与烟气分离

C. NO_x 与烟气分离　　D. 尘粒与烟气分离

498. 空气压缩机活塞往复运动时，活塞上、下方空间始终保持(A)。

A. 一个正压区和一个负压区　　B. 两个正压区

C. 两个负压区　　D. 一个正压区

499. 空压机冷却水是降低活塞上下运动摩擦产生的热量和(D)时产生的热量。

A. 设备自身　B. 机械振动　C. 轴承转动　D. 气体压缩

500. 燃油在一定压力作用下，首先进入简单机械雾化器的(A)的三个小孔，汇集到环形槽中，然后进入下道程序。

A. 分流片　B. 旋流片　C. 雾化片　D. 三片同时

501. 简单机械雾化器的进油压力降低会使(D)。

A. 雾化气流分布均匀　B. 雾化气流紊乱

C. 雾化质量提高　D. 雾化质量变差

502. 回油式机械雾化器是通过改变(D)来改变回油量。

A. 旋转角度　B. 进油温度　C. 进油压力　D. 回油压力

503. 回油式机械雾化器运行时可使一部分油经过旋流后又(B)。

A. 返回加热器　B. 返回油箱　C. 返回油泵　D. 返回过滤器

504. 回油式机械雾化器运行时增大了(C)耗电量。

A. 风机　B. 锅炉　C. 油泵　D. 水泵

505. 蒸汽雾化器的油滴在蒸汽机械式雾化器作用下进行了两次破碎，第一次在混合孔，第二次在(C)。

A. 混合孔前　B. 混合孔至喷口之间　C. 喷口喷出后　D. 喷口喷出前

506. 蒸汽机械式雾化器使用的蒸汽压力一般在(B)MPa，油压在0.7~2.0MPa。

A. 0.5　B. 1.0　C. 2.5　D. 3.0

507. 热力除氧器必须将水加热到除氧压力下的饱和温度才能使溶解在水中的(C)除去。

A. 钾　B. 氢　C. 氧　D. 杂质

508. 锅炉锅水pH高会造成锅炉(C)。

A. 酸腐蚀　B. 氧腐蚀　C. 碱腐蚀　D. 中和腐蚀

509. 锅炉锅水导电度高的后果是(C)。

A. 取样管堵塞　B. 腐蚀主蒸汽管道

C. 汽轮机结垢　D. 没有任何影响

510. 给水含氧量的指标是(C)mg/L。

A. 1~2　B. 2~4　C. 2~7　D. 2~10

511. 对饱和蒸汽监视的指标中(D)不属于主要项目。

A. 饱和蒸汽硅　B. 饱和蒸汽钠

C. 饱和蒸汽导电度　D. 饱和蒸汽pH值

512. 给水导电度是反映给水的(D)。

A. 酸碱度　B. 含氧量　C. 硅含量　D. 含盐量

513. 汽水取样分析属于(B)。

A. 定时监测　B. 连续在线检测　C. 定时分析　D. 手动分析

514. 下列除尘方式不属于机械式除尘的是(D)。

A. 重力式除尘　B. 旋风式除尘器　C. 惯性除尘器　D. 水膜式除尘

515. (C)除尘器是利用水或者其他的液体介质形成的液网、液膜、液滴与气体接触而实现捕获灰尘的作用。

A. 干式　B. 电除尘　C. 湿式　D. 声波

516. 锅炉按照吹灰介质分类不属于同一类的是(C)。
A. 蒸汽吹灰装置　　B. 压缩空气吹灰器
C. 振动式吹灰器　　D. 水力除灰

517. 蒸汽伸缩式吹灰器是利用蒸汽的(D)除掉过热器上的灰的。
A. 热焓值　　B. 温度　　C. 热度　　D. 压力

518. 气力除灰是通过(C)携带灰颗粒。
A. 氮气　　B. 氧气　　C. 压缩风　　D. 氯气

519. 下列介质不被用作吹灰器吹灰介质的是(B)。
A. 空气　　B. 油　　C. 风　　D. 蒸汽

520. 造成锅炉受热面积灰的因素描述不正确的是(A)。
A. 锅炉压力　　B. 受热面结构　　C. 温度水平　　D. 空气动力场

521. 负压锅炉应该在除灰前将炉膛负压(B)。
A. 保持正常　　B. 高于正常运行　　C. 调小负压　　D. 不需要调整

522. 锅炉锅水表面含盐量最大的部分通过(A)排出。
A. 连续排污　　B. 定期排污
C. 两种方法联合使用　　D. 空气门排出

523. 锅炉的排污率一般不超过(B)。
A. 1%　　B. 2%　　C. 5%　　D. 10%

524. 锅炉水冷壁结焦对主汽温度的影响是(B)。
A. 主蒸汽温度下降　　B. 主蒸汽温度升高
C. 过热器过热结焦　　D. 水冷壁正常，炉膛出口温度降低

525. 过热器吹灰后(A)。
A. 排烟温度降低　　B. 排烟温度升高
C. 过热器管壁温度提高　　D. 过热蒸汽温度更趋于稳定

526. 锅炉的吹灰顺序是(D)。
A. 从烟道到炉膛　　B. 从上到下
C. 从下到上　　D. 从炉膛到烟道

527. 水冷壁受热面无论是积灰、结渣或积垢，都会使炉膛出口烟温(B)。
A. 不变　　B. 升高　　C. 降低　　D. 突然降低

528. 电除尘要保持其除尘效果，首先应该对集尘极(A)。
A. 清理积灰　　B. 加大电压　　C. 清洗　　D. 蒸汽加热

529. 电除尘送电之前要对电极进行(D)。
A. 加热　　B. 清洗　　C. 送电　　D. 测绝缘

530. (B)是保证除尘器持续不断运行的机械保证。
A. 电源　　B. 振打　　C. 电阻　　D. 电缆

531. 动设备加油的最重要的目的是(A)。
A. 润滑　　B. 密封　　C. 冷却　　D. 提供压力

532. 大型滑动轴承的润滑方式是(C)润滑油。
A. 单次供应　　B. 定时供应　　C. 连续供应　　D. 间断供应

533. 三级过滤是将润滑油中的(C)除掉。
A. 水分 B. 气体 C. 固体杂质 D. 元素杂质
534. 三级过滤的滤网网孔数目随着过滤级数(B)。
A. 降低 B. 升高 C. 不变 D. 不确定
535. 锅炉给水投加联氨的目的是(B)。
A. 降低给水酸碱度 B. 降低给水含氧量
C. 降低给水导电度 D. 降低锅水的磷酸根的含量
536. 锅炉锅水投加磷酸盐的目的是(A)。
A. 除去锅水中硬度较大的钙镁离子 B. 调整锅水导电度
C. 除去给水中的二氧化硅 D. 调整给水的酸碱度
537. GB 规定，高压锅炉给水中的联氨合格指标是(D)mg/L。
A. 2~7 B. 2~10 C. 10~25 D. 10~50
538. 冲洗水位计后应该(B)。
A. 投入水位保护 B. 检查水位，两侧对比
C. 将疏水常开 D. 关死速断阀
539. 水位计汽水侧一次阀的操作原则(B)。
A. 动压中操作 B. 静压中的操作
C. 动压中开，静压中关闭 D. 动压中关闭，静压中开
540. 水位计退出前应该先(D)。
A. 开汽侧二次阀 B. 关汽侧一次阀
C. 开水侧一次阀，二次阀 D. 开疏水
541. 现场水位计退出操作，交付检修时，应关闭二次阀以后，再稍开一次阀，然后关闭，其目的是为了(A)。
A. 泄压 B. 试验阀门的灵活性
C. 放空气 D. 试验严密性
542. 锅炉运行中，在投入检修后的水位计，预热过程中疏水阀的位置是(A)。
A. 全开位置 B. 全闭位置
C. 可以处于任意位置 D. 半开半闭
543. 大修以后的锅炉应该对通风设备进行(C)。
A. 水压试验 B. 强度试验
C. 漏风试验 D. 漏风和强度试验
544. 泵与风机运行中现场着重检查的是(A)。
A. 振动和温度 B. 电流 C. 外观 D. 漏点
545. 运行中的刮板捞渣机不会出现的故障是(D)。
A. 刮板断销 B. 链条断 C. 捞渣机出轨 D. 电机反转
546. 动设备巡检轴承重点部位错误的是(D)。
A. 轴承温度 B. 轴承的振动
C. 轴承的声音 D. 打开轴承侧盖，检查轴承运行情况

547. 锅炉额定蒸发量是指锅炉运行中参数维持在(B)时的设计蒸发量。

A. 最大蒸发量　B. 设计参数　C. 最小效率　D. 最稳定参数

548. 锅炉防腐方法不正确的是(D)。

A. 不让空气进入锅炉汽水系统

B. 保持停用锅炉的汽水系统干燥

C. 在金属表面造成具有防腐蚀作用的薄膜

D. 使用油保护

549. 锅炉保养方法中，在采用氮气保护期间应该(A)。

A. 检测系统中的氮气压力，并及时补充

B. 定时更换系统中的氮气

C. 间断投用蒸汽加热

D. 定时疏水

550. 充氮保护法中，一般氮气的压力维持在(B)MPa。

A. 0.01~0.02　B. 0.02~0.049　C. 0.04~0.06　D. 0.1

551. 压力保护法中，汽包压力一般维持在(C)MPa 以上。

A. 0.1　B. 0.2　C. 0.3　D. 1.0

552. (A)和仪器检查是常用的设备日常检查方法。

A. 感觉检查　B. 视觉检查　C. 听觉检查　D. 嗅觉检查

553. 电力设备缺陷分为(C)类。

A. 一　B. 二　C. 三　D. 四

554. 风机在工作过程中，不可避免地会发生流体(D)以及风机本身的传动部分产生摩擦损失。

A. 撞击　B. 泄漏

C. 摩擦　D. 摩擦、撞击、泄漏

555. 随着运行小时数增加，引风机振动逐渐增大的主要原因一般是(D)。

A. 轴承磨损　B. 进、出风不正常

C. 润滑油质的变化　D. 风机叶轮磨损

556. 油脂润滑的轴承，油脂(C)，轴承温度会升高。

A. 太少　B. 太多　C. 太少或太多　D. 适量

557. 在锅炉发生汽水共腾时锅水和饱和蒸汽的(B)明显上升。

A. 含硅量　B. 电导度　C. 含油量　D. 含铁量

558. (B)厂用电消失时，锅炉自动灭火、负压最大，所有电动机停运，所有火焰监视器无光柱显示，看火孔看不到火焰。

A. 110V　B. 6kV　C. 220V　D. 380V

559. 仪表电源消失(D)仍有指示。

A. 氧量表　B. 炉膛负压表　C. 飞灰含碳量表　D. 就地压力表

560. 空气压缩机溢流量增大，可能是出口(C)弹簧损坏。

A. 阀门　B. 支承加　C. 溢流阀　D. 安全阀

561. 下列(D)会导致油压下降或油泵无法抽油。

A. 油箱油位过高　B. 出油阀关闭　C. 出油管漏风　D. 吸油管漏风

562. 当泵发生汽蚀时，泵的(C)。

A. 扬程增大，流量减小　B. 扬程减小，流量增大

C. 扬程减小，流量减小　D. 扬程增大，流量增大

563. 当泵内汽蚀严重时，大量的(B)，扬程降低，效率降低，严重时出水中断。

A. 液体会堵塞通道　B. 气泡会堵塞流道

C. 大量空气会堵塞流道　D. 异物堵塞通道

564. 水泵汽化时电气部分的(B)，有不正常的摆动，电动机运转声音变化。

A. 电流指示上升　B. 电流指示下降

C. 电压指示下降　D. 电压指示上升

565. 水泵汽化时泵的出口(A)，泵体发出异常声音，出入口管道发生冲击和振动。

A. 压力、流量下降　B. 流量、温度下降

C. 压力、流量上升　D. 流量、温度下上升

566. 电除尘内的阴极和阳极间距不均或偏差太大，使部分尘粒(D)而进入烟囱。

A. 颗粒细化　B. 流速增加　C. 无法停留　D. 无法荷电

567. 由于汽轮机的调节汽门突然大开或锅炉安全门的动作，造成锅炉汽压突然降低，汽包水位会(C)。

A. 下降　B. 不变

C. 先上升后下降　D. 先下降后上升

568. 判断汽包虚假水位的最直接办法就是观察(B)的平衡关系是否被破坏。

A. 燃料量与给水量　B. 给水量与蒸汽量

C. 风量与蒸汽量　D. 给水量与风量

569. 轴流水泵运行时流量不足可能是由于(C)造成叶片损坏。

A. 水量过多　B. 润滑油量不足　C. 汽蚀　D. 冷却水质量

570. 水泵进口压力表指示剧烈摆动，电动机电流表指示在空载位置并摆动，水泵的声音不正常，泵壳温度升高，即可判定为(A)。

A. 水泵抽不上水　B. 水泵出口阀关闭

C. 水泵轴承过热　D. 水泵过载

571. 不论是管式空气预热器堵塞还是穿孔都会使锅炉无法维持(A)运行。

A. 高负荷　B. 低负荷　C. 经济负荷　D. 额定负荷

572. 回转式空气预热器漏风会增大排烟热损失和(B)电耗。

A. 送风机　B. 引风机　C. 一次风机　D. 流化风机

573. 炉膛负压和烟道负压剧烈变化，排烟温度不正常升高，烟气中含氧量下降，热风温度、省煤器出口温度等介质温度不正常升高，此现象表明发生(A)。

A. 烟道再燃烧　B. 送风机挡板摆动

C. 锅炉灭火　D. 引风机挡板摆动

574. 烟道再燃烧，(B)会升高。

A. 烟气氧量　B. 排烟温度　C. 蒸汽温度　D. 省煤器前水温

575. 电晕极断线并倾斜，在未完全短路时，(D)并有摆动，二次电压降低并电场有闪络。

A. 一、二次电流偏小　　B. 一、二次电流偏大
C. 一次电流会偏大　　D. 二次电流会偏大

576. 运行电压低，电流小或电压升高，电场有(C)，高压硅整流装置跳闸，此时可能烟气温度低于露点。

A. 很高的温度　　B. 振动现象　　C. 严重的闪络　　D. 较大的响声

577. 当水位计的汽连通管自锁装置未回位时，水位计上部空间会形成(D)，水位指示很快上升。

A. 周期性压力波动　　B. 压力下降
C. 压力增高　　D. 局部真空

578. 就地水位计内原有蒸汽凝结成水，水位逐步上升，此时可能是(B)。

A. 水位计疏水阀未关严　　B. 水连通管堵塞
C. 汽连通管自锁装置堵塞　　D. 水位计未投入

579. 汽、水连通管自锁装置在水位计玻璃板破裂时会(C)锅水和蒸汽大量从破裂口泄漏。

A. 从操作平台人为控制　　B. 大量将
C. 自行阻止　　D. 限止

580. 冲洗水位计时由于操作不当会使(B)。

A. 锅炉保护动作　　B. 自锁装置动作
C. 给水自动失灵　　D. 电接点水位指示错误

581. 就地水位计在大修时应进行(A)，并找出中间水位位置。

A. 水平校对　　B. 检修　　C. 试验　　D. 检查

582. 当一侧水位计放水阀内漏时，会使两侧水位计(B)。

A. 一样　　B. 偏差增大　　C. 正常　　D. 平行

583. 轴承座内的润滑油应(C)，防止油脂变劣。

A. 不要更换　　B. 运行中进行更换
C. 定期进行更换　　D. 随意更换

584. 润滑油使用前应(B)。

A. 直接使用　　B. 进行三级过滤
C. 进行二级过滤　　D. 进行一级过滤

585. 蒸汽管道泄漏严重时，蒸汽压力下降，(A)。

A. 给水流量上升　　B. 蒸汽温度上升
C. 汽包水位上升　　D. 蒸汽温度下降

586. 按(A)划分人身事故为特大人身事故、重大人身事故和一般人身事故。

A.《电力生产事故调查规程》　　B.《小型和常压热水锅炉安全监察规定》
C.《压力容器安全技术监察规程》　　D.《电力工业锅炉压力容器监察规程》

587. 安全装置损坏或安全保护装置损坏属于(C)事故。

A. 人身　　B. 爆炸　　C. 严重损坏　　D. 一般损坏

588. 单元制机组紧急停炉中，为保证汽轮机的安全，不应立即关闭(A)。
A. 主蒸汽阀　　B. 主给水管道疏水阀
C. 排污阀　　D. 事故放水阀
589. 处理风机积灰前，关小入口挡板，用(D)进行吹扫。
A. 工业水　　B. 冲灰水
C. 高压蒸汽　　D. 压缩风或低压蒸汽
590. 在停止风机进行清灰时应有(A)。
A. 防止叶轮转动的安全措施　　B. 动火票
C. 技术人员在场　　D. 防高温措施
591. 紧固地脚螺丝时要防止(B)。
A. 板手打滑　　B. 螺栓断裂　　C. 高空作业堕落　　D. 螺杆拉出
592. (B)，减少风机负荷可以控制风机轴承温度上升的趋势。
A. 关小风机出口风门　　B. 关小风机入口风门
C. 开大风机入口风门　　D. 开大风机出口风门
593. (B)中断或过少会导致轴承温度上升，因此要控制适当的冷却水流量。
A. 入风量　　B. 冷却水　　C. 入口介质　　D. 工业水
594. 回转式空气预热器内部着火，应(B)，隔绝空气。
A. 打开看火孔　　B. 关闭所有风门挡板
C. 打开风门　　D. 保持通风
595. 因回转式空气预热器内部着火而停炉后，空气预热器(D)。
A. 根据情况确定　　B. 可以运转或不运转
C. 停止运转　　D. 仍要保持运转
596. 二级缸排汽压力大幅度摆动，说明设备出现故障，应(C)。
A. 立即汇报　　B. 加强监视　　C. 停机处理　　D. 降低出力运行
597. 启停过程中，给水管道水击时应关小(C)，如果仍不能消除应停止进水。
A. 疏水阀　　B. 闸阀　　C. 给水阀　　D. 空气阀
598. 母管制锅炉并汽过程中蒸汽管道发生水击，应(B)操作，加强疏水。
A. 快速开启主蒸汽阀　　B. 立即停止并汽
C. 减慢速度并汽　　D. 继续并汽
599. 在锅炉排污过程中，排污管道发生水击或剧烈振动，应(A)排污阀。
A. 关小　　B. 关闭　　C. 开大　　D. 任意操作
600. 当冷油器泄漏应切为旁路运行，关闭(C)，隔离故障点。
A. 润滑点回油阀　　B. 油泵出口阀
C. 冷油器出、入口阀　　D. 泄压阀
601. 冷油器漏油时应不断检查(B)的油压和油温是否正常。
A. 油泵出口　　B. 润滑点　　C. 油箱　　D. 冷油器
602. 渣浆泵机组振动大，一般属于(A)，应及时联系处理。
A. 检修或安装质量B. 运行操作　　C. 渣浆浓度　　D. 其他
603. 渣浆泵填料发热应要求检修人员调整(B)。
A. 泵的转速　　B. 填料压盖螺丝　　C. 轴承间隙　　D. 轴的对中

604. 如发现运行中的水泵振动超过允许值，应(C)。

A. 检查振动表是否准确　　B. 仔细分析原因

C. 立即停泵检查　　D. 继续运行

605. 离心泵运行中如发现表计指示异常，应(A)。

A. 先分析是否表计问题，再到就地找原因

B. 立即停泵

C. 如未超限，则不管它

D. 请示领导

606. 轴承座的冷却水量应调整到适当位置，防止冷却水量(C)使轴承温度升高。

A. 过多　　B. 温度低　　C. 不足　　D. 富裕

607. 避免锅炉超负荷运行，减少(A)的生成量，提高除尘效果。

A. 烟尘　　B. SO_2　　C. NO_x　　D. RO

608. 控制好炉膛负压，减少烟道漏风，降低电除尘器内的烟气(D)，可以提高除尘效率。

A. 细度　　B. 湿度　　C. 压力　　D. 流速

609. 消除除尘器下部漏风可以防止尘粒(C)，相应提高了除尘效果。

A. 短路　　B. 粘黏　　C. 二次飞扬　　D. 自燃

610. 当电除尘外壳(A)，保护未动作，此时应紧急停止电除尘运行。

A. 带电　　B. 膨胀　　C. 漏风　　D. 温度高

611. 当自然循环锅炉大幅度甩负荷时，应适当(D)，因水位低后会迅速上升，防止锅炉负荷突然增加而引起满水事故。

A. 保持给水流量　　B. 开大给水　　C. 先开大后关小　　D. 关小给水

612. 水泵(C)侧管道或阀门(C)，会使水泵抽空，应消除泄漏点。

A. 出水　漏水　　B. 进水　漏水

C. 进水　漏入空气　　D. 出水　漏入空气

613. 单侧回转式空气预热器跳闸，无法运行时，应确认该侧送风机、引风机停止运行，然后(A)空气预热器风门和挡板。

A. 关闭跳闸　　B. 关闭运行侧

C. 全开跳闸　　D. 关闭所有空气预热器

614. 回转式空气预热器跳闸无法恢复时，应将(C)。

A. 油泵保留运行　　B. 转子继续运行

C. 漏风控制系统的密封板提起　　D. 烟气和空气继续流动

615. 由于灰斗(B)，使电除尘内部短路，应采取加快灰斗放灰方法消除。

A. 灰量少　　B. 积灰过高

C. 无灰，冷空气进入　　D. 灰位变动

616. (C)是解决极线积灰，产生电晕封闭的有效方法。

A. 调整一次电流　　B. 一次电压

C. 调整振打周期　　D. 二次电流电压

617. 当水位计连通管内自锁装置不能回位时，应利用放水阀，采用(B)的方法进行处理。

A. 锤击　　B. 反作用力　　C. 摩擦　　D. 弹性

618. 开启放水阀少许，让汽流或水流流动，快速关闭(D)，利用汽或水在自锁球水位计侧的反冲力使球回位。

A. 所有阀门　　B. 水连通管阀　　C. 汽连通管阀　　D. 放水阀

619. 查明润滑油乳化的原因，如果冷却水泄漏造成，应退出冷却水，加强监视(B)的变化。

A. 润滑油质　　B. 轴承温度　　C. 冷却水量　　D. 风机振动

620. 水位计玻璃破裂处理时，人员应有(B)的安全措施。

A. 防止减负荷　　B. 防止烫伤　　C. 防止掉落　　D. 防止 MFT 动作

多选题

1. 属于平行投影的投影法是(A，C，D)投影法。

A. 平行　　B. 中心　　C. 斜　　D. 正

2. 在三视图中，能够反映物体前后位置关系的视图是(B，C)。

A. 主视图　　B. 俯视图

C. 左视图　　D. 在三个视图中都有可能

3. 在三视图中，能够反映物体左右位置关系的视图是(A，B)。

A. 主视图　　B. 俯视图

C. 左视图　　D. 在三个视图中都有可能

4. 在三视图中，与高度有关的视图是(A，C)。

A. 主视图　　B. 俯视图

C. 左视图　　D. 三个视图都有关系

5. 在三视图中，与长度有关的视图是(A，B)。

A. 主视图　　B. 俯视图

C. 左视图　　D. 三个视图都有关系

6. 安全检查中的“月查”由车间领导组织职能人员进行月安全检查，查领导、查思想、(A，B，D)。

A. 查隐患　　B. 查纪律　　C. 查产量　　D. 查制度

7. 尘毒物质对人体的危害与工作环境的(A，B，C)等条件有关。

A. 温度　　B. 湿度　　C. 气压　　D. 高度

8. 改进生产工艺是控制电厂污染的主要方法，包括(A，B，C)等。

A. 改革工艺操作　　B. 减排增效

C. 选用优质燃料　　D. 更新设备

9. 着火范围较大时，有利于灭火的措施是(A，C，D)。

A. 抑制反应量　　B. 用衣服、扫帚等扑打着火点

C. 减少可燃物浓度　　D. 减少氧气浓度

10. ISO 14001 标准以其系统化的思想和广泛的适用性，受到世界各国的重视，其主要特点有(A，B，C，D)。

A. 强调污染预防、持续改进　　B. 强调法律、法规的符合性

C. 强调系统化管理、强调文件化　　D. 强调相关方的观点

11. 为了确保环境因素评价的准确性，在 ISO 14001 中识别环境因素时应考虑土地污染；对社区的影响；原材料与自然资源的使用；其他地方性环境问题外，还应考虑(A，B，C)问题。

A. 大气排放 B. 水体排放 C. 废物管理 D. 材料的利用

12. ISO 14001 环境因素识别的步骤包括：(A，B，D)。

A. 划分和选择组织过程 B. 确定选定过程中存在的环境因素

C. 初始环境评审 D. 明确每一环境因素对应的环境影响

13. 识别 ISO 14001 环境因素的方法除过程分析法、专家咨询、现场观察和面谈、头脑风暴、查阅文件及记录、测量、水平对比、纵向对比等方法外，还有以下(A，C，D)方法。

A. 问卷调查 B. 最优化理论 C. 产品生命周期 D. 物料恒算

14. HSE 审核是判别管理活动和有关的过程(A，B)，并系统地验证企业实施安全、环境与健康方针和战略目标的过程。

A. 是否符合计划安排 B. 是否得到有效实施

C. 是否已经完成 D. 是否符合标准

15. HSE 审核的目的是检验 HSE 管理体系的(B，D)。

A. 权威性 B. 有效性 C. 符合性 D. 适用性

16. 危害主要指(A，B，C，D)等方面。

A. 物的不安全状态 B. 人的不安全行为

C. 有害的作业环境 D. 安全管理缺陷

17. 工业废水的生物处理法包括(B，D)法。

A. 过滤 B. 好氧 C. 结晶 D. 厌氧

18. 对气态污染物的治理主要采取(B，C)法。

A. 蒸馏 B. 吸附 C. 吸收 D. 过滤

19. 从煤灰中可以筛选或提取(A，B，C)等物质。

A. 铁 B. 氧化铝 C. 空心玻璃微珠 D. 钛

20. 为了做好防冻防凝工作，应注意(A，B，C)。

A. 加强报告制度 B. 加强巡检力度

C. 有情况向上级或领导汇报 D. 独立解决问题

21. (A，B)不属于夏季四防范畴。

A. 防风 B. 防霉变 C. 防汛 D. 防雷电

22. (C，D)不属于生产事故。

A. 产品质量事故 B. 生产过程中火灾

C. 职工节假日负伤 D. 职工节假日交通事故

23. (A，C)不属于一般事故。

A. 一次事故造成 10 人及以上重伤

B. 一次事故造成 1~2 人死亡

C. 一次事故造成 100 万元及以上直接经济损失

D. 一次事故造成 1~9 人重伤

24. (A，B)属于重大事故。

A. 一次事故造成 10 人及以上重伤

B. 一次事故造成 3~9 人死亡

C. 一次事故造成直接经济损失 10 万元(含)~100 万元(不含)

D. 一次事故造成 1~9 人重伤

25. 在 HSE 体系中，不符合项按性质可分(B，C)。

A. 非常严重不符合项　B. 严重不符合项

C. 一般不符合项　D. 较严重不符合项

26. 广义的质量包括(B，C)。

A. 工序质量　B. 产品质量　C. 服务质量　D. 设计质量

27. 产品的质量特性包括(A，B，C，D)。

A. 性能　B. 寿命　C. 可靠性　D. 安全性

28. 在建立质量管理体系时，编写的质量手册至少应含有(A，C，D)的内容。

A. 质量管理体系所覆盖的范围

B. 组织机构图和职能分配表

C. 按 GB/T 19001 标准编制的程序文件的主要内容或对其的引用

D. 各过程之间相互作用的表述

29. PDCA 循环中，处置阶段的主要任务是(B，D)。

A. 明确目标并制定实现目标的行动方案

B. 总结成功经验

C. 对计划实施过程进行各种检查

D. 对质量问题进行原因分析，采取措施予以纠正

30. 下列哪些标准应用了以过程为基础的质量管理体系模式的结构(B，C)。

A. ISO 9000：2000《质量管理体系基础和术语》

B. ISO 9001：2000《质量管理体系要求》

C. ISO 9004：2000《质量管理体系业绩改进指南》

D. ISO 19011：2000《质量和环境管理体系审核指南》

31. ISO 9000 族标准中，质量具有(B，C)性等的性质。

A. 适用　B. 广义　C. 相对　D. 标准

32. 在 Word 的“页面设置”对话框中，可以设置的选项为(B，C，D)。

A. 字体　B. 装订线　C. 纸型　D. 纸张大小

33. 在 Word 中能进行的文档操作是(A，B，C)。

A. 当前文档与另一同类型的文档合并成一个新文档

B. 打开纯文本文档

C. 当前文档保存为纯文本文档

D. 删除当前文档

34. 在 Word 表格中，关于数据排序的叙述，不正确的是(A，B，C)。

A. 表格中数据的排序只能按升序进行

B. 表格中数据的排序只能按降序进行

C. 表格中数据的排序依据只能是行

D. 表格中数据的排序依据可以是列

35. 在 Excel 工作表中，选定某单元格，单击“编辑”菜单下的“删除”选项，可完成的操作是(A，B，C)。

A. 删除该行　　B. 右侧单元格左移

C. 删除该列　　D. 左侧单元格右移

36. 在 Excel 工作薄中，对工作表可以进行的打印设置是(A，B，D)。

A. 打印区域　　B. 打印标题　　C. 打印讲义　　D. 打印顺序

37. 通过 Excel 菜单栏的(B，C)可以打开页面设置。

A. 编辑　　B. 视图　　C. 文件　　D. 格式

38. 合同可以以(A，B，C，D)形式存在。

A. 口头　　B. 批准　　C. 登记　　D. 公正

39. 公证形式的合同具有以下特点(A，B，C)。

A. 一般均以合同的书面形式为基础

B. 经过公证的合同具有最可靠的证据力

C. 当事人和法律都可以赋予合同的公证形式以证据效力或者成立生效的效力

D. 必须经过批准

40. 流体运动的基本要素有(C，D)。

A. 密度　　B. 温度　　C. 压力　　D. 流速

41. 理想气体状态是指(A，C)的状态。

A. 一个物理大气压　　B. 表压力为零

C. 温度为 0℃　　D. 流体在静止状态

42. 汽轮机真空下降的原因(A，B，C，D)。

A. 循环水中断　　B. 后轴封供汽中断

C. 抽气器故障　　D. 凝汽器满水

43. 下列是工质的状态参数的是(A，B，C)。

A. 温度　　B. 压力　　C. 内能　　D. 形状

44. 辐射热与热力学温度的(D)次方成正比。

A. 1　　B. 2　　C. 3　　D. 4

45. 辐射是物体通过(C)来传递能量的方式。

A. 水　　B. 空气　　C. 电磁波　　D. 蒸汽

46. 辐射传热与导热、对流传热最大的区别是(B)。

A. 传热效果不一样　　B. 传热介质不一样

C. 传热的距离不一样　　D. 没有区别

47. 以下传热方式属于对流换热的是(A，B，C)。

A. 自然对流　　B. 强制对流　　C. 沸腾换热　　D. 导热

48. 物体导热是通过微观粒子的移动来实现的，(A，B，D)微观粒子参与导热。

A. 原子　　B. 粉尘　　C. 电子　　D. 分子

49. 下列不属于热力学第一定律的是(A，C，D)。

A. 功率守恒定律　B. 能量守恒定律

C. 表示功热转化方向的定律　D. 关于循环热效率的定律

50. 热力循环按照循环的可逆性可以分为(C，D)。

A. 正向循环和逆向循环　B. 开放循环

C. 可逆循环　D. 不可逆循环

51. 下列设备中属于朗肯循环经过的有(A，B，C，D)。

A. 汽轮机　B. 锅炉　C. 给水泵　D. 凝汽器

52. 决定凝结热大小的因素是(A，B)。

A. 温度　B. 物质的种类　C. 压力的大小　D. 容器的大小

53. 减速器的种类有(A，B，C，D)。

A. 斜齿轮减速器　B. 行星齿轮减速器

C. 摆线针轮减速器　D. 蜗轮蜗杆减速器

54. 以下内容中(A，B，C，D)属于正确的滚动轴承尺寸范围。

A. 微型轴承——公称外径尺寸范围为26mm以下的轴承

B. 小型轴承——公称外径尺寸范围为28~55mm的轴承

C. 中小型轴承——公称外径尺寸范围为60~115mm的轴承

D. 中大型轴承——公称外径尺寸范围为120~190mm的轴承

55. 锅炉的过热器管要承受较大的压力，所以采用无缝钢管，锅炉对于金属的(A，B，C，D)等工艺性能要求较高。

A. 冲压性能　B. 热处理性能　C. 焊接性能　D. 锻造性能

56. T12号钢具有的特性有(A，B，C，D)。

A. 硬度高　B. 磨加工

C. 韧性好　D. 淬透性和红硬性差

57. 炉膛火焰探测器，冷却方式属于(A，C)。

A. 水冷式　B. 油冷式

C. 风冷式　D. 多种冷却方式结合使用

58. 分散控制系统可以分为(A，B，D)。

A. 过程控制级　B. 管理控制级　C. 设备控制级　D. 生产控制级

59. 自动调节系统按照结构可以分为(A，C，D)。

A. 开环调节系统　B. 分散调节系统　C. 闭环调节系统　D. 复合调节系统

60. 常规控制中的调节方式有(A，B，C，D)。

A. 串级调节　B. 前馈调节　C. 均匀调节　D. 分程调节

61. 在国际单位制中是以(B，C)、时间、电流、热力学温度、物质的量、发光强度为基本单量。

A. 面积　B. 长度　C. 质量　D. 数量

62. 测量蒸汽压力或压差时，应装在(C，D)上。

A. 过滤器　B. 伴热管线　C. 冷凝管　D. 冷凝器

63. 水质的指标有(A，B，C)。
A. 导电度　B. 酸碱度　C. 含氧量　D. 温度
64. 电路元件可分为(A，C，D)、导线。
A. 电源　B. 电阻　C. 负载　D. 控制电缆
65. (A，D)的方向一致，即由负极指向正极的方向。
A. 电势　B. 电流　C. 电压　D. 电源力
66. 电路短路会造成(A，B，D)。
A. 电源烧毁　B. 有关电气装置烧毁
C. 闭合回路　D. 停电
67. 导电体具有两重性，即(A，C)。
A. 导电的一面　B. 不导电的一面
C. 阻碍电流的一面　D. 不阻碍电源的一面
68. 有了(A，B，C)，再合上开关，使电路闭合起来，电路里就有了电流通过。
A. 电源　B. 负载　C. 连接导线　D. 电压
69. 电压有(A，C)之分。
A. 正电压　B. 大电压　C. 负电压　D. 小电压
70. 基尔霍夫(A，B)是电路的基本定律。
A. 第一定律　B. 第二定律　C. 第三定律　D. 第四定律
71. 交流电路中常用(A，B，C)表示有功功率、无功功率、视在功率。
A. P　B. Q　C. S　D. V
72. 自动开关性能完善，当电路发生故障时，能自动地切断电路，保护有关的(B，C，D)。
A. 电动　B. 电气设备　C. 电缆　D. 电路
73. 电量的单位(C，D)。
A. A　B. Ω　C. kW · h　D. 度
74. 以下属于锅炉保护装置试验标准有(A，B，C，D)。
A. 保护装置整定值符合设备规定要求
B. 保护动作准确，灯光显示、报警正确
C. 信号传输到位，设备的停运、系统的封闭都应符合保护范围的要求
D. 有关开关闭锁后不能人为解除，条件满足后能自动解除
75. 吹灰器吹灰前要检查吹灰器(A，B，C，D)、驱动装置无跑偏和断齿等情况。
A. 链轮　B. 传动链条
C. 行走轮　D. 齿条和驱动齿轮
76. 联锁试验时应(A，D)进行，最后试验引风机掉大闸联锁。
A. 自下而上　B. 自上而下
C. 整体到局部　D. 局部到整体
77. 进行联锁保护试验的步骤是(A，B，C，D)。
A. 准备工作
B. 试验程序
C. 按各厂具体锅炉的运行规程完成联锁试验
D. 做各转动机械事故按钮静态停机试验

78. 以下属于转动机械试运转基本要求的有(A，B，C，D)。

A. 确认旋转方向正确

B. 给料机、给煤机、螺旋输粉机不应带负荷试转，要预先将入口进料插板关闭严密

C. 初次启动钢球磨煤机，大罐内不应加钢球，试转正常后方可加钢球

D. 轴承振动值满足要求

79. 锅炉上水方式以下表述正确的是(B，C，D)。

A. 通过水冷壁放水管和下联箱的连续排污门向锅炉进水

B. 通过水冷壁放水管和下联箱的定期排污门向锅炉进水

C. 利用过热器的反冲洗管或过热器的出口联箱疏水门向锅炉上水

D. 从主给水管道向锅炉进水

80. 下列属于电除尘器投运前检查项目的有：(A，B，C，D)。

A. 高压隔离刀闸在“接地”位置，刀闸柜门锁完好

B. 整流变压器油位正常，油质良好，无渗漏现象，干燥剂颜色正常

C. 整流变压器二次侧瓷瓶无裂纹，表面清洁

D. 集散控制系统接线正确，设备处于良好备用状态

81. 在锅炉冷态启动之前或点火初期，投入底部蒸汽加热的好处有(A，B，C，D)。

A. 在启动初期建立起稳定的水循环，减少汽包上、下壁温差

B. 缩短启动时间，降低点火用油耗量

C. 由于水冷壁受热面的加热，故提高了炉膛温度，有利于点火初期油的燃烧

D. 比较容易满足锅炉在水压试验时对汽包壁温度的要求

82. 以下属于空气压缩机启动前应进行检查的内容有(A，C，D)。

A. 检查地脚螺栓及各处法兰螺栓齐全、拧紧

B. 检查电动机运转正常

C. 油箱润滑油油位处于规定范围，油质良好

D. 打开冷却器和汽水分离器的放水门，放尽积水，然后关严放水门

83. 以下属于锅炉水压试验合格标准的有(A，B，C)。

A. 在试验压力下保持5min，再热器压降不超过0.25MPa

B. 没有漏水。胀口地点发现水痕以及附件不严密处有轻微的渗水但均不影响试验压力的保持时，可不算为漏水。至于焊缝，则不应有任何渗水、漏水或湿润现象

C. 水压试验后无明显的残余变形

D. 水压试验后炉膛无变形

84. 投入给水系统时必须监视管道(A，C)情况。

A. 膨胀　　B. 转动机械

C. 支吊架　　D. 管道内流动状态

85. 在电厂锅炉工程中将加热至一定温度后能与氧发生强烈化学反应，并放出大量热量的(B，D)称为燃料。

A. 氧化物　　B. 碳氢化合物　　C. 有机物　　D. 碳化物

86. 电站锅炉所燃用的燃油一般分为(B, C, D)重油。

A. 原油　　B. 渣油　　C. 柴油　　D. 轻质油

87. 锅炉燃用的气体燃料有(A, C, D)高炉煤气、发生炉煤气。

A. 天燃气　　B. 烷气　　C. 液化石油气　　D. 炼焦炉煤气

88. 影响煤中固有水分测定的主要因素是(B, D)。

A. 空气中的灰尘　　B. 空气中的水蒸气

C. 煤的表面水分　　D. 煤样的颗粒度

89. 采用按规定条件将煤样(A, C)和燃烧的办法，对煤样进行分析称为工业分析。

A. 干燥　　B. 分流　　C. 加热　　D. 分解

90. 元素分析一般采用(A, B)等方法。

A. 三节炉法　　B. 二节炉法　　C. 解析法　　D. 分解法

91. 气体燃料中可燃元素是：(A, B, C, D)和CH。

A. CO　　B. 氢　　C. H_2S　　D. C_2H_2

92. 煤的工业分析又称为技术分析和实用分析，是(B, C, D)和固定炭的总称。

A. 灰分熔融特性　　B. 水分

C. 灰分　　D. 挥发分

93. 煤中有一部分碳不参加燃烧，其含量越多反而使煤的发热量越低，它们是(B, D)。

A. C　　B. $CaCO_3$　　C. CO　　D. $MgCO_3$

94. 煤中的(A, C)不会参与燃烧。

A. Al_2O_3、$2SiO_2 \cdot 2H_2O$　　B. 氢

C. $CaSO_4 \cdot 2H_2O$　　D. CH_4

95. 煤在长期储存因受风、雨及温度的影响而氧化变质，使(A, C, D)、氧量迅速增大。

A. 水分有所增高　　B. 硫含量降低

C. 灰分增大　　D. 挥发份增大(烟煤)

96. 燃料中的氮和氧在高温下会形成(A, C)。

A. NO　　B. N_4O　　C. NO_x　　D. $N_{16}O_{16}$

97. 燃料中的硫会造成下列不利影响：(A, B, C, D)，加剧煤氧化自燃。

A. 设备的低温腐蚀　　B. 大气的环境污染

C. 锅炉的高温腐蚀　　D. 燃料制备系统磨损

98. 煤中的硫分为(A, C)、有机硫、元素硫。

A. 黄铁矿硫　　B. 二氧化硫　　C. 硫酸盐硫　　D. 无机硫

99. 煤灰中所含元素达60多种，其中含量较多的有硅、(A, B, C)、钙、钠、钾、硫、磷、铁等。

A. 铝　　B. 钛　　C. 镁　　D. 氢

100. 煤中的灰分来源于(A, B, C)三个方面。

A. 原生矿物质　　B. 次生矿物质

C. 储存生成物质　　D. 外来矿物质

101. 燃料燃烧时挥发分内包含(A，B，C，D)和一氧化碳。

A. 二氧化碳　B. 甲烷　C. 非芳香族　D. 烯烃

102. 固定炭组成成分中有：(A，B，C，D)。

A. 碳约 95%　B. 氢为 1%~11.3%

C. 氮为 0.7%~1.5%　D. 硫和氧约 2.02%~2.95%

103. 固体燃料和气体燃料的发热量单位分别是(A，B)。

A. kJ/kg　B. kJ/m^3　C. kJ/m　D. kg/m^3

104. 测量油的闪点方法有(B，D)。

A. 弹筒法　B. 开口杯法　C. 点滴法　D. 闭口杯法

105. 如果闪点与燃点之间的数值相差较大，燃烧过程易出现(C，D)现象。

A. 灭火　B. 突然增大

C. 火焰暂时中断　D. 火焰跳动

106. 干烟气中主要成分有 CO、SO 和(A，B，C，D)等。

A. CO_2　B. SO_2　C. N_2　D. O_2

107. 烟气的分析方法一般采用(A，B，D)色谱分析法。

A. 化学吸收法　B. 电气测量法　C. 氧化锆法　D. 红外吸收法

108. 燃油的物理特性有：(A，B，C，D)密度。

A. 黏度　B. 闪点　C. 燃点　D. 凝固点

109. 渣油、重油的共同点：(A，B，C，D)不易挥发。

A. 相对密度较大脱水困难　B. 黏度较大，流动性差

C. 沸点高　D. 闪点高

110. 燃料燃烧过程分为(B，C)、扩散燃烧。

A. 燃尽燃烧　B. 动力燃烧　C. 过渡燃烧　D. 局部燃烧

111. 风机风量调节的基本方法有(A，C，D)。

A. 节流　B. 齿轮变速　C. 变速调节　D. 轴向导流器调节

112. 风机在工作过程中，不可避免会发生流体(B，C，D)，所以必须定期检查风机运转情况。

A. 破碎　B. 摩擦　C. 撞击　D. 泄漏

113. 保持电除尘灰斗一定的灰位，其优点有：(A，B，C，D)提高除尘效率等。

A. 减少粉尘的二次飞扬　B. 减少电除尘漏风

C. 保持电除尘内的温度　D. 对于水力除灰可防止水气进入电场

114. 锅炉主要运行参数是(A，B，C，D)锅炉蒸发量等。

A. 蒸汽压力　B. 过热蒸汽温度

C. 再热蒸汽温度　D. 汽包水位

115. 锅炉吹灰过程中如遇到(A，B)、炉烟与炉灰从炉内向外喷出时应停止吹灰。

A. 锅炉吹灰器有缺陷　B. 锅炉燃烧不稳定

C. 锅炉负荷在额定负荷的 75%　D. 锅炉正在排污

116. 轴流式风机负荷调节方法有(B，D)。

A. 入口挡板调节　B. 动叶片角度调节

C. 出口挡板调节　D. 导流器叶片角度调节

117. 直流喷燃器为长矩形的组合体，其出口截面由一组(A，B，D)喷口组成。

A. 多边形　　B. 圆形　　C. 椭圆形　　D. 矩形

118. 旋流燃烧器分为(A，D)等形式。

A. 扰动式　　B. 直流式　　C. 旋流式　　D. 轴向叶轮式

119. 炉膛截面积热负荷与(A，B)、炉膛横截面积有关。

A. 锅炉燃料消耗量　　B. 燃料的低位发热量

C. 烟气的流速　　D. 燃料的挥发分

120. 雾化质量的主要指标有：(B，C，D)。

A. 油压和油温　　B. 雾化角

C. 流量密度的分布旋流速度　　D. 雾化颗粒度

121. 控制循环锅炉的主要特点是(A，B，C，D)以及协调循环回路中循环流量和锅炉负荷的关系。

A. 停炉速度快　　B. 减少汽包壁温差

C. 减轻水冷壁的高温腐蚀　　D. 提高启动和变负荷速度

122. 从简图中可以知道直流锅炉由(B，C，D)、对流过热器和空气预热器组成。

A. 汽包　　B. 省煤器

C. 炉膛蒸发受热面　　D. 炉膛过热受热面

123. 提高一次风温可以(A，B，D)和过热器壁温下降。

A. 降低着火热　　B. 促使燃烧稳定

C. 火焰中心上移　　D. 炉膛出口温度降低

124. 锅炉形式不同，设计方法不同，一般再热器布置位置有(A，C)。

A. 对流过热器附近烟道布置　　B. 外置布置

C. 炉膛内墙式布置　　D. 屏式布置

125. 过热器管子之间的定位管夹作用是(B，D)、减少焦渣的生成。

A. 增加强度　　B. 防止管子出列　　C. 增大受热面　　D. 防止管子错位

126. 再热器长期在高温氧化的环境中工作，因此要求其所用的钢材应具有(B，C，D)等性能。

A. 脆性　　B. 足够抗氧化能力

C. 可焊接性　　D. 工艺性能

127. 高、低压旁路系统可以更好地满足汽轮机(A，C，D)以及带负荷的要求。

A. 暖管　　B. 凝汽　　C. 冲转　　D. 升速

128. 锅炉启动后期，如果投入省煤器再循环系统会造成(A，B，D)和省煤器烧坏。

A. 降低局部区域锅水温度，汽水分离扰乱，蒸汽品质下降

B. 蒸汽清洗器工作效率下降甚至丧失

C. 使汽包机械应力增大

D. 增大汽包与再循环管口应力

129. 影响飞灰磨损的主要因素有：(A，B，C)、受热面结构特性等。

A. 烟气流速　　B. 飞灰浓度　　C. 飞灰性质　　D. 空气系数

130. 常用的减温器分为(B，D)。
A. 文丘里式　B. 表面式　C. 沸腾式　D. 混合式
131. 自然循环锅炉下降管形式有(B，D)。
A. 独立下降管　B. 大直径集中下降管
C. 强制循环管　D. 小直径分流下降管
132. 离心式风机分为(B，C)。
A. 风壳部分　B. 动部分　C. 静部分　D. 轴承部分
133. 轴流式风机的缺点是：(A，C)和维护工作量大。
A. 风压较低　B. 风压较高　C. 结构复杂　D. 结构简单
134. 水泵的性能参数主要有(A，B，C，D)效率、转速比和汽蚀余量等。
A. 流量　B. 扬程　C. 转速　D. 功率
135. 降低锅水含盐量的途径有(A，B，D)。
A. 提高给水品质　B. 增加排污量
C. 采用蒸汽清洗装置　D. 采用分段蒸发
136. 逆止阀从结构上划分有(B，C)、液压式。
A. 电动式　B. 升降式　C. 旋启式　D. 手动式
137. 锅炉的保护阀门有(A，B，C，D)等。
A. 安全阀　B. 疏水阀　C. 速断阀　D. 逆止阀
138. 蒸汽管道和给水管道上必须有足够的(B，C，D)。
A. 调节阀　B. 空气阀　C. 安全阀　D. 疏水阀
139. 袋式除尘器的除尘过程与袋的纤维密度、粉尘的(A，B，C，D)、重力以及清灰方法等因素有关。
A. 惯性　B. 碰撞　C. 扩散　D. 筛分
140. 电除尘分为(A，B，C，D)、储排灰系统等系统。
A. 收尘极系统　B. 电晕极系统　C. 电气系统　D. 烟箱系统
141. 空气压缩机采用(A，B，C，D)过程完成工作。
A. 进气　B. 压缩　C. 排气　D. 进气
142. 湿式脱硫采用的脱硫介质有(A，B，C，D)等。
A. 石灰石　B. 石膏　C. 双碱　D. 氨肥
143. 燃油在蒸汽机械式雾化器内与蒸汽相遇后，在相互(A，B，C，D)、混合等作用下，油与汽充分混合、破碎。
A. 撞击　B. 加热　C. 膨胀　D. 加速
144. 锅炉给水必须是除氧水，水除氧方法有(A，C，D)。
A. 真空除氧　B. 正压除氧　C. 化学除氧　D. 热力除氧
145. 给水泵的压力调节方式(A，B，C)。
A. 再循环管　B. 调速调节
C. 给水泵的出口开度　D. 润滑油
146. 运行阀门状态检查项目有(A，B，C)。
A. 开关状态是否正确　B. 保温是否完好
C. 外观是否完整　D. 电动开关是否灵活

147. 运行中水位计的投入操作程序是(A，B，C，D)、投入水位计。

A. 完成对水位计操作的任何工作票

B. 预热水位计

C. 热紧水位计的螺丝

D. 水位计冲压

148. 锅炉点火前炉膛或者烟道外观检查的重点是(A，B，C)。

A. 保温是否完好　　B. 是否有施工

C. 人孔是否关闭　　D. 有无明显缺陷

149. 锅炉防腐方法按照腐蚀原理可以分为(A，B，C)。

A. 表面干燥法　　B. 空气隔绝法

C. 钝化金属表面法　　D. 溶液法

150. 运行人员对设备管理包括的内容有(A，C，D)。

A. 合理使用设备　　B. 合理检修设备

C. 合理维护设备　　D. 合理操作设备

151. 动设备维护的部分包括(A，B，C，D)。

A. 转动部件　　B. 电机

C. 轴承　　D. 润滑油、冷却系统

152. 风机运行常见的故障分为(A，C，D)类。

A. 性能故障　　B. 润滑油故障

C. 机械故障　　D. 轴承温度过高故障

153. 风机运行中的故障主要包括(A，B，C，D)。

A. 轴承发热　　B. 风机喘振　　C. 调节失灵　　D. 冷却水中断

154. (B，C，D)、锅炉灭火，说明 6kV 厂用电消失。

A. 锅炉燃料性质发生改变　　B. 厂用电 6kV 母线电压指示回零

C. 所有 6kV 电动机电流指示回零　　D. 电动机失电

155. 泵填料发热或泄漏大，一般有(A，B，C，D)、轴封水或冷却水不足、填料磨损严重、轴套磨损严重、密封环安装不到位、轴的偏转等。

A. 填料太紧或填料压盖不正　　B. 密封水管堵塞或密封水不清洁

C. 填料套与轴不同心　　D. 填料选择或安装不当

156. 造成水连通管不通的可能性有：(B，D)、水连通管内有异物堵塞等原因。

A. 放水阀故障

B. 冲洗水位计时，操作不当，使水连通管内自锁装置动作而没有回位

C. 水侧考克操作方向错误

D. 汽侧快关阀操作方向错误

157. (A，B，D)、电场入口烟尘浓度过高，会使一次电压正常，一次电流较低，二次电压稍低，二次电流明显降低。

A. 电晕振打装置故障　　B. 电晕振打锤力量不够

C. 电晕振打周期过短　　D. 电晕振打周期过长

158. 凡是锅炉或压力容器、管道在使用期间发生严重破坏，瞬时大量介质泄漏均属于爆炸事故。按锅炉损坏程度分为(A，B，C)。

A. 爆炸事故　　B. 严重损坏事故

C. 一般损坏事故　　D. 重大事故

159. 风机在(A，B，C，D)和转子与外壳发生严重摩擦撞击时应紧急停止运行。

A. 发生人身事故，无法脱险时

B. 发生强烈振动，危及设备安全时

C. 轴承温度急剧升高或超过规定值时

D. 电动机故障冒烟时

160. 锅炉发生水位事故，运行人员未能采取正确及时的措施予以处理时，将会造成(A，B，C，D)。

A. 设备严重损坏　　B. 汽轮机水击

C. 机组停运、甚至事故扩大　　D. 人员伤亡

煤粉锅炉模块

判断题

1. 制粉系统启动前，磨煤机进、出口密封环完好，减速调整装置完好。 (✓)

2. 启动一台磨煤机润滑油泵，断开联锁开关，用再循环门将母管油调至备用泵联动值以下，备用油泵自动投入。 (×)

正确答案：启动一台磨煤机润滑油泵，投入联锁开关，用再循环门将母管油调至备用泵联动值以下，备用油泵自动投入。

3. 磨煤机润滑油的温度要控制在25~40℃之间，油温高于40℃时应停止冷油器运行。 (×)

正确答案：磨煤机润滑油的温度要控制在25~40℃之间，油温高于40℃时应投入冷油器运行。

4. 磨煤机润滑油的温度要控制在25~40℃之间，油温低于30℃时可停用冷油器。 (✓)

5. 碗式磨煤机属于中速磨煤机。 (✓)

6. 碗式磨煤机启动前检查中，不需要检查磨煤机的加压系统。 (×)

正确答案：碗式磨煤机启动前检查中，一定要检查磨煤机的加压系统。

7. 中速磨煤机加压系统的压力来源只能是液压和弹簧压力。 (×)

正确答案：中速磨煤机的加压系统的压力来源是液压、弹簧和气动压力。

8. 煤粉仓封闭严密，煤粉漂子完好，指示与实际相符，吸潮管隔离无泄漏现象。 (×)

正确答案：煤粉仓封闭严密，煤粉漂子完好，指示与实际相符，吸潮管畅通无泄漏现象。

9. 中速磨煤机在启动油泵后检查油压、油温等参数达到规定值，且系统泄漏率在允许值。 (×)

正确答案：启动油泵后检查油压、油温等参数达到规定值，且系统无泄漏现象。

10. 检查中速磨煤机各油箱油位在规定范围内，油质良好，夏季为防止油温高应投入冷油器；冬季为防止油温低，应投油箱电加热器(使其进入自动调温状态)。 (✓)

11. 投中速磨煤机的消防蒸汽系统前，检查蒸汽压力达到0.3MPa以下，检查磨煤机消防蒸汽门在关闭位置。 (×)

正确答案：投中速磨煤机的消防蒸汽系统前，检查蒸汽压力达到0.3MPa以上，检查磨煤机消防蒸汽门在关闭位置。

12. 中速磨煤机启动时，开启密封风调节挡板，使密封风量达到6000m^3/h。（√）

13. 皮带式给煤机是用皮带上面的闸门开度来改变煤层厚度，调节给煤量，改变皮带行走的速度，给煤量不变。（×）

正确答案：皮带式给煤机是用皮带上面的闸门开度来改变煤层厚度或改变皮带行走速度，达到改变给煤量。

14. 煤中各种元素之间是以简单的机械混合形式存在。（×）

正确答案：煤中各种元素之间不是简单的机械混合而是以各种化合物的形式存在。

15. 虽然煤中的硫的发热量比较高，但是由于燃烧以后的产物可以腐蚀受热面，所以硫属于危害元素。（√）

16. 煤灰的灰熔性是指煤中灰分熔点的高低。（√）

17. 煤灰的变形温度、软化温度、熔化温度都是衡量煤灰灰熔性的指标。（√）

18. 煤灰的灰熔性与煤的发热量有直接的关系。（×）

正确答案：煤灰的灰熔性与锅炉的结焦性能有直接的关系，而与煤的发热量没有直接关系。

19. 影响煤粉的着火过程因素只有燃烧器。（×）

正确答案：影响煤粉着火过程的因素除了燃烧器以外，还有炉内热烟气对煤粉气流的加强程度，煤粉气流的数量和温度，以及煤粉的性质和浓度。

20. 褐煤的着火点是1000℃。（×）

正确答案：褐煤的着火点是550℃。

21. 煤粉燃烧阶段的燃烧速度取决于煤粉和氧气的化学反应速度和混合接触速度。（√）

22. 煤粉燃烧的三个阶段分界线是很明显的。（×）

正确答案：煤粉燃烧的三个阶段没有明显分界线。

23. 低速磨煤机筒体内部应有异常的冲击振动声，筒体及出、入口不应有漏粉。（×）

正确答案：低速磨煤机筒体内部不应有异常的冲击振动声，筒体及出、入口不应有漏粉。

24. 中速磨煤机运行中，气流速度高时出力小而煤粉细，气流速度低时出力大而煤粉粗。（×）

正确答案：中速磨煤机运行中，气流速度高时出力大而煤粉粗，气流速度低时出力小而煤粉细。

25. 大型辊式磨煤机采用液压缸加载，保持油压即可保持碾磨压力不变，从而保持磨煤出力不变。（√）

26. 风扇磨煤机在运行中要增加出力时，必须减少磨煤机的通风量。（×）

正确答案：风扇磨煤机在运行中要增加出力时，必须增加磨煤机的通风量。

27. 中储式制粉系统运行中应尽量开大冷风门进行调节，以提高经济性。（×）

正确答案：中储式制粉系统运行中应尽量少用冷风门进行调节，以提高经济性。

28. 当给煤量中断或停止给煤，应关小热风门，开大温风门或冷风门，必要时停止磨煤机。（√）

29. 提高磨煤机入口温度，可改善磨煤机条件，从而提高磨煤机出力，所以在运行中，磨煤机出入口温度尽量提高。（×）

正确答案：提高磨煤机入口温度，可改善磨煤机条件，从而提高磨煤机出力，所以在运行中，磨煤机入口温度尽量提高，但出口温度不能超过规定值。

30. 磨煤机出力随风量的增加而提高，而变更磨煤机内的通风量时，应相应地调整给煤量，在不影响燃煤干燥及锅炉正常燃烧的情况下，可开大再循环风门。（√）

31. 通风量过大，使系统内风速增加，将不合格的煤粉带走，经粗粉分离器分离后又返回磨煤机，做有益的循环。（×）

正确答案：通风量过大，使系统内风速增加，将不合格的煤粉带走，经粗粉分离器分离后又返回磨煤机，做无益的循环。

32. 制粉系统运行中，通风量增大，系统内的风速增加，会使设备管道的磨损加剧和通风阻力、通风电耗上升。（√）

33. 一次风机在锅炉燃烧中主要起提供燃料燃烧所需要的氧气的作用。（×）

正确答案：一次风机在锅炉燃烧中主要是起预热煤粉和携带煤粉进入炉膛的作用。

34. 一次风量的调节其实是一次风机的挡板开度的调节。（×）

正确答案：有挡板调节、轴向导流器调节和变速调节。

35. 磨煤机润滑油压低过最低允许值时，若保护未动作，应立即停给煤机运行。（×）

正确答案：磨煤机润滑油压低过最低允许值时，若保护未动作，应立即停磨煤机运行。

36. 磨煤机润滑油压低的原因之一是油箱油位过低，油泵抽不到油。（√）

37. 煤粉气流最好能在离燃烧器约200~300mm处着火，着火太迟，会使火焰中心上移，造成过热汽温降低。（×）

正确答案：煤粉气流最好能在离燃烧器约200~300mm处着火，着火太迟，会使火焰中心上移，造成过热汽温升高。

38. 圆盘式给煤机用调整刮板位置来调节给煤量时，当刮板向圆盘中心移动时，给煤量减少。（×）

正确答案：圆盘式给煤机用调整刮板位置来调节给煤量时，当刮板向圆盘中心移动时，给煤量增加。

39. 用调节圆盘转速来调节给煤量时，可用直流变速电动机或用无级变速装置增加转速，给煤量增加。（√）

40. 电磁振动给煤机通过电磁线圈的电流是经半波整流的脉冲电流，在正波时，电流通过电磁铁吸力消失。（×）

正确答案：电磁振动给煤机通过电磁线圈的电流是经半波整流的脉冲电流，在正波时，电流通过电磁铁有吸力。

41. 电磁振动给煤机通过电磁线圈的电流是经半波整流的脉冲电流，在负半波时，无电流通过，电磁铁吸力消失。（√）

42. 刮板式给煤机是原煤经进煤管落到旋转圆盘的中部，圆盘带着煤转动，当煤经刮板时将煤刮入通往磨煤机的管道中。（×）

正确答案：刮板式给煤机是原煤从进煤管道先落入上台板，由于刮板的移动，将煤带到左边，落到下台板上，下行的刮板又将煤带到右边，经出煤管送往磨煤机。

43. 刮板式给煤机的前轮(左)为主动链轮，后轮(右)为从动链轮。 (√)

44. 磨煤机润滑油泵滤网堵塞的现象是润滑油箱满油。 (×)

正确答案： 润滑油泵滤网堵塞的标志是滤网两侧的压差大。

45. 制粉系统停止以后需要把磨煤机抽空的原因是为了防止原煤爆燃和下次磨煤机启动的时候带负荷启动。 (√)

46. 制粉系统停运以后就需要把润滑油系统关闭。 (×)

正确答案： 中储式制粉系统磨煤机的停运比较频繁，在磨煤机短期停止以后不需要停止润滑油系统。

47. 中速磨煤机不能用于直吹式制粉系统中。 (×)

正确答案： 中速磨煤机可以用于直吹式制粉系统中。

48. 中速磨煤机在停止给煤机以后，可以立即停止磨煤机。 (×)

正确答案： 中速磨煤机在停止给煤机以后磨煤机仍然需要继续运行一段时间。

49. 中速磨煤机停止方法和低速磨煤机的停磨方法一样，都需要把磨煤机内部的余煤抽干净。 (√)

50. 滚筒式磨煤机在停止以后必须开启冷风门冷却磨煤机。 (×)

正确答案： 滚筒式磨煤机在停止以后可以不开启磨煤机冷风门，磨煤机依靠自然冷却。

51. T 形锅炉一般设置多个对流烟道。 (×)

正确答案： T 形锅炉一般设置 2 个对流烟道。

52. Π 型锅炉的烟气从炉膛到烟道时需要改变方向，从而造成烟气速度场和飞灰浓度的不均匀，影响传热。 (√)

53. 低速磨煤机的转速不是越低越好，最佳的工作转速与滚筒的直径有关。 (√)

54. 低速磨煤机的转速范围是 10~25r/min。 (√)

55. 中速磨煤机的原煤由下煤管直接落到磨盘的中部，依靠磨盘转动产生的离心力，使煤连续不断地向倾斜的磨盘边缘移动。 (√)

56. 中速磨煤机磨煤属于一次完成的，没有回粉管。 (×)

正确答案： 中速磨煤机的不合格煤粉需要重新回到磨煤机进行磨制。

57. 风扇磨煤机磨制煤粉的主要原理是研磨。 (×)

正确答案： 风扇磨煤机磨制煤粉的主要原理是撞击。

58. 电磁给煤机没有转动部件，运行维护简单。 (√)

59. 圆盘式给煤机的优点是结构紧凑，严密；缺点是湿煤的时候容易堵煤。 (√)

60. 刮板式给煤机不能调节给煤量。 (×)

正确答案： 刮板式给煤机可以通过改变煤层的厚度来改变调节量。

61. 排粉机内部流动的介质只能是煤粉和空气的混合物。 (×)

正确答案： 在排粉机对应的磨煤机在制粉的时候，排粉机内部流动的介质是煤粉和空气的混合物，但是当磨煤机停止运行的时候，排粉机内部流动的介质就是空气。

62. 排粉机产生的负压是制粉系统中煤粉和空气流动的动力来源。 (√)

63. 排粉机惟一的作用就是为制粉系统产生负压。 (×)

正确答案： 排粉机的作用之一是为制粉系统气粉混合物的流动提供动力，同时也是煤粉和空气混合的动力。

64. 粗粉分离器的作用不光可以将煤粉中颗粒较大的煤粉分离出来，同时也可以调整煤粉细度。（√）

65. 每种粗粉分离器都是利用一种分离原理来分离煤粉。（×）

正确答案：实际上任何一种粗粉分离器都是利用几种分离原理来分离煤粉。

66. 旋风分离器内部是正压。（×）

正确答案：旋风分离器内部压力是负压。

67. 螺旋输粉机的作用是调整不同锅炉之间的煤粉量。（√）

68. 煤粉仓的吸潮管的安装没有必要。（×）

正确答案：煤粉仓都要求安装吸潮管，利用排粉机的入口的负压把仓内的潮湿空气吸走。

69. 煤粉仓必须安装粉位测量装置，以避免一次风从给粉机进入导致给粉中断。（√）

70. 燃烧器的好坏和锅炉的燃烧稳定性的关系不是很大。（×）

正确答案：燃烧器的好坏直接关系到锅炉燃烧的稳定性。

71. 燃烧器的出口气流全部是直流射流，称为直流燃烧器。（√）

72. 旋流燃烧器出口的射流只能是旋流一种形式。（×）

正确答案：旋流燃烧器的出口射流可以是完全旋流射流，也可以是旋流射流和直流射流的混合。

73. 直流燃烧器的喷口角度不可以随时调整。（×）

正确答案：摆动式直流燃烧器喷口的角度可以调整。

74. 煤粉燃烧器的作用是将煤粉和燃烧所需要的空气送入炉膛，并形成一定的气流结构，使得煤粉迅速稳定着火，煤粉和空气迅速混合，达到完全的燃烧。（√）

75. 旋流燃烧器气流的主体二次风是旋转气流，旋转的气体动量大，可以带动直流气体一起旋转，利于燃烧。（√）

76. 前墙布置的旋流燃烧器炉内的空气扰动强烈，燃烧后期的混合较好。（×）

正确答案：前墙布置的旋流燃烧器的炉内扰动不好，燃烧后期扰动较差。

77. 炉顶布置的旋流燃烧器的火焰行程较长，可以改善炉内的火焰充满程度，所以应用较广。（×）

正确答案：炉顶布置的旋流燃烧器虽然火焰的行程较长，炉内火焰充满程度好，但是同时会造成煤粉管的长度较长，所以应用较少。

78. 衡量燃油锅炉燃烧质量好坏的惟一标准就是雾化质量。（×）

正确答案：衡量燃油锅炉燃烧质量好坏的指标有燃油的雾化质量和良好的配风。

79. 油雾的雾化角一般控制在100°以上。（×）

正确答案：油雾的雾化角一般控制在80°~90°之间。

80. 油雾的雾化角的大小会影响锅炉的燃烧。（√）

81. 圆盘式给煤机容易给杂草堵塞。（√）

82. 圆盘式给煤机的优点是设备结构长度大，严密。（×）

正确答案：圆盘式给煤机的优点是设备结构紧凑，严密。

83. 圆盘式给煤机的圆盘转速是不可以调整的。（×）

正确答案：圆盘式给煤机的给煤量的调整可以通过调整圆盘的转速来实现。

84. 电磁振动给煤机是利用交流电的交替变化性质来工作的。（✓）

85. 电磁振动给煤机除了没有转动设备，维护运行比较方便之外，给煤量均匀也是重要特点。（✓）

86. 电磁振动给煤机对于煤种的颗粒大小和水分的适应性较强，不容易发生堵煤和原煤自流。（×）

正确答案：电磁振动给煤机对于煤种的颗粒均匀性和水分的适应能力较小，比较容易发生堵煤和煤粉自流。

87. 刮板式给煤机对于煤种的适应能力差。（×）

正确答案：刮板式给煤机对于煤种的适应能力很好。

88. 刮板式给煤机传送稳定，调节范围较大。（✓）

89. 105 刮板给煤机由链轮、链条、刮板、上下台板、导向板、煤层厚度调节板、进煤管、出煤管以及电动机和减速传动装置组成。（✓）

90. 现代大容量锅炉采用的电子重力式给煤机本质上不是皮带式给煤机。（×）

正确答案：电子重力式给煤机属于皮带式给煤机。

91. 皮带给煤机的输送能力强，适应煤种广，输煤均匀，运行维护简单。（✓）

92. 点火装置的作用是在锅炉启动时点燃主燃烧器的煤粉气流。（✓）

93. 点火装置只能在锅炉启动点火的时候使用。（×）

正确答案：锅炉的点火装置可以在锅炉启动点火时期使用，也可以在锅炉低负荷或者煤种较差情况下来稳定燃烧。

94. 多级点火装置就是利用不同仪表程序来实现点火。（×）

正确答案：多级点火装置就是利用过渡燃料来点火。

95. 叶轮式给粉机的给粉量均匀性要与磨煤机的出力相符合。（×）

正确答案：给粉机的给粉量需要和锅炉的负荷相符合。

96. 为了防止叶轮式给粉机在杂草堵粉的时候烧坏电机，需要用易断的销钉连接给粉机和电机。（✓）

97. 振动式给煤机的煤量调节方式是通过调节皮带的转速来实现。（×）

正确答案：振动式给煤机的给煤量调整是通过调节振幅来实现。

98. 皮带给煤机的副皮带的作用是清扫主皮带掉下来的煤粒。（✓）

99. 负压制粉系统一定要注意保持磨煤机入口的负压，以免损坏给煤机。（✓）

100. 防爆门是设备中能承受压力最好的部位。（×）

正确答案：防爆门是设备中能承受压力最小的部位，所以一般情况下设备的压力超过规定压力时防爆门首先破裂。

101. 防爆门日常维护需要从防爆门的严密性、完整性和准确性等方面检查。（✓）

102. 为了不影响生产，在磨煤机滚筒钢甲脱落漏煤时，应停止磨煤机运行，立即采取木头堵漏的方法堵漏。（×）

正确答案：钢甲脱落时，停止磨煤机运行，切断电源后方可采用木头等方法临时解决漏粉现象。

103. 筒形钢球磨煤机堵煤时，入口负压增大，出口温度升高，压差减小。（×）

正确答案：筒形钢球磨煤机堵煤时，入口负压变正，出口温度降低，压差增大。

104. 直吹式制粉系统，当磨煤机断煤时，锅炉燃烧波动，负荷、汽温、汽压不变。（×）

正确答案：直吹式制粉系统，磨煤机断煤时，锅炉燃烧波动，负荷、汽温、汽压下降。

105. 细粉分离器堵塞时，排粉机电流增大，排粉机入口负压增大，锁气器不动作，锅炉汽压、汽温升高。（√）

106. 细粉分离器堵塞，细粉分离器入口负压增大，排粉机入口负压减小。（×）

正确答案：细粉分离器堵塞，细粉分离器入口负压减少，排粉机入口负压增大。

107. 运行过程中，煤粉仓吸潮管应长期关闭，有利于降低粉仓温度。（×）

正确答案：运行过程中，煤粉仓吸潮管应长期开启。

108. 当磨煤机润滑油系统过滤网堵塞时，保护系统应立即切换过滤器的旁路系统。（×）

正确答案：当磨煤机润滑油系统过滤网堵塞时，应立即切换过滤器。

109. 燃煤的挥发分过高，一次风速过低是燃烧器损坏的主要原因。（√）

110. 煤粉燃烧器附近结焦是造成燃烧器烧坏的原因之一。（√）

111. 中储式制粉系统中，粉仓内塔桥或煤粉结块会使给粉机下粉不均。（√）

112. 大型风机电机冷却水中断，易使电机温度升高。（√）

113. 风机运行中产生振动的常见原因是叶片积灰或磨损引起的不平衡。（√）

114. 引风机并联运行时，任何一台风机如果风量过小，达不到稳定工况区，都会产生旋转脱流。（√）

115. 转动机械联锁关系分析，当排粉机跳闸时，磨煤机、给煤机不应跳闸。（×）

正确答案：转动机械联锁关系分析，当排粉机跳闸时，磨煤机、给煤机跳闸。

116. 磨煤机跳闸时，直吹式系统锅炉负荷增加。（×）

正确答案：磨煤机跳闸时，直吹式系统锅炉负荷下降。

117. 造成磨煤机电机跳闸的主要原因有：低电压保护动作、电气设备故障、厂用电中断、有人按事故按钮。（√）

118. 处理筒体煤多的方法是：减少给煤，减少通风量，严重时打开磨煤机入孔盖，利用筒体转动将煤卸出。（×）

正确答案：减少给煤或停止给煤机，增加通风量，严重时停止磨煤机或打开入孔盖清除堵煤。

119. 调整重锤在杠杆上前后的位置可以延迟锁气器开启时间。（×）

正确答案：调整重锤在杠杆上前后的位置可以延迟锁气器闭锁时间。

120. 粉仓防爆门破裂时应立即修复，并确认粉仓内无自燃或爆燃现象。（√）

121. 转机轴瓦冷却水应畅通，其水温度不得高于60℃。（×）

正确答案：转机轴瓦冷却水应畅通，其温度不得高于40℃。

122. 制粉系统紧急停运时，应先停止锅炉运行。（×）

正确答案：直吹式制粉系统故障时应减少锅炉负荷，而中储式制粉系统故障时短时间不影响锅炉运行。

123. 事故停止的风机事故按钮，应马上恢复到启动位置。（×）

正确答案：事故停止的风机事故按钮，没有得到司炉允许之前不得恢复到启动位置。

124. 风机有异常噪声时，应立即停止风机运行。（√）

125. 制粉系统的干燥处理在给煤量一定时，取决于干燥剂的温度、通流量和原煤的水分。（√）

单选题

1. 制粉系统应先保证润滑油系统正常，油泵出、入口门应开启，油箱油位为油箱高度的(A)为宜。

A. 1/2　　B. 1/3　　C. 1/4　　D. 1/5

2. 制粉系统启动前，给煤机要完整无缺且操作机构灵活，煤斗煤闸门应(B)，原煤仓内有足够的原煤。

A. 关闭　　B. 开启　　C. 灵活　　D. 牢固

3. 中间仓储式制粉系统，磨煤机启动前大瓦、减速机冷却水必须(B)。

A. 关闭　　B. 投入　　C. 中断　　D. 堵塞

4. 滚筒式磨煤机油箱油位低至极限值时应及时(B)。

A. 补水　　B. 补油　　C. 停磨　　D. 停电

5. 碗式磨煤机的部件磨煤压力主要来源是(B)。

A. 钢球的重力　　B. 碗式磨煤机部件的重力

C. 加压系统　　D. 原煤重力

6. 碗式磨煤机加压系统的作用是(C)。

A. 润滑磨煤机部件　　B. 保证磨煤机的气密性

C. 加压磨煤机磨煤部件　　D. 冷却磨煤机

7. 碗式磨煤机的转速范围在(D)r/min。

A. 10~20　　B. 20~30　　C. 30~50　　D. 50~300

8. 直吹式制粉系统启动前，磨室内应无杂物，转动部件和静设备的(B)合适。

A. 油位　　B. 间隙　　C. 齿轮　　D. 挡板

9. 粗粉分离器大修启动前调整挡板处应无杂物且开度合适，(C)处密封装置完好并无杂物堵塞或卡涩。

A. 煤斗　　B. 输粉管　　C. 回粉口　　D. 锁气器

10. 制粉系统中各锁气器能关闭严密，动作灵活，锥形帽与下粉管(C)，不得随意偏离。

A. 同大　　B. 同步　　C. 同心　　D. 同高

11. 制粉系统中的旋风分离器下粉箅子无积粉及杂物，并在投入位置，外部保温应完整，其下部导向(A)位置正确。

A. 挡板　　B. 粉筛　　C. 格筛　　D. 锁气器

12. 中速磨煤机启动前，先启动排矸机，检查(B)完好，链条紧度适当。

A. 减速器　　B. 刮板　　C. 磨辊　　D. 磨盘

13. 中速磨煤机启动前，应检查排矸机内无杂物，传动系统防护罩完好，排矸机注水溢流，(C)调整适当。

A. 补煤量　　B. 补油量　　C. 补水量　　D. 补石量

14. 中速磨煤机启动时，开启密封风挡板，吹扫磨煤机(D)min。

A. 2　　B. 3　　C. 4　　D. 5

15. 中速磨煤机启动过程中，调整冷热风挡板，控制磨煤机通风量在(C)以上。

A. 30%　　B. 40%　　C. 50%　　D. 20%

16. 在启动过程中应开启滚筒式磨煤机出、入口轴承供油门，启动油泵，投入(C)连锁，调整好大瓦出、入口油压及流量。

A. 锅炉　　B. 送风机　　C. 油泵　　D. 排粉机

17. 低速磨煤机启动前应具备：筒体外壳钢板完好，大小牙轮的防护罩完好，齿轮(B)充分。

A. 冷却水　　B. 润滑　　C. 防腐剂　　D. 防磨剂

18. 待滚筒式磨煤机出口风粉混合物温度达到要求值后，才能启动磨煤机和(D)运行。

A. 排粉机　　B. 给粉机　　C. 碎煤机　　D. 给煤机

19. 滚筒式磨煤机启动前，润滑油泵油压在规定范围内，润滑油温符合要求，方可启动(B)运行。

A. 排粉机　　B. 磨煤机　　C. 给粉机　　D. 给煤机

20. 单位质量的煤完全燃烧时所放出来的热量称为(A)。

A. 煤的发热量　　B. 煤耗　　C. 标煤耗　　D. 低位发热量

21. 1kg 煤完全燃烧生成的水蒸气都凝结成水时，煤放出的全部热量称为煤的(C)。

A. 煤的发热量　　B. 煤耗　　C. 高位发热量　　D. 低位发热量

22. 1kg 煤完全燃烧生成的水蒸气未凝结成水时，煤放出的全部热量称为煤的(D)。

A. 煤的发热量　　B. 煤耗　　C. 高位发热量　　D. 低位发热量

23. 煤粉燃烧其实就是煤中的可燃成分和氧气的(A)过程。

A. 化学反应　　B. 物理反应　　C. 机械混合　　D. 物理结合

24. 煤粉的着火阶段属于(B)过程。

A. 放热　　B. 吸热

C. 放热和吸热同时进行　　D. 不确定

25. 通常把挥发分着火的温度称为是(C)。

A. 加热温度　　B. 燃烧温度　　C. 着火温度　　D. 点火温度

26. 煤粉燃烧过程需要足够浓度的挥发分和空气的可燃性混合物及(C)

A. 加热温度　　B. 燃烧温度　　C. 着火温度　　D. 点火温度

27. 下列不属于煤粉燃烧三个阶段的是(D)。

A. 着火前的加热阶段　　B. 燃烧阶段

C. 燃尽阶段　　D. 灰的形成阶段

28. 用听针检查减速器内部齿轮运转声音，不应有异常(B)和振动。

A. 压力　　B. 摩擦　　C. 严密　　D. 滑动

29. 采用弹簧预紧施压的 E 型磨，随着磨环和钢球的磨损，弹环工作高度相应增大，弹环松弛，碾磨压力将(B)。

A. 增大　　B. 减小　　C. 不变　　D. 没关系

30. RP 型磨煤机的磨辊为圆锥形，碾磨面较宽，磨辊磨损极不均匀。磨损后期辊套型线极度失真，沿磨辊母线有效破碎长度变小，磨辊与磨盘间隙变小，对煤层失去碾磨能力。磨辊调整是有限度的，所以在运行中无法通过调整磨辊与磨盘间的相对角度和间隙来减轻磨损的(B)。

A. 均匀程度　　B. 不均匀程度　　C. 金属消耗量　　D. 增加使用寿命

31. 中速磨煤机的煤层(A)会降低磨煤出力。

A. 过厚　B. 适中　C. 一般　D. 过好

32. 风扇磨对原煤中的杂质(如铁块、木块等)十分敏感，杂质进入会引起风扇磨(D)、过负荷甚至断叶片等异常，运行中要予以重视。

A. 平稳　B. 固定　C. 相合　D. 振动

33. 风扇磨煤机的给煤量大小及磨煤机负荷可以通过给煤机(C)和磨煤机电流表监视。

A. 电压　B. 电阻　C. 电流　D. 电容

34. 影响钢球磨煤机工作的主要因素有：磨煤机的工作转速、护甲的形状、(C)。

A. 磨煤机的直径　B. 煤的细度　C. 钢球充满系数　D. 携带系数

35. 钢球磨煤机筒内大小钢球的配比影响磨煤出力，大钢球多破碎能力强，小钢球多(B)能力强，所以大小钢球的比例必须配好。

A. 破碎　B. 碾磨　C. 撞击　D. 干燥

36. 原煤的水分越大，需要的干燥热量(B)。

A. 越少　B. 越多　C. 不一定　D. 不变

37. 磨煤机的干燥剂初温越高，干燥进行得越(A)。

A. 强烈　B. 弱小　C. 保持　D. 稳定

38. 通风量减少，磨煤机出力则降低，而且还会使干燥出力(D)。

A. 升高　B. 不变　C. 凝固　D. 下降

39. 油箱油位过低，油泵抽不到油，应立即停磨煤机及油泵运行，即时对油箱(C)。

A. 清理干净　B. 加水清理　C. 加油至正常油位　D. 通风换气

40. 在开启磨煤机前，应先打开磨煤机出入口轴承供油门，启动油泵，投入(C)，调整好出入口大瓦油压及流量。

A. 给粉连锁　B. 制粉连锁　C. 油泵连锁　D. 锅炉连锁

41. 直吹式制粉系统的风煤比为(D)。

A. 3.2∶1~4.3∶1　B. 2.6∶1~3.3∶1　C. 4.3∶1~5.2∶1　D. 1.8∶1~2.2∶1

42. 中速磨煤机直吹式制粉系统磨制挥发分为12%~40%的原煤时，分离器出口的温度为(B)℃。

A. 50~100　B. 120~170　C. 100~120　D. 100~150

43. 煤粉细度R_{90}越大，即煤粉越粗，着火温度(A)。

A. 越高　B. 越低　C. 不变　D. 不确定

44. 圆盘式给煤机增加转速，给煤量(A)。

A. 增加　B. 减少　C. 下降　D. 不变

45. 调整圆盘式给煤机刮板位置来调节给煤量时，当刮板向圆盘边缘移动时，给煤量(B)。

A. 增大　B. 减少　C. 说不准　D. 不变

46. 刮板式给煤机主动链轮的转速通常为(C)r/min。

A. 0.3~0.5　B. 0.5~1.5　C. 1.5~6.0　D. 6.0~9.0

47. 刮板式给煤机经过一段时间的运行，链环之间不断磨损会使链条变得(B)。

A. 过紧　B. 过松　C. 过短　D. 过快

48. 下列操作中，直吹式正压制粉系统停止操作错误的是(D)。
A. 停止给煤机，吹扫磨煤机以及送粉管道的余粉
B. 待磨煤机空载以后停止磨煤机和润滑油泵
C. 停运排粉机，关闭风门
D. 开启密封风门，启动密封风机
49. 直吹式负压制粉系统停止操作错误的是(D)。
A. 停止给煤机
B. 待磨煤机空载以后停止磨煤机和润滑油泵
C. 关闭热风门，开启冷风门，吹扫磨煤机以及送粉管道的余粉
D. 停止回转式空气预热器和排粉机
50. 中速磨煤机设备停止的顺序是(B)。
A. 先停止磨煤机　B. 先停止给煤机
C. 先停止润滑油系统　D. 先停止排粉机
51. 中速磨煤机停止以后对于润滑油系统的操作正确的是(C)。
A. 停止润滑油泵
B. 关闭润滑油系统
C. 根据磨煤机的具体使用情况决定润滑油是否停止运行
D. 可以处于任意状态
52. 滚筒式磨煤机在停运之前对通风系统的操作是(B)。
A. 温风送风改为热风送风　B. 热风送风改为温风送风
C. 停止给煤机　D. 停止送风机
53. 滚筒式磨煤机在停运前对于给煤机的操作是(B)。
A. 调大给煤量　B. 停运给煤机　C. 给煤机停电　D. 磨煤机停止
54. 锅炉整体布置是指炉膛和(C)之间的相互关系和相对位置关系。
A. 排渣设备　B. 汽包　C. 对流烟道　D. 主蒸汽出口
55. 低速磨煤机磨煤的主要作用是(A)。
A. 撞击作用　B. 挤压作用　C. 碾压作用　D. 研磨作用
56. 低速磨煤机的高速电机速度降低的装置是(B)。
A. 联轴器　B. 减速器　C. 液力偶合器　D. 皮带
57. 影响低速磨煤机临界转速的因素是(C)。
A. 钢球质量　B. 减速器　C. 滚筒直径　D. 煤种
58. 中速磨煤机转速范围是(D)r/min。
A. 16~25　B. 10~300　C. 10~100　D. 50~300
59. 中速磨煤机磨盘和磨辊不直接接触，保持(A)mm 间隙。
A. 5~10　B. 10~300　C. 10~100　D. 50~300
60. 中速磨煤机磨盘边缘有一圈挡环，其作用是(C)。
A. 提高磨煤机的通风出力　B. 提高磨煤机的干燥出力
C. 提高磨煤机的磨煤出力　D. 提高磨煤机的润滑效果

61. 下列不属于风扇磨煤机的特点的是(D)。

A. 结构简单　B. 金属损耗
C. 适应负荷速度快　D. 电耗最大

62. 下列不属于常用的给煤机的类型的是(D)。

A. 圆盘式　B. 电磁振动式　C. 皮带式　D. 单向给煤车

63. 下列不属于电磁振动式给煤机组成的是(D)。

A. 煤斗　B. 给煤槽　C. 电磁振动器　D. 圆盘

64. 在直吹中间储仓式制粉系统中，排粉机需要起(A)作用，靠它产生的压头将煤粉气流吹送到炉膛。

A. 一次风机　B. 二次风机　C. 三次风机　D. 送风机

65. 排粉机内部流动的介质是(C)。

A. 空气　B. 煤粉
C. 空气或者煤粉和空气的混合物　D. 煤粉和空气的混合物

66. 粗粉分离器的作用是(A)。

A. 将磨煤机出口的颗粒较大的煤粉分离出来
B. 将风和细度很细的煤粉分离出来
C. 将杂草和煤粉分离出来
D. 防止空气进入制粉系统

67. 细粉分离器出来的风和煤粉的混合物中煤粉的含量是(D)左右。

A. 1%　B. 2%　C. 5%　D. 10%

68. 制粉系统中(C)是只允许煤粉间断通过而不允许气体反向流过的设备。

A. 木头格筛　B. 粉筛　C. 锁气器　D. 粗粉分离器

69. (D)是制粉系统的安全保护装置。

A. 木头格筛　B. 粉筛　C. 锁气器　D. 防爆门

70. 制粉系统中的防爆门的强度相对于制粉系统中的其他设备强度(A)。

A. 最低　B. 最高　C. 一样大小　D. 不确定

71. 原煤仓仓壁的倾角应大于(C)。

A. 30°　B. 45°　C. 60°　D. 65°

72. 煤粉仓的仓壁的倾角不得小于(D)。

A. 30°　B. 45°　C. 60°　D. 65°

73. 原煤仓储存的原煤预先必须经过(C)。

A. 干燥　B. 清洗
C. 破碎和磁性金属分离　D. 研磨

74. 直流煤粉燃烧器喷口射入炉膛的气流是(B)。

A. 曲线射流　B. 直线射流
C. 双曲线射流　D. 抛物线射流

75. 为了获得较好的燃烧效果，直流燃烧器常布置于四个角，造成火焰与假想切圆相切的燃烧方式是(B)。

A. 相割燃烧　B. 切圆燃烧　C. 矩形燃烧　D. 立体燃烧

76. 可以上下摆动喷口的直流燃烧器称为(C)。
A. 固定直流燃烧器　　B. 随意固定燃烧器
C. 摆动式燃烧器　　D. 调整燃烧器

77. 下列不属于旋流燃烧器组成结构的是(A)。
A. 罗茨风机　　B. 蜗壳　　C. 切向叶片　　D. 轴向叶片

78. 旋流燃烧器的喷口形状是(D)。
A. 矩形　　B. 方形　　C. 圆形　　D. 三角形

79. 下列不属于旋流燃烧器的布置形式是(D)。
A. 前墙布置　　B. 两面墙布置　　C. 炉顶布置　　D. 炉底布置

80. 油燃烧器的组成是(B)和配风器。
A. 加热器　　B. 混合器　　C. 雾化器　　D. 稀释器

81. 下列不属于燃油雾化的质量指标有(C)。
A. 雾化角　　B. 雾化粒度和均匀度
C. 雾化时间　　D. 油流密度

82. 圆盘式给煤机是原煤经过进煤管落到旋转圆盘中部，并以自然倾角散开，(C)把煤自圆盘刮落。
A. 皮带　　B. 圆盘　　C. 刮板　　D. 操作杆

83. 下列不属于圆盘式给煤机的组成部分的是(D)。
A. 进煤管　　B. 调节套筒　　C. 调节刮板　　D. 皮带

84. 下列圆盘式给煤机调节煤量方法不正确的是(A)。
A. 用调节皮带的转速来调节给煤量　　B. 调整调节刮板的位置来调节给煤量
C. 用调节套筒位置来调节给煤量　　D. 用调节圆盘转速来调节给煤量

85. 电磁给煤机的给煤量的大小决定于(B)。
A. 给煤机的振动速度　　B. 给煤机的闸板的开度大小
C. α 角度的大小　　D. 磨煤机的落煤管

86. 电磁振动给煤机的振动器的原理是(A)。
A. 半波整流　　B. 全波整流　　C. 触发器　　D. 断路器

87. 刮板式给煤机和皮带式给煤机在调节给煤量的方式相同点是(B)。
A. 调节电机的频率　　B. 调节皮带和链条的转速
C. 改变皮带的宽度　　D. 改变煤种的湿度

88. 刮板式给煤机的特点是(A)。
A. 煤种适应范围广，调节范围大　　B. 传递不稳定
C. 严密性差　　D. 容易堵煤

89. 皮带给煤机两个滚筒的作用是(C)。
A. 两个滚筒都是改向滚筒　　B. 两个滚筒都是传动滚筒
C. 一个传动滚筒和一个改向滚筒　　D. 一个支撑滚筒，一个传动滚筒

90. 皮带式给煤机上面靠近下煤管处的扇形挡板的作用是(D)。
A. 密封作用　　B. 支撑作用
C. 固定作用　　D. 调节给煤量的作用

91. 改变皮带式给煤机的皮带的转速的作用是(C)。
A. 改变清扫器的清扫效率　B. 减少皮带的堵煤率
C. 调节皮带式给煤机的给煤量　D. 避免皮带过负荷
92. 下列不属于三级点火步骤的是(D)。
A. 点火器点火　B. 逐渐点燃气体燃料，液体燃料
C. 点燃煤粉气流　D. 二次仪表电能转化
93. 多级点火的共同点是都需要(C)。
A. 点燃气体燃料　B. 点燃液体燃料
C. 点燃过渡燃料　D. 点燃固定酒精
94. 不属于点火装置的组成的是(D)。
A. 引燃设备　B. 燃烧设备
C. 火焰检测设备　D. 含碳量检测设备
95. 改变(B)可以调整给粉机的给粉量。
A. 磨煤机的给煤量　B. 给粉机转速
C. 一次风大小　D. 二次风大小
96. 为了防止煤粉中的杂物堵塞叶轮式给粉机，需要在旋风分离器的下粉管上装设(C)。
A. 罗茨风机　B. 防爆门　C. 粉筛　D. 木头格筛
97. 下列不属于盘车方法的是(D)
A. 人工盘车　B. 机械盘车　C. 电动盘车　D. 解体盘车
98. 备用转动设备盘车的角度是(D)。
A. 30°　B. 60°　C. 90°　D. 180°
99. 沙封式防爆门检查其是否动作的依据是(B)。
A. 防爆门周围是否有水渍　B. 防爆门周围是否有沙
C. 打开防爆门检查　D. 防爆门是否发烫
100. 水封防爆门检查其是否动作的依据是(A)。
A. 防爆门周围是否有水渍　B. 防爆门周围是否有沙
C. 打开防爆门检查　D. 防爆门是否发烫
101. 低速磨煤机出力下降，磨煤机出入口压差明显减小，粗粉分离器来粉减少，乏气送粉时排粉电流下降，说明(D)。
A. 细粉分离器堵塞　B. 磨煤机堵塞
C. 磨煤机煤量过小　D. 木块分离器堵塞
102. 滚筒式磨煤机滚筒螺丝孔向外漏粉，说明(A)。
A. 内部某块钢甲脱落　B. 堵煤
C. 煤粉太细　D. 滚筒内钢甲完全损坏
103. 粗粉分离器堵塞时现象(A)。
A. 磨煤机出口负压小，分离器后负压大，回粉管锁气器不动作
B. 磨煤机出口负压小，分离器后负压大，回粉管锁气器频繁动作
C. 磨煤机出口负压大，分离器后负压大，回粉管锁气器不动作
D. 磨煤机出口负压小，分离器后负压小，回粉管锁气器不动作

104. 中储式制粉系统磨煤机压差减小，排粉机电流减小，入口负压增大，煤粉不正常变粗，此时发生了(C)。

A. 细粉分离器堵塞　B. 磨煤机满煤
C. 粗粉分离器堵塞　D. 磨煤机缺煤

105. 下面(D)现象不会引起细粉分离器堵塞。

A. 下粉管锁气器脱落，动作不灵活　B. 煤粉水分大，造成下粉管堵塞
C. 煤粉筛堵塞　D. 原煤灰分含量过高

106. 下面四条中(A)会引起细粉分离器堵塞。

A. 粉仓粉位过高　B. 煤粉细度过小
C. 磨煤机钢球量过大　D. 锅炉负荷太小

107. 煤粉仓内的煤粉流动性差或局部煤粉不流动会引起(C)。

A. 局部温度降低　B. R_{90}值发生变化
C. 煤粉仓温度升高　D. 制粉系统参数波动

108. 粉仓(D)最容易引起煤粉仓内温度上升。

A. 粉位过高　B. 粉位过低　C. 煤粉过细　D. 粉仓漏风

109. 当煤粉仓内发生爆燃时，防爆门的破裂口应(B)。

A. 沿压紧垫的内径撕裂　B. 以防爆门为中心十字扩散
C. 任意一个地方都有可能破裂　D. 十字槽以外的地方破裂

110. 远方控制风机挡板时，控制室挡板开度指示不动作，风压无明显改变，电动机电流无变化，说明(C)。

A. 控制回路故障　B. 仪表指示故障
C. 风门卡涩　D. 执行机构联动杆脱落

111. 磨煤机供油系统的冷却水中断将造成磨煤机(C)。

A. 出力下降　B. 润滑效果减弱
C. 轴承和轴承箱温度升高　D. 电机温度上升

112. 当锅炉给粉机转速过低时，由于煤粉(C)会使煤粉量失控。

A. 干燥　B. 相互作用　C. 自流　D. 煤粉过少

113. 两台送风机同时掉闸时，锅炉大连锁保护动作，锅炉灭火，(C)。

A. 总风压升高　B. 总风压降低　C. 总风压到零　D. 总风压保持不变

114. 单台送风机掉闸时(仍有一台运行)，(A)。

A. 炉膛负压增大，锅炉总风压减小　B. 炉膛负压增大，锅炉总风压增大
C. 炉膛负压减小，锅炉总风压减小　D. 炉膛负压减小，锅炉总风压增大

115. 两台引风机同时掉闸时：锅炉大连锁保护动作，(B)。

A. 锅炉负荷下降　B. 锅炉灭火
C. 进入锅炉燃料量增多　D. 进入锅炉的燃料和风量逐渐下降

116. 排粉机轴瓦温度上升并且较高时，首先检查(D)。

A. 轴承是否有缺陷　B. 前后轴承是否同心
C. 轴承安装是否过紧　D. 油位、油质及轴承冷却水是否正常

117. 风机电动机轴瓦油环不旋转易造成(B)。
A. 轴瓦温度下降　B. 轴瓦温度升高
C. 轴瓦温度不变　D. 轴瓦损坏

118. 在中间储仓式制粉系统热风送粉系统中，任一台磨煤机跳闸时应(B)。
A. 联跳对应的给煤机，关三次风
B. 联跳对应的给煤机，关三次风，开三次风冷风门
C. 联跳对应的给煤机
D. 联跳对应的给煤机，开三次风

119. 防止制粉系统煤爆炸的主要措施有(C)。
A. 认真监盘、细心调整
B. 防止运行负荷过高
C. 解决积粉、消除火源、控制系统温度
D. 防止运行出口温度过低

120. 遇有(D)不应停止磨煤机运行。
A. 磨煤机危及人身安全时　B. 磨煤机电机着火冒烟时
C. 轴承温度急剧升高，超过规定值　D. 轴承振动，但未超限额时

121. 给煤机在运行中发生卡、堵时，禁止用手直接拔堵塞的煤，应(C)。
A. 用工具疏通　B. 维持运行
C. 停止给煤机后再处理　D. 切换备用

122. 当刮板式给煤机上方煤斗棚煤时应(C)。
A. 维持运行　B. 停止给煤机
C. 采用振打器　D. 停止制粉系统

123. 采用(B)方法是处理煤粉仓棚粉的最佳方法。
A. 将煤粉仓粉位升到最高线以上　B. 降粉
C. 调整煤粉细度　D. 增大锅炉负荷

124. 油断路器发生火灾时，应切断其(C)进行灭火。
A. 前一级的断路器电源　B. 后一级的断路器电源
C. 两侧前后一级的断路器电源　D. 中间一级的断路器电源

125. 对于运行中的机器，运行人员可以清扫、擦拭和润滑机器的(C)。
A. 旋转部分　B. 移动部分　C. 静止部分　D. 保护罩内

126. 在监盘时，如看到风机因电流过大，或摆动幅度大的情况下跳闸，(C)。
A. 可以强行启动一次　B. 可以在就地监视下启动
C. 不应再强行启动　D. 请求领导决定

127. 当发现运行中风机轴承温度过高时、应先检查(C)。
A. 挡板开　B. 机械原因
C. 油位、油质及冷却水　D. 风机出力

128. 在(D)情况下，不需要紧急停止风机运行。
A. 人身受到伤亡威胁　B. 轴承温度剧烈上升超过规定值
C. 风机发生剧烈振动和有撞击现象　D. 轴瓦油位过低或冷却水不畅

129. 风机运行时发现强烈振动和噪声，振动超过允许值应(C)。

A. 先查振动指示是否正确，再检查原因 B. 继续维持运行

C. 紧急停止运行，再检查处理 D. 先检查，再决定处理办法

多选题

1. 排粉机启动前应确认排粉机内(A，B，C)，各处地脚螺栓紧固，各轴承箱油位正常，油质合格，各轴承冷却水投入畅通，且回水无飞溅和溢流。

A. 无杂物 B. 无积粉 C. 无碰击声 D. 无润滑

2. 热风送粉制粉系统运行时，当磨煤机润滑油压低于Ⅱ值时，相应的(C，D)跳闸。

A. 送风机 B. 引送风 C. 磨煤机 D. 给煤机

3. 中间仓储式制粉系统，磨煤机启动前，各防爆门应(A，B，C)，各人孔门、粗粉调节挡板应装齐。

A. 完整 B. 严密 C. 无杂物压盖 D. 加固

4. 滚筒式磨煤机润滑油在机械中的作用有(A，B，C，D)。

A. 润滑作用 B. 冷却作用 C. 封闭作用 D. 清洁作用

5. 碗式磨煤机加压系统的动力来源有(A，B，C)。

A. 气动 B. 液压 C. 弹簧 D. 钢球

6. 中速磨煤机启动前，各人孔严密封闭，地脚螺栓无松动，分离器挡板开度调到70%，各(A，B，C，D)和消防蒸汽管道完好。

A. 润滑油管 B. 液压油管 C. 密封油管 D. 热风管道

7. 电磁振动式给煤机改变(A，C)的大小可以调节给煤机。

A. 电压 B. 电阻 C. 电流 D. 周波

8. 中速磨煤机启动前，排矸机、(A，B，C)启动，开启密封风调节挡板，使密封风量达到6000m^3/h。

A. 磨盘减速器润滑油泵 B. 磨辊加压油泵

C. 磨辊润滑油泵 D. 喷淋装置油泵

9. 发现大瓦温度高时应查明原因，调节(C，D)，使大瓦温度恢复正常。

A. 通风量 B. 干燥剂量 C. 冷却水量 D. 润滑油量

10. 风扇磨对原煤中的杂质(如铁块、木块等)十分敏感，杂质进入会引起风扇磨(A，B，C，D)等异常，运行中要予以重视。

A. 振动 B. 过负荷 C. 断叶片 D. 电流不正常增大

11. 中储式制粉系统的磨煤机出力可以根据其出入口(A，B，C，D)等进行调整。

A. 压差 B. 温度 C. 磨煤机电流 D. 制粉系统风压

12. 煤粉炉的一次风的作用是(A，B，C，D)。

A. 携带煤粉进入炉膛 B. 煤粉和空气的混合

C. 预热煤粉 D. 调整锅炉的火焰中心位置

13. 要维持制粉系统的较大出力，必须合理地进行调整，使(A，B，C)在最佳工况下互相平衡。

A. 磨煤出力 B. 干燥出力 C. 通风出力 D. 送粉处理

14. 磨煤机大瓦温度高的原因：(A，B，C，D)。

A. 润滑油压低或油量少　　B. 润滑油质变差

C. 冷却水中断或冷却水小　　D. 轴承有异常

15. 风扇磨煤机的运行与锅炉设备的运行关系密切，因为它和排粉机是有机的结合，兼有(B，C，D)的三种作用。

A. 方宽　　B. 干燥　　C. 磨煤　　D. 输送

16. 圆盘式给煤机可用(A，B，C)方法调节给煤量。

A. 调节套筒位置　　B. 调整刮板位置

C. 调节圆盘转速　　D. 调节润滑油压

17. 刮板式给煤机的优点有(A，B，C，D)。

A. 不易堵煤　　B. 调节范围大

C. 密封性好　　D. 有利于电厂布置

18. 电磁振动给煤机改变给煤量方法有(A，B，C)。

A. 改变电流大小　　B. 改变电压高低

C. 调节给煤闸板　　D. 改变系统风压

19. 如果滚筒内钢甲脱落，长期运行会引起(B，C)和出力下降。

A. 大瓦损坏　　B. 滚筒损坏

C. 其他钢甲脱落　　D. 电动机过负荷

20. 粗粉分离器堵塞现象有(A，B，C，D)。

A. 磨煤机出入口负压减小，出入口向外跑粉

B. 制粉系统负压不稳

C. 排粉机电流不正常摆动

D. 煤粉变粗，回粉锁气器动作不正常或无回粉

21. 风机风门的转轴磨损会造成(A，B，D)，危及风机安全运行。

A. 风机蜗壳内响声增大　　B. 风门叶片松动

C. 风量减少　　D. 叶片脱落

22. 下列(A，B，D)现象会引起润滑油系统故障。

A. 油箱油位过低　　B. 回油阀关闭

C. 过滤网进行切换　　D. 进油阀门阀芯脱落

23. 引起引风机跳闸的原因(A，B，C，D)。

A. 引风机润滑系统油泵故障，备用油泵未联动或润滑油压中断

B. 润滑油油压低

C. 转机故障不能运行，过负荷或电机故障

D. 有人按事故按钮

CFB 锅炉模块

判断题

1. 冷渣器可以让部分可燃物继续燃烧放热。　　(×)

正确答案：冷渣器不可以让部分可燃物继续燃烧放热。

2. 不论是风冷还是水冷式冷渣器启动前必须投入冷却介质。（√）

3. 因 CFB 锅炉炉膛内不属于负压，所以最后启动引风机。（×）

正确答案：因 CFB 锅炉烟气系统属于负压系统，所以先启动引风机。

4. CFB 锅炉点火时应经常打开检查孔检查炉内燃烧情况。（×）

正确答案：CFB 锅炉投入运行时，任何时候不允许打开炉膛检查孔。

5. 冷渣器运行时床压不得大于 5100Pa，越小越好。（×）

正确答案：冷渣器运行时床压应在 5100~3800Pa 之间。

6. 烟气再循环投入对主蒸汽温度无影响。（×）

正确答案：烟气再循环投入可控制床温和主汽温度。

7. 形成气鼓流态化有四个基本条件，即具有一定的压力空间，炉膛具有一定的高度，燃料颗粒分布均匀，炉膛底部有一定的气流。（√）

8. 临界流速就是床料开始流化时的二次风风速，这时的二次风风量也就称为临界流量。（×）

正确答案：临界流速就是床料开始流化时的一次风风速，这时的一次风风量也就称为临界流量。

9. 当床料的当量直径增大时，临界流量就随着增加。（√）

10. 循环流化床锅炉与直流锅炉一样，不用冲洗就地水位计。（×）

正确答案：循环流化床锅炉目前绝大部分属于汽包锅炉，必须按要求冲洗水位计。

11. CFB 炉采用了低温燃烧和分级配风的燃烧方式，较好地控制 NO_x 的排放量。（√）

12. 锅炉产生 SO_2 的多少与燃烧方式有关，与煤种无关。（×）

正确答案：锅炉产生 SO_2 的多少与燃烧方式和煤种有关。

13. CFB 炉最大的特点是低温燃烧，以减少 NO_x 的产生，所以床温越低越好。（×）

正确答案：CFB 炉床温应在规定范围内。

14. 增加 CFB 锅炉的给煤量就可以快速提高床温。（×）

正确答案：增加 CFB 锅炉的煤量的同时调整风量比例，可提高床温。

15. CFB 锅炉炉膛差压代表上部稀相区烟气中颗粒浓度。（√）

16. CFB 锅炉加入过量的煤或石油焦可以降低床温。（√）

17. 圆盘筛的筛盘采用耐热钢制成。（×）

正确答案：圆盘筛的筛盘采用耐磨钢制成。

18. 锅炉发生爆燃后，为防止床温快速上升，应大量投煤，同时加大风量。（√）

19. 回料腿上的流化风阀应根据不同负荷情况调整。（×）

正确答案：回料腿上的流化风阀调试好后不应随意调整。

20. 减轻膨胀节磨损的途径是在膨胀节内壁涂上耐火材料。（×）

正确答案：减轻膨胀节磨损的途径是在膨胀节内壁的耐火材料内加入耐磨钢针。

21. 冷渣器风量不足会造成堵渣。（√）

22. CFB 锅炉正常停炉时，当氧量大幅度增加时，关闭流化风门。（√）

23. 惯性分离是利用某种特殊的通道使介质流动的路线突然改变，固体颗粒依靠自身的惯性脱离气体轨迹从而实现固气分离。（√）

24. 惯性分离对小颗粒都具有较好的捕集能力。（×）

正确答案：惯性分离对小颗粒捕集的能力差。

25. 冷渣器加热了给水，替代了省煤器，因此 CFB 锅炉不设省煤器。（×）

正确答案：冷渣器加热了给水，起到了省煤器的作用，但不能替代省煤器。

26. CFB 锅炉的高温烟气通过返料装置进入烟道。（×）

正确答案：CFB 锅炉的高温烟气不经过返料装置短路流过分离器。

27. 返料装置不正常，CFB 锅炉的循环燃烧过程无法建立。（√）

28. 气固分离器属于 CFB 锅炉中辅助设备。（×）

正确答案：气固分离器属于 CFB 锅炉中核心设备。

29. 外置换热器的作用是使分离下来的物料部分或全部冷却到 500℃左右，通过返料器送入炉内再燃烧。（√）

30. 回料阀的驱动力来自充气点的压力。（√）

31. 当充气压力大于密集的物料及炉膛的阻力时，J 阀关闭。（×）

正确答案：当充气压力大于密集的物料及炉膛的阻力时，J 阀开启。

32. 等压风室的底部是平面。（×）

正确答案：等压风室的底部是倾斜面。

33. CFB 锅炉入炉平均颗粒度在 3mm 以上。（×）

正确答案：CFB 锅炉入炉平均颗粒度在 1mm 以下。

34. CFB 锅外置换热器增加了锅炉受热面。（√）

35. 炉一般要求小于 0.1mm 的煤粒少于 10%。（√）

36. 因石灰石无需破碎，因此绝大部分石灰石系统无破碎机。（×）

正确答案：由于 CFB 锅炉对石灰石颗粒度有一定要求，所以大部分配有破碎机。

37. 石灰石的仓泵是输送石灰石的动力设备。（√）

38. CFB 锅炉的渣排出时一般还有 100℃以下的温度。（×）

正确答案：CFB 锅炉的渣排出时一般还有 200℃以下的温度。

39. CFB 锅炉风帽安装在前墙上。（×）

正确答案：CFB 锅炉风帽安装在布风板上。

40. 钟罩式风帽可有效防止灰渣堵塞。（√）

41. CFB 锅炉与鼓泡式流化床锅炉相比调节复杂。（×）

正确答案：CFB 锅炉与鼓泡式流化床锅炉相比调节简单。

42. 循环流化床锅炉的锅炉负荷调节在 35%~110%范围内稳定运行。（√）

43. CFB 锅炉燃用煤时需要掺烧石灰石和砂。（×）

正确答案：CFB 锅炉燃用煤时不需要掺烧砂。

44. 笑气（N_2O）排放量的增大是由于循环流化床锅炉密封性高。（×）

正确答案：笑气（N_2O）排放量的增大是由于循环流化床锅炉密封性差。

45. CFB 锅炉按分离器的工作温度分类可以分为高温分离器、中温分离器和组合分离器三种。（√）

46. 将 CFB 锅炉物料循环的大小分为高和低两种。（×）

正确答案：将 CFB 锅炉物料循环的大小分为高、中、低三种。

47. 鼓泡式流化床锅炉不产生高度的二次悬浮燃烧。（√）

48. 在循环流化床锅炉水冷壁下半部传热系数小于上半部传热系数。（×）

正确答案：在循环流化床锅炉水冷壁下半部传热系数大于上半部传热系数。

49. 固体可在 CFB 锅炉流化过程中起到热量传递作用。（√）

50. CFB 锅炉固体颗粒使炉内温度分布情况变差。（×）

正确答案：CFB 锅炉固体颗粒使炉内温度分布情况均匀。

51. 旋转给料机的阀芯有 8 个叶片，由叶片移动速度改变给料量。（√）

52. 调节旋转给料机的转速可以调节系统压力。（×）

正确答案：调节旋转给料机的转速可以调节给料量。

53. 对回料装置的要求是：物料流动稳定，气料混合均匀，气料混合物量可控制。（×）

正确答案：对回料装置的要求是：物料流动稳定，无气体反窜，物料流量可控。

54. 仓泵进料时不需要打开平衡阀。（×）

正确答案：仓泵进料时必须打开平衡阀。

55. 若床料颗粒直径相同，气流速度增加，流化床阻力不变。（√）

56. 在 CFB 锅炉床料中，反应后的石灰石占大部分。（√）

57. 进入 CFB 锅炉冷渣器的灰渣是燃烧后的产物，对锅炉燃烧无影响，可以排放。（×）

正确答案：进入冷渣器的灰渣可以再利用。

58. 一般说，对燃料热值高的煤，循环倍率也高，但对挥发分高的煤，则可取较小的循环倍率。（√）

59. 循环流化床锅炉运行中，物料循环量增加，使理论燃料温度上升。（×）

正确答案：循环流化床锅炉运行中，物料循环量增加，使理论燃料温度下降。

60. 仓泵的构造比较复杂，仓罐本体磨损较大，容易实现输送过程的自动化。（×）

正确答案：仓泵的结构简单，容易实现输送过程的自动化。

61. 气固旋风分离器的特点是分离效率高，特别是对细小颗粒的分离效率远远高于惯性分离器。（√）

62. 大多数 CFB 锅炉采用惯性分离器作为物料分离器。（×）

正确答案：大多数 CFB 锅炉采用离心分离器作为物料分离器。

63. CFB 锅炉的燃烧效率随着循环效率增加而减少。（×）

正确答案：CFB 锅炉的燃烧效率随着循环效率增加而增加。

64. 石灰石投入到循环硫化床锅炉内可大幅度降低 SO_2 污染排放。（√）

65. 辊式破碎机的辊子与辊子间和辊子与破碎板之间的距离是可调的。（√）

66. 调整圆锥体与破碎腔室之间的间隙可以改变圆锥破碎机的出料颗粒直径。（√）

67. 旋风分离器的中心管是烟气的引出管，它的长度与分离效果无关。（×）

正确答案：旋风分离器的中心管是烟气的引出管，它的长度与分离效果有关。

68. 经常清洗 J 阀风机过滤器可减少漏风量。（×）

正确答案：经常清洗 J 阀风机过滤器可防止堵塞。

69. 由于小颗粒的表面积较大，所以 CFB 锅炉中使用的石灰石粒度均在 100μm 以下。（×）

正确答案：由于小颗粒的表面积较大，所以 CFB 锅炉中使用的石灰石粒度均在 100~500μm。

70. 脱硫效率在 Ca/S 低于 2.5 时增加很快，而继续增大 Ca/S，此时，脱硫效率增加得较少。 (√)

71. 合理调整 CFB 锅炉冷渣器的冷介质量，可提高冷渣器的效率。 (√)

72. CFB 锅炉停炉后未及时清理布风板，异物堵塞风帽。 (√)

73. 进入 CFB 锅炉燃料中夹带金属件，会使回料系统堵塞。 (×)

正确答案：进入 CFB 锅炉燃料中夹带金属件，会使排渣管堵塞。

74. 间断性投入石灰石会造成石灰石系统入口处堵塞。 (×)

正确答案：间断性投入石灰石会造成石灰石与炉膛连接段堵塞。

75. 炉膛内温度循环波动和热冲击会使耐火层发生裂纹。 (√)

76. CFB 锅炉运行中，给煤机长时间不运行，对运行无影响。 (×)

正确答案：CFB 锅炉运行中，给煤机长时间不运行，会使床层燃烧受影响，还会使给煤机上原煤自燃。

77. 当风帽堵塞太多，无法处理又有继续结焦的可能，应立即停炉。 (×)

正确答案：当风帽堵塞太多，无法处理又有继续结焦的可能，应申请停炉处理。

78. CFB 锅炉运行期间，保持各料腿回料有一定的差距，就能使回料阀运行正常。 (×)

正确答案：CFB 锅炉运行期间应保持各料腿回料均匀，防止回料阀堵塞。

79. CFB 锅炉运行时应注意分析旋风分离器各点温度变化，避免发生堵塞。 (√)

80. CFB 锅炉哪个冷渣器隔仓堵塞，就增加这个仓的风量，并反复启动下一个隔仓粗灰排放阀。 (√)

81. CFB 锅炉冷渣器第三隔仓堵塞应打开第二隔仓排渣阀排渣。 (×)

正确答案：CFB 锅炉冷渣器第三隔仓堵塞应打开第三隔仓排渣阀排渣。

82. 预防测量管堵方法有采用防堵罐和采用正进气设计。 (√)

83. 冷渣器第三冷却室床压升高的处理方法：①立即到就地进行直排；②检查并调整风量，联系除灰检查地泵运行情况；③适当降低冷渣器出力，必要时进行缓冲仓的振打。 (√)

84. 在循环流化床锅炉变动允许范围内减少锅炉负荷，调整流化风量，使流化和温度大幅度波动，达到破碎床料的块状。 (√)

85. 当循环流化床锅炉石灰石中断应及时检查输送系统，并进行故障处理。 (√)

单选题

1. 在 CFB 锅炉冷态试验中获取(A)，为改进设备和给锅炉操作者提供依据。
   A. 料层阻力参数　　B. 料层密度
   C. 料的颗粒度　　D. 料颗粒大小的比例

2. 保持每一个(D)在畅通状态才能使 CFB 锅炉冷态试验数据准确。
   A. 给料机　　B. 水冷壁　　C. 布风板　　D. 风帽

3. 循环流化床锅炉送风系统至少需要配备一次风机、二次风机和(C)。
   A. 中压风机　　B. 低压风机
   C. 回料高压风机　　D. 回料低压风机

4. 炉膛内细颗粒保持量是由(B)控制。
   A. 给煤机　　B. 冷渣器　　C. 布风板　　D. 旋风室

5. 进入 CFB 锅炉冷渣器的炉渣温度一般降到(B)℃。

A. 50　　B. 100　　C. 150　　D. 200

6. 高压流化风机启动应在(D)启动后。

A. 二次风机　　B. 一次风机　　C. 密封风机　　D. 引风机

7. 当(A)后，CFB 锅炉辅机可以独立启动。

A. 连锁退出　　B. 自动退出　　C. 冷却水　　D. 润滑油系统

8. CFB 锅炉启动前床料颗粒应在(A)mm 以下。

A. 6　　B. 10　　C. 15　　D. 2

9. CFB 锅炉启动前应有(D)mm 床料层。

A. 120~180　　B. 210~350　　C. 280~400　　D. 350~500

10. 冷渣器投入时炉床压差应是(B)。

A. 最大值　　B. 最小值　　C. 平均值　　D. 瞬时值

11. (C)与回料阀进渣管上调节阀在灰渣排放投入后缓慢开启。

A. 卸压阀　　B. 给料阀　　C. J 阀　　D. 闸阀

12. CFB 锅炉点火升温速度应在(A)℃/h 以内。

A. 50　　B. 20　　C. 80　　D. 100

13. CFB 锅炉点火升压过程中，炉层(A)幅度不宜过快，注意耐火、耐磨材料的保护。

A. 温度上升　　B. 厚度增加　　C. 压力上升　　D. 颗粒变化

14. CFB 锅炉升温升压过程中遇床温超过规定值应(D)。

A. 打开底部风道挡板　　B. 提高一次风量

C. 提高二次风量　　D. 关闭底部一次风挡板

15. 当建立起合适的流化风量才允许炉膛向冷渣器排渣。灰渣处理系统启动使冷却室风速不得低于(C)m/s。

A. 0.5　　B. 1.0　　C. 1.2　　D. 1.8

16. 当 CFB 锅炉冷渣器投入时，其温度高于炉膛床温(A)℃，应停止进渣管送风。

A. 28　　B. 45　　C. 54　　D. 68

17. 投入飞灰再循环系统前，应将(D)稍调至偏低。

A. 主汽压力　　B. 主汽流量　　C. 排烟温度　　D. 主汽温度

18. 飞灰再循环系统的排灰出力应小于(A)。

A. 饱和能力　　B. 平均能力　　C. 最小能力　　D. 最佳能力

19. CFB 锅炉烟气再循环系统投入后，炉内辐射热量(B)。

A. 提高　　B. 降低　　C. 不变　　D. 更难确定

20. 流态化可以表现出气、固颗粒流体的(C)。

A. 内部特性　　B. 表面特性　　C. 宏观特性　　D. 一般特性

21. 循环流化床锅炉床温一般在 850℃左右，这样的温度远低于普通煤粉炉中的温度水平，因此应(B)结焦问题。

A. 不考虑　　B. 更加重视　　C. 不存在　　D. 不必过分担忧

22. 燃烧中会产生 NO_x，其中 N 的来源主要是来自于(A)。

A. 煤中　　B. 空气中　　C. 石灰石中　　D. 飞灰中

23. 增加(A)可以有效地减少 SO_2 的排放。
A. Ca/S 比　B. 风煤比　C. 粒度比　D. 以上都不是
24. 床温升高，则主蒸汽温度相应(D)。
A. 升高　B. 降低　C. 不变　D. 视具体情况而定
25. 给煤粒度超过设计值时，床温会(A)。
A. 升高　B. 降低　C. 不变　D. 床压升高
26. CFB 锅炉在运行中床温上升到上限时应(B)。
A. 增加给煤　B. 减少给煤
C. 减少石灰石量　D. 增加石灰石量
27. 风机风门开度一定时，随着床压增加，进入床层的风量将(B)。
A. 增加　B. 减小　C. 不变　D. 摆动增大
28. 床层差压是代表(B)烟气中颗粒浓度。
A. 稀相区　B. 密相区　C. 整个炉膛内　D. 炉膛出口
29. 循环流化床锅炉在运行中，负荷的调整应(A)。
A. 先加风后加煤　B. 先减风后减煤
C. 先加煤后加风　D. 先加风后减煤
30. 床压太高对冷渣器不利，冷渣器中的差压应(A)床压。
A. 略大于　B. 略小于　C. 大大小于　D. 等于
31. 运行中，床压过高或过低都会影响流化质量，容易引起(C)。
A. 排渣困难　B. 床温降低　C. 结焦　D. 漏床料
32. 圆盘筛由筛片、框架、(B)、变速驱动设备等组成。
A. 水动机　B. 电动机　C. 透平机　D. 风动机
33. 滚筒筛的筛箱是依靠两台相同的振动电动机作反向自同步旋转，使整个参振部件做(A)，达到筛分的目的。
A. 直线振动　B. 圆周振动　C. 切向振动　D. 往复振动
34. 圆盘筛的特点是(B)。
A. 出力大、不适应水分较大的煤
B. 出力大、对于高水分的原煤比较适应
C. 出力小、对于高水分的原煤比较适应
D. 出力小、不适应水分较大的煤
35. 煤进入筛选设备的滚筒筛箱后会迅速(C)。
A. 凝固、结块　B. 松散、分离　C. 松散、透筛　D. 结块、透筛
36. 循环流化床锅炉启动时，为保持投煤初期的良好燃烧，应首先投入(A)的给煤机。
A. 中间　B. 两侧　C. 全部　D. 最好
37. 为保持良好的脱硫效果，床温最好控制在(C)℃之间。
A. 640~700　B. 700~800　C. 830~950　D. 1000~1200
38. 为维持稳定的床温，升炉初期油量控制(C)。
A. 投煤后即停油枪　B. 煤着火后停油枪
C. 床温达到 800℃以后才减油量停油枪　D. 待符合以后停油枪

39. DCS 在运行过程控制中，可以优化过程控制和适应(C)。

A. 静态试验　B. 动态试验　C. 回路控制　D. 事故处理

40. 循环流化床锅炉的生产过程监视、现场设备直接操作、控制参数的调整都在(D)中进行。

A. MFT　B. GIS　C. PLC　D. DCS

41. U 形阀控制返料量的手段主要是控制(A)风量。

A. 上风箱　B. 下风箱　C. 侧部流化风　D. 一次风

42. 回料阀使用的流化风为(C)。

A. 一次风　B. 二次风　C. 高压风　D. 非净化压缩风

43. CFB 锅炉停炉应以(B)/min 燃料量减少。

A. 2%　B. 5%　C. 12%　D. 18%

44. CFB 锅炉停炉过程中，床温降到 455℃时，应(D)。

A. 停止汽包进水　B. 向外供汽

C. 停止送引风机　D. 停止管式燃烧器

45. 旋风分离器与回料器之间的膨胀节是将(B)的设备连接在一起。

A. 动与动　B. 静与静　C. 动与静　D. 静与静与动与动

46. 冷渣器流化中细灰不会分离的原因是(D)。

A. 渣粒太粗　B. 渣粒太细

C. 渣量太小　D. 回炉膛热风管道堵塞

47. 出现冷渣器问题的主要原因是(A)，流动性不好和流化质量差。

A. 底渣颗粒太大　B. 底渣颗粒太小

C. 底渣颗粒不均匀　D. 底渣温度低

48. 停 CFB 锅炉灰渣系统前应确认(D)。

A. 锅炉无负荷　B. 炉膛温度下降到常温

C. 风机全部停止　D. 冷渣器上没有物料

49. 水风室的水源待冷渣器温度在(C)℃以下停止。

A. 50　B. 120　C. 180　D. 380

50. 惯性分离效率一般大于(C)。

A. 50%　B. 65%　C. 75%　D. 90%

51. 在 CFB 锅炉运行中冷渣器可以采取(D)工作方式。

A. 间歇　B. 连续　C. 瞬时　D. 间歇和连续

52. 非机动阀的开关是依靠(C)做动力。

A. 电动机　B. 气动装置　C. 人力　D. 高压风

53. 气固分离器使燃料和脱硫剂多次循环、(B)和反应。

A. 反复通过给煤机进入　B. 反复燃烧

C. 不再进行燃烧　D. 吸收热量

54. CFB 锅炉返料装置是将旋风分离器分离出来的物料(C)。

A. 送回旋风器　B. 送往冷渣器

C. 送回燃烧室　D. 送往灰渣池

55. CFB锅炉的返料装置既是一个(A)又是一个(A)。

A. 物料回送器、锁气器　　B. 燃烧器、锁气器

C. 燃烧器、物料回送器　　D. 燃烧器、雾化器

56. 外置换热器属于(B)换热器。

A. 湍流硫化床　　B. 鼓泡流化床　　C. 快速硫化床　　D. 固定床

57. 外置换热器为(D)的调节提供了很好的手段。

A. 省煤器水温　　B. 给水流量

C. 负荷　　D. 过热器和再热器蒸汽温度

58. CFB锅炉燃烧的稳定性、运行的安全性和经济性以及环境保护等方面都与(A)有关。

A. 床温　　B. 给水温度　　C. 电除尘的效率　　D. 床压

59. CFB锅炉的床温应控制在灰的变形温度低于(D)℃，才不会结焦。

A. 50~80　　B. 80~120　　C. 100~180　　D. 150~250

60. CFB锅炉床温低于(D)℃，燃烧不稳定，易熄火。

A. 550　　B. 620　　C. 740　　D. 800

61. CFB锅炉最基本的特性就是固体物料的再循环，它是依靠(C)来实现。

A. 烟道　　B. 风机　　C. 回料装置　　D. 冷渣器

62. 在CFB锅炉回料装置中，如果立管中的压力差增大，则固体物料速率(A)。

A. 增大　　B. 减小　　C. 不变　　D. 停止

63. 一般在CFB锅炉风室上装有(D)，便于检修使用。

A. 手孔　　B. 检查孔　　C. 观看孔　　D. 人孔

64. CFB锅炉风室的类型有分流式风室和(B)风室。

A. 差压　　B. 等压　　C. 等漏　　D. 等容

65. CFB锅炉等压风室内的静压沿深度(A)。

A. 处处相等　　B. 不断改变　　C. 逐步增加　　D. 逐步降低

66. FW公司的CFB锅炉一般要求1.0mm颗粒的煤粒小于(D)。

A. 30%　　B. 40%　　C. 50%　　D. 60%

67. CFB锅炉煤粒大小可按(A)配制(V_{daf}—干燥无灰基挥发分，A—入炉颗粒中小于1mm的份额%)。

A. $V_{daf}+A=85\%\sim90\%$　　B. $V_{daf}-A=85\%\sim90\%$

C. $V_{daf}\times A=85\%\sim90\%$　　D. $V_{daf}/A=85\%\sim90\%$

68. CFB锅炉布风板支撑锅炉所有(A)。

A. 床料　　B. 风　　C. 承压设备　　D. 燃烧设备

69. CFB锅炉一次风从布风板的(D)进入炉膛。

A. 前面　　B. 上面　　C. 侧面　　D. 下部

70. 外置换热器可使(D)锅炉负荷调节范围增大。

A. 煤粉　　B. 燃油　　C. 层燃　　D. CFB

71. 外置换热器增加了CFB锅炉对燃料的(A)。

A. 适应力　　B. 反应能力　　C. 排斥　　D. 混合

72. 燃煤的破碎一般采用(B)级破碎。

A. 1级　B. 2级　C. 3级　D. 4级

73. 给煤机的用风属于(D)。

A. 烟气　B. 高压风　C. 冷却风　D. 热风

74. 石灰石输送到炉内的动力依靠(C)。

A. 烟气力　B. 水利　C. 风力　D. 机械力

75. CFBA锅炉的炉渣含碳量一般是(A)范围。

A. 1%~2%　B. 3%~5%　C. 4%~8%　D. 5%~10%

76. 环锤式破碎机出料颗粒最小在(A)mm。

A. 1　B. 2　C. 3　D. 4

77. 振动式破碎机不适用破碎(B)。

A. 褐煤　B. 烟煤　C. 无烟煤　D. 石灰石

78. 圆锥式破碎机适应破碎(A)硬物。

A. 中等以上　B. 中等以下　C. 黏度高　D. 纤维

79. 在CFB锅炉分流回灰系统可实现远方控制炉膛内的(D)。

A. 给煤量　B. 风量　C. 渣量　D. 回灰量

80. 定向风帽可将大渣排向排渣口，又可增加床层底部的(B)。

A. 压紧度　B. 扰动　C. 密度　D. 风量

81. 出口气流向下吹的风帽称为(D)风帽。

A. 定向风帽　B. 钟罩式风帽　C. 猪尾式风帽　D. T型风帽

82. CFB锅炉内掺砂目的是增加(B)。

A. 挥发分　B. 灰分　C. 水分　D. 碳量

83. 循环流化床锅炉在石灰石的作用下，脱硫效果可达(D)。

A. 65%　B. 80%　C. 85%　D. 90%

84. 循环流化床锅炉能减少NO_x排放的主要原因是(B)。

A. 高氧燃烧和分段燃烧　B. 低氧燃烧和分段燃烧

C. 低氧燃烧和集中燃烧　D. 集中燃烧和高氧燃烧

85. (C)是影响炉膛、分离器及返料装置工作的主要原因。

A. 冲刷　B. 高温　C. 磨损　D. 撞击

86. 与煤粉锅炉相比，CFB锅炉(A)。

A. 运行周期短　B. 运行周期长

C. 运行周期基本相同　D. 运行周期很难确定

87. 由于石灰石脱硫温度的限制，使循环流化床锅炉(B)有所升高。

A. 炉渣含碳量　B. 灰飞含碳量　C. 排烟温度　D. 散热量

88. (D)是固态物料流态化的主要过程。

A. 低速度　B. 高速度

C. 低浓度　D. 高速度、高浓度、高通量

89. CFB锅炉可以改变(B)。

A. 流化分布程度　B. 炉内物料循环量

C. 烟气的行走方向　D. 浓淡区的分隔线

90. 按分离器型式分 CFB 锅炉可分为(A)。
A. 炉外分离型和炉内分离型　B. 炉膛分离型和旋风分离型
C. 低物料循环型和高物料循环型　D. 有外置换热型和无外置换热型
91. 鼓泡流化速度在(C)m/s 左右。
A. 1.0~2　B. 1.5~2.5　C. 1.5~3.4　D. 2.0~4.2
92. 鼓泡流化床锅炉(B)。
A. 无明显浓淡区分界线　B. 有明显密相区料层界面
C. 无返料装置　D. 可改变燃烧室流化形态
93. CFB 锅炉烟气的残余 CO 可在(C)内燃烧。
A. 回料装置　B. 烟道　C. 旋风分离器　D. 冷渣器
94. CFB 锅炉炉内细颗粒燃料越多，炉内传热会(A)。
A. 越强　B. 越低　C. 越薄　D. 越差
95. CFB 锅炉运行中挥发分与空气混合越慢，(B)效果越差。
A. 传热　B. 脱硫　C. 除灰　D. 除渣
96. 在 CFB 锅炉燃料大约占床料的(A)。
A. 1%~3%　B. 2%~4%　C. 10%~28%　D. 25%~55%
97. 在 CFB 锅炉影响燃料加热速率的主要原因之一是(B)。
A. 燃料的性质　B. 燃料的颗粒度
C. 燃料的多少　D. 燃料的传热系数
98. 流化床内任一高度静压约等于同一高度截面固体颗粒的(B)。
A. 重量　B. 质量　C. 流量　D. 动量
99. 在流态化加热中，床层的温度(C)。
A. 不相同　B. 差距较大　C. 基本相同　D. 完全相同
100. CFB 锅炉的流化使密度小的燃料(A)。
A. 浮在床面　B. 沉入底层
C. 夹在床层中间　D. 混合在所有床料中
101. 固体颗粒与(D)颗粒混合可脱硫。
A. 飞灰　B. 返料　C. 砂　D. 碳石
102. CFB 锅炉固体颗粒在流化过程中可以(A)炉内燃烧。
A. 强化　B. 削弱　C. 平衡　D. 分布
103. 旋转给料阀上部的风与下部的风(C)。
A. 可以相互流动　B. 可以在一定比例交换
C. 不能互相流动　D. 进行热交换
104. 旋转给料机的密封风是采用(D)作介质。
A. 送风　B. 烟气　C. 高压风　D. 压缩风
105. 回料密封装置投入前应在返料器中放入(D)，封堵返料器。
A. 干燥剂　B. 砂　C. 石灰石　D. 物料
106. 当床温达到(D)℃以上，才能投入回料装置。
A. 100~200　B. 200~400　C. 500~620　D. 650~700

107. 上引式仓泵的特点是(B)。

A. 浓度高、流速低、磨损轻微　　B. 浓度低、流速高、易磨损

C. 浓度高、流速高、出力大　　D. 浓度高、流速低、磨损轻微、出力大

108. 粉尘排完后，整个输送管道的压力(A)。

A. 变小　　B. 变大　　C. 不变　　D. 大幅度改变

109. 对于实际运行的流化床，为使床层达到充分流化，通常运行流化风速为临界流化风速的(B)倍左右。

A. 1　　B. 2　　C. 3　　D. 4

110. CFB 锅炉在运行中密相区和稀相区的界面是(B)的。

A. 不变　　B. 不断变化

C. 随符合的增加而提高　　D. 降低

111. 石化行业 CFB 锅炉运行中为了除去烟气中的二氧化硫，需加入大量的石灰石，那么床料中主要组成成分是(C)。

A. 石油焦 $CaCO_3$　　B. 石油焦 CaO

C. CaO $CaSO_4$　　D. 石油焦 $CaSO_4$

112. CFB 锅炉的燃烧循环倍率公式是 $K=F_s/F_c$，它表示(D)。

A. 飞灰量/投煤量　　B. 循环物料量/投煤量

C. 循环物料量/飞灰量　　D. 循环物料量/排渣量

113. 在实际运行中，提高循环物料量，对(D)影响最大。

A. 床压　　B. 负荷　　C. 排烟温度　　D. 床温

114. 仓泵上的平衡管的作用是(D)。

A. 输送　　B. 密封　　C. 流化　　D. 排出空气

115. CFB 锅炉的燃烧效率与分离器的分离效率(D)。

A. 成反比　　B. 无关系　　C. 关系不大　　D. 成正比

116. 提高了 CFB 锅炉分离器的分离效率就增加了(D)。

A. 锅炉除氧水消耗量　　B. 灰渣的排放量

C. 工业水量　　D. 风机电耗

117. 经过破碎满足粒度分布要求的石灰石，通过气力输送系统进入(A)参与化学反应，除去燃烧过程中产生 SO_2。

A. 炉膛　　B. 旋风分离器　　C. 冷渣器　　D. 竖井烟道

118. 环锤式破碎机破碎比在(B)左右，出料颗粒小于 10mm。

A. 1∶10　　B. 1∶15　　C. 1∶20　　D. 1∶25

119. 调整环锤式破碎机(B)前后位置，可改变破碎颗粒度。

A. 上部破碎器　　B. 下部破碎器　　C. 锤子　　D. 悬吊杆

120. 旋风式分离器的(B)，分离效果越好。

A. 直径越大　　B. 直径越小　　C. 与直径无关　　D. 随负荷改变

121. CFB 锅炉的烟气是(C)进入旋风式分离器的。

A. 横向　　B. 径向　　C. 切向　　D. 从分离器下部

122. 受回料器料位的影响，J 阀(D)的故障出现较多。
A. 卡涩　B. 堵塞　C. 转速增加　D. 电动机过流跳闸
123. 防止 J 阀风机皮带打滑的方法是(A)。
A. 定期切换风机　B. 在皮带上打蜡　C. 每天更换皮带　D. 拉紧皮带
124. 作为一种直接而廉价的降低 SO_2 排放措施，加(B)等吸收剂使 SO_2 固定在稳定的 $CaSO_4$ 中。
A. $MgCO_3$　B. $CaCO_3$　C. CaO　D. $CaSO_4$
125. CFB 锅炉底渣输送系统的水应(B)。
A. 间断供给　B. 连续供给　C. 少量供给　D. 超量供给
126. 流化风速过低易造成(B)。
A. 磨损增大　B. 风帽堵塞
C. 一次风机电耗增加　D. 返料增多
127. 风帽是否堵塞最直观的判断方法是(A)变化。
A. 等压风室的风压值　B. 一次风机电流
C. 一次风压　D. 二次风压变化
128. 下列(B)不属于回料阀堵塞时的现象。
A. 一次风量增大　B. 引风机电流增大
C. 烟气阻力增大　D. 炉膛压力增大
129. 输送石灰石气源中断会使(C)堵塞。
A. 石灰石仓　B. 旋转给料阀　C. 输送管道　D. 入炉膛口
130. 石灰石(B)容易使输送管道堵塞。
A. 颗粒过细　B. 颗粒过粗　C. 流量低　D. 风量高
131. 石灰石(D)是造成仓不下粉的主要原因。
A. 破碎　B. 自燃　C. 化学成分分解　D. 结块
132. CFB 锅炉排渣管堵塞常见的原因是(B)。
A. 燃烧颗粒太细　B. 耐火材料脱落　C. 燃料水分太高　D. 流化风量过大
133. 炉膛内(C)是造成 CFB 锅炉床压测量管堵塞的主要原因。
A. 较高负压　B. 较高正压　C. 呈微正压　D. 正负压大幅度摆动
134. 床压测量表管(A)太大会引起测量管堵塞。
A. 弯头阻力　B. 管径　C. 管壁厚度　D. 管内光洁度
135. 给煤风或密封风控制(A)会造成给煤机原煤燃烧。
A. 风压过小　B. 风压过大　C. 风量过大　D. 风速过大
136. CFB 锅炉内(D)控制范围过高，易造成给煤机原煤燃烧。
A. 负压区　B. 真空区　C. 燃烧区　D. 零压区
137. 耐磨材料属于非均匀性的(C)材料。
A. 磁性　B. 抗氧性　C. 脆性　D. 活性炭
138. 旋风分离器进出口烟温差不大于(A)℃，防止回料温度过高燃烧。
A. 30　B. 40　C. 60　D. 80

139. 回料阀前立管温度应控制在1050℃以内，防止物料(C)堵管。

A. 潮湿　B. 自燃　C. 结焦　D. 自流

140. 回料阀堵塞严重时，应停止给煤，停止(B)，降低负荷。

A. 排污　B. 放渣　C. 送风　D. 引风

141. CFB锅炉冷渣器第二隔仓堵塞，加大该隔仓风量同时，打开隔仓下排渣阀，直到排空，(B)。

A. 停止流化　B. 流化正常　C. 开始流化　D. 流化减慢

142. 当床压测量管堵塞时，利用(C)进行吹堵。

A. 蒸汽　B. 水　C. 压缩风　D. 烟气

143. 在疏通冷渣器进渣管前应确认选择室及各冷却室床压正常后，方可(D)。

A. 全开脉动风门　B. 全关脉动风门

C. 保持脉动风门开度　D. 适当加大脉动风门开度

144. 冷渣器(A)常用处理措施：1)疏通堵塞的冷渣器，观察各室床压是否正常；2)适当降低冷渣器各室风量，观察各室温度和渣量是否变化；3)如果炉膛床压过低，应停止该冷渣器运行。

A. 不排渣　B. 结焦　C. 自燃　D. 泄漏

145. 在疏通冷渣器进渣管时应密切注意进渣管(C)，注意床温、床压的变化。

A. 压力　B. 流量　C. 温度　D. 流速

146. 当CFB锅炉无法达到设计出力时，检查原煤的(A)，对于煤质变差应采用更换煤种或合理配煤的方法处理。

A. 发热量和挥发分　B. 水分

C. 含硫量　D. 含铁量

147. 循环流化床锅炉的烟气 SO_2 读数偏高，可能是(D)系统自动停止造成。

A. 排渣　B. 循环灰料　C. 烟气循环　D. 石灰石进料

148. 当石灰石系统无法恢复运行时，应(B)。

A. 紧急停炉处理　B. 申请停炉处理　C. 等待处理　D. 继续运行

多选题

1. 循环流化床锅炉物料循环系统的(B，C)可在冷态试验中体现。

A. 经济性能　B. 工作性能　C. 可靠性能　D. 化学性能

2. CFB锅炉冷态试验可以确定风机(B，C)是否满足燃烧的需要。

A. 风速　B. 风量　C. 风压　D. 风门

3. CFB锅炉冷态试验前应做好(A，B，C，D)和资料的准备工作。

A. 锅炉设备的准备工作　B. 试验人员的准备工作

C. 仪器仪表的准备工作　D. 床料的准备工作

4. 灰渣系统开始排渣时应注意(A，C，D)。

A. 大幅度开启或关闭J阀会导致运行故障

B. 引起回料装置堵塞

C. 减少冷渣器过大热应力

D. 当冷渣器内充满底渣，进入连续供风

5. CFB 锅炉点火过程中应注意(A，B，D)。

A. 调节手段的可靠性　　B. 配风、给煤和停油过程

C. 石灰石系统的可靠性　　D. 床层流化质量和床料厚度

6. 物体的流态化分为(A，B，C，D)、快速流态化。

A. 散式流态化　B. 鼓泡流态化　C. 腾涌流态化　D. 湍流流态化

7. 给煤粒度超过设计值时，会导致(A，B，C，D)。

A. 大颗粒沉底　B. 床料分层严重　C. 局部或整体超温　D. 流化不良

8. 在 CFB 中，若粒子(A，B，C)，则传热增强。

A. 粒度小　B. 浓度高　C. 床温高　D. 床温低

9. 调节 CFB 锅炉床温有以下方法(A，B，C，D)。

A. 调节石灰石量　B. 调节飞灰量　C. 调节风量　D. 调节排渣量

10. 床层差压是 CFB 锅炉监视和调整重要参数之一，是监视床层(B，C)的重要参数指标。

A. 流化数量　B. 流化质量　C. 料层厚度　D. 料层高度

11. CFB 锅炉(A，D)，对于稳定燃烧、减少短时间断煤波动的影响非常有益。

A. 床料厚　B. 床料薄　C. 床压差低　D. 床压差高

12. 在实际运行中，床压可用以下方法调节：(A，B)。

A. 改变排渣阀的转速　　B. 调节石灰石的加入量

C. 增减一次风量　　D. 调节加入的煤量

13. 床层差压过高坏处在于(A，B)。

A. 电耗高　B. 一次风压头大　C. 布风不均匀　D. 易结焦

14. 在实际运行中提高物料循环量的途径是(A，C，D)。

A. 提高一次风量　B. 提高排渣阀转速　C. 提高二次风量　D. 提高石灰石量

15. 滚筒筛由(A，B，C，D)、底架等组成。

A. 筛箱　B. 密封罩　C. 振动电动机　D. 二次振动系统

16. 运行中因给煤机跳闸而发生偏燃处理的方法是(B，C，D)。

A. 加大跳闸给煤机侧的流化风量

B. 增加跳闸给煤机另一侧的给煤机的给煤量

C. 加大上一次风量

D. 增大跳闸给煤机侧的排渣量

17. 床温达到温度点后应(A，B)性投煤，以防止爆燃。

A. 少量　B. 间歇　C. 快速　D. 大量

18. 炉内结焦主要有以下原因(B，C，D)。

A. 一次风量大于最低流化风量　　B. 床压太低

C. 燃烧颗粒过大　　D. 床温较高

19. 循环流化床锅炉的 DCS 分为就地操作层、(B，C，D)。

A. 启动控制层　B. 过程控制层　C. 控制管理层　D. 生产管理层

20. 就地控制层的主要任务是进行过度数据采集，进行直接数字的过程控制，进行设备监测和系统的(B，D)，实施安全性、冗余化方面的措施。

A. 检验　B. 测试　C. 识别　D. 诊断

21. U 形阀传送物料量与(A，B)有关。
A. 高度　B. 宽度　C. 长度　D. 物料粒度
22. 循环流化床锅炉停炉一般分为(A，B，C)和降压冷却阶段。
A. 停炉前准备　B. 停风机　C. 减负荷　D. 熄火
23. CFB 锅炉停炉时，床温达到 650℃左右，停止向炉内供(B，C)。
A. 砂子　B. 燃料　C. 石灰石　D. 石头
24. 冷渣器常见的问题有(A，B，C，D)、旋转排渣阀卡死等。
A. 灰渣结渣　B. 灰渣复燃
C. 大焦堵塞　D. 冷渣器返回炉膛的热风管堵塞
25. 惯性分离通道的形式有(A，B，D)、百叶分离。
A. S 形　B. U 形　C. 百孔形　D. 槽形
26. 冷渣器的作用有(A，B，C，D)、细颗粒分选回送等。
A. 回收热量　B. 加热空气
C. 加热热水　D. 保持炉膛灰平衡和床料硫化
27. CFB 锅炉常用的非机动阀的形式(B，C，D)。
A. S 阀　B. L 阀　C. J 阀　D. J 阀的简化形
28. 与机械回料阀相比，非机动阀有(A，B，C)、制作方便优点。
A. 没有机械运动部件　B. 维修量低
C. 成本低　D. 操作复杂
29. 使再循环固体颗粒从旋风分离器(B，D)地回到炉膛和上下两侧风隔离密封，这是非机动阀的作用。
A. 不连续　B. 连续　C. 不稳定　D. 稳定
30. 在进行(A，B，C)联锁和联动试验时，锅炉炉膛安全监控系统(FSSS)必须纳入到相关系统的试验中。
A. 汽机　B. 锅炉　C. 电气　D. 化学
31. 与煤粉炉相比 CFB 锅炉的 FSSS 多了(A，D)功能。
A. 床温控制　B. 锅炉吹扫　C. 风机联锁　D. 石灰石控制
32. 外置换热器内部布置有(A，B，C，D)等受热面。
A. 省煤器　B. 蒸发器　C. 过热器　D. 再热器
33. CFB 锅炉的风室具有较好的(B，D)作用。
A. 均压　B. 稳压　C. 均流　D. 稳流
34. CFB 锅炉燃料制备系统由(A，B，C，D)、给煤设备组成。
A. 破碎　B. 筛分　C. 输送　D. 储运
35. CFB 锅炉一般采用(A，D)等。
A. 环锤式破碎机　B. 钢球磨煤机　C. 筒式磨煤机　D. 辊式破碎机
36. 圆盘筛分由(B，C，D)等组成。
A. 筛帽　B. 筛箱　C. 密封罩　D. 振动电动机
37. 密孔板式布风板装置由(A，B)构成。
A. 风室　B. 密孔板　C. 温室　D. 稀孔板

38. CFB 锅炉一般采用(A，B)。

A. 气力输渣方式　B. 水力输渣方式　C. 风力输渣方式　D. 火力输渣方式

39. 破碎设备的性能有参数(A，B，C，D)、功率。

A. 出力　B. 出料粒度　C. 破碎比　D. 进料粒度

40. 环锤式破碎机具有(B，C，D)及高破碎等优点。

A. 出力小　B. 出力大　C. 出料稳定　D. 运行可靠

41. 辊式破碎机在 CFB 锅炉(A，B)使用。

A. 一级　B. 二级　C. 三级　D. 四级

42. CFB 锅炉分流回灰换热器主要由低温回料室、进出口联箱、(A，B，C，D)、换热床受热面和低温换热床等设备组成。

A. 灰分配室　B. 回灰隔板　C. 高温灰料室　D. 分流隔板

43. CFB 锅炉风帽型式有(A，B，C，D)。

A. 定向风帽　B. T 形风帽　C. 钟罩式风帽　D. 猪尾式风帽

44. 循环流化床锅炉具有以下优点：(A，B，C，D)、可降低 NO_x 排放量，燃烧强度大，炉膛面积小，燃料制备系统简单等。

A. 燃料适应性广　B. 燃料效率高　C. 能高效脱硫　D. 负荷调节范围广

45. 循环流化床具有(A，C)、高强度的热量、质量和动量传递过程等特点。

A. 低温的动力控制燃烧

B. 燃料层高储热能力

C. 具有高浓度、高速度、高通量的固体物料流态循环过程

D. 燃料接触面积大，易燃尽

46. 燃料在循环流化床锅炉内必须经过(A，B，C，D)、磨损等过程。

A. 干燥和加热　B. 挥发分的析出和燃烧

C. 燃料的膨胀和一次破碎　D. 焦炭的燃烧和二次破碎

47. 仓泵的主要设备有(A，B，C，D)。

A. 进料阀　B. 平衡阀　C. 出料阀　D. 进气阀

48. 仓泵按输出形式可分为(A，B，C，D)。

A. 脉冲式　B. 上引式　C. 下引式　D. 流态式

49. 影响 CFB 锅炉密相区的传热因素有(A，B，C)。

A. 床温　B. 床层压力　C. 流化风速　D. 炉膛结构

50. CFB 锅炉的飞灰中主要成分是(B，C，D)。

A. 砂　B. CaO　C. $CaSO_4$　D. 石灰石

51. 提高循环倍率有以下手段(A，B，C)。

A. 增加一次风量　B. 增加二次风量　C. 增加石灰石量　D. 增加排渣量

52. 气力输灰回收装置包括(A，B，C，D)。

A. 电除尘或布袋除尘器　B. 仓泵

C. 输送气源　D. 灰库

53. CFB 炉目前普遍采用的分离器是(A，B)。

A. 高温旋风分离器　B. 中温旋风分离器

C. 低温旋风分离器　D. 惯性分离器

54. 旋转分离器的工作原理是利用(A，B，C)来分离烟气和颗粒。
A. 惯性　B. 离心力　C. 垂力　D. 摩擦力
55. 不同气流速度下，固体颗粒呈现不同的状态，分别是(A，B，C，D)、快速流化床状态。
A. 固定床　B. 鼓泡流化床　C. 湍流流化床　D. 气力输送
56. 烟气中污染物主要有(A，B，C，D)。
A. 氮氧化物　B. 硫氧化物　C. 一氧化碳　D. 粉尘
57. 造成回料阀堵塞的原因有(A，B，C，D)、燃料细颗粒比例太大等。
A. 回料阀故障　B. 回料管堵塞
C. 分离器内积灰、结焦　D. 返料风分配不合理
58. 回料装置的流化空气量减少的原因有(A，B，C，D)。
A. 回料阀堵塞　B. 空压风机跳闸
C. 回料烟气反窜　D. 回料风调节失误
59. 回料装置回料阀堵塞的现象有(A，B，C)，汽温、汽压、负荷均下降。
A. 回料阀高料位报警　B. 床压下降、床温上升
C. 回料阀温度上升　D. 回料阀调节失灵
60. CFB 锅炉容易发生耐火材料塌落部位有(A，B，C，D)。
A. 炉膛出口　B. 旋风分离器　C. 丁阀返料器　D. 冷渣器
61. 耐磨材料(A，B，C，D)低于金属材料。
A. 弹性　B. 抗拉强度
C. 抵抗热应力破坏能力　D. 抗热振性
62. 冷渣器第一室床温高的处理方法：(A，B，C，D)。
A. 减小或停止进渣
B. 在保证第一冷却室流化的基础上，适量关小第一冷却室流化风挡板
C. 适当提高一次风母管压力
D. 增加选择室流化风量

四、技能操作鉴定要素细目表

鉴定范围						鉴定点	
一级		二级		三级		代码	名称
代码	名称	代码	名称	代码	名称		
A	技能要求（通用模块）	A	工艺操作	A	启动前准备	001	润滑油的三级过滤操作
						002	锅炉投入底部加热操作
						003	空气压缩机启动前的检查
						004	转动设备启动前的检查
						005	离心泵启动前的检查
						006	引风机启动前的检查
						007	辅机设备试运转操作
						008	风机挡板的检查

续表

鉴定范围						鉴定点	
一级		二级		三级		代码	名称
代码	名称	代码	名称	代码	名称		
				B	启动操作	001	回转式空气预热器投入操作
						002	空气压缩机启动操作
						003	锅炉强制泵充水、投入操作
						004	锅炉除灰系统的启动操作
						005	锅炉燃油系统投入操作
				C	正常操作	001	锅炉燃油系统正常运行调整
						002	汽包水位的调整
						003	给水系统切换操作
						004	烟气脱硫(湿法)设备的运行调整
						005	电除尘运行中的调整
				D	停运操作	001	空气压缩机停止运行操作
						002	锅炉除灰系统停止运行操作
						003	锅炉燃油系统解列操作
						004	电除尘停止运行操作
		B	设备使用与维护	A	设备使用	001	锅炉底部排污操作
						002	就地水位计的冲洗操作
				B	设备维护	001	磨煤机润滑油系统运行维护
						002	风机运行中的维护
						003	安全阀故障处理
		C	事故判断与处理	A	事故判断	001	离心式风机窜轴分析
						002	阀门通流中断原因判断
						003	尾部受热面低温腐蚀原因判断、处理
						004	汽包应力产生的原因分析
				B	事故处理	001	脉冲安全阀不回座故障处理
						002	弹簧式安全阀不回座故障处理
						003	重锤式安全阀不回座故障处理
						004	水冷壁结焦的处理
						005	投入给水管道水击事故处理
						006	汽包水位计损坏事故处理
						007	回转式空气预热器故障处理
						008	锅炉省煤器损坏故障的处理
						009	燃油管爆破故障处理
						010	直流电源中断的处理

续表

鉴定范围						鉴定点	
一级		二级		三级		代码	名称
代码	名称	代码	名称	代码	名称		
		D	绘图与计算	A	绘图	001	图线的绘图方法
						002	绘制燃油系统图
						003	绘制锅炉吹灰系统图
						004	绘制主给水系统图
						005	绘制自然循环原理图
						006	绘制减温水二冲量原理图
						007	绘制静电除尘原理图
						008	绘制电厂生产过程示意图
B	技能要求（煤粉锅炉模块）	A	工艺操作	A	启动前准备	001	给煤机启动前的检查
						002	磨煤机润滑油系统启动前的检查
				B	启动操作	001	给煤机启动操作
						002	除渣设备的启动操作
				C	正常操作	001	磨煤机运行控制
						002	木头分离器的清理
				D	停运操作	001	中速磨煤机正常停运操作
						002	低速钢球磨给煤机正常停运
		B	设备使用与维护	A	设备使用	001	锁气器运行中的检查
						002	磨煤机润滑油系统过滤网切换操作
				B	设备维护	001	叶轮式给粉机加油
						002	锁气器重锤的调整
		C	事故判断与处理	A	事故判断	001	磨煤机出力下降原因分析
						002	一次风管泄漏判断
				B	事故处理	001	煤磨机断煤处理
						002	捞渣机故障处理
						003	旋风分离器堵塞处理
						004	磨煤机堵煤处理
						005	磨煤机跳闸故障处理
C	技能要求（CFB 锅炉模块）	A	工艺操作	A	启动前准备	001	石灰石系统启动前的检查
						002	输砂系统启动前的检查
						003	底渣系统启动前的检查
				B	启动操作	001	底渣系统投入操作
						002	飞灰再循环系统投入操作
						003	烟气再循环投入操作
						004	底渣系统（滚筒冷渣机系统）投入操作

续表

鉴定范围						鉴定点	
一级		二级		三级		代码	名称
代码	名称	代码	名称	代码	名称		
				C	正常操作	001	给煤量的控制
						002	石灰石投入量的控制
				D	停运操作	001	单台给煤机退出运行操作
		B	设备使用与维护	A	设备使用	001	仓泵的使用方法
						002	给煤机的加油和维护
				B	停运维护	001	风帽的检查
		C	事故判断与处理	A	事故判断	001	CFB锅炉熄火原因分析
				B	事故处理	001	床料流化故障处理
						002	飞灰仓泵输灰管堵塞处理
						003	飞灰仓泵进出口阀内漏处理
						004	旋转给料阀卡涩处理
						005	给煤机跳闸故障处理

五、技能操作试题

试题1：空气压缩机启动前的检查(现场模拟)

(考核时间：10min)

序号	考核内容	考核要点	配分	评分标准	检测结果	扣分	得分	备注
1	准备工作	穿戴劳保用品	3	未穿戴整齐扣3分				
		工具、用具准备	2	工具选择不正确扣2分				
2	检查内容	空气压缩机电源正常，电机接地线良好并可靠接地，地脚螺栓无松动及对轮的防护罩牢固；空气压缩机的油位正常，无泄漏现象，放油门关闭；空气压缩机各压力表、温度表完好并投入；投入空气压缩机的冷却水且畅通；开启各冷却器自动排水器前截门	70	未对控制系统进行检查扣9分				
				未对电动机进行检查扣9分				
				未对仪表系统进行检查扣9分				
				未对地脚螺丝进行检查扣9分				
				未检查对轮和防护罩扣9分				
				未检查润滑油扣7分				
				未检查热工仪表扣6分				
				未检查冷却水扣6分				
				未检查排水系统扣6分				
3	注意事项	空气压缩机检修工作已结束，工作票已注销	20	未确认检修人员退出现场扣10分				
				未收回所有检修工作票扣5分				
				未做好操作记录扣5分				

续表

序号	考核内容	考核要点	配分	评分标准	检测结果	扣分	得分	备注
4	使用工具	使用工具	2	工具使用不正确扣2分				
		维护工具	3	工具乱摆乱放扣3分				
5	安全及其他	按国家法规或企业规定		违规者停止操作，该题不得分			—	
		在规定时间内完成操作		超时停止操作，未完成的考核要点按评分标准扣分			—	
合　计			100					

试题2：离心泵启动前的检查(现场模拟)

(考核时间：15min)

序号	考核内容	考核要点	配分	评分标准	检测结果	扣分	得分	备注
1	准备工作	穿戴劳保用品	3	未穿戴整齐扣3分				
		工具、用具准备	2	工具选择不正确扣2分				
2	检查方法	水泵与电动机固定是否良好，螺栓有无松动或脱落	10	未检查水泵固定螺栓扣5分				
				未检查电动机固定螺栓扣5分				
		盘动靠背轮，水泵转子应转动灵活，内部无摩擦和撞击声	21	未盘车扣8分				
				未观察内部转动情况扣7分				
				盘车未做安全措施扣6分				
		检查各轴承的润滑是否充足	5	未检查轴承润滑油量扣5分				
		有轴承冷却水时，应检查冷却水是否畅通，水量适中	10	未检查冷却水扣7分				
				未调整冷却水流量扣3分				
		检查泵端填料的压紧情况，压盖不能太紧或太松，四周间隙应相等	5	未检查填料情况扣5分				
		检查水泵吸水池中水位在规定以上，滤网上无杂物	10	未检查水位扣5分				
				未检查滤网扣5分				
		检查水泵出、入口压力表是否完备，电动机电流表是否在零位	14	未检查压力表扣7分				
				未检查电流表扣7分				
		请电气人员检查有关配电设施，对电动机进行测量绝缘，合格后送动力和操作电源	10	未要求测量电动机绝缘扣5分				
				未要求送操作电源和动力电源扣5分				
		对于新安装或检修后的水泵，必须检查电动机转动的方向是否正确	5	未检验转动方向扣5分				

续表

序号	考核内容	考核要点	配分	评分标准	检测结果	扣分	得分	备注
3	使用工具	使用工具	2	工具使用不正确扣2分				
		维护工具	3	工具乱摆乱放扣3分				
4	安全及其他	按国家法规或企业规定		违规者停止操作，该题不得分			—	
		在规定时间内完成操作		超时停止操作，未完成的考核要点按评分标准扣分			—	
合　计			100					

试题3：引风机启动前的检查(现场模拟)

(考核时间：10min)

序号	考核内容	考核要点	配分	评分标准	检测结果	扣分	得分	备注
1	准备工作	穿戴劳保用品	3	未穿戴整齐扣3分				
		工具、用具准备	2	工具选择不正确扣2分				
2	引风机的检查	检查引风机、引风机电机、引风机轴承冷却风机及和引风机相连接的炉膛、空预器、电除尘和烟风道内部无检修工作票或检修工作结束，引风机启动命令下达或有引风机设备试转单	10	未确认所有检修工作结束扣4分				
				未收回所有检修工作票扣3分				
				未说明接受启动指令扣3分				
		检查炉膛、烟道、空气预热器、电除尘器内无人工作，烟风道内杂物清理干净，检查各检查门、人孔门关闭严密	10	未确认检修人员撤离现场扣5分				
				未确认烟道内杂物清理干净扣2分				
				未检查所有人孔、检查门扣3分				
		检查引风机入口导叶开度指示、引风机出口风压、炉膛负压表投入	11	未检查引风机导叶开度指示扣4分				
				未检查风压表扣4分				
				未检查炉膛负压表扣2分				
		检查引风机电机接线完整，接线盒安装牢固，电机和电缆的接地线完整并接地良好，电机冷却风道畅通，无杂物堵塞，引风机事故按钮完整	15	未检查电动机接线扣3分				
				未检查接地装置扣4分				
				未检查电动机冷却风道扣4分				
				未检查事故按钮扣4分				

续表

序号	考核内容	考核要点	配分	评分标准	检测结果	扣分	得分	备注
		引风机入口导向挡板传动良好，烟风系统各风门挡板传动正常	6	未检查风机导向挡板扣3分				
				未检查烟风系统的风门扣3分				
		检查引风机轴承冷却风机电机接线完整，电机接地线接地良好，冷却风机入口滤网无杂物，冷却风机固定支架和地脚安装牢固，对轮安全罩恢复，引风机冷却风机事故按钮完整	10	未检查轴承冷却风机电机扣3分				
				未检查冷却风机安全防护罩扣3分				
				未检查冷却风机事故按钮扣4分				
3	润滑油系统的检查	检查引风机电机轴承箱油位在1/3～2/3之间，通过油面镜观察油质透明，无乳化和杂质，油面镜上无水汽和水珠	8	未检查润滑油位扣4分				
				未检查润滑油质扣4分				
		检查引风机电机轴承润滑油站供油压力是否在规定范围内，轴承回油流量正常，润滑油箱油温在30～40℃之间	8	未检查供油压力扣4分				
				未检查回油温度和回油量扣4分				
		通过润滑油加油记录确认引风机轴承在加油期限内已加油	2	未检查定期加油点或未按规定对定期加油点加油扣2分				
		引风机供油系统运行正常	5	未确认供油系统正常扣5分				
4	相关设备的检查	检查引风机及电机平台、围栏完整，周围杂物清理干净，照明充足	2	此项未检查扣2分				
		检查完毕无异常，联系引风机、引风机轴承冷却风机送电	3	未联系送电扣3分				
5	使用工具	使用工具	2	工具使用不正确扣2分				
		维护工具	3	工具乱摆乱放扣3分				
6	安全及其他	按国家法规或企业规定		违规者停止操作，该题不得分			—	
		在规定时间内完成操作		超时停止操作，未完成的考核要点按评分标准扣分			—	
合计			100					

试题4：回转式空气预热器投入操作(现场模拟)

（考核时间：15min）

序号	考核内容	考核要点	配分	评分标准	检测结果	扣分	得分	备注
1	准备工作	穿戴劳保用品	3	未穿戴整齐扣3分				
		工具、用具准备	2	工具选择不正确扣2分				
2	检查	检查各人孔门、检查孔门应关闭严密	5	未检查人孔门和检查孔门扣5分				
		上、下轴承油箱油位达到规定值，油质良好，油箱严密不漏	10	未检查油箱油位扣4分				
				未检查油质扣3分				
				未检查油箱严密性扣3分				
		对于装有润滑油泵的系统，应启动一台油泵，并检查油压值和流量达到正常值	16	未启动润滑油泵进行系统检查扣4分				
				未检查油压扣4分				
				无法说明油压定值扣4分				
				未检查油量扣4分				
		投入上、下轴承冷却水	5	未投入冷却水扣5分				
		检查转动部分有无卡涩、撞击现象，转子运行平稳、声音正常，无问题后停止辅助电机运行	8	未检查转子扣3分				
				检查方法不正确扣3分				
				检查内容每漏一项扣2分				
3	启动操作	启动空气预热器辅助电机	12	未检查辅助电机扣3分				
				未检查转动部分扣3分				
				未试运行辅助转动设施扣3分				
				未检查试运情况扣3分				
		启动空气预热器主电机，预热器应运行平稳，无异常声响，电流在正常范围内，主辅电机离合器状态正常，辅助电机应处于停转状态	9	未启动主电机扣3分				
				启动后未进行检查扣3分				
				未确定辅助电机处于备用扣3分				
		将空气预热器推力轴承及导向轴承的油系统联锁投入自动，当油温>55℃时，油泵应自动启动；当油温<45℃时，油泵自动停止；油温>70℃时报警	20	未投入联锁扣4分				
				未确认油泵能自动投入运行扣4分				
				未确认油泵能自动停止运行扣4分				
				未确定报警系统正常扣4分				
				不能说明油温规定值扣4分				

续表

序号	考核内容	考核要点	配分	评分标准	检测结果	扣分	得分	备注
		锅炉撤油运行后，将空气预热器密封间隙自动控制系统投入自动	3	未投入密封间隙自动控制系统扣3分				
		启动空气预热器后，进行全面检查	2	未全面检查扣2分				
4	使用工具	使用工具	2	工具使用不正确扣2分				
		维护工具	3	工具乱摆乱放扣3分				
5	安全及其他	按国家法规或企业规定		违规者停止操作，该题不得分			—	
		在规定时间内完成操作		超时停止操作，未完成的考核要点按评分标准扣分			—	
合　计			100					

试题5：空气压缩机启动操作(现场模拟)

(考核时间：15min)

序号	考核内容	考核要点	配分	评分标准	检测结果	扣分	得分	备注
1	准备工作	穿戴劳保用品	3	未穿戴整齐扣3分				
		工具、用具准备	2	工具选择不正确扣2分				
2	启动前的检查	本体的检查	8	未检查地脚螺栓扣5分				
				未检查法兰螺栓扣3分				
		润滑油系统的检查	5	未检查油位扣3分				
				未检查油质扣2分				
		冷却水系统的检查	9	未检查一级冷却器的冷却水扣3分				
				未检查二级冷却器的冷却水扣3分				
				未控制冷却水压力扣3分				
		气水分离器和储气罐的检查	8	未放尽气水分离器积水扣5分				
				未对储气罐检查扣3分				
3	启动步骤	阀门操作和辅助设备投入	35	未打开空气压缩机出口排气阀扣6分				
				未关闭手动冷凝水排水阀扣6分				
				未关闭压缩机出口阀扣6分				
				未检查安全阀扣6分				
				未启动空气干燥机扣6分				
				未确定空气管路系统通畅扣5分				

续表

序号	考核内容	考核要点	配分	评分标准	检测结果	扣分	得分	备注
		启动操作	25	启动压缩机操作不正确扣5分				
				启动后未开启出口阀扣5分				
				未关闭出口排空阀扣5分				
				加负荷方法过快扣5分				
				正常后未进行全面检查扣5分				
4	使用工具	使用工具	2	工具使用不正确扣2分				
		维护工具	3	工具乱摆乱放扣3分				
5	安全及其他	按国家法规或企业规定		违规者停止操作，该题不得分			—	
		在规定时间内完成操作		超时停止操作，未完成的考核要点按评分标准扣分			—	
	合　计		100					

试题6：锅炉强制泵充水、投入操作(现场模拟)

（考核时间：15min）

序号	考核内容	考核要点	配分	评分标准	检测结果	扣分	得分	备注
1	准备工作	穿戴劳保用品	3	未穿戴整齐扣3分				
		工具、用具准备	2	工具选择不正确扣2分				
2	操作程序	强制循环泵的充水系统(根据具体系统图)	5	回答错误扣1~5分				
		利用低压水源对强制循环泵的充水操作；利用高压水源或锅充水升压泵进行充水操作	20	未进行充水操作扣10分				
				充水操作不正确扣2~5分				
				充水的水源不清楚扣5分				
				未使用除氧水扣5分				
		强制循环泵的启动，由运行人员按启动指令操作	15	未接操作指令操作扣8分				
				未准备操作票扣7分				
		开启入口电动门；就地开启出口门2~3圈；允许启泵条件满足时，启动泵运行；锅炉点火升压阶段，随锅炉压力的升高，锅水循环泵出口门逐渐开大，直至压力达5.0MPa时，出口门全开	50	未开启入口电动门扣8分				
				未操作出口门扣5分				
				出口门操作不正确扣6分				
				未确认启动条件是否满足就启动扣9分				
				满足条件后未启动泵扣5分				
				未监视锅炉压力扣6分				
				未调节出口门开度扣6分				
				不知道如何调整出口门开度扣5分				

续表

序号	考核内容	考核要点	配分	评分标准	检测结果	扣分	得分	备注
3	使用工具	使用工具	2	工具使用不正确扣 2 分				
		维护工具	3	工具乱摆乱放扣 3 分				
4	安全及其他	按国家法规或企业规定		违规者停止操作，该题不得分			—	
		在规定时间内完成操作		超时停止操作，未完成的考核要点按评分标准扣分			—	
合　　计			100					

试题 7：锅炉除灰系统的启动操作

（考核时间：15min）

序号	考核内容	考核要点	配分	评分标准	检测结果	扣分	得分	备注
1	准备工作	穿戴劳保用品	3	未穿戴整齐，扣 3 分				
		工具、用具准备	2	工具选择不正确，扣 2 分				
2	操作步骤	锅炉点火前，向捞渣机水槽内和水封注水至正常水位；检查搅拌器已具备投用条件，启动搅拌器运行；检查渣浆泵已具备投用条件，启动渣浆泵运行；检查碎渣机已具备投用条件，启动碎渣机运行；检查捞渣机已具备投用条件，启动捞渣机运行；投入除尘器水力除灰；开启灰沟喷嘴阀门	72	未向水槽注水扣 8 分				
				不清楚注水操作扣 10 分				
				水槽水量控制不当扣 3 分				
				水封注水方法不正确扣 3 分				
				未向水封注水扣 5 分				
				未检查搅拌器扣 3 分				
				未启动搅拌器扣 5 分				
				未检查渣浆泵扣 5 分				
				未启动渣浆泵扣 5 分				
				未检查碎渣机扣 5 分				
				未启动碎渣机扣 5 分				
				未检查捞渣机扣 5 分				
				未启动捞渣机扣 5 分				
				未开启喷嘴阀门扣 5 分				
3	操作程序	投入除灰系统前必须通知泵房；锅炉水封内应保持充足的水量；捞渣机注水量以锅炉运行可保持水温 50℃左右为宜；做好操作记录	20	联系工作不到位扣 10 分				
				无法说明水量控制条件扣 10 分				
			3	未做操作记录扣 3 分				

续表

序号	考核内容	考核要点	配分	评分标准	检测结果	扣分	得分	备注
4	安全及其他	按国家法规或企业规定		违规者停止操作，该题不得分			—	
		在规定时间内完成操作		超时停止操作，未完成的考核要点按评分标准扣分			—	
合　计			100					

试题 8：烟气脱硫(湿法)设备的运行调整(现场模拟)

(考核时间：20min)

序号	考核内容	考核要点	配分	评分标准	检测结果	扣分	得分	备注
1	准备工作	穿戴劳保用品	3	未穿戴整齐扣 3 分				
		工具、用具准备	2	工具选择不正确扣 2 分				
2	运行调整	注意事项	10	未监视参数和设备状况扣 2 分				
				未进行数据对比扣 2 分				
				未进行原因分析扣 2 分				
				备用设备没有定期启动扣 2 分				
				未对停用浆液设备进行冲洗扣 2 分				
		烟气系统运行调整	15	未使密封风压在 2.3~2.8kPa 左右扣 3 分				
				未使 FGD 进出口压差在 1100Pa 扣 3 分				
				未使增压风机进口负压 400Pa 扣 2 分				
				未使增压风机润滑油压力在 0.4~0.6kPa 扣 2 分				
				未投入风门密封风扣 2 分				
				投入风门密封风方法不正确扣 3 分				
		GGH 系统的运行调整	10	未使烟气压差值不大于 700Pa 扣 2 分				
				压差值大于 700Pa 未吹扫扣 2 分				
				吹扫方法不正确扣 2 分				
				运行中未监视转子转速扣 2 分				
				未保证吹灰器密封风机风压扣 2 分				

续表

序号	考核内容	考核要点	配分	评分标准	检测结果	扣分	得分	备注
		吸收系统的运行调整	27	未使 pH 值在 4.5～5 范围扣 4 分				
				未根据烟气量的变化投减浆液循环泵扣 3 分				
				未使石灰石浆液流量控制在规定范围扣 3 分				
				甲乙侧 pH 值偏差大未进行冲洗扣 3 分				
				氧化风机出口温度大于 120℃扣 3 分				
				未控制加湿水量扣 2 分				
				未控制吸收塔液位扣 2 分				
				未控制除雾器压差扣 2 分				
				未控制石膏浆液密度扣 2 分				
				一项指标控制方法不正确扣 3 分				
		石灰石浆液制备系统运行的调整	10	石灰石浆液密度超过 1150～1170kg/kg 范围扣 2 分				
				石灰石浆液池液位低于石灰石浆液泵自启液位扣 2 分				
				搅拌机没有投入运行扣 2 分				
				粉仓粉位大于总容量的 80% 扣 2 分				
				未控制石灰石粉颗粒度扣 2 分				
		石膏脱水系统运行的调整	8	浆液箱进口门联锁未投入扣 2 分				
				旋流站进口压力未调整扣 2 分				
				废水旋流站进口压力未调整在规定范围扣 2 分				
				脱水机真空度未控制在 50Pa 左右扣 2 分				

续表

序号	考核内容	考核要点	配分	评分标准	检测结果	扣分	得分	备注
		其他系统运行的调整	10	工艺水压力小于 $6kg/cm^2$ 扣 2 分				
				事故浆液池未排空扣 2 分				
				滤液水未按 3∶7 的比例配制扣 2 分				
				向吸收塔进液方法不正确扣 2 分				
				向石灰石浆液池进液方法不正确扣 2 分				
3	使用工具	使用工具	2	工具使用不正确扣 2 分				
		维护工具	3	工具乱摆乱放扣 3 分				
4	安全及其他	按国家法规或企业规定		违规者停止操作，该题不得分			—	
		在规定时间内完成操作		超时停止操作，未完成的考核要点按评分标准扣分			—	
		合 计	100					

试题 9：电除尘运行中的调整（现场模拟）

（考核时间：10min）

序号	考核内容	考核要点	配分	评分标准	检测结果	扣分	得分	备注
1	准备工作	穿戴劳保用品	3	未穿戴整齐扣 3 分				
		工具、用具准备	2	工具选择不正确扣 2 分				
2	操作程序	电场的调整	50	没有调整二次电压扣 10 分				
				调整二次电压方法不正确扣 10 分				
				没有调整二次电流扣 5 分				
				调整二次电流方法不正确扣 3 分				
				无法说明调整粉灰的比电阻途径扣 10 分				
				不会调整火花频率扣 5 分				
		其他设备运行的调整	40	不会调整振打频率扣 5 分				
				调整振打频率的方法不正确扣 8 分				
				没有调整绝缘瓷瓶温度扣 8 分				
				调整绝缘瓷瓶温度方法不正确扣 8 分				
				没有调整灰斗灰位高度扣 8 分				
				调整灰斗灰位高度方法不正确扣 8 分				

续表

序号	考核内容	考核要点	配分	评分标准	检测结果	扣分	得分	备注
3	使用工具	使用工具	2	工具使用不正确扣2分				
		维护工具	3	工具乱摆乱放扣3分				
4	安全及其他	按国家法规或企业规定		违规者停止操作，该题不得分			—	
		在规定时间内完成操作		超时停止操作，未完成的考核要点按评分标准扣分			—	
合计			100					

试题10：空气压缩机停止运行操作(现场模拟)

（考核时间：15min）

序号	考核内容	考核要点	配分	评分标准	检测结果	扣分	得分	备注
1	准备工作	穿戴劳保用品	3	未穿戴整齐扣3分				
		工具、用具准备	2	工具选择不正确扣2分				
2	操作程序	按下停机钮，压缩机卸载运行30s，然后停机	20	未按要求执行扣20分				
		当遇紧急情况需停机时，按下紧急停机按钮，压缩机停止运行，故障排除后再启动时，需逆时针方向旋转紧急停车按钮，解脱锁定状态	30	紧急情况没有迅速按下紧急停机按钮扣20分				
				恢复过程中没有解脱锁定状态扣10分				
		压缩机停运后，关闭排气出口阀，关闭冷却水进水阀，打开手动凝结水排水阀，旋开油过滤器一周，让压缩机卸压	10	压缩机停运后，没有关闭排气出口阀扣5分				
				压缩机没有及时卸压扣5分				
		正常运行中对非备用空气压缩机和停机检查或检修的空气压缩机，必须切断动力电源，挂“有人工作，禁止合闸”牌，并与公用系统隔断	30	未切断电源进行检查扣10分				
				设备检修没有挂禁动牌扣10分				
				没有采取隔断措施扣10分				
3	使用工具	使用工具	2	工具使用不正确扣2分				
		维护工具	3	工具乱摆乱放扣3分				

续表

序号	考核内容	考核要点	配分	评分标准	检测结果	扣分	得分	备注
4	安全及其他	按国家法规或企业规定		违规者停止操作，该题不得分			—	
		在规定时间内完成操作		超时停止操作，未完成的考核要点按评分标准扣分			—	
合　计			100					

试题 11：磨煤机润滑油系统运行维护(现场模拟)

（考核时间：15min）

序号	考核内容	考核要点	配分	评分标准	检测结果	扣分	得分	备注
1	准备工作	穿戴劳保用品	3	未穿戴整齐扣 3 分				
		工具、用具准备	2	工具选择不正确扣 2 分				
2	操作程序	运行中的检查情况：在规定值、回油量正常	50	未定时对油系统的运行情况进行检查扣 5 分				
				未检查呼吸阀扣 5 分				
				未检查滤油器出、入口压差扣 5 分				
				未检查油系统扣 5 分				
				未检查润滑油泵运行情况扣 5 分				
				未检查磨煤机扣 5 分				
				未检查油箱油位扣 5 分				
				未检查冷却水系统扣 5 分				
				未检查减速机润滑情况扣 5 分				
				未检查减速箱温度扣 5 分				
		运行中控制的内容	20	未控制油量扣 5 分				
				未控制润滑油压扣 5 分				
				冷油器出口油温未控制在 30～42℃扣 10 分				
		运行维护内容	20	未定时切换过滤器扣 5 分				
				未清洗堵塞的滤网扣 5 分				
				切换过滤器方法不正确扣 5 分				
				清洗过滤器方法不正确扣 5 分				

续表

序号	考核内容	考核要点	配分	评分标准	检测结果	扣分	得分	备注
3	使用工具	使用工具	2	工具使用不正确扣2分				
		维护工具	3	工具乱摆乱放扣3分				
4	安全及其他	按国家法规或企业规定		违规者停止操作，该题不得分			—	
		在规定时间内完成操作		超时停止操作，未完成的考核要点按评分标准扣分			—	
合计			100					

试题12：安全阀故障处理(现场模拟)

(考核时间：20min)

序号	考核内容	考核要点	配分	评分标准	检测结果	扣分	得分	备注
1	准备工作	穿戴劳保用品	5	未穿戴整齐扣5分				
2	安全阀故障原因	饱和蒸汽压力或过热汽压力超过动作压力，而安全阀拒动；安全门动作后降至回座压力，安全门不回座；未超过安全门动作压力，而安全门动作	15	迅速表达出安全阀故障原因，漏一项扣5分				
3	安全阀故障处理	当安全门拒动时，应立即将安全门强制开启(针对可控制安全阀)，打开对空排汽门，同时降低锅炉燃烧热负荷，降低蒸汽压力	20	未强制开启安全门扣4分				
				未打开对空排汽门扣4分				
				未降低锅炉燃烧热负荷扣4分				
				未降低蒸汽压力扣4分				
				单元制机组未联系汽轮机扣4分				
		当安全门动作后不回座，应强制回座，若脉冲安全门强制回座无效时，应将脉冲来汽门关闭，使其回座；当安全门全部失效或锅炉严重超压时，应立即停止锅炉运行	20	未采取有效的强制回座方法扣5分				
				强制回座方法不正确扣5分				
				当采取降压和远方回座仍不能恢复正常，而未现场处理扣5分				
				经处理无效，未紧急停炉扣5分				
		安全门误动时，解列自动，先强行回座，然后查明原因，予以消除	20	未解列自动扣5分				
				未强行回座扣5分				
				不知道处理扣10分				

续表

序号	考核内容	考核要点	配分	评分标准	检测结果	扣分	得分	备注
		注意事项	20	现象处理故障时未做好安全措施扣10分				
				未控制汽包水位扣5分				
				未做好详细记录扣5分				
4	安全及其他	按国家法规或企业规定		违规者停止操作，该题不得分			—	
		在规定时间内完成操作		超时停止操作，未完成的考核要点按评分标准扣分			—	
合计			100					

试题13：离心式风机窜轴分析(现场模拟)

(考核时间：10min)

序号	考核内容	考核要点	配分	评分标准	检测结果	扣分	得分	备注
1	准备工作	穿戴劳保用品	3	未穿戴整齐扣3分				
		工具、用具准备	2	工具选择不正确扣2分				
2	窜轴现象	轴承轴向振动增大；轴承座内有撞击声	20	未说明现象扣10分/项				
3	原因分析	轴承磨损、损坏；风机叶片磨损；轴颈与轴承配合间隙过大；轴定位套损坏；安装质量不合格	70	未分析一项扣14分				
4	使用工具	使用工具	2	工具使用不正确扣2分				
		维护工具	3	工具乱摆乱放扣3分				
5	安全及其他	按国家法规或企业规定		违规者停止操作，该题不得分			—	
		在规定时间内完成操作		超时停止操作，未完成的考核要点按评分标准扣分			—	
合计			100					

试题14：尾部受热面低温腐蚀原因判断、处理(现场模拟)

(考核时间：15min)

序号	考核内容	考核要点	配分	评分标准	检测结果	扣分	得分	备注
1	准备工作	穿戴劳保用品	3	未穿戴整齐扣3分				
		工具、用具准备	2	工具选择不正确扣2分				

续表

序号	考核内容	考核要点	配分	评分标准	检测结果	扣分	得分	备注
2	原因	烟气露点过高；管壁温过低；烟气硫酸蒸汽含量高	15	漏一项扣5分				
3	处理方法	提高尾部受热面金属壁的温	25	未控制排烟温度扣7分				
				未减少烟道漏风扣7分				
				未提高冷空气温度扣6分				
				未投入空气再循环扣5分				
		采用低氧燃烧方式	40	氧量过大或过小扣10分				
				不清楚过剩空气系数控制指标扣10分				
				不知道过剩空气系数来源扣10分				
				不会调整扣10分				
		采用降低露点或热制腐蚀的添加剂	5	不能说明扣5分				
		燃料脱硫	5	不能说明扣5分				
4	使用工具	使用工具	2	工具使用不正确扣2分				
		维护工具	3	工具乱摆乱放扣3分				
5	安全及其他	按国家法规或企业规定		违规者停止操作，该题不得分			—	
		在规定时间内完成操作		超时停止操作，未完成的考核要点按评分标准扣分			—	
合　计			100					

试题15：汽包应力产生的原因分析(笔试)

(考核时间：15min)

序号	考核内容	考核要点	配分	评分标准	检测结果	扣分	得分	备注
	分析内容	锅炉反上水时，由于上水水温高于汽包壁温造成汽包下壁温度高于上壁温度，使汽包下壁受轴向压应力，汽包上壁受轴向拉应力，汽包内壁温度高于外壁温度，汽包内壁受压应力，汽包外壁受拉应力	20	未分析此项扣20分				
				分析不到位扣3~10分				

续表

序号	考核内容	考核要点	配分	评分标准	检测结果	扣分	得分	备注
		锅炉点火时汽包上部与饱和蒸汽接触，对汽包壁属凝结放热，其对流换热系数大于饱和水对汽包下壁的放热系数，造成汽包下壁温度低于上壁温度，使汽包下壁受轴向拉应力，汽包上壁受轴向压应力，汽包内壁受压应力，汽包外壁受拉应力	30	未分析此项扣30分				
				分析不到位扣5~20分				
		锅炉停炉时汽包上部与饱和蒸汽接触，汽包壁对蒸汽属凝结放热，其对流换热系数小于汽包壁对饱和水的放热系数，造成汽包下壁温度低于上壁温度，使汽包下壁受轴向拉应力，汽包上壁受轴向压应力，汽包内壁受压应力，汽包外壁受拉应力	30	未分析此项扣30分				
				分析不到位扣5~20分				
		汽包内压力越高，汽包承受的机械应力越大	20	未分析此项扣20分				
				分析不到位扣3~10分				
合计			100					

试题16：脉冲安全阀不回座故障处理(现场模拟)

(考核时间：10min)

序号	考核内容	考核要点	配分	评分标准	检测结果	扣分	得分	备注
1	准备工作	穿戴劳保用品	3	未穿戴整齐扣3分				
		工具、用具准备	2	工具选择不正确扣2分				
2	操作程序	脉冲安全阀不回座时的处理	35	不打开对空排汽阀扣10分				
				未降低锅炉热负荷扣5分				
				未降低蒸汽压力扣10分				
				未监视汽包水位扣10分				
		强制回座操作	20	未远控回座操作扣10分				
				远控失败时未关闭来汽阀扣10分				
		安全阀采取措施后仍不回座的处理		不立即停炉该题不得分				

续表

序号	考核内容	考核要点	配分	评分标准	检测结果	扣分	得分	备注
		安全阀误动的处理	15	不解列自动扣5分				
				未强行回座扣5分				
				未查明原因并消除扣5分				
		汇报和记录	20	不做好操作记录扣3分				
				处理时不戴耳塞扣7分				
				不及时汇报扣10分				
3	使用工具	使用工具	2	工具使用不正确扣2分				
		维护工具	3	工具乱摆乱放扣3分				
4	安全及其他	按国家法规或企业规定		违规者停止操作，该题不得分			—	
		在规定时间内完成操作		超时停止操作，未完成的考核要点按评分标准扣分			—	
合　计			100					

试题17：弹簧式安全阀不回座故障处理(现场模拟)

(考核时间：15min)

序号	考核内容	考核要点	配分	评分标准	检测结果	扣分	得分	备注
1	准备工作	穿戴劳保用品	3	未穿戴整齐扣3分				
		工具、用具准备	2	工具选择不正确扣2分				
2	操作程序	弹簧安全阀不回座时的处理	30	不打开对空排汽阀扣10分				
				未降低锅炉热负荷扣10分				
				未降低蒸汽压力扣5分				
				未监视汽包水位扣5分				
		强制回座操作	20	活塞式未远控回座操作扣5分				
				远控失败时未现场拉动手柄扣5分				
				拉动手柄时未远方拉动扣5分				
				普通式未通知有关人员处理扣5分				
		安全阀采取措施后仍不回座的处理		不立即停炉该题不得分				
		安全阀误动的处理	20	未强行回座扣10分				
				未查明原因并消除扣10分				

续表

序号	考核内容	考核要点	配分	评分标准	检测结果	扣分	得分	备注
		汇报和记录	20	不做好操作记录扣 3 分				
				处理时不戴耳塞扣 7 分				
				不及时汇报的扣 10 分				
3	使用工具	使用工具	2	工具使用不正确扣 2 分				
		维护工具	3	工具乱摆乱放扣 3 分				
4	安全及其他	按国家法规或企业规定		违规者停止操作，该题不得分			—	
		在规定时间内完成操作		超时停止操作，未完成的考核要点按评分标准扣分			—	
合　计			100					

试题 18：重锤式安全阀不回座故障处理(现场模拟)

(考核时间：15min)

序号	考核内容	考核要点	配分	评分标准	检测结果	扣分	得分	备注
1	准备工作	穿戴劳保用品	3	未穿戴整齐扣 3 分				
		工具、用具准备	2	工具选择不正确扣 2 分				
2	操作程序	重锤式安全阀不回座时的处理	35	不打开对空排汽阀扣 10 分				
				未降低锅炉热负荷扣 10 分				
				未降低蒸汽压力扣 8 分				
				未监视汽包水位扣 7 分				
		强制回座操作	20	未远控回座操作扣 5 分				
				远控失败时未现场添加杠杆力扣 5 分				
				添加杠杆力时未做安全措施扣 5 分				
				上述处理无效时，未移动重锤扣 5 分				
		安全阀采取措施后仍不回座的处理		不申请停炉该题不得分				
		安全阀误动的处理	15	未强行回座扣 10 分				
				未查明原因并消除扣 5 分				
		汇报和记录	20	不做好操作记录扣 3 分				
				处理时不戴耳塞扣 7 分				
				不及时汇报的扣 10 分				

续表

序号	考核内容	考核要点	配分	评分标准	检测结果	扣分	得分	备注
3	使用工具	使用工具	2	工具使用不正确扣2分				
		维护工具	3	工具乱摆乱放扣3分				
4	安全及其他	按国家法规或企业规定		违规者停止操作，该题不得分			—	
		在规定时间内完成操作		超时停止操作，未完成的考核要点按评分标准扣分			—	
合　计			100					

试题19：水冷壁结焦的处理(现场模拟)

(考核时间：10min)

序号	考核内容	考核要点	配分	评分标准	检测结果	扣分	得分	备注
1	准备工作	穿戴劳保用品	3	未穿戴整齐扣3分				
		工具、用具准备	2	工具选择不正确扣2分				
2	操作程序	轻微结焦时的调整	30	不调整火焰中心位置扣10分				
				调整火焰中心位置方法不正确扣5分				
				未调整一次风温度扣5分				
				未对水冷壁吹灰扣5分				
				不及时清除结焦扣5分				
		严重结焦时的处理	30	未控制锅炉汽温扣5分				
				未控制汽压扣5分				
				不减负荷扣5分				
				未要求改变燃料配比扣5分				
				不请示停炉处理扣10分				
		人工除焦方法	30	不增大炉膛负压扣5分				
				不放置“正在打焦”示意牌扣5分				
				不配戴防护用品扣10分				
				打焦方法不正确扣5分				
				打焦时调整风量扣5分				
				打焦时调整燃料量扣5分				
3	使用工具	使用工具	2	工具使用不正确扣2分				
		维护工具	3	工具乱摆乱放扣3分				

续表

序号	考核内容	考核要点	配分	评分标准	检测结果	扣分	得分	备注
4	安全及其他	按国家法规或企业规定		违规者停止操作，该题不得分			—	
		在规定时间内完成操作		超时停止操作，未完成的考核要点按评分标准扣分			—	
合　计			100					

试题 20：回转式空气预热器故障处理(现场模拟)

（考核时间：15min）

序号	考核内容	考核要点	配分	评分标准	检测结果	扣分	得分	备注
1	准备工作	穿戴劳保用品	3	未穿戴整齐扣 3 分				
		工具、用具准备	2	工具选择不正确扣 2 分				
2	处理方法	空气预热器电流增大或大幅度波动的处理	35	未用听针检查轴向密封是否有杂音扣 3 分				
				未用听针检查径向密封是否有杂音扣 3 分				
				未用听针检查环向密封是否有杂音扣 3 分				
				未通知检修调整密封间隙扣 3 分				
				未检查轴承油位扣 3 分				
				未检查油质扣 3 分				
				未检查油温扣 3 分				
				未检查减速箱情况扣 3 分				
				未检查供油系统扣 3 分				
				经调整无效未降负荷扣 3 分				
				处理无效时，未停该侧空气预热器扣 3 分				
				未请示停炉扣 2 分				
		润滑油系统故障处理	20	未将联动开关拨到单独运行位置扣 3 分				
				未手动合备用油泵扣 3 分				
				未手动断跳闸油泵扣 3 分				
				油温超过规定值时未停该侧空气预热器扣 5 分				
				未汇报领导监视运行扣 3 分				
				当润滑油温超过规定值时未及时停空气预热器处理扣 3 分				

续表

序号	考核内容	考核要点	配分	评分标准	检测结果	扣分	得分	备注
		一台回转式空气预热器故障停运，而排烟温度超过限额，或两台回转式空气预热器故障停运，应按紧急停炉处理	30	无明显异常时，未及时合跳闸空预器扣5分				
				合闸失败未投盘车装置扣5分				
				若重合闸无效，应投入盘车装置，未及时投入盘车扣5分				
				未降低锅炉负荷扣5分				
				未控制排烟温度扣5分				
				排烟温度超过限额或两侧空预器停运未紧急停炉扣5分				
		及时汇报和做好记录	5	未汇报扣2分				
				未做好操作记录扣3分				
3	使用工具	使用工具	2	工具使用不正确扣2分				
		维护工具	3	工具乱摆乱放扣3分				
4	安全及其他	按国家法规或企业规定		违规者停止操作，该题不得分			—	
		在规定时间内完成操作		超时停止操作，未完成的考核要点按评分标准扣分			—	
合计			100					

试题21：锅炉省煤器损坏故障的处理（现场模拟）

（考核时间：15min）

序号	考核内容	考核要点	配分	评分标准	检测结果	扣分	得分	备注
1	准备工作	穿戴劳保用品	3	未穿戴整齐扣3分				
		工具、用具准备	2	工具选择不正确扣2分				
2	操作程序	损坏不严重时的处理	50	未降压运行扣6分				
				未降负荷运行扣6分				
				未监视水位扣6分				
				未申请停炉扣6分				
				停炉后未及时补水扣6分				
				停炉后未维持汽包水位扣5分				
				未关闭排污阀扣5分				
				未关闭放水阀扣5分				
				开启省煤器再循环门扣5分				

续表

序号	考核内容	考核要点	配分	评分标准	检测结果	扣分	得分	备注
		损坏严重时的处理	30	无法维持水位，未立即停炉扣10分				
				维持不了水位时，未停止上水扣10分				
				未保留一台吸风机运行扣10分				
		汇报和记录	10	未及时汇报扣5分				
				未做好操作记录扣3分				
3	使用工具	使用工具	2	工具使用不正确扣2分				
		维护工具	3	工具乱摆乱放扣3分				
4	安全及其他	按国家法规或企业规定		违规者停止操作，该题不得分			—	
		在规定时间内完成操作		超时停止操作，未完成的考核要点按评分标准扣分			—	
合计			100					

试题22：燃油管爆破故障处理(现场模拟)

（考核时间：15min）

序号	考核内容	考核要点	配分	评分标准	检测结果	扣分	得分	备注
1	准备工作	穿戴劳保用品	3	未穿戴整齐扣3分				
		工具、用具准备	2	工具选择不正确扣2分				
2	操作程序	燃油管泄漏，燃油压力突然下降的处理	20	未及时查出泄漏点扣10分				
				未及时进行隔离扣5分				
				未维护锅炉正常运行扣5分				
			30	未及时关闭燃油阀门扣5分				
				未及时切断油源扣10分				
				未尽量缩小隔绝扣5分				
				造成扩大事故扣10分				
		爆破处大量油喷出，接触热体后引起火警的处理	40	未迅速清理积油扣5分				
				未迅速隔绝燃油接触热体扣10分				
				未进行灭火扣10分				
				选用灭火器材不合理扣5分				
				未及时报火警扣5分				
				未汇报扣2分				
				未做好记录扣3分				

续表

序号	考核内容	考核要点	配分	评分标准	检测结果	扣分	得分	备注
3	使用工具	使用工具	2	工具使用不正确扣2分				
		维护工具	3	工具乱摆乱放扣3分				
4	安全及其他	按国家法规或企业规定		违规者停止操作，该题不得分			—	
		在规定时间内完成操作		超时停止操作，未完成的考核要点按评分标准扣分			—	
合　计			100					

试题23：直流电源中断的处理(现场模拟)

（考核时间：15min）

序号	考核内容	考核要点	配分	评分标准	检测结果	扣分	得分	备注
1	准备工作	穿戴劳保用品	3	未穿戴整齐扣3分				
		工具、用具准备	2	工具选择不正确扣2分				
2	事故处理	汇报值长联系热工、电气尽快恢复电源	15	未立即汇报扣5分				
				未联系电气人员扣5分				
				未联系热工人员扣5分				
		电源恢复前尽量减少操作，保持运行稳定	25	出现系统切换操作扣15分				
				进行负荷或燃烧的调整扣10分				
		如因直流电源中断造成各自动装置失灵应改为手动操作	20	未改为手动操作扣20分				
		如因直流电源中断造成灭火事故，按灭火处理	30	未按灭火处理扣30分				
3	使用工具	使用工具	2	工具使用不正确扣2分				
		维护工具	3	工具乱摆乱放扣3分				
4	安全及其他	按国家法规或企业规定		违规者停止操作，该题不得分			—	
		在规定时间内完成操作		超时停止操作，未完成的考核要点按评分标准扣分			—	
合　计			100					

试题24：图线的绘图方法(笔试)

（考核时间：15min）

序号	考核内容	考核要点	配分	评分标准	检测结果	扣分	得分	备注
1	准备工作	工具、用具准备	5	未自带工具扣5分				

续表

序号	考核内容	考核要点	配分	评分标准	检测结果	扣分	得分	备注
2	图示方法	管道的表示方法	60	主蒸汽管表示不正确扣6分				
				再热蒸汽管表示不正确扣6分				
				饱和蒸汽管表示不正确扣6分				
				给水管表示不正确扣6分				
				空气管表示不正确扣6分				
				排汽管表示不正确扣6分				
				排污管表示不正确扣6分				
				抽汽管表示不正确扣6分				
				疏水管表示不正确扣6分				
				凝结水管表示不正确扣6分				
		管线交叉或连接的表示方法	30	管道与管道连接表示法错误扣10分				
				管道与管道交叉但不相连表示法错误扣5分				
				管道与阀门连接表示法错误扣5分				
				阀门表达方法错误扣5分				
				箭头指示错误扣5分				
3	卷面	绘图卷面清晰，整洁	5	卷面不整洁扣5分				
		合　计	100					

试题25：绘制主给水系统图(笔试)

(考核时间：30min)

序号	考核内容	考核要点	配分	评分标准	检测结果	扣分	得分	备注
1	准备工作	工具、用具准备	5	未自带工具扣5分				
2	图示方法	工艺流程走向正确，排布合理	15	工艺流程画错一处扣5分				
				工艺流程走向画错一处扣5分				
				工艺流程排列不整齐扣5分				
		阀门、设备表示方法及位置表示正确	45	阀门位置错误扣3分/点				
				阀门名称错误扣3分/点				
				闸阀表示不正确扣5分				
				截止阀表示不正确扣5分				

续表

序号	考核内容	考核要点	配分	评分标准	检测结果	扣分	得分	备注
				止回阀表示不正确扣5分				
				调节阀表示不正确扣5分				
				电动(气动)阀门表示不正确扣5分				
		其他管道表示正确	15	疏水管道表示错误扣5分				
				空气管道表示错误扣5分				
				漏画疏水阀或空气阀扣3分/点				
		压力表、温度计、流量计表示正确	15	压力表表示错误扣5分				
				温度测点表示错误扣5分				
				流量测点表示错误扣5分				
3	卷面	绘图卷面清晰，整洁	5	卷面不整洁扣5分				
合　计			100					

试题26：绘制电厂生产过程示意图(笔试)

(考核时间：30min)

序号	考核内容	考核要点	配分	评分标准	检测结果	扣分	得分	备注
1	准备工作	工具、用具准备	5	未自带工具扣5分				
2	图示方法	示意图走向正确，排布合理	10	示意图流程走向画错一处扣5分				
				示意图排列不整齐扣5分				
		示意图内设备位置	55	锅炉位置不正确扣6分				
				汽轮机位置不正确扣6分				
				发电机位置不正确扣6分				
				凝汽器位置不正确扣3分				
				给水泵位置不正确扣6分				
				凝结水泵位置不正确扣5分				
				低压加热器位置不正确扣5分				
				高压加热器位置不正确扣5分				
				除氧器位置不正确扣6分				
				汽轮机抽汽位置不正确扣4分				
				循环水泵位置不正确扣3分				

续表

序号	考核内容	考核要点	配分	评分标准	检测结果	扣分	得分	备注
		主要设备表示方法和名称	20	锅炉表示方法不正确扣3分				
				汽轮机表示方法不正确扣3分				
				发电机表示方法不正确扣3分				
				水泵表示方法不正确扣2分				
				除氧器表示方法不正确扣3分				
				凝汽器表示方法不正确扣3分				
				介质名称不正确扣3分				
		管线表示方法	5	管线表示方法不正确扣5分				
3	卷面	绘图卷面清晰，整洁	5	卷面不整洁扣5分				
合　计			100					

试题27：磨煤机润滑油系统启动前的检查(现场模拟)

(考核时间：10min)

序号	考核内容	考核要点	配分	评分标准	检测结果	扣分	得分	备注
1	准备工作	穿戴劳保用品	3	未穿戴整齐扣3分				
		工具、用具准备	2	工具选择不正确扣2分				
2	操作程序	油位、油质的检查	12	未检查润滑油油质扣4分				
				未检查润滑油箱油位扣4分				
				未检查润滑油温度扣4分				
		设备的检查	21	未检查阀门开关位置扣3分				
				未检查滤油器扣3分				
				未检查冷却水扣3分				
				冷油器未处于备用状态扣3分				
				加热器未处于备用状态扣3分				
				油箱排污阀未关闭扣3分				
				未检查油泵扣3分				
		试验工作	16	未试验润滑油压力报警扣4分				
				未试验润滑油温报警扣4分				
				未试验温度自动控制系统扣4分				
				未试验油泵联锁扣4分				

续表

序号	考核内容	考核要点	配分	评分标准	检测结果	扣分	得分	备注
		电气、仪表设备的检查	11	未检查电动机扣3分				
				未检查电动机控制系统扣2分				
				未检查加热控制系统扣2分				
				未检查压力表、温度表扣2分				
				未检查照明扣2分				
		润滑油的启动操作	15	启动高压油泵方法不正确扣3分				
				启动低压油泵方法不正确扣3分				
				油泵启动后未检查大瓦润滑油扣3分				
				未检查磨煤机传动机构润滑油扣3分				
				未检查大瓦回油情况扣3分				
		磨煤机喷淋装置的投入操作	15	未检查喷淋装置完好扣4分				
				未启动喷淋装置扣4分				
				未检查喷油情况扣4分				
				未调整喷淋间隔时间扣3分				
3	使用工具	使用工具	2	工具使用不正确扣2分				
		维护工具	3	工具乱摆乱放扣3分				
4	安全及其他	按国家法规或企业规定		违规者停止操作，该题不得分			—	
		在规定时间内完成操作		超时停止操作，未完成的考核要点按评分标准扣分			—	
合计			100					

试题28：磨煤机运行出力的调整(钢球磨煤机)(现场操作)

(考核时间：15min)

序号	考核内容	考核要点	配分	评分标准	检测结果	扣分	得分	备注
1	准备工作	穿戴劳保用品	3	未穿戴整齐，扣3分				
		工具、用具准备	2	工具选择不正确，扣2分				
2	操作程序	磨煤机运行中风量的调整	50	未将磨煤机通风量调整到最佳位置扣6分				
				未根据磨煤机出口温度调整热、温风量扣6分				

续表

序号	考核内容	考核要点	配分	评分标准	检测结果	扣分	得分	备注
				未根据磨煤机进出口压差调整煤量扣6分				
				未根据制粉系统出力调整磨煤机的出力扣6分				
				未根据原煤水分调整磨煤机入口温度扣6分				
				磨煤机出口温度过低扣5分				
				磨煤机出口温度过高扣5分				
				磨煤机进出口压差值过大扣5分				
				磨煤机进出口压差值过小扣5分				
		磨煤机的入煤量和磨煤机研磨出力的调整	45	未根据原煤的工业成分调整煤粉细度扣10分				
				未根据磨煤机筒内钢球量添加钢球扣10分				
				未根据研磨出力下降提出筛选小钢球扣5分				
				未根据磨煤机电流控制给煤机给煤量扣10分				
				未根据原煤的可磨性调整给煤量扣10分				
3	安全及其他	应按操作规程进行操作		违规一次总分扣2分；严重违规者停止操作			—	
		在规定时间内完成操作		超时停止操作，未完成的考核要点按评分标准扣分			—	
合　计			100					

试题29：低速钢球磨给煤机正常停运操作(现场模拟)

(考核时间：20min)

序号	考核内容	考核要点	配分	评分标准	检测结果	扣分	得分	备注
1	准备工作	穿戴劳保用品	3	未穿戴整齐扣3分				
		工具、用具准备	2	工具选择不正确扣2分				

续表

序号	考核内容	考核要点	配分	评分标准	检测结果	扣分	得分	备注
2	操作程序	长期停止给煤机运行操作	55	未关闭给煤机进口闸门扣15分				
				未清空给煤机胶带上的煤扣15分				
				不停止给煤机运行扣15分				
				给煤机停运15min后未停磨煤机扣10分				
		短时间停止给煤机运行操作	35	未将给煤量调整到最低扣10分				
				停给煤机操作方法不正确扣10分				
				给煤机停运15min后未停磨煤机扣15分				
3	使用工具	使用工具	2	工具使用不正确扣2分				
		维护工具	3	工具乱摆乱放扣3分				
4	安全及其他	按国家法规或企业规定		违规者停止操作，该题不得分			—	
		在规定时间内完成操作		超时停止操作，未完成的考核要点按评分标准扣分			—	
合计			100					

试题30：磨煤机润滑油系统过滤网切换操作(现场操作)

(考核时间：15min)

序号	考核内容	考核要点	配分	评分标准	检测结果	扣分	得分	备注
1	准备工作	穿戴劳保用品	5	未穿戴整齐扣5分				
		工具、用具准备	5	工具选择不正确扣5分				
2	操作程序	检查并记录油压值	5	操作前未记录油压值扣5分				
		缓慢切换管路	20	操作过快扣20分				
		压力变化在规定范围内	25	未监视压力变化扣15分				
				不清楚压力规定值扣10分				
		切换完毕检查是否有泄漏	20	未检查系统扣20分				
		切换完毕后检查油压是否正常	20	操作后未记录油压值扣10分				
				未对比效果扣10分				
3	安全及其他	按国家法规或企业规定		违规者停止操作，该题不得分			—	
		在规定时间内完成操作		超时停止操作，未完成的考核要点按评分标准扣分			—	
合计			100					

试题31：磨煤机出力下降原因分析(现场模拟)

（考核时间：15min）

序号	考核内容	考核要点	配分	评分标准	检测结果	扣分	得分	备注
1	准备工作	穿戴劳保用品	5	未穿戴整齐扣5分				
2	磨煤机出力下降的分析	原煤分析	25	未对原煤颗粒度进行分析扣9分				
				未对原煤可磨性进行分析扣9分				
				未对原煤水分进行分析扣7分				
		磨煤机内工作状况分析	30	未对磨煤机钢球量进行分析扣10分				
				未对磨煤机内钢球尺寸比例进行分析扣10分				
				未对磨煤机内钢球质量进行分析扣10分				
		运行调节分析	40	未对通风出力进行分析扣10分				
				未对干燥出力进行分析扣10分				
				未对给煤量进行分析扣10分				
				未对煤粉细度进行分析扣10分				
3	安全及其他	按国家法规或企业规定		违规者停止操作，该题不得分			—	
		在规定时间内完成操作		超时停止操作，未完成的考核要点按评分标准扣分			—	
		合　计	100					

试题32：一次风管泄漏判断(现场模拟或笔试)

（考核时间：15min）

序号	考核内容	考核要点	配分	评分标准	检测结果	扣分	得分	备注
1	准备工作	穿戴劳保用品	5	未穿戴整齐扣5分				
2	检查与处理	一次风管泄漏时的检查	40	未现场检查一次风管扣10分				
				未现场检查喷嘴扣10分				
				未监视一次风压扣10分				
				未检查炉内燃烧状况扣10分				
		一次风管泄漏处理方法	55	未增加一次风量扣10分				
				未减少给粉量扣10分				
				未利用吹堵装置进行疏通扣10分				
				严重时，未退出该条一次风管运行扣10分				

续表

序号	考核内容	考核要点	配分	评分标准	检测结果	扣分	得分	备注
3	安全及其他	按国家法规或企业规定		违规者停止操作，该题不得分			—	
		在规定时间内完成操作		超时停止操作，未完成的考核要点按评分标准扣分			—	
合　计			100					

试题33：磨煤机断煤处理(现场模拟或笔试)

(考核时间：15min)

序号	考核内容	考核要点	配分	评分标准	检测结果	扣分	得分	备注
1	准备工作	穿戴劳保用品	5	未穿戴整齐扣5分				
2	断煤现象	参数变化，磨煤机声音变化	50	未说明磨煤机出口温度升高扣5分				
				未说明磨煤机电流先大后小扣5分				
				未说明磨煤机入口负压增大扣5分				
				未说明磨煤机压差减小扣5分				
				未说明制粉系统负压减小扣5分				
				未说明磨煤机钢球声音增大扣5分				
				未说明排粉机电流增大扣5分				
				未说明过热蒸汽温度升高后下降扣6分				
				未说明蒸汽压力下降扣5分				
				未说明烟气温度下降扣4分				
3	断煤原因	给煤机分析原煤分析	15	未分析给煤机故障扣3分				
				未分析原煤块过大造成给煤机无煤扣3分				
				未分析煤中有异物，使煤管堵塞扣3分				
				未分析原煤斗无煤扣3分				
				未分析原煤水分过大，使煤管堵塞扣3分				

续表

序号	考核内容	考核要点	配分	评分标准	检测结果	扣分	得分	备注
4	断煤的处理	疏通方法及注意事项	30	未敲打疏通煤管扣10分				
				原煤斗无煤时未通知上煤扣10分				
				处理给煤机故障时间较长时未停止磨煤机运行扣10分				
5	安全及其他	按国家法规或企业规定		违规者停止操作，该题不得分			—	
		在规定时间内完成操作		超时停止操作，未完成的考核要点按评分标准扣分			—	
合　计			100					

试题34：捞渣机故障处理(现场模拟)

（考核时间：40min）

序号	考核内容	考核要点	配分	评分标准	检测结果	扣分	得分	备注
1	准备工作	穿戴劳保用品	5	未穿戴整齐扣5分				
2	捞渣机故障现象	捞渣机故障；电动机故障；捞渣机联轴器打滑	21	漏一项扣7分				
3	捞渣机故障原因	大块焦或异物落下卡死；捞渣机磨损不匀，走偏而卡死；捞渣机链条断裂或皮带断裂、销子断裂；电气设备故障	28	漏分析一项扣7分				
4	捞渣机故障的处理	将大焦块或异物处理后重新启动；因机械故障，汇报值长，联系检修人员处理；若短时间不能恢复，应联系值长进行人工出渣或停煤全烧油	46	未对大焦块进行处理扣10分				
				人工处理时未调整炉膛负压扣14分				
				人工处理时调整燃烧扣14分				
				设备故障未及时通知检修扣5分				
				未做好详细记录扣3分				
5	安全及其他	按国家法规或企业规定		违规者停止操作，该题不得分			—	
		在规定时间内完成操作		超时停止操作，未完成的考核要点按评分标准扣分			—	
合　计			100					

试题35：旋风分离器堵塞处理(现场模拟)

（考核时间：15min）

序号	考核内容	考核要点	配分	评分标准	检测结果	扣分	得分	备注
1	准备工作	穿戴劳保用品	5	未穿戴整齐扣5分				
2	旋风分离器堵塞现象	制粉系统三次风带粉；旋风分离器入口负压变化；排粉机电流变化；粉位变化	30	未说明锅炉汽压升高扣5分				
				未说明锅炉汽温升高扣5分				
				未说明严重时安全阀会动作扣4分				
				未说明旋风分离器入口负压减少扣4分				
				未说明排粉机入口负压增大扣4分				
				未说明排粉机电流增大扣4分				
				未说明粉仓粉位下降扣4分				
3	旋风分离器堵塞原因	下粉管锁气器异常；运行中输粉机异常；粉仓粉位粉位；煤粉水分大	25	未分析下粉管锁气器脱落扣4分				
				未分析锁气器动作失常扣3分				
				未分析运行中输粉机跳闸扣3分				
				未分析送粉时导向挡板倒错位扣3分				
				未分析粉仓粉位过高扣4分				
				未分析煤粉水分大，沾在下粉管上造成堵塞扣3分				
				未分析煤粉筛堵塞扣5分				
4	旋风分离器堵塞的处理	堵塞的处理；运行的调整；粉仓粉位的调整；系统的控制	40	未检查筛子，取出杂物扣4分				
				严重时未立即停止给煤机扣3分				
				未关小排粉机入口挡板扣3分				
				未监视给粉机转速变化扣3分				
				未对炉内燃烧进行调整扣4分				
				未监视主蒸汽压力扣4分				
				未活动下粉管锁气器扣3分				
				未清理下粉管道扣3分				
				未敲打细粉分离器下粉管扣3分				

续表

序号	考核内容	考核要点	配分	评分标准	检测结果	扣分	得分	备注
				如粉仓满粉，未立即停止制粉系统扣4分				
				处理过程中未注意粉仓粉位扣3分				
				未做好操作记录扣3分				
5	安全及其他	按国家法规或企业规定		违规者停止操作，该题不得分			—	
		在规定时间内完成操作		超时停止操作，未完成的考核要点按评分标准扣分			—	
合　计			100					

试题36：底渣系统启动前的检查(现场模拟)

(考核时间：15min)

序号	考核内容	考核要点	配分	评分标准	检测结果	扣分	得分	备注
1	准备工作	穿戴劳保用品	3	未穿戴整齐扣3分				
		工具、用具准备	2	工具选择不正确扣2分				
2	系统检查	工具的使用；风机的检查；阀门开关位置	90	工具使用不规范扣5分				
				未确认所有检修人员退场扣5分				
				未收回工作票扣3分				
				未检查现场情况扣3分				
				未检查冷渣机扣5分				
				未确定冷渣机的筒体两端基本水平扣4分				
				未确定冷渣机无碰撞扣4分				
				未确定轴向定位导轮位置正确扣3分				
				未检查电机减速箱油位扣4分				
				未检查驱动链条润滑油扣4分				
				未检查筒体托轮润滑扣4分				
				未检查电气设备扣5分				
				未检查冷却水系统扣5分				
				未检查渣仓系统扣3分				
				未检查料位计指示扣3分				

续表

序号	考核内容	考核要点	配分	评分标准	检测结果	扣分	得分	备注
				未打开排渣阀吹扫风扣5分				
				未检查阀门开关位置扣5分				
				未检查仪表显示系统扣3分				
				未检查热工控制扣3分				
				未检查输送气系统扣5分				
				未检查管道支架扣3分				
				没检查保温扣3分				
3	使用工具	使用工具	2	工具使用不正确扣2分				
		维护工具	3	工具乱摆乱放扣3分				
4	安全及其他	按国家法规或企业规定		违规者停止操作，该题不得分			—	
		在规定时间内完成操作		超时停止操作，未完成的考核要点按评分标准扣分			—	
合计			100					

试题37：底渣系统投入操作(现场模拟)

（考核时间：15min）

序号	考核内容	考核要点	配分	评分标准	检测结果	扣分	得分	备注
1	准备工作	穿戴劳保用品	3	未穿戴整齐扣3分				
		工具、用具准备	2	工具选择不正确扣2分				
2	投入操作	风机启动及检查	16	工具使用不规范扣3分				
				风机启动前未检查扣5分				
				风机启动方法不正确扣5分				
				启动后没有再检查扣3分				
		操作正确性	74	启动前未向冷渣器注入床料扣5分				
				冷渣器加料时，未保持一定的流化风量扣5分				
				未按规定供给风室风量扣5分				
				未根据煤种变化改变风量扣4分				
				调整时造成二室风速高扣4分				
				调整时造成三室的风速高扣4分				

续表

序号	考核内容	考核要点	配分	评分标准	检测结果	扣分	得分	备注
				灰量多时未适当增加风扣4分				
				调整风量时未注意流化情况扣5分				
				未根据压差和温度调整排渣量扣4分				
				排渣速度过快扣5分				
				未投入自动排渣系统扣5分				
				不清楚粗灰的排放方法扣5分				
				未保持水冷管束的出口水温扣4分				
				未经常检查锥型阀扣5分				
				先开前级减渣器，后开后级冷渣器扣7分				
				未做好操作记录扣3分				
3	使用工具	使用工具	2	工具使用不正确扣2分				
		维护工具	3	工具乱摆乱放扣3分				
4	安全及其他	按国家法规或企业规定		违规者停止操作，该题不得分			—	
		在规定时间内完成操作		超时停止操作，未完成的考核要点按评分标准扣分			—	
		合　计	100					

试题38：飞灰再循环系统投入操作(现场模拟)

(考核时间：15min)

序号	考核内容	考核要点	配分	评分标准	检测结果	扣分	得分	备注
1	准备工作	穿戴劳保用品	3	未穿戴整齐扣3分				
		工具、用具准备	2	工具选择不正确扣2分				
2	投入操作	吹扫操作	90	未确认所有检修人员退场扣6分				
				未收回工作票扣5分				
				未检查现场情况扣5分				
				未吹扫输送管路扣5分				
				输送管路吹扫时间不够扣5分				

续表

序号	考核内容	考核要点	配分	评分标准	检测结果	扣分	得分	备注
		仓泵操作		不会吹扫操作扣10分				
				未打开仓泵排气阀进料阀扣5分				
				进料完毕后未关闭排气阀扣5分				
				进料完毕后未关闭进料阀扣5分				
				未开启仓泵一次气门扣5分				
				未开启二次气门扣5分				
				不清楚开气门后的压力规定值扣5分				
				未开启仓泵出料阀扣5分				
				仓泵压力逐渐下降到规定值，未关闭一二次气门扣5分				
				仓泵压力逐渐下降到规定值，未关闭出料阀扣5分				
		重复操作		未进行第二次吹扫输送管路扣3分				
				未投入自动出灰扣3分				
				未做好操作记录扣3分				
3	使用工具	使用工具	2	工具使用不正确扣2分				
		维护工具	3	工具乱摆乱放扣3分				
4	安全及其他	按国家法规或企业规定		违规者停止操作，该题不得分			—	
		在规定时间内完成操作		超时停止操作，未完成的考核要点按评分标准扣分			—	
合计			100					

试题39：烟气再循环系统投入操作(现场模拟)

(考核时间：35min)

序号	考核内容	考核要点	配分	评分标准	检测结果	扣分	得分	备注
1	准备工作	穿戴劳保用品	3	未穿戴整齐扣3分				
		工具、用具准备	2	工具选择不正确扣2分				

续表

序号	考核内容	考核要点	配分	评分标准	检测结果	扣分	得分	备注
2	系统检查	检查内容	20	未确认所有检修人员退场扣3分				
				未收回工作票扣3分				
				未检查现场情况扣3分				
				未检查烟气再循环风机扣3分				
				未检查烟气再循环系统管道扣3分				
				未检查相关烟道扣3分				
				未检查风门、挡板执行机构扣3分				
3	回至冷渣器	投入操作	35	投入前未联系扣3分				
				未开启烟道至再循环风机隔离门扣2分				
				未开启再循环风机扣3分				
				未监视风机电流、振动、温度扣3分				
				未开启风机出口门扣3分				
				未调整出口压力扣3分				
				不清楚调整出口压力扣3分				
				未缓慢开启再循环风机至冷渣器进风门扣3分				
				未关闭一次风机至冷渣器风门扣3分				
				调整风门时未监视炉膛压力扣3分				
				未调整一次风量扣3分				
				未监视床温和氧量扣3分				
4	回至炉膛	投入操作	35	投入前未联系扣3分				
				未做好投入后分量调节方案扣5分				
				未开启烟道至再循环风机隔离门扣3分				
				未开启再循环风机扣5分				
				未监视风机电流、振动、温度扣3分				
				未开启风机出口门扣3分				
				未调整出口压力扣2分				
				未缓慢开启再循环风机至炉膛进风门扣3分				
				调整风门时未监视炉膛压力扣3分				
				未对总风量进行调整扣3分				
				没有操作记录扣2分				

续表

序号	考核内容	考核要点	配分	评分标准	检测结果	扣分	得分	备注
5	使用工具	使用工具	2	工具使用不正确扣2分				
		维护工具	3	工具乱摆乱放扣3分				
6	安全及其他	按国家法规或企业规定		违规者停止操作，该题不得分			—	
		在规定时间内完成操作		超时停止操作，未完成的考核要点按评分标准扣分			—	
合　计			100					

试题40：底渣系统(滚筒冷渣机系统)投入操作(现场模拟)

(考核时间：20min)

序号	考核内容	考核要点	配分	评分标准	检测结果	扣分	得分	备注
1	准备工作	穿戴劳保用品	3	未穿戴整齐扣3分				
		工具、用具准备	2	工具选择不正确扣2分				
2	投入操作	系统检查	20	进口事故排渣门未关闭扣5分				
				出口事故排渣门未关闭扣5分				
				未关闭冷渣机排渣至底泵缓冲仓旁路门扣5分				
				未关闭排渣阀扣5分				
		操作正确性	70	未打开冷渣机的进口负压管手动门扣3分				
				未打开冷渣机的出口负压管手动门扣3分				
				未联系汽机扣4分				
				未投入冷渣机的冷却水扣3分				
				未启动升压泵扣4分				
				未调整冷渣机冷却水压力扣3分				
				未控制二室和三室风速扣6分				
				未调整流化风量扣4分				
				未投入渣仓的布袋除尘器扣3分				
				未投入输渣系统扣4分				
				未启动碎渣机扣4分				
				未启动冷渣机扣5分				
				未对冷渣机进行运行检查扣3分				
				未控制排渣量扣3分				
				控制排渣量方法不正确扣4分				
				未控制冷渣机的出口渣温扣3分				
				未监视渣仓料位扣2分				
				没有操作记录扣2分				

续表

序号	考核内容	考核要点	配分	评分标准	检测结果	扣分	得分	备注
3	使用工具	使用工具	2	工具使用不正确扣2分				
		维护工具	3	工具乱摆乱放扣3分				
4	安全及其他	按国家法规或企业规定		违规者停止操作，该题不得分			—	
		在规定时间内完成操作		超时停止操作，未完成的考核要点按评分标准扣分			—	
合计			100					

试题41：石灰石投入量的控制(现场模拟)

（考核时间：15min）

序号	考核内容	考核要点	配分	评分标准	检测结果	扣分	得分	备注
1	准备工作	穿戴劳保用品	3	未穿戴整齐扣3分				
		工具、用具准备	2	工具选择不正确扣2分				
2	石灰石投前的检查	风机的检查	8	未确认石灰石风机检修工作已结束扣3分				
				未确认相关系统检修工作已结束扣3分				
				未检查现场扣2分				
		石灰石的准备	5	未准备足够的石灰石料扣3分				
				未确认石灰石仓料位计正确扣2分				
		石灰石风机的启动	20	未检查石灰石风机扣3分				
				未全开风机出口门扣3分				
				未全开管道隔绝门扣2分				
				未确认没有联锁停机条件扣3分				
				未确认没有其他造成风机不能正常启动的因素扣2分				
				未启动石灰石风机扣4分				
				风机启动后未进行检查扣3分				
3	石灰石投入量的控制	石灰石给料机的投入	22	未开启石灰石仓出口挡板门扣5分				
				未启动石灰石给料机扣4分				
				未监视石灰石风机电流扣4分				
				未监视石灰石出口风压扣4分				
				不知道如何调整给料机扣5分				
		石灰石投入量的控制	35	启动前未根据床压值调整石灰石投入量扣10分				
				正常运行时未根据排放SO_2的浓度和床压调整石灰石量扣8分				
				床温高时减少石灰石扣5分				
				床温低时增加石灰石扣5分				
				未监视石灰石的颗粒度扣3分				

续表

序号	考核内容	考核要点	配分	评分标准	检测结果	扣分	得分	备注
				未达到经济脱硫效率扣1分				
				未做好详细记录扣3分				
4	使用工具	使用工具	2	工具使用不正确扣2分				
		维护工具	3	工具乱摆乱放扣3分				
5	安全及其他	按国家法规或企业规定		违规者停止操作，该题不得分			—	
		在规定时间内完成操作		超时停止操作，未完成的考核要点按评分标准扣分			—	
		合　计	100					

试题42：风帽的检查(现场模拟或笔试)

(考核时间：10min)

序号	考核内容	考核要点	配分	评分标准	检测结果	扣分	得分	备注
1	准备工作	穿戴劳保用品	3	未穿戴整齐扣3分				
		工具、用具准备	2	工具选择不正确扣2分				
2	风帽的检查	检查前必须完成的工作	15	未办理相关手续扣5分				
				未确认检修工作完毕扣3分				
				风帽检查前未确认符合进入炉膛的全部条件扣5分				
				未清理床料扣2分				
		检查方法	72	风帽未划区编号扣2分				
				未按区号进行检查扣7分				
				未检查风帽磨损情况扣8分				
				未疏通堵塞的风帽扣15分				
				未加固已松动的风帽扣7分				
				检查方法不正确扣10分				
				对有缺陷的风帽未要求更换扣7分				
				未详细记录有问题的风帽扣10分				
				没有提出改进或调整运行工况的具体措施扣6分				
3	检查结束	记录和资料汇编	3	检查没有记录扣3分				
4	使用工具	使用工具	2	工具使用不正确扣2分				
		维护工具	3	工具乱摆乱放扣3分				

续表

序号	考核内容	考核要点	配分	评分标准	检测结果	扣分	得分	备注
5	安全及其他	按国家法规或企业规定		违规者停止操作，该题不得分			—	
		在规定时间内完成操作		超时停止操作，未完成的考核要点按评分标准扣分			—	
合　计			100					

试题 43：CFB 锅炉熄火原因分析（现场模拟）

（考核时间：20min）

序号	考核内容	考核要点	配分	评分标准	检测结果	扣分	得分	备注
1	CFB 锅炉熄火现象	炉膛风压可能大幅变负。风机或给煤机跳闸/失电显示故障状态	10	未表明炉膛压力变化扣 2 分				
				未表明风机跳闸扣 3 分				
				未表明给煤机跳闸扣 3 分				
				未表明失电显示故障扣 2 分				
		床温、烟气温度快速下降，床压急剧下降，（炉内颗粒浓度大幅度下降）	10	未表明床温快速下降扣 3 分				
				未表明烟气温度快速下降扣 2 分				
				未表明床压急剧下降扣 3 分				
				未表明炉内颗粒浓度大幅度下降扣 2 分				
		炉膛内变暗，看不见火光，氧量指示迅速上升，蒸发量快速下降	6	未表明炉内变暗扣 2 分				
				未表明烟气氧量上升扣 2 分				
				未表明负荷快速下降扣 2 分				
		过热蒸汽及再热蒸汽温度、压力迅速下降	8	未表明过热蒸汽温度降低扣 2 分				
				未表明过热蒸汽压力降低扣 2 分				
				未表明再热蒸汽温度降低扣 2 分				
				未表明再热蒸汽压力降低扣 2 分				
		如果汽机数字电液控制系统（DEH）的功率回路未投，机组负荷迅速下降	5	未表明机组负荷迅速下降扣 5 分				
		若汽包水位自动装置未投，则水位先下降后上升	5	未表明汽包水位先下降后上升扣 5 分				

续表

序号	考核内容	考核要点	配分	评分标准	检测结果	扣分	得分	备注
2	CFB锅炉熄火原因	6kV或400V厂用电系统故障辅机失电，锅炉停运	4	未分析厂用电系统故障扣2分				
				未分析辅机失电原因扣2分				
		给煤机故障停运，运行人员未能及时发现，长时间断煤。床温降低又没投用床上或床下燃烧器助燃	6	未分析给煤机故障原因扣3分				
				未分析油燃烧器投入不及时原因扣3分				
		返料器返料异常，出现脉冲大量返料，当大量床料堆积在床层上面，造成正在燃烧的煤突然失去氧气而熄火	5	未分析返料器返料工作状况扣5分				
		运行人员调整不当，造成床温高，主燃料保护（MFT）动作	5	未分析运行调整情况扣5分				
		煤质变化(煤质灰分太大或挥发分和发热量降低)，运行人员未能及时调整	3	未对煤的灰分分析扣1分				
				未对煤的挥发分分析扣1分				
				未对煤的发热量分析扣1分				
		辅机故障跳闸，造成主燃料切除，保护动作	5	未分析锅炉保护动作扣5分				
		汽机、电气故障停机，机炉大联锁保护动作	7	未分析大联锁保护动作扣7分				
		炉膛内受热面爆管，锅水或蒸汽泄漏，造成床温急剧下降或炉膛压力剧烈变化造成“炉膛压力异常，MFT保护”动作	5	未分析炉受热面工作情况扣3分				
				未分析炉膛压力情况扣2分				
		有其他符合锅炉主燃料保护(MFT)动作的条件时，锅炉主燃料保护(MFT)动作	5	未分析其他因素使锅炉主燃料保护动作扣5分				
		点火过程中，油枪撤除过早造成床温下降，燃料加入过多使床温下降，造成熄火	5	未分析点火过程中的操作是否正确扣5分				
		排底渣失控，床层太薄造成床温过低熄火或底渣不能顺利排除，造成床层越来越高，出现压火熄火	6	未分析排底渣是否失控扣3分				
				未分析床层厚度扣3分				
合　计			100					

试题 44：床料流化故障处理(现场模拟)

（考核时间：20min）

序号	考核内容	考核要点	配分	评分标准	检测结果	扣分	得分	备注
1	准备工作	穿戴劳保用品	3	未穿戴整齐扣 3 分				
		工具、用具准备	2	工具选择不正确扣 2 分				
2	床料流化故障现象	一次风的变化	30	未说明一次风压力不正常升高或降低扣 3 分				
				未说明风箱各处压力偏差增大扣 3 分				
				未说明风箱压力大幅度波动扣 3 分				
				未说明一次风机出口风量变化扣 3 分				
		床温、床压的变化		未说明床压不正常升高或降低扣 3 分				
				未说明床温相差增大扣 3 分				
				未说明炉膛负压大幅波动扣 3 分				
		其他变化		未说明风机电流摆动扣 3 分				
				未说明飞灰含碳量增大扣 2 分				
				未说明严重时布风板结焦扣 2 分				
				未说明严重时旋风分离器结焦扣 2 分				
3	原因分析	事故原因分析的正确性	25	未分析一次风量过小扣 3 分				
				未分析排渣失控扣 3 分				
				未分析床层太薄扣 3 分				
				未分析调整幅度原因扣 3 分				
				未分析加煤量过大扣 3 分				
				未分析风帽磨损情况扣 2 分				
				未分析流化风不均匀扣 2 分				
				未分析布风板结焦情况扣 2 分				
				未分析旋风分离器工作情况扣 2 分				
				未分析返料机工作情况扣 2 分				

续表

序号	考核内容	考核要点	配分	评分标准	检测结果	扣分	得分	备注
4	故障处理	一次风量过小造成床料流化故障的处理	35	未调整一次风量扣3分				
				未监视含氧量扣3分				
				未监视床温扣3分				
		风帽磨损或堵塞引起床料流化故障的处理		未要求停炉处理扣3分				
		旋风分离器或返料机构故障使床料流化异常的处理		未调整高压风压力扣3分				
				未调整流化风量扣4分				
		布风板局部结焦，流化风布风不均匀造成床料流化故障的处理		调整无效时未停炉处理扣4分				
				未适当降低床压扣3分				
				未采取一次风脉动调整扣2分				
				无效时未要求停炉处理扣4分				
				未做好详细记录扣3分				
5	使用工具	使用工具	2	工具使用不正确扣2分				
		维护工具	3	工具乱摆乱放扣3分				
6	安全及其他	按国家法规或企业规定		违规者停止操作，该题不得分			—	
		在规定时间内完成操作		超时停止操作，未完成的考核要点按评分标准扣分			—	
	合　计		100					

试题45：飞灰仓泵输灰管堵塞处理(现场模拟)

(考核时间：20min)

序号	考核内容	考核要点	配分	评分标准	检测结果	扣分	得分	备注
1	准备工作	穿戴劳保用品	3	未穿戴整齐扣3分				
		工具、用具准备	2	工具选择不正确扣2分				
2	飞灰仓泵输灰管堵塞的现象	仓泵在输灰过程中压力突然上升；仓泵在开启出料阀的一瞬间压力突然下降后突然上升较大；在输灰过程中管道中有异声，敲击管道时有发闷的声音	15	未说明输灰时压力上升的突然性扣5分				
				未说明出料时压力突然下降然后上升扣5分				
				未说明管道内有异声扣5分				
3	飞灰仓泵输灰管堵塞处理	处理时仓泵的操作内容；管道吹扫操作	75	未停止该输送管道上所有仓泵扣9分				
				未打开吹扫门扣8分				
				未监视输灰管上的压力扣8分				

续表

序号	考核内容	考核要点	配分	评分标准	检测结果	扣分	得分	备注
				当吹扫不成功未开一次气门扣8分				
				当压力0.18MPa时未开二次气门扣6分				
				当压力0.28MPa时未开出料阀升至堵管压力扣6分				
				未关闭一、二次气门扣6分				
				未开仓泵排气阀向灰斗内泄压至零扣6分				
				未反复操作吹管扣6分				
				仍不能疏通，未将所有仓泵停止扣5分				
				未联系检修处理扣4分				
				未做好操作记录扣3分				
4	使用工具	使用工具	2	工具使用不正确扣2分				
		维护工具	3	工具乱摆乱放扣3分				
5	安全及其他	按国家法规或企业规定		违规者停止操作，该题不得分			—	
		在规定时间内完成操作		超时停止操作，未完成的考核要点按评分标准扣分			—	
		合　　计	100					

试题46：飞灰仓泵进出口阀内漏处理(现场模拟)

(考核时间：20min)

序号	考核内容	考核要点	配分	评分标准	检测结果	扣分	得分	备注
1	准备工作	穿戴劳保用品	3	未穿戴整齐扣3分				
		工具、用具准备	2	工具选择不正确扣2分				
2	飞灰仓泵进出口阀内漏的现象	进料阀或出料阀内漏时：仓泵在2min内无法升至0.2MPa，且出现升压时间长报警信号	16	未说明一定时间内无法升到规定压力扣3分				
				未说明有报警信号扣3分				
		进料阀内漏：①对应的灰斗内部积灰严重；②同一输送管道上的仓泵会出现输送过程中堵管现象的发生；③升压时进料管上有气流声，如出料阀后有气流声则是出料阀内漏		未说明灰斗内积灰扣3分				
				未说明堵管扣3分				
				未说明升压时进料管上有气流声扣2分				

续表

序号	考核内容	考核要点	配分	评分标准	检测结果	扣分	得分	备注
		出料阀内漏：同一输送管道上的仓泵在出灰时，该仓泵的压力会上升		未说明仓泵的压力会上升扣2分				
3	飞灰仓泵进出口阀内漏处理	进料阀内漏的处理	40	未将仓泵内灰输送完毕扣5分				
				未打开仓泵排气门泄压扣5分				
				未关闭进料闸板门扣5分				
				未检查出料阀扣5分				
				未关闭该仓泵电磁阀箱进气门扣5分				
				未把各阀门电源切断扣5分				
				未挂“危险”示意牌扣5分				
				未联系检修处理扣5分				
		出料阀内漏的处理	34	未将仓泵内灰输送完毕扣3分				
				未打开仓泵排气门泄压扣3分				
				未停止同一管道上其他仓泵运行扣5分				
				未关闭一、二次气门扣3分				
				未关闭截止阀扣3分				
				未关闭该仓泵电磁阀箱进气门扣5分				
				未把各阀门电源切断扣5分				
				未挂“危险”示意牌扣5分				
				未联系检修处理扣2分				
4	使用工具	使用工具	2	工具使用不正确扣2分				
		维护工具	3	工具乱摆乱放扣3分				
5	安全及其他	按国家法规或企业规定		违规者停止操作，该题不得分			—	
		在规定时间内完成操作		超时停止操作，未完成的考核要点按评分标准扣分			—	
合计			100					

试题 47：旋转给料阀卡涩处理(现场模拟)

(考核时间：20min)

序号	考核内容	考核要点	配分	评分标准	检测结果	扣分	得分	备注
1	准备工作	穿戴劳保用品	3	未穿戴整齐扣 3 分				
		工具、用具准备	2	工具选择不正确扣 2 分				
2	卡涩原因分析	旋转给料阀内有异物堵塞；旋转给料阀失去密封风或风压不足，使密封装置卡涩；旋转给料阀出口管堵塞，造成阀内排料不畅；给料阀阀瓣损坏	30	未分析给料阀异常扣 5 分				
				未分析密封风中断扣 5 分				
				未分析风压不足扣 5 分				
				未分析给料阀出口管堵塞扣 5 分				
				未分析给料阀阀瓣损坏扣 5 分				
				未分析运行维护不到位扣 5 分				
3	故障处理	停止给料阀运行，清除异物；查明原因进行消除；对相关参数进行调整	60	未停止给料阀扣 20 分				
				未清除异物扣 6 分				
				未调整密封风风压扣 6 分				
				未疏通管道扣 6 分				
				未疏通给料阀出口管道扣 6 分				
				给料阀损坏未停机处理扣 6 分				
				未调整正常给料阀给料量扣 10 分				
4	使用工具	使用工具	2	工具使用不正确扣 2 分				
		维护工具	3	工具乱摆乱放扣 3 分				
5	安全及其他	按国家法规或企业规定		违规者停止操作，该题不得分			—	
		在规定时间内完成操作		超时停止操作，未完成的考核要点按评分标准扣分			—	
合　计			100					

试题 48：给煤机跳闸故障处理(现场模拟)

(考核时间：15min)

序号	考核内容	考核要点	配分	评分标准	检测结果	扣分	得分	备注
1	准备工作	穿戴劳保用品	3	未穿戴整齐扣 3 分				
		工具、用具准备	2	工具选择不正确扣 2 分				

续表

序号	考核内容	考核要点	配分	评分标准	检测结果	扣分	得分	备注
2	跳闸后现象分析	跳闸给煤机流量显示为0，DCS画面显示故障状态；锅炉氧量上升，（给煤自动没有投用），蒸发量下降；给煤自动投用时，其他运行给煤机根据给煤总量自行增加	15	未说明跳闸给煤机流量变化扣3分				
				未说明DCS画面显示状态扣3分				
				未说明氧量上升扣3分				
				未说明负荷下降扣3分				
				未说明自动时其他给煤机变化扣3分				
3	原因分析	厂用电系统故障；给煤机失电跳闸；给煤机电机故障；给煤机机械故障；给煤机接受错误信号跳闸；给煤机断煤	30	漏分析一项扣5分				
4	处理操作	及时试投一次；进行风量、煤料的调整；相关参数的控制；负荷的调配；事故原因的查找	45	未试投一次扣4分				
				未调整运行给煤机给煤量扣5分				
				燃烧不稳未投油助燃扣5分				
				未调整风量扣5分				
				未调整汽温扣5分				
				未调整床温扣5分				
				未控制水位扣5分				
				煤量不能满足时，未要求降低负荷扣4分				
				未查明原因扣4分				
				未做好详细记录扣3分				
5	使用工具	使用工具	2	工具使用不正确扣2分				
		维护工具	3	工具乱摆乱放扣3分				
6	安全及其他	按国家法规或企业规定		违规者停止操作，该题不得分			—	
		在规定时间内完成操作		超时停止操作，未完成的考核要点按评分标准扣分			—	
合　计			100					

第二部分

高级工

一、石油石化职业资格等级标准(高级工工作要求)

职业功能	工作内容	技能要求	相关知识
一、工艺操作	(一)锅炉启动前的准备	1. 能进行调节阀门的试验 2. 能对检修后的电动阀门验收 3. 能进行风机动态试验的操作 4. 能进行锅炉水压试验操作 5. 能完成燃料准备工作 6. 能完成压缩风等物料的准备工作 7. 能与仪控人员进行各种热工仪表的试验 8. 能根据锅炉金属温度差控制锅炉上水速度	1. 锅炉启动过程中的热紧水位计螺丝方法 2. 给水调节阀门最大和最小流量的整定 3. 电动阀门的行程调整 4. 破碎机破碎颗粒度的调整
	(二)锅炉启动操作	1. 能在锅炉启动时减缓锅炉热应力的产生 2. 能完成锅炉启动的指挥工作 3. 能试验、投入和切换锅炉工艺联锁 4. 能投入除尘器运行并进行一、二次电流，电压及闪络间隙的调整 5. 根据灰渣水量调整渣浆泵运行工况 6. 能完成机组滑参数启动全部操作 7. 能完成锅炉定参数启动后的并汽协调、指挥和全程操作 8. 能控制升压速度，使受热面受热均匀 9. 能对锅炉汽包进行保护 10. 能进行锅炉冷态启动全过程的操作 11. 能进行锅炉热态下的启动操作 12. 能进行滑参数启动全过程操作 13. 能进行定参数启动全过程操作 14. 能进行锅炉的并汽操作	1. 能达到参与事故预案编写的能力 2. 锅水取样及指标 3. 蒸汽取样及指标 4. 能区分热力应力和机械应力 5. 锅炉联锁关联 6. 除尘器的除尘效率调整 7. 汽轮机暖、冲、带负荷对蒸汽的要求 8. 锅炉并汽注意事项 9. 清洁生产基本知识
	(三)锅炉正常操作	1. 能对连排扩容器进行运行调整 2. 能优化母管制锅炉运行方式 3. 能投入脱硫设备并对脱硫介质合理配比 4. 能处理外扰引起的工艺参数波动 5. 能处理燃料性质变动而引起的工艺参数波动 6. 能根据汽轮机负荷调整锅炉运行工艺 7. 能根据燃料性质和锅炉负荷情况，经济调整锅炉用电量 8. 能投入 FSSS 保护系统 9. 能进行锅炉经济运行调节	1. 锅炉主蒸汽压力高低与电厂经济效率 2. 锅炉主蒸汽温度高低与电厂经济效率 3. 电动机的运行维护 4. 锅炉蒸汽品质与汽轮机运行的关系 5. 灰渣特性和熔融性 6. 灰污和结渣时锅炉的调整

续表

职业功能	工作内容	技能要求	相关知识
	(四)锅炉停运操作	1. 能在锅炉降压过程中减缓热应力的产生 2. 能对准备大修的锅炉进行停炉操作 3. 能在汽包热应力过大时进行调整的操作 4. 能对过热器进行保护操作 5. 能根据停炉性质填写停炉操作票，并调整好设备的运行方式 6. 能做好停炉前表计校对工作 7. 能做好设备的全面检查工作，发现设备缺陷，以便消除 8. 能根据机组滑参数停炉曲线要求逐渐降低温度和压力 9. 能完成滑参数停炉全过程操作 10. 能完成定参数停炉全过程操作	1. 锅炉降温、降压曲线的规定 2. 大修前设备的安全措施 3. 厂用电配电间的分段与锅炉关系 4. 锅炉大修停炉对燃料设备的要求 5. 锅炉大修停炉对承压设备的要求 6. 锅炉大修隔离措施 7. 热力工作票的填写 8. 汽轮机停机对蒸汽的要求 9. 显示仪表误差值的判断 10. 流量计一次仪表的退出操作
二、设备使用与维护	(一)设备的使用	1. 能调整锅炉蒸汽品质和蒸汽净化 2. 能调整锅炉锅水品质 3. 能在锅炉运行中合理控制 NO_x 的生成 4. 能在锅炉运行中减少锅炉受热面的腐蚀 5. 能在锅炉运行中减少锅炉受热面的磨损 6. 能完成常规仪表的质量评定 7. 能对自动控制系统进行合理调整 8. 能操作 DCS 系统 9. 做到 NO_x 的排放控制	1. NO_x 的形成机理和影响因素 2. 烟气脱硫操作 3. 三冲量工作过程 4. 两冲量工作过程 5. 能书写记录、填写报表、审查(检查)作业安全条件 6. 能做好其他岗位，合理调整锅炉运行指标 7. 能调整本装置的主要运行指标
	(二)运行设备的维护	1. 能在锅炉运行中解列水位计检修 2. 能在锅炉运行中退出减温器运行 3. 能根据设备运行情况提出维护措施	1. 电子仪器的一般功能和基本原理 2. 电子仪器操作方法和注意事项 3. 换热器运行中的维护
	(三)停运设备的维护	1. 能运用锅炉转动设备检修质量标准 2. 能完成系统隔离工作 3. 能完成一般设备和管线交出检修前的安全确认工作	1. 管道的检验内容 2. 设备检修质量标准 3. 保养质量检验 4. 省煤器防磨板的检查 5. 空气预热器防磨套的检查
三、事故判断与处理	(一)判断事故	1. 能判断各类仪表一般故障 2. 能根据蒸汽参数和蒸汽品质判断产品质量事故 3. 能根据锅炉设备各部位监测数据判断设备故障 4. 能根据电气设备的检测数据判断电气设备故障	1. 锅炉事故的类型和危害 2. 事故调查程序 3. 安全生产管理制度和内容 4. 事故等级分类标准

续表

职业功能	工作内容	技能要求	相关知识
	（二）处理事故	1. 能处理减温器喷嘴堵塞 2. 能提出消除故障隐患的建议 3. 能根据事故发生的原因，提出预防和处理措施，以及做好事故预想 4. 能处理燃烧事故，并能提出防范措施 5. 能处理受热面损坏事故 6. 能处理燃料系统事故 7. 能处理厂用电系统事故 8. 能处理安全阀误动作或不动作事故 9. 锅炉直流电中断处理 10. 炼油和化工装置事故与供汽量突减的处理	1. 锅炉事故的预测 2. 锅炉事故的分析方法 3. 锅炉事故处理的原则 4. 厂用电系统一般事故 5. 锅炉报警联锁值 6. 锅炉直流电系统的分布 7. 供热、发电异常与锅炉负荷的关系
四、绘图与计算	（一）绘图	1. 能绘锅炉汽水系统图 2. 能绘锅炉燃烧系统图 3. 能绘出本厂锅炉本体的原理图 4. 能绘制简单三视图 5. 能识读设备简单装配图	1. 锅炉本体结构 2. 电厂生产系统 3. 热力系统图
	（二）计算	1. 能利用反平衡方法计算锅炉热效率 2. 能计算锅炉厂用电耗 3. 能计算制粉电耗	1. 锅炉净效率计算方法 2. T–S 图与电厂经济指标关系
五、培训与指导	1. 能进行本专业技术指导 2. 能对中级工和其他辅助岗位进行技术交流和传授经验 3. 能根据班组情况编写班组人员培训大纲，并组织实施 4. 能指导实习人员进行实际操作或模拟操作		1. 相关工种技术辅导 2. 开展导师带徒

二、理论知识鉴定要素细目表

鉴定范围						鉴定点		
一级		二级		三级		代码	名称	重要程度
代码	名称	代码	名称	代码	名称			
A	基本要求	B	基础知识	A	记录填写基础知识	001	班组交接记录的填写要求	X
						002	班组安全活动记录填写要求	X
				B	识图基础知识	001	剖视图知识	Y
						002	断面图知识	X
						003	电力锅炉设备图表示方法	X
						004	零件图的内容	Z

续表

鉴定范围						鉴定点		
一级		二级		三级		代码	名称	重要程度
代码	名称	代码	名称	代码	名称			
				C	安全环保基础知识	001	清洁生产审计的程序	X
						002	HSE 管理体系文件架构	X
						003	ISO 14001 环境管理体系的组成要素	X
						004	ISO 14000 系列标准的指导思想	X
						005	ISO 14001 环境管理体系的运行模式	X
						006	防尘防毒的技术措施	Y
						007	防尘防毒的管理措施	Y
						008	国家劳动安全卫生管理体制职责划分的内容	X
						009	ISO 14001 环境管理体系建立的步骤	Y
						010	HSE 危害识别	X
						011	HSE 风险评价的概念	X
						012	HSE 风险评价的目的	X
				D	质量基础知识	001	电力产品质量内容	X
						002	ISO 9001 标准质量管理审核的特点	X
						003	ISO 9000 族标准第一、第二、第三方审核的区别	X
						004	质量统计直方图	Y
						005	质量统计排列图	Y
						006	质量统计因果图	Y
						007	质量统计控制图	Y
						008	电力产品质量指标	X
				E	计算机基础知识	001	Word 绘图	X
						002	Excel 公式与函数的运用	X
						003	Excel 数据的简单分析与管理	Y
						004	Excel 简单的图表处理	Y
				F	生产管理	001	班组的管理	X
						002	班组的成本核算	X
				G	编写技术文件	001	总结的格式	Y
						002	报告的格式	Y
						003	请示的格式	Z

续表

鉴定范围						鉴定点		
一级		二级		三级		代码	名称	重要程度
代码	名称	代码	名称	代码	名称			
				H	流体力学基础知识	001	流体阻力	X
						002	流体的物理性质	Y
						003	连通器原理	X
						004	流体动力学的基本概念	X
				I	工程热力学基础知识	001	压力的概念	X
						002	水蒸气的形成过程	X
						003	气体比热容	X
						004	气体的比体积	Y
						005	汽化的概念	X
				J	机械工程基础知识	001	齿轮泵的工作原理	Y
						002	液力偶合器作用	X
						003	液力偶合器	X
						004	压力容器	X
						005	水泵并联运行的意义	Y
						006	水泵串联运行的意义	Y
				K	金属材料基本知识	001	蠕变	Y
						002	持久强度	Z
						003	汽包钢材的性能	Y
						004	锅炉钢管的基本要求	X
				L	热工仪表及自动装置	001	测量误差的定义	Z
						002	温度、湿度和灰尘对控制系统的影响	X
						003	分散控制系统应用范围	Y
						004	热电偶温度计的结构	X
						005	铂热电阻原理	X
						006	温度测量设备一般故障分析	X
						007	氧化锆技术特点	X
						008	飞灰含碳量一般故障分析	X
						009	压差变送器工作原理	X
						010	双波纹管差压计的投入操作	Y
						011	差压水位计	X
						012	电动执行机构	X

续表

鉴定范围						鉴定点		
一级		二级		三级		代码	名称	重要程度
代码	名称	代码	名称	代码	名称			
				M	计量基础知识	001	法定计量单位的组成	X
						002	计量器具的概念	X
						003	计量器具一般管理知识	X
						004	计量器具的检验内容	Y
						005	量值传递过程	X
				N	电厂生产过程	001	朗肯循环	Y
						002	朗肯循环的组成	Y
						003	提高朗肯循环的方法	X
				O	汽轮机基础知识	001	凝汽设备组成	X
						002	除氧器除氧过程	X
						003	低压加热器结构	Z
						004	高压加热器结构	Y
						005	低压加热器运行参数	X
						006	高压加热器运行参数	X
				P	电厂化学处理	001	离子交换	X
						002	反渗透工作原理	X
				Q	电厂集控运行	001	单元制机组锅炉结构特点	X
						002	母管制机组锅炉结构特点	X
				R	电气基础知识	001	欧姆定律	X
						002	物体的导电性能	X
						003	电阻的串联电路	X
						004	电阻的并联电路	X
						005	电流	X
						006	电压	Y
						007	电阻的计算	Y
						008	电功率	Z
						009	正弦交流电的性质	Y
						010	电气设备	Y
						011	周期与频率	X

续表

鉴定范围						鉴定点		
一级		二级		三级		代码	名称	重要程度
代码	名称	代码	名称	代码	名称			
B	本专业知识	A	工艺操作	A	启动前准备	001	回转式空气预热器启动检查	X
						002	强制循环泵启动前的检查	X
						003	燃油系统的投入操作	X
						004	阀门验收具体要求	Y
						005	调节阀门试验步骤	X
						006	水压试验方法	X
						007	锅炉启动前应做的准备工作	X
						008	锅炉底部加热的意义	X
						009	锅炉底部加热时注意事项	X
						010	锅炉点火前热工保护投入项目	X
						011	锅炉转动机械试运行合格标准	X
						012	转动设备检修后的验收	X
						013	大小修后运行人员验收的重点内容	X
						014	灭火保护试验	X
						015	调节阀死程判断和标准	Y
				B	启动操作	001	锅炉并汽时应注意的事项	X
						002	锅炉并汽操作	X
						003	安全阀的整定与校验方法	X
						004	过热器、再热器的保护措施	X
						005	省煤器的保护措施	X
						006	水冷壁的保护措施	X
						007	汽包的保护措施	X
						008	点火初期投入油燃烧器注意事项	X
						009	锅炉点火后注意的工作	X
						010	锅炉升温速度的控制	X
						011	锅炉启动过程洗硅目的	Z
						012	防止锅炉启动过程中烟色劣化的方法	Y
						013	自然循环锅炉冷态启动注意事项	X
						014	自然循环锅炉热态启动注意事项	X
						015	回转式空气预热器启动步骤	X
						016	循环水泵启动步骤	X
						017	仓泵的工作过程	X

续表

鉴定范围						鉴定点		
一级		二级		三级		代码	名称	重要程度
代码	名称	代码	名称	代码	名称			
						001	炭粒子的的燃烧过程	X
						002	燃料的焦结性	X
						003	煤的燃烧特性	X
						004	化学燃烧速度	X
						005	影响化学燃烧速度的主要因素	X
						006	物质着火的重要依据	X
						007	火焰的传播	X
						008	燃料燃烧过程的化学反应	X
						009	燃料成分对锅炉工作的影响	X
						010	燃料成分的基准	X
						011	重油的特性指标	X
						012	柴油的质量指标	X
						013	气体燃料燃烧过程	X
						014	液体燃料燃烧过程	X
						015	燃油的黏度	Y
				C	正常操作	016	燃油的物理特性	Z
						017	燃油进行雾化的意义	X
						018	提高朗肯循环效率的途径	X
						019	离心式风机负荷调节方法	X
						020	风机的特性基本参数	Y
						021	回转式空气预热器监视内容	Y
						022	蒸汽含盐量与蒸汽带水的关系	X
						023	炉膛漏风对锅炉运行的影响	X
						024	烟道漏风对锅炉运行的影响	X
						025	烟气侧影响汽温的因素	X
						026	再热蒸汽温度的调节方法	X
						027	锅炉受热面的烟气腐蚀	X
						028	风量变化对汽包锅炉的影响	X
						029	锅炉负荷的调节方法	X
						030	主蒸汽压力的调节方法	X
						031	主蒸汽温度的调节方法	X

续表

鉴定范围						鉴定点		
一级		二级		三级		代码	名称	重要程度
代码	名称	代码	名称	代码	名称			
						032	影响雾化质量的因素	X
						033	调风的基本原则	X
						034	汽包水位的调节方法	X
						035	提高锅炉效率的方法	X
						036	提高蒸汽品质的方法	X
						037	运行中过剩空气系数的确定	X
						038	轴流式风机负荷调节机构的组成	Y
						039	改变火焰中心位置的调整方法	X
						040	烟气侧汽温调节方法	X
						041	降低排烟热损失的途径	X
						042	火焰的稳定条件	X
						043	挥发分与锅炉运行关系	X
						044	引起散热损失的因素	X
				D	停运操作	001	回转式空气预热器停止运行注意事项	X
						002	滑参数停炉注意事项	X
						003	定参数停炉注意事项	X
						004	停炉过程中汽包壁温增大的防止措施	X
						005	停炉时对燃料仓的规定	X
						006	停炉过程中过热器的保护	X
						007	停炉过程中省煤器的保护	X
						008	仓泵停止运行操作	X
						009	循环水泵停运操作	X
		B	设备使用与维护	A	设备使用	001	锅炉燃烧器结构	Y
						002	汽包结构	Y
						003	燃油配风器的工作特性	X
						004	自然循环锅炉特性	X
						005	强制循环锅炉特性	X
						006	直流锅炉特性	X
						007	过热器和再热器运行特性	X
						008	过热器的结构	X
						009	再热器的结构	X

续表

鉴定范围						鉴定点		
一级		二级		三级		代码	名称	重要程度
代码	名称	代码	名称	代码	名称			
						010	省煤器吊架	Y
						011	蒸汽清洗装置的工作过程	Y
						012	省煤器的防磨装置	Y
						013	空气预热器的防磨装置	X
						014	减温器结构	X
						015	水冷壁结构	X
						016	折焰角结构	X
						017	汽水分离设备结构	X
						018	管式空气预热器换热过程	X
						019	回转式空气预热器换热过程	X
						020	调节阀门工作原理	X
						021	调节阀门的参数	Y
						022	弹簧式安全阀结构	Y
						023	重锤式安全阀结构	Y
						024	脉冲式安全阀结构	Y
						025	吹灰器工作过程	X
						026	辐射过热器的工作特性	X
						027	电除尘捕尘过程	Y
						028	泵与风机的功率和效率	Y
						029	轴流式风机扩压器作用	Y
						030	管式空气预热器的特点	X
						031	吹灰器的工作过程	X
				B	设备维护	001	锅炉蒸汽品质的控制方法	X
						002	锅炉补水质量的控制方法	Y
						003	锅炉结焦的预防	X
						004	空气压缩机的运行检查	X
						005	各种阀门在运行中的优缺点	X
						006	锅炉内部除灰与调整	X
						007	锅炉吹灰对锅炉的影响	X
						008	离心泵的运行维护	X
						009	过热器结焦与过热器运行的关系	X
						010	锅炉结焦分析	X

续表

鉴定范围						鉴定点		
一级		二级		三级		代码	名称	重要程度
代码	名称	代码	名称	代码	名称			
						011	过热器热偏差的危害	X
						012	减少锅炉热偏差的方法	X
						013	锅炉水封槽的运行维护	X
						014	减轻灰污的方法	Z
						015	过热蒸汽不良的危害	X
						016	工作票填写的主要内容	X
						017	受热面内部的垢下腐蚀	X
						018	锅炉运行中受热面的灰污的防止	X
						019	防止空气预热器低温腐蚀的方法	X
						020	测量电导率的意义	Y
						021	如何进行空气预热器的冲洗工作	Y
						022	润滑油的质量指标	X
						023	停炉过程中汽包的保护	X
						024	锅炉叫水法使用时间及方法	Z
						025	油、气混烧时停炉的操作	X
						026	停炉冷却	X
		C	事故判断与处理	A	事故判断	001	水汽品质劣化分析	X
						002	泵与风机噪声产生原因分析	X
						003	锅炉发生爆燃的条件	X
						004	锅炉运行中判断受热面损坏的方法	X
						005	事故调查分析方法	X
						006	锅炉故障停炉操作	X
						007	水冷壁泄漏的判断	X
						008	过热器管泄漏的判断	X
						009	省煤器泄漏的判断	X
						010	燃烧系统故障的判断	X
						011	汽包满水事故分析的判断	X
						012	汽包缺水事故的分析判断	X
						013	炉膛负压波动大原因分析	X
						014	减温器喷嘴堵塞判断	X
						015	表面式减温器换热管泄漏现象分析	X

续表

鉴定范围						鉴定点		
一级		二级		三级		代码	名称	重要程度
代码	名称	代码	名称	代码	名称			
				B	事故处理	001	发生炉膛爆燃后的处理方法及防止措施	X
						002	锅炉 MFT 处理	X
						003	热控仪表电源中断的处理	X
						004	回转式空气预热器故障处理	X
						005	水冷壁泄漏的处理	X
						006	过热器泄漏的处理	X
						007	再热器泄漏的处理	X
						008	省煤器泄漏的处理	X
						009	给水、蒸汽管路泄漏的处理	X
						010	安全阀故障处理	X
						011	烟道二次燃烧事故处理	X
						012	汽包缺水的处理	X
						013	汽包满水的处理	X
						014	减温器喷嘴堵塞处理	X
						015	表面式减温器换热管泄漏处理	X
						016	锅内汽水品质劣化的处理	X
		D	绘图与计算	B	计算	001	锅炉蒸发量	X
						002	循环效率计算	X
						003	锅炉氧量计算	X
						004	减污	X
						005	锅炉设备电耗计算	X
						006	压力的换算	X
						007	试验计算	X
						008	电除尘	Y
						009	煤耗计算	Z
						010	换热计算	X
						011	锅炉损失计算	X
						012	锅炉热效率计算	X
						013	燃料元素计算	Y

续表

鉴定范围						鉴定点		
一级		二级		三级		代码	名称	重要程度
代码	名称	代码	名称	代码	名称			
C	煤粉锅炉模块	A	专业知识	A	启动准备	001	制粉系统联锁试验方法	X
						002	制粉系统联锁保护的逻辑关系	X
						003	乏气送粉中储式制粉系统启动条件	X
				B	启动操作	001	热风送粉中储式制粉系统启动操作	X
						002	乏气送粉中储式制粉系统启动操作	X
						003	直吹式制粉系统启动操作	X
				C	正常操作	001	可磨性系数概念	Y
						002	煤粉自燃条件	X
						003	煤粉气流的燃烧过程	X
						004	煤粉气流燃烧速度与燃烧程度的关系	X
						005	煤粉挥发分析出的过程	X
						006	原煤可磨系数与经济运行	X
						007	煤粉焦化过程	X
						008	煤粉细度的调整方法	X
						009	一、二次风量的调整方法	X
						010	周界风调整方法	X
						011	十字风的调节方法	X
						012	夹心风的调节方法	X
						013	中间储仓式制粉系统运行调整方法	X
						014	煤粉粗细与锅炉运行关系	X
						015	燃烧速度与条件	X
						016	一次风粉均匀性的调整途径	X
						017	煤粉均匀性的调整	X
						018	给粉机工作特性	X
						019	粗粉分离器挡板的调节原理和方法	Y
						020	制粉系统的运行基本条件	X
						021	影响煤粉细度的因素	X
						022	磨煤机煤量的多少判断方法	X
						023	制粉系统的倒风操作步骤	X
				D	停运操作	001	停炉时对粉仓的规定	X
						002	直吹式制粉系统快速停运程序	Z
						003	直吹式制粉系统正常停运程序	X
						004	中储式制粉系统停运时锅炉运行的调整	X

续表

鉴定范围						鉴定点		
一级		二级		三级		代码	名称	重要程度
代码	名称	代码	名称	代码	名称			
		B	设备使用与维护	A	设备使用	001	低速磨煤机结构	X
						002	中速磨煤机结构	X
						003	高速磨煤机结构	Y
						004	中速磨煤机工作原理	X
						005	高速磨煤机工作原理	Z
						006	皮带计量式给煤机主要部件的组成	X
						007	圆盘式给煤机组成	X
						008	吸潮管作用	X
						009	双进双出钢球磨煤机结构	X
						010	串联锁气器原理	X
						011	滚筒式磨煤机钢球量和尺寸比例参考值	Z
						012	煤粉燃烧的三个阶段	X
						013	煤粉气流着火过程	X
						014	木头分离器工作原理	X
						015	煤粉气流的燃烧速度与燃烧程度	X
						016	直流煤粉燃烧器布置	Y
						017	制粉系统风门挡板结构	X
						018	滚筒式磨煤机螺旋管的作用	Y
						019	中速磨煤机加压系统的作用	Y
				B	设备维护	001	停炉时对粉仓的规定	Y
						002	板式防爆门制作规定	X
		C	事故判断与处理	A	事故判断	001	制粉系统爆炸判断	X
						002	风扇磨煤机内部撞击现象判断	Z
						003	制粉系统的自燃分析	X
						004	煤粉自流分析判断	X
						005	低速磨煤机大瓦故障分析判断	X
						006	煤粉仓温度过高的原因分析	X
						007	煤粉仓棚粉故障分析判断	X
						008	一次风机跳闸故障的分析	X
						009	制粉系统的紧急停运操作	X
						010	草帽式锁气器草帽脱落判断	X
						011	喷燃器附近严重结焦原因分析	Y
						012	煤粉过粗分析	X
						013	三次风管带粉严重判断	X

续表

鉴定范围						鉴定点		
一级		二级		三级		代码	名称	重要程度
代码	名称	代码	名称	代码	名称			
				B	事故判断	001	紧急停止制粉系统的操作	Z
						002	三次风管带粉严重的处理	X
						003	如何防止制粉系统爆炸	X
						004	煤粉自流的处理	X
						005	粗粉分离器回粉管堵塞处理	X
						006	细粉分离器堵塞处理	X
						007	一次风管堵塞处理	X
						008	喷燃器附近结焦处理方法	X
						009	煤粉仓温度过高的处理	X
D	CFB锅炉模块	A	专业知识	A	启动前准备	001	破碎机出力试验	X
						002	布风均匀性检查	X
						003	循环流化床锅炉烘炉过程	X
						004	高温烘炉具备条件	X
						005	CFB锅炉点火前吹扫	X
				B	启动操作	001	CFB锅炉压火后启动操作步骤	X
						002	管式燃烧器启动条件	X
						003	影响CFB锅炉启动速度的因素	X
						004	影响脱硫效率的主要因素	X
						005	分床点火启动的优点	X
				C	正常操作	001	循环流化床锅炉送风系统特性	X
						002	流化床颗粒扬析	X
						003	临界流化速度的概念	X
						004	流态化现象的概念	X
						005	最小鼓泡速度的概念	Z
						006	不同流化方式的基本特性	X
						007	湍流流化床内气泡特性	X
						008	快速流化床特性	X
						009	鼓泡循环流化床锅炉内气泡特性	X
						010	循环流化床锅炉的传热机理	X
						011	影响炉内脱硫反应的因素	X
						012	负荷调节与控制方法	Y

续表

鉴定范围						鉴定点		
一级		二级		三级		代码	名称	重要程度
代码	名称	代码	名称	代码	名称			
						013	循环流化床个性调节控制系统主要功能描述	X
						014	燃烧份额分布的影响因素	Y
						015	燃烧份额分布规律	X
						016	循环流化床炉内脱硫过程	X
						017	CFB 锅炉飞灰含碳量控制	Z
						018	循环流化床锅炉关键部位运行参数	X
						019	床温常规控制方法	X
						020	床温与负荷的关系	X
						021	床层压降调节方法	X
						022	CFB 锅炉一、二次风比例调整	X
						023	影响流化床与床壁之间的换热	X
						024	锅炉床压控制	X
						025	炉膛差压的调节方法	X
				D	停运操作	001	流化床锅炉压火操作	Y
						002	压火操作注意事项	X
						003	CFB 锅炉停炉注意事项	X
						004	CFB 锅炉临时停炉	Z
		B	设备使用与维护	A	设备使用	001	飞灰分离收集装置的组成	X
						002	布风装置结构	Y
						003	循环流化床锅炉的结构	X
						004	气固两相分离的作用	X
						005	循环流化床锅炉物料流动结构	Y
						006	物料平衡综述	X
						007	CFB 锅炉脱硫特性	X
						008	绝热旋风分离器主体结构	Z
						009	CFB 炉膛下部区域主要结构	Y
						010	水冷式冷渣器结构	X
						011	流化床式冷渣器结构	X
						012	循环流化床锅炉膨胀节结构	X
						013	冷渣器的结构	X

续表

鉴定范围						鉴定点		
一级		二级		三级		代码	名称	重要程度
代码	名称	代码	名称	代码	名称			
						014	燃料在流化床内破碎过程	X
						015	循环流化床返料流动形式	Y
						016	气固分离器的形式	Y
						017	炉内颗粒混合过程	X
						018	炉内气体扩散过程	X
				B	设备维护	001	水冷风室保护原则	X
		C	事故判断与维护	A	事故判断	001	床温异常偏低现象判断	X
						002	床温异常升高现象判断	X
						003	床压异常降低现象判断	X
						004	床压异常偏高现象判断	X
						005	床料连续减少分析	X
						006	床温超温的分析判断	X
						007	影响 CFB 锅炉出力原因	X
						008	水冷布风板漏渣原因分析判断	X
				B	事故处理	001	床温异常降低现象处理	X
						002	床压异常偏高现象处理	X
						003	床温异常偏低现象处理	X
						004	床料连续减少处理	X
						005	炉床结焦处理	X
						006	床温异常升高现象处理	X

三、理论知识试题

判断题

1. 锅炉整体布置示意图一般采取侧视图方法。 (√)

2. 管理手册是程序文件的支持性文件。 (√)

3. 环境管理体系的运行模式，遵守由查理斯·德明提供的规划策划(PLAN)、实施(DO)、验证(CHECK)和改进(ACTION)运行模式可简称 PDCA 模式。 (√)

4. ISO 14000 系列标准的对管理标准的一个重大改进，就是建立了一套对组织环境行为的评价体系，这便是环境行为评价标准。 (√)

5. 当尘毒物质浓度超过国家卫生标准时，可采用通风净化方法使尘毒物质尽快排出。 (√)

6. 危害识别是认知危害的存在并确定其特性的过程。 (√)

7. ISO 9000 族标准三种审核类型中，第三方审核的客观程度最高，具有更强的可信度。 （√）

8. Word 中绘制图形要求两个图形能准确对齐，可通过调整绘图网格的水平、垂直间距来实现。 （√）

9. 任何剖视图都需要用箭头表示投影方向。 （×）

正确答案：根据标准规定，对于简单或没有剖切后没有其他图形隔开或剖切后平面与零件的对称平面重合等视图可不用箭头表示投影方向。

10. 在剖视图中，零件后部的不可见轮廓线、虚线一律省略不画。 （×）

正确答案：在剖视图中，零件后部无法看见但已经表示清楚的轮廓线、虚线可省略不画。

11. 零件图不需要技术要求标注，只要在装配图中表述即可。 （×）

正确答案：零件图必须注明技术要求。

12. 环境管理体系的运行模式与其他管理的运行模式相似，共同遵循 PDCA 运行模式，没有区别。 （×）

正确答案：环境管理体系除了遵循 PDCA 模式之外，它还有自身的特点，那就是持续改进，也就是说它的环线是永远不能闭合的。

13. 防尘防毒的管理措施不包括对从事有害有毒作业人员的查体及健康维护。 （×）

正确答案：对从事有害有毒作业人员进行查体及健康维护属于防尘防毒的管理措施范畴。

14. HSE 风险评估中定量评价指不对风险进行量化处理，只用发生的可能性等级和后果的严重度等级进行相对比较。 （×）

正确答案：HSE 风险评估中定量评价指不对风险进行量化处理，对危害分析结果作出判断。

15. 质量统计因果图的作用是为了确定“关键的少数”。 （×）

正确答案：用于分析原因与结果之间关系。

16. “COUNTIF( )”函数的作用是计算某区域满足条件的单元格数。 （√）

17. “AVERAGE( )”函数的作用是计算指定区域的和。 （×）

正确答案：“AVERAGE( )”函数的作用是计算指定区域的平均值。

18. Excel 数据表中汉字排序一般是按拼音顺序排序，但也可以按笔画排序。 （√）

19. 制图表之前，首先在工作表中选择一块区域，该区域中的数据作为工作表固定的尺寸。 （×）

正确答案：制图表之前，首先在工作表中选择一块区域，该区域中的数据将是制作图表的依据。

20. 总结的基本特点是汇报性和陈述性。 （×）

正确答案：总结的基本特点是回顾、分析和评价的事务性公文。

21. 在管道内流动的流体有层流和紊流两种流动状态。 （√）

22. 在压力管道中，由于压力的急剧变化，从而造成液体流速显著地反复变化，这种现象称为水击。 （×）

正确答案：在压力管道中，由于液体流速的急剧变化，从而造成管道中液体压力显著地、反复变化，这种现象称为水击。

23. 报告的目的在于把已经实践过的事情上升到理论认识，指导以后的实践，或用来交流，加以推广。 (×)

正确答案：报告目的是为上级了解情况、决策和指导工作提供依据。

24. 报告的特点是汇报性和陈述性。 (√)

25. 静止流体中任意一点的静压力不论来自哪个方向均不等。 (×)

正确答案：静止流体中任意一点的静压力相等。

26. 雷诺数大于 2300 就属于紊流。 (√)

27. 高压电站锅炉的给水压力都比较大，一般为 15MPa，15MPa 是 15×10^5Pa。 (×)

正确答案：15MPa 是 15×10^6Pa。

28. 生活中经常可以看见有“水汽”，所以水蒸气其实是可以看见的。 (×)

正确答案：水蒸气是看不见的，看见的都是水蒸气凝结成的水雾。

29. 比热容的单位是一个复合单位，是由质量、温度、热量的单位组合而成的。在国际单位制中，比热容的单位是 J/(kg · K)读作焦每千克开尔文。 (√)

30. 某种物质的比热容是 aJ/(kg · ℃)，表示的意思是 1kg 的某种物质温度升高(或降低)1℃(或者 1K)，吸收(或放出)的热量是 aJ，如：$C_{水}=4.2\times10^3$J/(kg · ℃)表示的意思是 1kg 的水温度升高(或降低)1℃，吸收(或放出)的热量是 4.2J。 (×)

正确答案：吸收或者放出的热量应该是 4200J。

31. 气体的比体积大小与气体的吸收热量的能力大小有直接的关系，比体积越大，其温度改变相同的情况下，所需要吸收的热量就越大。 (×)

正确答案：比热容才是气体吸收热量大小的标志。

32. 汽化是液体由液态变化为固态的过程。 (×)

正确答案：汽化是液体由液态变化为汽态的过程。

33. 齿轮泵的齿轮结构特点就是两个齿轮都是主动轮，没有从动轮的概念。 (×)

正确答案：齿轮泵工作原理是一对啮合齿轮中一个主动齿轮由电机带动旋转，另一个从动齿轮与主动齿轮啮合而转动。

34. 液力偶合器一般靠壳体自然散热，不需要外部冷却的供油系统。 (√)

35. 如将液力偶合器的油放空，偶合器就处於脱开状态，就不能工作。 (×)

正确答案：如将液力偶合器的油放空，偶合器就处於脱开状态，能起离合器的作用。

36. 虽然液力偶合器输入轴与输出轴间靠液体联系，但是工作构件间存在刚性连接。(×)

正确答案：液力偶合器输入轴与输出轴间靠液体联系，工作构件间不存在刚性连接。

37. 液力偶合器的传动效率等于输入轴转速与输出轴转速之比。 (×)

正确答案：液力偶合器的传动效率等于输出轴转速与输入轴转速之比。

38. 水泵并联可以提高较高的出口压力，保证用水设备所需要的压力。 (×)

正确答案：水泵串联可以提高足够大的水泵出口压力，如果多台并联泵同时运行可以提高较大压力。

39. 水泵串联有利于提高出口压力，同样可以保证水泵的出口流量。 (×)

正确答案：串联水泵流量是受到串联泵的第一台水泵流量的限制。

40. 串联水泵是为了满足工程需要较大扬程条件所采取的措施。 (√)

41. 材料发生蠕变的温度与其性质有关，温度越高，压力越大，金属发生蠕变的速度就越慢。 （×）

正确答案：温度越高，压力越大，金属发生蠕变的速度就越快。

42. 材料的抗蠕变的性能用蠕变极限来衡量，它表示在一定的温度下，在规定的时间内钢材发生一定量的总变形的最大应力。 （√）

43. 持久强度是在高温条件下，经过了规定的时间发生蠕变破裂的最大应力。 （√）

44. 不同温度下金属的持久强度是不变的，所以说金属的持久强度其实就是金属固有的属性，不随着外界温度与压力的变化而变化的物理量。 （×）

正确答案：不同温度下的金属的持久强度是不一样的，每个不同的温度下都对应有相应的持久强度。

45. 持久塑性是指处于蠕变状态下的材料，在发生破裂时的相对塑性变形量(%)，一般都要求金属具有一定的持久塑性，避免金属发生塑性破坏。 （√）

46. 因为汽包壁厚较大，所以制造过程中采用铸造。 （×）

正确答案：汽包在制造时候要经过卷板，冲压，焊接成型，而不是铸造。

47. 汽包上有许多的开孔和焊缝，形成应力集中。因此，要求汽包有较低的缺口敏感性，以便减小应力集中系数，防止由此产生裂缝。 （√）

48. 锅炉钢管在高温、应力及腐蚀介质的作用下长期工作，会发生蠕变、腐蚀、氧化，所以要求锅炉钢管具有较高的蠕变极限，持久强度以及持久塑性。 （√）

49. 锅炉钢管长期处于高温条件下，要求具有一定的耐高温性能及组织稳定性能，以抵抗金相组织球化、石墨化及合金元素重新分配的性能。 （√）

50. 锅炉钢管采用无缝钢管的造价昂贵，为了经济性考虑可以采用普通钢管。 （×）

正确答案：锅炉的钢管都承受较大的压力，所以都采用无缝钢管。

51. 由于仪器、试验条件、环境等因素的限制，测量不可能无限精确，物理量的测量值与客观存在的真实值之间总会存在着一定的差异，这种差异就是测量错误。 （×）

正确答案：物理量的测量值和真实值之间的差异是误差，但不是错误。

52. 根据误差产生的原因及性质可分为系统误差与偶然误差两类。 （√）

53. 在锅炉投入运行后，测碳仪长时间取不到灰样，这是由于锅炉刚投运后待机状态还未恢复。 （√）

54. DCS 工程师站主要功能是为系统的运行操作提供人机界面，使操作员可以通过操作员站及时了解现场运行状态、各种运行参数、是否有异常情况发生。 （×）

正确答案：DCS 的工程师站，它是对 DCS 进行离线的配置、组态工作和在线的系统监督、控制、维护的网络节点。

55. 由于网络对于 DCS 整个系统的实时性、可靠性和扩充性，起着决定性的作用，所以系统网络是 DCS 的基础和核心。 （√）

56. DCS 中要设置现场 I/O 控制站，用以分担整个系统的 I/O 和控制功能。这样既可以避免由于一个站点失效造成整个系统的失效，提高系统可靠性，也可以使各站点分担数据采集和控制功能，有利于提高整个系统的性能。 （√）

57. 集中控制和分散控制只是把数据都集成到了计算机上，其他的控制执行机构都没有区别。 （×）

正确答案：在系统功能方面，DCS 和集中式控制系统的区别不大，但在系统功能的实现方法上却完全不同。

58. 热电偶根据测温范围可以分为高温热电偶和低温热电偶。（×）

正确答案：热电偶根据测温范围可以分为高温热电偶和常温热电偶。

59. 在使用热电偶补偿导线时必须注意型号相配，极性不能接错，补偿导线与热电偶连接端的温度不能超过 200℃。（×）

正确答案：温度不能超过 100℃。

60. 热电阻的适用温度小于 400℃，工作压力低于允许压力的三分之一，可以免检保护套管。（√）

61. 热电阻的测量电路接线方式分为二线制和三线制。（×）

正确答案：热电阻的接线方式分为二线制，三线制和四线制，其中测量的精度根据接线的数的多少依次提高。

62. 测温仪安装不牢固会使热电势输入不稳定而使显示数据摆动。（√）

63. 热电偶感温元件保护管表面积灰不需要清除。（×）

正确答案：热电偶的感温元件要定时清除积灰。

64. 氧化锆分析仪需要预加热 24h 才能达到其测量精度。（×）

正确答案：氧化锆分析仪需要预加热 1h，最好是 3h 才能达到其测量精度。

65. 氧化锆分析仪安装或者检修完成以后，只要在其即将投入时候才能送电。（×）

正确答案：氧化锆分析仪安装或者检修以后应该立即送电，避免酸性介质腐蚀元件。

66. 氧化锆分析仪分析结果是炉膛或者烟道中含氧量，其显示的含氧量的单位是 mg/L。（×）

正确答案：氧化锆分析仪测量的含氧量的单位是%。

67. 测碳仪长时间取不到灰样，这是由于锅炉刚投运后待机状态还未恢复。（√）

68. 节流式差压流量计由三部分组成：节流装置、差压变送器和流量显示仪。（√）

69. 差压变送器不可以用于压力压差流量的测量。（×）

正确答案：差压变送器可以用于流量的测量。

70. 波纹管是用于将压力信号转化为电信号的装置。（√）

71. 双波纹管差压计投入过程中应该重点保护节流装置。（×）

正确答案：在双波纹管差压计系统中，最容易受到损坏的是波纹管，所以应该重点保护。

72. 动作频繁的电动执行机构每运行一年应该大修一次，或者与生产装置同步检修。（×）

正确答案：动作频繁的电动执行机构每一年半检修一次，或者与生产装置同步检修。

73. 国际单位制的辅助单位它们量的名称是平面角和立体角。（√）

74. 实际用以检定计量的计量器具是国家副计量基准。（×）

正确答案：实际用以检定计量的计量器具是工作计量基准。

75. 对于在连续运转装置上的 B 级计量器具，应根据国家检定规程的要求，安排周期进行检定。（×）

正确答案：对于在连续运转装置上的 B 级计量器具，可根据国家有关检定规程的要求，按企业设备大检修的自然周期安排检定。

76. 量值一般由一个数和测量单位所表示的特定量大小(如：5.34m)。 (√)

77. 给水泵不属于朗肯循环中组成部分。 (×)

正确答案：给水泵属于朗肯循环的组成部分。

78. 低压加热器的换热管束一般采用胀管的形式连接。 (√)

79. 低压加热器的抽空气管是将不凝结汽体抽出。 (√)

80. 高压加热器的投入主要是提高锅炉的效率。 (×)

正确答案：高压加热器的投入主要是提高机组的经济性。

81. 低压加热器运行时水位越高，传热效果越好。 (×)

正确答案：低压加热器的水位高，会淹没受热面影响传热。

82. 低压加热器出口水温与本级加热器工作蒸汽压力所对应的饱和温度的差值越小，其工作效率状况越好。 (√)

83. 高压加热器可以随时投入也可以根据负荷投入。 (√)

84. 高压加热器汽侧排汽门在高加运行时候应该保持全关。 (×)

正确答案：一般情况下，高压加热器的汽侧排汽门在高加运行时候保持全开。

85. 因为离子交换运用离子交换树脂，而由于离子交换树脂不可再生，所以其运行的成本较高，运用范围不广。 (×)

正确答案：离子交换树脂属于可以再生，应用此类设备的运行成本较小。

86. 单元制机组锅炉在运行过程中，因为锅炉的热惯性非常小，所以锅炉可以根据汽轮机的要求随时调整负荷，以适应电网要求。 (×)

正确答案：锅炉的热惯性非常大，负荷的变化有一个比较长的时间。

87. 欧姆定律是电功学中基本定律之一，它是电路分析和计算的基础。 (√)

88. 在应用欧姆定律时，U、I、R 三个量是彼此不对应的，联系在一起的。 (×)

正确答案：在应用欧姆定律时，U、I、R 三个量是彼此对应着的，联系在一起的。

89. 天然绝缘材料不包括棉纱布、天然树脂、天然橡胶等。 (×)

正确答案：天然绝缘材料包括棉纱布、天然树脂、天然橡胶等。

90. 在一个电阻串联的电路中，它的总电流也就是流过某一个电阻的电流。 (√)

91. 在并联电路中，各支路的电流的分配与各支路的电阻成反比。 (×)

正确答案：在并联电路中，各支路的电流的分配与各支路的电阻成正比。

92. 通过人体的交流电流不得大于 10mA。 (√)

93. 1V 等于 10^6mV。 (×)

正确答案：1V 等于 10^3mV。

94. 电阻率 ρ 是长 1m，截面为 1mm^2 导体的电阻值。 (√)

95. 计算电功率时，可用公式 $P=IR$。 (×)

正确答案：计算电功率时，可用公式 $P=I^2R$。

96. 计算功率时，可用公式 $P=V^2/R$。 (√)

97. 对称的三相正弦量在任意一瞬间的代数和等于零。 (√)

98. 正弦交流电在某一时刻的数值称为交流电的最大值。 (×)

正确答案：正弦交流电在某一时刻的数值称为交流电的瞬时值。

99. 隔离开关不是电气设备。 (×)

正确答案：隔离开关是电气设备。

100. 交流电完成一次循环所需要的时间叫频率，单位是 s。 （×）

正确答案：交流电完成一次循环所需要的时间叫周期，单位是 s。

101. 回转式空气预热器启动前空气预热器的消防水应在开启位置。 （×）

正确答案：回转式空气预热器启动前空气预热器消防水应在关闭位置。

102. 启动空气预热器前备用传动装置应在工作位置。 （×）

正确答案：启动空气预热器前备用传动装置应退到备用位置。

103. 强制循环泵启动前关闭电动机下部注水门并做好防误开措施，关闭泵出口管路放水。 （√）

104. 强制循环泵启动前应开启出、入口门，关闭备用强循环泵旁路门。 （×）

正确答案：强制循环泵启动前应关闭出、入口门，打开备用强循环泵旁路门。

105. 锅炉升压过程中，如果个别喷嘴熄火并处于烟气包围之中，此时最好是待炉温降低再点火。 （×）

正确答案：锅炉升压过程中，如果个别喷嘴熄火并处于烟气包围之中，此时最好是待炉温升高后再点火。

106. 电动阀门试验时，远方进行操作，同时就地检查，阀门开关方向与控制室指示表的指示方向应相反。 （×）

正确答案：电动阀门试验时，远方进行操作，并且就地检查，阀门开关方向与控制室指示表的指示方向应一致。

107. 调节阀的反应迅速、远方控制、现场手动控制都应灵活，方向指示必须正确。 （√）

108. 当水冷壁更换总数达到 50%以上时，应进行超水压试验。 （√）

109. 水压试验上水时间同锅炉启动前上水时间不同。 （×）

正确答案：水压试验上水时间同锅炉启动前上水时间相同。

110. 锅炉启动前要联系化学工作人员，准备充足的化学除盐水供启动时使用。 （√）

111. 锅炉启动前电除尘灰斗加热器系统、暖风器系统处于冷备用状态。 （×）

正确答案：锅炉启动前电除尘灰斗加热器系统、暖风器系统处于运行状态。

112. 锅炉底部加热不能满足锅炉在水压试验时对汽包壁温的要求。 （×）

正确答案：锅炉底部加热比较容易满足锅炉在水压试验时对汽包壁温的要求。

113. 投入锅炉底部蒸汽加热初期，应先稍开汽门，以防止产生过大的振动，再根据加热情况迅速开大。 （×）

正确答案：投入锅炉底部蒸汽加热初期，应先开汽门 50%，以防止产生过大的振动，再根据加热情况逐渐开大。

114. 由于锅炉点火初期投入燃料量很少，因此是一个稳定的运行阶段。 （×）

正确答案：锅炉点火初期是一个非常不稳定的运行阶段。

115. 锅炉辅机的联锁保护在锅炉正常后投入。 （×）

正确答案：锅炉辅机的联锁保护在锅炉启动过程中应投入。

116. 额定转速 1500r/min 的转动机械试运行时，其振动值不得超过 0.085mm。 （√）

117. 风机轴向振动一般不允许超过 8mm。 （×）

正确答案：风机轴向振动一般不允许超过 3mm。

118. 电动机滚动轴承温度应小于100℃，滑动轴承应小于80℃。 （√）

119. 锅炉检修完毕后运行班长应组织人员进行现场验收，并协助技术人员进行分段验收。 （√）

120. 进行灭火保护试验时，必须由仪表专业人员人为接通风机跳闸信号。 （×）

正确答案：进行灭火保护试验时，仪表人员必须人为接通高或低水位信号或炉膛负压信号方可进行。

121. 调节阀应选0、25%、50%、75%和100%进行流量试验，其流量值应接近开度的比例。 （√）

122. 调节阀全开位置进行关闭，初期操作时，流量不发生改变，此调节阀为不合格。 （×）

正确答案：调节阀全开位置进行关闭时，有可能出现无流量变化，但不得超过规定行程。

123. 锅炉并汽后应迅速将负荷加到额定值。 （×）

正确答案：锅炉并汽后一般要求1h左右才能达到额定负荷。

124. 锅炉并完汽后应将主蒸汽阀手动全开，然后往回返少许。 （√）

125. 锅炉并汽时汽轮机机前疏水阀应开启。 （√）

126. 纯机械弹簧式安全阀可采用液压装置进行校验调整，一般在75%~80%额定压力下进行，经液压装置调整后的安全阀，应至少对最低起座值的安全阀进行实际起座复核。 （√）

127. 当锅炉压力接近安全阀动作压力时，逐渐开大过热器对空排汽阀开度升压，使其安全阀动作。 （×）

正确答案：当锅炉压力接近安全阀动作压力时，逐渐关小过热器对空排汽阀开度升压，使其安全阀动作。

128. 锅炉冷态点火升压初期立式过热器内的积水依靠升压时的初压力推出。 （√）

129. 锅炉启动时，必须提高上水速度和水温，防止过热器损坏。 （×）

正确答案：控制上水速度和水温是防止汽包和省煤器损坏。

130. 自然循环锅炉升压过程中，投入底部蒸汽加热有利于水冷壁保护。 （√）

131. 汽包升压过程中，前期为产生机械应力，后期为热应力。 （×）

正确答案：汽包升压过程中，前期为热应力，而后期为机械应力。

132. 当燃油燃烧不稳定时，要特别注意排烟温度的变化，防止发生二次燃烧。 （√）

133. 点火初期，燃油火焰颜色应呈亮红色。 （×）

正确答案：点火初期，燃油火焰颜色应呈金黄色。

134. 定参数升压速度前半期比后半期快一些。 （×）

正确答案：定参数升压速度前半期比后半期慢一些。

135. 锅炉进行酸洗时，对材质为铁素体钢的管箱，不能采用盐酸清洗。 （×）

正确答案：锅炉进行酸洗时，对材质为奥氏体钢的管箱，不能采用盐酸清洗。

136. CFB锅炉在启动预热床料过程中不宜将流化风量调的过大。 （√）

137. 自然循环锅炉冷态启动时要注意受热面管壁温度。 （√）

138. 在自然循环锅炉升压中，当负荷达到一定值时，应要求汽机投入凝汽器。 （×）

正确答案：在自然循环锅炉升压中，当负荷达到一定值时，应要求汽机投入高压加热器。

139. 汽包锅炉热态滑参数启动后应很快启动旁路系统，达到与汽包内工质保持一定压力。 (√)

140. 回转式空气预热器启动前应盘动不少于3圈。 (√)

141. 回转式空气预热器正确旋转方向应为上方向看逆时针旋转为正常。 (×)

正确答案：回转式空气预热器正确旋转方向应为上方向看顺时针旋转为正常。

142. 强制循环泵有一个入口，一个出口，与离心泵启动方法相似。 (×)

正确答案：强制循环泵有一个入口，两个出口，与离心泵启动方法相似。

143. 强制循环泵运行后必须确保电动机内冷却回路中的水循环，水温控制在210℃以下。 (×)

正确答案：强制循环泵运行后必须确保电动机内冷却回路中的水循环，水温控制在60℃以下。

144. 仓泵工作中首先进料阀向仓泵内放灰，当料位达到限位值时，关闭进料阀，此时完成一个进料过程。 (√)

145. 当挥发分燃烧时，炭粒子附近温度提高，使炭粒子随着挥发分的燃烧而燃烧。 (√)

146. 结渣是指受热面上熔化的灰沉积物的积聚。 (√)

147. 原煤一般在105℃以前主要析出水分和部分气体。 (√)

148. 燃料中的挥发分含量对其燃烧速度没有影响。 (×)

正确答案：燃料的燃烧速度与燃料中的挥发分含量成正比。

149. 燃料燃烧时反应浓度变化幅度特别大，着火区可燃物浓度高，氧浓度低。 (√)

150. 燃料的活化能越小，反应能力就越差。 (×)

正确答案：燃料的活化能越小，反应能力就越强。

151. 火焰传播形式有层流火焰传播和湍流火焰传播。 (√)

152. 火焰传播是指可燃物在某一个区域着火后，火焰在这个区域内逐步传播和扩散出去。 (×)

正确答案：火焰传播是指可燃物在某一个区域着火后，火焰从这个区域向前移动，逐步传播和扩散出去。

153. 1kg 的碳完全燃烧需要 1.866m^3 的氧，并产生 1.866m^3 的二氧化碳。 (√)

154. 1kg 的氢完全燃烧需要 5.56m^3 的氧，并产生 5.56m^3 的水。 (×)

正确答案：1kg 的氢完全燃烧需要 5.56m^3 的氧，产生 11.1m^3 的水。

155. 从广义上讲，重油是指相对密度较大的油品。 (√)

156. 柴油比重油容易着火，柴油的自燃温度比重油低。 (×)

正确答案：柴油比重油容易着火，但自燃温度比重油高，这是因为柴油内碳原子数目比较少，碳氢化合物比较稳定，不易氧化的原因。

157. 气体火焰传播是指火焰沿火焰上某点表面垂直方向向未燃烧气体传播的速度。 (√)

158. 油的燃烧属于动力燃烧。 (×)

正确答案：油的燃烧属于过渡燃烧。

159. 液体燃料流动性的指标是黏度。 (√)

160. 重油分为裂化重油、减压重油、常压重油等。 (√)

161. 燃油的温度要求比闪点高 50℃。 (×)

正确答案：燃油的温度要求比闪点高 10℃ 比较合适。

162. 燃料油中的机械杂质不影响燃烧。 (×)

正确答案：燃料油中的机械杂质影响燃烧。

163. 蒸汽初压力和初温度不变时，提高排汽压力可以提高朗肯循环的热效率。 (×)

正确答案：蒸汽初压力和初温度不变时，降低汽轮机排汽压力可以提高朗肯循环的热效率。

164. 减少不可逆的损失主要方法是降低锅炉散热损失。 (×)

正确答案：减少不可逆的损失主要方法是提高管道保温效果、降低跑、冒、滴、漏现象和减少疏水、排汽率等。

165. 风机调节是通过指令发给调节执行器，带动曲柄改变风门角度，达到调节目的。 (√)

166. 锅炉的引风机都是通过入口挡板来调整负荷的。 (×)

正确答案：对于离心式风机是通过入口挡板，但轴流式风机是不允许入口挡板调节风量。

167. 全压是指单位重量的液体在风机内所获得的能量。 (×)

正确答案：全压是指单位体积的气体在风机内所获得的能量。

168. 锅炉受热面吹灰中途对回转式空气预热器进行吹灰。 (×)

正确答案：锅炉受热面吹灰前、后对回转式空气预热器分别进行吹灰。

169. 对流烟道漏风会使尾部受热面的换热效果上升，锅炉效率降低。 (×)

正确答案：对流烟道漏风会使尾部受热面的换热效果下降，锅炉效率降低。

170. 火焰中心位置提高，通过过热器的烟气温度会提高，过热蒸汽温度会提高。 (√)

171. 通过调节烟气挡板的开度只能调节过热蒸汽温度。 (×)

正确答案：通过调节烟气挡板的开度，达到调节再热蒸汽温度目的。

172. 低氧燃烧可以减少锅炉尾部烟气中三氧化硫的生成，因而可以减轻低温腐蚀。 (√)

173. 锅炉负荷改变，燃料量必须改变，过热器吸热量也随着改变，因此，在减温水量不变时，主蒸汽温度会发生变化。 (√)

174. 汽包锅炉在燃料量不变，风量在一定范围内增大，锅炉产汽量会增多。 (×)

正确答案：汽包锅炉在燃料量不变，风量在一定范围内增大，锅炉产汽量会减少。

175. 根据锅炉机组的蒸发量按比例进行调节是最经济的。 (×)

正确答案：蒸发量按比例进行调节是最不经济的。

176. 油枪旋涡室直径越大，雾化质量越好。 (√)

177. 锅炉运行时，二次风速一般要求控制较高，其作用是提高混合程度。 (√)

178. 送入炉内的空气量越多，燃烧越完全，因此越好。 (×)

正确答案：风量过多会增加排烟热损失。

179. 水位调节应根据负荷变化、压力变化进行，在超前意识下操作，才能使汽包水位稳定在允许范围内。 (√)

180. 由于蒸汽携带锅水而使蒸汽含盐的现象称为机械携带。 (√)

181. 降低锅炉含盐量的主要方法有：①提高给水品质，②增加排污量，③分段蒸发。 (√)

182. 锅炉的排污率越大，蒸汽的品质越高，电厂的经济性越好。（×）

正确答案：锅炉排污率的大小是根据锅水品质好坏来确定的，排污率越大，经济效率越低。

183. 每当轴流风机动叶调节完毕后，动叶的调节机构会处于相对平衡状态。（√）

184. 改变叶片角度可以改变轴流式风机入口风压，而改变导流器叶片角度只能改变风机的风量。（×）

正确答案：两种调节方式都是为了改变风量。

185. 锅炉运行中辐射吸热量增加，过热汽温降低，有可能是火焰中心位置降低所致。（√）

186. 燃烧器的角度改变是间接改变火焰中心方法。（×）

正确答案：燃烧器的角度改变是比较直观的改变火焰中心方法。

187. 在锅炉燃料量不变时增加风量，直流锅炉和汽包锅炉的过热蒸汽温度变化方向基本一样。（×）

正确答案：在锅炉燃料量不变时增加风量，直流锅炉和汽包锅炉的过热蒸汽温度变化方向相反。

188. 干烟气带走的热量属于排烟热损失，而烟气中水蒸气的显热不属于排烟热损失。（×）

正确答案：干烟气带走的热量和烟气中水蒸气的显热都属于排烟热损失。

189. 送入炉膛内的风量越多，火焰越稳定。（×）

正确答案：在风量过大，特别是在低负荷运行时，如果风量过大会使炉内温度降低，使火焰稳定性变差。

190. 挥发分高的煤，不论什么锅炉都容易燃尽。（×）

正确答案：挥发分高着火容易，并不意味容易燃尽。

191. 如果燃用挥发分高的原煤应首先将燃料混合的空气量减少。（×）

正确答案：如果燃用挥发分高的原煤应首先将燃料混合的空气量增多。

192. 散热损失是通过自然对流和辐射向四周散热，因此锅炉的散热损失与锅炉面积无关。（×）

正确答案：锅炉的散热损失与锅炉表面积有关。

193. 回转式空气预热器需要在其入口烟气温度降低到100℃以下才可以停止。（×）

正确答案：回转式空气预热器需要在其入口烟气温度低于80℃以下才可以停止。

194. 滑参数停炉过程中，不论在任何情况都要保证过热蒸汽有100℃的过热度。（×）

正确答案：滑参数停炉过程中，要保证主蒸汽温度具有50℃以上的过热度。

195. 单元机组停止运行前，为了防止汽轮机解列以后汽压的回升，要保证锅炉在熄灭时正常负荷运行。（×）

正确答案：单元机组停止运行前，为了防止汽轮机解列以后汽压的升高，在锅炉熄灭时要尽量低负荷运行。

196. 停炉后需要监视燃料温度，关键是要做好燃料仓的密封工作。（√）

197. 燃料仓温度升高的最主要的原因是燃料仓吸收了外界的热量。（×）

正确答案：燃料仓温度升高的最主要的原因是燃料仓由于密封不好，导致氧气进入促成燃料自燃，同时又与燃料仓的散热效果不好有直接的关系。

198. 在滑参数停炉过程中用减温水降温，使汽温大幅度变化，会使过热器产生较大的交变应力。（√）

199. 定参数停炉时压力下降速度不宜太快，所以严禁打开过热器放空阀或空气阀。（×）

正确答案： 为了冷却过热器，应开启空气阀 30~50min，控制降压速度，保护过热器。

200. 在停炉过程中负荷逐步降低，烟速的提高和烟温降低会使省煤器磨损加剧，因此要适当控制烟速。（√）

201. 仓泵存粉输送完毕以后，需要吹扫输灰管道。（√）

202. 在仓泵停止前没有必要把仓泵内的存粉输完。（×）

正确答案： 仓泵停止前必须把仓泵内的存粉输送完。

203. 强制循环锅炉循环水泵的连续运行是锅炉允许通风快速冷却的前提条件。（√）

204. 强制循环水泵适用于自然循环锅炉。（×）

正确答案： 强制循环水泵适用于强制循环锅炉。

205. 液态排渣炉一般采用直流喷燃器。（√）

206. 分级配风的直流燃烧器通常将二次风口集中布置在一起，一次风口分层布置。（×）

正确答案： 分级配风直流燃烧器通常将一次风口集中布置在一起，二次风口分层布置。

207. 汽包事故放水管的作用是调节汽包压力。（×）

正确答案： 汽包事故放水管的作用是汽包满水时紧急放水。

208. 汽包的人孔利用了汽包内部的压力使人孔盖紧密地压在密封面上，使其密封得更好。（√）

209. 调节舌形挡板，改变旋转流动的强度，达到调节目的，这属于燃油蜗壳型旋流器。（√）

210. 燃煤锅炉是在一次风口安装油枪，它属于旋流式配风器。（×）

正确答案： 燃煤锅炉是在二次风口安装油枪，它属于直流式配风器。

211. 自然循环锅炉由于蒸发受热面的流动阻力不需要给水泵克服，因此锅炉的自用电量降低。（√）

212. 强制循环锅炉不属于汽包锅炉。（×）

正确答案： 强制循环锅炉属于汽包锅炉。

213. 强制循环锅炉运行时既是汽包水位较低(可见水位)，也可以保证水循环的安全。（√）

214. 由于直流锅炉没有汽包，因此给水品质要求不高。（×）

正确答案： 由于直流锅炉没有汽包，因此给水品质要求很高。

215. 直流锅炉没有加热、蒸发和过热的固定分界线。（√）

216. 后屏过热器属于对流式过热器。（×）

正确答案： 后屏过热器属于半辐射过热器。

217. 过热器蛇形管出、入口与联箱相连接，对于立式过热器，在启动时可以利用出口联箱自然疏水。（×）

正确答案： 立式过热器的缺点是疏水困难，因联箱一般在蛇形管的上部。

218. 为了防止再热器过热超温，一般将再热器布置在热负荷很低的竖井烟道后部。（×）

正确答案：为了防止再热器过热超温，一般将再热器布置在热负荷稍低的烟道或炉膛出口。

219. 再热器选用的是合金钢，常用的有 14MoV63、1Cr19Ni9、1Cr19Ni11Nb。 （√）

220. 省煤器的固定方式都是悬吊结构。 （×）

正确答案：省煤器的固定方式有两种：即支承结构和悬吊结构。

221. 由于汽包内的蒸汽穿过清洗水层时水层会起泡，所以穿层式清洗装置也称为起泡穿层式清洗装置。 （√）

222. 省煤器磨损最严重的方位是迎烟气前面第一排管。 （×）

正确答案：省煤器磨损最严重的方位是迎烟气前面二、三排管。

223. 管式空气预热器磨损最严重的部位在管子进口约管子直径的 1.5~2.5 倍处。（√）

224. 喷水式减温器安装在过热器中，蒸汽经过减温器时使温度发生改变。 （×）

正确答案：喷水式减温器安装在蒸汽联箱内或某段蒸汽管道内。

225. 表面式减温器结构比较复杂，容易泄漏，而且调节温度范围小。 （√）

226. 锅炉水冷壁为混合式换热器。 （×）

正确答案：锅炉水冷壁为表面式换热器。

227. 膜式水冷壁的缺点是安装工作量大。 （×）

正确答案：膜式水冷壁的缺点是管子与鳍片温差大时易使管子损坏。

228. 超高压锅炉的后水冷壁全部弯曲构成折焰角。 （×）

正确答案：超高压锅炉的后水冷壁部分弯曲构成折焰角。

229. 折焰角刚性较小，通常可采取直管段的悬吊管来承受该部分质量。 （√）

230. 水冷壁管内设置节流孔有两种形式，即节流孔板焊接在悬吊管上和在悬吊管与联箱或汽包连接处设置缩孔。 （√）

231. 汽包内的水位计防护罩对水位的剧烈波动起到缓冲作用。 （√）

232. 空气预热器采用表面式换热器，因为其换热效率高。 （×）

正确答案：空气预热器采用表面式换热器，因为冷热流体不能混合。

233. 管式空气预热器为了增加传热，多采用小管径、小节距、管子错列排列。 （√）

234. 回转式空气预热器的受热面转子在低速运动下转动，转子中的传热元件以交替地被烟气加热和空气冷却，以达到提高空气温度，降低烟气温度的目的。 （√）

235. 回转式空气预热器受热面每转动一圈，传热元件吸热、放热交替交换二次。 （×）

正确答案：回转式空气预热器受热面每转动一圈，传热元件吸热、放热交替交换一次。

236. 窗形调节阀常用于给水，它的阀芯和阀座都是四方形，在方体上各开有一个小窗，当小窗重合开度最大。 （×）

正确答案：窗形调节阀的阀芯和阀座都是圆形。

237. 常用的调节阀门有一般调节阀和窗形调节阀。 （√）

238. 调节阀流通能力与介质的流量有关。 （×）

正确答案：调节阀流通能力与介质的压缩系数有关。

239. 锅炉蒸汽系统使用的安全阀均属于半启式。 （×）

正确答案：锅炉蒸汽系统使用的安全阀均属于全启式。

240. 弹簧式安全阀的弹簧随着时间和温度的变化而变化，使动作准确性下降。 （√）

241. 安全阀中的脉冲管上设置了一个疏水阀，其作用是及时将蒸汽导管内的凝结水排尽，因此该阀门应确保半开位置。（×）

正确答案：安全阀中的脉冲管上设置了一个疏水阀，其作用是及时将排汽导管内的凝结水排尽，因此该阀门应确保全开位置。

242. 脉冲安全阀的脉冲阀一般采用重锤式安全阀或弹簧式安全阀。（√）

243. 枪式吹灰器是用于清除尾部受热面上的积灰的。（×）

正确答案：枪式吹灰器分为长枪和短枪，长枪用于吹扫炉膛。

244. 布置在炉内壁面上直接吸收炉膛辐射热的过热器，称为半辐射过热器。（×）

正确答案：布置在炉内壁面上直接吸收炉膛辐射热的过热器，称为辐射过热器。

245. 将 W 形屏式过热器改为 U 形壁管，可提高外圈管子的蒸汽流速，减少热偏差。（√）

246. 产生电除尘电极之间电晕放电，气体电离所生成的电子、阴离子和阳离子，它们都会吸附在粉尘表面。（√）

247. 电除尘运行时，当集尘极或放电极粉尘有一定的厚度时，依靠粉尘自身重量从极板上落入灰斗。（×）

正确答案：当粉尘有一定的厚度时，依靠定期振打将沉积在极板上的灰振落入灰斗。

248. 风机的有效功率与轴功率之比称为内效率。（×）

正确答案：风机的有效功率与内功率之比称为内效率。

249. 流体从泵或风机中实际所得到的功率称为有效功率。（√）

250. 轴流风机扩压器安装在风机的出口段。（√）

251. 轴流风机扩压器结构形式有筒形和锥形两种。（√）

252. 管式空气预热器严密性比回转式要好。（√）

253. 短枪吹灰器吹灰时凸轮的导向槽导入前棘爪和导向杆、喷头、螺纹管和凸轮停止转动而退至后极限位置，凸轮脱开导向杆，扒开后棘爪继续做逆时针方向旋转，直至电控系统动作，电源断开，凸轮停在起始位置，完成了一次吹灰过程。（√）

254. 过热蒸汽导电度升高对锅炉蒸汽设备没有任何影响。（×）

正确答案：导电度升高是蒸汽不合格的标志，导电度高会导致蒸汽设备结垢。

255. 过热蒸汽的导电度为 0。（×）

正确答案：过热蒸汽的导电度不是为 0。

256. 给水导电度高会导致给水的 pH 值相应的提高。（×）

正确答案：给水的导电度的提高会使得给水的酸碱度有一定的变化，但是给水酸碱度的变化却可以直接导致给水导电度的变化。

257. 灰熔性是锅炉结焦的内在因素。（√）

258. 减压阀是指通过调节和节流将介质压力升高。（×）

正确答案：减压阀不能升高介质的压力。

259. 安全阀是一种安全保护用阀，通过向系统外排放介质来防止管道或者设备的压力超过规定值。（√）

260. 锅炉除灰的重要目的就是保证锅炉受热面干净，提高热效率。（√）

261. 吹灰不利于锅炉热效率的提高。（×）

正确答案：吹灰有利于提高锅炉的热效率。

262. 离心泵启动前需要注水。 （×）

正确答案： 离心水泵使用的地方不同，内部介质不同，对于不属于水泵的离心泵不能注水。

263. 离心泵靠叶片带走介质以后留下的负压区来不断吸入介质，实现持续工作。（√）

264. 结焦具有一定的限度，不会无限制的增大。 （×）

正确答案： 结焦具有自恶化性，焦块会不断长大。

265. 锅炉火焰中心高度并不影响锅炉的结焦性能。 （×）

正确答案： 火焰中心的高度会导致炉膛出口温度的升高，使得温度达到灰的结焦温度。

266. 由于小的焦块没有清除，会导致较大块的焦块的形成。 （√）

267. 过热器的热偏差是由于烟气不均造成的，所以也只能导致过热器的损坏。 （×）

正确答案： 热偏差可能是由于烟气侧的热力不均造成的，也可能是由于汽水侧的流速不均造成的。

268. 热偏差最低的管由于其受热少，所以最先破坏。 （×）

正确答案： 过热器热偏差最高的管最先可能遭到破坏。

269. 热偏差不能完全消除，也不能减小。 （×）

正确答案： 热偏差无法完全消除，但可以不断地减少。

270. 减少热偏差可以从烟气侧调整燃烧，也可以从蒸汽侧交叉蒸汽流动来减小。（√）

271. 水封槽的作用是保持炉膛下部的动静设备结合处的严密性，防止冷空气进入。 （√）

272. 冷灰斗和水冷壁下联箱的相对位置是固定的。 （×）

正确答案： 冷灰斗和水冷壁下联箱的相对位置是不断变化的。

273. 合适的吹灰器布置有利于减少受热面的积灰。 （√）

274. 对于可能产生积灰的受热面，可以采用小直径管错列布置，适当密排的方式减轻灰污。 （×）

正确答案： 此种方法只适合于受热面不在高低温黏结灰区域。

275. 蒸汽品质不合格就是蒸汽含硅量不合格。 （×）

正确答案： 蒸汽品质不合格主要是蒸汽的含盐量、含硅量、导电度等指标不合格。

276. 蒸汽带水会造成过热蒸汽含盐量的增大，导电度上升，会对汽轮机产生不良后果。 （√）

277. 工作票不需要出现施工人员的签名。 （×）

正确答案： 任何工作票都必须施工人员的签名。

278. 当锅炉受热面上结有水垢或有沉积水渣时，在水垢或水渣下形成的腐蚀称为垢下腐蚀。 （√）

279. 垢下腐蚀可能是碱性腐蚀、中性腐蚀，也可能是酸性腐蚀。 （×）

正确答案： 垢下腐蚀分为碱性腐蚀和酸性腐蚀。

280. 为了防止产生垢下腐蚀，一是要避免金属表面形成沉积物；二是要避免产生铁的腐蚀物，要进行水质处理和合理排污。 （√）

281. 锅炉吹灰可以防止锅炉受热面灰污的积聚。 （√）

282. 增大锅炉烟气流速不能减少受热面的积灰的可能性。 （×）

正确答案： 增大锅炉烟气流速可以减少锅炉受热面积灰的可能。

283. 保证受热面的干净是防止锅炉受热面结焦的预防办法之一。 （√）

284. 为了减少低温腐蚀的可能性，所以要尽量提高锅炉的排烟温度。 （×）

正确答案：合理控制锅炉的排烟温度在高于烟气露点规定温度以上。

285. 锅炉锅水的导电率直接反应的是锅炉的过热蒸汽的含盐量。 （×）

正确答案：锅炉锅水的导电率直接反应的是锅炉的锅水含盐量。

286. 过热蒸汽导电率的监测的目的是控制过热蒸汽的含盐量。 （√）

287. 回转式空气预热器冲洗可以在锅炉运行过程中进行，也可以在停炉以后冲洗。 （√）

288. 回转式空气预热器在冲洗过程中空气预热器出口温度不低于140℃。 （×）

正确答案：回转式空气预热器在冲洗过程中空气预热器出口温度不低于150℃。

289. 润滑油的质量与设备运行没有任何关系。 （×）

正确答案：润滑油的质量直接关系到设备的正常运行。

290. 润滑油的质量劣化的种类有：乳化、进水等多种。 （√）

291. 汽包锅炉停炉过程中要控制降压速度，减小汽包壁温差。 （√）

292. 锅炉冷却过程中没有必要遵守汽包上下壁温差小于40℃的规定。 （×）

正确答案：锅炉停炉冷却过程中必须遵守汽包的上下壁温差小于40℃的规定。

293. 锅炉缺水停炉后使用叫水法时，无瞬时水位显示，说明锅炉缺水严重，不能进水。 （√）

294. 锅炉停止运行时，应先停燃油，然后停止气体燃料。 （√）

295. 锅炉停止运行时，对于燃料的停止顺序是先停止最难燃烧的，最后停止最容易燃烧的燃料。 （√）

296. 由于气体的活性较高，负荷低时不容易燃烧，所以在燃油未停止前先停止气体燃料。 （×）

正确答案：由于气体的活性较高，负荷低时容易燃烧，所以放在最后退出。

297. 停炉的冷却按照冷却速度可以分为正常冷却和紧急冷却。 （√）

298. 停炉的紧急冷却不仅需要启动引风机，同时也需要对锅炉进行上水和放水。 （√）

299. 直流锅炉在启动或停止运行中将设备中的溶解盐清洗掉，否则运行中易出现蒸汽品质不良现象。 （√）

300. 保持稳定的蒸汽压力和温度对保证蒸汽品质作用不大。 （×）

正确答案：保持稳定的蒸汽压力和温度可以减少蒸汽品质劣化的发生。

301. 气体通道中的障碍都会产生机械噪声。 （×）

正确答案：气体通道中的障碍都会产生旋涡噪声。

302. 煤粉达到条件后，会在1~5s内突然燃烧而形成爆燃。 （×）

正确答案：煤粉达到条件后，会在1/60~1/100s内突然燃烧而形成爆燃。

303. 锅炉炉内爆燃时会使炉内压力突增到0.22~0.25MPa。 （√）

304. 汽包水位过低，只能使水循环破坏，对设备没有影响。 （×）

正确答案：汽包水位过低，不仅使水循环破坏，对设备损坏很大。

305. 对运行人员工况记录和口述记录应作为事故调查的第一材料。 （√）

306. 利用观察和检查来判断和分析故障部件的背景，可以肯定事故是属于运行操作问题。 （×）

正确答案：利用观察和检查来判断和分析故障部件的背景，可以初步确定事故是属于设备问题，还是运行操作问题。

307. 当锅炉事故状态而 FSSS 拒动作时，应立即通知相关人员进行检查处理。（×）

正确答案：当锅炉事故状态而 FSSS 拒动作时，应立即手动按下 FSSS 按钮，实现紧急停炉。

308. 紧急停炉同时应严密监视给水自动调节系统，防止汽包水位过大变化。（×）

正确答案：紧急停炉同时应将给水自动改为手动调节。

309. 水冷壁泄漏严重时汽包水位急剧下降。（√）

310. 过热器泄漏时，因为锅炉产汽量相应要增多，所以，过热蒸汽流量会大于给水流量。（×）

正确答案：过热器泄漏时，锅炉蒸汽必须分为两部分，使供给汽轮机的流量减少，所以，过热蒸汽流量不正常地小于给水流量。

311. 如果低温段过热器爆管，将造成过热蒸汽温度升高。（√）

312. 省煤器泄漏严重时，引风机电流会增大。（√）

313. 给水流量不正常地大于蒸汽流量，汽包水位降低，说明省煤器损坏。（×）

正确答案：水冷壁管泄漏和省煤管泄漏都会使给水流量不正常地大于蒸汽流量，汽包水位降低。

314. 炉内灭火锅炉保护动作，自动切断所有燃料，停止所有风机运行。（×）

正确答案：炉内灭火锅炉保护动作，自动切断所有燃料，引风机继续运行。

315. 锅炉严重满水时，汽温迅速下降，蒸汽管道会发生水冲击。（√）

316. 汽包严重满水时过热蒸汽温度急剧下降，蒸汽管道发生水冲击，蒸汽含盐量及导电度下降。（×）

正确答案：汽包严重满水时过热蒸汽汽温急剧下降，蒸汽管道发生水冲击，蒸汽含盐量及导电度增大。

317. 由于给水压力过低造成汽包缺水时，所有水位指示低于正常水位，给水流量不正常地小于蒸汽流量。（√）

318. 汽包缺水严重时，再热蒸汽温度升高。（×）

正确答案：汽包缺水严重时，过热蒸汽温度升高。

319. 当单位时间内从炉膛排出的烟气量等于燃料燃烧产生的烟气量时，炉膛负压是保持不变的。（√）

320. 锅炉受热面发生爆破时炉膛负压波动增大。（√）

321. 一般减温器喷嘴堵塞是由于减温水质量太差或系统内有异物所引起。（√）

322. 判断表面式减温器内部泄漏最常规的方法是负荷与减温水量的对比，如果自动调节中减温水量大幅度减少，证明减温器内部泄漏。（√）

323. 利用除盐水作为表面式减温器的减温水时，减温器内部泄漏，蒸汽的含盐量会大幅度升高。（×）

正确答案：蒸汽的含盐量不会有明显的改变。

324. 锅炉防止了灭火就杜绝了炉膛内爆燃。（√）

325. 炉膛内出现爆燃应立即停止向炉膛内供应燃料和空气，同时停止所有风机运行。（√）

326. 当 MFT 动作后应立即退出炉膛负压跟踪。 （×）

正确答案：当 MFT 动作后应注意炉膛负压，继续跟踪。

327. 热控仪表电源长时间不能恢复或在处理过程主要仪表，如汽温、汽压、水位等长时间不能监视或汽温、汽压、水位超过允许值时应立即停止锅炉运行。 （√）

328. 锅炉运行中仪表电源中断应立即停炉。 （×）

正确答案：仪表电源中断，保护未动作时，不应紧急停炉。

329. 回转式空气预热器的油泵跳闸，备用油泵未联动，应紧急停炉处理。 （×）

正确答案：回转式空气预热器的油泵跳闸，备用油泵未联动，应立即手动启动备用油泵或跳闸油泵。

330. 不论水冷壁泄漏是否严重，为了确保汽包不产生过大的热应力，应加强进水。（×）

正确答案：水冷壁严重泄漏时应停止向汽包进水。

331. 过热器的种类很多，布置的位置大不相同，因此，当过热器泄漏时，应确定什么过热器，方可决定是否紧急停炉。 （×）

正确答案：任何过热器严重泄漏，无法维持运行都必须紧急停炉。

332. 过热器泄漏不严重时，应稳定压力运行，加强监视，申请停炉。 （×）

正确答案：过热器泄漏不严重时，应降低压力和负荷运行，加强监视，申请停炉。

333. 机组运行中再热器出现泄漏时可以关闭再热器循环阀，切断汽轮机高压缸的来汽，仍然可以运行。 （×）

正确答案：当再热器泄漏，切断与汽轮机高压缸和中压缸联系后，再热器无法冷却而完全烧坏。

334. 省煤器泄漏时，为了使含有一定尘粒的烟水混合物不排往大气，应保留电除尘器运行。 （×）

正确答案：省煤器泄漏时电除尘应停止运行。

335. 发现主汽、主给水管路或其他大直径高压管道严重泄漏时，应紧急停炉。 （√）

336. 若给水或主蒸汽管道焊口或其他部位有轻微泄漏，可采取捻缝方法处理。 （×）

正确答案：若给水或主蒸汽管道焊口或其他部位有轻微泄漏严禁采取焊补、捻缝和敲打方法处理。

337. 对于设置给水旁路系统的锅炉，当给水主路泄漏，应及时切换旁路供水，维持锅炉运行。 （√）

338. 如果安全阀动作后阀芯泄漏，有可能是异物卡住或阀座与阀芯不同心，应利用手动使安全阀少量开启方法处理。 （√）

339. 烟道内发生再燃烧停炉后，应彻底通风，排除烟道中沉积的可燃物，然后点火。（×）

正确答案：烟道内发生再燃烧停炉后，严禁通风。

340. 排烟温度或工质温度达到停炉条件或检查确定尾部烟道再燃烧时，停止锅炉运行，同时停止引、送风机，关闭风、烟系统的所有挡板。 （√）

341. 锅炉发生严重缺水时，错误上水会引起水冷壁及汽包产生较大的热应力，其原因是金属材料与给水温差增大。 （√）

342. 汽包锅炉水位高至极限停炉后，待水位降至正常水位后，就应恢复运行。 （√）

343. 汽包水位高于Ⅲ时，应严密监视主蒸汽和一级减温水进口蒸汽温度，若汽温迅速下降，应立即全关减温水门，开启过热器出口联箱疏水门，联系汽轮机开启主汽门前疏水。 (×)

正确答案：汽包水位高于Ⅲ时，锅炉保护应动作，否则手动紧急停炉。

344. 当减温器喷嘴堵塞时增大烟气再循环或增大进入炉膛的冷风量可以减少减温器退出后汽温上升的趋势。 (×)

正确答案：当减温器喷嘴堵塞时不能增大炉膛的冷风量和增大烟气循环量。

345. 当表面式减温器内部泄漏，应及时调整火焰中心，维持表面式减温器退出运行后的最高负荷，减少用户损失。 (√)

346. 表面式减温器内部换热管泄漏会使主蒸汽温度下降，提高锅炉负荷就可以提高蒸汽温度。 (×)

正确答案：应降低锅炉负荷运行，尽可能关闭泄漏的减温器。

347. 锅炉给水、锅水及蒸汽品质超过标准经多方调整无法恢复正常时应申请停炉。 (√)

348. 锅炉压力越高，汽水分离越困难，蒸汽越容易带水，因此锅炉运行时应适当降低压力运行。 (×)

正确答案：锅炉压力越高，汽水分离越困难，蒸汽越容易带水，因此对于高参数的锅炉采用强制循环或直流，对于锅炉运行而言应在设计参数内运行。

单选题：

1. 车间主要领导参加班组安全日活动每月不少于(C)次。

A. 1　　B. 2　　C. 3　　D. 4

2. 安全部门每月对记录本进行(B)次检查、考核并签字。

A. 4　　B. 1　　C. 2　　D. 3

3. 当物体结构形状复杂，虚线就愈多，为此，对物体上不可见的内部结构形状采用(C)来表示。

A. 旋转视图　　B. 局部视图

C. 全剖视图　　D. 端面图

4. 用剖切平面把物体完全剖开后所得到的剖视图称为(D)。

A. 局部剖视图　　B. 局部视图

C. 半剖视图　　D. 全剖视图

5. 假想用剖切平面将零件的某处切断，仅画出断面的图形称为(D)图。

A. 剖视　　B. 局部剖视　　C. 旋转剖视　　D. 断面

6. 画在视图外的剖面图称为(A)剖面图。

A. 移出　　B. 重合　　C. 局部放大　　D. 局部

7. 重合在视图内的剖面图称为(B)剖面图。

A. 移出　　B. 重合　　C. 局部放大　　D. 局部

8. 见图，它表示的是(B)。

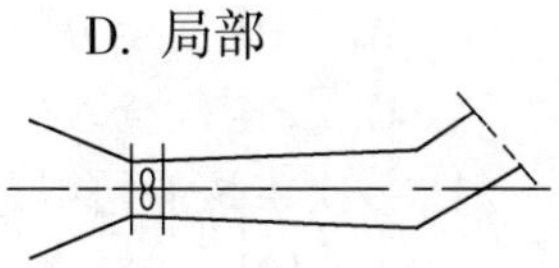

A. 离心式风机　　B. 轴流式风机

C. 暖风机　　D. 回转式空气预热器

9. 表示气动针型阀是(D)。

A. 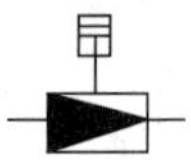 B. 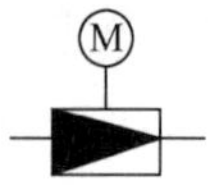 C. 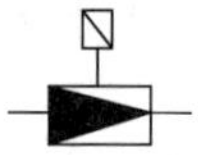 D. 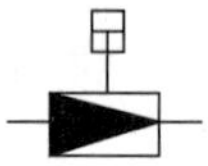

10. 下列不属于零件图的内容是(C)。
A. 零件尺寸　　B. 技术要求
C. 零件的明细栏　　D. 标题栏

11. 对零件图视图选择的说法正确的是(A)。
A. 零件图视图的数量及表达方法应根据零件的具体结构特点和复杂程度而定，表达原则是：完整、简洁、清晰
B. 要表达完整，一个零件至少需要两个视图
C. 视图数量越少越好
D. 零件图通过剖视图和断面图表达内部结构不应出现虚线

12. HSE 管理体系文件可分为(B)层。
A. 2　　B. 3　　C. 4　　D. 5

13. (C)是管理手册的支持性文件，上接管理手册，是管理手册规定的具体展开。
A. 作业文件　　B. 作业指导书　　C. 程序文件　　D. 管理规定

14. ISO 14001 环境管理体系共由(B)个要素所组成。
A. 18　　B. 17　　C. 16　　D. 15

15. ISO 14000 系列标准的指导思想是(D)。
A. 污染预防　　B. 持续改进
C. 末端治理　　D. 污染预防，持续改进

16. (C)不属于防尘防毒的技术措施。
A. 改革工艺　　B. 湿法除尘
C. 安全技术教育　　D. 通风净化

17. 防尘防毒治理设施要与主体工程(A)、同时施工、同时投产。
A. 同时设计　　B. 同时引进　　C. 同时检修　　D. 同时受益

18. 我国在劳动安全卫生管理上实行“企业负责，行业管理，国家监察，(B)”的体制。
A. 群众参入　　B. 群众监督　　C. 人人参与　　D. 领导监督

19. 物的不安全状态是指使事故(B)发生的不安全条件或物质条件。
A. 不可能　　B. 可能　　C. 必然　　D. 必要

20. 风险指发生特定危害事件的(C)性以及发生事件结果严重性的结合。
A. 必要　　B. 严重　　C. 可能　　D. 必然

21. 风险评价方法主要分为：直接经验分析法、(A)法、综合性分析法。
A. 系统安全分析　　B. 事故数分析
C. 安全检查表　　D. 工作危害分析

22. 一次审核的结束是指(B)。
A. 末次会议　　B. 批准及分发审核报告
C. 关闭不合格项　　D. 复评

23. 第三方质量管理体系审核的目的是(C)。
A. 发现尽可能多的不符合项
B. 建立互利的供方关系
C. 证实组织的质量管理体系符合已确定准则的要求
D. 评估产品质量的符合性
24. ISO 9000 族标准的自我评定是一种(A)方式。
A. 内部质量审核　B. 质量管理体系审核
C. 质量管理体系评审　D. 质量管理体系评价
25. ISO 9000 族标准组织对供方的审核是(D)。
A. 第一方审核　B. 第一、第二、第三方审核
C. 第三方审核　D. 第二方审核
26. 数据分组过多或测量读数错误而形成的质量统计直方图形状为(A)形。
A. 锯齿　B. 平顶　C. 孤岛　D. 偏峰
27. 把不同材料、不同加工者、不同操作方法、不同设备生产的两批产品混在一起时，质量统计直方图形状为(D)形。
A. 偏向　B. 孤岛　C. 对称　D. 双峰
28. 在质量管理过程中，以下哪个常用工具可用于明确“关键的少数”(A)。
A. 排列图　B. 因果图　C. 直方图　D. 调查表
29. 质量统计排列图的横坐标表示的是(D)。
A. 频数　B. 频率　C. 累积百分数　D. 项目
30. 质量统计图中，图形形状像“鱼刺”的图是(D)图。
A. 排列　B. 控制　C. 直方　D. 因果
31. 在质量管理过程中，分析用于原因与结果之间关系的图叫做(B)图。
A. 散布　B. 因果　C. 控制　D. 直方
32. 在质量管理过程中，常用于寻找产生质量问题的原因图是(C)图。
A. 直方　B. 排列　C. 因果　D. 散布
33. 在质量统计控制图中，若某个点超出了控制界限，就说明工序处于(D)。
A. 波动状态　B. 异常状态
C. 正常状态　D. 异常状态的可能性大
34. 质量统计控制图的控制界限，一般都取(A)倍的标准差。
A. 3　B. 2　C. 4　D. 6
35. 质量统计控制图的上、下控制限可以用来(B)。
A. 判断产品是否合格
B. 判断过程是否稳定
C. 判断过程能力是否满足技术要求
D. 判断过程中心与技术中心是否发生偏移
36. 频率合格率是按(A)统计的合格时间与日历时间的比率。
A. 秒　B. 分　C. 时　D. 日

37. 在 Word 编辑状态下，绘制一文本框，应使用的下拉菜单是(C)。

A. 编辑　B. 表格　C. 插入　D. 工具

38. 在 Word 中插入的图片(A)。

A. 可以嵌入到文本段落中

B. 图片的位置可以改变，但大小不能改变

C. 文档中的图片只能显示，无法用打印机打印输出

D. 不能自行绘制，只能从 Office 的剪辑库中插入

39. 在 Excel 97 工作表中，单元格的内容如下，将 C3 单元格中的公式复制到 D4 单元格中，D4 单元格中的数值为(D)。

	A	B	C	D
1	1	2	3	
2	4	5	6	
3	7	8	=B2+B3	
4				

A. 14　B. 16　C. 19　D. 21

40. 图中所指的按钮是(B)。

A. 降序按钮　B. 升序按钮

C. 插入字母表　D. 插入字母表

41. 在分类汇总之前，先进行的操作是(C)。

A. 数据筛选操作　B. 排序操作

C. 选择数据区操作　D. 数据求和操作

42. 建立图表的方法是从(C)菜单里点击图表。

A. 编辑　B. 视图　C. 插入　D. 工具

43. 班组管理的职能在于对(A)人、财、物合理组织，有效利用。

A. 班组　B. 企业　C. 车间　D. 生产单位

44. 属于班组经济核算主要项目的是(C)。

A. 设备完好率　B. 安全生产

C. 能耗　D. 环保中的三废处理

45. 班组进行成本核算时，一般计算(B)成本。

A. 间接　B. 直接　C. 全部　D. 间接、直接

46. 按照公文标题的格式，总结的标题一般不应包括(D)。

A. 总结时限　B. 单位名称　C. 总结种类　D. 总结目的

47. 流体流动时引起能量损失的主要原因是(C)。

A. 流体的压缩性　B. 流体的膨胀性

C. 流体的黏滞性　D. 流体的摩擦性

48. (C)的分子间隙最小。

A. 液体　B. 气体　C. 固体　D. 气固双特性体

49. 汽包和各种容器上的水位计是利用(C)的原理制成的。

A. 平衡板　B. U 形管　C. 连通器　D. 液体特性

50. 层流的状态下流体的流线呈(A)。

A. 直线　B. 双曲线　C. 抛物线　D. 折线

51. 判别流体运动状态的依据是(A)。

A. 雷诺数　B. 莫迪图　C. 尼连拉兹图　D. 伯努利

52. 工程应用中工质的压力指什么(B)。

A. 力　B. 压强　C. 压能　D. 可压缩性

53. 流动液体的基本参数是(C)。

A. 温度与压力　B. 温度、压力、速度

C. 压力与速度　D. 温度、压力、比体积

54. 水的蒸发速度除了与表面的温度有关系以外，还与(B)有直接关系。

A. 液体的性质　B. 水表面的压力

C. 液体是否流动　D. 容器的体积

55. 物体温度升高(A)K 所需要的热量称为热容。

A. 1　B. 2　C. 3　D. 4

56. 不同的物质有不同的比热容，比热容是物质的一种特性；同一物质的比热容一般不随质量、形状、温度而变化，如一杯水与一桶水，冷水与热水，它们的比热容相同；下列几种物质按照比热容大小排列顺序正确的是(C)。

A. $c_{铅}>c_{钢}>c_{铁}>c_{铝}$　B. $c_{铝}>c_{铅}>c_{钢}>c_{铁}$

C. $c_{钢}>c_{铁}>c_{铝}>c_{铅}$　D. $c_{铝}>c_{铁}>c_{钢}>c_{铅}$

57. 气体比体积的单位是(C)。

A. kg/m^3　B. $1/m^3$　C. m^3/kg　D. m^2/m^3

58. 气体比体积是衡量气体(C)的物理量。

A. 体积大小　B. 质量大小

C. 密度大小　D. 物质量的大小

59. 气体密度与气体比体积的关系是(C)。

A. 气体比体积与气体密度定义一样

B. 气体密度大于气体比体积

C. 气体密度和气体比体积是互为倒数的两个物理量，都是衡量一定体积下所含有气体的多少

D. 两者之间没有直接关系

60. 下列物理变化属于汽化的有(D)。

A. 凝结　B. 凝固　C. 固化　D. 蒸发

61. 齿轮泵最基本形式就是两个(B)的齿轮在一个紧密配合的壳体内相互啮合旋转。

A. 齿高相同　B. 尺寸相同　C. 齿数相同　D. 分度圆相同

62. 齿轮泵出口物料的位置是(A)。

A. 两个齿轮的啮合处

B. 两个齿轮的非啮合处

C. 两个齿轮的转动中心

D. 设置专门的出口，与齿轮没有关系

63. 液力偶合器靠液体与泵轮、涡轮的叶片相互作用产生(B)来传递扭矩。

A. 力的变化　　B. 动量矩的变化

C. 密度的变化　　D. 温度的变化

64. 液力偶合器是以(B)为工作介质的一种非刚性联轴器，又称液力联轴器。

A. 气体　　B. 液体　　C. 固体　　D. 气液混合

65. 液力偶合器的泵轮和涡轮组成一个可使液体循环流动的(C)，泵轮装在输入轴上，涡轮装在输出轴上。

A. 开放的工作舱　　B. 高压缸　　C. 密封工作腔　　D. 回路

66. 液力偶合器的输入转速(A)输出转速。

A. 大于　　B. 小于　　C. 等于　　D. 不确定

67. 压力容器都需要承受一定的压力，所以对于金属材料的(C)性质要求比较严格。

A. 硬度　　B. 韧性　　C. 强度　　D. 热稳定性

68. 压力容器所承受的最大的力是(A)。

A. 容器内外的压力差　　B. 交替变化的应力

C. 内外热膨胀不均匀的热应力　　D. 金属的内应力

69. 并联水泵最重要的目的是(C)。

A. 提供足够大的出口流量　　B. 提高出口压力

C. 起备用水泵作用，保证运行安全　　D. 多此一举，无并联需要

70. 一般大型风机润滑油泵采用的是(A)方式运行。

A. 并联　　B. 串联

C. 混联　　D. 多种运行方式结合使用

71. 泵的串联多数情况下用于(B)系统。

A. 提供足够大的出口流量

B. 保证足够大的出口压力

C. 保证设备的安全，各泵之间有备用

D. 无此应用方式

72. 金属的蠕变速度受到很多因素的影响，下列因素对蠕变速度没有影响的是(C)。

A. 温度　　B. 压力　　C. 韧性　　D. 金属性质

73. 实验表明，大量次数的测量所得到的一系列数据的偶然误差都服从一定的统计规律，以下对于这些规律描述不正确的是(C)。

A. 绝对值相等的正负误差出现的几率是一样的

B. 绝对值小的误差比绝对值大的误差出现的几率大

C. 绝对值小的误差比绝对值大的误差出现的几率小

D. 误差不会超出一定的范围

74. 由于仪表的原因造成的误差是系统误差，下列(D)因素不是造成仪表误差的原因。

A. 各种刻度尺的热胀冷缩　　B. 表盘的刻度不准确

C. 仪表本身的精度比较小　　D. 实验条件和实验方法不同

75. 如果测碳仪系统完好，而无法测到飞样，其原因是(B)。

A. 取样管过大　　B. 取样撞击管被磨损断裂

C. 飞灰速度过快　　D. 飞灰过细

76. 飞灰取样器从烟道(D)，并将管头切割成约30°的斜面。

A. 上方插入　　B. 左方插入　　C. 右方插入　　D. 下方插入

77. DCS操作员站主要功能是为系统的运行操作提供人机界面，使操作员可以通过操作员站及时了解现场运行状态、各种运行参数、是否有异常情况发生。下列不属于其基本组成有(C)。

A. 面向被控制现场的现场I/O控制站

B. 面向操作人员的操作员站

C. 面向操作人员的监督管理工程师站

D. 面向DCS监督管理的工程师站

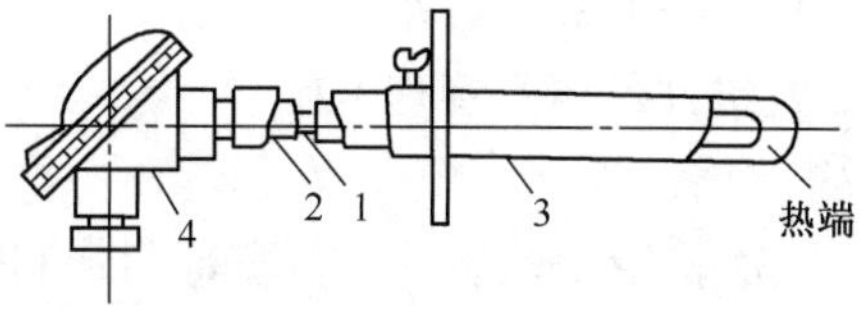

78. 见右图热电偶结构的3表示的是(C)。

A. 热电极　　B. 绝缘套

C. 保护套管　　D. 接线盒

79. 铂热电阻是利用金属的(D)随金属温度变化的原理而制成。

A. 电流　　B. 电压　　C. 电容　　D. 电阻

80. 对于安装在腐蚀及磨损严重地方的热电阻的保护套管的检查周期是(D)。

A. 4~5年　　B. 2~3年　　C. 1年　　D. 每次停工检修

81. 氧化锆属于(C)类型的电解质。

A. 气态　　B. 液态　　C. 固态　　D. 两相态

82. 飞灰取样器从烟道(D)，并将管头切割成约30°的斜面。

A. 上方插入　　B. 左方插入　　C. 右方插入　　D. 下方插入

83. 双波纹管差压计投入中需要重点考虑的是(D)。

A. 流量的稳定　　B. 压力表的保护

C. 仪表管道的保护　　D. 波纹管的保护

84. 双波纹管差压计投入前首先应该做(B)。

A. 打开节流装置后一二次阀　　B. 打开流量计前后管的平衡阀

C. 仪表投入二次仪表　　D. 开节流装置前一二次阀

85. 差压水位计的信号直接接到锅炉操作盘上，以增强对水位(B)的手段。

A. 管理　　B. 操作　　C. 扰动　　D. 理顺

86. 角行程电动执行机构代码是(A)。

A. DKJ　　B. DKZ　　C. M　　D. PT

87. 直行程电动执行机构代码是(B)。

A. DKJ　　B. DKZ　　C. M　　D. PT

88. 我国的法定计量单位中，压强的单位帕斯卡(Pa)是SI的导出单位，用SI基本单位表达应为(B)。

A. $kg/(m \cdot s^2)$　　B. N/m^2　　C. kg/m^2　　D. kg/cm^2

89. 下列能量单位中，(B)是法定计量单位。

A. cal(卡)　　B. kW·h(千瓦时)

C. hp·h(马力小时)　　D. kgf(千克力)

90. 下列压强单位中(C)是法定计量单位。

A. bar(巴)　　B. mmHg(毫米汞柱)

C. Pa(帕)　　D. atm(大气压)

91. 按计量学用途，计量器具可以分为(D)等类型。

A. 计量基准器具、计量器具、计量装置

B. 计量基准器具、计量物质、计量装置

C. 计量基准器具、计量物质、工作器具

D. 计量基准器具、计量器具、工作计量器具

92. 用于贸易结算、安全防护、环境监测、医疗卫生方面属于强制管理的计量器具应属于(A)级计量器具管理范围。

A. A　　B. B　　C. C　　D. D

93. 检定由政府计量行政部门强制执行，检定关系固定，(C)，检定必须按检定规程实施，这就是计量器具强制检定的特点。

A. 按日送检　　B. 按月送检

C. 定点定期送检　　D. 不定期送检

94. 下列选项中，注销印和(D)是计量检定机构对检定不合格的计量器具出具的证明。

A. 检定证书　　B. 检定合格

C. 检定不合格印　　D. 检定结果通知书

95. 计量器具新产品是指本单位从未申请过的计量器具，包括对原有产品在结构、材质等方面作了(A)改进，导致性能、技术特征发生变更的计量器具。

A. 重大　　B. 较小　　C. 必要　　D. 一般

96. 按照管理环节的不同，计量检定可以分为(D)等类型。

A. 周期检定、出厂检定、修后检定、在线检定、仲裁检定

B. 周期检定、出厂检定、在线检定、进口检定、仲裁检定

C. 周期检定、出厂检定、修后检定、在线检定、进口检定

D. 周期检定、出厂检定、修后检定、进口检定、仲裁检定

97. 量值传递是通过检定或其他传递形式，将国家计量基准所复现的计量单位量值通过各级计量逐级传递到(B)，以保证被测对象测得的量值准确和一致的过程。

A. 工作基准　　B. 工作计量器具

C. 计量仪表　　D. 社会公用器具

98. 我国现行采用的计量印证分为(B)。

A. 检定证书、检定合格印、检定合格证、检定合格通知书和检定不合格印五种类型

B. 检定证书、检定合格印、检定合格证、检定结果通知书和注销印五种类型

C. 检定证书、检定合格印、检定合格证、注销印和检定不合格印五种类型

D. 检定证书、检定合格印、注销印、检定结果通知书和检定不合格印五种类型

99. 内部审核包括(D)。
   A. 内部质量管理体系审核
   B. 内部产品质量审核
   C. 内部过程质量审核
   D. 内部质量管理体系、产品质量、过程质量的审核
100. 给水泵在朗肯循环中的作用是(A)。
   A. 处于锅炉和汽轮机之间，对锅炉给水加压
   B. 处于锅炉之后，对锅炉给水加压
   C. 不属于朗肯循环中的设备
   D. 对于朗肯循环的效率没有任何影响
101. 高压加热器在朗肯循环中的作用是(B)。
   A. 加压给水　　B. 加热给水
   C. 不属于朗肯循环中的设备　　D. 对于朗肯循环的效率没有任何影响
102. 下列设备不属于凝汽设备的是(D)。
   A. 射水泵　　B. 真空泵　　C. 凝汽器　　D. 循环水泵
103. 凝汽器中蒸汽流动的动力是(D)。
   A. 水的推动力　　B. 温度差
   C. 蒸汽压力　　D. 凝汽器的末端负压
104. 凝汽器的主要原理是(C)。
   A. 通过冷却循环水将低压蒸汽凝结成水
   B. 通过压缩风冷却蒸汽
   C. 通过凝结水泵将凝结凝汽器中的凝结水除去，使得凝结过程不断进行
   D. 通过加热给水冷却蒸汽
105. 除氧器按照除氧原理可以分为(A)。
   A. 热力除氧，化学除氧　　B. 热态除氧，冷态除氧
   C. 淋水盘式除氧，旋膜式除氧　　D. 反应剂除氧，钢剂除氧
106. 热力除氧的依据是(D)。
   A. 水面上某种气体的分压力越小，其溶解的氧气量越大
   B. 水温越高，水中的氧气的溶解度越大
   C. 水面上某种气体的分压力越大，其溶解的氧气量越小
   D. 水温越高，水中的氧气的溶解度越小
107. 低压蒸汽加热器的蒸汽行程为(C)形流动。
   A. 直线　　B. 往复　　C. S　　D. T
108. 高压加热器是利用(B)来加热凝结水或者锅炉给水的设备。
   A. 自由蒸汽　　B. 汽轮机抽气
   C. 锅炉来汽　　D. 减温减压蒸汽
109. 高压加热器表面的换热管一般采用(D)管束。
   A. 多圈　　B. 圆周　　C. S　　D. U

110. 低压加热器内积聚的空气，增大传热的热阻，会使得端差(D)。

A. 减少　B. 稳定　C. 不稳定　D. 增大

111. 低压加热器水位过低，容易降低(C)。

A. 锅炉热效率　B. 汽轮机热效率

C. 机组回热经济性　D. 发电效率

112. 高压加热器投入运行时候的一般温度上升率是(B)℃/min。

A. 1.0　B. 1.87　C. 2.1　D. 2.55

113.《火力发电厂高压加热器运行维护守则》规定：漏升率不得(B)℃/min。

A. ≤1　B. ≤5　C. ≥1　D. ≥5

114. 高压加热器的疏水自动调节阀的开度与(D)有关。

A. 锅炉负荷　B. 高压加热器负荷

C. 外供汽负荷　D. 机组负荷

115. 离子交换的作用是(A)。

A. 降低了水中的离子浓度　B. 降低了水中的钙镁离子浓度

C. 提高水中的离子浓度　D. 提高水中的钙镁离子浓度

116. 下列不属于阳离子交换剂的是(C)。

A. RH　B. RNa　C. ROH　D. RNH_4

117. 离子交换的原理是(B)。

A. 将易形成溶于水的钙镁化合物变成不溶于水的钙镁化合物

B. 将钠离子通过化学反应交换其钙镁离子

C. 利用各种离子溶水性的不同来除去水中硬度较大的离子

D. 利用外界的压力和浓度的不同来实现离子交换

118. 渗透的工作原理主要是利用两类溶液的(C)来完成的。

A. 压力差　B. 密度差　C. 浓度差　D. 温差

119. 反渗透中水的流动方向是(B)。

A. 由浓度低的方向流到浓度高的地方

B. 由浓度高的地方流到浓度低的地方

C. 处于平衡状态，水不流动

D. 非平衡状态，所以水的流动方向不确定

120. 下列对于单元制机组锅炉的特点描述不正确的是(C)。

A. 单元制机组锅炉系统简单，管道短，成本低

B. 投资少，系统本身的事故可能性减少

C. 邻炉之间可以相互支援

D. 操作方便，便于滑参数启动，停止汽轮机，锅炉

121. 根据欧姆定律，如保持电阻不变，当增加电压时，(D)与电压成正比例增加。

A. 电势　B. 电压　C. 电阻　D. 电流

122. 下列材料中绝缘性能较好的是(A)。

A. 橡胶　B. 干木材　C. 水　D. 铝

123. 在串联电路中每个电阻上流过的电流(C)。

A. 电阻大的电流大　B. 电阻小的电流大
C. 相同　D. 电阻大的电流小

124. 串联电路中的电压分配与各电阻(A)。

A. 成正比　B. 成反比　C. 没关系　D. 相等

125. 在并联电路中，总电流等于各支路电流之(D)。

A. 相除　B. 乘积　C. 差　D. 和

126. 并联电阻可以起到(A)的作用。

A. 分流　B. 分压　C. 分组　D. 分线

127. 如果在5s内通过导体截面的电量是10C，电流是(B)A。

A. 1　B. 2　C. 3　D. 4

128. 如果通过导体截面的电流是0.1A，那么1min将有(C)C的电量通过导体截面。

A. 8　B. 7　C. 6　D. 5

129. 1.05×10^4V 等于(C)kV。

A. 0.105　B. 1.05　C. 10.5　D. 105

130. 0.8×10^{-5}V 等于(B)μV。

A. 80　B. 8　C. 0.8　D. 0.08

131. 300000mV 等于(C)V。

A. 3　B. 30　C. 300　D. 3000

132. 1MΩ 等于(D)Ω。

A. 10^3　B. 10^4　C. 10^5　D. 10^6

133. 功率的单位是(C)。

A. Q　B. P　C. W　D. U

134. 负载消耗的功率是(D)。

A. $P=I^2R$　B. $P=ER$　C. $P=U^2/R$　D. $P=UI$

135. 电路中随时间按正弦函数规律变化的电流、电压、电动势统称为(B)。

A. 正切交流电　B. 正弦交流电
C. 余弦交流电　D. 余切交流电

136. 在波形图上，正弦交流电是(A)。

A. 正弦函数曲线　B. 余弦函数曲线
C. 直线　D. 抛物线

137. 正弦交流电的三要素是最大值、角频率、(C)。

A. 相位　B. 相位差　C. 初相位　D. 末相位

138. 发电设备将其他形式的能转换成电能，电路系统中向用电设备提供能量的是(D)。

A. 控制电路　B. 导线　C. 负载　D. 电源

139. 我国交流电的频率为(B)Hz。

A. 40　B. 50　C. 60　D. 80

140. 我国交流电的周期时间为(B)s。

A. 0.05　B. 0.02　C. 0.03　D. 0.015

141. 强制循环泵启动前要打开(A)，检查水量是否充足。

A. 低压冷却水门　　B. 消防水门

C. 高压冷却水门　　D. 冲洗水门

142. 锅水循环泵启动前使用1000MΩ绝缘电阻检查绕组对地电阻时，其值应(A)。

A. 大于5MΩ　　B. 小于5MΩ　　C. 等于5MΩ　　D. 随意

143. 用点火装置点火时，投入的点火喷油嘴一般不应少于(A)只，否则冷炉点火易发生熄火。

A. 2　　B. 3　　C. 4　　D. 5

144. 电动阀在电动关闭位置时，再手动继续关闭，检查其关闭位置的预留开度，一般预留开度为(B)。

A. 1/3圈以上　　B. 1/3圈以下　　C. 1/2圈　　D. 1圈以下

145. 进行调节阀流量试验时，应将调节阀开度分为(D)个级别进行。

A. 1　　B. 2　　C. 4　　D. 5

146. 调节阀试验一般分为(A)。

A. 静态试验和流量试验　　B. 静态试验和压力试验

C. 压力试验和流量试验　　D. 静态试验和强度试验

147. 投运中的锅炉，每(C)年应定期进行一次超水压试验。

A. 4　　B. 5　　C. 6　　D. 7

148. 在高压汽水系统的水压试验中应保持给水压力始终(D)锅炉压力。

A. 低于　　B. 高于　　C. 略低于　　D. 略高于

149. 母管制中储式锅炉，启动前可以从邻炉向启动炉(B)。

A. 原煤仓输送原煤　　B. 煤粉仓送粉

C. 输送一次风　　D. 炉膛输送燃料

150. 在锅炉点火初期，应注意汽源压力与汽包压力的差值不得低于(A)MPa，以防止锅水倒入汽源母管。

A. 0.5　　B. 0.4　　C. 0.3　　D. 0.2

151. 风机(C)在风机启动前应投入运转。

A. 入口挡板　　B. 出口挡板

C. 润滑油保护系统　　D. 自动调节系统

152. 额定转速1000r/min的转动机械运行中，振动值不得超过(C)mm。

A. 0.09　　B. 0.085　　C. 0.1　　D. 0.08

153. 在直流锅炉，当给水泵跳闸或其他问题使给水压力下降到规定值时，(C)。

A. 汽轮机自动停机　　B. 发电机跳闸

C. 锅炉断水保护动作　　D. 除氧器出水阀关闭

154. 调节阀的死程不得超过调节阀阀杆(C)的20%。

A. 阀门公称直径　　B. 阀门通流面积

C. 全行程　　D. 管道直径

155. 当调节阀处于关闭位置时进行开启操作，在开启初期，其死程不得大于全程的(B)。

A. 5%　　B. 10%　　C. 15%　　D. 20%

156. 锅炉并汽过程中，准备开启主蒸汽阀门前应缓慢开启(A)，利用小流量蒸汽将死角水分汽化。

A. 主蒸汽旁路阀　　B. 主蒸汽阀

C. 汽轮机入口蒸汽阀　　D. 减温水阀

157. 锅炉并汽时如果出现母管主蒸汽温度降低应(D)。

A. 加快并汽速度　　B. 继续并汽操作

C. 减慢并汽速度　　D. 立即停止并汽

158. 锅炉并汽必须在(D)的统一指挥下进行。

A. 班长　　B. 厂长　　C. 司炉　　D. 值长

159. 重锤式安全阀是用(D)来改变动作压力。

A. 杠杆的长度　　B. 重锤的质量

C. 弹簧的调整螺丝紧度　　D. 移动重锤在杠杆上的位置

160. 弹簧式安全阀是依靠调整调节螺丝来(C)，使安全阀在规定压力下动作。

A. 调整杠杆的长度　　B. 调整重锤的质量

C. 调整弹簧的松紧度　　D. 移动重锤在杠杆上的位置

161. 过热器在启动过程中冷却条件较差，需要采用限制(B)的方法来保护过热器。

A. 汽轮机用汽量　　B. 过热器出口汽温

C. 调整风和燃料量　　D. 燃煤的投入时间

162. 直流锅炉热态启动时给水温度不能太高，否则易发生(C)。

A. 无法进水　　B. 省煤器内汽化

C. 省煤器振动　　D. 汽包内水扰动过大

163. 自然循环锅炉升压过程应加强水冷壁(D)的膨胀指示器监视。

A. 管　　B. 膜片　　C. 折焰角　　D. 下联箱

164. 一般将锅炉底部蒸汽加热称为(A)。

A. 循环推动器　　B. 余热回收

C. 循环利用　　D. 助燃剂

165. 加强(B)可以减少汽包应力的产生。

A. 汽包放水　　B. 水冷壁下联箱放水

C. 省煤器放水　　D. 除氧气放水

166. 在锅炉启动过程中，应控制汽包壁的温差不超过(D)℃。

A. 100　　B. 90　　C. 80　　D. 40

167. 燃油点火前应启动风机，保持炉膛负压(B)Pa，通风5~10min。

A. 50　　B. 100　　C. 200　　D. 1000

168. 点火时应关小风量，保持炉膛负压在(D)，利于点火燃烧稳定。

A. 20~40MPa　　B. 20~40kPa

C. 200~400Pa　　D. 20~40Pa

169. 锅炉点火升压是一个极不稳定的时期，因此(A)。

A. 投入所有保护　　B. 加强监视

C. 解除联锁　　D. 退出保护

170. 滑参数启动升压过程中汽轮机逐步带负荷，这一阶段称为(C)。

A. 第一阶段　B. 第二阶段　C. 第三阶段　D. 第四阶段

171. 锅炉升压速度应根据各自的升温、升压(B)，指导升压过程的操作。

A. 条件　B. 曲线　C. 有关命令　D. 生产情况

172. 最容易积存硅酸的部位是(D)。

A. 汽包　B. 过热器

C. 汽轮机高压叶片　D. 汽轮机低压叶片

173. 煤粉锅炉启动时采用(C)投入燃烧器可以达到互补，提高完全燃烧程度。

A. 相邻　B. 独角　C. 对角　D. 随意

174. 采用重质油燃烧时应适当提高燃油的(B)，降低燃油的黏度，使其雾化质量提高。

A. 湿度　B. 温度　C. 闪点　D. 燃点

175. 锅炉燃油时，配风不好，缺少(A)会出现燃油缺氧燃烧。

A. 根部风　B. 周界风　C. 夹心风　D. 十字风

176. 自然循环锅炉升压过程中应通过(C)来防止再热器超温。

A. 控制过剩空气系数　B. 控制减温水量

C. 控制烟气温度　D. 烟气挡板

177. 自然循环锅炉热态启动时当主蒸汽温度与高温过热器入口汽温之差小于(D)℃时，全开高温过热器集汽联箱疏水阀。

A. 60　B. 50　C. 40　D. 30

178. 自然循环锅炉热态启动时，高、低压旁路投入后，应关小或关闭(A)。

A. 疏水阀　B. 排汽阀　C. 减压阀　D. 排污阀

179. 回转式空气预热器启动时吹灰器的(C)应处于关闭位置。

A. 压缩风阀　B. 蒸汽阀　C. 清洗水阀　D. 空气阀

180. 回转式空气预热器热端径向密封控制系统应置于(A)。

A. 上限位置　B. 下限位置　C. 关闭位置　D. 开启位置

181. 仓泵充压时，仓泵内的灰会(B)起来。

A. 沉在底层　B. 悬浮

C. 吸附在四周　D. 气固分离

182. 当进料阀关闭后，仓泵内开始充气，这个过程称为(A)。

A. 充压过程　B. 排气过程　C. 进料过程　D. 送料过程

183. 原煤颗粒燃烧的过程：燃料颗粒受热，水分析出→继续受热→挥发分着火→引燃焦炭并继续析出挥发分→(A)→形成灰渣。

A. 挥发分与焦炭一道燃尽　B. 挥发分燃尽，焦炭继续燃烧

C. 挥发分燃尽，其他可燃气体燃烧　D. 挥发分继续燃烧，焦炭燃尽

184. 锅炉燃料在炉膛内加热升温速度很快，仅在0.1~0.2s的时间就可以达到燃烧时的温度水平约(C)。

A. 1000℃　B. 1000 ℉　C. 1500℃　D. 1500 ℉

185. 炭粒子燃烧时必须保持一定的(D)和适当的供氧条件才能使炭粒子燃尽。

A. 浓度　B. 流速　C. 压力　D. 温度

186. 灰的(B)高低是判断煤的灰分是否结渣的主要指标。
A. 变形温度　B. 软化温度　C. 溶化温度　D. 干燥温度

187. 强结焦性煤的焦炭呈(B)。
A. 松散状　B. 坚硬的块状　C. 粉末状　D. 颗粒状

188. 表明煤中灰分熔点高低的特性是指煤的(C)。
A. 发热量　B. 挥发分和结焦性
C. 煤灰熔融性　D. 可磨性

189. 煤热分解的发生是由于加热使温度升高，分子的振动加剧，当达到一定值时，分子和原子间的键断裂而引起的(C)。
A. 裂化反应　B. 物理反应　C. 化学反应　D. 热力反应

190. 一般原煤表面温度达到(B)℃以上开始形成焦炭。
A. 505　B. 759　C. 1010　D. 1256

191. 烟煤的特点是：挥发分高于无烟煤，含碳量(B)无烟煤。
A. 高于　B. 低于　C. 等于　D. 不一定

192. 挥发分含量高的燃料与含量低的燃料比较，(A)。
A. 含量高的燃料燃烧速度快　B. 含量低的燃料燃烧速度快
C. 燃烧速度一样　D. 很难确定

193. 对于活化能较大的燃料，提高反应系统的(C)，就能达到提高反应速度。
A. 流速　B. 湿度　C. 温度　D. 流量

194. 炉膛着火区如果过分缺氧，着火就会终止，甚至引起(D)。
A. 燃烧　B. 自燃　C. 闪烁　D. 爆炸

195. 燃料完全而迅速燃烧必须具备的条件之一是(C)。
A. 水分多　B. 挥发分低
C. 有相当高的炉内温度　D. 有限制的燃烧空间

196. 燃料中的挥发分着火后可对燃料的未挥发部分进行强烈(D)。
A. 混合　B. 撞击　C. 降温　D. 加热

197. 湍流火焰传播速度快，容易产生(C)。
A. 爆炸　B. 回流　C. 噪声　D. 回火

198. 在静止的可燃气体混合物中，缓慢燃烧的火焰传播是依靠(A)，使未燃烧气体混合物温度升高，燃烧一层一层依次发生。
A. 导热和扩散　B. 辐射和导热　C. 对流和辐射　D. 扩散和对流

199. 燃料的燃烧过程一般是指燃料与(A)发生强烈反应的过程。
A. 氧气　B. 氢气　C. 水　D. 空气

200. 碳氢比值越大，说明煤中的(A)越高，燃烧越困难，难以燃尽。
A. 含碳量　B. 灰分　C. 含氢量　D. 水分

201. 固体燃料在燃烧阶段当大部分可燃物已经燃尽时，仍有少量(A)继续燃烧。
A. 残炭　B. 灰　C. 水分　D. 二氧化硫

202. 从燃煤(D)的大小可以估计出水分对锅炉的危害。
A. 内在水分　B. 外在水分　C. 全部水分　D. 折算水分

203. 干燥无灰基是以(D)状态得出的一种基准的成分值。

A. 假设全水全灰　　B. 假设无灰

C. 假设无水　　D. 假设无水无灰

204. 煤的干燥无灰基分析是以(B)为基准。

A. 实际应用的煤　　B. 假想无灰状态的煤

C. 假想除去水分、保留灰分的煤　　D. 假想除去表面水分的煤

205. 在锅炉运行中，利用折算法进行计算煤中硫分、水分、灰分对锅炉运行的影响，准确性最高。例如送入锅炉 4182kJ/kg 热量，带入锅炉灰分为(A)。

A. $A_{ar.sp}=4182\times\frac{M_{ar}}{Q_{ar.net}}\%$　　B. $M_{ar.sp}=4182\times\frac{M_{ar}}{Q_{ar.net}}\%$

C. $S_{ar.sp}=4182\times\frac{M_{ar}}{Q_{ar,net}}\%$　　D. $其他_{ar.sp}=4182\times\frac{M_{ar}}{Q_{ar,net}}\%$

206. 重油在燃烧前需要(B)方可保证良好的雾化。

A. 降到一定的流量　　B. 加热到一定的温度

C. 降低一定的压力　　D. 保持一定的流速

207. 因为重油固有特性的原因，在油管道或油泵改变油品种时，为了慎重起见，应将管道或油泵进行(C)。

A. 更换设备　　B. 全面检修　　C. 蒸汽吹扫　　D. 定期检查

208. 国内轻柴油的自燃温度一般在(C)℃范围内。

A. 100~150　　B. 150~320

C. 250~380　　D. 280~320

209. 轻柴油主要由(C)组成。

A. 氢氧化合物类　　B. 乙烷类

C. C_{12}~C_{24}烃　　D. 甲烷类

210. 气体燃料的无焰燃烧就是(B)燃烧。

A. 火焰呈乳白色　　B. 不发光的火焰

C. 明亮的火焰　　D. 发光的火焰

211. 不发光的火焰呈(A)。

A. 浅蓝色　　B. 乳白色　　C. 白色　　D. 淡红色

212. 燃油是以(C)形式进行燃烧。

A. 固态　　B. 液态　　C. 雾态　　D. 气液混合

213. 由于液体燃料的“汽化”温度比着火温度低得多，所以油燃烧实际上是油(C)的燃烧。

A. 液　　B. 流体　　C. 蒸气　　D. 滴

214. 我国通常用(A)计测燃油黏度，用°E 表示。

A. 恩氏黏度　　B. 华氏黏度

C. 热电偶温度　　D. 热电阻温度

215. 油的黏度是反映燃料油(B)及雾化好坏的指标。

A. 质量　　B. 流体流动性　　C. 燃烧　　D. 价格

216. 已知 $100^{\#}$ 重油在 50℃ 油温下的恩氏黏度为 $100°\ E_t$，其运动黏度是(B)。$\left(运动黏度=7.31\times恩氏黏度-\frac{6.31}{恩氏黏度}\right)$。

A. 620.2　B. 730.9　C. 1021.1　D. 932.5

217. 雾化质量好坏是燃油燃烧好坏的基本条件，掌握和控制一个适当的雾化角，使雾流密度分布均匀，就能取得好的(B)。

A. 热循环效益　B. 燃烧效益　C. 工作效益　D. 社会效益

218. 自然循环锅炉在允许范围内，尽可能保持高的蒸汽温度和蒸汽压力，则使(C)。

A. 锅炉效率降低　B. 锅炉热效率提高

C. 循环热效率提高　D. 发电机效率提高

219. (D)不属于朗肯循环中一部分。

A. 锅炉产出蒸汽　B. 汽轮机做工

C. 凝汽器工作过程　D. 未除过氧的凝结水加入除氧器

220. 轴流送风机一般不允许在动叶开度太小情况下运行，否则会容易造成风机(B)。

A. 超速　B. 失速　C. 变速　D. 加速

221. 转速的表示方法是(A)，单位为 r/min。

A. n　B. v　C. e　D. s

222. 回转式空气预热器驱动装置油箱内的油温不得超过(A)℃。

A. 60　B. 70　C. 80　D. 90

223. 回转式空气预热器的主驱动电动机的电流应维持在额定电流的(B)范围。

A. 30%～50%　B. 50%～75%　C. 60%～80%　D. 75%～100%

224. 当锅水含盐量达到临界含盐量时，蒸汽的湿度会(C)，所以必须控制锅水含盐量。

A. 减少　B. 不变　C. 急剧增大　D. 逐渐增大

225. 汽包水位过高时，将使(C)品质恶化。

A. 给水　B. 锅水　C. 蒸汽　D. 汽包内的水

226. 要获得洁净的蒸汽，必须降低锅水的(B)。

A. 排污量　B. 含盐量　C. 水位　D. 加药量

227. 炉底漏风，使排烟温度升高的原因是(C)。

A. 炉膛温度的提高　B. 过剩空气系数的增大

C. 提高了火焰中心　D. 空气量的减少

228. 负压锅炉在过剩空气系数不变的情况下，炉膛漏风会(D)。

A. 保持锅炉净效率　B. 保持锅炉效率

C. 提高锅炉效率　D. 降低锅炉效率

229. 炉膛下部漏风，会降低炉膛出口温度，炉内辐射量(A)。

A. 减少　B. 增大　C. 稳定　D. 不变

230. 尾部烟道的漏风会增加空气预热器的(B)。

A. 高温腐蚀　B. 低温腐蚀　C. 工作效率　D. 通风量

231. 在锅炉负荷不改变时，当燃料的挥发分降低，主蒸汽温度会(C)。

A. 保持不变　B. 降低　C. 升高　D. 平稳

232. 燃料含碳量的增高，过热器吸热量(A)，因此，主蒸汽温度上升。
A. 增大　B. 减少　C. 不变　D. 变化很大

233. 锅炉正常运行中如果出现过热蒸汽温度变化较大，有可能(B)发生了改变。
A. 汽轮机故障　B. 燃料性质
C. 锅炉负荷大幅度增加　D. 安全阀动作

234. 再热蒸汽温度调节最主要的方法是(B)调节。
A. 烟气再循环　B. 烟气挡板
C. 减温器　D. 改变炉膛火焰中心高度

235. 当负荷增加时，加大进入(A)的再热汽份额，可提高再热汽温。
A. 再热器　B. 高温过热器　C. 省煤器　D. 低温过热器

236. 减轻锅炉低温腐蚀的方法之一是(C)。
A. 降低火焰中心高度　B. 提高炉膛含氧量
C. 低氧燃烧　D. 降低排烟温度

237. 引起锅炉对流受热面高温腐蚀的主要物质是(C)。
A. SO_2　B. NO_2　C. 复合硫酸盐　D. 硫酸

238. 燃料量不变时，如果风量适当减少，则炉内温度升高，(A)吸热量增加。
A. 水冷壁　B. 过热器　C. 省煤器　D. 再热器

239. 汽包锅炉的风量增大，烟气流速会增大，使(B)吸热量增加。
A. 水冷壁　B. 过热器　C. 减温器　D. 汽包

240. 将全部负荷按额定蒸发量比例分配给参加运行的各台锅炉，这属于(A)。
A. 负荷比例调节　B. 按效率进行分配调节
C. 燃料消耗量微增率相等调节　D. 指令调节

241. (D)可按高效率锅炉带基本负荷，低效率锅炉带变动负荷的原则来调节锅炉负荷。
A. 混合制机组　B. 工业锅炉　C. 单元制机组　D. 母管制机组

242. 最经济的负荷调节方法是按(D)的原则调节。
A. 按生产需要　B. 按效率进行分配调节
C. 蒸发量按比例进行调节　D. 燃料消耗量微增率相等

243. 电力标准规定，中压锅炉汽压允许变化范围为(C)MPa。
A. 0.01　B. 0.03　C. 0.05　D. 0.1

244. 直流锅炉在外界需要锅炉负荷变化时，增加燃料量以后，同时通过改变(C)来达到目的。
A. 引风量　B. 送风量　C. 给水量　D. 燃料量

245. 改变火焰中心的位置，可以调节(D)。
A. 空气预热器入口空气风温　B. 炉膛火焰中心的温度
C. 给水温度　D. 过热汽温度和再热汽温度

246. 当锅炉蒸发量低于(A)额定值时，尽量避免使用减温水减温。
A. 10%　B. 12%　C. 15%　D. 30%

247. 油枪喷孔直径增大，雾化角增大，(A)，雾化质量降低。
A. 油膜变厚　B. 油膜变薄　C. 油膜稳定　D. 油膜均匀

248. 在回油式油枪，降低回油压力，回油量(B)，雾化质量提高。

A. 减少　　B. 增加　　C. 突然增加　　D. 突然减少

249. 燃油的黏度增加，油嘴的出力下降，表面张力(A)，雾化困难，颗粒变粗。

A. 增大　　B. 减小　　C. 不变　　D. 劣化

250. 通常固态排渣锅炉燃用烟煤时，炉膛出口氧量应控制在(B)。

A. 2%~3%　　B. 4%~5%　　C. 5%~6%　　D. 7%~8%

251. 锅炉风量调节应根据燃烧试验确定的不同负荷时最佳(B)节风量。

A. 动力场　　B. 烟气氧量　　C. 风速　　D. 风温

252. 当汽压降低时，由于饱和温度降低，使部分水蒸发，将引起锅炉水体积(A)。

A. 膨胀　　B. 收缩　　C. 不变　　D. 突变

253. 锅炉在正常运行过程中给水调节阀开度一般保持在(B)为宜。

A. 70%~80%　　B. 40%~70%　　C. 50%~100%　　D. 80%~90%

254. 锅炉采用调速给水泵调节时，给水泵运行中最高转速应低于额定转速(A)，并保持给水调节阀全开。

A. 10%　　B. 15%　　C. 20%　　D. 30%

255. 影响锅炉排烟热损失的主要因素是排烟温度和(D)。

A. 炉膛负压　　B. 火焰中心位置

C. 炉内受热面清洁度　　D. 排烟量

256. 当锅水的含盐量达到临界含盐量时，蒸汽的湿度将(D)。

A. 减小　　B. 不变　　C. 急剧减少　　D. 急剧增加

257. 蒸汽清洗装置不仅能减少蒸汽的(B)盐分，而且能减少蒸汽的溶盐。

A. 蒸汽携带　　B. 机械携带　　C. 给水携带　　D. 物理携带

258. 锅炉水循环的循环倍率越大，水循环(B)。

A. 越危险　　B. 越可靠　　C. 阻力越大　　D. 阻力越小

259. 在一定负荷范围内，当炉膛出口过剩空气系数过大时，会造成(C)。

A. q_3 损失降低，q_4 损失增大　　B. q_3，q_4 损失降低

C. q_3 损失降低，q_2 损失增大　　D. q_4 损失可能会增大

260. 用(A)来监督过剩空气系数，则煤种变化对过剩空气系数的影响很小。

A. 烟气含氧量　　B. 炉内温度　　C. 燃料量　　D. 锅炉负荷

261. 轴流式风机常采用改变动叶片角度和改变(D)的方法进行负荷调节。

A. 入口消音器的角度　　B. 出口挡板

C. 入口挡板　　D. 导流器叶片角度

262. 轴流式风机的动叶调节过程是动叶从(D)的过程。

A. 平面向立体变化　　B. 按一定的抛物线变化

C. 周波式的变动　　D. 一个平衡状态向另一个平衡状态过渡

263. 当火焰中心位置上移时，炉内(A)，应适当调整上下二次风量或燃烧器角度，使火焰中心位置下移。

A. 辐射吸热量减少，过热汽温上升　　B. 辐射吸热量增加，过热汽温降低

C. 对流吸热量增加，过热汽温降低　　D. 对流吸热量减少，过热汽温降低

264. 锅炉送风量越大，烟气量越多，烟气流速越大，烟气温度越高，则再热器的吸热量(B)。

A. 越小　B. 越大　C. 不变　D. 按对数关系减小

265. 在锅炉蒸发量不变的情况下，给水温度降低时，过热蒸汽温度升高，其原因是(B)。

A. 过热热增加　B. 燃料量增加　C. 加热热增加　D. 加热热减少

266. 锅炉运行中操作人员应随时分析飞灰含碳量和(B)，分析它们对锅炉热经济性的影响。

A. 烟气容积　B. 排烟温度
C. 受热面工作情况　D. 烟灰比例

267. 排烟容积增加，排烟热损失(C)，排烟温度升高，排烟热损失(C)。

A. 增大　减小　B. 减小　增大
C. 增大　增大　D. 减小　减小

268. 对于劣质原煤如采用配煤的方式可以减少炉内燃烧不稳定而造成(C)的可能性。

A. 二次燃烧　B. 爆炸　C. 灭火　D. 自流

269. 燃料的挥发分越低，灭火的可能性(B)。

A. 越小　B. 越大　C. 最佳　D. 无关系

270. 燃料中的挥发分高容易使(C)损坏。

A. 冷渣斗　B. 水冷壁　C. 燃烧器　D. 过热器

271. 锅炉的(D)主要原因是燃料中的挥发分过低。

A. 化学未燃烧热损失　B. 排烟热损失
C. 物理灰渣热损失　D. 机械未完全燃烧热损失

272. 锅炉散热损失随锅炉容量的增大而(B)。

A. 增大　B. 减小　C. 不变　D. 变化

273. 锅炉的散热损失随着周围温度的降低而(A)。

A. 增大　B. 减小　C. 不变　D. 变化

274. 锅炉停炉以后回转式空气预热器继续运行，经自然冷却至空气预热器入口的烟气温度降低至(A)℃以后才可以停运。

A. 80　B. 90　C. 100　D. 110

275. 停炉过程中回转式空气预热器受热面或者风罩变形的原因是(B)。

A. 回转式空气预热器转速过高
B. 停炉过程中，没有按照规范停止回转式空气预热器，导致烟气侧和空气侧的温差过大
C. 回转式空气预热器低温腐蚀
D. 回转式空气预热器的烟气侧的温度超过其能承受的温度范围

276. 滑参数停炉过程中，主蒸汽温度下降一般每分钟不超过(B)℃。

A. 1~2　B. 1~1.5　C. 2~3　D. 3~4

277. 停炉过程中，汽包上下壁温差不大于(B)℃。

A. 30　B. 40　C. 50　D. 60

278. 定参数停炉过程中锅炉维持较高的主蒸汽压力和温度，其目的是(B)。

A. 提高锅炉的燃烧效率　　B. 减少锅炉的热损失

C. 保证汽轮机的效率　　D. 提高朗肯循环的效率

279. 定参数停炉过程中，降低锅炉负荷时需要维持锅炉的(C)稳定。

A. 压力　　B. 温度

C. 温度和压力　　D. 主蒸汽阀门开度

280. 停炉过程中汽包的上下壁温差出现的根本原因是(B)。

A. 上下壁所处的环境的温度不一样　　B. 水和汽的导热系数不同

C. 汽的导热系数大于水的导热系数　　D. 给定的温度不同

281. 停炉过程中给水温度不低于(D)℃。

A. 100　　B. 110　　C. 120　　D. 140

282. 锅炉停炉备用或者检修超过(D)天，需要将原煤仓的煤烧干净。

A. 2　　B. 4　　C. 6　　D. 7

283. 直流锅炉过热器降压速度不大于(D)MPa/min，其目的是保护分离器。

A. 0.1　　B. 0.2　　C. 0.3　　D. 0.4

284. 定参数停炉熄火后要根据过热器及再热器的(A)变化，开启旁路冷却过热器和再热器15min，防止管壁超温。

A. 管壁温度　　B. 流量　　C. 压力　　D. 烟气温度

285. 锅炉停炉过程中，由于锅炉负荷的减少，省煤器内给水流速较低，容易引起省煤器内给水(C)。

A. 沸腾　　B. 凝结　　C. 汽化　　D. 劣化

286. 省煤器(D)在锅炉停运过程中停止上水时应该开启。

A. 放水阀　　B. 空气阀　　C. 进水阀　　D. 再循环阀

287. 仓泵停止前需要解除(B)。

A. 电源　　B. 联锁　　C. 阀门　　D. 气源

288. 强制循环锅炉循环水泵和锅炉通风冷却在停炉过程中的停止顺序是(B)。

A. 循环水泵先停，然后停止锅炉通风冷却

B. 锅炉通风冷却先停，然后停止锅炉循环水泵

C. 锅炉通风冷却和强制循环泵同时停止

D. 两者的停止顺序不确定

289. 随着锅炉的压力的降低，循环水泵的进、出口压差和电动机的电流会(B)。

A. 没有任何变化　　B. 随着升高

C. 随着降低　　D. 变化规律不确定

290. 轴向可动叶轮旋流燃烧器的一次风气流为直流和依靠挡板产生的(A)，二次风气流通过轴向叶片的叶轮产生旋转运动。

A. 旋转射流　　B. 直线射流

C. 回流　　D. 较高的紊流

291. 均等配风直流燃烧器是将一、二次风口(B)，而且一、二次风间距相对较近。

A. 平行布置　　B. 间隔布置　　C. 对角布置　　D. 斜角布置

292. 随着锅炉容量增大，汽包的(A)。

A. 直径微变，长度增长 B. 直径增大，长度增长
C. 直径增大，长度不变 D. 直径减小，长度增长

293. 同容量的锅炉，汽包容积大的(C)。

A. 相应变化 B. 储热能减小
C. 储热能力强 D. 储热能保持不变

294. 燃煤锅炉的油枪上设置了(D)。

A. 夹心风 B. 十字风 C. 浓淡器 D. 稳燃器

295. 叶片型旋流器改变叶片角度，使气流旋转偏心距改变，改变了气流(A)。

A. 强弱程度 B. 风量的大小 C. 压强 D. 方向

296. 燃煤锅炉油枪稳燃器是将一小部分风(B)，以促进油与空气的混合。

A. 均匀分配 B. 产生旋转 C. 增大风压 D. 产生紊流

297. 自然循环锅炉与强制循环锅炉相比，因无(A)而工作可靠性提高。

A. 循环水泵 B. 给水泵 C. 润滑油泵 D. 渣浆泵

298. 由于自然循环锅炉循环回路中(D)，因此，水冷壁和下降管的直径较大，管壁较厚。

A. 流动压头大，阻力大 B. 流动压头小，阻力小
C. 流动压头大，阻力小 D. 流动压头小，阻力大

299. 强制循环锅炉蒸发受热面中工质的流动主要依靠(B)，因此水循环安全性高。

A. 给水泵的压头 B. 锅水循环泵的压头
C. 重度差 D. 汽水混合物的密度

300. 由于强制循环锅炉(D)，因此汽包尺寸有所减小。

A. 循环倍率大，循环水量少 B. 循环倍率小，循环水量多
C. 循环倍率大，循环水量多 D. 循环倍率小，循环水量少

301. 强制循环锅炉启动时间比(A)。

A. 自然循环锅炉快 B. 直流锅炉快
C. 自然循环锅炉慢 D. 都一样

302. 在(A)的压头下，给水依次经过加热、蒸发和过热受热面而生成具有一定压力和温度的过热蒸汽，即称为直流锅炉。

A. 给水泵 B. 循环泵 C. 凝结泵 D. 中继泵

303. 为了防止给水过热出现汽水混合物在联箱内分配不均或过冷而使水冷壁管的水动力特性恶化，直流锅炉省煤器出口水温在额定负荷下比饱和温度低约(C)℃。

A. 10 B. 20 C. 30 D. 40

304. 过热器运行特性是指过热器出口汽温与(A)之间的关系。

A. 负荷 B. 压力 C. 汽温 D. 燃烧特性

305. 再热器工作条件比过热器更差，这是因为再热蒸汽(D)，再热器蒸汽侧的放热系数为过热器蒸汽侧放热系数的五分之一。

A. 压力高，密度小，流速低 B. 压力低，密度大，流速低
C. 压力低，密度小，流速快 D. 压力低，密度小，流速低

306. 小型锅炉的过热器蛇形管设计(A)，这是因为过热汽温较低吸收热量比例较少(约为15%)。

A. 单圈　B. 双圈　C. 三圈　D. 多圈

307. 为了减少烟气热偏差对过热器产生的影响，广泛采用过热器(D)布置，使过热蒸汽交叉流动。

A. 顺流　B. 对流　C. 上下交叉　D. 左右交叉

308. 下列四个图是过热器各联箱疏水系统，(B)更为合理。

A. 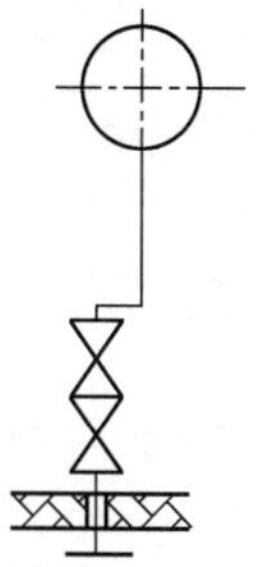

B. 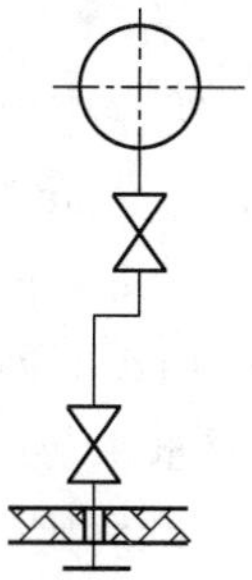

C. 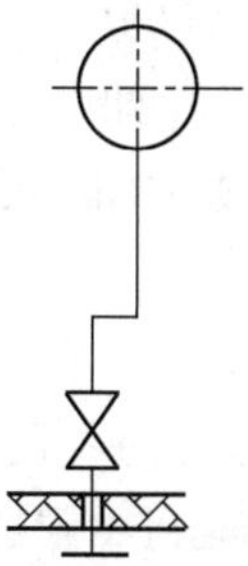

D. 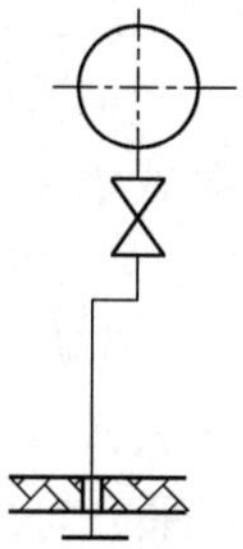

309. 在大型锅炉，再热器系统分为多级，其目的是使整个再热器系统(B)随负荷的变化特性处于平稳状态。

A. 管壁温度　B. 出口温度　C. 入口温度　D. 烟气温度

310. 再热器采用三级布置与二级布置比较，每级的焓增量降低，使每级再热器出口蒸汽温度差(D)。

A. 变化幅度增大　B. 稳定

C. 增大　D. 偏小

311. (C)的省煤器多采用支承结构。

A. 均匀布置　B. 竖向布置　C. 横向布置　D. 错列布置

312. 悬吊式省煤器是将省煤器管用(A)或受热面管子本身作为蛇形管作为吊架，使整个省煤器悬吊在钢梁顶上。

A. 耐热扁钢　B. A3钢　C. 20钢　D. 高碳钢

313. 省煤器的悬吊梁是利用两条槽钢焊接而成的空心梁，其空心梁里应保持一定的(B)。

A. 温度　B. 冷却介质　C. 湿度　D. 烟气量

314. 汽水分离器的钟罩式穿层清洗装置蒸汽是从(B)进入清洗装置。

A. 板上　B. 下底板两侧缝隙中

C. 孔板分离器后　D. 百叶窗后

315. 汽包内的平板式清洗装置平孔板上的水层是依靠蒸汽穿孔(D)所造成的孔板前后压差来托住。

A. 温度　B. 流速　C. 温度　D. 阻力

316. 汽包内穿层式清洗装置上的水层厚度一般以(A)mm为宜。

A. 40~50　B. 50~60　C. 60~70　D. 70~80

317. 锅炉运行时可通过控制(A)，消除不合理的烟气走廊来减少省煤器的磨损。

A. 烟气流速　B. 烟气温度　C. 烟气湿度　D. 烟气比例

318. 省煤器防磨板一般选用的是(C)。

A. 普通钢　B. 合金钢　C. 低碳钢　D. 考登钢

319. 空气预热器防磨套管一般采用(A)钢制作。

A. A3　B. 合金钢　C. 工具钢　D. 弹簧钢

320. 空气预热器防磨套管安装在空气预热器(B)。

A. 出口段　B. 入口管段　C. 中间段　D. 三段都有

321. 表面式减温器的进、出口减温水管必须经过蒸汽夹套管与法兰连接，这是减少(D)的有效方法之一。

A. 压缩应力　B. 拉伸应力　C. 机械应力　D. 疲劳热应力

322. 膜式水冷壁可以减轻炉膛重量的60%~70%，与重型炉墙相比(D)。

A. 增加机动性　B. 保持同样时间

C. 启动时间增长　D. 启动时间缩短

323. 膜式水冷壁锅炉运行时为了防止炉膛出现水平晃动，在水冷壁四周安装了(A)，使炉膛在水平方向、垂直方向能自由膨胀，而且保持准确定位。

A. 刚性圈梁　B. 膨胀节　C. 导向器　D. 膨胀指示器

324. 内螺纹水冷壁是在管子内壁开出单头或多头(D)的管子。

A. 内圆周槽道　B. 轴向槽道

C. 刺钉　D. 螺旋形槽道

325. 为了防止折焰角管过热烧坏，在悬吊管内设置(D)，使悬吊管的总阻力与折焰角管大致相等，以保证折焰角内有足够的汽水混合物流过。

A. 调节机构　B. 阀门　C. 堵板　D. 节流孔

326. 折焰角上斜管角度一般在(A)之间。下斜管在20°~30°。

A. 20°~45°　B. 20°~55°　C. 10°~25°　D. 10°~20°

327. 汽包内的旋风分离器中波形板布置在筒体的(C)。

A. 中间　B. 入口　C. 上部　D. 下部

328. 汽水混合物在旋风分离器内经过(B)和惯性分离。

A. 机械分离　B. 离心力分离　C. 重力分离　D. 风力分离

329. 涡流式分离器由筒体、顶帽及(D)等组成。

A. 清洗装置　B. 文丘里管嘴　C. 变速装置　D. 旋转叶片

330. 管式空气预热器的(B)作用是为了保证各管箱相对移动空间和密封性。

A. 管板　B. 膨胀补偿器　C. 防磨装置　D. 中间隔板

331. 由于管式空气预热器烟气在管内(D)，因此传热较差。

A. 外部与烟气垂直冲刷管壁　B. 外部与烟气平行冲刷管壁

C. 横向冲刷管壁　D. 纵向冲刷管壁

332. 横管式空气预热器管外是烟气，其(A)比立式要强。

A. 对流换热　B. 辐射换热　C. 热传导　D. 复合式换热

333. 风罩式空气预热器的换热过程：空气经下部固定冷风道，经过裤衩分开，(C)流经定子受热面而被加热。

A. 自右而左　B. 自左而右　C. 自下而上　D. 自上而下

334. 空气预热器的风罩每转一圈，定子中的受热面会进行(B)次吸热和放热。

A. 1　　B. 2　　C. 3　　D. 4

335. 性能好的调节阀门开度与流量成(C)。

A. 三次方　　B. 函数比　　C. 正比　　D. 反比

336. 调节阀门都是由调节柄带动阀杆旋转或往复来实现调节，而调节柄又是由(A)带动。

A. 执行器　　B. 电动机　　C. 透平机　　D. 压缩机

337. 调节阀的工作过程是阀门开度的大小由阀杆的(B)量决定。

A. 平行移动　　B. 垂直位移　　C. 旋转　　D. 力距大小

338. 调节阀最大流量所对应的调节阀(B)为90%左右。

A. 最小开度　　B. 最大开度　　C. 中间开度　　D. 合理开度

339. 弹簧式安全阀的阀瓣是靠(B)的力量压紧在阀座上。

A. 压力容器内向安全阀作用　　B. 弹簧

C. 调整螺丝向下压紧　　D. 阀座与阀芯结合面吻合

340. 弹簧安全阀的手柄是用来(D)安全阀的。

A. 检修　　B. 控制　　C. 调整　　D. 人为动作

341. 活塞式弹簧安全阀是在一般弹簧安全阀的基础上(A)，实现了远方控制。

A. 外加了一个动力　　B. 外加了一个电动机

C. 外加了一个弹簧　　D. 外加了一个变速机构

342. 重锤式安全阀的(C)允许杠杆上下移动，限制杠杆左右移动。

A. 定位螺丝　　B. 支点　　C. 导向套　　D. 阀盖

343. 重锤式安全阀重锤侧有两个定位螺丝，它的作用是(B)，防止重锤在在安全阀动作时移动。

A. 微调重锤距离　　B. 固定重锤

C. 限制动作幅度　　D. 调整回座压力

344. 脉冲安全阀利用了(B)，还可以利用电磁装置或电动装置实现遥控系统人为打开或关闭安全阀。

A. 人工动作　　B. 机械动作

C. 流动力学来动作　　D. 外来动力来动作

345. 脉冲安全阀的主阀(A)，其阀芯所承受容器内的压力在阀芯的下方圆弧面上。

A. 阀芯在下方，阀座在上方　　B. 阀芯在上方，阀座在下方

C. 阀芯在上方，阀座在上方　　D. 阀芯在下方，阀座在下方

346. 吹灰器的作用是清除受热面上的(B)，保持受热面的清洁，以保证传热过程的正常进行。

A. 结垢　　B. 积灰　　C. 热量　　D. 结渣

347. 枪式吹灰器在使用过热蒸汽作为工质时，温度应≤320℃，工作压力在(D)MPa。

A. 2.5~3.8　　B. 2.5~3.0　　C. 0.5~1.0　　D. 1.5~2

348. 辐射过热器的工作特性最差，这是因为炉内热负荷高和(D)所造成。

A. 过热蒸汽压力高　　B. 管外的积灰量

C. 管内的结垢多少　　D. 过热蒸汽温度高

349. 半辐射过热器布置在炉膛出口烟窗处，它吸收炉内(A)，也吸收烟气的对流热。

A. 直接辐射热　　B. 热传导　　C. 三种传热　　D. 混合传热

350. 后屏过热器属于(B)过热器。

A. 对流　　B. 半辐射　　C. 辐射　　D. 传导

351. 电除尘是在两个曲率半径相差较大的阴、阳极上，通上(B)，维持一个足以使气体电离的静电场。

A. 低压交流电　　B. 高压直流电

C. 高压交流电　　D. 低压直流电

352. 粉尘经过电除尘的电场时粉尘(A)在电极库仑力的作用下，荷电粉尘向相反的电极运动而沉积。

A. 荷电　　B. 破碎　　C. 黏度增大　　D. 质量突增

353. 电除尘运行中，荷电粉尘沉积在阳极板，又名(C)上。

A. 分流板　　B. 盲刺　　C. 集尘极　　D. 放电极

354. 风机在运行时，风机的轴功率等于内功与轴承、轴端密封摩擦损失功率之(A)。

A. 和　　B. 差　　C. 平方　　D. 乘积

355. 轴流风机扩压器是将流体的动能部分转换为(A)。

A. 压力能　　B. 静能　　C. 热能　　D. 电能

356. 完好的管式空气预热器漏风量(D)。

A. 不低于10%　　B. 不超过10%　　C. 不低于5%　　D. 不超过5%

357. 管式空气预热器最大缺点是(A)和钢材消耗量大。

A. 体积大　　B. 体积小　　C. 容积大　　D. 面积大

358. 长吹灰器工作时，吹灰枪一边前进(或后退)，一边旋转作(B)运动。

A. 往复　　B. 螺旋　　C. 直线　　D. 曲线

359. 枪式吹灰器吹灰枪管上的喷嘴沿螺旋线轨迹运动时，前进和后退的轨迹是(C)的。

A. 交叉　　B. 同步　　C. 错开　　D. 平行

360. 下面四种情况中，(A)不属于锅炉蒸汽品质日常监视指标。

A. 溶解度　　B. 过热蒸汽钠

C. 过热蒸汽硅　　D. 过热蒸汽导电度

361. 对于锅炉而言，过热蒸汽钠含量高的处理方法是(B)。

A. 加强定排　　B. 加强连排

C. 投加多量磷酸钠　　D. 加联氨

362. (D)不属于锅炉给水品质常规控制指标。

A. 酸碱度　　B. 导电度　　C. 含氧量　　D. 密度

363. 下列中，锅炉给水pH值高的正确处理方法是(B)。

A. 加氨水　　B. 投加酸性物质

C. 投加联氨　　D. 增大联氨的投加量

364. 锅炉给水含氧量高可能造成的影响是(A)。
A. 腐蚀给水管道以及省煤器管道　B. 过热器损坏
C. 提高汽包压力　D. 没有任何危害
365. 灰的结焦特性与其(B)密切相关。
A. 变形温度　B. 软化温度　C. 融化温度　D. 密度
366. 以下调整可以防止炉膛出口结焦的是(B)。
A. 调整高火焰中心高度　B. 调整低火焰中心高度
C. 增大过量空气系数　D. 减少过量空气系数
367. (C)的启闭件在垂直于阀门通道中心线的平面内作升降运动。
A. 截止阀　B. 调节阀　C. 闸阀　D. 逆止阀
368. 各种阀门中流动阻力最大的是(A)。
A. 截止阀　B. 调节阀　C. 闸阀　D. 逆止阀
369. 调节阀是根据(D)来调节介质的压力和流量。
A. 阀杆的长短　B. 填料的压紧度
C. 阀门闸板的大小　D. 通道的截面积
370. 在(C)情况下锅炉才能吹灰。
A. 锅炉低负荷　B. 锅炉负荷摆动
C. 锅炉运行工况稳定　D. 锅炉的主汽温度低的工况
371. 下面语句中，对负压锅炉吹灰前的准备工作正确的是(B)。
A. 提高汽包水位　B. 增大锅炉负压
C. 调整小锅炉负压　D. 加大锅炉负荷
372. 水冷壁吹灰作用描述不正确的是(D)。
A. 保证水冷壁干净
B. 降低炉膛出口温度，避免结焦
C. 降低排烟温度，提高热效率
D. 吹灰会对锅炉运行工况有影响，所以应该避免
373. 加强水冷壁吹灰时，将使过热蒸汽温度(A)。
A. 降低　B. 升高　C. 不变　D. 按对数关系升高
374. 过热器结焦对过热器的不利影响有(B)。
A. 主蒸汽温度降低　B. 过热器管壁超温
C. 过热器管壁温度降低　D. 没有任何影响
375. 过热器的结焦性与煤种的(C)有直接的关系。
A. 挥发分　B. 灰含量　C. 灰熔性　D. 水分
376. 下列简述中，选出避免结焦应该采取的措施(C)。
A. 调高火焰中心　B. 减少过量空气系数
C. 控制锅炉炉膛出口温度　D. 煤油混合燃烧
377. 下列原因不属于造成过热器热偏差的是(A)。
A. 烟气含氧量不均　B. 烟气流速不均
C. 火焰中心偏斜　D. 水冷壁局部结焦

378. 从烟气侧减少热偏差的方法是(A)。

A. 过热器两侧烟气流速均匀，火焰充满度一样

B. 蒸汽交叉流动

C. 热偏差大侧多投加减温水

D. 受热面分级，级间混合

379. 下列减少屏式过热器热偏差的方法不经济的是(D)。

A. 外部管采用较短的长度和较大的直径

B. 将U形管改为双U形

C. 内外管交换位置

D. 增加减温水投入量

380. 炉膛下部水封槽最重要的作用是(B)。

A. 固定水冷壁　　B. 密封

C. 冷却水冷壁　　D. 收集固体灰渣

381. 在水冷壁膨胀过程中水冷壁下部钢板的位置(C)。

A. 不会变化　　B. 会变化，导致钢板离开了水面

C. 会变化，但是不会离开水面　　D. 变化规律不确定

382. (A)可以减轻受热面积灰。

A. 定时吹灰　　B. 减小烟气流速

C. 增大受热面管径　　D. 减小炉膛负压

383. 为了避免锅炉受热面积灰，锅炉在额定负荷下，烟气的流速一般不小于(C) m/min。

A. 2~4　　B. 4~6　　C. 6~8　　D. 8~10

384. 蒸汽品质不合格，对汽轮机的影响描述错误的是(D)。

A. 汽轮机结垢

B. 转子由于结垢程度的不同导致转子产生偏心

C. 叶片的不均匀造成应力集中

D. 减少了汽轮机的散热，产生机械应力

385. 蒸汽品质不合格对阀门的最直接影响(C)。

A. 增加了阀门的保温性能

B. 增加了阀门的密封性能

C. 降低了阀门的密封性能以及动作的灵活性

D. 散热不均，产生机械应力

386. 从烟气侧调整燃烧，防止锅炉受热面积灰的方法是(B)。

A. 提高锅炉炉膛正压　　B. 提高锅炉炉膛负压

C. 锅炉高氧燃烧　　D. 提高锅炉的过量空气系数

387. 为了防止锅炉的空气预热器的低温腐蚀，要求排烟温度要高于酸露点(A)℃。

A. 30　　B. 40　　C. 50　　D. 60

388. 锅炉运行中，防止空气预热器低温腐蚀的最根本方法是(D)。

A. 炉前除硫

B. 低氧运行

C. 管式空气预热器末级采用玻璃管

D. 暖风器投入，维持 1/2(排烟温度+空气预热器入口温度)大于烟气露点温度。

389. 导电率的单位是(B)。

A. ppm　　B. μS/cm　　C. μL/cm　　D. μm/cm

390. 运行中的回转式空气预热器冲洗前应该(A)。

A. 开启空气预热器烟气侧与空气侧底部放水装置

B. 停止锅炉运行

C. 停止空气预热器运行

D. 开启烟气侧挡板

391. 运行锅炉中的回转式空气预热器在冲洗过程中应该保持空气预热器出口温度不低于(D)℃。

A. 100　　B. 120　　C. 130　　D. 150

392. 润滑油管理中必须执行(C)。

A. 一级过滤　　B. 二级过滤　　C. 三级过滤　　D. 四级过滤

393. 锅炉停炉以后为了保护汽包，汽包水位应该(A)。

A. 比正常运行水位高　　B. 比正常运行水位低

C. 汽包满水　　D. 汽包水位没有变化

394. 利用排水法冷却汽包会导致(C)。

A. 汽包壁温差减小　　B. 汽包冷却速度减慢

C. 汽包出现裂纹　　D. 汽包寿命延长

395. 当关闭放水阀时，水位计内出现(B)，锅炉应该立即进水，缩短事故处理时间。

A. 高水位　　B. 瞬时水位　　C. 无水位　　D. 低水位

396. 锅炉停止运行时，(C)，可以将吹扫油管线的油吹到炉内，保证受热面的洁净程度。

A. 随意停气燃料和燃油　　B. 同时停气燃料和燃油

C. 后停气燃料　　D. 前停气燃料

397. 锅炉停止运行时，后停止气体燃料可以避免发生(D)。

A. 水冷壁低温腐蚀　　B. 空气预热器堵塞

C. 省煤器磨损　　D. 烟道再燃烧

398. 停炉后的最初，无论是正常冷却或紧急冷却，(C)h 内冷却方法完全相同，均需要关闭所有的烟、风门和挡板。

A. 2　　B. 4　　C. 6　　D. 8

399. 停炉以后冷却速度最主要的制约因素是(C)。

A. 过热器壁温　　B. 生火排气门的开度

C. 汽包的上下壁温差　　D. 底部上水的水温

400. 锅水中的(B)如果不采用锅内加药方法进行处理，将会引起受热面和汽轮机、管道内结垢。

A. 铁　B. 残余硬度　C. 钠　D. 二氧化硅

401. 锅水含盐浓度超标主要原因是锅炉(C)。

A. 加药不及时　B. 给水没有除氧
C. 没有及时排污或排污量不足　D. 锅炉负荷过低

402. 机械噪声主要源自机械部件的(B)、周期性作用力和摩擦力。

A. 流动力　B. 撞击力　C. 介质推力　D. 吸力

403. 在泵或风机运行中，(C)发出噪声较为严重。

A. 轴承座　B. 叶轮　C. 电动机　D. 轴承

404. 锅炉运行中，遇到灭火后没有及时切断(D)或强制关小引风，炉内会发生爆燃。

A. 二次风　B. 点火油枪　C. 一次风　D. 燃料

405. 一般风粉混合物浓度达到(A)kg/m^3，在一定温度时就会爆燃。

A. 0.3~0.6　B. 0.8~1.0　C. 1.5~1.8　D. 2.3~3.0

406. 锅炉受热面发生泄漏会使(C)的平衡关系破环。

A. 给水流量与燃料量　B. 燃料量与蒸汽流量
C. 给水流量与蒸汽流量　D. 给水流量与排污量

407. 锅炉发生爆炸的直接原因之一是(B)。

A. 锅炉满水　B. 超压运行
C. 锅炉负荷增加　D. 给水温度偏高

408. 根据同样设备、同样使用条件、过去的故障资料和变化规律，运用(D)推断故障原因。

A. 排除法　B. 直观法　C. 判断法　D. 归纳法和演绎法

409. 事故调查常用的检验方法中最简单的是(B)和壁厚测量法。

A. 金相检验　B. 直观法　C. 低倍酸蚀检验　D. 超声波检验

410. 当锅炉紧急停炉后为了保护再热器应开启(C)系统。

A. 省煤器再循环　B. 飞灰循环　C. 高低压旁路　D. 给水旁路

411. 水冷壁管泄漏严重时炉膛会从看火孔、人孔、炉墙不严密处向外喷(D)。

A. 空气　B. 烟气　C. 过热蒸汽　D. 烟气和水蒸气

412. 锅炉缺水处理不当或水循环破坏都会引起巨大的(A)，导致水冷壁管爆破。

A. 热应力　B. 机械应力　C. 苛性应力　D. 压缩应力

413. 给水流量不正常地大于蒸汽流量，排烟温度降低，竖井烟道有漏泄的响声，说明(C)。

A. 水冷壁损坏　B. 过热器损坏　C. 省煤器损坏　D. 再热器损坏

414. 炉膛灭火时炉膛内的(B)摆动突然增大，瞬时负压到最大。

A. 正压　B. 负压　C. 风量　D. 燃料量

415. 炉膛负压摆动大，瞬时负压到最大，一、二次风风压不正常降低，汽温、汽压下降，说明此时发生(B)。

A. 锅炉满水　B. 锅炉灭火　C. 烟道再燃烧　D. 再热器泄漏

416. 汽轮机调速汽门突然开大，将使汽包水位瞬间(A)。

A. 迅速上升　　B. 迅速下降　　C. 不变　　D. 缓慢下降

417. 锅炉安全门动作时，汽包水位暂时会(A)。

A. 迅速上升　　B. 迅速下降　　C. 不变　　D. 缓慢上升

418. 给水流量不正常地大于蒸汽流量，蒸汽导电度增大，过热蒸汽温度下降，说明(A)。

A. 汽包满水　　B. 省煤器损坏

C. 给水管爆破　　D. 水冷壁损坏

419. 汽轮机调速汽门突然关闭，将使汽包水位瞬间(B)。

A. 迅速上升　　B. 迅速下降　　C. 不变　　D. 缓慢下降

420. 锅炉给水自动，省煤器或水冷壁发生泄漏而造成汽包缺水时，(D)。

A. 给水流量与蒸汽流量接近　　B. 给水流量不正常小于蒸汽流量

C. 给水流量保持不变　　D. 给水流量不正常大于蒸汽流量

421. 锅炉灭火前，(B)会发生大幅度变化。

A. 给水流量　　B. 炉膛负压　　C. 锅炉负荷　　D. 锅炉风量

422. (A)跳闸使炉膛负压发生大幅度摆动。

A. 风机　　B. 碎渣机　　C. 给水泵　　D. 中储式磨煤机

423. 某侧减温器堵塞，减温水流量突然减少，金属壁温(A)。

A. 升高　　B. 降低　　C. 来回波动　　D. 保持平稳

424. 过热器两侧温度差增大应考虑是否(D)。

A. 省煤器吸热量减少　　B. 炉底漏风

C. 空气预热器堵塞　　D. 减温器喷嘴堵塞

425. 表面式减温器泄漏会使(B)大幅度下降。

A. 饱和汽温度　　B. 主蒸汽温度　　C. 给水温度　　D. 锅炉风温

426. 锅炉点火(C)s未成功应停止点火，关闭燃料，重新通风再点火。

A. 30　　B. 20　　C. 10　　D. 5

427. 炉膛内爆燃后，应(A)所有的看火孔、检查孔、风门挡板，其目的是防止继续爆燃和受热面冷却过快。

A. 关闭　　B. 打开　　C. 半开半闭　　D. 检查

428. 当(A)，恢复MFT跳闸设备，查明原因，及时启动。

A. 炉膛吹扫完毕后　　B. 灭火后

C. 灭火前　　D. 炉膛吹扫过程中

429. MFT动作后应注意排烟温度和热风温度的变化，防止发生(D)。

A. 炉墙倒塌　　B. 空气预热器泄漏

C. 燃烧器烧坏　　D. 烟道再燃烧

430. 仪表电源中断后，锅炉尚未灭火，尽量(A)的锅炉负荷，监视一次仪表或汽轮机进汽压力和温度变化，维持短时间运行。

A. 维持稳定　　B. 减少

C. 增加　　D. 随着参数的变化进行调整

431. 当一台空气预热器跳闸无法启动，应(C)运行。
A. 增大循环烟气　B. 减少空气预热器负荷
C. 减少锅炉负荷　D. 增加锅炉负荷运行

432. 回转式空气预热器某侧润滑油温超过规定值时，(C)。
A. 停炉处理　B. 全停空气预热器处理
C. 停单侧空气预热器处理　D. 报大修处理

433. 水冷壁管爆破，经加强给水仍不能维持汽包水位时，应(A)。
A. 紧急停炉　B. 申请停炉　C. 加强给水　D. 继续运行

434. 水冷壁管泄漏量很大，应立即停止上水，并严禁(A)。
A. 开启省煤器再循环阀　B. 关闭省煤器再循环阀
C. 保留一台引风机运行　D. 关闭主给水阀

435. 辐射过热器泄漏会使炉内燃烧工况受到很大的影响，在低负荷运行时，应有(B)。
A. 防止再燃烧的措施　B. 防止灭火的措施
C. 防止过热器管壁吹坏的措施　D. 防止燃烧份额不足而使蒸汽带水的措施

436. 低温过热器管泄漏，在锅炉负荷不发生改变时，减温水量应(D)。
A. 全开　B. 不变　C. 减少　D. 增大

437. 当出现再热器管泄漏应尽快停炉处理，以防蒸汽将(C)管子吹坏。
A. 省煤器　B. 过热器　C. 邻近的再热器　D. 水冷壁

438. 再热器泄漏停炉后应保留(B)运行，抽尽烟道内的烟气和蒸汽。
A. 二台引风机　B. 一台引风机
C. 一台送风机　D. 两台送风机

439. 对于省煤器泄漏不严重时，应(B)，维持汽包水位。
A. 停止给水　B. 加强上水　C. 减少给水　D. 自动给水

440. 省煤器泄漏时，经过锅炉降压、降负荷处理，可以维持汽包水位应(C)。
A. 压力保护停炉　B. 热备用停炉
C. 申请停炉　D. 紧急停炉

441. 由于省煤器泄漏紧急停炉后，应保留一台(D)运行。
A. 密封风机　B. 一次风机　C. 送风机　D. 引风机

442. 母管制供水的锅炉，当给水母管发生严重泄漏，应及时调整锅炉负荷，关闭所有(C)，避免抢水现象。
A. 给水阀　B. 减温阀　C. 排污阀　D. 主汽阀

443. 若大直径给水或蒸汽管道严重爆破，不能维持水位或严重威胁人身、设备安全时，(A)。
A. 应紧急停炉　B. 申请停炉　C. 检修停炉　D. 计划停炉

444. 脉冲式安全阀动作后，采取远方控制仍不回座，应关闭(C)，回座后申请处理。
A. 排汽阀　B. 疏水阀　C. 来汽阀　D. 排汽阀

445. 利用(A)可以处理烟道轻微再燃烧。
A. 蒸汽吹灰　B. 添加燃料
C. 增大风量　D. 打开烟道人孔

446. 锅炉出现烟道再燃烧事故而停炉后，应采取(B)措施，防止设备损坏。
A. 停止回转式空气预热器的运转
B. 投用灭火装置或蒸汽吹灰器进行灭火
C. 继续保持引、送风机运行，进行烟道通风
D. 打开人孔门通风

447. 汽包锅炉因水位低至极限而紧急停炉后应(C)。
A. 立即进行补水
B. 缓慢进行补水
C. 用“叫水法”判明缺水程度后再决定是否补水
D. 监视汽包壁温差缓慢补水

448. 锅炉负荷正常时，增大给水量勉强保持汽包水位，属于省煤器或水冷壁泄漏，申请停炉外，应加强监视(A)的变化。
A. 汽包壁温差　　B. 排烟热温度
C. 过热器的壁温　　D. 减温水流量

449. 如果汽包虚假水位高Ⅰ值，应(D)锅炉负荷。
A. 大量增加　　B. 大量减少　　C. 适当增加　　D. 适当减少

450. 用(A)和改变燃烧方式可以在减温器堵塞时缓解汽温上升的速度。
A. 减少负荷　　B. 增加负荷　　C. 加大燃料量　　D. 降低给水温度

451. 当减温器喷嘴堵塞时利用(C)将减温器喷嘴吹通。
A. 给水反冲洗　　B. 减温水反冲洗
C. 蒸汽反冲洗　　D. 压缩风反冲洗

452. 提高表面式减温器的(B)品质，可减少减温器换热管泄漏对蒸汽品质带来的影响。
A. 冷却水　　B. 减温水　　C. 循环水　　D. 冷凝水

453. 由于锅炉汽包水位过高而使蒸汽品质恶化，应立即开大蒸汽管道和汽轮机入口所有(D)，防止水冲机。
A. 旁路阀　　B. 排汽阀　　C. 调节阀　　D. 疏水阀

多选题

1. 下列视图中，属于用假想平面剖开的视图有(A，C，D)。
A. 断面图　　B. 局部视图　　C. 半剖视图　　D. 全剖视图

2. 不属于断面图的是(A，B，C，D)剖面图。
A. 移出　　B. 重合　　C. 局部放大　　D. 局部

3. 设备装配图中，螺栓连接可简化画图，所用的符号是(C，D)。
A. 细实线+　　B. 细实线　　C. 粗实线+　　D. 粗实线

4. 下列内容不属于零件图的内容是(B，D)。
A. 零件尺寸　　B. 零件的明细栏
C. 标题栏　　D. 零件序号表

5. 下列内容中属于零件图的内容是(A，C)。
A. 零件尺寸　　B. 零件的明细栏
C. 技术要求　　D. 零件序号表

6. 清洁生产审计有一套完整的程序，是企业实行清洁生产的核心，其中包括(B，C，D)。
A. 确定实施方案　B. 方案产生和筛选
C. 可行性分析　D. 方案实施

7. (A，B，C，D)属于生产中防尘防毒的技术措施。
A. 改革生产工艺　B. 采用新材料新设备
C. 车间内通风净化　D. 湿法除尘

8. (A，D)属于生产中防尘防毒的管理措施。
A. 严格执行安全技术教育制度
B. 改革生产工艺
C. 采取隔离法操作，实现生产的微机控制
D. 严格执行安全生产责任制

9. 我国在劳动安全卫生管理上实行“(A，B，C，D)”的体制。
A. 企业负责　B. 行业管理　C. 国家监察　D. 群众监督

10. 危害识别的范围主要包括(A，B，C，D)等方面。
A. 人员　B. 原材料　C. 机械设备　D. 作业环境

11. 危害识别的三种状态是(A，B，C)。
A. 正常状态　B. 异常状态　C. 紧急状态　D. 事故状态

12. 风险控制措施选择的原则：(A，B)。
A. 可行性　B. 先进性、安全性
C. 经济合理　D. 技术保证和服务

13. 目前统计计算、考核供电压合格率有(B，C)。
A. 监督点电压合格率　B. 监测点电压合格率
C. 供电电压合格率　D. 发电电压合格率

14. 可承受的风险是根据企业的(A，B)，企业可接受的风险。
A. 法律义务　B. HSE 方针　C. 承受能力　D. 心理状态

15. 内部质量审核有(A，B，C)特点。
A. 正规性　B. 系统性
C. 独立性　D. 审核是一个抽样的过程

16. 关于 ISO 9000 族标准第三方审核说法正确的是(B，C，D)。
A. 外部审核即第三方审核
B. 三种审核类型中，第三方审核的客观程度最高，具有更强的可信度
C. 第三方审核是由独立于受审核方且不受其经济利益制约的第三方机构依据特定的审核准则，按规定的程序和方法对受审核方进行的审核
D. 第三方审核必须由一个认证机构来进行

17. 关于 ISO 9000 族标准第一方审核说法正确的是(A，B，D)。
A. 第一方审核又成为内部审核
B. 第一方审核为组织提供了一种自我检查、自我完善的机制
C. 第一方审核也要由外部专业机构进行的审核
D. 第一方审核的目的是确保质量管理体系得到有效地实施

18. 在质量统计排列图分析中，关于“A 类因素”说法正确的是(A，B，D)。
A. 影响产品质量的主要问题　　B.“关键的少数”
C. 累积百分数在 0~80%　　D. 影响产品质量的一般问题

19. 质量统计排列图的作用是(A，B)。
A. 找出关键的少数　　B. 识别进行质量改进的机会
C. 判断工序状态　　D. 度量过程的稳定性

20. 质量统计因果图具有(C，D)特点。
A. 寻找原因时按照从小到大的顺序　　B. 用于找到关键的少数
C. 是一种简单易行的科学分析方法　　D. 集思广益，集中群众智慧

21. 质量统计控制图包括(B，C，D)。
A. 一个坐标系　　B. 两条虚线
C. 一条中心实线　　D. 两个坐标系

22. 反映电能质量状况的指标有(A，B，C)。
A. 频率合格率　　B. 电压合格率
C. 电能供应的连续性　　D. 电表合格率

23. 在 Word 中页眉设置中可以实现的操作是(A，B，D)。
A. 在页眉中插入剪贴画　　B. 建立奇偶页内容不同的页眉
C. 在页眉中插入分隔符　　D. 在页眉中插入日期

24.“=NOW(　)”函数的作用是可以返回系统(A，B，C)。
A. 当前的日期和时间　　B. 当前的日期
C. 当前的时间　　D. Excel 打开时的日期和时间

25. 可以进行分类汇总中汇总方式选项的内容是(A，B，D)。
A. 乘积　　B. 计数　　C. 最大偏差　　D. 计数值

26. 班组生产技术管理的主要内容有(A，C，D)。
A. 定时查看各岗位的原始记录，分析判断生产是否处于正常状态
B. 对计划完成情况进行统计公布并进行分析讲评
C. 指挥岗位或系统的开停车
D. 建立指标管理帐

27. 对于已生成的图表，说法正确的是(A，B，D)。
A. 可以改变图表格式　　B. 可以更新数据
C. 不能改变图表类型　　D. 可以移动位置

28. 总结与报告的主要区别是(A，C，D)不同。
A. 人称　　B. 文体　　C. 目的　　D. 要求

29. 报告与请示的区别在于(A，B，C，D)不同。
A. 行文目的　　B. 行文时限　　C. 内容　　D. 结构

30. 按内容和作用划分报告可分为(A，B)性报告。
A. 呈报　　B. 呈转　　C. 综合　　D. 专题

31. 请求批准的请示的内容包括(A，B，C，D)。
A. 请示日期　　B. 请示理由　　C. 请示要求　　D. 请示部门

32. 影响流体沿程阻力损失的因素是(A，B，C，D)。

A. 运动状态　　B. 管道内粗糙度

C. 管道结构尺寸　　D. 流体黏度

33. 盛有液体的密闭容器内任意两点的位能不一定相等，压力能也不一定相等，(C，D)之和相等。

A. 成反比　　B. 成正比　　C. 位能　　D. 压力能

34. 锅水在水冷壁中形成过程不是瞬时完成的，是要经历(A，B，C，D)状态才能形成。

A. 泡状流　　B. 弹状流　　C. 环状流　　D. 雾状流

35. 下列物理变化过程中不属于散热的是(A，B，C)。

A. 汽化　　B. 蒸发　　C. 升华　　D. 凝结

36. 液力偶合器的特性因(A，B，C，D)不同而有差异。

A. 工作腔的形状　　B. 泵轮

C. 涡轮　　D. 透平油

37. 蠕变一般可以分为三个阶段，下列属于这三个阶段的是(A，B，C)。

A. 衰减蠕变　　B. 稳定蠕变　　C. 加速蠕变　　D. 破坏阶段

38. 对于系统误差描述正确的是(A，B，C)。

A. 由于仪器结构上不够完善或仪器未经很好校准等原因会产生误差。例如，各种刻度尺的热胀冷缩，温度计、表盘的刻度不准确等都会造成误差

B. 由于实验本身所依据的理论、公式的近似性，或者对实验条件、测量方法的考虑不周也会造成误差

C. 由于测量者的生理特点，例如反应速度，分辨能力，甚至固有习惯等也会在测量中造成误差

D. 在相同条件下，对同一物理量进行多次测量，由于各种偶然因素，会出现测量值时而偏大，时而偏小的误差现象

39. 差压变送器的分类有(A，C)。

A. 气动差压变送器　　B. 液动差压变送器

C. 电动差压变送器　　D. 温度差压变送器

40. 差压流量计中应用不到的方程是(A，D)。

A. 流体连续流动方程　　B. 电荷守恒定律

C. 力学第一定律　　D. 伯努利方程式

41. 计量器具(简称计量)必须具备(A，B，C，D)条件。

A. 经计量检定合格　　B. 具有正常工作所需的环境条件

C. 具有称职的保存、维护、使用人员　　D. 具有完善的管理制度

42. 关于国家计量基准的特点，正确的说法是(A，B，C，D)。

A. 它是一个国家内量值溯源的终点

B. 它是量值传递的起点

C. 用以复现和保存计量单位量值

D. 具有最高的计量学特点

43. 计量检定工作应按照经济合理的原则，(A，B)进行，不受行政区划和管辖范围的限制。

A. 就地　　B. 就近　　C. 随时　　D. 随地

44. 量值传递的方式有(A，B，C，D)。

A. 用实物进行逐级传递　　B. 用传递全面考核进行传递

C. 用发放物质进行传递　　D. 用发播信号进行传递

45. 化学除氧常用的反应剂有：(A，B，C，D)。

A. 硫酸钠　　B. 亚硫酸　　C. 氢氧化亚铁　　D. 联氨

46. 低压加热器由进水口、出水口、(A，B，C，D)、管系，疏水入口，疏水出口，水侧放水口，气侧放水口等组成。

A. 水室　　B. 壳体　　C. 管板　　D. 导向隔板

47. 高压加热器分为(A，B)。

A. 混合式　　B. 表面式　　C. 对流式　　D. 逆流式

48. 高压加热器由水室(A，B，C，D)凝结水箱内部的固定架以及进出口水管等组成。

A. 汽室　　B. 缓冲挡板　　C. 安全阀　　D. 加热管

49. 单元制机组集中控制运行的内容有(A，B，C)。

A. 在就地配合下，对机组实现启动和停止

B. 在机组正常运行的情况下，对设备进行监视，控制，维护以及对有关参数进行调整

C. 能进行机组事故的紧急处理

D. 机、炉可以独立按照自己最高的效率工况点运行

50. 母管制机组锅炉(B，D)。

A. 成本高　　B. 投资少　　C. 启动复杂　　D. 操作方便

51. 欧姆定律的表达式(A，B，C)。

A. $I=U/R$　　B. $U=IR$　　C. $R=U/I$　　D. $R=UI$

52. 物体按其导电性能大致可分为(B，C，D)。

A. 实体　　B. 导体　　C. 绝缘体　　D. 半导体

53. 电阻串联电路的特点(A，B，D)。

A. 流过各个电阻的电流相同　　B. 总电压等于各电阻上电压降之和

C. 串联电路的总电阻为各电阻之差　　D. 串联电路的总电阻为各电阻之和

54. 由欧姆定律可知，并联电路中各支流的(B)与其支路(C)成反比。

A. 电压　　B. 电流　　C. 电阻　　D. 电抗

55. 电流强度为 1kA，它等于(A，B，C)。

A. 10mA　　B. 10^3A　　C. 10^6mA　　D. 10^9μA

56. 电场中任意两点间的电压又称为(B，C)。

A. 电动势　　B. 电位差　　C. 电压降　　D. 电源力

57. 当负载电阻为 R 时，它消耗的功率计算公式是(B，D)。

A. $P=IR$　　B. $P=I^2R$　　C. $P=U/R$　　D. $P=U^2/R$

58. 交流电振幅最大值分为(A，B)。

A. 最大正值　B. 最小负值　C. 正值　D. 负值

59. 质量统计直方图的作用是(B，C)。

A. 有利于找到问题的症结　B. 显示质量波动状态

C. 直观地传递过程质量状况信息　D. 可以用于因果分析

60. 正弦交流电完成一个循环所需要的时间叫(A)，用(C)表示。

A. 周期　B. 圆周　C. (t)　D. (h)

61. 回转式空气预热器启动前要关闭空气预热器(A，C)来水门。

A. 消防水　B. 冷却水　C. 冲洗水　D. 热水

62. 以下关于回转式空气预热器启动前检查内容正确的有：(A，C，D)。

A. 将要运行的传动装置推到工作位置

B. 备用的传动装置推到工作位置，用销钉固定

C. 检查减速器的油位在规定高度、油质良好

D. 对传动装置的电动机进行检查

63. 下面内容中，属于强制循环泵启动前检查内容的有：(A，B，C，D)。

A. 检查水泵电动机符合启动条件

B. 绕组绝缘合格、接线盒封闭严密，事故按钮已释放且动作良好

C. 关闭出入口门，打开备用强循环泵旁路门

D. 检查汽水分离器水位是否符合启动泵的条件，打开入口门给泵体灌水

64. 下列四句中，对锅炉启动前应做的准备工作描述完整的有(A，C，D)。

A. 将各仪表及操作装置置于工作状态

B. 准备充足的煤粉，供点火使用

C. 启动点火油系统，使油在系统内循环，并处于随时点火状态

D. 填写好各项操作票(或操作卡片)和准备启动所需的记录簿

65. 在锅炉冷态启动之前，投入底部蒸汽加热有(B，C，D)等好处。

A. 在启动初期建立起稳定的水循环，增加了汽包上、下壁温差

B. 锅炉底部加热缩短了启动时间，降低点火用油耗量

C. 由于水冷壁受热面的加热，故提高了炉膛温度，有利于点火初期油的燃烧

D. 比较容易满足锅炉在水压试验时对汽包壁温度的要求

66. 锅炉底部加热时注意事项有(A，B，D)。

A. 投入底部蒸汽加热前，应先将管道内的疏水放尽，然后投入

B. 投入初期，应先稍开汽门，以防止产生过大的振动，再根据加热情况逐渐开大

C. 在锅炉点火初期，应注意汽源压力与汽包压力的差值不得低于0.01MPa

D. 在锅炉点火初期，应注意汽源压力与汽包压力的差值不得低于0.5MPa

67. 为了保证锅炉设备的安全，点火前应把(B，C，D)及热工保护投入。

A. 辅机连锁　B. 火焰监视保护

C. 炉膛正压和负压保护　D. 汽包水位保护

68. 锅炉启动前转机要试转合格，其标准有(A，B，C，D)。

A. 轴承及转动部分无异常声音

B. 轴承及转动部分无摩擦声和撞击声

C. 无漏油漏水现象

D. 采用强制油循环润滑时其油压、油温、温量、油位符合要求

69. 对于检修结束的设备，操作人员必须要求检修人员恢复(A，C，D)。

A. 安全警示　　B. 设备外表油漆

C. 操作指引提示　　D. 防护装置

70. 大小修后运行人员验收的重点内容包括(A，B，C，D)。

A. 检查设备部件动作是否灵活，设备有无泄漏

B. 标志、指示信号、自动装置、保护装置、表计、照明等是否正确齐全

C. 核对设备系统的变更情况

D. 检查现场卫生情况

71. 锅炉炉膛安全监控保护中的内容有(A，B，C，D)、火焰信号失踪等保护。

A. 水位高、低保护、燃油保护　　B. 炉膛压力保护

C. 燃料中断保护　　D. 风机全部跳闸保护

72. 用主蒸汽阀门并汽时，操作应缓慢平稳，并严格监视(B，C，D)的变化。

A. 减温水量　　B. 汽压　　C. 汽温　　D. 汽包水位

73. 锅炉并汽完毕后应关闭(B，D)等。

A. 省煤器再循环阀　　B. 对空排汽阀

C. 过热器疏水阀　　D. 主蒸汽管道疏水阀

74. 通过(A，B，C，D)、对装有炉底加热的锅炉投入加热等措施，可以控制汽包壁温差在规定范围内。

A. 控制升压速度、减少汽压波动　　B. 尽量提高给水温度

C. 加强水冷壁联箱排污　　D. 维持燃烧稳定和均匀

75. 定参数启动的锅炉，升压速度的控制主要是调整(A，D)。

A. 燃料量　　B. 循环灰量　　C. 烟气量　　D. 排气量

76. 避免燃油雾化时出现(A，B)是确保燃烧完全的一个重要途径。

A. 雪花　　B. 片状　　C. 雾状　　D. 雪花、片状和雾状

77. 汽包锅炉启动时(B，C，D)等都会使汽包水位产生不同程度的影响。

A. 烟气量的改变　　B. 燃烧调节

C. 排汽量的改变　　D. 排污率的变化

78. 仓泵正常工作时所有的(A，B，C，D)都采用气动执行机构完成。

A. 开启操作　　B. 关闭操作　　C. 排灰操作　　D. 疏水操作

79. 灰熔点的主要特征温度是(A，C，D)。

A. 变形温度　　B. 过热温度　　C. 软化温度　　D. 熔化温度

80. 影响结渣的因素有(A，B，C，D)。

A. 燃料灰分特性　　B. 炉内空气动力特性

C. 锅炉运行负荷　　D. 炉膛的设计特性

81. 煤在热分解过程受各种因素的影响，如(A，B，C，D)和炉膛形式、流体动力条件等。

A. 升温速度　　B. 加热温度
C. 周围气体压力　　D. 煤的成分和颗粒尺寸

82. 细小颗粒的固体燃料，其燃烧反应是在固体表面进行，反应速度取决于燃料表面附近(A，C，D)。

A. 温度的高低　　B. 回转气流大小
C. 氧化剂的浓度　　D. 固相物质的表面积

83. 从操作角度来看，提高火焰传播速度必须从(A，B，C，D)等方面调整。

A. 提高燃料的细化程度　　B. 减少炉膛漏风
C. 提高炉膛温度　　D. 加强稳燃措施、提高助燃风温度

84. 干燥无灰基成分包含(A，C，D)和氧。

A. 碳　　B. 灰分　　C. 氢　　D. 硫

85. 锅炉燃用的重油是由(A，C，D)等按不同比例调制而成的。

A. 裂化重油　　B. 劣质重油　　C. 减压重油　　D. 常压重油

86. 重油特性指标主要有(A，B，C，D)和机械杂质。

A. 黏度　　B. 闪点、凝固点　　C. 灰分、水分　　D. 含硫量

87. 按柴油相对密度划分为(B，C)。

A. 原柴油　　B. 重柴油　　C. 轻柴油　　D. 柴油

88. 为了避免气体燃料燃烧时产生回火，应采取(A，B，C，D)等措施加以防止。

A. 燃料的流速大于燃料的燃烧速度
B. 安装气体压力低值保护，运行中当燃料压力低于某值时，保护动作
C. 控制气体压力，使其压力不低于某值
D. 在气体管道上安装阻火器

89. 液体燃料燃烧前先蒸发，蒸发后的油蒸气和空气中的氧相互扩散，然后着火燃烧，所以(B，C，D)过程是同时进行的。

A. 加压　　B. 蒸发　　C. 扩散　　D. 燃烧

90. 常用黏度指标有：(A，B，C)。

A. 动力黏度　　B. 运动黏度　　C. 恩氏黏度　　D. 绝对温度

91. 燃料油的物理特性包括：(A，B，C，D)等。

A. 黏度　　B. 凝固点　　C. 相对密度　　D. 闪点

92. 保证燃油能够良好燃烧的主要条件是(C，D)。

A. 较高或较低的压力　　B. 受热面清洁
C. 良好的雾化质量　　D. 合理的配风

93. 在任何工况下风机的工作点不得靠近(B，C)。

A. 极线　　B. 失速线　　C. 喘振线　　D. 温度线

94. 回转式空气预热器监视的内容主要有：(A，B，C，D)等。

A. 油泵出口温度　　B. 驱动装置的油箱油位、油温
C. 主驱动电动机电流　　D. 辅助驱动电机电流、轴承温度

95. 降低锅炉含盐量的主要方法是：(A，C，D)。

A. 提高给水品质　　B. 增高药剂添加量

C. 增加排污量　　D. 分段蒸发

96. 下列(A，B)属于烟气侧影响过热汽温变化的主要因素。

A. 燃烧工况　　B. 风量变化　　C. 锅炉保温　　D. 给水流量

97. 保持锅炉出力与汽轮机所需要蒸汽量平衡关系，只能依靠(A，B，D)的改变来实现。

A. 燃料量　　B. 给水量　　C. 减温水量　　D. 风量

98. 影响过热蒸汽温度变化的主要因素有：(A，B，C，D)和减温水量等。

A. 锅炉负荷　　B. 燃烧工况

C. 风量变化　　D. 给水温度、汽压变化

99. 锅炉汽包在(A，B，C，D)等情况下，容易出现虚假水位。

A. 负荷突然变化　　B. 汽轮机甩负荷

C. 燃料量的突然增减　　D. 安全阀动作、锅炉灭火

100. 锅炉总有效利用热包括：(B，C，D)。

A. 锅炉空气吸热量　　B. 再热蒸汽吸热量

C. 饱和蒸汽吸热量　　D. 排污水的吸热量

101. 锅炉热损失包括：(A，B，C，D)。

A. 烟气带走的热量

B. 飞灰、炉渣带走的热量

C. 锅炉本体向大气传递的热量

D. 烟气中未完全燃烧的可燃成分所具有的热量

102. 降低排烟热损失途径有：控制送风机入口空气温度、(A，B，C，D)、合理运用燃烧器等。

A. 煤粉锅炉应注意制粉系统运行的影响

B. 防止受热面结焦和积灰

C. 注意给水温度的影响

D. 避免入炉膛风量过大

103. 对一台锅炉而言，散热损失的大小与(A，B，C，D)等有关。

A. 锅炉散热表面积的大小　　B. 水冷壁敷设程度

C. 管道保温　　D. 周围环境

104. 锅炉停炉对粉仓或者煤仓的粉位或煤位规定的原因是(A，B，C)。

A. 防止原煤结块　　B. 防止煤粉结块

C. 煤粉自燃和爆炸　　D. 防止煤仓和粉仓的负荷过重

105. 锅炉汽包常用的钢材有(A，B，C，D)等。

A. 22g　　B. 20g　　C. BHW35　　D. 18MnMoNb

106. 与直流锅炉相比，自然循环锅炉可以利用(B，D)来调节和保证锅水品质，因此对给水品质要求不太高。

A. 对空排汽　　B. 连续排污　　C. 锅炉放水　　D. 定期排污

107. 按蒸汽受热面的结构和布置方式不同分类，直流锅炉可分为(A，B，C)。

A. 垂直上升管屏式　　B. 回带管屏式

C. 水平围绕管圈式　　D. 复合循环式

108. 过热器的运行特性与(A，B，C，D)和受热面清洁度等因素有关。

A. 过量空气系数　　B. 燃烧器的配置

C. 过热器布置形式　　D. 火焰中心位置

109. 一般屏式再热器和末级再热器之间用(A，C)或两根大口径管道相连接。

A. 中间联箱　　B. 管道　　C. 三通　　D. 固定架

110. 喷水式减温器由(B，C，D)和管座组成。

A. 固定螺栓　　B. 筒体　　C. 混合管　　D. 喷管

111. 三分仓式空气预热器是将通道分为三等分，即(A，B，C)各占1/3。

A. 烟气通道　　B. 一次风通道　　C. 二次风通道　　D. 高压风通道

112. 脉冲式安全阀主要部件有蒸汽连接管(A，B，C，D)、疏水阀等。

A. 脉冲管　　B. 脉冲阀　　C. 主安全阀　　D. 电磁装置

113. 风机在工作中会产生机械损失、容积损失和流动损失，它们的大小分别用(A，B，C)来衡量。

A. 机械效率　　B. 容积效率　　C. 流动效率　　D. 内效率

114. 泵和风机的功率包括(B，C，D)和原动机功率。

A. 无功率　　B. 有效功率　　C. 内功率　　D. 轴功率

115. 从扩压功能来看，轴流风机扩压器又分为(A，C，D)几种类型。

A. 内扩　　B. 内集中　　C. 外扩　　D. 内外同时扩展

116. 过热蒸汽含盐量升高的原因有(A，B，D)等。

A. 锅水含盐量高　　B. 给水含盐量高

C. 给水导电度减小　　D. 蒸汽带水

117. 空气压缩机的油压下降的原因可能的是(A，B，C，D)。

A. 油泵出口的溢流阀弹簧损害，使得溢油量增大

B. 油位过低

C. 吸油管漏气

D. 吸入油滤网堵塞

118. 过热器吹灰最重要的作用是(A，B，C)。

A. 增加对流换热效果　　B. 避免过热器结焦

C. 减低排烟温度　　D. 增大锅炉不完全燃烧的可能性

119. 运行中的离心泵必须正常检查的对象有(A，B，C)。

A. 振动　　B. 轴承温度　　C. 有无杂音　　D. 接线是否正确

120. 离心泵工作中的冷却方法有(A，B，C，D)。

A. 油冷式　　B. 风冷式　　C. 水冷式　　D. 混合使用

121. 下列阐述中属于过热器结焦的危害是(A，B，C，D)。

A. 管壁超温　　B. 燃烧不稳

C. 过热器热偏差　　D. 损害水冷壁

122. 锅炉正常运行中，过热器结焦造成管壁超温的原因是(B，C，D)。

A. 过热器管中蒸汽流动过大

B. 结焦焦块的温度高

C. 焦块的导热系数小，流动的蒸汽带不走热量

D. 烟道的烟气温度高

123. 蒸汽侧减小热偏差的方法是(B，C，D)。

A. 过热器两侧烟气流速均匀，火焰充满度一样

B. 蒸汽交叉流动

C. 热偏差大侧多投加减温水

D. 受热面分级，级间混合

124. 从运行上减少热偏差的方法是(A，B，C，D)。

A. 稳定燃烧　　B. 燃烧器对称投入

C. 消除局部结焦　　D. 火焰中心不偏斜

125. 工作票填写的主要内容有(A，B，C，D)。

A. 工作内容　　B. 工作时间　　C. 完工时间　　D. 操作人员

126. 保证受热面干净的方法正确的是(A，B，C)。

A. 受热面吹灰　　B. 提高炉膛负压

C. 提高煤粉的细度　　D. 提高锅炉的过量空气系数

127. 锅炉汽水品质监测中对导电率的监测有(A，B，C)。

A. 给水导电率　　B. 炉水导电率

C. 过热蒸汽导电率　　D. 连续排污水导电度

128. 水汽品质劣化的原因有(A，B，C，D)、锅水品质差等方面。

A. 汽包内部分离装置故障　　B. 给水品质差

C. 锅内水处理不及时　　D. 锅炉汽包水位过高

129. 泵和风机噪声来源于(B，D)和旋转。

A. 泵和风机的底座　　B. 机械噪声

C. 基础　　D. 旋涡

130. 判断事故原因的具体方法有(B，C，D)及反推法。

A. 领导评语法　　B. 系统分析法

C. 比较法　　D. 历史对比法

131. 锅炉紧急停炉应切断所有燃料，关闭(B，C)的减温水阀。

A. 省煤器　　B. 过热汽　　C. 再热汽　　D. 空气预热器

132. 水冷壁管爆破的现象是：炉膛内发出强烈响声、(A，B，C，D)、烟温降低、给水流量不正常大于蒸汽流量等。

A. 燃烧不稳　　B. 炉膛变正压

C. 汽压、汽温下降　　D. 汽包水位降低

133. 过热器管损坏的现象是：过热器附近有泄漏声、过热器泄漏侧烟气温度下降、(A，B，C)等。

A. 蒸汽流量不正常小于给水流量　　B. 过热汽压力下降

C. 严重泄漏时炉膛负压变正　　D. 排烟温度升高

134. 当省煤器损坏时，(B，C，D)。

A. 给水流量不正常地小于蒸汽流量　B. 排烟温度降低

C. 给水流量不正常地大于蒸汽流量　D. 炉膛负压减小

135. 锅炉燃烧事故包括(B，C，D)。

A. 水冷壁管爆破　B. 锅炉灭火

C. 烟道再燃烧　D. 炉墙倒塌、钢梁烧红

136. 引起炉膛负压波动的主要原因有：(A，B，C，D)和调节不当等。

A. 引风机或送风机调节挡板摆动　B. 燃料供应量不稳定

C. 燃烧不稳　D. 吹灰掉焦

137. 爆燃造成锅炉部件(A，B，C，D)、横梁弯曲等现象，应停炉处理。

A. 弯曲　B. 压扁　C. 泄漏　D. 炉墙裂缝

138. 普通弹簧式安全阀拒动作需要人为动作时，应利用(B，D)拉动安全阀手柄，使安全阀动作。

A. 手　B. 绳　C. 直接　D. 杆

139. 锅炉发生严重缺水时，错误的上水会引起(C，D)产生较大的热应力，甚至导致水冷壁爆管。

A. 省煤器　B. 下降管　C. 汽包　D. 水冷壁

140. 当汽包水位不正常地上升时，应对照(A，B，C，D)，调整给水流量、给水泵转速，判明水位上升原因，恢复正常水位。

A. 水位计　B. 蒸汽流量　C. 给水流量　D. 给水压力

141. 降低锅水含盐量的方法是(B，C，D)和降低汽轮机的排汽参数。

A. 提高锅炉的参数　B. 提高给水品质

C. 增加排污量　D. 采用分段蒸发

简答题：

1. 清洁生产审计有哪几个阶段？

答：①筹划与组织，②预评估，③评估，④方案产生和筛选，⑤可行性分析，⑥方案实施，⑦持续清洁生产。

2. ISO 14001 环境管理体系由哪些基本要素构成？

答：ISO 14001 环境管理体系由环境方针、规划、实施、测量和评价、评审和改进五个基本要素构成。

3. 防尘防毒的主要措施是什么？

答：我国石化工业多年来治理尘毒的实践证明，在大多数情况下，靠单一的方法防尘治毒是行不通的，必须采取综合治理措施。即首先改革工艺设备和工艺操作方法，从根本上杜绝和减少有害物质的产生，在此基础上采取合理的通风措施，建立严格的检查管理制度，这样才能有效防止石化行业尘毒的危害。

4. 什么叫消除二次尘毒源？

答：对于因“跑冒滴漏”而散落地面的粉尘、固、液体有害物质要加强管理，及时清扫、冲洗地面，实现文明生产，叫消除二次尘毒源。

5. 什么是劳动安全卫生管理体制中的"行业管理"?

答:劳动安全卫生管理体制中的"行业管理"就是行业主管部门根据本行业的实际和特点切实提出本行业的劳动安全卫生管理的各项规章制度,并监督检查各企业的贯彻执行情况。

6. ISO 14001 环境管理体系建立的步骤是什么?

答:一般而言,建立环境管理体系过程包括以下六大阶段:①领导决策与准备,②初始环境评审,③体系策划与设计,④环境管理体系文件编制,⑤体系运行,⑥内部审核及管理评审。

7. 危害识别的思路是什么?

答:①存在什么危害(伤害源)?②谁(什么)会受到伤害?③伤害怎样发生?

8. 什么是定量评价?

答:①在风险量化基础上进行评价,②主要是依靠历史统计数据,③运用数学方法构造数学模型进行评价。

9. 风险评价的目的是什么?

答:①全面识别危害因素,②准确评价、控制重大风险。

10. 什么是质量审核?

答:质量审核是确定质量活动和有关结果是否符合计划的安排,以及这些安排是否有效的实施并适合于达到预定目标的有系统地、独立的检查。

11. 什么是 ISO 9000 族标准的第一审核?第二审核?第三审核?

答:第一方审核又称内部审核,第二方审核和第三方审核统称为外部审核。①第一方审核指由组织的成员或其他人员以组织的名义进行的审核。这种审核为组织提供了一种自我检查、自我完善的机制。②第二方审核是在某种合同要求的情况下,由与组织有某种利益关系的相关方或由其他人员以相关方的名义实施的审核。这种审核旨在为组织的相关方提供信任的证据。③第三方审核是由独立于受审核方且不受其经济利益制约的第三方机构依据特定的审核准则,按规定的程序和方法对受审核方进行的审核。

12. 什么是直方图?

答:直方图是频数直方图的简称,就是将数据按顺序分成若干间隔相等的组,以组距为底边,以落入个组的频数为高的若干长方形排列的图。

13. 什么是排列图?

答:排列图又叫帕累托图,在质量管理中,排列图是用来寻找影响产品质量的主要问题,确定质量改进关键项目的图。

14. 控制图的主要用途是什么?

答:①分析用的控制图主要用于分析工艺过程的状态,看工序是否处于稳定状态;②管理用的控制图主要用于预防不合格品的产生。

15. 什么是电压合格率?

答:电压合格率是指实际运行电压在允许电压偏差范围内累计运行时间与对应的总运行时间的比值,即称电压合格时间与运行合格时间的比率。

16. Word 中如何组合图形。

答:画好的图形可以组合成整体,这样在操作中,就不会无意改变了它们的相对位置,选中几个图形，单击工具栏上的“绘图”按钮，选择“组合”就可以完成。

17. 什么是报告？

答：报告是下级机关向上级机关汇报工作、反映情况、提出意见或建议和答复上级机关的询问时使用的行文。

18. 班组在企业生产中的地位如何？

答：①班组是企业组织生产活动的基本单位；②班组是企业管理的基础和一切工作的立脚点；③班组是培养职工队伍，提高工人技能的课堂；④班组是社会主义精神文明建设的重要阵地。

19. 班组管理有哪些基本内容？

答：①建立和健全班组的各项管理制度；②编制和执行生产作业计划，开展班组核算；③班组的生产技术管理；④班组的质量管理；⑤班组的劳动管理；⑥班组的安全管理；⑦班组的环境卫生管理；⑧班组的思想政治工作。

20. 班组经济核算的条件是什么？

答：①建立健全严格的计量管理，②要有定额管理，③要有原始记录，④要有内部统一价格。

21. 班组经济核算的基本原则和注意事项是什么？

答：班组经济核算应遵循“干什么、管什么、算什么”的原则，力求注意三个问题：一是计算内容少而精，二是分清主次，三是方法简洁。

22. 总结的写作要求是什么？

答：①要新颖独特，不能报流水账；②要重点突出，找出规律，避免事无巨细面面俱到；③要实事求是，全面分析问题，从中找出经验教训；④要材料取舍得当；⑤要先叙后议或夹叙夹议。

23. 请示的特点是什么？

答：请示的最大特点是请求性。指本机关、本部门打算办理某件事情，而碍于无权自行决定、或者无力去做，或不知该不该办，必须请求上级机关批准、同意后方可办理。

24. 流体的密度和重度与地理位置的变化有何关系？

答：①流体的密度与地理位置无关，②流体的重度随地理位置的变化而变化。

25. 何谓虹吸现象？锅炉设备中哪里应用了虹吸现象？

答：虹吸现象是指越过高位容器液面而流向低位容器液面的现象。例如汽包内再循环管保护套与下降管安装了一条虹吸管，消除保护套管内的积水。

26. 什么是流体的密度和重度？

答：①单位体积流体所具有的质量称为流体的密度。②单位体积流体所具有的重量称为流体的重度。

27. 在理想气体状态条件下，气体的温度和体积随着压力如何变化？

答：理想气体状态下，气体的温度随着压力的升高而升高，气体的体积随着压力的升高而降低。

28. 简要说明汽态水（水蒸气）和液态水不同之处。

答：汽态水和液态水在物理形态上不同；汽态水具有较强的可压缩性，液态水较弱；汽态水和液态水的热力学性质差别很大。

29. 简述比热容的概念。

答：某种物质的比热容是指：1kg 的某种物质温度升高(或降低)1℃(或者 1K)吸收(或放出)的热量。

30. 简述气体比体积的物理意义。

答：气体的比体积大小与气体所吸收的热量的能力直接相关，比体积越大，表示物体温度升高或者降低 1℃所需要吸收的能量更多，或者说在吸收相同热量的前提下，物体的温度变化较小。

31. 简述汽化、液化、凝固、凝华、升华、融化之间的关系。

答：①汽化就是液态变为气态的过程，液化是它的反方向；②溶化时固体变为液体的过程，凝固是它的反过程；③升华就是固体直接变成气体的过程，凝华就是气体直接变成固体。

32. 简述齿轮泵和离心泵的不同。

答：齿轮泵是一种容积式回转泵，离心式水泵是依靠叶轮高速旋转产生离心力的泵。

33. 液力偶合器的工作原理。

答：液力偶合器的泵轮和涡轮组成一个可使液体循环流动的密闭工作腔，泵轮装在输入轴上，涡轮装在输出轴上。动力机(内燃机、电动机等)带动输入轴旋转时，液体被离心式泵轮甩出。这种高速液体进入涡轮后即推动涡轮旋转，将从泵轮获得的能量传递给输出轴。最后液体返回泵轮，形成周而复始的流动。

34. 简述液力偶合器的特点？

答：①能消除冲击和振动；②输出转速低于输入转速，两轴的转速差随载荷的增大而增加；③过载保护性能和启动性能好，载荷过大而停转时输入轴仍可转动，不致造成动力机的损坏。

35. 简述如何保证压力容器的安全运行。

答：①保证压力容器承受的压力在设计压力之内；②定时对压力容器进行检测，保证安全运行；③处理好压力容器与其他设备相连接的接头，避免应力集中；④对于压力容器的焊缝进行热处理，保证压力容器受力均匀；⑤严禁对运行中的压力容器进行敲打。

36. 简述风机两个润滑油泵并联运行的意义。

答：①风机润滑油泵单泵运行；②一台工作，一台备用；③工作油泵油压低的时候备用泵自动启动，保证风机润滑油压的正常运行；④短时间可以一台工作，一台检修，保证风机运行的连续性。

37. 高温加上随着时间的推移，构件易发生蠕变疲劳，在宏观上，它所表现出来的特征是什么？

答：蠕变断裂断口的宏观特征：①断口附近产生塑性变形，在变形区域附近有很多裂纹，使断裂机件表面出现龟裂现象；②由于高温氧化，断口表面往往被一层氧化膜所覆盖。

38. 对锅炉汽包用钢有何要求？

答：锅炉汽包在工质的饱和温度下工作，承受较高的工作压力，制造时要经过卷板、冲压、焊接成型等工艺过程，所以用作汽包钢板的钢材应该具备以下的性能：较高的强度，尽可能使汽包的壁厚减薄，这对于制造，安装，运行都有好处；较好的塑性和韧性；钢板有较低的缺口敏感性；良好的焊接性能；较低的实效敏感性。

39. 用以制造高温承压元件的钢管需要满足什么要求?

答:①具有足够的蠕变强度、持久强度和持久塑性，通常以持久强度为设计依据，保证在蠕变的条件下安全运行；②具有良好的高温组织稳定性，长期高温下不发生组织变化；③具有良好的的高温抗氧化性，要求材料在高温条件下的氧化腐蚀速度小于0.1mm/a；④具有良好的加工工艺性，要求冷加工性(冷态弯曲)和焊接性。

40. 简述节流差压流量计原理。

答:①充满管道的流体，当它流经管道内节流件时，流束将在节流件处形成局部收缩。②流速增加，静压力降低，在节流件前后产生了压差，流体流量愈大，产生的压差愈大，因而可依据压差来衡量流量的大小。

41. 简述差压变送器工作原理。

答:来自双侧导压管的差压直接作用于变送器传感器双侧隔离膜片上，通过膜片内的密封液传导至测量元件上，测量元件将测得的差压信号转换为与之对应的电信号传递给转换器，经过放大等处理变为电信号输出。

42. 差压水位计投入运行应该注意的事项?

答:①检查水位二次阀是否关闭，平衡阀是否打开；②打开一次阀门，排污阀门，冲洗管路；检查正负压侧的通路是否通畅；③根据管路通畅情况关闭排污阀门；④待管路中的介质冷却后，开启气侧一次阀；⑤缓慢打开正压侧的二次阀，使流体流入测量室，并用排气阀排除管路及测量室的空气，直到排到排气阀没有气泡逸出时，关闭排气阀，打开负压侧二次阀，仪表指示应该正确，接头阀门应无泄漏。

43. 电动执行机构和电动调节阀有什么区别?

答:调节阀就是个阀门，但它要在执行机构的配合下才能工作，换句话说，调节阀在执行机构的控制下工作。

44. 国家法定计量单位由什么部分组成?

答:国家法定计量单位是由国家单位制计量单位和国家选定的其他计量单位组成。

45. 简述提高朗肯循环的方法。

答:提高朗肯循环的方法主要有：①从锅炉侧提高锅炉的供汽参数；②从汽轮机侧降低锅炉的排汽参数；③减少不可逆的损失。

46. 描述凝汽器各设备的组成及工作原理。

答:凝汽器设备组成包括：凝汽器、换热管、真空泵、射水泵、凝结水泵以及各连接管道。凝汽设备的工作主要靠循环水来冷却蒸汽，然后通过凝结水泵把凝结水带走，保证凝汽器水位正常；射水泵和真空泵是保证凝汽器内部蒸汽流动的动力。

47. 为什么高压锅炉不采用亚硫酸钠作为除氧剂而是采用了联氨?

答:亚硫酸钠在高于280℃的工况下，会与水分解产生硫化氢和二氧化硫等有害气体，会腐蚀管道及部件。联氨为无色液体，遇到水以后会形成稳定的水合物，除氧效果好。

48. 低压加热器运行时主要监视的参数有哪些?

答:低压加热器监视的主要参数有：加热器进口水温、加热器出口水温、加热器气侧压力、温度、以及加热器的热水的流量、水位、加热器的端差。

49. 简述离子交换的原理。

答:离子交换法是利用一种叫做离子交换剂的物质，这种物质遇到水时可以将其本身所具有的离子和水中不同符号的离子相互交换，水中的硬度钙镁离子就被吸附在交换剂上而交换的离子进入水中，从而实现了除去水中的硬度。

50. 在电阻电路中，电流的大小与电阻两端的电压高低成什么比？与电阻的阻值大小成什么比？

答：①在电阻电路中，电流的大小与电阻两端的电压高低成正比；②与电阻的阻值大小成反比。

51. 什么叫导体，什么叫绝缘体，什么叫半导体？

答：导电性能良好的物体叫做导体。电阻极大，导电能力非常差，电流几乎不能通过的物体称作绝缘体。导电性能介于导体和绝缘体之间的物体叫做半导体。

52. 什么叫电阻的串联？

答：如果把几个电阻首尾相接地连接起来，在这几个电阻中通过的是同一电流，这种连接方式叫做电阻的串联。

53. 什么叫电阻的并联？

答：几个电阻一齐接在两个节点之间，每个电阻两端所承受的是同一个电压，这种连接方式叫做电阻的并联。

54. 当通过人体直流电流为多少 mA 时，就可能引起生命危险？

答：当通过人体直流电流为 10mA 时，就可能引起生命危险。

55. 导体的电阻与什么有关？

答：导体的电阻不仅与导体的材料种类有关，而且与导体的尺寸有关。

56. 电功率是由哪几个因素共同决定的？

答：电功率是由电压和电流这两个因素决定的。

57. 全压启动的低压电气设备主要有几种？

答：①三极胶盖磁低闸刀开关，②交流接触器，③铁壳开关，④磁力启动器，⑤自动空气开关。

58. 用什么来表示正旋电动势交变的速度？

答：一个正旋电动势随着时间不断地由正到负进行交变，这种交变是可快可慢的。通常用周期或频率表示交变的速度。

59. 如何防止锅炉启动燃油时烟囱冒黑烟？

答：①点火前检查油枪，除去油嘴结焦，提高雾化质量；②油枪确已进入燃烧器；③保持运行中的供油、回油压力和燃油的黏度指标正常；④及时送入适量的根部风，调整风、油混合，防止局部缺氧燃烧；⑤尽可能提高风温和炉膛温度。

60. 阀门投入运行时主要检查哪些内容？

答：①阀盖结合面、阀杆密封填料处无工质向外泄漏；②阀体保温完好，阀体无泄漏；③执行器传动部分无松脱现象；④阀门电动或汽动装置应有防止受潮的措施。

61. 锅炉上水温度对水压试验有何影响？

答：水温过低，金属材料有可能在试验时发生脆性破裂，且在一定的空气温度下易产生管壁外部凝结现象，影响检查。水温过高，在上水过程中产生汽化并会引起汽包等壁厚的承压部件过大的温差压力，水温过高还会使受热面轻微泄露的水很快就被蒸干，不易发现泄漏部位。另外，达到试验压力后的检查过程中由于温度的下降促使水体积缩小而使压力下降，会影响试验的准确性。

62. 锅炉转动机械试运行时，轴承箱振动剧烈，它是由什么原因造成？

答：①风机轴与电动机轴不同心，联轴器歪斜；②机壳或进风口与叶轮摩擦；③基础的刚度不牢或不够；④叶轮铆钉松动或叶轮变形；⑤联轴器上机壳与支架、轴承箱与盖座等连接螺栓松动；⑥风机进出气管道安装不良，产生振动；⑦转子不平衡；⑧轴承间隙不合理；⑨引风机叶片磨损。

63. 锅炉灭火保护装置有哪些功能？

答：①炉膛灭火监视，②炉膛压力监视及保护，③灭火保护，④炉膛吹扫，⑤声光报警信号，⑥跳闸原因显示及打印输出等。

64. 锅炉点火后什么时候投入电除尘运行合适？

答：①当锅炉点火后期燃烧稳定；②排烟温度达到110℃以上或电除尘出口温度达到100℃以上；③燃油退出后延时15min，方可投入电除尘运行。

65. 如何进行安全阀调试前的准备工作？

答：安全阀调试的准备工作有：①按安全阀位置编排，确定工作安全阀和控制安全阀；②电气回路试验良好，电磁铁上下动作灵活自如；③如采用脉冲式安全阀，其活塞室及空气系统应进行严密性试验；④准备规格合适的标准压力表一块，装在汽包处，试验时以汽包就地压力为准；⑤准备好所需工具及通信联络设施；⑥检修、运行调试人员分工明确，由专人指挥。

66. 安全阀校验的有关规定有哪些？

答：安全阀校验有关规定：①汽包和过热器上，所装全部安全阀排放量的总和应大于锅炉最大连续蒸发量；②当锅炉上所有安全阀均全开时，锅炉的超压幅度在任何情况下均不得大于锅炉设计压力的6%；③再热器进、出口安全阀的总排放应大于再热器的最大设计流量；④直流锅炉启动分离器安全阀的排放量中所占的比例，应保证安全阀开启时，过热器、再热器能得到足够的冷却；⑤安全阀的回座压差，一般应为起座压力的4%~7%，最大不得超过起座压力的10%。

67. 在锅炉启动过程中，如何防止再热器超温？

答：①将燃烧器适当下摆或改投下层火嘴，降低火焰中心；②关小再热器侧的烟气挡板；③正确投入旁路系统；④必要时投入再热器减温水。

68. 如何避免在启动过程中烧坏过热器？

答：点火初期，由于水冷壁产汽量极少，且部分垂直布置的过热器中存在大量积水形成所谓“水塞”，使大部分过热器处于无冷却介质的“干烧”状态。为了避免烧坏过热器，应采取严格控制燃料量的投入，严格控制启动时间的办法，减小过热器所承载的热负荷，随水冷壁产汽量的增加逐步增加热负荷。

69. 简述省煤器再循环阀的作用。

答：点火升压过程中，当停止进水，开启循环阀的目的是使汽包与省煤器之间形成自然循环回路；省煤器循环系统的投入目的是冷却省煤器。

70. 锅炉启动过程中如何防止汽包壁温差过大？

答：防止汽包壁温差过大措施如下：①严格控制升压速度。在升压过程中，若发现汽包温差过大时，应减慢升压速度或暂停升压；②升压初期汽压上升平稳，防止汽压大幅度波动；③加强水冷壁下联箱的放水，促进水循环，使受热面受热均匀，减小汽包壁温差；④维持燃烧均匀、稳定，保持适当的炉膛热负荷；⑤尽量提高给水温度，减小汽包温差；⑥有条件的锅炉推荐使用无火启动方式，在不点火的情况下，尽量提高汽包压力。

71. 如何防止锅炉启动时烟囱冒黑烟？

答：①点火前检查油枪，消除油嘴结焦，提高雾化质量；②油枪确已进入燃烧器；③保持运行中的供油、回油压力和燃油的黏度指标正常；④及时送入适量的根部风、调整风、油混合，防止局部缺氧燃烧；⑤尽可能提高风温和炉膛温度。

72. 简述锅炉燃油系统投运前的检查及投运操作。

答：锅炉燃油系统投运前的检查及投运操作如下：①锅炉油枪进油手动门、旁路门、电磁速断阀关闭严密；②锅炉油枪蒸汽吹扫电动门、手动门关闭严密；③炉前燃油系统各压力表、温度表、流量变送器及油压调节装置齐全完好；④通知值长、邻炉准备投油，各炉注意燃油系统运行情况，及时调整，保证燃油系统稳定运行；⑤开启进油手动总门，开启流量表前后门，开启燃油电磁阀，燃油系统压力逐渐上升，关回油旁路手动门；⑥开回油调节阀前后手动门，开回油流量表前后手动门，用回油自动调节阀调节油循环量，维持油压2.0~2.5MPa，在炉前进行燃油大循环；⑦燃油系统投运后，进行全面检查，确认各部位无泄漏，油系统运行正常。

73. 锅炉点火后应注意什么？

答：①锅炉点火后应立即调节配风，派人观察炉膛亮度及烟囱冒烟情况，逐步调节油风比例适度；②为使锅炉受热均匀，应定期调整油枪；③按升温、升压曲线要求，适当调整油量或增设油枪个数，并及时调整配风；④点火后约1h适当投入煤，一般煤粉锅炉当过热器后烟温度达到350℃，热风温度达到150℃以上，投运一套制粉系统。CFB炉在床温度达650℃以上投入少量原煤；⑤如果发生灭火应按规定通风；⑥经常检查燃油系统有无漏油，防止火灾事故发生。

74. 自然循环锅炉冷态滑参数启动怎样协调汽温、汽压？

答：①锅炉在启动过程中，汽温与汽压的配合不一定恰当，这就要通过各种手段来协调，当汽温达不到参数要求时，应加强燃烧，联系汽轮机值班员开大高压旁路提高汽温；②当汽温达到冲转参数要求而汽压已高出规定值时，根据需要可开启对空排汽阀泄压；③当汽压低，汽温高时，可适当关小高压旁路；④配合燃烧调整或其他手段来实现汽温、汽压的协调。

75. 什么是锅炉启动过程洗硅？

答：所谓洗硅就是在锅炉启动时，通过连续排污和定期排污将含盐浓度高的锅水排出，以保证蒸汽含硅量在规定范围内，这个过程称为洗硅。

76. 简述自然循环锅炉冷态启动程序。

答：①锅炉的上水和加热，②锅炉点火，③锅炉升压，④汽轮机冲转，⑤锅炉洗硅，⑥发电机并网与带负荷。

77. 简述回转式空气预热器启动步骤。

答：①检修工作票结束；②进行全面检查；③投入各种表计；④吹灰器确认在退出位置；⑤进行盘车；⑥调整密封间隙；⑦启动主驱动电机；⑧检查空气预热器转动方向；⑨检查空气预热器轴承温度、振动情况及电流、噪声等情况。

78. 简述强制循环泵的作用。

答：①循环泵的作用是提供强制循环流动所必要的压头；②提高循环推动力，向水冷壁可靠地供水；③保持锅炉在各种运行条件下都具有稳定的循环特性或水动力特性。

79. 简述焦炭粒子和炭粒子的区别。

答：①焦炭粒子多孔性内部表面可能发生化学反应；②焦炭燃烧时灰分裹在焦炭外表面，阻碍氧气向炭粒表面的扩散，从而对燃烧产生不利影响；③纯炭粒燃烧则不考虑灰分和多孔性对燃烧的影响。

80. 什么是燃烧速度和燃烧程度？

答：燃烧速度是指单位时间燃烧掉燃料量的多少。燃烧程度是指燃料燃烧的完全程度，表现烟气离开炉膛时带走可燃质的多少。

81. 简述活化能对燃烧速度的影响。

答：燃料的活化能越小，反应能力就越大；反应速度随温度变化也越小，在低温下越能燃烧。

82. 什么是燃料的活性？

答：燃料的“活性”表示燃料着火与燃尽的难易程度和反应能力。

83. 何谓火焰传播速度？

答：可燃混合物着火时的火焰传播速度即为着火速度，对于不同的燃料，火焰传播速度的差异很大，气体燃料和液体燃料的火焰传播速度远远大于煤颗粒气流的火焰传播速度。

84. 燃料在炉膛内燃烧一般分别处于哪三种工况？

答：根据燃烧速度和燃烧程度两个因素的影响，燃烧过程可分为三种工况：①扩散燃烧工况（温度大于1400℃）；②动力燃烧工况（小于1000℃）；③中间燃烧工况，即化学反应速度与物理混合速度比较接近的燃烧工况。

85. 为了实际应用和理论研究的需要，通常把煤的成分分为哪四种基准进行分析？

答：可以把煤的成分分为：①收到基；②干燥无灰基；③干燥基；④空气干燥基。

86. 为什么燃油的发热量差别特别小？

答：原因是燃油中的可燃元素碳和氢总含量高达97%以上，而且各种燃油的碳和氢总含量差别很小。因此，燃油的发热量差别特别小。

87. 什么是气体无焰燃烧和有焰燃烧？

答：①不发光的火焰为无焰燃烧，发光的火焰称为有焰燃烧；②无焰燃烧火焰为浅蓝色，而有焰燃烧火焰是浅黄色。

88. 什么叫燃油的着火热？

答：所谓燃油的着火热就是把炉内的油气混合物加热到着火温度时所需要的热量。

89. 简述燃油黏度在锅炉运行中的作用。

答：燃油产生连续不断地变形以抵抗外力的能力称为燃油的黏度。黏度是流体黏性大小的度量，用以衡量燃油质点之间的摩擦力。黏度的大小影响燃油的输送和雾化，所以对燃料油的黏度应当有一定的要求和稳定性。

90. 渣油和重油的共同特点是什么？

答：相对密度较大，比值大，脱水困难；黏度较大，流动性差；沸点较高；闪点高，不易挥发，与轻质油相比火灾危险性小。

91. 燃油雾化质量如何评定?

答: 燃油雾化的好坏直接关系到锅炉是否能够正常长周期运行。雾化质量的主要指标是雾化细度和颗粒的均匀度、流量密度，其次还有油雾化角和射程。雾化细度是指雾化油滴的大小，它是评定雾化质量的主要指标。颗粒均匀度是指雾化炬中各油滴大小差异的程度。

92. 风量调节的意义是什么?

答: 当外界负荷变化而需要调节锅炉出力时，随着燃料量的改变，对锅炉风量也需要做相应的调节，否则，风量过大或过小都会给锅炉的安全经济运行带来不良影响。

93. 简述锅炉运行中风量调节原则。

答: 风量调节原则是：维持最佳的过剩空气系数，保持良好的燃烧和较高的热效率。

94. 锅水含盐量对蒸汽带水有何影响?

答: 锅水含盐量越大，锅水的表面张力越大，汽泡破裂时所形成的水滴越小，被蒸汽带走的水滴越多，湿度越大。当锅水含盐量特别是碱性物质增大时，汽泡不易破裂，并在水面停留时间增长，所以易在水面堆积气泡，严重时形成一层厚泡沫，使空气空间下降，造成蒸汽带水。

95. 简述炉膛上部漏风对锅炉运行的影响。

答: 炉膛上部漏风对燃烧和炉内传热影响不大，但是炉膛出口烟气温度下降，漏风点以后的设备受热面的传热量将会减少。

96. 为什么风量变化会影响过热蒸汽温度?

答: 在总风量不变的情况下，不同的配风工况会引起汽温发生变化。这是由于配风工况不同时，燃烧室的火焰中心位置不同。当送风量或漏风量增加时，导致炉内温度降低，辐射传热减少，同时过量空气增多，流经对流过热器的烟气量增多，烟气流速增大，对流传热增大，从而，引起过热汽温上升和辐射过热器的温度降低。

97. 锅炉负荷调节对燃料消耗量有什么影响?

答: 当负荷变化时，锅炉效率也随着变化，在经济负荷以下时，燃料消耗量比略小于负荷增加比，而在经济负荷以上时，燃料增加比略高于负荷增加比。

98. 蒸汽压力调节的必要性是什么?

答: 蒸汽压力是蒸汽质量的重要指标。在锅炉运行中，蒸汽压力是必须监视和控制的主要参数之一。汽压过低，会减少蒸汽在汽轮机中膨胀做功的能力，使汽耗增大，煤耗增加，经济性下降。汽压过低，还会造成事故，影响机组的正常发电和供热。汽压过高，安全门动作，会造成大量排汽损失。

99. 主蒸汽温度的调节方法有哪些?

答: 汽包锅炉过热蒸汽温度调节一般以喷水减温为主，大容量锅炉通常设置两级以上减温器。一般用一级减温器进行粗调，其喷水量的多少取决于减温器前汽温的高低，应能保证屏式过热器管壁温度不超过允许值。二级减温器用来对汽温进行细调，以保证过热蒸汽温度的稳定。烟气侧也同样可以改变蒸汽温度，主要是调整火焰中心位置、过剩空气量以及燃料的颗粒度。

100. 影响雾化质量的因素有哪些?

答: 影响雾化质量的因素很多，主要有以下几种：①旋涡室直径，②喷口直径，③切向槽总面积，④进油压力，⑤回油压力，⑥燃油黏度，⑦喷嘴出力，⑧加工精度。

101. 怎样进行风量和燃料量的调配？

答：锅炉的形式不同，风量的调配比例也不同。一般要求一次风应满足挥发分燃烧及固体焦炭质点的氧化需要；二次风不仅要满足燃烧的需要，而且要补充一次风末段空气量的不足，更重要的是二次风能与刚进入炉膛的可燃物混合，便于在高温火焰中起到搅拌混合的作用，提高燃料的完全燃烧程度。

102. 如何维持运行中的水位稳定？

答：大型机组都采用较可靠的给水自动来调节锅炉的给水量，同时还可以切换为远方手动操作。当采用手动操作时，应尽可能保持给水稳定均匀，以防止水位发生过大波动。监视水位时必须注意给水流量和蒸汽流量的平衡关系，及给水压力和调整门开度的变化。在排污、切换给水泵、安全门动作、燃烧工况变化时，应加强水位的监视。

103. 与锅炉热效率有关的经济性指标有哪些？

答：与锅炉热效率有关的经济指标有排烟温度、烟气氧量值、一氧化碳值、飞灰可燃物含量、炉渣可燃物含量等。

104. 提高蒸汽品质的方法有哪些？

答：提高蒸汽品质的途径有两个即降低锅水含盐量和降低饱和蒸汽带水及减少蒸汽中的溶盐。具体方法：①提高给水品质，②增加排污量；采用分段蒸发，③建立良好的汽水分离条件，④采用完好的汽水分离装置，⑤采用蒸汽清洗装置，⑥采用合适的锅水控制指标。

105. 改变炉膛火焰中心位置的方法有哪些？

答：①采用摆动式燃烧器改变其倾角，②改变燃烧器运行方式，③改变配风工况，④利用吹灰的方法调节。

106. 锅炉运行中用改变风量来调节主蒸汽温度有什么缺点？

答：其缺点有：①使烟气量增大，烟热损失增加，锅炉效率下降；②使风机耗电量增大，降低了整个电厂的经济性；③增大了烟气流速，使锅炉受热面的飞灰磨损加剧；④由于过剩空气系数的提高，使烟气的露点升高，增大了尾部受热面的低温腐蚀。

107. 何谓排烟热损失？

答：排烟热损失是由于排入大气的烟气温度高于大气温度而损失的能量。

108. 锅炉停运以后，回转式空气预热器为什么要等烟气温度低于80℃才可以停止？

答：因为锅炉停炉以后，炉内的烟气温度仍然很高，如果回转式空气预热器停止工作，则回转式空气预热器的烟气侧的温度较高，空气侧的温度降低，会造成转子受热面或者风罩变形，从而使得空气预热器卡死，难以启动，甚至过负荷而损坏。所以锅炉停止运行以后，回转式空气预热器继续运行，经过自然冷却至空气预热器入口的烟气温度小于80℃以后才可以停止空气预热器。

109. 滑参数停炉过程的注意事项有哪些？

答：①注意控制汽温，汽压下降的速度要均匀；②汽温不论在任何情况下，都要保证50℃以上的过热度；③在滑参数停炉过程中，要始终监视和确保汽包的上下壁温差不大于40℃；④为了防止汽轮机解列以后汽压得以回升，应使锅炉在停炉时保持尽量低的负荷。

110. 定参数停炉过程有哪些注意事项？

答：采用定参数停炉过程中应该尽量维持较高的锅炉主蒸汽压力和温度，以减少各种损失。减少负荷过程中应该维持锅炉的蒸汽压力不变，逐渐关小汽轮机的调节汽门。随着锅炉的燃烧效率的逐渐降低，汽温逐渐下降，但应保持汽温的过热度至少50℃，否则就应降低锅炉的主汽压力。停炉后要保持锅炉的空气预热器和火焰检测器的冷却风机连续运行。对于强制循环锅炉要保证至少一台循环水泵继续运行一段时间。

111. 停炉过程中，为了避免汽包壁温差过大应该采取的措施有哪些？

答：①降压速度不要太快，控制汽包壁温在40℃以内；②停炉过程中，给水温度不得低于140℃；③停炉过程为了防止汽包壁温差过大，锅炉熄火前将水位进至略高于汽包正常水位；④为了防止锅炉急剧冷却，熄火后6~8h内应该关闭所有人孔，保持密闭，此后可以根据温差不大于40℃的条件下，开启烟道挡板，引风机挡板，进行自然通风冷却。

112. 如何停止仓泵运行？

答：①启动水力除灰设备，开启水力除灰闸门；②解除连锁，待仓泵的存粉输送完毕，停止各进料阀、透气阀，仓泵停止装灰；③将仓泵存灰吹完后，切换系统阀门，对输灰管吹扫，确认管路通畅后关闭进气阀；④停止空气压缩机运行、泄压、放水；断开控制键盘电源。

113. 循环流化床锅炉燃烧系统由哪些主要设备组成？

答：循环流化床锅炉燃烧系统由燃烧室、布风板、飞灰分离收集装置、飞灰回送器等组成。

114. 锅炉汽包用的钢板有什么要求？

答：应具有：①较高的强度，有利于制造、安装和运行；②较好的韧性和塑性；③较低的缺口敏感性，减少在开孔、焊接形成的应力集中；④良好的焊接性能；⑤较低的失效敏感性。

115. 燃油配风应满足的条件有哪些？

答：①一次风和二次风的配比要适当；②要有合适的回流风；③油雾和空气混合要强烈；④各燃烧器之间油与空气的分布应均匀。

116. 简述自然循环的自补偿能力。

答：一个循环回路中的循环流速常常随着负荷的变化而变化。当上升管受热增强时，产生的蒸汽量增多，截面含汽率增加，运动压头增加，使循环量增大，循环流速加快；如果上升管受热减少，循环水量减少，循环流速也相应减少。这种在一定的范围内，自然循环回路的上升管吸热量增加时，循环水量随产量相应增加而进行补偿的特性称为自然循环自补偿的能力。

117. 什么是强制循环锅炉？

答：①强制循环是在自然循环基础上发展起来的；②除依靠水与汽水混合物之间的密度差之外，主要依靠锅水循环泵，以使工质在蒸发受热面中做强制流动；③这样既能增大流动压头，又便于控制各回路中的工质流量。

118. 为什么直流锅炉适应于压力等级较高的锅炉？

答：当锅炉压力超过14MPa时，由于汽水的比体积比较接近，蒸发管的水动力特性比较稳定，管间脉动现象基本消失。当压力接近或超过临界压力时由于汽水比体积接近或相等，采取直流锅炉，利用给水泵建立汽水流动。

119. 再热蒸汽有哪些特性？

答：再热器实际上是一个低压高温的过热器。根据再热蒸汽的性质得知再热器在结构上的特点有：①再热蒸汽压力低、温度相对高，比体积大、密度小，与过热蒸汽相比，对流换热系数小，在同样温度下，再热器的壁温比过热器壁温高；②再热蒸汽的比体积要比过热蒸汽的小，在获得同样热量的情况下，再热蒸汽温升要高，在同样热偏差的条件下，再热蒸汽的温度偏差要比过热蒸汽明显；③由于前面两个特性使再热蒸汽温度有明显的对流特性，特别是在机组低负荷时维持再热蒸汽温度更加困难；④再热器内的压降不宜过大，因为压降会使机组效率下降；⑤再热蒸汽不宜采用喷水减温方式来调节温度。

120. 为什么高温过热器的流通截面比低温过热器要大？

答：蒸汽的体积随着温度的升高和压力的降低而增大，过热蒸汽从低温过热器出来，进入高温过热器后，由于吸收烟气的热量，温度不断升高，但压力因阻力损失而逐渐下降，这两个因素使得蒸汽的体积显著增大。为了保持机组的经济性，减少流动阻力，常采用增大高温过热器流通截面积的方法来解决。

121. 影响穿层式清洗器工作效果的因素有哪些？

答：影响穿层式清洗装置效果的主要因素有：①清洗前蒸汽的品质，②清洗水量和清洗水的品质，③清洗水层的厚度，④蒸汽的流动速度。

122. 造成省煤器磨损的主要因素有哪些？

答：造成省煤器磨损的主要因素有烟气的流速、飞灰的浓度、飞灰的性质和受热面结构特性。

123. 防止省煤器磨损的主要措施有哪些？

答：防止省煤器磨损的主要措施有：适当控制烟气流速，特别要防止局部流速过高；降低飞灰浓度；在易于磨损的部位加装防磨装置；在尾部烟道四周及回流区设置导流板，防止蛇形管与炉墙间形成烟气走廊而产生局部磨损；锅炉不宜长期超负荷运行；减少锅炉漏风。

124. 管式空气预热器易磨损部位在哪里？如何检查管子穿孔？

答：①管子磨损穿孔主要发生在烟气进口端；②管子因低温腐蚀穿孔主要发生在烟气出口端。③使用灯光可以观察出穿孔位置。

125. 减温器安装的位置有哪四种？

答：减温器安装的位置有四种：在低温段过热器出口、在低温段过热器入口、在高温段过热器出口和在低温段和高温段过热器之间。

126. 简述水冷壁管上下部安装活动钩的目的。

答：为了既满足水冷壁在运行时的膨胀补偿，又防止弯曲的水冷壁管在自身、下联箱和其中锅水质量的作用下，有被拉直的趋向，在管子的弯曲部位引起附加应力，逐渐发生永久变形，在水冷壁上部背火侧设置了挂钩装置。锅炉运行时钢架向上膨胀，水冷壁管向下膨胀，水冷壁管被挂钩托住，挂钩承受了大部分水冷壁质量。

127. 简述汽包内阻汽板的作用。

答：阻汽板是装在饱和蒸汽引出管管口前面，是阻止蒸汽由引出管管口前面沿轴线进入，是让蒸汽绕过阻汽板后由侧面进入引出管，防止入口前蒸汽流速局部过高而带水。

128. 管式空气预热器按进风方式可分为哪几类？

答：按照进风方式的不同，管式空气预热器分为单面进风、双面进风和多面进风几种。

129. 调节阀如何进行选择？

答：选择调节阀就是选择调节阀的结构特性，在工作特性确定后，必须考虑管路系统的影响。两者结合才能选择合适的调节阀门。

130. 简述弹簧式安全阀动作原理。

答：利用弹簧的作用力将阀芯压紧在阀座上，汽压低于规定值时，蒸汽的作用力低于弹簧的作用力，使阀门处于关闭状态。当汽压升到超过规定值，阀芯下面受到蒸汽作用力超过阀芯上面所受到的弹簧作用力时，阀芯被顶开，排出蒸汽，使汽压下降。利用调整螺丝改变弹簧对阀芯的作用力，即可调整开启压力值的大小。弹簧式安全阀由阀体、阀座、阀瓣、阀杆、阀盖、弹簧、调整螺丝和锁紧螺母等组成。

131. 简述重锤式安全门的工作原理。

答：重锤通过杠杆作用，将力作用在阀杆上，使阀芯紧压在阀体上部的阀座上。蒸汽自阀体的通道进入，作用在阀芯下部的表面上。当阀芯受到的重锤作用力大于蒸汽向上的推力时，阀门保持关闭状态；当汽压升高到安全门的开启压力值时，蒸汽作用在阀芯上的推力大于重锤作用在阀芯上的力，阀芯被顶起，阀门开启，排出蒸汽，汽压降低。当汽压降低至不足以顶起阀芯的数值时，由于重锤的作用力使阀门自动关闭。

132. 简述钢珠除灰器的工作原理。

答：在垂直烟道的顶部将直径为5~6mm的钢珠撒入垂直烟道时，钢珠似雨点般自高处落下，将管子上的积灰击落。钢珠落至烟道底部后，利用炉顶装有的抽吸器产生的负压将钢珠从烟道底部沿管道抽吸到炉顶，进入钢珠收集器，在其中钢珠与输送钢珠的空气分离，空气被抽吸器抽出，钢珠又下落。

133. 改善辐射过热器措施有哪些？

答：①为改善辐射过热器的工作条件，常采用的方法是过热器受热面只布置在远离火焰中心的上部；②将辐射过热器作为低温受热面；③采用比较高的质量流速。

134. 从运行方面考虑，如何有效地捕集高比电阻粉尘？

答：为了有效地捕集高比电阻粉尘，可以通过改变运行状态：①选择适当的操作温度；②增加烟气的湿度；③在烟气中加入调节剂（SO_2、NH_3 等）；④增大振打频率等。

135. 什么叫泵和风机机械损失和机械效率？

答：泵和风机的机械损失包括轴与轴承的摩擦损失、轴与轴端密封的摩擦损失及叶轮叶片的摩擦损失。离心泵的机械效率为0.90~0.97，离心风机机械效率一般为0.92~0.98。

136. 简述吹灰器保养方法。

答：确保短吹灰器的安全工作，必须定期对短吹灰器进行润滑，润滑点有三处，分别是减速箱、前置轴承座和前端开式大齿轮。减速箱用30号透平油，箱体上部蜗杆两端的圆锥滚子轴承由箱体上部的两个油嘴注入润滑脂，前支座轴承和开式传动的大齿轮用二硫化钼润滑。

137. 如何保证过热蒸汽品质合格？

答：①提高给水品质；②根据导电度加强连续排污；③加强定期排污；④严格控制锅炉锅水质量；⑤加强对锅炉汽水品质的监督。

138. 简述预防受热面结焦的方法。

答：①控制受热面积灰以及定时吹灰；②保证煤粉充分燃烧，避免还原性气体的产生；③控制锅炉炉膛出口温度，避免超温；④定时除焦，防止结焦面扩大。

139. 运行中的空气压缩机的检查内容有哪些?

答: ①检查储气罐工作压力保持在额定压力，压力太低的时候及时启动备用的空气压缩机，压力太高时候停一台空气压缩机运行；②检查空气压缩机的电动机应该在规定范围之内，并且没有摆动；③检查一、二次缸排气压力在规定范围内；④冷却水量充足，冷却水压力正常；⑤检查润滑油压力应该在规定范围，油箱油为正常，油质良好，曲轴，连杆转动部分润滑良好；⑥用听针听汽缸内运转应该没有异常摩擦和撞击声；⑦电机运转正常；⑧定期排放冷却水和汽水分离器内的积水，储气罐也应该定期放水；⑨干燥器应该投入使用，应该对干燥剂进行检查。

140. 简述锅炉内部除灰的一般顺序。

答: ①通知主操锅炉吹灰；②调整锅炉负压；③将调节器自动改为手动，加强监督；④按照从炉膛到烟道顺序进行；⑤吹灰结束，调整锅炉燃烧，恢复自动。

141. 吹灰的作用有哪些?

答: ①保证受热面干净，便于传热；②避免受热面结焦；③减少受热面管壁温度超温的可能性；④利用降低排烟温度，提高热效率。

142. 过热器结焦的危害有哪些?

答: ①过热器管壁温度超温，损害过热器管，缩短过热器寿命；②烟道通风不良，造成锅炉燃烧工况不稳定；③结焦不均造成过热器两侧产生热偏差；④大块焦脱落可能造成锅炉灭火以及损害水冷壁管。

143. 锅炉结焦对运行有哪些危害?

答: 锅炉结焦的危害主要有：①引起汽温偏高；②破坏水循环；③增大了排烟损失；④使锅炉出力降低。

144. 过热器热偏差的危害有哪些?

答: 某个管组中的热偏差，通常是指管组中焓增量最大的管子，热偏差严重的时候，可能会导致过热器管壁温度超过金属材料允许的温度，造成过热器损坏。

145. 蒸汽品质不合格的危害有哪些?

答: ①蒸汽品质不合格造成过热器、主蒸汽管道结垢，由于膨胀不均匀导致热应力增大。②阀门阀芯、阀杆结垢，造成阀门动作不灵活。③汽轮机的叶片结垢，导致转子偏心，汽轮机膨胀不均匀产生热应力不均匀。

146. 工作票填写的主要内容有哪些?

答: ①检修项目开工竣工时间以及检修人员数量；②安全人员要求采取的措施；③检修人员要采取的措施；④禁火区域单独填写动火作业票；⑤监护人员具体情况。

147. 描述垢下腐蚀的原理。

答: 碱腐蚀是指锅炉受热面表面有沉积物时，由于沉积物的传热性能比受热面金属差得多，沉积物下面的金属壁温升高，沉积物与金属之间的锅水浓缩，且不易与沉积物之外的锅水均匀混合。当锅水中含有游离的氢氧化钠(NaOH)，且锅水的 pH 值大于 13 时，金属壁的氧化保护膜被 NaOH 溶解，电化学腐蚀加剧，这就是碱腐蚀。碱腐蚀的腐蚀物是白色的碳酸钠，它是氢氧化钠与空气中二氧化碳接触后的生成物。酸腐蚀是指锅水中含有氯化镁($MgCl_2$)和氯化钙($CaCl_2$)时，在沉积物下的氯化镁、氯化钙与锅水发生反应形成氢氧化镁和氢氧化钙以及盐酸(HCl)，使 pH 值下降，对钢材形成酸腐蚀。如果金属表面有坚硬、致密的水垢存在，氢不能扩散到汽水混合物中，则渗入钢材与碳钢中的碳化铁(渗碳体)发生反应，结果造成钢材脱碳，同时使金相组织发生变化，会形成微小晶间裂纹。

148. 防止空气预热器低温腐蚀的措施有哪些？

答：①燃料脱硫；②低氧燃烧，使得烟气露点下降；③添加脱硫剂，吸收三氧化硫；④采用热风再循环或者暖风器，提高壁温；⑤空气预热器冷端采用抗腐蚀材料。

149. 测量电导率的意义有哪些？

答：①直接反映了给水、锅水、过热蒸汽的导电率；②间接反映了给水、锅水、过热蒸汽中含盐量的多少；③反映给水、锅水、过热蒸汽的的品质；④为调整锅炉汽水品质提供一定的依据。

150. 如何进行回转式空气预热器的冲洗工作？

答：冲洗前，将冲洗的空气预热器烟气侧和空气侧底部放水装置开启，然后降低锅炉负荷，把烟气入口挡板关闭。增加另外一侧送风机负荷，减小对应侧的送风机负荷，冲洗过程中维持该空气预热器出口温度不低于150℃，如果低于150℃就应该停止该侧送风机，并将该侧的空气预热器出口空气挡板关闭。冲洗时候，如果备用驱动装置为气动，应该将空气预热器由电动驱动改为气动驱动，待冲洗工作完毕以后再改为电动驱动。启动蒸汽空气加热器，维持送风机在低负荷下运行，并对空气预热器进行干燥。在空气预热器没有完全干燥的前提下，不准开启烟气入口挡板。

151. 停炉过程中如何保护汽包？

答：为了保证停炉以后汽包的安全，应该注意以下几点：①停炉以后降压速度不应该太快，尽量保证汽包高水位；②对母管制锅炉机组，在停炉后应该关闭主汽门，否则会导致气体倒流，扩大汽包上下壁温差；③注意汽包的冷却速度，特别是对于有胀接管口的锅炉；④不采用上水放水同时方法来冷却汽包。

152. 控制锅炉给水品质的指标有哪些？

答：硬度、碱度、pH值、含氧量、含油量、磷酸根、铁含量、铜含量、钠含量、二氧化硅及联氨的含量。

153. 锅炉发生爆燃的条件是什么？

答：锅炉发生爆燃有三个条件：有燃料和助燃空气的积存；燃料和空气的混合物达到爆燃的极限；有足够的着火热源。

154. 何谓锅炉受热面事故？

答：锅炉受热面事故是指因水冷壁、过热器、再热器、省煤器管子的泄漏或爆管，而被迫停炉的事故。

155. 事故调查一般程序有哪些？

答：锅炉事故调查一般应遵循下列程序：①保护事故现场；②收集原始资料；③调查事故过程情况；④分析原因责任；⑤提出防范措施；⑥提出对责任人的处理意见；⑦写出调查报告。

156. 锅炉事故处理有哪些原则？

答：锅炉运行中，当事故发生处理时，应掌握以下原则：沉着冷静，判断正确并及时处理；尽快消除故障根源，隔绝故障点，防止事故扩大；在确保人身安全和设备不受损坏的前提下，尽可能恢复锅炉正常运行，不使事故扩大；发挥正常设备的出力，尽可能减少用户的损失；达到紧急停运规定时严格执行紧急停运规定。

157. 水冷壁爆管的原因有哪些？

答：管内结垢、腐蚀；燃烧方式不合理，长期低负荷运行，管内工质吸热量相对减小，壁温升高；排污阀内漏严重；水冷壁严重结渣；管内有异物堵塞使管壁过热；焊接质量不佳或钢材不合格；管外壁磨损严重；锅炉严重缺水引起管壁过热爆破；设计不合理，水冷壁膨胀受阻；炉膛内发生爆炸，使水冷壁损坏；大块焦渣跌落，将冷灰斗上部的水冷壁砸坏。

158. 过热器管损坏的原因有哪些？

答：①燃烧调整不当，火焰中心偏斜或过长，使部分过热器管长期超温；②过热器管产生高温腐蚀，使管壁变薄而损坏；③由于蒸汽品质不合格，过热器管内结垢，导致过热而损坏；④在锅炉启动、停炉过程中燃烧调整不当，导致过热器超温；⑤水冷壁部分结焦或过热器部分堵灰，使局部烟温升高，流速加快，造成个别过热器管超温而损坏；⑥吹灰器安装、检修不良，吹灰角度不正确，吹损过热器管；⑦设计不合理，制造有缺陷，安装、检修不良，管材不符合要求等都会引起过热器管损坏。

159. 锅炉运行时如何判断锅炉受热面损坏？

答：①通过仪表分析，根据给水流量、主蒸汽流量、炉膛及烟道各段烟温、各段汽温、金属壁温、省煤器水温和空气预热器风温、炉膛负压、引风量等的变化，以及减温水量的变化综合分析；②巡回检查。根据不正常的响声、冒汽和冒水来判断什么受热面泄漏；③炉膛内发生泄漏时，燃烧不稳定，甚至锅炉灭火；④烟囱烟气变白，烟气量增多。

160. 锅炉满水的原因有哪些？

答：①运行人员对水位监视不够，误判断或误操作造成；②水位计指示不准确，造成误判断；③给水自动调节装置失灵或调整机构故障；④给水压力过高或突然上升；⑤锅炉负荷增加太快；⑥汽包安全门动作。

161. 锅炉缺水有何原因？

答：造成锅炉缺水的原因与锅炉满水大致相同，如给水自动装置失灵，给水调整阀、给水泵调速装置故障使给水流量下降或给水压力降低；二次水位计失灵，指示偏高，使运行人员误判断而导致误操作；高压加热器跳闸旁路阀开启速度慢或未开启，运行中给水泵故障停运，给水泵再循环门自开，给水管道阀门故障；给水管道放水门、省煤器放水门或事故放水门误开；定期排污操作不当或排污门严重泄漏，水冷壁、省煤器、过热器泄漏爆管。

162. 热控仪表电源中断后，自动装置怎样处理？

答：将自动切为手动，远控改为手控，关闭气动执行机构进气门，根据汽机蒸汽参数的变化量现场调整开度。

163. 如何处理空气预热器跳闸？

答：空气预热器跳闸的处理：一台空气预热器跳闸，若在跳闸前无电流过大现象或机械部分故障，可重合闸一次，若重合闸成功，则应查明原因并消除，若重合闸无效，应投入盘车装置，降低锅炉负荷，控制排烟温度不超规定值；一台空气预热器故障停运排烟温度超限，或两台空气预热器同时故障停运，应按紧急停炉处理。

164. 如何处理给水管道泄漏？

答：①有备用系统的应切换系统处理；②若管道轻微泄漏，可采用带压堵漏方法处理；③若运行中不能消除泄漏，当管道损坏不严重且不至于很快扩大故障时，可短时维持运行，调整锅炉参数，保持运行工况稳定，严密监视损坏部位发展趋势，申请停炉；④泄漏处周围做好安全措施；⑤若管道严重爆破，不能维持水位或严重威胁人身、设备安全时，应紧急停炉，停止给水泵及锅炉供水。

165. 简述锅炉安全阀故障和处理方法。

答：①当安全门拒动时，应立即将安全门强制开启，打开对空排汽门，同时降低锅炉热负荷，降低蒸汽压力；②当安全门动作后不回座时，应强制回座，若脉冲安全门强制回座无效时，应将脉冲来汽门关闭，使其回座；③当安全门全部失效或锅炉严重超压时，应立即停止锅炉运行；④安全门误动时，解列自动，先强行关回，然后查明原因，予以消除。

166. 简述防止烟道二次燃烧的措施。

答：防止锅炉尾部烟道再燃烧的措施有：①回转式空预器应设有可靠的停转报警装置、完善的水冲洗系统和必要的碱洗手段，并应有停炉时可随时投入的碱洗系统；②油燃烧器必须配有调风器及稳燃器，保证油枪根部燃烧所需用氧量；③精心调整锅炉燃料制备系统，保证合格的燃料颗粒度；④根据负荷调整燃烧方式，风、煤、油配比合理，混合均匀，着火稳定，燃烧完全；⑤启动锅炉时油枪投入正确、燃烧良好；⑥锅炉燃用渣油或重油，应保证燃油温度和油压在规定值内，保证油枪雾化良好、燃烧完全；⑦明确省煤器、空气预热器烟道在不同工况的烟气温度限制值；⑧回转式空气预热器出入口烟、风挡板应能电动投入且挡板能全开、关闭严密。

167. 锅炉汽包水位高 I 值时处理程序有哪些？

答：当汽包水位超过高Ⅰ值(+50mm)时，可采用下列手段控制水位上升：①属给水自动调整装置失灵，应解列给水自动，关小调整门或降低给水泵转速；②属增加负荷速度过快，应适当减缓增加负荷速度或停止增加负荷；③属给水调整门卡涩，应当关小电动给水门，减少给水量；④属汽轮机调节汽门突然大开或安全门动作，则应适当降低锅炉负荷，但不宜大量减少给水流量，以防调节汽门关回或安全门回座后给水量不足造成锅炉缺水事故。

计算题

1. 有一条输送清水的管道，管径 ϕ 为 150mm，水流速 1m/s，请问其水流量是多少？

解：150mm = 0. 15m，r = 0. 075m

$$0.075^2\pi\times1\times3600=63.6(m^3/h)$$

答：水流量是 63. 6m^3/h。

2. 温度为 10℃的水在管道中流动，管道直径 $d=200$mm，流量 $Q=100m^3/h$，10℃水的运动黏度 $\nu=1.306\times10^{-6}m^2/s$，求水的流动状态是层流还是紊流？公式：$C=Q/(\pi d^2/4)=4Q/(\pi d^2)$，雷诺数 $Re=Cd/\nu$，$Re>2300$ 时为紊流，$Re<2300$ 时为层流。

解：管道中平均流速

$$C=Q/(\pi d^2/4)=4Q/(\pi d^2)$$
$$=(4\times100)/(3600\times3.14\times0.2^2)=0.885(m/s)$$

雷诺数 $Re=Cd/\nu=(0.885\times0.2)/(1.306\times10^{-6})=13553$

因为 13553>2300，所示此流动为紊流。

答：此流动为紊流。

3. 某台水泵的轴功率 P 为 100kW，有效功率 P_e 为 50kW，该泵的效率 η 为多少？

解：该泵的效率为 $\eta=(P_e/P)\times100\%=(50/100)\times100\%=50\%$

答：该泵的效率为 50%。

4. 已知循环水泵出口压力为 16.6m，流量 Q 为 19300m^3/h，泵的 $\eta=85\%$，求循环的轴功率和有效功率。（水的 $y=1000kg/m^3$，$N_{有效}=yQH/102$，$N_{轴}=N_{有效}/\eta$）。

解：$N_{有效}=yQH/102=1000\times19300\times16.6/(102\times3600)=873(kW)$

$$N_{轴}=(N_{有效})/\eta=1027(kW)$$

答：循环的轴功率和有效功率分别为 1027kW，873kW。

5. 试计算 1kW·h 等于多少千焦。

解：1kW·h=860cal=860×4.1816=3600(kJ)

答：1kW·h 等于 3600kJ。

6. 有一导线，1h 内通过其横截面的电量为 1500C，求通过该导线的电流值。

解：$I=Q/t$，$I=1500/(1\times60\times60)=0.417(A)$

答：通过该导线的电流值为 0.417A。

7. 手电筒的电阻为 20Ω，通过电珠的电流为 0.15A，手电筒的电池电压为多少伏？

解：$V=RI$，$V=20\times0.15=3(V)$

答：手电筒的电池电压为 3V。

8. 用伏安法测电阻，已知电压表的指示为 24V，电流表的指示为 0.2A，求电阻是多少欧姆？

解：已知：$U=24V$，$I=0.2A$

根据欧姆定律 $R=U/I=24/0.2=120(\Omega)$

答：电阻是 120Ω。

9. 发电厂一昼夜发电 1.2×10^6kW·h，此功应有多少热量转换而来？（不考虑其他能量损失）

解：1kW·h=3.6×10^3kJ

$$Q=3.6\times10^3\times1.2\times10^6=4.32\times10^9(kJ)$$

答：此功应有 4.32×10^9kJ 的热量转换。

10. 一台锅炉的额定蒸发量为 35t/h，不考虑其他因素，一天可生产多少蒸汽？

解：已知：$D_{额}=35t/h$，$t=24h$

$$D=D_{额}\times t=35\times24=840(t)$$

答：该炉一天可生产 840t 蒸汽。

11. 某锅炉排污率为 1%，在额定负荷时排污量为 4t/h，求其额定蒸发量是多少？

解：已知：$p=1\%$，$D_{PW}=4t/h$

由于 $$p=D_{PW}/D$$

故 $$D=D_{PW}/p=4/0.01=400(t/h)$$

答：锅炉额定蒸发量为 400t/h。

12. 某循环热源温度为 527℃，冷源温度为 27℃，在此温度范围内循环可能达到的最大热效率是多少？

解：已知 $T_1=273+527=800K$

$$T_2=273+27=300K$$

$\eta_{最大}=\eta_{卡}=[1-(T_2/T_1)]\times100\%=[1-(300/800)]\times100\%=6.25\%$

答: 此温度范围内循环可能达到的最大热效率是6.25%。

13. 某朗肯循环蒸汽初参数为 $p_1=17MPa$, $t_1=550℃$, $h_1=3432kJ/kg$, 汽轮机排汽压力 $p_2=0.005MPa$, $h_2=1984kJ/kg$, 排汽压力下饱和水的焓 $h_2'=138kJ/kg$, 求此循环的热效率。

解: 循环热效率为:

$$\eta_t=(h_1-h_2)/(h_1-h_2')=(3432-1984)/(3432-138)=0.44$$

答: 此循环的热效率。

14. 蒸汽初参数 $P_1=135bar$(绝对压力), $t_1=550℃$, 排汽压力 $P_2=0.05bar$, 求朗肯循环的热效率。(由 $i-s$ 图, $i_1=3461.5kJ/kg$, $i_2=2007.2kJ/kg$, $i_2'=137.83kJ/kg$)

解: $\eta=(i_1-i_2)/(i_1-i_2')=(3461.5-2007.2)/(3461.5-137.83)=0.4376=43.76\%$

答: 朗肯循环热效率为43.76%。

15. 某锅炉水冷壁内介质的干度为 $x=0.25$, 求此锅炉的循环倍率是多少?

解: $k=1/x=1/0.25=4$

答: 锅炉的循环倍率是4。

16. 某锅炉的循环倍率 $k=5$, 求此时水冷壁管内介质的干度。

解: $x=1/k=1/5=0.2$

答: 水冷壁管内介质的干度为0.2。

17. 某锅炉每千克煤需要理论空气量 $6m^3$, 燃煤量为100000kg/h, 空气预热器后 O_2 为6%, 空气预热器前 O_2 为4%, 求空气预热器每小时的漏风量是多少立方米?

解: 漏风系数: 由 $\alpha=21/(21-O_2)$ 可得

$$\Delta\alpha=\alpha''-\alpha'=21/(21-6)-21/(21-4)=0.165$$

每小时空气预热器的漏风量:

$$\Delta V=B\Delta\alpha V=100000\times0.165\times6=99000(m^3/h)$$

答: 空气预热器每小时的漏风量是 $99000m^3/h$。

18. 某台煤粉炉运行中氧量表数值为3.5%, 该炉的过量空气系数是多少? 如已知理论空气量 $V=5.8m^3/kg$, 求实际空气量 V_k 为多少?

解: $a=21/(21-O_2)=21/(21-3.5)=1.2$

$$V_k=aV=1.2\times5.8=6.96(m^3/kg)$$

答: 该炉的过量空气系数是1.2, 实际空气量 V_k 为 $6.96m^3/kg$。

19. 某灰库的直径为20m, 5h向灰库输送干灰400t, 干灰的堆积密度为 $0.7t/m^3$, 求灰库灰位每小时上升高度是多少?

解: 每小时灰位上升高度=总质量/(小时数×密度×灰库横断面积)

$$=400/\left(5\times0.7\times\frac{\pi}{4}\times20^2\right)=0.36(m)$$

答: 每小时上升0.36m。

20. 某台WGZ220-9.8/540-13型锅炉给水温度为200℃, 排污率为4%, 求排污量是多少?

解: 排污量 $D_p=P\times D=220\times4\%=8.8(t/h)$

答: 此锅炉的排污量为8.8(t/h)。

21. 某额定蒸发量为 1110t/h 的锅炉，当锅炉实际负荷为 900t/h 时，引风机耗电量 2050kW·h/h，送风机耗电量 3000kW·h/h，求引风机和送风机单耗。

解：$P_{ID}=2050/900=2.278$(kW·h/t)(汽)

$P_{FD}=3000/900=3.33$(kW·h/t)(汽)

答：引风机单耗为 2.278kW·h/t(汽)，送风机单耗为 3.3kW·h/t(汽)。

22. 某台锅炉油泵电动机容量 10kW，每天工作 8h，求一个月(按 30 天计算)耗用多少电？

解：根据公式 $W=Pt$

电动机耗用电量 $W=10\times8\times30=2400$(kW·h)

答：一个月耗用电量为 2400kW·h。

23. 某容器表压为 10100kPa，大气压 100kPa，求其绝对压力。

解：$p_{绝}=p_{表}+p_{大}=10100+100=10200$(kPa)

答：其绝对压力为 10200kPa。

24. 过热蒸汽温度表量程为 0～600℃，精度为 0.5 级，该表的绝对误差不大于多少摄氏度？

解：600℃×0.5%＝3(℃)

答：误差不应大于 3℃。

25. 锅炉汽包压力表读数为 9.604MPa，大气压力表的读数为 101.7kPa，求汽包内工质的绝对压力是多少？

解：已知 $P_{表}=9.604$MPa，$B=101.7$kPa$=0.102$MPa

$P_{绝}=P_{表}+B=9.604+0.102=9.706$(MPa)

答：汽包内工质的绝对压力是 9.706MPa。

26. 一台锅炉的过热器压力为 13.0MPa，超水压试验压力应为多少？

解：按有关规定锅炉超水压试验压力在额定工作压力的 1.25 倍

$P=1.25\times$工作压力$=1.25\times13.0=16.25$(MPa)

答：这台锅炉超水压试验压力应为 16.25MPa。

27. 某锅炉热效率为 92%，散热损失 $q_5=1.2\%$，求此锅炉的保温系数。

解：保温系数 $\phi=1-\dfrac{q_5}{\eta+q_5}=1-\dfrac{1.2}{92+1.2}=0.987$

答：此锅炉的保温系数为 0.987。

28. 某 1000t/h 燃煤锅炉额定负荷时总燃烧空气量为 1233t/h，根据 DL435-91《火电厂煤粉锅炉燃烧室防爆规程》规定，从锅炉启动开始不能低于 25%额定通风量，计算出锅炉通风量极低保护的定值。

解：空气极低保护定值＝1233×25%＝308(t/h)

答：空气流量极低保护定值为 308t/h。

29. 某锅炉汽包和水冷壁充满水容积为 $143m^3$，省煤器 $45m^3$，过热器 $209m^3$，再热器 $110m^3$，计算锅炉本体水压试验用水量。

解：锅炉本体水压试验用水量

＝汽包和水冷壁水容积+省煤器水容积+过热器水容积

$=143+45+209=397(m^3)$

答：锅炉本体水压试验用水量为 $397m^3$。

30. 某1000t/h锅炉汽包上有四个安全阀，其排汽量为240.1t/h、242t/h、245.4t/h、245.4t/h，过热器上有三个安全阀，其排汽量为149.3t/h、149.7t/h、116.8t/h，试计算总排汽量是否符合规程要求。

解：总排汽量=240.1+242+245.4+245.4+149.3+149.7+116.8=1388.7(t/h)

答：总排汽量1388.7t/h大于1110t/h，符合规程要求。

31. 已知电除尘器电场宽度为5m，高度为11m，求该电场截面积。

解：电场截面=电场高度×电场宽度

$=11\times5=55(m^2)$

答：此除尘器电场截面积为 $55m^2$。

32. 已知电除尘器的电场长度为4m，高度为11m，通道数为30，(此电除尘器为双室)，求此电除器收尘面积。

解：收尘面积=电场长度×电场高度×2×通道数

$=4\times11\times2\times30$

$=2640(m^2)$

答：此电除尘器收尘面积为 $2640m^2$。

33. 某锅炉汽包中心线以下50mm为水位中线，水位全高为300mm(±150mm)，汽包内水温为340℃(比体积 $v_2=0.0016m^3/kg$)，水位计内水温为240℃(比体积为 $v_1=0.0012m^3/kg$)，当水位计水位为±60mm时，求汽包内水位距汽包中心线多少？

解：根据连通器原理，列出静压平衡方程式：

由 $\dfrac{h_1}{v_1}=\dfrac{h_2}{v_2}$，得 $h_1=(150+60)\times\dfrac{0.00016}{0.0012}=280(mm)$

因为汽包中心线高于水位计50mm，故汽包内水位距汽包中心线的距离为 $h=280-150=80(mm)$

答：汽包内水位距汽包中心线+80mm。

34. 某电厂供电煤耗为 $b_{供}=373g/(kW\cdot h)$，用电率为 $\Delta\eta=7.6\%$，不计算管道阻力损失，试计算发电煤耗。

解：$b_{发}=b_{供}(1-\Delta\eta)=373\times(1-0.076)=344.7[g/(kW\cdot h)]$

答：发电煤耗为344.7g/(kW·h)。

35. 某锅炉燃用低位发热量为 $Q_{dy}=18955kJ/kg$ 的烟煤，实际煤耗量为25t/h。问该炉的标准煤耗量是多少？(标煤发热量为29271.2kJ)

解：将已知数代入标准煤耗公式中，得：

$Bb=(BQ_{dy})/29271.2=(25\times18955)/29271.2=16.189(t/h)$

答：该炉的标准煤耗量为16.189t/h。

36. 某台100MW发电机组年可用小时为7900.15h，求该机组可用系数。

解：可用系数=[可用小时/统计期间小时数]×100%

$=(7900.15/8760)\times100\%=90.18\%$

答：该机组可用系数为90.18%。

37. 某锅炉额定蒸汽流量670t/h时，散热损失为0.2%，当锅炉实际蒸汽流量为610t/h时，锅炉散热损失是多少。

解：$q_5=(0.2\%\times670/610)\times100\%=0.2197\%$

答：锅炉蒸发量610t/h时，锅炉散热损失是0.2197%。

38. 某台500MW发电机组年可用7387.6h，非计划停运5次，计划停运1次，求平均连续可用小时。

解：平均连续可用小时=可用小时/(计划停运次数+非计划停运次数)

$$=7387.6/(5+1)=1231.27(\text{h})$$

答：平均连续可用1231.27h。

39. 已知某锅炉的燃料消耗量为104.7t/h，燃料发热量为19285kJ/kg，其正平衡效率为90.5%，求该锅炉的输出热量。

解：$Q_1=BQ_{\text{ar,net}}\eta=104.7\times10^3\times19285\times90.5\%=1.827\times10^9(\text{kJ/h})$

答：该锅炉的输出热量为1.827×10^9kJ/h。

40. 某200MW发电机组，日供电量为432万kW·h，耗用2177t原煤，原煤单价为240元/t，求发电燃烧成本。

解：发电燃烧成本=2177×240/4320000=0.1209元/(kW·h)

答：发电燃烧成本为0.1209元/(kW·h)。

41. 某风机全风压为210Pa，风量为100m³/s，轴功率为30kW，试计算该风机的效率。

解：根据$\eta=qp100\%/P$

$$\eta=210\times100\times100\%/30000=70\%$$

答：风机效率为70%。

42. 已知某种煤的可燃基含碳量$C^r=83.45\%$，可燃基换算成收到基的换算系数为0.78，求该种煤的收到基含碳量C^y是多少？

解：$C^y=0.78\times C^r=0.78\times83.45\%=65.09\%$

答：煤的收到基含碳量为65.09%。

43. 已知某种煤的可燃基含氢量为$H^r=5.68\%$，其可燃基换算成应用基的换算系数为0.78，求煤的收到基含氢量H^y为多少？

解：$H^y=0.78\times H^r=0.78\times5.68\%=4.43\%$

答：煤的应用基含氢量为4.43%。

煤粉锅炉模块

判断题

1. 在进行中储式制粉系统试验时，由热控人员将磨煤机出口温度高定值的触点接通，热风门自动开启，冷风门自动关闭，其他设备不动作。（×）

正确答案：在进行中储式制粉系统试验时，由热控人员将磨煤机出口温度高定值的触点接通，热风门自动关闭，冷风门自动打开，其他设备不动作。

2. 连锁投入运行中，停止给煤机运行，热风门自动关闭，冷风门自动打开，排粉机、磨煤机不动作。（√）

3. 停止磨煤机，则给煤机跳闸，热风门关闭，冷风门开启，排粉机不动作。（√）

4. 中储式制粉系统联锁的关系是：磨煤机跳闸，排粉机和给煤机自动停止。（×）

正确答案：中储式制粉系统联锁关系是排粉机跳闸，磨煤机和给煤机自动停止；磨煤机跳闸，只有给煤机跳闸。

5. 待磨煤机出口风粉混合物温度达到要求值后，方可启动磨煤机和给煤机。（√）

6. 在确保排粉机出口风压稳定的前提下，逐渐关闭排粉机入口温风门及磨煤机入口热风门，同时逐渐关小排粉机入口热风门直至全关，这属于排粉机入口切换操作。（×）

正确答案：在确保排粉机出口风压稳定的前提下，逐渐开启排粉机入口温风门及磨煤机入口热风门，同时逐渐关小排粉机入口热风门直至全关，这属于排粉机入口切换操作。

7. 直吹式磨煤机启动前不需要磨煤机出口的风粉混合物达到规定值。（×）

正确答案：直吹式制粉系统的磨煤机启动前仍然需要磨煤机的出口风粉混合物温度达到规定值。

8. 直吹式制粉系统启动时应先启动给煤机，然后是磨煤机。（×）

正确答案：直吹式制粉系统启动时应先启动磨煤机，然后是给煤机。

9. 煤的可磨性和煤的磨损性是两个完全一样的概念。（×）

正确答案：煤的可磨性和磨损性是两个没有直接关系的物理量。

10. 煤粉自燃是燃烧的一种方式。（√）

11. 煤粉自燃的惟一条件是环境温度达到煤粉的着火点。（×）

正确答案：煤粉自燃不仅需要达到煤粉的着火温度，同时也需要煤粉与空气的充分接触。

12. 煤粉自燃是一种物理变化过程。（×）

正确答案：煤粉自燃是一种化学反应过程。

13. 煤粉气流燃烧过程中，燃烧阶段时间最长。（×）

正确答案：煤粉气流燃烧过程中，燃尽阶段时间最长。

14. 燃烧区域的煤粉处于高温条件下燃烧，所以加强煤粉燃烧的途径就是加强气流的紊流性质。（√）

15. 煤粉中的灰分和水分对燃烧过程没有影响。（×）

正确答案：煤粉中的灰分和水分吸收热量，降低了炉膛温度，会推迟煤粉气流的着火。

16. 保持合理的较高的炉内温度水平，可以提高化学反应速度。（√）

17. 挥发分中的主要组成部分有一氧化碳、氢气、硫化氢、碳氢化合物、水蒸气。（×）

正确答案：挥发分中的主要组成部分中不含水蒸气。

18. 煤粉细度越小，标志着煤粉与热空气的接触面积越小，这样不利于煤粉的燃烧。（×）

正确答案：煤粉细度越小，煤粉与热空气接触的面积越大，有利于挥发分的析出和焦炭的燃烧。

19. 挥发分低的煤，煤粉细度要小一点；挥发分高的煤，煤粉细度要大一点，这样便于燃烧。（√）

20. 煤粉燃烧过程中，煤粉的焦化不利于燃烧，应该尽量减少。（×）

正确答案：煤粉燃烧过程中的煤粉焦化有利于煤粉的燃烧。

21. 煤粉的焦化过程是一个物理和化学反应过程同时存在的过程。（√）

22. 中储式煤粉细度的调节和控制主要靠旋风分离器完成。（×）

正确答案：中储式煤粉细度的调节和控制主要靠粗粉分离器完成。

23. 直吹式制粉系统煤的细度调节通常是改变分离器内煤粉的离心力或制粉系统的通风量来实现的。（√）

24. 二次风速过高或过低都可能破坏气流与燃料的正常混合、搅拌，从而降低燃烧的稳定性和经济性。（√）

25. 周界风的速度比煤粉气流的速度要低，会降低一次风气流的刚度。（×）

正确答案：周界风的速度比煤粉气流的进度要高，能增加一次风气流的刚度。

26. 中心十字风是夹在一次风口外，成十字形缝隙的二次风。（×）

正确答案：中心十字风是夹在一次风口中间，成十字形缝隙的二次风。

27. 夹心风不能增强一次风的刚性，只有及时补给氧气的作用。（×）

正确答案：夹心风能增强一次风的刚性，并有及时补给氧气的作用。

28. 夹心风对一次风着火的影响较小，其风量约占二次风量 10% ~ 16%，风速约 50m/s。（√）

29. 应在保持最佳通风速度下用粗粉分离器挡板调整煤粉细度。（√）

30. 最佳煤粉细度应取决于制粉电能消耗、制粉设备金属消耗以及机械未完全燃烧热损失等综合值。（√）

31. 燃烧速度是反映单位质量烧去可燃物的数量。（×）

正确答案：燃烧速度是反映单位时间烧去可燃物的数量。

32. 燃烧速度的快慢，取决于可燃物与氧的化学反应速度以及氧和可燃物的接触混合速度。（√）

33. 煤粉燃烧器都应保证一定的一次风风速；风速过低，会引起流动阻力大，会增大风机能耗，风速过高，会引起堵管。（×）

正确答案：燃烧器都应保证一定的一次风风速，风速过低，会引起堵管；风速过高，一次风管流动阻力加大，会增大风机能耗。

34. 煤粉的均匀性是表明煤粉的各种大小颗粒的比例和颗粒尺寸的差别。（√）

35. 煤粉的均匀性系数和磨煤机、分离器的形式和运行工况没有关系。（×）

正确答案：煤粉的均匀性系数和磨煤机、分离器的形式和运行工况有直接的关系。

36. 给粉机的转速调节设备是变频器。（√）

37. 粗粉分离器只有离心式一种类型。（×）

正确答案：粗粉分离器按照设备是否转动，可以分为离心式和回转式。

38. 粗粉分离器的作用是：将不合格的煤粉分离出来，然后回到磨煤机。（√）

39. 粗粉分离器的挡板要根据煤粉细度的要求来调整。（√）

40. 制粉系统的漏风可以增加制粉系统的出力。（×）

正确答案：制粉系统的漏风会降低制粉系统的出力。

41. 制粉系统通风量的变化对锅炉的运行没有任何影响。（×）

正确答案：对于中储式制粉系统来说，制粉系统的风量的变化直接关系到一次风的变化，导致锅炉运行状况发生变化。

42. 磨煤机严重堵煤时磨煤机的电流比磨煤机正常运行时的电流小。（√）

43. 制粉系统的倒风操作同样适合直吹式倒风操作。（×）

正确答案：只有在乏气送粉的制粉系统才存在倒风操作。

44. 停炉时间在 7 天以内，将煤粉仓的粉位尽量降低，以防止煤粉自燃而引起爆炸。（×）

正确答案：停炉时间在 3 天以内，将煤粉仓的粉位尽量降低，以防止煤粉自燃而引起爆炸。

45. 磨煤机煤多时，磨煤机出、入口的压差减少，入口负压减少或变正压，出口负压增大。（×）

正确答案：磨煤机煤多时，磨煤机出、入口的压差增大，入口负压减少或变正压，出口负压增大。

46. 磨煤机煤多时，磨煤机出、入口密封处向外冒粉，磨煤机响声沉闷。（√）

47. 直吹式负压系统正常停运磨煤机后，应开启磨煤机入口热风门，关闭冷风门吹扫磨煤机及送粉管道。（×）

正确答案：直吹式负压系统正常停运磨煤机后，应开启磨煤机入口热风门，开启冷风门吹扫磨煤机及送风管道。

48. 直吹式正压制粉系统正常停运时，先停运给煤机，吹扫磨煤机及送粉管道内的余粉，待磨煤机空载后，停运磨煤机及润滑油泵。（√）

49. 中储式制粉系统的停运主要有紧急停运和正常停运两种方式。（√）

50. 中速磨煤机在结构方面区别于筒式磨煤机的是工作面之间的距离大。（×）

正确答案：中速磨煤机在结构方面与筒式磨煤机区别是工作面之间的距离小。

51. 中速磨煤机的转速范围是 50~300r/min。（√）

52. 中速磨煤机结构紧凑，占地面积小。（√）

53. 高速磨煤机转速较高，主要依靠挤压作用磨煤。（×）

正确答案：高速磨煤机的转速较高，主要依靠撞击作用实现制粉。

54. 中速磨煤机与粗粉分离器一般是装配成整体使用。（√）

55. 相对滚筒式钢球磨煤机来说，中速磨煤机的金属损失较大，运行噪声也较大。（×）

正确答案：相对滚筒式钢球磨煤机来说，中速磨煤机的金属损失和运行噪声都相对较小。

56. 高速磨煤机制粉过程中只有撞击作用。（×）

正确答案：高速磨煤机制粉过程中撞击、挤压、研磨三种作用都存在，只是撞击作用为主。

57. 高速磨煤机的运行可靠性较低。（√）

58. 高速磨煤机结构简单，制造方便，金属耗量小。（√）

59. 皮带式给煤机的清扫刮板和主皮带的运行方式不同，清扫刮板只有在积煤的时候投入。（×）

正确答案：皮带式给煤机的清扫皮带和主皮带同时运行。

60. 清扫刮板的作用是把主皮带散落的或者带走的原煤及时送出去，防止给煤机积煤。（√）

61. 圆盘式给煤机在湿煤或者煤种有杂物的时候容易堵煤。（√）

62. 圆盘式给煤机动力是依靠电动机通过变速机构完成。（√）

63. 圆盘式给煤机的给煤量大小不能调整。（×）

正确答案：圆盘式给煤机的给煤量可以通过改变刮板的位置，改变调节套筒的位置，以及改变圆盘的转速来实现给煤量的调整。

64. 停炉以后对于煤粉仓的保护方法之一就是开启煤粉仓的吸潮管。 (×)

正确答案：停炉以后对于煤粉仓的保护的方法是关闭粉仓吸潮管。

65. 吸潮管是通过正压的形式把粉仓内部的水蒸气和空气排走。 (×)

正确答案：吸潮管是通过粗粉分离器的负压把粉仓内部的水蒸气和空气吸走，从而达到防止煤粉结块和自燃。

66. 双进双出磨煤机由于风粉比比较高，也就是煤粉浓度比较高，因此有利于煤粉的燃烧，但是不能应用于直吹式制粉系统中。 (×)

正确答案：双进双出磨煤机的煤粉浓度比较低，有利于煤粉的燃烧，同样也可以用于直吹式锅炉中。

67. 串联使用的锁气器交替使用，以避免气体进入系统。 (√)

68. 翻板式锁气器只能装在垂直的管上。 (×)

正确答案：翻板式锁气器可以装在垂直的管上也可以装在斜管上。

69. 磨煤机的尺寸大小不会影响到磨煤机的出力大小。 (×)

正确答案：磨煤机的尺寸大小直接影响到磨煤机的出力大小。

70. 磨煤机的型号一般用筒体的内径和长度的厘米数表示。比如 250/390 型号就是表示滚筒的内径是 250cm，滚筒的长度是 390cm。 (√)

71. 煤粉燃烧加热过程是属于放热过程。 (×)

正确答案：煤粉燃烧加热过程属于吸热过程。

72. 燃尽阶段一般都是在温度较低，氧气供应量不是很足、气粉混合较弱的情况下进行的，所以燃尽阶段的时间最长。 (√)

73. 煤粉气体在进入炉膛以后最好在离开燃烧器一定距离的时候燃烧。 (√)

74. 煤粉进入炉膛以后的燃烧主要热来源是水冷壁的热辐射。 (×)

正确答案：煤粉进入炉膛以后主要的燃烧热来源是高温烟气的混入。

75. 木块分离器的清理只能在制粉系统停止以后。 (×)

正确答案：木块分离器只能在制粉系统运行时候清理。

76. 木块分离器可以水平安装。 (×)

正确答案：木头分离器只能垂直安装，不能水平安装。

77. 煤粉燃烧程度越高，则燃烧产物中的可燃物质也越多。 (×)

正确答案：煤粉的燃烧程度越高，则燃烧产物中的可燃物质就越少。

78. 煤粉炉二次风在锅炉的燃烧过程中只起提供氧气的作用。 (×)

正确答案：二次风在锅炉燃烧过程中除了提供氧气的作用之外，还有调整火焰中心等其他功能。

79. 均等配风方式能使煤粉和空气很快得到混合，能适应挥发分较高，易着火的煤种燃烧要求。 (√)

80. 三次风风速都比较低，一般在 10~20m/s。 (×)

正确答案：三次风的风速一般都较高，均在 50~60m/s。

81. 挡板式风门只要求有足够大的刚度即可。 (×)

正确答案：挡板式风门要求挡板具有足够的刚度，同时要求能承受由于烟道热胀冷缩时产生的膨胀力或者收缩力。

82. 滚筒磨煤机螺旋管的主要作用是将煤粉带到一定的高度，以便制粉。 （×）

正确答案：滚筒磨煤机螺旋管的作用主要是将钢球回落到滚筒内部。

83. 中速磨煤机的加压系统不仅可以依靠液压系统加压，同样也可以利用弹簧力加压。 （√）

84. 中速磨煤机的加压系统都是液压作用和弹簧作用单独使用。 （×）

正确答案：中速磨煤机的加压系统中液压系统和弹簧作用可以单独使用，也可以联合使用。

85. 停炉大修前必须将煤粉仓烧空，只有停炉时间不超过3天，才允许煤粉仓内有剩余煤粉。 （√）

86. 膜板式防爆门的形状只能是圆形。 （×）

正确答案：膜板式防爆门的形状可以是圆形、椭圆形，特殊情况下可以是矩形。

87. 刻有十字槽的无缝膜板，刻槽的深度不小于膜板厚度的三分之二。 （×）

正确答案：刻有十字槽的无缝膜板，刻槽的深度不小于膜板厚度的一半。

88. 膜板式防爆门的加工工艺必须遵守相应的规程，而且材质厚度，切槽的深度必须符合图纸规定的尺寸，避免影响实际效果。 （√）

89. 制粉系统发生爆燃时，炉内负压增大，严重时造成MFT动作。 （×）

正确答案：制粉系统发生爆燃时，炉内负压摆向正压，严重时造成MFT动作。

90. 风扇式磨煤机常见故障是叶轮、叶片和护板的损坏。 （√）

91. 磨煤机出口温度急剧升高，磨煤机出口风压、进出口压差和风量出现剧烈摆动，说明磨煤机内部发生了自燃。 （√）

92. 制粉系统运行中关闭吸潮门可以控制煤粉仓温度。 （×）

正确答案：制粉系统运行中开启吸潮门可以控制煤粉仓温度。

93. 煤粉仓棚粉时，一次风压会增大，炉膛内燃烧不稳，严重时造成锅炉灭火。 （×）

正确答案：煤粉仓棚粉时，一次风压会变小（不下粉），炉膛内燃烧不稳，严重时造成锅炉灭火。

94. 某侧一次风机跳闸，降负荷保护动作，将锅炉负荷自动减到60%，中储式制粉系统停止部分给粉机运行，直吹式停止部分制粉系统，并投入部分油枪助燃。 （√）

95. 停止直吹式制粉系统时，应根据燃烧工况立即升高锅炉负荷。 （×）

正确答案：停止直吹式制粉系统时，应根据燃烧工况立即降低锅炉负荷。

96. 燃烧器附近结焦的主要原因是，燃煤的挥发分过低，一次风速过高，使燃烧器附近结焦。 （×）

正确答案：燃烧器附近结焦的主要原因是，燃煤的挥发分过高，一次风速过低，使燃烧器附近结焦。

97. 燃料的灰熔点低，容易引起燃烧器附近结焦。 （√）

98. 疏通旋风分离器是处理旋风分离器堵塞的最直接方法。 （√）

99. 在三次风带粉严重时，应要求调度增加负荷，以缓解温度降低幅度。 （×）

正确答案：在三次风带粉严重时，应要求调度减少负荷，停止制粉系统运行。

100. 粗粉分离器堵塞的处理方法有：疏通回粉管，压住锁气器，让煤粉进入粉仓，增

大制粉量，清除分离器内部杂物。 （×）

正确答案：粗粉分离器堵塞的处理方法有：疏通回粉管，检查锁气器或停止制粉系统，清除分离器内部杂物。

101. 采用减锅炉负荷方法来处理一次风管堵塞是最佳选择。 （×）

正确答案：调整其他给粉机转速，停止堵塞一次风管，进行吹通操作。

单选题

1. 辅机试验时停止甲侧排粉机，则甲(D)、给煤机跳闸，热风门关闭，冷风门开启。

A. 送风机　B. 引风机　C. 碎渣机　D. 磨煤机

2. 辅机连锁投入时，停止磨煤机运行，则给煤机跳闸，热风门关闭，冷风门开启，(D)。

A. 送风机会动作　B. 一次风机动作　C. 排粉机会动作　D. 排风机不动作

3. 乏气送粉中储式制粉系统启动前，(B)应处于运转正常状态。

A. 磨煤机大齿轮喷淋装置　B. 润滑油系统
C. 给煤机　D. 吸潮装置

4. 中储式制粉系统中的排粉机应在(A)运行前启动。

A. 磨煤机　B. 给煤机　C. 输粉机　D. 给粉机

5. 启动热风送粉中储式制粉系统磨煤机润滑油泵后，待(B)正常后，应投入制粉系统联锁。

A. 油温　B. 油压　C. 水温　D. 水压

6. 乏气送粉中储式制粉系统启动时应保持(B)在允许范围，才能启动给煤机，投入制粉系统。

A. 二次风压　B. 一次风压　C. 三次风压　D. 夹心风压

7. 在乏气送粉的系统中，不论磨煤机运行与否，排风机的风(B)。

A. 可以中断　B. 不能间断
C. 可以间断　D. 随着磨煤机改变而改变

8. 正压和负压直吹式制粉系统启动前(A)必须在运行状态。

A. 排粉机　B. 螺旋输送机　C. 给煤机　D. 给粉机

9. 正压直吹式制粉系统启动前为了保证系统的密封需要(B)。

A. 启动排粉机　B. 启动密封风机　C. 启动分离器　D. 启动送风机

10. 煤的可磨性是表示煤(C)大小的性质。

A. 密度　B. 含水量　C. 机械强度　D. 可燃性

11. 下面(D)不属于煤粉自燃的条件。

A. 足够的煤粉细度　B. 环境温度达到着火温度
C. 煤粉与空气接触　D. 人工加热煤粉

12. 煤粉自燃和煤粉燃烧的区别是(A)。

A. 自燃不需要借助人为条件，自行燃烧　B. 自燃不需要达到着火点
C. 燃烧不需要加热　D. 自燃不需要空气

13. 煤粉气流着火以后，燃烧火焰中心的形成是在(B)。

A. 挥发分着火以前　B. 挥发分着火以后
C. 焦炭着火之前　D. 焦炭着火以后

14. 煤的性质中对着火和燃烧过程影响最大的是(A)。

A. 挥发分　B. 灰分　C. 水分　D. 含碳量

15. 煤粉细度影响煤粉燃烧的本质是(C)。

A. 挥发分的多少　B. 氧气浓度的不同

C. 燃烧表面积扩大　D. 燃烧温度提高

16. 挥发分的析出过程是一个(B)过程。

A. 放热　B. 吸热

C. 放热和吸热同时进行　D. 不确定

17. 煤粉中最先燃烧的是(C)。

A. 焦炭　B. 灰分　C. 挥发分　D. 硫

18. 煤的可磨系数的表示符号是(A)。

A. K_{km}　B. K_{mk}　C. K_{co}　D. K_{op}

19. 标准煤的可磨系数是(B)。

A. 0.1　B. 1　C. 10　D. 100

20. 煤粉的焦化过程是(C)过程。

A. 物理反应　B. 化学反应

C. 物理反应和化学反应　D. 物理反应和化学反应中的任何一种

21. 煤粉焦化的结果是(C)。

A. 降低了煤灰结焦的可能性　B. 降低了煤灰的灰熔点

C. 增加了煤粉与空气的接触面积　D. 提高了炉膛温度

22. 直吹式制粉系统运行中，当通风量一定时，分离器转速越高，煤粉的离心力越大，则煤粉(B)。

A. 相应越粗　B. 相应越细　C. 不会改变　D. 相应变湿

23. 四角布置的直流燃烧器，任何不适当的一、二次风配比都会破坏气流的正常混合和扰动，从而造成(B)，并引起炉膛的结渣。

A. 燃烧稳定　B. 燃烧恶化　C. 汽压稳定　D. 汽压不稳定

24. 四角布置的直流燃烧器在正常情况下，减少下排的二次风量，增加上排的二次风量，可使火焰中心(B)。

A. 上移　B. 下移　C. 反转　D. 放大

25. 周界风量太大时，相当于二次风过早混入一次风，因而对着火(B)。

A. 有利　B. 不利　C. 没影响　D. 相对不变

26. 周界风布置在一、二次风喷口(C)。

A. 中央　B. 内侧　C. 外缘　D. 上方

27. 高速的夹心风提高了一次风射流的刚度，能防止气流偏斜，而且增强了煤粉气流的扰动，这对加速(B)是有利的。

A. 外缘火焰向四周的传播　B. 外缘火焰向中心的传播

C. 火焰中心向四周传播　D. 火焰向中心外缘的传播

28. 夹心风速度较大时，一次风射流展角减少，煤粉气流扩散减弱，这对减轻或避免煤粉气流贴壁，防止(C)有一定作用。

A. 煤粉着火　B. 火焰分散　C. 锅炉结渣　D. 热量流失

29. 当粗粉分离器内锥磨穿时，一部分煤粉走了短路，大颗粒的煤粉就有可能通过穿孔进入(D)。

A. 风系统　B. 省煤器　C. 原煤仓　D. 煤粉仓

30. 煤粉的均匀性可以观察出磨煤机内钢球(B)是否合适。

A. 数量　B. 尺寸比例　C. 与煤的比例　D. 质量

31. 煤粉细度过粗，制粉系统金属消耗降低，制粉电耗降低，但(C)提高。

A. 排烟热损失　B. 散热损失

C. 机械未完全燃烧热损失　D. 锅炉热效率

32. 对于锅炉的实际燃烧，影响化学反应速度的主要因素是(B)，炉温高、化学反应速度快。

A. 给水温度　B. 炉内温度　C. 排烟温度　D. 蒸汽温度

33. 物理混合速度取决于空气与燃料的相对速度和(C)情况扩散速度等。

A. 压力波动　B. 给水波动　C. 气流扰动　D. 烟气阻力

34. 中储式制粉系统风量平衡调整的测速装置可装在煤粉落管前的二次风管道上，或利用运行的(B)进行各管的风量调平。

A. 流量测量装置　B. 风速测量装置　C. 氧量测量装置　D. 自动保护装置

35. 中储式制粉系统调平过程，首先应将各台给粉机的起始转速调整一致，避免在同一(C)控制条件下给粉机转速相差过大，从而下粉量不一样。

A. 平衡管道　B. 平衡烟道　C. 平行控制器　D. 质量控制器

36. 煤粉的均匀性是表征煤粉(C)的物理量。

A. 化学组成　B. 物理组成　C. 颗粒组成　D. 经济组成

37. 煤粉的均匀性可以用(D)表示。

A. 煤粉的灰分　B. 煤粉的挥发分　C. 煤粉的经济性　D. 煤粉的均匀系数

38. 煤粉的均匀性系数越大，表示(B)。

A. 煤粉的均匀性越差　B. 煤粉的均匀性越好

C. 煤粉均匀性不确定　D. 煤粉越不均匀

39. 给粉机的作用是(B)。

A. 收集煤粉进入粉仓　B. 将煤粉均匀送入一次风管

C. 将煤粉均匀送入二次风管　D. 将煤粉送入三次风管

40. 给粉机供粉的原理是(A)。

A. 通过电动机带动叶轮均匀刮粉　B. 依靠煤粉的自流进入一次风管

C. 依靠离心力原理供粉　D. 依靠机械压力供粉

41. 粗粉分离器的调节挡板属于(B)方式。

A. 变速调节　B. 节流调节　C. 轴向导流器　D. 体积调节

42. 粗粉分离器的挡板的开度在一定范围内沿折向增大，煤粉细度会(B)。

A. 越小　B. 越大　C. 不发生变化　D. 不确定

43. 制粉系统在电力生产中的作用是(A)。

A. 为锅炉燃烧提供合格的煤粉　B. 为锅炉燃烧提供合格的原煤

C. 为锅炉燃烧提供足够的空气　D. 消耗厂用电

44. 煤种的经济细度数据来源于(B)。

A. 经验总结　B. 试验结果　C. 设计数据　D. 燃烧工况

45. 煤粉细度的调节和控制主要是通过(A)来完成。

A. 粗粉分离器　B. 细粉分离器

C. 磨煤机的下煤量　D. 磨煤机内部钢球的装载量

46. 磨煤机压差的作用是(D)。

A. 监测磨煤机干燥气流的温度　B. 监测磨煤机内部钢球数量的多少

C. 监视磨煤机的出口风粉混合物的温度　D. 监测磨煤机内部气流状态

47. 磨煤机出口风粉混合物的温度不能超过规定值的原因是(D)。

A. 防止煤粉泄漏

B. 防止制粉系统管道超温

C. 防止粗粉分离器过热

D. 防止风粉混合物的温度过高，导致煤粉自燃

48. 对于双重送粉的中储式制粉系统倒风操作是(C)的切换。

A. 从热风到温风　B. 从温风到热风

C. 乏气和热风之间　D. 热风和冷风

49. 对于双重送粉的中储式制粉系统倒风以后排粉机内部介质的变化是(B)。

A. 从风粉混合物变为温风　B. 风粉混合物和净风相互变化

C. 从温风变化为风粉混合物　D. 热风变为温风

50. 停炉后为了防止煤粉仓自燃，应(B)。

A. 打开煤粉仓挡板通风　B. 关闭所有挡板和吸潮管

C. 打开吸潮管阀门　D. 投入蒸汽消防

51. 制粉系统给煤机断煤，瞬间容易造成(A)。

A. 汽温汽压升高　B. 汽温汽压降低

C. 锅炉灭火　D. 无任何影响

52. 直吹式正压制粉系统正常停运时，停运排粉机并关闭风门后，(A)，停运密封风机。

A. 关闭轴封风门　B. 开启轴封风门

C. 关闭冷却风门　D. 开启冷却风门

53. 直吹式负压制粉系统停运时，关闭磨煤机入口热风门，开启冷风门吹扫磨煤机及送风管道后，停运(C)及排粉机。

A. 旋风式细粉分离器　B. 离心式粗粉分离器

C. 回转式粗粉分离器　D. 离心式细粉分离器

54. 中储式制粉系统紧急停运主要是在异常或(B)情况下，利用制粉系统的联锁首先拉掉排粉机，给粉机和磨煤机相继跳闸。

A. 正常　B. 事故　C. 稳定　D. 波动

55. 中储式制粉系统正常停止给煤，调整磨煤机出口风粉混合温度正常，待(D)空载后停运磨煤机。

A. 排粉机　B. 送风机　C. 引风机　D. 磨煤机

56. 筒形钢球磨煤机筒内用锰钢制成的波浪形护板作内衬的作用是(A)。
A. 增强抗磨性把钢球带到一定的高度　B. 隔音
C. 减小阻力　D. 减小滚筒内径
57. 筒形钢球磨煤机的两端空心轴径内壁的螺旋形槽的作用是(D)。
A. 增强抗磨性把钢球带到一定的高度
B. 隔音
C. 减小阻力
D. 当钢球或者煤落下的时候，能沿着槽回到筒内
58. 中速平盘式磨煤机的主要工作部件是(A)。
A. 磨盘和磨辊　B. 磨盘和钢球
C. 磨环和钢球　D. 碗型磨盘和锥型磨辊
59. 中速碗式磨煤机的主要工作部件是(D)。
A. 磨盘和磨辊　B. 磨盘和钢球
C. 磨环和钢球　D. 碗型磨盘和锥型磨辊
60. 中速磨煤机的煤从磨盘中部到边缘的动力是(D)。
A. 振动式给煤机　B. 制粉系统通风　C. 往复力　D. 离心力
61. 高速磨煤机制粉的主要工作原理是(A)。
A. 撞击　B. 挤压　C. 研磨　D. 挤压和研磨
62. 四种磨煤机中不属于高速磨煤机的是(B)。
A. 风扇式磨煤机　B. 碗式磨煤机
C. 捶击式磨煤机　D. 竖井式磨煤机
63. 描述风扇式磨煤机的特点正确的是(D)。
A. 结构简单，制造方便　B. 尺寸小，储煤量小
C. 适应符合变化快　D. 磨损严重
64. 中速辊环式磨煤机的代号是(C)。
A. RPS　B. RP　C. MPS　D. E
65. 高速磨煤机制粉的主要作用是(A)。
A. 撞击　B. 挤压　C. 研磨　D. 碾压
66. 高速磨煤机与滚筒磨煤机相比最大的优点是(D)。
A. 煤种适应性强　B. 防爆性能好
C. 运行可靠　D. 金属损耗小，电耗小
67. 皮带式给煤机的称重设备直接测量(B)。
A. 皮带的伸长量　B. 称重托辊之间皮带的垂直下移量
C. 皮带的下移量　D. 皮带的转速
68. 圆盘式给煤机调节煤量方法不正确的是(D)。
A. 改变刮板的位置　B. 改变调节套筒位置的高低
C. 改变圆盘的转速　D. 改变圆盘的大小
69. 制粉系统吸潮管是将制粉系统和(C)连接的设备。
A. 细粉分离器　B. 原煤仓　C. 煤粉仓　D. 排粉机

70. 下列对于吸潮管的作用描述不正确的是(C)。

A. 防止煤粉结块　　B. 防止煤粉与空气接触导致自燃

C. 消防灭火　　D. 造成煤粉仓负压

71. 吸潮管内部的负压来源于(B)。

A. 粗粉分离器　　B. 细粉分离器　　C. 引风机　　D. 排粉机

72. 双进双出钢球磨煤机相对于单进单出磨煤机最大的特点是(B)。

A. 结构长度长　　B. 拥有两个独立的制粉回路

C. 滚筒的直径较大　　D. 电耗较大

73. 下列对于双进双出磨煤机特点描述不正确的是(C)。

A. 磨煤机设置了螺旋输送装置，避免因为燃料的水分高引起进口堵煤现象，运行可靠

B. 由于双进双出的特性，使原煤中一些细粉不必要研磨就可以送出去，从而达到磨煤机的出力提高，磨煤机的电耗下降

C. 煤粉的均匀性低

D. 可以获得稳定的煤粉细度以及较小的风粉比

74. 双进双出磨煤机的风粉比一般控制在(B)。

A. 1.0~1.2　　B. 1.2~1.3　　C. 1.4　　D. 1.5

75. 锁气器在制粉系统中的作用是(B)。

A. 防止煤粉大量下落　　B. 阻挡空气进入系统

C. 起安全作用　　D. 多余设备，可以随时拆除

76. 自动驱动式锁气器在制粉系统中一般以(C)形式出现。

A. 单个　　B. 并联成对

C. 串联成对　　D. 三个或者三个以上的

77. 自动驱动式锁气器的工作原理是(B)。

A. 力学第一定律　　B. 杠杆原理　　C. 力学第三定律　　D. 力学第二定律

78. 筒式钢球磨煤机的尺寸范围是(A)。

A. 直径2~4m，长度3~10m　　B. 直径3~4m，长度4~10m

C. 直径2~3m，长度3~6m　　D. 直径2~4m，长度3~20m

79. 筒式磨煤机圆筒的最佳工作转速比是(B)。

A. $0.66n_{lj}$　　B. $0.76n_{lj}$　　C. $0.86n_{lj}$　　D. $0.96n_{lj}$

80. 煤粉的燃烧过程三个阶段持续时间最长的是(D)。

A. 准备阶段　　B. 加热阶段　　C. 燃烧阶段　　D. 燃尽阶段

81. 煤粉气流喷入炉膛以后气体呈(C)状态。

A. 层流　　B. 紊流　　C. 直线流　　D. 旋转

82. 进入炉膛的煤粉气流一面作横向运动，同时把周围的高温烟气带入气流的现象称为(C)。

A. 层流　　B. 紊流　　C. 卷吸　　D. 扩散

83. 煤粉气流着火的热来源是(B)。

A. 烟气的扰动

B. 炉膛的高温辐射和炉内高温烟气的直接混入

C. 点火装置点火

D. 水冷壁的热传导

84. 木块分离器的作用是(C)。

A. 将煤粉颗粒较大的煤粉分离出来　B. 将合格煤粉中的风、粉分离出来

C. 将磨煤机出口的煤粉中的木块分离出来　D. 将气粉混合物钢球分离出来

85. 木块分离器的安装位置是(B)。

A. 磨煤机之前　B. 磨煤机之后

C. 粗粉分离器之后　D. 细粉分离器之后

86. 煤粉燃烧速度的关键是(A)。

A. 碳的燃烧速度　B. 氢的燃烧速度

C. 硫的燃烧速度　D. 氧的燃烧速度

87. 一、二次风喷口沿着上下或者左右方向均等间隔排列的布置方式称为(B)。

A. 分级配风　B. 均等配风　C. 间隔配风　D. 完全配风

88. 待煤粉气流着火以后，根据燃烧过程的发展，再分级的供入二次风的配风方式称为(A)。

A. 分级配风　B. 均等配风　C. 间隔配风　D. 完全配风

89. 制粉系统风门按照结构和功能分类不属于一类的是(D)。

A. 插板式隔绝门　B. 挡板式隔离门　C. 挡板式调节门　D. 挡板式逆止门

90. 插板式风门的动静设备之间应该有(C)。

A. 冷却设施　B. 润滑设施　C. 密封措施　D. 连接固定措施

91. 滚筒磨煤机螺旋管的主要作用是(C)。

A. 阻止大颗粒煤粉离开磨煤机　B. 干燥煤粉

C. 使得钢球缓慢下落到滚筒内　D. 为了加强通风

92. 下列不属于滚筒式磨煤机组成部分的是(D)。

A. 滚筒　B. 螺旋管　C. 钢球　D. 调频器

93. 碗式磨煤机制粉的主要依靠是(B)。

A. 撞击　B. 碾压　C. 研磨　D. 破碎

94. 中速磨煤机加压系统的作用是(C)。

A. 保证磨煤部件的稳定　B. 减少磨煤部件的磨损

C. 强化磨煤效果　D. 润滑磨煤机系统

95. 电力行业规定，对于中储式制粉系统锅炉，停炉后粉仓有存粉时，应每(C)h 记录一次粉仓温度，防止自燃。

A. 2　B. 3　C. 4　D. 5

96. 内压强度为 0. 04~0. 15MPa 煤粉系统防爆门采用(A)mm 的退火冷轧铝板。

A. 0. 3~0. 8　B. 0. 3~0. 10

C. 0. 5~0. 15　D．0. 4~0. 6

97. 内压强度为 0. 15MPa 煤粉系统防爆门采用(D)mm 的冷轧硬铝板刻十字槽。

A. 0. 3~0. 8　B. 0. 3~0. 10　C. 0. 5~0. 15　D. 0. 4~0. 6

98. 用于内压强度为 0.04MPa 煤粉系统的防爆门，爆破压力不大于(C)kPa。

A. 21　　B. 23　　C. 25　　D. 27

99. (D)现象不属于制粉系统爆炸所引起。

A. 制粉系统防爆门鼓起或破坏　　B. 自燃处管皮变色，温度异常升高

C. 煤粉温度异常升高　　D. 煤粉发生棚粉

100. 乏气送气制粉系统爆炸造成磨煤机入口至排粉机入口之间的防爆门破裂，则(A)，当排粉机出口防爆门破裂时，则一次风压降低。

A. 系统负压降低，一次风压增大　　B. 系统负压提高，一次风压增大

C. 系统负压降低，一次风压降低　　D. 系统负压不变，一次风压增大

101. 在风扇磨煤机中最易磨损的部件是(C)。

A. 叶轮　　B. 外壳　　C. 冲击板　　D. 轴承

102. 煤粉自流的原因主要来源于(C)。

A. 煤粉过于干燥　　B. 锅炉负荷过高

C. 给粉机转速过低　　D. 一次风压过高

103. 当磨煤机润滑油温高于规定值时(D)。

A. 油泵跳闸　　B. 润滑油系统跳闸

C. 送风机跳闸　　D. 磨煤机跳闸

104. 下列(D)不是引起粉仓温度升高的主要原因。

A. 粉仓防爆门破裂　　B. 未按规定对粉仓进行降粉

C. 粉仓漏风　　D. 煤粉过细

105. 给粉机下粉不均匀，一次风携带煤粉量变化大，炉膛内烟气温度降低，锅炉汽温、汽压、蒸汽流量、锅炉负荷波动大，此时可能是(A)。

A. 粉仓棚粉　　B. 锅炉负荷增大

C. 一次风压变化　　D. 炉膛灭火

106. 两台一次风机同时掉闸或只有一台运行而掉闸时，(C)不会跳闸。

A. 给粉机　　B. 排粉机　　C. 引风机　　D. 磨煤机

107. 在乏气送粉系统中，当(A)停止运行，直接联锁锅炉某层燃烧器停止运行。

A. 排粉机　　B. 磨煤机　　C. 给煤机　　D. 给粉机

108. 制粉系统中的草帽式锁气器草帽脱落时，杠杆上的重锤会(D)。

A. 上下摆动　　B. 左右摆动　　C. 正常动作　　D. 上行方向不动

109. 三次风严重带粉的原因是(A)。

A. 旋风分离器堵塞　　B. 粗粉分离器堵塞

C. 磨煤机堵塞　　D. 给煤机堵塞

110. 当制粉系统出现故障需要紧急停止制粉系统运行，首先应拉掉(D)，其目的是使磨煤机、给煤机跳闸。

A. 引风机　　B. 送风机　　C. 一次风机　　D. 排粉机

111. 紧急停止中储式制粉系统运行后应(B)。

A. 开启三次冷却风门　　B. 开启制粉系统冷风门

C. 关闭排粉机出口挡板　　D. 关闭一次风机挡板

112. 煤粉仓爆燃后，应立即(A)，必要时投入灭火装置。

A. 关闭吸潮管挡板　　B. 打开吸潮管挡板

C. 打开粉仓上部螺旋输送挡板　　D. 打开防爆门

113. 处理煤粉自流最有效的方法是(B)。

A. 降低锅炉负荷运行

B. 均匀分配给粉机负荷，使给粉机转速高于最小转速

C. 根据具体负荷量，停止一个角的给粉机，提高其他给粉机转速

D. 停用下层粉仓，提高上层给粉机转速，关闭停运给粉机挡板

114. 在中储式制粉系统，对检修或退出运行的给粉机，应将相应的(A)，防止煤粉自流。

A. 给粉机挡板关闭　　B. 一次风门关闭

C. 排粉机停止运行　　D. 一次风机停止运行

115. 采用(A)，是处理回粉管堵塞的最直接方法。

A. 活动回粉管锁气器　　B. 停止制粉系统

C. 改变煤粉细度　　D. 增加锅炉负荷

116. 一般一次风管上设计安装有(B)，它的作用就是当一次风管堵塞时利用压缩风疏通。

A. 防磨衬套　　B. 吹管风口　　C. 一次风　　D. 一次风门

117. (C)调节方法不能起到减少燃烧器附近结焦的可能。

A. 提高一次风速　　B. 降低炉膛平均温度

C. 降低煤粉细度　　D. 调整一次风温

118. 在锅炉掺烧瓦斯气体，需要清除燃烧器附近焦块时，应适当(A)，防止瓦斯量的突然变化使炉膛出现正压。

A. 减少瓦斯量　　B. 增加瓦斯量

C. 增大锅炉负荷量　　D. 减少给粉机的转速

119. 经过处理，粉仓温度继续升高，并有危及到设备安全时应投入(A)。

A. 蒸汽灭火系统　　B. 投入消防水系统

C. 吸潮管系统　　D. 加热系统

多选题

1. 制粉联锁试验时，合上某一侧制粉设备联锁开关，依次启动(A，B，C)，为防止原煤进入磨煤机，给煤机不加转速(振幅)。

A. 排粉机　　B. 磨煤机　　C. 给煤机　　D. 引风机

2. 联锁试验时，停止排粉机后(A，B，C，D)。

A. 磨煤机跳闸　　B. 给煤机跳闸　　C. 冷风门开启　　D. 热风门关闭

3. 用热风作为一次风，温度较高，有利于煤粉气流的着火与稳定燃烧，它适用于(B，C，D)等煤种。

A. 褐煤　　B. 无烟煤　　C. 贫煤　　D. 劣质烟煤

4. “倒风”操作在乏气送粉的制粉系统运行中很重要，如果操作不当会引起(A，B，C，D)。

A. 一次风管堵塞　　B. 燃烧恶化

C. 一次风压大幅度变化　　D. 锅炉熄火放炮

5. 煤的可磨性指数是(A，B，C，D)的重要依据。

A. 磨煤机的煤种选择　　B. 磨煤机的电耗计算

C. 磨煤机出力的计算　　D. 磨煤机选择

6. 煤粉气流中空气的作用是(A，B，C，D)。

A. 为煤粉燃烧提供足够的氧气　　B. 携带煤粉

C. 煤粉和空气充分混合　　D. 预热煤粉

7. 下列属于影响煤粉气流燃烧过程的因素有(A，B，C，D)。

A. 燃煤的性质　　B. 煤粉细度

C. 煤粉气流初温　　D. 一、二次风的配合

8. 下列属于挥发分中可燃气体有(A，B，C，D)。

A. 一氧化碳　　B. 氢气　　C. 硫化氢　　D. 碳氢化合物

9. 煤的可磨系数实际意义是(A，B，C)。

A. 确定磨煤机的出力　　B. 估计磨煤机的电耗

C. 确定磨煤机的金属损耗　　D. 确定磨煤机的体积

10. 煤粉焦化过程对于煤粉燃烧的作用有(A，B，D)。

A. 挥发分放出的热量加热了没有燃烧的煤粉

B. 焦化过程同时增大了煤粉与空气接触的面积

C. 减小了煤灰结焦的可能性

D. 焦化过程析出的挥发分燃烧提高了炉膛温度

11. 选择煤粉细度应考虑(A，B，C，D)、煤的结构特性等因素。

A. 煤种　　B. 制粉系统的通风量

C. 磨煤机的运行工况　　D. 分离器的运行工况

12. 判断二次风量是否适宜的参考标准是(A，B，C，D)。

A. 燃烧的稳定性　　B. 炉膛温度分步的合理性

C. 对过热气温的影响　　D. q_2 和 q_4 的数值少

13. 高速周界风有利于(A，B，C)。

A. 卷吸高温烟气　　B. 促进着火

C. 加速一、二次风的混合过程　　D. 煤粉循环加快

14. 中心十字风同(A，B，C)一样，它对一次风也起导向作用，能增加其刚性。

A. 周界风　　B. 夹心风　　C. 侧二次风　　D. 循环风

15. 夹心风有(A，B)特点，而对一次风射流外缘的烟气卷吸作用没有明显的影响。

A. 补充火焰中心的氧气　　B. 降低着火区的温度

C. 增加不完全燃烧损失　　D. 影响火焰充满程度

16. 煤粉细度的选取，对(C，D)将产生直接的影响，因此运行中应根据煤种和燃烧工具的需要，合理地进行细度调节。

A. 结构紧凑　　B. 固定支架　　C. 制粉系统出力　　D. 制粉电耗

17. 化学反应速度与反应空间的(A，B，C)有关，且成正比。

A. 压力　　B. 温度　　C. 反应物浓度　　D. 反应物高度

18. 如果各燃烧器之间的风粉处于相差悬殊的状态时，在缺风或缺煤的不正常状况下燃烧，其效果不佳，严重时还会导致(A，B，C，D)。所以，不论是新装还是检修的锅炉，有条件时都应进行风、粉均匀性调整。

A. 燃烧不稳定　B. 燃烧不完全　C. 热损失增加　D. 锅炉效率降低

19. 锅炉制粉系统按照是否设置煤粉仓，可以分为(A，B)。

A. 直吹式　B. 中间仓储式　C. 高速磨煤机　D. 低速磨煤机

20. 制粉系统的运行所要具备的条件是(A，B，C，D)。

A. 足够制粉系统所需要的原煤

B. 磨煤设备可以正常运行

C. 有足够压力和温度的热风进入制粉系统

D. 转动设备所需要的动力电到位

21. 下列属于影响煤粉细度的因素有(A，B，C)。

A. 磨煤机的运行状态　B. 磨煤机的运行特性

C. 制粉系统的通风状况　D. 锅炉的燃烧状态

22. 下列能显示磨煤机内部煤量多少的参数是(A，B，C，D)。

A. 磨煤机出口风粉混合物的温度　B. 磨煤机电流

C. 磨煤机内部声音　D. 磨煤机压差

23. 磨煤机停止以后，制粉系统倒风导致磨煤机内部的变化有(A，B，C，D)。

A. 磨煤机内部的气体由流动状态变化为不流动状态

B. 磨煤机钢球由滚动状态变为静止状态

C. 磨煤机出口气体温度降低

D. 磨煤机压差变为0

24. 磨煤机断煤时，磨煤机(A，B，C，D)、磨煤机出口温度升高、排粉机电流增大、磨煤机电流先大后小。

A. 入口负压增大　B. 压差减小

C. 系统负压减少　D. 磨煤机钢球声增大

25. 直吹制粉系统正常停运方式是：先进行(A，C)，然后停止系统运行。

A. 降温　B. 升温　C. 通风吹扫　D. 倒风

26. 中储式制粉系统的磨煤机停运后，在保证排粉机出口一次风压稳定的前提下，(A，B，C)，直至关闭严密。

A. 缓慢开启排粉机入口热风门　B. 逐渐关小磨煤机入口热风门

C. 逐渐关小排粉机入口温风门　D. 逐渐关小送风机挡板

27. 筒形钢球磨煤机两端连接的45短管的作用是(A，C)。

A. 原煤的出、入口　B. 支撑滚筒

C. 气，粉混合物的出口　D. 滚筒的转动中心

28. 中速磨煤机的分类有(A，B，C，D)。

A. 中速平盘磨煤机　B. 中速钢球磨煤机

C. 中速碗式磨煤机　D. 中速辊环磨煤机

29. 皮带式给煤机称重机构的组成包括(B，C)。

A. 皮带　　B. 重段托辊　　C. 称重测量设备　　D. 皮带清扫器

30. 圆盘给煤机由(A，B，C，D)、出煤管、电动机、减速传动装置组成。

A. 圆盘　　B. 调节刮板　　C. 调节套筒　　D. 进煤管

31. 按照煤粉燃烧的三个过程，煤粉在炉膛的火焰行程可以分为(B，C，D)。

A. 准备区　　B. 着火区　　C. 燃烧区　　D. 燃尽区

32. 煤粉燃烧的关键因素是(B，D)。

A. 氧气的浓度　　B. 氧气和碳的化合速度

C. 氧气的温度　　D. 氧气和碳的混合速度

33. 煤粉燃烧过程的工况是(A，B，C)。

A. 扩散燃烧阶段　　B. 动力燃烧工况　　C. 中间燃烧工况　　D. 燃烧准备阶段

34. 挡板式风门的叶片为了减少阻力应该设计成(C，D)形状。

A. 碟形　　B. 矩形　　C. 流线型　　D. 直板

35. 制粉系统自燃现象有(A，B，C，D)。

A. 制粉系统负压不稳，剧烈波动，检查孔内冒火星

B. 自燃处管壁温度不正常升高，煤粉温度异常升高

C. 排粉机电流增大

D. 炉膛负压不稳定

36. 下列(A，B)现象会引起磨煤机大瓦损坏。

A. 冷油器故障，使润滑油箱内油温过高　　B. 磨煤机运行时润滑油中断

C. 煤量过多，使轴承载荷过大　　D. 入磨煤机风温过高

37. 以下的(A，B，D)原因会引起煤粉过粗。

A. 回粉管堵塞　　B. 粗粉分离器挡板角度增大

C. 磨煤机入口温度过高　　D. 磨煤机通风出力过大

38. (A，B，C，D)方法可以减少制粉系统爆炸的可能性。

A. 控制制粉系统温度，防止系统温度过高

B. 缩短煤粉的停留时间，减少煤粉长期存积

C. 严格执行定期降粉制度和停炉前煤粉仓空仓制度

D. 监视系统各点的温度

39. 粗粉分离器回粉管堵塞处理中如果加大制粉量将会引起(B，C)。

A. 回粉管快速疏通　　B. 回粉管堵塞加剧

C. 煤粉颗粒度上升　　D. 磨煤机制粉效率提高

简答题

1. 如何启动乏气送粉的中储式制粉系统？

答：① 启动油泵，调整磨煤机润滑油压正常；② 在确保排粉机出口的风压稳定的前提下，逐渐开启排粉机出口温风门及磨煤机入口风门，同时逐渐关小排粉机入口热风门直到全关；③ 在磨煤机的出口的风粉混合物的温度达到要求以后，启动磨煤机和给煤机。

2. 如何启动正压直吹式制粉系统？

答：① 启动润滑油系统；② 启动密封风机，保持密封风机的压力为规定值；③ 开启磨

煤机入口的轴封风机，保持风压为规定值；④ 启动排粉机，开启排粉机进口热风和磨煤机出口风门，进行暖管；⑤ 复查系统正常，而且磨煤机出口温度达到要求以后启动磨煤机和给煤机。

3. 描述煤的可磨系数的意义。

答：某种煤的可磨系数是指将质量相同的标准煤与所测定的煤，在风干状态下，由相同粒度磨制成同样细度的时候所消耗的电能的比值，或者消耗相同电量的情况下所能获得的煤粉细度的比值。

4. 加强锅炉燃烧中心燃烧的措施有哪些？

答：燃烧中心温度很高，所以加强燃烧的措施是强化气流的扰动，其具体措施有：① 加强气流的旋转性能，使得整个炉膛中的气流情况呈紊流扩散状态，以促使空气和煤粉在炉膛内的混合；② 采用两次混合燃烧，第一次是煤粉和一次风的混合，第二次是一次风和二次风的混合。

5. 挥发分的定义是什么？

答：挥发分的含义是：失去水分的煤样，在隔绝空气的情况下，加热升温到 890～910℃，大约 7min 后，煤样由于挥发分失去的质量占原煤样的质量分数，称为这种煤的挥发分。

6. 描述煤粉细度和锅炉运行的关系。

答：煤粉细度的大小直接关系到锅炉的效率，煤粉细度小，有利于挥发分的析出和增大煤粉颗粒和空气的接触面积，便于煤粉的着火和燃烧，可以减少机械不完全燃烧的损失，从而提高锅炉的炉效率；煤粉细度越大，则恰恰相反。但是煤粉细度过小，磨煤机的电耗增大，不经济。

7. 描述煤粉均匀性的意义。

答：煤粉均匀性可以用煤粉颗粒的均匀性指数来表示，一般的均匀性指数都是接近于 1。试验表明，当均匀性指数小于 1 的时候，煤粉中含有较多的过粗或者颗粒较细的煤粉，其均匀性差，当均匀性系数大于 1 的时候，过粗、过细的煤粉所占比较小，均匀性好。所以均匀性指数越大，即均匀性越好。

8. 简述粗粉分离器的作用和调节方式。

答：粗粉分离器的主要作用是将磨煤机出口的风粉混合物中的颗粒较大的煤粉分离出来，重新进入磨煤机进行研磨，同时粗粉分离器又可以调整制粉系统的煤粉细度。通过调整粗粉分离器的调节挡板的开度大小，可以调节制粉系统的煤粉细度。

9. 制粉系统运行的基本条件有哪些？

答；制粉系统稳定运行的条件有以下几点：① 锅炉稳定正常运行；② 输煤系统正常运行；③ 原煤仓煤量足够；④ 制粉系统的磨煤机正常，分离器、制粉系统管道没有泄漏；⑤ 辅助设备动力接通动力电源。

10. 影响煤粉经济细度的因素有哪些？

答：影响煤粉经济细度的因素很多，主要有以下几个方面：① 燃料的特性。一般来说挥发分高，发热量高的煤粉容易燃烧，煤粉可以磨得粗一点；② 磨煤机和分离器的性能。当磨煤机制粉的颗粒均匀时，即使煤粉粗一点，也能燃烧得比较完全；③ 燃烧方式。对燃烧热负荷很高的锅炉和旋风炉，由于燃烧很强烈，故可以燃烧粗一点的煤粉。

11. 如何判断磨煤机内部是否多煤?

答: 磨煤机多煤现象有以下几点: 磨煤机电流比正常运行时候大, 磨煤机两侧的压差增大, 锅炉燃烧不稳定, 磨煤机出口温度降低。

12. 简述停止磨煤机运行倒风操作的过程。

答: ① 将磨煤机的热风门关小, 开大磨煤机温风门; ② 停止给煤机; ③ 待磨煤机内部原煤磨完以后, 停止磨煤机; ④ 开启排粉机温风门和联络风门, 根据一次风压的变化调整排粉机入口风门开度; ⑤ 关闭磨煤机入口总风门。

13. 描述筒形磨煤机圆筒的组成。

答: 筒内为用锰钢制成的波浪形护板作内衬, 以增加抗磨性并把钢球带到一定的高度; 护甲和筒壁之间有一层绝热石棉层; 石棉层的外面是钢板制成的筒体; 筒体外壁包一层毛毡起隔音作用; 毛毡外面还有一层薄钢板制成的护面罩。

14. 简述中速磨煤机的特点。

答: 中速磨煤机与粗粉分离器装配成整体, 结构紧凑, 占地少, 金属的损耗小; 电耗低, 特别是空载的功率小, 能适应负荷的变化, 金属的磨损小, 运行噪声小。但是中速磨煤机的结构特别复杂, 煤种的适应能力小, 不宜磨制硬度较大的煤种; 同时进风温度不能太高, 以保证磨煤元件的正常工作和转动部分的正常润滑不受影响, 磨制水分大的煤种不适合。

15. 描述皮带式计量给煤机的工作原理。

答: 皮带式给煤机皮带的承重结构由重段托辊和承重测量设备两部分组成, 它是通过测量两个承重辊子之间某一点的皮带垂直向下位移量来计算出该段上原煤的质量。从测量出来的原煤量和皮带的行走速度得出给煤机的给煤率, 再通过热工仪表既可以直观反映某个时候的给煤量, 也可以计算一天所消耗的总煤量, 为锅炉的效率计算提供了依据。

16. 简述双进双出磨煤机的特点。

答: ① 磨煤机设置了螺旋输送装置, 避免因为燃料的水分高引起进口堵煤现象, 运行可靠; ② 由于双进双出的特性, 原煤中一些细粉不必要研磨就可以送出去, 使得磨煤机的出力提高, 磨煤机的电耗下降; ③ 煤粉的均匀性高; ④ 可以获得稳定的煤粉细度以及较小的风粉比。

17. 描述煤粉燃烧三个阶段的具体过程。

答: 煤粉燃烧过程可以分为三个阶段: 燃烧加热阶段、燃烧阶段、燃尽阶段。燃烧加热阶段: 煤粉进入炉膛到着火前的这个阶段属于燃烧的加热阶段, 在此阶段主要是对煤粉进行加热, 使得煤粉尽快达到着火温度。燃烧阶段: 当煤粉的挥发分析出量增多, 煤粉周围已经形成了适度的挥发分浓度与空气的可燃气体混合物的时候, 而温度又达到了着火温度, 挥发分就开始燃烧阶段。燃尽阶段: 在燃烧的后期由于氧气的浓度降低, 燃烧的速度减慢, 加上灰的阻力, 少部分焦炭会持续较长的燃烧时间。

18. 简述煤粉气流进入炉膛着火的距离和燃烧器的关系。

答: 煤粉气流在进入炉膛以后, 最好在离燃烧器出口不远处着火, 合适的着火距离应该由试验来确定。如果着火太迟, 也就是距离燃烧器出口的距离太远, 会推迟整个燃烧, 导致煤粉来不及燃烧就要离开炉膛, 增大了机械不完全燃烧的损失; 而且着火推迟还会导致火焰中心的上升, 造成炉膛上部和出口的受热面结渣和过热器气温偏高。如果着火过早的话, 可能烧坏燃烧器，也容易造成燃烧器周围结渣。

19. 简述木块分离器的作用。

答：木块分离器安装于磨煤机的出口管，主要的作用是将气粉混合物中的木头分离出来，以便防止粗粉分离器和细粉分离器的堵塞。

20. 简述煤粉燃烧过程的三种工况以及改善措施。

答：① 扩散燃烧工况，指的是炉温大于 1400℃时候，物理混合速度相对较小，燃烧速度主要取决于炉内气体的扩散情况的燃烧工况，在这种情况下要强化燃烧，主要是改善混合条件，以提高物理混合速度。② 动力燃烧工况，指的是炉温低于 1000℃的时候，物理混合速度相对较大，燃烧的速度主要取决于炉内温度的燃烧工况。在这种工况下要强化燃烧，主要是设法提高炉内的温度，以提高化学反应速度。③ 中间燃烧阶段，指的是炉内温度和物理混合的情况比较适应，即化学反应速度和物理反应速度比较接近。这个时候如果要强化燃烧，必须同时提高炉内温度和氧气的扩散速度。

21. 风门性能要求有哪些？

答：插板式隔绝门应该严密不漏。挡板式隔离门应该有较好的密封措施，其泄漏率应该小于 2%。隔离门在全开时候的阻力要求尽可能的小。挡板式调节门应该有比较好的调节性能。

22. 简述磨煤机螺旋管和波纹板的各自作用与区别。

答：磨煤机的螺旋管的主要作用是将气粉混合物中的钢球回落到滚筒内；滚筒内的波纹板的作用是将煤粉和钢球带到一定的高度，以便制粉；螺旋管不参与磨煤过程，波纹板要参与磨煤过程。

23. 中速磨煤机的加压系统组成和作用是什么？

答：中速磨煤机加压系统由液压系统、弹簧系统以及弹簧系统联合组成。其最主要的作用就是给磨煤部件施加外加的压力，增强磨煤效果。

24. 引起制粉系统自燃或爆燃的原因有哪些？

答：① 制粉系统内积煤与积粉，② 磨煤机出口温度过高，③ 磨煤机断煤，④ 煤粉过细，水分过低，⑤ 煤粉仓严重漏风，⑥ 高挥发分煤粉在粉仓中积存过久，⑦ 煤中含有油质或雷管等，⑧ 有外来火源。

25. 煤粉仓自燃现象有哪些？

答：① 煤粉仓内温度不正常升高，粉仓内有烟或火星，并能嗅到烟气味；② 煤粉自燃后结成焦炭或粉仓内壁材料裂纹脱落；③ 给粉机下粉不均或不下粉，严重时给粉机卡涩，造成燃烧不稳。

CFB 锅炉模块

判断题

1. 破碎机稳定运行时进行燃料量测定，称为破碎机额定出力。（×）

正确答案：单位时间所制备合格的煤量称为破碎机额定出力。

2. 两台破碎机串联破碎试验时，按煤行走方向先试验后一台，然后试验前一台。（√）

3. 布风均匀性试验时，如果停止风机后，床层表面平整，说明布风均匀性好。（√）

4. 在启动风机初期越先起泡部分，其风力越弱。（×）

正确答案：在启动风机初期越先起泡部分，其风力越强。

5. CFB 烘炉应先保持恒温，然后高温烘炉。 (✓)

6. CFB 锅炉高温烘炉应选择小型雾化片。 (✓)

7. CFB 锅炉在主燃料未切断前无法进行吹扫。 (✓)

8. 为避免发生炉内爆燃，CFB 锅炉在压火启动前应按有关规定保持额定风量的 30%，通风 5min，然后升压。 (×)

正确答案：CFB 锅炉压火后启动，无须炉膛吹扫，快速投入固体燃料，至少使床温有上升趋势。

9. CFB 锅炉管式燃烧器启动前增压风机应在备用状态。 (×)

正确答案：CFB 锅炉管式燃烧器启动前增压风机应处于运行状态。

10. CFB 锅炉启动中入炉燃料是挥发分低、燃点高、热值低的无烟劣质煤时，相对启动速度应慢些。 (✓)

11. 采用床下、床上联合点火启动方式，可以在允许的床温温升率条件下，减少点火用油量，节省锅炉启动成本。 (✓)

12. 在 CFB 锅炉一般将送风分别进入两个空气预热器。 (✓)

13. CFB 锅炉一次风压头高，流量小。 (×)

正确答案：CFB 锅炉一次风压头高，流量大。

14. CFB 锅炉扬析会形成波浪形，料层表面不稳定。 (✓)

15. 流态化现象是指气体或液体以一定的速度向上流过固体颗粒层时，固体颗粒呈现出液体状态的现象。 (✓)

16. 在流态化过程中，气体或液体总是向下流动。 (×)

正确答案：在流态化过程中，气体或液体总是向上流动。

17. 床层内能产生气泡的最小速度称为流化速度。 (×)

正确答案：床层内能产生气泡的最小速度称为最小鼓泡速度。

18. 床层内能产生气泡的最小速度称为流化速度。 (×)

正确答案：床层内能产生气泡的最小速度称为最小鼓泡速度。

19. 鼓泡循环流化床床料平均粒径细，气体流速高。 (✓)

20. 在湍流床中气泡全部变为气流进入悬浮区。 (✓)

21. 湍流床炉膛内燃料分布是下稀上浓状况。 (×)

正确答案：湍流床炉膛内燃料分布是上稀下浓状况。

22. 床上部有颗粒团形成这是快速床主要特点。 (✓)

23. 快速流化床与鼓泡床一样产生气泡。 (×)

正确答案：快速流化床不产生气泡。

24. 鼓泡循环流化床就是鼓泡床。 (×)

正确答案：鼓泡循环流化床类似于鼓泡床的密相区。

25. 鼓泡循环流化床锅炉的燃料颗粒平均直径小于鼓泡床，气泡行为决定了燃烧反应速度。 (✓)

26. 改变颗粒浓度可使循环流化床锅炉炉内传热发生变化。 (✓)

27. CFB 锅炉传热系数随受热面布置高度增加而增加。 (×)

正确答案：CFB 锅炉传热系数随受热面布置高度增加而减小。

28. 钙硫物质的量比是影响脱硫效率和 SO_2 排放的主要因素。（√）

29. CFB 锅炉运行过程中脱硫剂投入量越多越好。（×）

正确答案：CFB 锅炉运行过程中脱硫剂投入量过多会增加灰渣物理热损失，影响燃烧工况。

30. 在 CFB 锅炉满出力情况下，提高布风板的入风量，降低二次风量，降低送风阻力是主要操作要点。（×）

正确答案：在 CFB 锅炉满出力情况下，降低布风板的入风量，提高二次风量，降低送风阻力是主要操作要点。

31. 通过调节 CFB 锅炉石灰石供给量，来控制烟囱 SO_2 排放量。（√）

32. CFB 锅炉床内烟气流速越高，密相区的燃烧份额越低。（√）

33. 一、二次风配比对 CFB 锅炉燃烧份额分布的影响程度与燃料的性质无关。（×）

正确答案：一、二次风配比对 CFB 锅炉燃烧份额分布的影响程度与燃料的性质有关。

34. 一、二次风不变时，增加空气系数，CFB 锅炉床内的燃烧效率升高。（√）

35. CFB 锅炉炉内脱硫效率与脱硫介质有关。（√）

36. 保证 CFB 锅炉燃烧大颗粒的循环次数，可降低飞灰含碳量。（√）

37. 提高炉膛或烟道漏风率可减少飞灰含碳量。（×）

正确答案：提高炉膛或烟道漏风率不能减少飞灰含碳量。

38. 无外置式换热器的 CFB 锅炉床温控制点在进入密相区的风量和石灰石量。（√）

39. CFB 锅炉正常运行控制时的炉内温度超过煤的变形温度。（×）

正确答案：CFB 锅炉正常运行控制时的炉内温度不会超过煤灰的变形温度。

40. 外置式换热器的 CFB 锅炉改变风煤比就改变了主蒸汽温度。（√）

41. CFB 锅炉改变了床温就改变了主蒸汽温度。（×）

正确答案：CFB 锅炉改变了床温并不意味可改变主蒸汽温度。

42. CFB 锅炉负荷的变化与床温无关。（×）

正确答案：锅炉负荷变化，燃料量和风量要发生变化，因此 CFB 锅炉负荷的变化与床温有关。

43. CFB 锅炉运行中床压变化缓慢或停止，说明锅炉灭火。（×）

正确答案：CFB 锅炉运行中床压变化缓慢或停止，说明一次风压管堵塞或流化不良。

44. CFB 锅炉运行中需要合理的床层压降。（√）

45. CFB 锅炉排渣前后，床压变化不大。（×）

正确答案：CFB 锅炉排渣前后，床压变化较大。

46. 一、二次风调整可改变 CFB 锅炉密相区和稀相区的燃烧份额。（√）

47. CFB 锅炉的负荷在 70%以下时，密相区的风速急剧上升。（×）

正确答案：CFB 锅炉的负荷在 70%以下时，密相区的风速保持不变。

48. CFB 锅炉内循环物料越多，炉内压差越小。（×）

正确答案：CFB 锅炉内循环物料越多，炉内压差越大。

49. CFB 锅炉炉膛差压应控制在 1.05~3.2MPa 之间。（×）

正确答案：CFB 锅炉炉膛差压应控制在 0.3~0.6kPa 之间。

50. CFB 锅炉在高负荷压火最合适。 (×)

正确答案： CFB 锅炉在最低负荷稳定运行一段时间后再压火。

51. CFB 锅炉压火过程越快越好。 (√)

52. CFB 锅炉压火过程中对流化的均匀度要求不高。 (×)

正确答案： 必须保证在 CFB 锅炉压火过程中流化均匀。

53. CFB 锅炉停炉时，防止回料装置损坏，回料风应在回料温度 550℃时停止。 (×)

正确答案： 防止回料装置损坏，回料风应在回料温度降到 250℃以下时停运。

54. CFB 锅炉压火时期应经常检查风道挡板是否开启，烟道是否保持一定的通风量。 (×)

正确答案： 压火时期应经常检查风道挡板关闭，烟道风门保持严密状态。

55. CFB 锅炉压火期间汽包水位基本不会发生变化。 (×)

正确答案： 压火期间汽包水位应保持在可见水位部位，而且应有专人监护。

56. 飞灰收集系统主要由仓泵、输送管道、炉前灰仓以及给料阀组成。 (√)

57. 飞灰收集系统一般只能远方控制操作。 (×)

正确答案： 飞灰收集系统可采用远方控制和现场操作。

58. 布风板分为水冷式和非水冷式两种。 (√)

59. 旋风分离器的粗料回到炉膛可降低灰浓度，提高燃烧效率。 (×)

正确答案： 旋风分离器的粗料回到炉膛可保证灰浓度，提高燃烧效率。

60. 循环流化床底部区域处于鼓泡和湍流床状态。 (√)

61. CFB 锅炉燃烧的煤质好时，可提高循环倍率，减少结焦的可能。 (√)

62. 石灰石脱硫反应是 $CaC+SO_3 \overline{\overline{\quad}} CaSO_4$。 (√)

63. 绝热旋风分离器由进气管、筒体、排气管、圆锥管等部分组成。 (√)

64. 旋风分离器内部有一部分燃料在继续燃烧。 (×)

正确答案： 旋风分离器一般不允许内部有可燃物继续燃烧。

65. 流化床冷渣器有单床式和多床式。 (√)

66. 床渣进入多床流化床冷渣器是进入第二仓后再进入第一仓。 (×)

正确答案： 床渣进入多床流化床冷渣器是进入第一仓后再进入第二仓。

67. 按 CFB 锅炉膨胀节膨胀方向划分为单向膨胀节和两相膨胀节。 (×)

正确答案： 按 CFB 锅炉膨胀节膨胀方向划分为单向膨胀节和三相膨胀节。

68. 金属膨胀节用于 CFB 锅炉高温、截面积小的地方。 (√)

69. 非金属膨胀节在 1500℃高温下运行不会变形。 (√)

70. 水冷螺旋式冷渣器是由螺旋轴、进料斗、出料口以及驱动装置组成。 (√)

71. 双螺旋式冷渣器中两个螺旋轴不在同一个渣箱内。 (×)

正确答案： 双螺旋式冷渣器中两个螺旋轴安装在同一个渣箱内。

72. 煤粒在 CFB 锅炉内破碎是颗粒发生急剧变小过程。 (√)

73. CFB 锅炉返料装置必须保持稳定的物料流动。 (√)

74. CFB 锅炉分离器压力高于燃烧室压力，这是由于引风机的作用。 (×)

正确答案： CFB 锅炉分离器压力低于燃烧室压力，这是由于引风机的作用。

75. CFB 锅炉气固分离器主要分为旋风分离器和惯性分离器。 (√)

76. 低温分离器的温度在 400~600℃范围。 (×)

正确答案：低温分离器的温度在200~300℃范围。

77. CFB锅炉循环流率的增大，稀相区颗粒浓度下降。（×）

正确答案：CFB锅炉循环流率的增大，稀相区颗粒浓度增加。

78. 一般认为CFB锅炉密相区颗粒以轴向扩散混合为主。（√）

79. 气体在炉内停留的时间随速度增加而增加。（×）

正确答案：气体在炉内停留的时间随速度增加而减少。

80. 煤质的改变会使CFB锅炉床温异常偏低。（×）

正确答案：煤质的改变不一定会使CFB锅炉床温异常偏低。

81. 床压低报警，床温指示低于允许值，说明床温过低。（√）

82. 床压过高会增加一次风机电耗。（√）

83. 床压升高，使水冷风室的压力提高。（√）

84. 气体泄漏不会造成床料的减少。（×）

正确答案：气体泄漏或床料泄漏都会使床料减少。

85. 炉膛内结焦与床温超温有依托关系。（√）

86. CFB锅炉出力与煤质的关系是正比例。（√）

87. 水冷风室压力异常升高，一次风机出口压力上升，说明布风板漏渣。（√）

88. 床温异常降低时应适当减少流化风量和下二次风量。（√）

89. 减少给煤量可提高床温。（×）

正确答案：增加给煤量可提高床温。

90. CFB锅炉炉膛漏风应及时处理，防止床料下料不均。（√）

91. CFB锅炉结焦时，应增大流化风量。（√）

92. CFB锅炉结焦时应提高床温。（×）

正确答案：CFB锅炉高温结焦时应适当降低床温。

93. 当床温升高应立即调整风量，控制床温，然后进行检查。（√）

94. 减少石灰石可以降低床温。（×）

正确答案：增大石灰石可以降低床温。

单选题

1. 破碎机出力与煤的质量成(B)。

A. 反比　B. 正比　C. 二次方比　D. 四次方比

2. 布风均匀性检查时，用工具扰动床料后，立即又回复原鼓泡状，说明(B)。

A. 均匀性差　B. 均匀性强　C. 均匀性很差　D. 均匀性一般

3. CFB锅炉烘炉前应准备高温烘炉时所需要的(D)。

A. 生水　B. 过滤水　C. 清水　D. 除盐水

4. 高温烘炉前应进行8~10h(D)。

A. 低温烘炉　B. 中温烘炉　C. 高温烘炉　D. 低中温烘炉

5. 下列简述中(C)是属于吹扫条件。

A. 给煤机一台运行　B. 一次风量小于吹扫值

C. 锅炉燃料中断　D. 一台一次风机运行

6. CFB 锅炉压火后启动原则是：(B)，然后按正常升炉操作。

A. 缓慢升温升压，使防磨层均匀升温，防止受热面温差过大

B. 快速将锅炉各项参数过渡到相应升温、升压曲线点

C. 按冷态点火一样，控制升压曲线

D. 根据汽轮机的需求升压，特别是在初期应保持临界流化风量以下，防止吹灭余火

7. 下面的(C)不是 CFB 锅炉管式燃烧器启动必备条件。

A. 燃烧器雾化介质/仪用气压力 OK　　B. 主油压力 OK

C. 燃油温度达标　　D. 无 MFT 信号

8. CFB 锅炉启动速度受(B)的影响较大。

A. 冷渣器的工作状况

B. 耐火浇注材料的特性，各区域耐火层厚薄和结构形式

C. 除尘装置工作情况

D. 燃料的制备情况

9. 下面陈述中，(D)不属于影响 CFB 锅炉启动速度的主要因素。

A. 料层的升温速率

B. 旋风分离器分离效果

C. 料层物料物理特性，料层厚度和启动点火过程中料层的流化程度

D. 尾部烟道的温升率

10. 下列条件中(D)不会影响 CFB 锅炉脱硫效果。

A. 床温　　B. Ca/S 物质的量比

C. 过量空气系数　　D. 锅炉负荷

11. CFB 锅炉脱硫过程中(A)，会引起脱硫效果下降。

A. 燃料含硫量增大　　B. 燃料含硫量下降

C. 飞灰量增加　　D. 石灰石反应活性增大

12. CFB 锅炉采用分床点火可以使油枪产生的高温烟气对(A)，传热效果好且均匀。

A. 床料进行充分混合加热

B. 进入炉膛的燃料进行点燃，同时利用燃料燃烧释放出的热量提高炉内床料的温度

C. 反料腿的温度提高速度比其他点火方式快

D. 炉内温度升温均匀，而且可以选择性进行局部燃料点火

13. 因 CFB 锅炉的送风(B)要求的等级不同，因此送风机也分别设置。

A. 流量　　B. 压力　　C. 温度　　D. 流速

14. CFB 锅炉的二次风压是一次风压的(B)。

A. 0~30%　　B. 0~40%　　C. 0~50%　　D. 0~60%

15. CFB 锅炉最高的风压是(D)。

A. 一次风　　B. 二次风　　C. 密封风　　D. 高压风

16. CFB 锅炉运行中发生扬析，(B)床料会随气流携带出去。

A. 粗颗粒　　B. 细颗粒　　C. 较细颗粒　　D. 粗细颗粒

17. 料层由静止状态整体转变为完全流化状态时的(A)。

A. 最小料层断面为空塔速度　　B. 最大料层断面为空塔速度

C. 最小流化风速　　D. 最大流化风速

18. 粗大颗粒比例多的燃料，其流化(C)。

A. 风量越大　　B. 风量越小　　C. 风速越高　　D. 风速越低

19. CFB 锅炉炉膛上部传热系数随流化风速(B)。

A. 升高而降低　　B. 升高而增加

C. 而剧烈波动　　D. 改变而不发生变化

20. CFB 锅炉炉膛内温度升高，(B)。

A. 对流传热量增加　　B. 辐射传热量增加

C. 辐射传热量减少　　D. 辐射传热量不变

21. 采用较小的脱硫剂粒度，循环流化床脱硫效果越好。因此，脱硫剂粒度应(A)。

A. 在平均 100~500μm　　B. 越细越好

C. 越粗越好　　D. 在平均 0~2mm

22. CFB 锅炉过剩空气系数在 1.0 以上，脱硫效果会(A)。

A. 保持不变　　B. 越来越好　　C. 越来越差　　D. 摆动幅度增大

23. CFB 锅炉低负荷运行操作关键是调节(C)。

A. 一次风量　　B. 二次风量　　C. 一、二次风比　　D. 二、三次风比

24. CFB 锅炉在低负荷运行时应控制(A)，提高密相区床温，从而提高燃烧效率。

A. 一次风率　　B. 二次风率　　C. 流化风率　　D. 冷渣风率

25. 满负荷时，应尽可能使进入 CFB 锅炉(A)。

A. 一次风量降低　　B. 二次风量降低　　C. 一次风量提高　　D. 密封风降低

26. 保持 CFB 锅炉燃烧及床温，提高锅炉(A)，是 CFB 锅炉个性调节控制的主要功能描述。

A. 燃烧效率　　B. 机械效率　　C. 汽水损失率　　D. 电耗

27. 调节好 CFB 锅炉排渣量，可以控制锅炉床料(A)和床温。

A. 高度　　B. 水平面　　C. 密度　　D. 质量

28. 当 CFB 锅炉稀相区达到一定高度时，烟气累计燃烧份额比烟气流速低时的(A)。

A. 燃烧份额高　　B. 燃烧份额低　　C. 燃烧份额不等　　D. 燃烧份额差额大

29. CFB 锅炉一次风的比例增加，密相区的燃烧份额(B)。

A. 下降　　B. 上升　　C. 上下摆动　　D. 不变

30. 一次风量增加，燃料份额不变时，锅炉(D)增加。

A. 额定负荷　　B. 经济负荷　　C. 最低负荷　　D. 瞬时负荷

31. 降低 CFB 锅炉分离器的分离效率，密相区的燃烧份额(B)。

A. 降低　　B. 增加　　C. 不变　　D. 波动

32. CFB 锅炉的一次风配比对燃料份额分布影响程度与(D)有关。

A. 一次风量　　B. 二次风量　　C. 总风量　　D. 燃烧性质

33. 当分离器分离效率降到某一低值，循环流化床锅炉运行状况类似(A)流化床。

A. 鼓泡　　B. 固定　　C. 湍流　　D. 快速

34. 保持 CFB 锅炉较高的床温可降低(D)。
A. 排烟热损失　B. 散热热损失　C. 排污热损失　D. 飞灰含碳量
35. 下列(C)不属于降低 CFB 锅炉飞灰含碳量控制方法。
A. 提高二次风穿透力　B. 适当降低一次风量
C. 低氧燃烧　D. 较高旋风分离器效率
36. (B)可延长 CFB 锅炉煤粒在炉内停留的时间。
A. 提高炉膛负压　B. 保持炉膛微正压
C. 将煤粒制细　D. 提高煤粒颗粒度
37. 未设外置式换热器的 CFB 锅炉，改变风煤比即可(C)。
A. 改变床温　B. 改变主蒸汽温度
C. 改变床温和主蒸汽温度　D. 不能改变主蒸汽温度
38. CFB 锅炉负荷下降时，床温(A)。
A. 下降　B. 升高　C. 不变　D. 可能改变
39. CFB 锅炉床温上升，负荷增加，(B)降低。
A. 排烟热损失　B. 化学未完全燃烧热损失
C. 散热损失　D. 锅炉效率
40. 调节 CFB 锅炉床层压降最常规的方法是(B)。
A. 增加燃料　B. 底渣排放　C. 增大风量　D. 减少负荷
41. CFB 锅炉回料阀内流化变差，(A)会大幅度波动。
A. 床压　B. 负荷　C. 床温　D. 排烟温度
42. 进入 CFB 锅炉的给煤量不变和总风量不变时，增大一、二次风比，循环倍率(A)。
A. 增加　B. 下降　C. 不变　D. 消失
43. 当 CFB 锅炉负荷从 100%降到 70%时，主要操作是(B)。
A. 减少一次风　B. 减少二次风　C. 增加一次风　D. 增加二次风
44. 一般 CFB 锅炉负荷在 70%以下，下二次风(C)。
A. 全部开启　B. 开启一半　C. 全部关闭　D. 开启一部分
45. CFB 锅炉床层厚度大于(D)m 以后放热系数变化很小。
A. 0. 5　B. 1. 2　C. 2. 2　D. 2. 5
46. CFB 锅炉床壁附近回流粒子浓度最大，气流(C)。
A. 速度最大　B. 速度摆动最大　C. 速度最小　D. 速度为零
47. CFB 锅炉床压高，床温相应(A)。
A. 升高　B. 降低　C. 保持不变　D. 上下变动较大
48. 炉膛上部区域与炉膛出口之间的压差称为(A)。
A. 炉膛压差　B. 烟道压力　C. 排烟压力　D. 旋风气压力
49. 反映 CFB 炉膛内循环物料的浓度大小的参数属于(C)。
A. 烟气含氧　B. 烟气浓度　C. 炉膛压差　D. 过热空气系数
50. CFB 锅炉压火操作顺序是先(B)，然后停止燃料。
A. 关返料阀，停一次风机　B. 关返料阀，停二次风机
C. 停二次风机　D. 停一次风机

51. 在 CFB 锅炉压火过程中造成结焦的原因是(C)。
A. 运行中床温太高　B. 压火料层太厚
C. 压火时风压降得太慢　D. 煤质太好

52. CFB 锅炉压火前低负荷运行不少于(D)min。
A. 5　B. 10　C. 20　D. 30

53. CFB 锅炉压火中，停止给煤，(A)时，方可停运风机。
A. 氧量明显增大　B. 氧量减小　C. 床温明显降低　D. 床层明显减薄

54. CFB 锅炉压火启动时，投煤前必须先(C)起压。
A. 给煤　B. 给燃油　C. 通风　D. 添加可燃物

55. CFB 锅炉停炉 7 天以上时，应在(B)下，将煤仓内的燃料全部烧完。
A. 低床温　B. 正常床温　C. 压火床温　D. 高床温

56. CFB 锅炉熄火后，送、引风机和播煤增压风机要继续进行(B)方可停止。
A. 3min　B. 5min　C. 30min　D. 1h

57. CFB 锅炉停炉时间超过(B)天应将床料排尽。
A. 3　B. 5　C. 10　D. 13

58. CFB 锅炉的临时停炉就是(B)。
A. 短期检查停炉　B. 压火　C. 冷备用　D. 抢修

59. 冷渣管口附近的风帽直径一般(A)其他风帽直径。
A. 大于　B. 小于　C. 等于　D. 大于或小于

60. CFB 锅炉底渣是从布风板中的(D)进入冷渣室。
A. 风帽　B. 安装管　C. 布风板四周　D. 冷渣管

61. CFB 锅炉旋风分离器是将高温烟气流中的(C)分离。
A. 烟气　B. 细灰　C. 热固体物料　D. 污染成分

62. CFB 锅炉炉膛属于(C)流动。
A. 气相　B. 固相　C. 气固　D. 烟气

63. CFB 锅炉固体颗粒混合形式有(A)颗粒混合。
A. 轴向和横向　B. 轴向和纵向　C. 轴向和混向　D. 横向和混向

64. CFB 锅炉循环倍率一般在(B)左右。
A. 5　B. 10~40　C. 20~50　D. 10~80

65. CFB 锅炉燃用挥发分较低原煤时应(C)。
A. 降低炉内温度　B. 增加循环倍率
C. 降低循环倍率　D. 增加循环灰量

66. 返料机构的排灰量由系统(A)平衡确定。
A. 灰　B. 热量　C. 煤量　D. 负荷

67. CFB 采用脱硫的方法为(A)。
A. 炉内干式脱硫　B. 半湿式脱硫
C. 湿式脱硫　D. 混式脱硫

68. CFB 锅炉与煤粉锅炉脱硫优势在于(D)。
A. 炉内气力较低　B. 炉内温度较高　C. 炉内气流较高　D. 炉内温度较低

69. CFB 锅炉(B)提高了脱硫效果。
A. 煤粒的控制 B. 床料的循环 C. 烟气的循环 D. 空气布置方式
70. 烟气是以(A)进入旋风分离器。
A. 切向 B. 直向 C. 纵向 D. 横向
71. 旋风分离器的膨胀方向是(D)。
A. 向下 B. 向左 C. 向右 D. 向上
72. CFB 锅炉炉膛膨胀方向与旋风分离器的膨胀方向(B)。
A. 相同 B. 相反
C. 炉膛向上分离器向下 D. 炉膛和分离器向四周
73. 循环流化床炉膛二次风口以下区域截面积(A)二次风口以上截面积。
A. 小于 B. 大于 C. 等于 D. 根据设计而定
74. CFB 锅炉炉膛内越靠近布风板其(B)。
A. 截面积越大 B. 截面积越小 C. 热负荷越大 D. 气固密度越小
75. CFB 锅炉下部锥形扩口墙在(D)。
A. 侧墙 B. 前墙 C. 后墙 D. 前后墙
76. CFB 锅炉水冷螺旋冷渣器叶片间隙流动的是(A)。
A. 灰渣 B. 烟气 C. 水 D. 风
77. CFB 锅炉冷渣器采用多个串联，它具有(C)的优点。
A. 增大热温差 B. 提高渣温 C. 减少热偏差 D. 提高效率
78. 非金属膨胀节可吸收(D)较大的位移。
A. 单方向 B. 上下方向 C. 左右方向 D. 三维方向
79. 非金属膨胀节在 CFB 锅炉(A)中使用。
A. 炉膛出口的水平烟道 B. 返料装置
C. 流渣系统 D. 循环系统
80. 螺旋式冷渣器的叶片(B)。
A. 是空心，内部是灰渣 B. 是空心，内部是水
C. 不是空心 D. 不是空心，冷却水在轴内
81. 煤颗粒挥发分析出过程，其内部压力增大，产生(B)破碎。
A. 高压 B. 张力 C. 挤压 D. 研磨
82. 煤(D)越高，越容易在 CFB 锅炉内破碎。
A. 灰分 B. 水分 C. 碳 D. 挥发分
83. CFB 锅炉流化程度越大，(A)。
A. 破碎能力越大 B. 破碎能力越小 C. 煤粒越容易粘黏 D. 煤粒吸附力越大
84. 返料器内的物料流动方向是物料向(D)内流动。
A. 旋风器 B. 烟道 C. 冷渣器 D. 燃烧室
85. CFB 锅炉运行中返料装置内物料流动是(B)。
A. 间断性 B. 连续性 C. 瞬时性 D. 长期性
86. 高温分离器的温度在(B)℃左右。
A. 500 B. 800 C. 1000 D. 1200

87. CFB锅炉炉内颗粒混合过程存在明显的不均匀性，在局部会出现颗粒絮状物的(A)。

A. 聚集和解体　B. 不断分解　C. 不断聚集　D. 间断解体

88. 在CFB锅炉稀相区颗粒扩散程度(A)气体扩散程度。

A. 小于　B. 大于　C. 等于　D. 不等于

89. CFB锅炉内气体扩散主要采用(C)气体扩散。

A. 轴向　B. 纵向　C. 横向　D. 混合

90. 气体在炉内停留的时间随颗粒质量流率的(A)。

A. 增加而增加　B. 增加而减少

C. 增加而稳定　D. 增加而大幅度摆动

91. CFB锅炉床温是指(D)温度。

A. 火层表面　B. 二次风口

C. 布风板表面100~200mm　D. 布风板上200~300mm处

92. 下列(B)不会引起床温异常升高。

A. 风帽孔部分堵塞　B. 二次风量增加

C. 煤的灰分降低　D. 煤的挥发分提高

93. CFB锅炉床压异常降低时，水冷风室压力也(A)。

A. 不正常降低　B. 不正常升高　C. 保持非常稳定　D. 表现非常不稳定

94. 煤中的挥发分下降幅度增大，则床压(A)。

A. 降低　B. 升高　C. 先升高后下降　D. 先下降后升高

95. CFB锅炉一次风机出口风压不正常升高，可能是(D)造成。

A. 床压偏低　B. 负荷偏大　C. 燃料改变　D. 床压过高

96. CFB锅炉床压过高使(A)不正常增加。

A. 冷渣器排渣量　B. 锅炉给水量　C. 锅炉负荷　D. 锅炉排污量

97. 当CFB锅炉(C)时，床料连续性减少。

A. 给煤量增多　B. 返回料增多　C. 底渣排放量增多　D. 石灰石量增多

98. (A)的减少，CFB锅炉的床料会不断减少。

A. 返料　B. 再循环风　C. 烟气量　D. 风量

99. 燃料量占床料比例过高会使(B)。

A. 锅炉风量增加　B. 床温超温　C. 床温降低　D. 床温稳定

100. CFB锅炉煤的粒径分布不均匀会导致(D)，传热困难。

A. 热负荷增大　B. 炉膛出口烟温过高

C. 排烟温度过高　D. 循环物料量不足

101. CFB锅炉运行中一、二次风配比不合理会(B)。

A. 提高锅炉出力　B. 降低锅炉出力　C. 提高蒸汽品质　D. 提高锅炉效率

102. 布风板漏渣与水冷室压力分布(B)。

A. 有关　B. 无关　C. 关系不大　D. 有很大的关系

103. 布风板漏渣有可能是床料的燃烧和(A)不均匀造成。

A. 流化状况　B. 锅炉负荷　C. 放渣次数　D. 渣量

104. 减少外置换热器调温幅度可(B)。
A. 降低床温　B. 升高床温　C. 增加负荷　D. 提高蒸汽温度
105. 在 CFB 锅炉床温异常降低，经减少外置调温幅度，仍无法上升，应关闭(A)。
A. 外置换热器　B. 所有风门　C. 烟气挡板　D. 主蒸汽阀门
106. 进入炉内颗粒粒度增加，应增加一次风量和(A)。
A. 二次风量　B. 密封风量　C. 流化风量　D. 高压风量
107. 减少石灰石含量和(A)，可降低床压。
A. 减少燃烧量　B. 增加燃烧量
C. 增加回料量　D. 减少流化风量
108. CFB 锅炉料层过厚造成床温过高，应加强(D)。.
A. 排污　B. 进水　C. 二次风量　D. 排渣
109. 当 CFB 锅炉床压不正常偏低应及时检查风道的(B)。
A. 介质流动　B. 气密性　C. 是否投入　D. 堵塞
110. 石灰石排放压力过高，入 CFB 炉内石灰石量过多，(B)。
A. 床压上升　B. 床压下降　C. 床压摆动　D. 床压不变
111. 回料系统温度不均应调整各腿的(B)，防止床料连续性减少。
A. 温度　B. 回料量　C. 风量　D. 风速
112. 增大回料阀(A)，进行吹扫，使回料阀重新流化，是运行中处理床料减少的有用方法。
A. 流化风　B. 燃料量　C. 热量　D. 渣量
113. 增大 CFB 锅炉一次风量，适当降低床温，可(B)。
A. 增加结焦　B. 减轻结焦　C. 减少灰渣热损失　D. 增加自用水量
114. 当 CFB 锅炉结焦时，加大(D)，尽量排出焦块，可减缓 CFB 锅炉结焦。
A. 排污量　B. 加药量　C. 减温水量　D. 排渣量
115. 如果属于 CFB 锅炉风帽堵塞过多而引起结焦，应(C)处理。
A. 紧急停炉　B. 人工打焦　C. 申请停炉　D. 等待
116. 增加布风板的通风量，减少上二次风量，可降低(B)。
A. 炉膛上部温度　B. 炉膛下部温度
C. 冷渣器温度　D. 热风循环温度
117. 提高 CFB 炉的总风量，床温会(C)。
A. 提高　B. 稳定　C. 降低　D. 波动
118. (C)是描述固体颗粒与流体接触的一种运动形态。
A. 固体化　B. 气体化　C. 液态化　D. 流体化
119. 把固体与气体相接触而转变成流体情况的操作为(A)。
A. 流态化操作　B. 燃烧操作　C. 燃料控制操作　D. 风量操作
120. 最小鼓泡速度随压力的增加而(A)。
A. 增加　B. 不变　C. 降低　D. 消失
121. 气泡穿出床层表面会(B)，气体弥散到自由空间。
A. 停留　B. 爆炸　C. 快速上升　D. 返回料层

122. 床料平均粒径细、操作气速高、返料多、无鼓泡，而且床截面颗粒浓度分布均匀，属于(A)。

A. 快速流化床　B. 湍流流化床　C. 鼓泡流化床　D. 固定床

123. 鼓泡流化床气固流动空隙率大于(D)。

A. 煤粉炉　B. 燃油炉　C. 循环流化炉　D. 固定炉

124. 湍流床具有流化速度高，料层内部(C)特点。

A. 长成较大气泡　B. 产生大气泡　C. 气泡消失　D. 气泡增多

125. 湍流床燃烧份额一般按(D)进行分配。

A. 密相区料层、稀相区悬浮段、旋风器物料

B. 稀相区悬浮段、循环返料体系、密相区料层

C. 旋风器物料、循环返料体系、密相区料层

D. 循环返料体系、密相区料层、稀相区悬浮段

126. 起作湍动床中物料平衡的主要条件是(B)。

A. 回料的不平衡　B. 构建循环料体系

C. 循环灰量的控制　D. 石灰石和燃料的平衡

127. 循环床中上部区域达到快床状态的循环床称为(C)。

A. 湍流床　B. 鼓泡床　C. 快速循环流化床　D. 工业流化床

128. 快速流化床有气固接触性好，生产能力高，(A)。

A. 具有处理黏性颗粒能力　B. 对燃油有较高的处理能力

C. 对于高挥发分燃烧比较合适　D. 床温可超过 1100℃

129. 鼓泡循环流化床炉膛燃料随(B)两侧流动。

A. 气泡下降过程的　B. 气泡上升过程的

C. 气泡在床层表面　D. 气泡在床层夹层

130. 当鼓泡循环流化床出现快泡流型时气泡速度(B)气体渗透乳化相的向上运动速度。

A. 小于　B. 大于　C. 等于　D. 难确定

多选题

1. 返料器、(A，B，C，D)应参与烘炉。

A. 冷渣器　B. 水冷风室　C. 预燃室　D. 旋风筒

2. 下列(A，B，D)属于 CFB 锅炉管式燃烧器启动必备条件。

A. 火焰检测器吹扫风压力 OK　B. 炉膛已准备好(吹扫已结束)

C. 反料腿内有足够的料层　D. 燃油调节阀不在点火位置

3. 在 CFB 锅炉送风系统中，向锅炉提供风的种类有(A，B，C，D)、密封风、播煤风等。

A. 流化风　B. 二次风　C. 高压风　D. 点火用风

4. CFB 锅炉被扬析的颗粒源来自(A，B，C，D)、外界补充物料的细颗粒。

A. 给煤机送入炉内原细颗粒

B. 煤在挥发分析后破碎的细颗粒

C. 燃烧过程中由于碰撞、磨损形成的细颗粒

D. 脱硫剂细颗粒

5. CFB 锅炉关键控制点有(A，C，D)、返料风量和分离器温度和阻力温度。
A. 床层温度　B. 电动机运行状态
C. 一次风量　D. 料层阻力

6. CFB 锅炉燃烧的主要控制对象是(C，D)。
A. 燃料性质　B. 炉渣量　C. 炉膛阻力　D. 床温

7. 影响流化床壁之间的换热因素有(A，B，C，D)、平均放热系数。
A. 流化速度　B. 粒子浓度　C. 床温　D. 管壁温度

8. CFB 锅炉压火后应关闭(A，C，D)，防止冷空气进入炉膛。
A. 挡板　B. 给水阀　C. 风门　D. 检查孔

9. CFB 锅炉飞灰来自(A，B，C)。
A. 电除尘下灰斗　B. 空气预热器下灰斗
C. 布袋除尘式下灰斗　D. 炉前排渣口

10. 循环流化床锅炉的燃烧设备包括(A，B，C，D)、燃油及给煤系统等。
A. 风室　B. 布风板　C. 燃烧室　D. 炉膛

11. CFB 锅炉炉膛下部区域主要由(B，C，D)、排渣口、循环灰口等组成。
A. 二次风口　B. 布风板　C. 绝热炉墙　D. 给煤口

12. 流化床冷渣器运行中常出现故障的原因是(A，B，C)。
A. 底渣颗粒太大　B. 流动性能不好　C. 流化质量差　D. 燃烧效率低

13. 金属膨胀节由(B，C，D)等组成。
A. 硅胶管　B. 上下导筒管　C. 密封填充材料　D. 金属波纹管

14. 流化床式冷渣器可以采用(A，B，C，D)、风水冷却等方式。
A. 纯空气冷却　B. 烟气冷却　C. 风或烟冷却　D. 水和蒸汽冷却

15. 引起 CFB 锅炉颗粒变化因素有(A，C，D)等。
A. 破碎　B. 挤压　C. 磨损　D. 碰撞

16. 分离器按布置方式分有(A，B，C)。
A. 外循环分离器　B. 内循环分离器　C. 夹道分离器　D. 混合分离器

17. 按分离器的条件不同划分有(A，C)、低温分离器。
A. 高温分离器　B. 高中温混合分离器
C. 中温分离器　D. 中低温混合分离器

18. 造成 CFB 锅炉床温异常升高原因有(A，B，C，D)、返料装置故障等。
A. 燃烧性质改变　B. 大粒度比例突增
C. 一次风量过低　D. 料层太厚，排渣不及时

19. 床温超温的原因有(A，B，C，D)、排渣系统故障等。
A. 给煤多　B. 煤质挥发分提高
C. 煤颗粒度变化过大　D. 二次风配比失调

20. 运行中引起水冷布风板漏渣有(A，B，C，D)、床层压力变化幅度过大等因素造成。
A. 个别风帽风速太低　B. 流化风速太低
C. 炉内燃烧不均匀　D. 流化状况不均匀

21. 当CFB锅炉由于灰分过低而造成超温可添加(B，C，D)。

A. 燃油　　B. 砂　　C. 炉渣　　D. 优质原煤

22. 床压异常下降时，应采取(A，B，C，D)、调整附加物料量。

A. 调整煤粒度　　B. 减少排渣量　　C. 检查仪表　　D. 调整风量

简答题

1. 如何判断布风均匀好坏？

答：① 送引风机同时停止；② 若床内料层表面平整，说明布风基本均匀；③ 若床层高低不平，料层厚的地方表示风量较小，料层低洼的地方表面风量偏大。

2. CFB锅炉烘炉方法有哪几种？

答：① 中温烘炉，烟气温度为200~450℃；② 低温烘炉，烟气温度低于200℃；③ 高温烘炉，烟气温度在450℃以上。

3. CFB吹扫需要具备哪些条件？

答：① 确认不存在热态启动条件，而平均床温小于650℃；② 确认炉处于主燃烧切除状态；③ 确认点火装置的供油阀处于关闭状态；④ 石灰石、燃烧给料系统处于切断状态；⑤ 除灰渣系统在关闭状态。

4. CFB锅炉压火后启动注意事项有哪些？

答：① 操作要迅速，避免床温下降；② 投用固体燃料后，发现床温下降且无下跌趋势，床压有上升趋势，停止给煤。投用燃烧器助燃以提升床温；③ 如果床温已经低于规定值，必须先投用燃烧器，按正常升炉程序进行。

5. 什么是CFB的扬析？

答：鼓泡床表面流化程度根据颗粒的大小进行分离，小颗粒被空气带走，大颗粒又回到密相区，称为颗粒扬析。

6. CFB锅炉主要有哪些燃烧区域？

答：CFB锅炉有三个区域燃烧：① 较粗的颗粒在燃烧室的下部分层燃烧；② 细颗粒在燃烧室上部稀相区燃烧；③ 烟气夹带的可燃成分在循环返料系统燃烧。

7. 湍流床气泡特性是什么？

答：① 气泡的分裂和合并一样快，气泡颗粒小；② 鼓泡方式中，贫颗粒的气泡分布在富颗粒的乳化相中间。

8. 达到快速流化床基本条件是什么？

答：① 参与物料循环的细物料床存量达到一个最低限度的量；② 风速度达到该颗粒床料的最小快床起始速度。

9. 鼓泡流态化的基本特征是什么？

答：① 布风板附近形成空穴，迅速合并而长大，并升至床面；② 床面是确定的界面，周期性有气泡破裂穿出，有一个较明显幅度的压力波动。

10. 影响循环流化床锅炉炉内传热主要因素有哪些？

答：主要有① 气体速度、② 固体颗粒流率、③ 平均颗粒粒径、④ 受热面在炉内布置的高度、⑤ 受热面在炉内的横向位置、⑥ 受热面的外形尺寸等。

11. 简述床内风速对CFB炉脱硫影响程度。

答：只有在风速对流化状态、细颗粒扬析夹带、磨损、气固情况构成较大影响时，改变脱硫效果，即风速对脱硫是一种弱影响因素。

12. CFB 锅炉满负荷运行时如何控制？

答：① 控制一次风与二次风的比率，降低一次风，提高下二次风；② 控制气温，控制床温。

13. CFB 锅炉燃烧份额分布的影响因素有哪些？

答：① 一、二次风配比对燃料份额的分布影响；② 床温对炉内燃烧份额影响；③ 过量空气系数对燃烧分布影响；④ 煤种挥发分对燃料份额的影响。

14. 循环流化床锅炉床温如何控制？

答：① 根据锅炉负荷的需要，增加给煤量，可提高床温，反之则降低床温；② 减少一次风量，可提高床温，反之则降低床温；③ 减少返料量，可提高床温，反之则降低床温；④ 增加石灰石量可降低床温，反之床温升高。

15. 简述维持循环流化床床温的必要性。

答：① 在该温度下灰不会软化，无结焦的危险；② 保证燃烧效率较高；③ NO_x 及 N_2O 排放较低；④ 尽量避免煤中金属升华；⑤ 脱硫效率提高。

16. CFB 锅炉运行中对床层压降的要求有哪些？

答：① 床层压降低，循环流化不够，会造成稀相区吸热量不足，密相区床温过高，不能带负荷；② 床温压降过高，辅机能耗增加，循环磨损增大。

17. CFB 锅炉二次风调整的原则是什么？

答：启动及低负荷时，不考虑加二次风。在锅炉指定的负荷以上时，维持炉膛出口氧量在规定值，同时调整一、二次风比，使燃烧室上下温差达到最小。

18. 简述 CFB 锅炉颗粒浓度、粒径和床温的关系。

答：① 总的和局部的放热系数都随床温升高而增加；② 当床温从 500℃ 升高到 900℃ 时，辐射放热所占的份额从 30% 提高到 50%；③ 放热系数与粒子浓度成正比例关系，是线性的；④ 床温和粒子温度一定时，细粒子浓度变化对放热系数的影响比粗粒子的更大。

19. CFB 锅炉床压高对锅炉运行有什么影响？

答：循环流化床锅炉床压代表的是静止的料层厚度。床压高，可能造成风道和风室振动，风机电耗增加，同时床温会偏低。

20. CFB 锅炉压火时间长短取决于什么？

答：CFB 锅炉压火时间长短取决于静止料层温度降低得快慢。若料层较厚，压火前温度较高，压火后静止料层热量损失较小，则压火时间就长一些。

21. CFB 锅炉停炉后，针对其个性方面的检查有哪些内容？

答：① 风帽的堵塞情况检查，② 耐火层的检查，③ 膨胀器的检查，④ 床料在风室内沉积情况，⑤ 石灰石排渣系统检查等。

22. 布风装置的作用是什么？

答：① 支撑床料；② 使空气均匀地分布在炉膛的截面上，提供足够的动压头，使床料均匀流化；③ 维持床层稳定；④ 及时排出沉积在布风板的大颗粒，维持正常流化。

23. 循环流化床锅炉气固分离循环系统包括哪些设备？

答：包括①物料分离装置和②返料装置。

24. 什么是分离器机构特点？

答：① 能在高温下正常工作；② 能满足极高浓度载粒气体流的分离；③ 具有抵阻的特性；④ 具有较高的分离效率；⑤ 分离器的内部有防磨层和绝热层。

25. CFB 锅炉有多少个灰渣排放口？

答：有 4 个。即① 锅炉尾部，被除尘器收集；② 流化床底部排渣口；③ 返料机构排放口；④ 空气预热器下部沉降室排放口。

26. 运行条件对分离器的性能有何影响？

答：① 烟气气流速度；② 烟气温度高低；③ 颗粒浓度；④ 粒度和密度的影响。

27. 在制造和生产工艺方面采用了什么手段保护水冷螺旋冷渣器？

答：① 为了防止结垢，采用了化学水作冷却水；② 为防止叶片高温变形采用螺旋叶片两端与旋轴焊接，中间轴向滑动；③ 为了防磨，叶片工作表面镀合金材料；④ 为防止堵塞采用变螺距设计。

28. CFB 锅炉膨胀和破碎受什么因素影响？

答：① 挥发分析出量，② 碳水化合物形成的平均质量，③ 颗粒直径，④ 床温，⑤ 煤结构中有效的孔隙数量等。

29. 使 CFB 锅炉内气体混合的主要原因是什么？

答：① 气体自身存在径向速度分布所造成的扩散；② 沿床中心稀薄区向上和沿床边壁稠密区向下的颗粒的不均匀引起的气体扩散；③ 颗粒团的不断形成和解体引起气体的交换或流动造成的气体的混合。

30. 床温过低对 CFB 锅炉运行有什么影响？

答：床温过低会对煤粒的燃尽及锅炉效率等产生不利影响。

31. CFB 锅炉床压偏低的危害有哪些？

答：① 降低床层热容量，综合适应性差；② 床层不稳定，容易发生结焦；③ 床温升高；④ 底渣含碳量增加。

32. CFB 锅炉床压异常偏高的原因有哪些？

答：① 冷渣器故障，排渣量过小；② 煤质变化；③ 一次流化风不正常；④ 煤粒过粗；⑤ 石灰石、返料量不正常。

33. 造成布风板漏渣的主要原因是什么？

答：① 风帽内腔形状设计不良，颗粒倒流通路顺畅；② 风帽阻力小于运行条件下的料层压力脉动幅度；③ 部分风帽磨损直接漏灰。

34. 床温异常降低处理方法有哪些？

答：① 减少流化风量和下二次风量；② 若床温低于 760℃，应投油助燃；③ 及时恢复给煤；④ 增大排渣量。

35. 床压降低的处理方法有哪些？

答：① 检查压测点，若仪表故障，及时处理；② 及时排除冷渣器故障；③ 调整一次风量；④ 改善煤质；⑤ 增加煤颗粒度。

36. 床温异常升高处理方法有哪些？

答：① 适当增加流化风量，减少给煤量；② 增大换热器调温幅度；③ 调整二次风量。

四、技能操作鉴定要素细目表

鉴定范围						鉴定点	
一级		二级		三级		代码	名称
代码	名称	代码	名称	代码	名称		
A	技能要求（通用模块）	A	工艺操作	A	启动前准备	001	锅炉进水操作
						002	转动机械检修后的现场验收
						003	锅炉启动前本体的检查
						004	启动前汽水系统的检查
						005	启动前燃油系统的检查
						006	锅炉烟风系统的检查
						007	辅机保护试验
						008	远控截门传动试验
						009	锅炉辅机联锁试验
						010	风机动态试验
				B	启动操作	001	引风机的启动操作
						002	送风机的启动操作
						003	锅炉点火操作
						004	回转式空气预热器试运行操作
						005	锅炉热态启动操作
						006	给水系统的投入操作
				C	正常操作	001	锅炉汽压的调整
						002	主蒸汽温度的调整
						003	锅炉过剩空气系数的调整
						004	炉膛负压的调整
				D	停运操作	001	回转式空气预热器停运操作
						002	引风机停止运行操作
						003	送风机停止运行操作
						004	汽包锅炉滑参数停炉操作
						005	锅炉启动前暖管操作
		B	设备使用与维护	A	设备使用	001	锅炉清焦操作
						002	大管径闸阀的操作
						003	锅炉运行中就地水位计的退出操作
						004	锅炉运行中就地水位计的投入操作
						005	锅炉运行中减温器投入操作
						006	动设备运行中润滑油乳化的更换操作

续表

鉴定范围						鉴定点	
一级		二级		三级		代码	名称
代码	名称	代码	名称	代码	名称		
				B	设备维护	001	锅炉正常停炉后冷却的操作
						002	锅炉保养操作(锅炉充氮保养)
						003	锅炉保养操作(锅炉压力保养)
		C	事故判断与处理	A	事故判断	001	受热面两侧温差增大故障分析判断
						002	蒸汽含盐量增大原因判断
						003	受热面管壁冲刷爆管分析判断
						004	辐射受热面高温腐蚀原因判断
				B	事故处理	001	给煤机跳闸故障处理
						002	制粉系统单一次风机跳闸故障处理
						003	送风机跳闸故障处理
						004	引风机跳闸故障处理
						005	锅炉循环泵故障的处理
						006	蒸汽管道水击事故的处理
						007	锅炉满水事故的处理
						008	锅炉灭火事故的处理
						009	锅炉蒸汽温度过低处理
						010	锅炉水冷壁损坏事故的处理
						011	锅炉再热器损坏故障的处理
						012	锅炉给水管道损坏事故的处理
						013	锅炉紧急停炉操作
		D	绘图与计算	A	绘图	001	绘制再热蒸汽系统图
						002	绘制强制循环锅炉示意图
						003	绘制锅炉烟气流程图
						004	绘制减温水系统图
						005	绘制锅炉排污系统图
						006	绘制给水三冲量原理图
						007	绘制锅炉加热系统图
						008	绘制锅炉燃烧系统流程示意图
B	技能要求(煤粉锅炉模块)	A	工艺操作	A	启动前准备	001	制粉系统投入运行前试验操作
						002	磨煤机启动前检查
				B	启动操作	001	锅炉冷态启动前本体的检查
						002	中储式制粉系统启动操作
						003	磨煤机润滑油系统启动操作

续表

鉴定范围						鉴定点	
一级		二级		三级		代码	名称
代码	名称	代码	名称	代码	名称		
				C	正常操作	001	一、二次风量的配比
						002	中储式制粉系统运行调整操作
				D	停运操作	001	磨煤机停止运行操作
						002	润滑油系统停止运行操作
						003	排粉机停止运行操作
		B	设备使用与维护	A	设备使用	001	细粉分离器运行中的检查
						002	乏气送粉倒风操作
				B	设备维护	001	冷油器切换操作
						002	磨煤机润滑油滤网的清洗操作
		C	事故判断与处理	A	事故判断	001	煤粉 R_{90} 值劣化原因分析判断
						002	燃烧器附近结焦原因分析
				B	事故处理	001	煤粉仓棚粉故障处理
						002	粗粉分离器回粉管堵塞故障处理
						003	中速磨煤机碾磨区堵煤故障处理
						004	锅炉煤粉仓自燃与爆炸事故的处理
						005	排粉机跳闸故障处理
						006	一次风管堵塞处理
C	技能要求（CFB锅炉模块）	A	工艺操作	A	启动前准备	001	飞灰再循环系统启动前的检查
						002	返料流化风系统的检查
				B	启动操作	001	高压(罗茨)风机启动操作
						002	返料系统的投入操作
						003	管式燃烧器点火操作
				C	正常操作	001	锅炉床温控制
						002	锅炉床压调节
				D	停运操作	001	石灰石系统停止运行操作
						002	管式燃烧器退出操作
		B	设备使用与维护	A	设备使用	001	给煤机给煤量的调整
						002	给煤机密封风的调整
				B	设备维护	001	压火过程中锅炉控制
		C	事故判断与处理	A	事故判断	001	结焦原因分析
				B	事故处理	001	返料系统堵塞故障处理
						002	床温高处理
						003	床温低处理
						004	返料器吹空形成烟气旁路故障处理
						005	返料器工作异常处理

五、技能操作试题

试题1：锅炉进水操作（现场模拟）

（考核时间：20min）

序号	考核内容	考核要点	配分	评分标准	检测结果	扣分	得分	备注
1	准备工作	穿戴劳保用品	3	未穿戴整齐扣3分				
		工具、用具准备	2	工具选择不正确扣2分				
2	锅炉进水前的检查	锅炉启动前的检查和准备工作结束后，确认机组具备启动条件时，才能向锅炉进水。锅炉各汽、水阀门开关均应处于上水位置。进水前水质必须经化学分析化验合格	35	进水前未检查扣5分				
				检查漏项扣2分/项				
				检查方法不正确扣2分/项				
				按各炉操作系统核实阀门开关位置，未核实扣5分				
				阀门开关位置错误扣2分/个				
				核实方法不正确扣2分/个				
				漏核实一个阀门扣1分				
				未进行水质确认扣5分				
				不清楚水的来源扣3分				
3	进水操作	锅炉上水方式：可启动给水泵或凝结水泵或补水泵向锅炉上水。大容量单元机组一般采用除氧器水箱内的除氧水由给水管的旁路给水管上水，以便于对流量的控制，同时减轻对主给水调节阀的磨损	10	选择进水方式不正确扣3分				
				不清楚本单位有几种锅炉进水方式扣2分				
				进水的目的不清楚或选择的进水方式不合理扣2分				
				进水前未明确操作程序就进行操作扣3分				
4	锅炉进水步骤	锅炉进水的具体方法是：①利用疏水泵将疏水箱的水从锅炉下部联箱进水；②启动锅炉进水泵，利用给水管道向锅炉进水；③启动给水泵，开启主给水电动门，逐渐调节小旁路给水调节门的开度向锅炉进水；④根据本单位特殊系统向锅炉进水	25	进水速度控制不合理扣3分				
				省煤器满水后，未关闭省煤器空气门扣3分				
				在进水过程中未检查管道阀门是否有泄漏扣2分				
				发现有泄漏应暂停进水，待处理好后重新进水，否则扣3分				
				进水完毕后，汽包水位应静止不变，未检查扣2分				
				未开启省煤器再循环门扣7分				
				符合水位要求后未停止进水，扣5分				

续表

序号	考核内容	考核要点	配分	评分标准	检测结果	扣分	得分	备注
5	注意事项	（进水温度一般不超过90℃）和上水速度（锅炉上水时间夏季不少于2h，冬季不少于4h）。严格控制汽包上下壁温差不大于40℃，自然循环锅炉进水只许进到汽包水位计的最低可见水位（又称点火水位），停止进水后校验水位计指示一次。大容量机组锅炉上水的水质一般采用除过氧的除盐水，符合给水的质量标准	25	进水温度控制数据不清楚扣5分				
				进水速度不清楚扣8分				
				进水速度控制方法不正确扣3分				
				未监视汽包金属上下壁温差扣6分				
				水位控制不合理扣3分				
6	安全及其他	按国家法规或企业规定		违规者停止操作，该题不得分			—	
		在规定时间内完成操作		超时停止操作，未完成的考核要点按评分标准扣分			—	
合　计			100					

试题2：转动机械检修后的现场验收（现场模拟或笔试）

（考核时间：20min）

序号	考核内容	考核要点	配分	评分标准	检测结果	扣分	得分	备注
1	准备工作	穿戴劳保用品	3	未穿戴整齐扣3分				
		工具、用具准备	2	工具选择不正确扣2分				
2	检查内容	试运行前应确认锅炉风烟系统和相关系统各阀门、挡板及传动机构已校验并动作正确； 试验设备的检修工作确已完毕，无防碍转动部分运转的杂物； 地脚螺丝和连接螺栓紧固无松动，保护罩和安全围栏固定牢固，无损坏； 润滑油的油位镜完好，有明显的标志线，如果属于润滑油站其工作情况正常； 现场的事故按钮完好； 转机试验前必须经过拉、合闸试验，事故按钮静态试验，并合格	30	未检查风烟系统扣5分				
				未确认阀门、挡板已校验扣5分				
				未确认工作票结束扣5分				
				未现场检查工作环境扣1分				
				未检查各螺栓扣2分				
				未检查保护罩扣3分				
				未检查安全围栏扣1分				
				未确认润滑油系统正常扣5分				
				未检查事故按钮扣3分				
				未确认完成拉、合闸试验扣1分				
				未进行事故按钮静态试验扣2分				

续表

序号	考核内容	考核要点	配分	评分标准	检测结果	扣分	得分	备注
3	试验方法	轴承及转动部分无异常现象，各部无漏油和漏水，轴承工作温度正常，一般滑动轴承不超过70℃，滚动轴承不超过80℃。轴承振动值应不超过厂家规定，如无规定应根据标准确定转速不超过规定值：额定转速750r/min为0.10mm，1000r/min为0.12mm，1500r/min为0.085mm，1500r/min为0.05mm。 电动机采用循环油系统润滑时，其油压、油量和油温应符合规定要求。窜轴值不大于2~4mm	35	启动方法不正确扣3~6分				
				启动后未观察轴承运行情况扣5分				
				测温方法不正确扣3分				
				无法说明轴承温度允许值扣5分				
				测振方法不正确扣3分				
				无法说明振动允许值扣2分				
				电动机润滑油系统未检查扣2分				
				轴向振动检查方法不正确扣3分				
				无法说明轴向振动最大允许值扣3分				
				如有过大或超标项目，未进行调整扣4分/项				
4	注意事项	电动机应单独试转，检查转动方向和验证事故按钮，然后带机械试转。大型转动机械第一次启动后达到全速即用事故按钮停机，观察轴承和转动部分是否有摩擦声、撞击和其他异常； 新安装的转动机械试运行不少于8h，检修后的不少于30min； 启动时严格注意电动机电流达到最大值后返回正常电流的时间，一般不允许超过20s	30	无试验电动机方向扣5分				
				无法说明该转动设备旋转方向扣3分				
				未试验事故按钮扣3分				
				事故按钮试验方法不正确扣5分				
				未观察轴承运行情况扣5分				
				不能说明试验运行的时间要求扣2分				
				启动时未观察启动电流和电流返回时间扣5分				
				无法说明电流返回时间要求扣2分				
5	安全及其他	按国家法规或企业规定		违规者停止操作，该题不得分			—	
		在规定时间内完成操作		超时停止操作，未完成的考核要点按评分标准扣分			—	
		合　计	100					

试题3：远控截门传动试验(现场模拟或笔试)

(考核时间：20min)

序号	考核内容	考核要点	配分	评分标准	检测结果	扣分	得分	备注
1	准备工作	穿戴劳保用品	3	未穿戴整齐扣3分				
		工具、用具准备	2	工具选择不正确扣2分				
2	试验范围	大小修后及临时检修过的远动截门(电动门、气动门、调整门)，锅炉启动前均应进行传动试验	10	未说明哪些阀门需要做传动试验扣2~10分				
3	试验方法	传动时应进行全开、全关试验，点动阀门应进行随意可停试验	20	未进行可停试验扣10分				
				未进行全开、全关试验缺项扣10分				
		截门的开关方向、开度指示应与现场实际相符，指示灯指示正确，输出与反馈相对应。有就地控制及远方控制的截门应分别进行试验	30	未校对开关方向扣7分				
				未检查指示灯情况扣7分				
				未进行就地操作试验扣6分				
				未进行远方控制与就地操作情况对比扣10分				
		截门开关时应灵活，无卡涩及异常摩擦声，各联杆、销子无松动现象，气动装置无漏气现象	20	未检查开关的灵活性扣10分				
				未检查传动设备扣10分				
		试验应安排专人负责，试验结果应记录在传动卡及日志上	10	没有将试验情况详细记录扣10分				
4	使用工具	使用工具	2	工具使用不正确扣2分				
		维护工具	3	工具乱摆乱放扣3分				
5	安全及其他	按国家法规或企业规定		违规者停止操作，该题不得分			—	
		在规定时间内完成操作		超时停止操作，未完成的考核要点按评分标准扣分			—	
合计			100					

试题4：锅炉辅机联锁试验(现场模拟或笔试)

(考核时间：15min)

序号	考核内容	考核要点	配分	评分标准	检测结果	扣分	得分	备注
1	准备工作	穿戴劳保用品	3	未穿戴整齐扣3分				
		工具、用具准备	2	工具选择不正确扣2分				

续表

序号	考核内容	考核要点	配分	评分标准	检测结果	扣分	得分	备注
2	辅机联锁	送上试验设备的操作电源	5	未送试验电源扣5分				
		联系电气、热工将事故音响、热工信号、仪表、有关风门挡板送电	2	未联系电气人员扣1分				
				未联系热工人员扣1分				
		磨煤机润滑油站送电，启动润滑油泵运行正常	3	未启动润滑油泵扣3分				
		合上引风机、送风机、排粉风机、磨煤机、给煤机、给粉机工作电源开关	7	每漏一种设备操作扣2分				
		合上锅炉总联锁开关、制粉联锁开关	3	没有操作扣3分				
		依次合上两台引风机、送风机、排粉风机、磨煤机、给煤机开关，合上A、B段给粉机总电源开关	3	未按顺序合上辅机开关扣3分				
		将引风机、送风机入口挡板开至50%以上，磨煤机冷风门关闭，热风门开启	2	未按规定操作扣2分				
		关闭给煤机开关，相应的磨煤机冷风门自动开启，热风门关闭	5	无法说明动作项目扣5分				
		关闭其中一台引风机开关，该引风机挡板应自动关闭，其余开关及挡板保持不动。将此开关合上，手动把开关开到原位，然后关闭另一台引风机开关，该引风机挡板自动关闭，其余开关及挡板应正常。将此开关合上，手动把挡板开到原位	5	操作顺序错误，但能继续进行扣2分				
				操作漏项扣1分/项				
				无法说明动作项目扣2分				
				操作错误又无法进行下去，扣5分				
		关闭其中一台送风机开关，该送风机挡板应自动关闭，其余开关及挡板保持不动。将此开关合上，手动把开关开到原位，然后关闭另一台送风机开关，该送风机挡板自动关闭，其余开关及挡板应正常。将此开关合上，手动把挡板开到原位	5	操作顺序错误，但能继续进行扣2分				
				操作漏项扣1分/项				
				无法说明动作项目扣2分				
				操作错误又无法进行下去，扣5分				

续表

序号	考核内容	考核要点	配分	评分标准	检测结果	扣分	得分	备注
		关闭另一台磨煤机开关，相应给煤机开关应掉闸，冷风门应开启，热风门应关闭。恢复跳闸开关，并将挡板恢复原位。用同样的方法做另一台磨煤机试验	5	操作顺序错误，但能继续进行扣2分				
				操作漏项扣1分/项				
				无法说明动作项目扣2分				
				操作错误又无法进行下去，扣5分				
		关闭一台排粉风机开关，相应磨煤机、给煤机开关掉闸，（红灯亮、绿灯闪、事故喇叭响、DCS操作系统发相应的报警），冷风门应开启，热风门关闭。恢复跳闸开关，并将挡板恢复原位。用同样的方法做另一台排粉风机的试验	5	操作顺序错误，但能继续进行扣2分				
				操作漏项扣1分/项				
				无法说明动作项目扣2分				
				操作错误又无法进行下去，扣5分				
		关闭两台送风机开关，给粉机电源跳闸，排粉风机、磨煤机、给煤机开关跳闸（红灯亮、绿灯闪、事故喇叭响、DCS操作系统发相应的报警）冷风门应开启，送风机入口挡板不应关闭，恢复各跳闸开关及挡板至原位	10	操作顺序错误，但能继续进行扣4分				
				操作漏项扣2分/项				
				无法说明动作项目扣4分				
				操作错误又无法进行下去，扣10分				
		关闭两台引风机开关，送风机、排粉风机、磨煤机、给煤机开关应跳闸，给粉机电源应跳闸，引风机、送风机入口挡板不应关闭，恢复各跳闸开关及挡板至原位	5	操作顺序错误，但能继续进行扣2分				
				操作漏项扣1分/项				
				无法说明动作项目扣2分				
				操作错误又无法进行下去，扣5分				
		将磨煤机出口温度表拨至温度高报警位置发出报警，冷风门应自动开启，热风门关闭	5	操作顺序错误，但能继续进行扣2分				
				操作漏项扣1分/项				
				无法说明动作项目扣2分				
				操作错误又无法进行下去，扣5分				

续表

序号	考核内容	考核要点	配分	评分标准	检测结果	扣分	得分	备注
3	润滑油联锁试验	①启动一台磨煤机润滑油泵，投入联锁开关，用再循环门将母管油压调至备用泵联动值以下，备用油泵自动投入，母管油压升高至规程规定值时备用油泵应自动停止。启动另一台润滑油泵重复操作；②启动一台磨煤机润滑油泵，调整油压至正常，拉掉运行油泵开关，备用油泵应自动开启。启动另一台油泵重复操作一次；③解除联锁开关，停运运行油泵，当油压低至规程规定值后磨煤机应跳闸；④磨煤机应该在试验位置	15	操作顺序错误，但能继续进行扣2分				
				操作漏项扣1分/项				
				无法说明动作项目扣2分				
				操作错误又无法进行下去，扣5分				
				无法说明本单位联锁保护定值扣2分				
4	注意事项	试验应安排专人负责，试验结果应记录在试验卡及日志上	5	未填写试验卡扣2分				
				未记录扣3分				
5	使用工具	使用工具	2	工具使用不正确扣2分				
		维护工具	3	工具乱摆乱放扣3分				
6	安全及其他	按国家法规或企业规定		违规者停止操作，该题不得分			—	
		在规定时间内完成操作		超时停止操作，未完成的考核要点按评分标准扣分			—	
		合　计	100					

试题5：风机动态试验(现场模拟或笔试)

（考核时间：15min）

序号	考核内容	考核要点	配分	评分标准	检测结果	扣分	得分	备注
1	准备工作	穿戴劳保用品	3	未穿戴整齐扣3分				
		工具、用具准备	2	工具选择不正确扣2分				
2	检查	检查进风挡板是否关闭； 检查轴承及润滑油系统是否完好； 检查冷却水管供水情况； 检查联轴器是否完好； 检查电气及仪表是否完好	10	未检查挡板扣2分				
				未检查轴承座扣1分				
				未检查润滑油系统扣1分				
				未检查冷却水系统扣2分				
				未检查联轴器扣2分				
				未检查仪表设备扣1分				
				未检查电气设备扣1分				

续表

序号	考核内容	考核要点	配分	评分标准	检测结果	扣分	得分	备注
3	试验方法	风机试验可分为全特性试验和运行试验	10	不能说出两种试验扣10分				
		送上试验风机的操作电源	5	未按试验要求送电扣5分				
		风机全特性试验时应将风机入口的导向器或节流门全开，用专用调节设备调节风机流量，一般做4~6种风量试验，其中有两次应为风机的最大、最小流量，其余2~4次为两者之间中间风量试验	30	导向器或节流门没有全开扣5分				
				未做4种风量试验扣10分				
				试验方法不正确，但仍可继续扣10分				
				试验方法不正确，使其无法进行扣25分				
		风机运行试验(热态)应根据锅炉分别在约5种不同负荷下试验，其中两次为最大和最小负荷； 通过风机出力改变和其他调节手段，求出风机的单位耗电量	25	未做5种风量试验扣5分				
				试验方法不正确，但仍可继续扣10分				
				试验方法不正确，使其无法进行扣25分				
		将风机动态试验取得的风机特性和烟道阻力特性曲线，安排专人负责，试验结果应记录在试验卡及日志上	10	未将结果进行记录扣10分				
4	使用工具	使用工具	2	工具使用不正确扣2分				
		维护工具	3	工具乱摆乱放扣3分				
5	安全及其他	按国家法规或企业规定		违规者停止操作，该题不得分			—	
		在规定时间内完成操作		超时停止操作，未完成的考核要点按评分标准扣分			—	
合计			100					

试题6：回转式空气预热器试运行操作(现场模拟)

(考核时间：10min)

序号	考核内容	考核要点	配分	评分标准	检测结果	扣分	得分	备注
1	准备工作	穿戴劳保用品	3	未穿戴整齐扣3分				
		工具、用具准备	2	工具选择不正确扣2分				
2	其他说明	要求单独进行操作；现场就地操作	5	准备工作不能到位根据程度扣1~5分				

续表

序号	考核内容	考核要点	配分	评分标准	检测结果	扣分	得分	备注
3	启动前的检查	启动前彻底检查转子的两端，其外壳内无任何杂物，电动机启动前用手摇把柄或空气泵使转子旋转一周，转动声音应正常； 检查吹灰器喷嘴开口处的长轴是否正确地处于喷嘴管的中心线上，试投吹灰器，推进中无阻碍，使吹灰器汽流作用在全部受热面上； 检查传动电机的高速轴，确保旋转方向和转子传动装置上箭头一致，空气管路上润滑工作正常。油循环装置完好； 检查各油位指示器，确保全部轴承箱、减速箱、传动装置内有足够的油、为了防止过多溢出，不要超过油标规定油位； 检查空气预热器清洗水源已送上，清洗水泵电源送电，该泵试运行正常。检查导向轴承、支撑轴承油系统正常，投入润滑油冷却器、导向轴承、支撑轴承冷却器冷却水	60	未检查转子扣5分				
				转子检查方法不正确扣3分				
				未检查吹灰器扣5分				
				吹灰器的检查方法不正确扣4分				
				未检查传动装置扣5分				
				未检查转子密封扣3分				
				未检查润滑油系统扣3分				
				未检查减速器扣3分				
				未检查传动装置扣4分				
				未检查冷却水扣3分				
				未核实检修工作票结束扣5分				
				未关闭人孔门扣3分				
				未检查各仪表、热控装置扣3分				
				未检查清洗水系统扣3分				
				未进行盘车扣5分				
				未检查各支撑架扣3分				
4	试运行操作	启动空气预热器辅助电机，检查转动部分有无卡涩、撞击现象，转子运行平稳、声音正常，无问题后停止辅助电机运行；启动空气预热器主电机，预热器应运行平稳，无异常声响，电流在正常范围内，主辅电机离合器状态正常，辅助电机应处于停转状态；将空气预热器推力轴承及导向轴承的油系统联锁投入自动，当油温>55℃时，油泵应自动启动；当油温<45℃时，油泵自动停止；油温>70℃时报警；锅炉撤油运行后，将空气预热器密封间隙自动控制系统投入自动	30	未启动辅助电机扣10分				
				辅助电机运行后未检查扣5分				
				无法表达出油温控制参数扣5分				
				未投入保护扣10分				

续表

序号	考核内容	考核要点	配分	评分标准	检测结果	扣分	得分	备注
5	安全及其他	辅机运行规程及安全规定		违规者停止操作，该题不得分			—	
				超时停止操作，未完成的考核要点按评分标准扣分			—	
合　计			100					

试题7：自然循环锅炉热态启动操作(现场模拟)

（考核时间：30min）

序号	考核内容	考核要点	配分	评分标准	检测结果	扣分	得分	备注
1	准备工作	检修工作票的核实，现场检修工作是否结束，启动方案的确定，启动命令的下达	10	未收回所有检修工作票扣3分				
				未查检修项目是否结束扣2分				
				未明确启动方案扣2分				
				未注明已下达启动命令扣2分				
				未准备操作票扣1分				
2	启动前的检查	转动设备检查；锅炉本体检查；制粉系统检查；燃油系统及点火系统检查；除灰除尘系统检查；锅炉联锁、保护已校验合格	16	地脚螺丝及安全防护罩应牢固；润滑油质量良好，油位正常；冷却水畅通，试运行完毕，接地线应牢固，电动机绝缘合格。漏一项扣2分				
				炉膛、烟道无杂物，所有门、孔完好，处于关闭状态。漏一项扣2分				
				系统内各种设备完整无缺，操作装置动作灵活，各种挡板处于启动前的正确位置，防爆门完整严密，锁气器启闭灵敏。漏一项扣2分				
				系统中各截门处于应开或应关的位置，电磁速断阀经过开关试验；点火设备完好，处于随时可以启用的状态。漏一项扣2分				
				所有设备完好，具备投入运行条件。未注明扣2分				
				未说明保护已校验合格扣3分				
				未说明联锁已校验合格扣3分				

续表

序号	考核内容	考核要点	配分	评分标准	检测结果	扣分	得分	备注
3	启动操作	分别启动引风机和送风机，对炉膛和烟道进行吹扫，清除炉膛内积存的可燃物，吹扫时间不小于 5min；锅炉点火后保持炉膛负压在正常范围内；炉膛突然灭火时，立即切断燃料，将炉膛吹扫 5min，再继续点火；锅炉点火时按对称，先下层后上层的原则投入油燃烧器，此时应密切监视燃油雾化及燃烧工况，并及时调整，确保充分燃烧；锅炉热态启动时，根据锅炉现有的压力、温度，合理调整高低压旁路及燃烧情况，严格按启动升温、升压规定进行操作，尽快满足汽轮机冲车需要；热态启动时应注意监视锅炉受热面各段的汽温和管壁温度的变化，严防锅炉热态启动中超温	26	未进行炉膛吹扫扣 3 分				
				未进行烟道吹扫扣 2 分				
				吹扫方法不正确扣 2 分				
				未控制炉膛负压扣 2 分				
				未按照投入燃烧器的原则操作扣 2 分				
				未监视燃油燃烧器雾化情况和进行调整扣 2 分				
				操作顺序不对扣 5 分				
				未控制汽温扣 2 分				
				未控制汽压扣 2 分				
				未说明监视受热面壁温扣 2 分				
				升压过程中未画升压曲线扣 2 分				
4	控制要点 1	滑参数启动：① 如果单元制机组启动，锅炉点火前，各疏水门应在关闭位置，当主蒸汽温度与高温过热器入口汽温之差小于 30℃ 时，全开高温过热器集汽联箱疏水阀。② 高、低压旁路系统投入后，关小或关闭所有疏水阀。③ 热态滑参数启动前，汽包内工质必须保持一定的压力，在启动升压升温曲线上应找到一个对应点。锅炉点火后应很快启动旁路系统，以较快的速度调整燃烧，达到相应曲线对应点，避免因锅炉通风、吹扫等原因使汽包压力有较大幅度的降低，然后再按照升压升温曲线进行升温升压。④ 在启动时利用机组的旁路减压阀、蒸汽疏水阀或锅炉对空排汽阀来控制锅炉汽压和汽温。汽轮机冲转前，尽量少用或不用减温水来调节汽温	15	未关闭疏水阀扣 2 分/个（根据本单位系统确定）				
				不能说明规定的温差值扣 1 分				
				未开过热器集汽联箱疏水阀扣 1 分				
				未投入高压旁路系统扣 1 分				
				未投入低压旁路系统扣 1 分				
				未关闭旁路系统疏水阀扣 1 分				
				未找到曲线对应点扣 1 分				
				未及时启动旁路系统扣 1 分				
				未按升压升温曲线进行扣 5 分				
				未利用疏水阀或对空排汽阀控制压力扣 2 分				

续表

序号	考核内容	考核要点	配分	评分标准	检测结果	扣分	得分	备注
5	控制要点2	定参数启动：① 如果母管制机组启动，锅炉点火前，各主蒸汽管道疏水阀应在开启位置。② 热态定参数启动前，汽包内工质必须保持一定的压力，在启动升压升温曲线上应找到一个对应点。锅炉点火后应很快启动旁路系统，以较快的速度调整燃烧，达到相应曲线对应点，避免因锅炉通风、吹扫等原因使汽包压力有较大幅度的降低，然后再按照升压升温曲线进行升温升压。③ 当主蒸汽压力低于母管压力 0.2MPa；主蒸汽温度稍低于规定值；蒸汽品质合格；燃烧状态良好；汽包水位正常应进行并汽操作	20	未开启主蒸汽管道疏水阀扣2分				
				不能说明规定的温差值扣2分				
				未开过热器集汽联箱疏水阀扣2分				
				未投入高压旁路系统扣2分				
				未投入低压旁路系统扣2分				
				未关闭旁路系统疏水阀扣2分				
				未找到曲线对应点扣2分				
				未及时启动旁路系统扣2分				
				并汽条件缺一项扣2分				
				未按升压升温曲线进行扣2分				
6	注意事项	注意汽包壁温差在启动期间，减少汽包上下部壁温差	3	汽包上下温差超过40℃扣1分				
				采用减少壁温差的方法不正确扣2分				
		注意再热汽温度	5	未采取调整烟气温度的方法控制再热汽温度扣2分				
				未调节烟气挡板扣2分				
				未开启再热器疏水阀扣1分				
		注意管壁不要超温	5	未采取措施减少壁温扣2分				
		水位的控制		未采取措施控制汽包水位扣2分				
		压力与温度的协调		压力和温度的协调性不够扣1分				
7	安全及其他	按国家法规或企业规定，在规定时间内完成操作		违规者停止操作，该题不得分			—	
		在规定时间内完成操作		超时停止操作，未完成的考核要点按评分标准扣分			—	
合计			100					

试题8：锅炉过剩空气系数的调整（现场模拟）

（考核时间：15min）

序号	考核内容	考核要点	配分	评分标准	检测结果	扣分	得分	备注
1	准备工作	穿戴劳保用品	3	未穿戴整齐扣3分				
		工具、用具准备	2	工具选择不正确扣2分				
2	操作程序	调整送风机入口挡板的开度、或调整风机转速	20	操作不平稳扣10分				
				没有注意蒸汽温度变化扣10分				
		结合燃烧各阶段特点合理分配及协调	30	合理分配一次风、二次风、三次风比列。配风不合理扣15分				
				不会计算过剩空气系数扣15分				
		调整过程中要加强对火焰监视，火焰尖端呈暗红色，含氧量低	20	调整过程中造成火焰暗红色扣20分				
		调整过程中要加强对火焰监视，火焰尖端呈白色，含氧量高	20	调整过程中造成火焰发白扣20分				
3	使用工具	使用工具	2	工具使用不正确扣2分				
		维护工具	3	工具乱摆乱放扣3分				
4	安全及其他	按国家法规或企业规定，在规定时间内完成操作		违规者停止操作，该题不得分			—	
		在规定时间内完成操作		超时停止操作，未完成的考核要点按评分标准扣分			—	
合计			100					

试题9：汽包锅炉滑参数停炉操作（现场模拟）

（考核时间：15min）

序号	考核内容	考核要点	配分	评分标准	检测结果	扣分	得分	备注
1	准备工作	穿戴劳保用品	3	未穿戴整齐扣3分				
		工具、用具准备	2	工具选择不正确扣2分				
2	前期工作	准备操作票	30	未准备操作票扣3分				
		按停炉时间长短决定是否烧清煤粉仓或原煤仓，超过3天应烧清粉仓，超过7天应烧清原煤仓		未烧清煤粉仓扣3分				
				未烧清原煤仓扣3分				
				无法说明时间规定扣4分				
		检查燃油系统，使其处于良好状态		未做此项工作扣4分				
		进行一次全面吹灰		未做此项工作扣3分				

续表

序号	考核内容	考核要点	配分	评分标准	检测结果	扣分	得分	备注
		抽空制粉系统中的煤粉，预防自燃		未做此项工作扣4分				
		检查启动旁路系统		未做此项工作扣3分				
		对锅炉设备进行一次全面检查，以便查出缺陷，在停炉后处理		未做此项工作扣3分				
3	操作步骤	根据滑参数曲线严格控制降温、降压、降负荷速度	45	负荷变化率大于规定值（1%/min）扣4分				
				汽温的温降速度大于规定值（1.5℃/min）扣4分				
				降压速度大于规定值（0.1MPa/min）扣4分				
		在锅炉减负荷同时，将给水自动改为手动，控制汽包水位		调整燃烧时，没有及时调整风量扣4分				
				锅炉在减负荷时，汽包水位波动大，没有及时解列自动扣4分				
		停止全部油枪，停止向炉内供应燃料，锅炉熄火。停炉后的油枪应吹扫干净，但不得向无火的燃烧室内吹扫		停止全部油枪后未停止向炉内供燃料扣5分				
				停炉后油枪继续吹扫扣4分				
		停炉过程中，如发生故障不能滑停，可按紧急停炉操作，待汽机打闸后，为了保护过热器、再热器，开启高低压旁路30min后关闭		异常时没有按照紧急停炉操作扣4分				
				锅炉停止供汽后没有及时开启过热器、再热器疏水30min后关闭扣4分				
		停炉后汽包上高水位，注意监视排烟温度，检查尾部烟温，防止自燃		停炉后汽包没有上高水位扣4分				
				没有监视尾部排烟温度扣4分				
4	注意事项	注意控制汽温、汽压的下降速度要均匀；汽温不论任何情况要保持50℃以上的过热度；在滑停过程中，要始终监视和确保汽包上下壁温差不大于40℃；为防止汽轮机解列后的汽压回升，应使锅炉熄灭火时的负荷尽量低些；做好详细记录	15	未控制汽温、汽压下降速度扣3分				
				未保持50℃的过热度扣3分				
				未控制汽包上下壁温差扣3分				
				锅炉熄灭火前未使锅炉负荷降到最低扣3分				
				未做好详细记录扣3分				
5	使用工具	使用工具	2	工具使用不正确扣2分				
		维护工具	3	工具乱摆乱放扣3分				

续表

序号	考核内容	考核要点	配分	评分标准	检测结果	扣分	得分	备注
6	安全及其他	按国家法规或企业规定		违规者停止操作，该题不得分			—	
		在规定时间内完成操作		超时停止操作，未完成的考核要点按评分标准扣分			—	
合　计			100					

试题 10：锅炉减温器投入前反冲洗操作(现场模拟)

（考核时间：20min）

序号	考核内容	考核要点	配分	评分标准	检测结果	扣分	得分	备注
1	准备工作	穿戴劳保用品	3	未穿戴整齐扣 3 分				
		工具、用具准备	2	工具选择不正确扣 2 分				
2	操作步骤	关闭该侧减温水总门；开启该减温器疏水一、二次门；开启至该减温器的手动门，减温水调整门，进行反冲洗减温器；反冲洗完毕后，关闭疏水一、二次门；开启该侧减温水总门；开启减温水手动门，用调整门控制减温水流量	75	未关总门扣 10 分				
				开启减温器疏水时先开二次门，后开一次门扣 10 分				
				漏开一个门扣 5 分				
				漏关一个门扣 5 分				
				未调整减温水流量扣 10 分				
3	注意事项	在启动过程中投入减温器应根据具体情况决定是否反冲洗减温器；运行中由于特殊原因需要反冲洗减温器前应将锅炉负荷调整到减温水全关时可维持正常参数的负荷	15	未进行交待扣 5 分/项				
		做好操作记录		未做操作记录扣 3 分				
4	使用工具	使用工具	2	工具使用不正确扣 2 分				
		维护工具	3	工具乱摆乱放扣 3 分				
5	安全及其他	按国家法规或企业规定		违规者停止操作，该题不得分			—	
		在规定时间内完成操作		超时停止操作，未完成的考核要点按评分标准扣分			—	
合　计			100					

试题 11：锅炉充氮保养的操作(现场模拟)

(考核时间：20min)

序号	考核内容	考核要点	配分	评分标准	检测结果	扣分	得分	备注
1	准备工作	穿戴劳保用品	3	未穿戴整齐扣 3 分				
		工具、用具准备	2	工具选择不正确扣 2 分				
2	操作程序	锅炉在保养前必须对锅炉的保养条件进行一次全面检查，特别要检查各阀门严密性	25	未对锅炉的保养条件进行一次全面检查扣 25 分				
		向锅炉内充入氮气，将氧从锅炉受热面内驱赶出来，使金属表面保持干燥与空气隔绝，从而达到防止金属腐蚀的目的	20	未按要求操作扣 20 分				
		充氮防腐时，氮气压力保持在规程规定范围内，使用的氮气纯度大于 99.9%	25	氮气压力未保持在要求范围内扣 25 分				
3	注意事项	锅炉充氮期间，应经常监视压力的变化和定期进行取样分析，并及时进行补充	20	未对压力进行监视扣 10 分				
				未定期进行取样分析扣 5 分				
				压力不足时未及时补充扣 5 分				
4	使用工具	使用工具	2	工具使用不正确扣 2 分				
		维护工具	3	工具乱摆乱放扣 3 分				
5	安全及其他	按国家法规或企业规定		违规者停止操作，该题不得分			—	
		在规定时间内完成操作		超时停止操作，未完成的考核要点按评分标准扣分			—	
合　计			100					

试题 12：锅炉压力保养的操作(现场模拟)

(考核时间：15min)

序号	考核内容	考核要点	配分	评分标准	检测结果	扣分	得分	备注
1	准备工作	穿戴劳保用品	3	未穿戴整齐扣 3 分				
		工具、用具准备	2	工具选择不正确扣 2 分				
2	操作程序	锅炉停炉后，汽包压力大于 0.3MPa，以防止空气进入锅炉，达到防护目的	20	锅炉停炉后，汽包压力小于 0.3MPa 未及时发现扣 20 分				

续表

序号	考核内容	考核要点	配分	评分标准	检测结果	扣分	得分	备注
		汽包压力降至0.3MPa时，点火升压或投入水冷壁下联箱蒸汽加热，在整个保养期间保证锅炉水品质合格	40	汽包压力降至0.3MPa时未采取措施扣20分				
				水质不合格扣20分				
		控制循环锅炉应保持一台锅水循环泵运行	30	控制循环锅炉锅水循环泵全停扣30分				
3	使用工具	使用工具	2	工具使用不正确扣2分				
		维护工具	3	工具乱摆乱放扣3分				
4	安全及其他	按国家法规或企业规定		违规者停止操作，该题不得分			—	
		在规定时间内完成操作		超时停止操作，未完成的考核要点按评分标准扣分			—	
合计			100					

试题13：受热面两侧温差增大故障分析判断(现场模拟或笔试)

(考核时间：25min)

序号	考核内容	考核要点	配分	评分标准	检测结果	扣分	得分	备注
1	烟气侧热力不均	火焰在炉内充满程度差，燃烧工况组织不好，火焰中心偏斜	15	分析判断不准确扣15分				
		沿炉宽方向烟气流速不一样，导致不同位置的管子吸热量情况不一样	15	分析判断不准确扣15分				
		燃烧器负荷分配不一致，出力不均匀	10	分析判断不准确扣10分				
		对流过热器或再热器，由于管子节距差别大，或检修时割掉个别管子而未修复，形成“烟气走廊”，使邻近的管子吸热量增多	15	分析判断不准确扣15分				
		受热面严重积灰、结渣，局部烟道堵灰严重	15	分析判断不准确扣15分				
2	工质流量不均	屏式过热器或再热器的外圈管，吸热量较其他管子的吸热量大	10	分析判断不准确扣10分				

续表

序号	考核内容	考核要点	配分	评分标准	检测结果	扣分	得分	备注
		并列的管子，由于管子的实际内径不一致(管子压扁、焊缝处突出焊瘤、杂物堵塞等)，长度不一样、形状不一致(如弯头角度和弯头数量不一样)，造成并列各管的流动阻力大小不一样，造成流量不均	10	分析判断不准确扣10分				
		联箱与引进引出管连接方式不同，引起并列管子两端压差不一样，造成流量不均	10	分析判断不准确扣10分				
合　计			100					

试题14：蒸汽含盐量增大原因判断(现场模拟或笔试)

(考核时间：15min)

序号	考核内容	考核要点	配分	评分标准	检测结果	扣分	得分	备注
1	蒸汽含盐增大原因	蒸汽含盐的根本原因是给水含盐，蒸汽污染途径主要是蒸汽带水和蒸汽溶盐	10	未分析扣10分				
		未按规定进行锅炉排污	10	未分析扣10				
		给水品质恶化	10	未分析扣10分				
		汽水分离装置故障	10	未分析扣10分				
		控制汽包水位太高	10	未分析扣10分				
		汽包汽压不稳定	10	未分析扣10分				
		锅炉负荷突变或负荷太高	10	未分析扣10分				
		蒸汽清洗装置故障或清洗水控制不当	10	未分析扣10分				
		未按要求洗硅	5	未分析的扣5分				
		控制锅水碱度不当	5	未分析扣5分				
		锅水含盐过高	10	未分析扣10分				
合　计			100					

试题15：受热面管壁冲刷爆管分析判断（现场模拟或笔试）

（考核时间：25min）

序号	考核内容	考核要点	配分	评分标准	检测结果	扣分	得分	备注
1	灰的特性分析	飞灰颗粒的动能，它与飞灰颗粒的大小成正比，动能越大磨损越快	15	未分析扣3分				
		飞灰的浓度越高，对受热面磨损越强		未分析扣3分				
		飞灰颗粒与金属管壁表面撞击可能系数有关，飞灰颗粒越大，撞击可能系数越大		未分析扣3分				
		飞灰磨损量同烟气速度的3~3.5次方成正比		未分析扣3分				
		燃料的物理性质的影响，灰粒的特性。灰粒越粗、越硬、磨损越严重		未分析扣3分				
2	运行调整分析	烟气流速对受热面磨损影响，局部烟气流速增大，飞灰浓度随烟气流速增大而增加，磨损加剧	60	未分析扣8分				
		运行时锅炉负荷超出力运行，磨损加剧		未分析扣8分				
		看火孔、检查门未关闭，使漏风率增大		未分析扣8分				
		未控制好水封，使锅炉密封点漏风		未分析扣7分				
		未及时对燃烧器清理，使气流流向不按要求射出		未分析扣7分				
		烟气量增大，流速增高，使磨损加剧		未分析扣8分				
		炉膛负压太大，使烟速过高		未分析扣7分				
		系统操作控制不好，燃料颗粒变粗，燃烧不完全，飞灰粒子粗，增加飞灰磨削能力		未分析扣7分				
3	设备状况分析	燃烧器安装角度偏差过大，使火焰偏斜	25	未分析扣3分				
		燃烧器刚性不足		未分析扣2分				
		烟道内出现不合理的烟气走廊		未分析扣5分				

续表

序号	考核内容	考核要点	配分	评分标准	检测结果	扣分	得分	备注
		炉膛及烟道内漏风量大		未分析扣5分				
		管间布置不合理		未分析扣5分				
		受热面防磨设施不到位或损坏		未分析扣5分				
合　计			100					

试题16：辐射受热面高温腐蚀原因判断(现场模拟或笔试)

(考核时间：15min)

序号	考核内容	考核要点	配分	评分标准	检测结果	扣分	得分	备注
1	燃料特性分析	燃煤中含有较多的FeS_2	10	未分析扣10分				
		燃料挥发分过高	10	未分析扣10分				
2	运行调整分析	火焰直接冲刷水冷壁	15	未分析扣15分				
		锅炉炉膛内热负荷不均，使高负荷区域高温腐蚀	15	未分析扣15分				
		管壁温度较高	15	未分析扣15分				
		煤粉太粗，火焰中心偏斜	15	未分析扣15分				
		燃烧不完全，造成还原性气氛	20	未分析扣20分				
合　计			100					

试题17：锅水循环泵故障的处理(现场模拟)

(考核时间：15min)

序号	考核内容	考核要点	配分	评分标准	检测结果	扣分	得分	备注
1	准备工作	穿戴劳保用品	3	未穿戴整齐扣3分				
		工具、用具准备	2	工具选择不正确扣2分				
2	机械部分	增加二次冷却水量	10	不增加二次冷却水量扣10分				
		一次冷却水系统中有泄漏时，采用给水泵经高压冷却器连续向电动机充水，阻止高温锅水倒回至电动机腔内	25	一次冷却水系统中有泄漏时，不采用给水泵经高压冷却器连续向电动机充水的措施扣15分				
				锅水倒回扣10分				
		过滤器堵塞时，应开启过滤器旁路	25	确认过滤器堵塞时，不开启过滤器旁路扣25分				

续表

序号	考核内容	考核要点	配分	评分标准	检测结果	扣分	得分	备注
3	电动机故障处理	电动机温度继续升高至规定值时，应紧急停止锅水循环泵运行，锅水循环泵入口电动阀关闭后再手动检查关闭严密情况，锅水循环泵出口阀手动关闭	30	电动机温度继续升高至规定值时，不紧急停止锅水循环泵运行扣10分				
				锅水循环泵入口电动阀关闭后不手动检查关闭严密情况扣10分				
				不关出口阀扣10分				
4	使用工具	使用工具	2	工具使用不正确扣2分				
		维护工具	3	工具乱摆乱放扣3分				
5	安全及其他	按国家法规或企业规定		违规者停止操作，该题不得分				—
		在规定时间内完成操作		超时停止操作，未完成的考核要点按评分标准扣分				—
合计			100					

试题18：锅炉满水事故的处理(现场模拟)

(考核时间：15min)

序号	考核内容	考核要点	配分	评分标准	检测结果	扣分	得分	备注
1	准备工作	穿戴劳保用品	3	未穿戴整齐扣3分				
		工具、用具准备	2	工具选择不正确扣2分				
2	事故处理	当汽包水位不正常上升，应对照有关表计指示值，判明水位上升原因，调整水位	10	不对照有关表计指示值扣5分				
				水位上升原因不查明扣5分				
		当汽包水位超过高一值时，可采取下列手段控制水位上升：① 属给水自动调整装置失灵，关小调整门或降低给水泵转速；② 属增加负荷速度过快，适当减缓增加负荷速度或停止增加负荷；③ 属给水门卡涩，应当关小电动给水门减小给水量；④ 属汽轮机调节气门突然大开或安全门动作，则适当降负荷，但不宜大量减少给水量，以防调节汽门关回或安全门回座后给水量不足造成缺水事故	20	给水自动调整装置失灵，关小调整门或降低给水泵转速不关小调整门扣5分，不降低转速扣5分				
				增加负荷速度过快，应适当减缓增加负荷速度或停止增加负荷，不减负荷扣5分				
				属汽轮机调节气门突然大开或安全门动作，则适当降负荷，不减负荷扣5分				
				大量减少给水量扣5分				

续表

序号	考核内容	考核要点	配分	评分标准	检测结果	扣分	得分	备注
		汽包水位达到高二值时，事故放水门应自动打开。同时还关闭电动给水门控制水位上升，此时应严密监视主蒸汽和一级减温水进口蒸汽温度，若气温迅速下降，应立即全关减温水门，开启过热器出口联箱疏水门，联系汽轮机开启主汽门前疏水	20	不关闭电动给水门控制水位上升扣5分				
				若气温迅速下降，应立即全关减温水门，不关闭减温水门扣5分				
				不开启过热器出口联箱疏水门扣5分				
				联系汽轮机开启主汽门前疏水，不联系扣5分				
		若汽包达到高三值且超过规定的延时时间后，保护装置应自动停止锅炉机组的运行，关闭汽轮机自动主汽门，防止事故扩大。若保护拒动，则应立即手动紧急停止锅炉运行，通知汽轮机关闭自动主汽门	10	不通知关闭汽轮机自动主汽门，防止事故扩大扣5分				
				若保护拒动，则应立即手动紧急停止锅炉运行，不立即停炉扣5分				
		停炉后继续放水至汽包正常水位，待查明原因且消除后恢复机组运行	15	停炉后不继续放水扣8分				
				放水时不注意水位扣7分				
3	注意事项	锅炉满水时立即要与汽轮机岗位联系，注意主蒸汽温度变化，在主蒸汽温度有下降趋势时必须开启主蒸汽管道疏水，防止水冲机	15	未联系汽轮机岗位扣7分				
		在出现汽包水位过高时，严禁采用增加负荷方式降低水位		采用增加负荷方法控制水位扣8分				
		做好详细事故记录		未做记录扣3分				
4	使用工具	使用工具	2	工具使用不正确扣2分				
		维护工具	3	工具乱摆乱放扣3分				
5	安全及其他	按国家法规或企业规定		违规者停止操作，该题不得分			—	
		在规定时间内完成操作		超时停止操作，未完成的考核要点按评分标准扣分			—	
合　计			100					

试题 19：锅炉灭火事故的处理(现场模拟)

(考核时间：25min)

序号	考核内容	考核要点	配分	评分标准	检测结果	扣分	得分	备注
1	准备工作	穿戴劳保用品	3	未穿戴整齐扣 3 分				
		工具、用具准备	2	工具选择不正确扣 2 分				
2	现象	① MFT 自动动作，声光报警，火焰监视器中火焰丧失；② 炉膛负压突然增大，一、二次风压突然减小；③ 汽压汽温下降，蒸汽瘫量瞬间增大，而后下降；④ 汽包水位先下降后上升	8	未确认 MFT 自动动作，声光报警，火焰监视器中火焰丧失；扣 2 分				
				未确认炉膛负压突然增大，一、二次风压突然减小扣 2 分				
				未确认汽压汽温下降，蒸汽瘫量瞬间增大，而后下降扣 2 分				
				未确认汽包水位先下降后上升扣 2 分				
3	原因	引、送风机，一次风机，给粉机全部或部分跳闸	8	未分析引风机全部或部分跳闸扣 2 分				
				未分析送风机全部或部分跳闸扣 2 分				
				未分析一次风机全部或部分跳闸扣 2 分				
				未分析给粉机全部或部分跳闸扣 2 分				
		炉膛负压增大，一次风速过高，来粉不均，一次风管堵塞	8	未分析炉膛负压是否过大扣 2 分				
				未分析一次风速是否过高扣 2 分				
				未分析来粉情况扣 2 分				
				未分析一次风管是否堵塞扣 2 分				
		锅炉低负荷运行时，吹灰打焦控制不当，进入大量冷空气，燃烧不稳，未及时投油助燃，或已投入的第一对油枪油量太低，再投入第二对油枪时，油压波动造成锅炉灭火	6	未分析漏风因素扣 3 分				
				未分析炉膛燃烧稳定状况扣 3 分				
		煤质变劣，挥发分低，水分过大，煤粉过粗，锅炉燃烧恶化	4	未对原煤挥发分和水分进行分析扣 2 分				
				未进行煤颗粒度分析扣 2 分				

续表

序号	考核内容	考核要点	配分	评分标准	检测结果	扣分	得分	备注
		负荷变动大，风量调整不及时，给粉机转速过低或运行方式不合理	6	未分析负荷变动原因扣2分				
				未对风量调节分析扣2分				
				未对给粉机转速分析扣2分				
		水冷壁管爆破，制粉系统爆炸	4	未分析冷壁管情况扣2分				
				未分析制粉系统扣2分				
		启停制粉系统时操作不当	2	未分析制粉操作扣2分				
		送、吸风机高低速切换中操作不当	2	没有分析此项扣2分				
		当锅炉燃油时油压和油温低，油中带水	3	未分析燃油情况扣3分				
4	处理	按联锁程序将全部给煤机和制粉系统停运，当排粉机及以下未跳闸转机手动停止。检查所有跳闸转机开关复归到停止位置	6	未全部给煤机和制粉系统停运扣3分				
				未将所有跳闸转机开关复归到停止位置扣3分				
		锅炉投油时，自动或手动关闭燃油速断阀，油枪自动(或手动)退出，禁止向炉内供给燃料	3	未确认关闭燃油速断阀扣3分				
				继续向炉膛供燃料扣该题总分50%				
		将自动改手动操作，解列减温器，及时控制汽温、汽包水位	3	未解除减温水自动扣1分				
				未控制汽温扣1分				
				未控制汽包水位扣1分				
		调整炉膛负压10～20Pa，风量>30%额定风量，炉膛吹扫不少于5min，重新点火带负荷，检查炉膛吹扫条件，待吹扫条件均满足后“吹扫允许”信号出现，按下吹扫按钮，“正在吹扫”信号出现，吹扫记时5min，“吹扫完成”信号出现，MFT及灭火首次跳闸原因自动复归，检查炉前燃油循环系统，开启燃油速断阀“油跳闸”信号消失，同时“启动允许”信号出现，调整油压及雾化蒸汽压力正常，按机组热态启动操作程序进行点火带负荷	15	不能说明吹扫负压控制值扣1分				
				不能说明吹扫风量多少扣1分				
				不能说明吹扫时间规定扣1分				
				吹扫方法不正确扣2分				
				没有吹扫进行点火操作扣4分				
				吹扫操作中漏项扣1分/项				
				吹扫后按冷态启动程序操作扣1分				
				在确认无设备损坏时，吹扫完毕后等待指令扣1分				
				发现受热面变形或其他故障未及时反映，而采取尽快投入运行，该题不得分				

续表

序号	考核内容	考核要点	配分	评分标准	检测结果	扣分	得分	备注
		当锅炉灭火后，锅炉灭火保护不动作，应立即同时按下两个 MFT 按钮，除引、送风机外，排粉机及以下按联锁顺序跳闸，燃油速断阀自动关闭	7	不能说明设备联锁关系扣 7 分				
5	其他	做好操作记录，并及时汇报	5	未及时汇报扣 2 分				
				未做好详细记录扣 3 分				
6	使用工具	使用工具	2	工具使用不正确扣 2 分				
		维护工具	3	工具乱摆乱放扣 3 分				
7	安全及其他	按国家法规或企业规定		违规者停止操作，该题不得分			—	
		在规定时间内完成操作		超时停止操作，未完成的考核要点按评分标准扣分			—	
合计			100					

试题 20：锅炉再热器损坏故障的处理(现场模拟)

(考核时间：15min)

序号	考核内容	考核要点	配分	评分标准	检测结果	扣分	得分	备注
1	准备工作	穿戴劳保用品	3	未穿戴整齐扣 3 分				
		工具、用具准备	2	工具选择不正确扣 2 分				
2	现象	爆管侧附近有遗漏汽流声，严重时炉膛负压变正，向外冒烟、灰、汽；爆管侧烟温、热风温度、排烟温度下降；爆管侧烟道负压变小，严重时变正压，引风机电流增大；爆管侧再热器出口蒸汽压力下降，出入口压差增大，如再热器低温段爆管，将造成再热器出口蒸汽温度升高	35	未说明炉膛负压变化现象扣 5 分				
				未说明烟、灰、汽不正常现象扣 4 分				
				未说明烟温变化扣 5 分				
				未说明热风温度变化扣 4 分				
				未说明烟道负压变化扣 4 分				
				未说明引风机电流反应现象扣 4 分				
				未说明汽压变化趋势扣 5 分				
				未说明汽温变化趋势扣 4 分				
3	原因	停炉保养不当，管束中长期积水，造成内部腐蚀	6	未分析扣 6 分				
		吹灰器安装调试不当或吹灰器卡在炉内，将再热器管吹薄	6	未分析扣 6 分				

续表

序号	考核内容	考核要点	配分	评分标准	检测结果	扣分	得分	备注
		再热器处有不合理的烟气走廊，飞灰磨损使管子变薄	6	未分析扣6分				
		蒸汽品质、给水品质不合格，使管内结垢	6	未分析扣6分				
4	处理	保持炉膛负压，降负荷，请示停炉；停炉后，根据炉膛负压情况，留一台引风机运行	31	未保持炉膛负压扣6分				
				未降低负荷扣5分				
				未请示停炉扣5分				
				停炉后未保留一台引风机运行扣5分				
				处理过程中未与相关岗位联系扣5分				
				未做好操作记录扣5分				
5	使用工具	使用工具	2	违规一次总分扣5分；严重违规停止操作				
		维护工具	3	每超时1min总分扣5分，超时3min停止操作				
6	安全及其他	按国家法规或企业规定		违规者停止操作，该题不得分			—	
		在规定时间内完成操作		超时停止操作，未完成的考核要点按评分标准扣分			—	
		合　计	100					

试题21：锅炉给水管道损坏事故的处理(现场模拟)

（考核时间：20min）

序号	考核内容	考核要点	配分	评分标准	检测结果	扣分	得分	备注
1	准备工作	穿戴劳保用品	3	未穿戴整齐扣3分				
		工具、用具准备	2	工具选择不正确扣2分				
2	现象	管道爆破后有很大的响声	15	未观察此现象扣3分				
		损坏处保温材料潮湿，有渗水漏水现象		未观察此现象扣2分				
		炉给水水压力下降，水位下降		未观察此现象扣3分				
		爆破点在给水流量测温前，给水流量指示下降，反之则上水		未观察此现象扣2分				
		减温水流量下降		未观察此现象扣3分				
		过热蒸汽温度升高		未观察此现象扣2分				

续表

序号	考核内容	考核要点	配分	评分标准	检测结果	扣分	得分	备注
3	原因	错用钢材	40	未分析扣5分				
		焊接质量不佳(气泡、夹渣、未焊透、焊缝裂纹等)		未分析扣5分				
		制造、安装缺陷		未分析扣5分				
		支吊架位置不合理		未分析扣5分				
		管道腐蚀		未分析扣5分				
		上水过程中，水温变化过大(高加频繁跳闸)，造成剧烈振动		未分析扣5分				
		管子蠕胀速度超过允许值，未及时采取相应对策		未分析扣5分				
		超过使用年限		未分析扣3分				
4	处理	如轻微泄漏能维持正常水位，可以采用带压堵漏处理	35	未说明扣5分				
		如能切到备用系统，应进行切换		未切换备用系统扣5分				
		如不能切换系统进行处理，又属于轻微泄漏，能维持锅炉正常水位，应请示停炉		不能说明过程扣5分				
		如严重爆破，不能维持汽包水位或严重威胁人身、设备安全时，应立即停炉，停止给水泵及锅炉供水		未紧急停炉扣9分				
				未停止向锅炉进水扣4分				
				停炉后未采取措施减小水位下降速度扣4分				
				未做好操作记录扣3分				
5	使用工具	使用工具	2	工具使用不正确扣2分				
		维护工具	3	工具乱摆乱放扣3分				
6	安全及其他	按国家法规或企业规定		违规者停止操作，该题不得分			—	
		在规定时间内完成操作		超时停止操作，未完成的考核要点按评分标准扣分			—	
合计			100					

试题22：锅炉紧急停炉操作(现场模拟)

(考核时间：30min)

序号	考核内容	考核要点	配分	评分标准	检测结果	扣分	得分	备注
1	准备工作	穿戴劳保用品	3	未穿戴整齐扣3分				
		工具、用具准备	2	工具选择不正确扣2分				

续表

序号	考核内容	考核要点	配分	评分标准	检测结果	扣分	得分	备注
2	紧急停炉条件	锅炉主保护具备跳闸条件而拒动	45	未表明此项扣4分				
		锅炉严重满水或严重缺水		未表明此项扣4分				
		锅炉所有水位表(计)损坏		未表明此项扣4分				
		所有引风机或送风机或一次风机停止运行		未表明此项扣4分				
		回转空气预热器全部停止运行		未表明此项扣4分				
		锅炉尾部受热面发生再燃烧，危及设备安全		未表明此项扣4分				
		汽、水管道发生爆破，威胁人身设备安全		未表明此项扣4分				
		四管爆破，无法维持锅炉正常运行		未表明此项扣4分				
		锅炉灭火		未表明此项扣4分				
		再热蒸汽中断		未表明此项扣4分				
		主蒸汽压力超过安全阀动作压力而安全阀拒动作，向空排汽阀无法开启		未表明此项扣5分				
3	停炉步骤	立即切断所有燃料	45	未操作此项扣3分				
		MFT未动作，应立即手动MFT，并确认已动作		未操作此项扣3分				
		保持30%的通风量，通风5min后停止送引风机		未操作此项扣3分				
		当发生炉管爆破时，应保持一台引风机运行		未操作此项扣3分				
		若发生烟道再燃烧时，则立即停止所有风机运行，并关闭所有风门挡板		未操作此项扣3分				
		联系汽机、电气迅速降低机组负荷		未操作此项扣3分				
		关闭主蒸汽阀		未操作此项扣3分				
		酌情开启对空排汽阀、疏水阀或联系汽机投入旁路，以冷却过热器、再热器		未操作此项扣3分				
		将各自动改为手动		未操作此项扣3分				
		根据情况果断关闭减温水，密切注意汽温		未操作此项扣3分				

续表

序号	考核内容	考核要点	配分	评分标准	检测结果	扣分	得分	备注
		锅炉停止进水后，开启省煤器再循环门，但是遇锅炉严重缺水、水冷壁和省煤器管爆破时，不允许开启省煤器再循环门		未操作此项扣3分				
		紧急停炉时因负荷迅速降低，汽压和水位变化较大，应尽可能使汽压和水位维持在许可范围		未操作此项扣3分				
		当锅炉发生严重缺水事故时，应严禁向锅炉进水		未操作此项扣3分				
		其他按照正常停炉操作		未操作此项扣3分				
		特殊炉型、特殊事故必须做特殊处理		未操作此项扣3分				
4	使用工具	使用工具	2	工具使用不正确扣2分				
		维护工具	3	工具乱摆乱放扣3分				
5	安全及其他	按国家法规或企业规定		违规者停止操作，该题不得分			—	
		在规定时间内完成操作		超时停止操作，未完成的考核要点按评分标准扣分			—	
合计			100					

试题23：绘制再热蒸汽系统图(笔试)

(考核时间：30min)

序号	考核内容	考核要点	配分	评分标准	检测结果	扣分	得分	备注
1	准备工作	工具、用具准备	5	未自带工具扣5分				
2	图示方法	再热汽系统布置方式正确	35	未画低温再热器扣5分				
				未画三通调节阀扣5分				
				未画汽-汽热交换器扣5分				
				未画高温再热器布置5分				
				未画事故喷水减温器扣5分				
				未画联箱布置扣5分				
				未画汽包扣5分				
		再热汽系统中的设备位置表示正确	30	低温再热器布置位置错误扣5分				
				三通调节阀布置位置错误扣5分				

续表

序号	考核内容	考核要点	配分	评分标准	检测结果	扣分	得分	备注
				汽-汽热交换器布置错误扣5分				
				高温再热器布置错误扣5分				
				事故喷水减温器布置错误扣5分				
				联箱布置错误扣5分				
		再热器中工质的流向表示正确	20	工质流动方向表示错误扣5分				
				未绘出连接管线或错误扣5分				
				管道布置不合理扣5分				
				管道交叉点表示不正确扣1分/点				
				文字表示错误扣1分/点				
3	卷面	系统图整体合理	5	表示错误扣5分				
		绘图卷面清晰，整洁	5	卷面不整洁扣5分				
		合　计	100					

试题24：绘制强制循环锅炉示意图(笔试)

（考核时间：30min）

序号	考核内容	考核要点	配分	评分标准	检测结果	扣分	得分	备注
1	准备工作	工具、用具准备	5	未自带工具扣5分				
2	图示方法	工艺流程走向正确，排布合理	25	工艺流程画错一处扣5分				
				工艺流程走向画错一处扣5分				
				工艺流程排列不整齐扣10分				
		流程图内设备位置正确，无遗漏，排列整齐	40	汽包位置错误扣10分				
				给水泵位置错误扣5分				
				省煤器位置错误扣10分				
				蒸发管位置错误扣5分				
				过热器位置错误扣5分				
				联箱位置错误扣5分				
		强制循环泵位置表示正确，阀门表示方法	25	强制循环泵位置不正确扣10分				
				阀门位置标注错误扣5分				
				强制循环泵图例表示法错误扣10分				

续表

序号	考核内容	考核要点	配分	评分标准	检测结果	扣分	得分	备注
3	卷面	绘图卷面清晰，整洁	5	卷面不整洁扣5分				
合　计			100					

试题25：绘制锅炉烟气流程图(笔试)

(考核时间：30min)

序号	考核内容	考核要点	配分	评分标准	检测结果	扣分	得分	备注
1	准备工作	工具、用具准备	5	未自带工具扣5分				
2	图示方法	用示意图形式画出锅炉整体布置图	30	本单位锅炉整体布置图无法画出扣20分				
				整体布置不合理扣5分				
				无法表达清楚扣5分				
		用示意图形式画出烟气流动经过的设备	55	炉膛布置错误扣4分				
				前屏布置错误扣3分				
				后屏布置错误扣3分				
				高温过热器布置错误扣4分				
				低温过热器布置错误扣4分				
				再热器布置错误扣3分				
				折焰角布置错误扣3分				
				省煤器布置错误扣4分				
				空气预热器布置错误扣4分				
				顶棚过热器布置错误扣3分				
				包墙过热器布置错误扣3分				
				水冷壁布置错误扣5分				
				除尘本体布置错误扣3分				
				烟气脱硫塔布置错误扣3分				
				引风机布置错误扣3分				
				燃烧器布置错误扣3分				
		烟气走向表示正确	5	烟气走向不正确扣5分				
3	卷面	绘图卷面清晰，整洁	5	卷面不整洁扣5分				
合　计			100					

试题 26：绘制减温水系统图(笔试)

（考核时间：20min）

序号	考核内容	考核要点	配分	评分标准	检测结果	扣分	得分	备注
1	准备工作	工具、用具准备	5	未自带工具扣 5 分				
2	图示方法	工艺流程走向正确，排布合理	25	工艺流程画错一处扣 5 分				
				工艺流程走向画错一处扣 5 分				
				工艺流程排列不整齐扣 10 分				
				管线表示方法不正确扣 5 分				
		流程图内设备位置正确，无遗漏，排列整齐	65	未画减温水总阀扣 5 分				
				未画左一级减温水截止阀扣 5 分				
				未画左二级减温水截止阀扣 5 分				
				未画右一级减温水截止阀扣 5 分				
				未画右二级减温水截止阀扣 5 分				
				未画疏水阀扣 5 分				
				未画调节阀扣 5 分				
				未画减温器扣 5 分				
				设备名称标注错误扣 5 分/点				
3	卷面	绘图卷面清晰，整洁	5	卷面不整洁扣 5 分				
合　计			100					

试题 27：绘制给水三冲量原理图(笔试)

（考核时间：10min）

序号	考核内容	考核要点	配分	评分标准	检测结果	扣分	得分	备注
1	准备工作	工具、用具准备	5	未自带工具扣 5 分				
2	图示方法	单级三冲量调节	30	未画汽包扣 5 分				
				未画主蒸汽流量计扣 3 分				
				未画给水流量计扣 3 分				

续表

序号	考核内容	考核要点	配分	评分标准	检测结果	扣分	得分	备注
				未画平衡容器扣 3 分				
				未画过热器扣 5 分				
				未画省煤器扣 5 分				
				未画调节阀扣 3 分				
				未画调节器扣 3 分				
		串级三冲量调节	30	未画汽包扣 5 分				
				未画主蒸汽流量扣 3 分				
				未画给水流量扣 3 分				
				未画平衡容器扣 3 分				
				未画过热器扣 5 分				
				未画省煤器扣 3 分				
				未画给水泵扣 5 分				
				未画调节器扣 3 分				
		工艺流程走向正确，排布合理	30	工艺流程画错一处扣 5 分				
				工艺流程走向画错一处扣 5 分				
				工艺流程排列不整齐扣 10 分				
				管线表示方法不正确扣 5 分				
3	卷面	绘图卷面清晰，整洁	5	卷面不整洁扣 5 分				
合　计			100					

试题 28：绘制锅炉燃烧系统流程示意图(笔试)

(考核时间：30min)

序号	考核内容	考核要点	配分	评分标准	检测结果	扣分	得分	备注
1	准备工作	工具、用具准备	5	未自带工具扣 5 分				
2	图示方法	工艺流程走向正确，排布合理	30	工艺流程画错一处扣 5 分				
				工艺流程走向画错一处扣 5 分				
				工艺流程排列不整齐扣 5 分				

续表

序号	考核内容	考核要点	配分	评分标准	检测结果	扣分	得分	备注
				管线表示方法不正确扣5分				
				工艺流程排列不整齐扣5分				
		流程图内设备	60	未画燃烧器扣5分				
				未画炉膛扣10分				
				未画前屏扣5分				
				未画后屏扣5分				
				未画高温过热器扣5分				
				低温过热器布置错误扣5分				
				未画再热器扣5分				
				未画折焰角扣5分				
				未画水冷壁扣5分				
				燃烧器风口排列错误扣5分				
3	卷面	绘图卷面清晰，整洁	5	卷面不整洁扣5分				
		合　计	100					

试题29：制粉系统投入运行前试验操作（现场模拟）

（考核时间：15min）

序号	考核内容	考核要点	配分	评分标准	检测结果	扣分	得分	备注
1	准备工作	穿戴劳保用品	3	未穿戴整齐扣3分				
		工具、用具准备	2	工具选择不正确扣2分				
2	操作程序	报警跳闸保护试验	30	未做报警试验扣5分				
				报警试验方法不正确扣3分				
				未做跳闸保护试验扣5分				
				跳闸保护试验方法不正确扣3分				
				未进行传动试验扣5分				
				传动试验方法不正确扣3分				
				未进行联锁试验扣5分				

续表

序号	考核内容	考核要点	配分	评分标准	检测结果	扣分	得分	备注
				联锁试验方法不正确扣3分				
				不能确认保护动作是否正确扣5分				
				不能确认联锁动作是否正常扣5分				
				不能确认报警是否正确扣5分				
		制粉系统调节挡板全行程开关试验和压缩空气断气闭锁试验、联锁信号试验	30	未做调节挡板全行程开关试验扣5分				
				挡板全行程开关试验方法不正确扣5分				
				未做压缩空气断气闭锁试验扣5分				
				压缩空气断气闭锁试验方法不正确扣5分				
				未检查调节挡板动作灵活性扣5分				
				未检查联锁信号是否正确扣5分				
		挡板开关试验	30	未进行挡板开关试验扣5分				
				挡板开关试验方法不正确扣3分				
				未就地检查挡板动作灵活性扣5分				
				未检查开关信号指示正确性扣3分				
				未校对挡板异地指示的一致程度扣3分				
3	使用工具	使用工具	2	工具使用不正确扣2分				
		维护工具	3	工具乱摆乱放扣3分				
4	安全及其他	按国家法规或企业规定		违规者停止操作，该题不得分			—	
		在规定时间内完成操作		超时停止操作，未完成的考核要点按评分标准扣分			—	
合　计			100					

试题30：锅炉冷态启动前本体的检查(现场模拟)

(考核时间：15min)

序号	考核内容	考核要点	配分	评分标准	检测结果	扣分	得分	备注
1	准备工作	穿戴劳保用品	3	未穿戴整齐，扣3分				
		工具、用具准备	2	工具选择不正确，扣2分				
2	检查内容	锅炉本体内部的检查	50	未检查炉膛扣4分				
				未检查烟道扣4分				
				未检查水冷壁扣4分				
				未检查燃烧器扣4分				
				未检查燃煤喷嘴扣4分				
				未检查燃气燃烧器扣4分				
				未检查油枪扣4分				
				未检查吹灰设备扣4分				
				未检查火焰监视器探头扣4分				
				未检查火焰电视摄像头扣4分				
				未检查冷灰斗扣4分				
				未检查防爆门扣4分				
				未检查水封情况扣2分				
		锅炉外部的检查	40	未检查锅炉平台扣2分				
				未检查膨胀指示器扣4分				
				未检查看火孔、人孔门扣4分				
				未检查挡板、风门扣5分				
				未检查除尘设备扣4分				
				未检查控制表盘扣5分				
				未检查电气仪表扣4分				
				没有对保护系统进行检查扣6分				
				无转动设备检查扣6分				
3	使用工具	使用工具	2	工具使用不正确扣2分				
		维护工具	3	工具乱摆乱放扣3分				
4	安全及其他	应按操作规程进行操作		违规者停止操作，该题不得分			—	
		在规定时间内完成操作		超时停止操作，未完成的考核要点按评分标准扣分			—	
合计			100					

试题31：中储式制粉系统启动操作(现场模拟)

（考核时间：20min）

序号	考核内容	考核要点	配分	评分标准	检测结果	扣分	得分	备注
1	准备工作	穿戴劳保用品	5	未穿戴整齐扣5分				
2	启动前的检查与准备	检查	15	进行系统全面检查，漏一项扣5分				
				检修项目的完成核实，未核实扣10分				
		启动条件	20	管道系统符合要求，否则扣2分				
				所有挡板、风门符合要求，否则扣2分				
				所有挡板、风门开关位置正确，否则一项扣1分				
				所有防爆装置完好，未检查扣1分				
				灭火装置完好，未检查扣2分				
				转动机械完好，处于备用状态，未检查扣1分				
				润滑油系统完好，未检查扣2分				
				冷却水畅通，未检查扣1分				
				联锁试验合格，未检查扣2分				
3	启动	润滑油系统启动	40	启动顺序正确，错、漏一项扣8分				
				油压未核实扣8分				
				油量未核实扣8分				
				油系统启动后未进行检查扣8分				
				大齿轮喷淋装置未投入扣8分				
		制粉系统启动	20	未暖管扣5分，启动温度未达到就启动扣5分，启动后未进行风压、风洼调整扣5分，启动后未进行检查扣5分				

续表

序号	考核内容	考核要点	配分	评分标准	检测结果	扣分	得分	备注
4	安全及其他	按国家法规或企业规定		违规者停止操作，该题不得分			—	
		在规定时间内完成操作		超时停止操作，未完成的考核要点按评分标准扣分			—	
合　计			100					

试题32：磨煤机润滑油系统启动操作(现场模拟)

（考核时间：15min）

序号	考核内容	考核要点	配分	评分标准	检测结果	扣分	得分	备注
1	准备工作	穿戴劳保用品	3	未穿戴整齐扣3分				
		工具、用具准备	2	工具选择不正确扣2分				
2	操作程序	启动检查和启动	40	未进行系统检查扣15分				
				未启动润滑油泵扣10分				
				未监视油压低光字扣8分				
				未将投入油泵联锁开关扣7分				
		润滑油站滤网操作	20	未监视油压扣5分				
				未定期活动、切换、清理滤油器扣5分				
				未监视滤油器前后压差扣5分				
				无法说明滤油器前后压差规定值扣5分				
		润滑油站油温的控制	30	未监视油温扣8分				
				油温控制范围不清楚扣8分				
				油温过低未调整扣7分				
				油温过高未调整扣7分				
3	使用工具	使用工具	2	工具使用不正确扣2分				
		维护工具	3	工具乱摆乱放扣3分				
4	安全及其他	按国家法规或企业规定		违规者停止操作，该题不得分			—	
		在规定时间内完成操作		超时停止操作，未完成的考核要点按评分标准扣分			—	
合　计			100					

试题33：一、二次风量的配比(现场模拟)

(考核时间：15min)

序号	考核内容	考核要点	配分	评分标准		检测结果	扣分	得分	备注
1	准备工作	穿戴劳保用品	3	未穿戴整齐扣3分					
		工具、用具准备	2	工具选择不正确扣2分					
2	操作方法	油燃烧器配风	35	一次风比例未占总风量15%~30%扣5分					
				二次风风速未达到40~60m/s扣5分					
				不会调整一次风扣12分					
				不会调整二次风扣13分					
		直流燃烧器配风	31	贫煤	一次风速未在20~25m/s扣8分				
					二次风速未在45~55m/s扣8分				
				烟煤	一次风速未在25~35m/s扣8分				
					二次风速未在40~55m/s扣7分				
		旋流燃烧器配风	24	蜗壳贫煤	一次风速未在14~16m/s扣3分				
					二次风速未在17~19m/s扣3分				
				双蜗壳贫煤	一次风速未在14~20m/s扣3分				
					二次风速未在18~30m/s扣3分				
				蜗壳烟煤	一次风速未在18~20m/s扣3分				
					二次风速未在22~25m/s扣3分				
				双蜗壳烟煤	一次风速未在20~26m/s扣3分				
					二次风速未在26~34m/s扣3分				

续表

序号	考核内容	考核要点	配分	评分标准	检测结果	扣分	得分	备注
3	使用工具	使用工具	2	工具使用不正确扣2分				
		维护工具	3	工具乱摆乱放扣3分				
4	安全及其他	按国家法规或企业规定		违规者停止操作，该题不得分			—	
		在规定时间内完成操作		超时停止操作，未完成的考核要点按评分标准扣分			—	
合计			100					

试题34：中储式制粉系统运行调整操作(现场模拟)

(考核时间：15min)

序号	考核内容	考核要点	配分	评分标准	检测结果	扣分	得分	备注
1	准备工作	穿戴劳保用品	3	未穿戴整齐扣3分				
		工具、用具准备	2	工具选择不正确扣2分				
2	中储式制粉系统运行调整操作	给煤量的控制	10	给煤机的下煤量没有连续性扣3分				
				给煤机的下煤量不均匀扣3分				
				未控制磨煤机压差扣3分				
				控制磨煤机压差方法不正确扣1分				
		磨煤机制粉出力和煤粉细度	20	未采取措施提高出力扣2分				
				未控制煤粉细度扣2分				
				不知道怎样控制煤粉细度扣2分				
				不知道调整通风出力扣2分				
				不知道调整干燥出力扣2分				
				不知道调整研磨出力扣2分				
				未监视磨煤机电流扣2分				
				不知道煤粉细度调整扣2分				
				不知道如何控制电流扣4分				
3	制粉系统运行时运行人员应主要监视内容	磨煤机筒内正常工作	5	未补充钢球扣3分				
				未定期筛选钢球扣1分				
				未检查衬板情况扣1分				

续表

序号	考核内容	考核要点	配分	评分标准	检测结果	扣分	得分	备注
		润滑油系统运行监视内容	15	不监视冷却水情况扣3分				
				未监视大齿轮的润滑情况扣3分				
				未检查喷油装置扣2分				
				未监视稀油站油位扣2分				
				未监视润滑油温度扣2分				
				未监视油泵运行情况扣3分				
		制粉系统监视的内容	10	未监视各段风压扣2分				
				不知道如何调整风压扣5分				
				不知道如何调整系统温度扣3分				
		转动机械部分监视的内容	10	未检查转机地脚螺栓扣1分				
				未检查轴承端盖扣1分				
				未监视各轴承温度扣2分				
				未监视各轴承的振动扣3分				
				不清楚温度或振动允许值扣3分				
		系统设备监视的主要内容	10	未清理木屑分离器扣2分				
				未清理下粉格筛扣2分				
				未检查锁气器动作情况扣2分				
				未检查粗粉分离器扣1分				
				未检查旋风分离器扣1分				
				未检查防爆装置扣2分				
4	制粉系统运行中的主要参数日志	制粉系统转机的轴承温度、振幅、回油温度、煤粉细度、粉仓粉位、磨煤机出口温度、粉仓温度、磨煤机电流、排粉机电流	9	漏一项扣1分				
		将运行参数应及时记录在运行日志上	1	未及时记录参数扣1分				
5	使用工具	使用工具	2	工具使用不正确扣2分				
		维护工具	3	工具乱摆乱放扣3分				

续表

序号	考核内容	考核要点	配分	评分标准	检测结果	扣分	得分	备注
6	安全及其他	按国家法规或企业规定		违规者停止操作，该题不得分			—	
		在规定时间内完成操作		超时停止操作，未完成的考核要点按评分标准扣分			—	
合　计			100					

试题 35：排粉机停止运行操作(现场模拟)

（考核时间：10min）

序号	考核内容	考核要点	配分	评分标准	检测结果	扣分	得分	备注
1	准备工作	穿戴劳保用品	3	未穿戴整齐扣 3 分				
		工具、用具准备	2	工具选择不正确扣 2 分				
2	操作程序	排粉机停止运行前检查	10	停运未进行设备检查扣 3 分				
				停运未进行表计检查扣 2 分				
				未通知司炉扣 5 分				
		中储式制粉系统排粉风机的停运操作	35	未关闭给煤机闸板门扣 4 分				
				未停给煤机扣 3 分				
				磨煤机内煤抽空未停磨煤机运行扣 3 分				
				未关闭磨煤机入口热风门扣 3 分				
				未关闭磨煤机总风门扣 3 分				
				未开启冷风门扣 3 分				
				磨出口温度超规定值扣 3 分				
				未关闭磨煤机再循环风门扣 3 分				
				未关闭排粉风机入口导向门扣 3 分				
				未停排粉风机运行扣 4 分				
				未关闭风机轴承冷却水阀扣 3 分				
		中储式乏气送粉系统排粉风机的停运操作	45	未关闭给煤机下煤闸板门扣 3 分				
				未停给煤机扣 3 分				

续表

序号	考核内容	考核要点	配分	评分标准	检测结果	扣分	得分	备注
				磨煤机内煤抽空未停磨煤机运行扣3分				
				未关闭磨煤机再循环风门扣3分				
				未关闭磨煤机入口热风门扣3分				
				未关闭总风门扣3分				
				未开启冷风门扣4分				
				未开启排粉机入口温风门扣4分				
				未开启冷风门扣5分				
				未控制排粉风机出口一次风压扣3分				
				未控制排粉机出口一次风温度扣3分				
				未关闭排粉风机入口导向门扣2分				
				未根据锅炉负荷需要停止即将停运的排粉风机对应的给粉机运行扣2分				
				一次风管吹扫结束后未停排粉风机运行扣2分				
				未关闭排粉风机轴承冷却水阀扣2分				
3	使用工具	使用工具	2	工具使用不正确扣2分				
		维护工具	3	工具乱摆乱放扣3分				
4	安全及其他	按国家法规或企业规定		违规者停止操作，该题不得分			—	
		在规定时间内完成操作		超时停止操作，未完成的考核要点按评分标准扣分			—	
合　计			100					

试题36：乏气送粉倒风操作(现场模拟)

(考核时间：15min)

序号	考核内容	考核要点	配分	评分标准	检测结果	扣分	得分	备注
1	准备工作	穿戴劳保用品	3	未穿戴整齐扣3分				
		工具、用具准备	2	工具选择不正确扣2分				

续表

序号	考核内容	考核要点	配分	评分标准	检测结果	扣分	得分	备注
2	注意事项	保持锅炉燃烧稳定，必要时投油助燃；保持一次风压平衡，排粉机电流稳定；保持磨煤机入口温度正常；保持汽压、汽温和水位稳定	25	少做一项扣6分				
3	倒乏气操作	开启排粉机入口风门；关闭联络风门；开磨煤机入口总风门；保持一定的一次风压和磨煤机入口负压；关闭排粉机温风门；关闭排粉机冷风门；调整再循环风门；启动磨煤机；启动给煤机；调整给煤量	35	少做一项扣3.5分				
4	倒温风操作	减少给煤量；停给煤机；停磨煤机；全开排粉机温风门；全开冷风门；关小排粉机入口风门；关再循环风门；关闭磨煤机入口总风门；全开联络风门；关排粉机入口风门	30	少做一项扣3分				
5	使用工具	使用工具	2	工具使用不正确扣2分				
		维护工具	3	工具乱摆乱放扣3分				
6	安全及其他	按国家法规或企业规定		违规者停止操作，该题不得分			—	
		在规定时间内完成操作		超时停止操作，未完成的考核要点按评分标准扣分			—	
合计			100					

试题37：磨煤机润滑油滤网的清洗操作(现场模拟)

（考核时间：15min）

序号	考核内容	考核要点	配分	评分标准	检测结果	扣分	得分	备注
1	准备工作	穿戴劳保用品	3	未穿戴整齐扣3分				
		工具、用具准备	2	工具选择不正确扣2分				
2	清洗检查	首先确认过滤器已切换完毕，手柄位置正确，打开滤油器放油阀旋塞，观察流出的油已无压力，确认滤油器内已关闭严密	20	未确认手柄位置扣5分				
				不清楚手柄位置的正确性扣5分				
				未打开放油阀扣5分				
				未确认无压力扣5分				

续表

序号	考核内容	考核要点	配分	评分标准	检测结果	扣分	得分	备注
3	清洗操作	用扳手逐个拆除紧固螺丝，将滤网抽出，将滤网组固定螺丝松开，将滤网组分开； 找一容器，用清洗液，将滤网逐个清洗干净，并检查滤网有无破损，有破损更换新滤网	25	不知道拆卸扣5分				
				拆卸过程中不注意安全扣10分				
				不正确使用工具扣2分				
				不检查完好情况扣3分				
				不会清洗扣3分				
4	回装步骤	待清洗液凉干，按滤网原来的数量排列整齐，同端盖固定好，拧紧固定螺丝； 将端盖结合面清理干净，更换垫片，将滤网装回，逐个将螺丝拧紧； 检查安装无误，结合面严密后，将放油阀旋塞关闭，可以作为备用	30	排列不整齐扣4分				
				紧固螺丝未拧好扣5分				
				未采取对角紧固螺丝扣3分				
				不将端盖结合面清理干净扣5分				
				不更换垫片扣3分				
				不检查安装情况扣5分				
				不将放油阀关闭扣5分				
5	注意事项	清洗现场附近严禁有动火操作； 运行中的滤网出现异常时应立即恢复清洗的设备； 注意现场卫生，防止润滑油漏到地面； 清洗完毕后应做好详细记录	15	未说明防火源规定扣5分				
				未说明异常情况下的处理扣5分				
				未注意现场卫生扣3分				
				未做好详细记录扣2分				
6	使用工具	使用工具	2	工具使用不正确扣2分				
		维护工具	3	工具乱摆乱放扣3分				
7	安全及其他	按国家法规或企业规定		违规者停止操作，该题不得分			—	
		在规定时间内完成操作		超时停止操作，未完成的考核要点按评分标准扣分			—	
合计			100					

试题38：煤粉 R_{90} 值劣化的原因分析判断（现场模拟或笔试）

（考核时间：15min）

序号	考核内容	考核要点	配分	评分标准	检测结果	扣分	得分	备注
1	原煤方面分析	原煤可磨性系数下降；原煤中石子煤比例大；原煤水分增大	30	漏一项扣10分				

续表

序号	考核内容	考核要点	配分	评分标准	检测结果	扣分	得分	备注
2	调整方面分析	制粉系统通风出力太大或过小；中储式制粉系统启动时调整不合适；粗粉分离器挡板角度过大或过小；给煤量不均匀；系统漏风	50	漏一项扣 10 分				
3	设备分析	滚筒磨煤机内钢球大小比例不合适；粗粉分离器分离效果下降；中速磨煤机加压压力太低	20	漏一项扣 8 分				
合 计			100					

试题 39：粗粉分离器回粉管堵塞故障处理(现场模拟)

（考核时间：15min）

序号	考核内容	考核要点	配分	评分标准	检测结果	扣分	得分	备注
1	准备工作	穿戴劳保用品	3	未穿戴整齐扣 3 分				
		工具、用具准备	2	工具选择不正确扣 2 分				
2	现象	粗粉分离器出口负压摆动增大；回粉管锁气器动作不正常或不动作；磨煤机入口负压减小，磨煤机电流下降；煤粉细度变粗，严重时排粉机电流减小	20	漏一项扣 5 分				
3	原因	木块分离器未投入或损坏；原煤中杂物过多；回粉管锁气器卡塞；系统负压不合适；粗粉分离器内部防磨涂层脱落	25	漏一项扣 5 分				
4	处理	活动粗粉分离器锁气器；敲打疏通回粉管；清理木块分离器；停止给煤；活动或开大粗粉分离器调整挡板，将粗粉分离器内积粉抽走；若上述处理无效时，应停止制粉系统进行疏通工作	20	未活动锁气器扣 3 分				
				未对回粉管进行疏通扣 3 分				
				未清理木头分离器扣 3 分				
				未停止给煤机运行扣 4 分				
				未对分离器挡板进行处理扣 3 分				
				严重时未停止制粉系统运行扣 4 分				

续表

序号	考核内容	考核要点	配分	评分标准	检测结果	扣分	得分	备注
5	注意事项	粗粉分离器严重堵塞时会引起三次风加重带粉(热风送粉系统)或粉管来粉增多，因此严密注意主蒸汽温度和压力变化，及时进行调整； 粗粉分离器堵塞严重时，乏气送粉系统一次风压和风量会受到影响； 直吹式制粉系统回粉管堵塞严重时容易引起锅炉灭火	25	未监视主蒸汽温度扣5分				
				未监视主蒸汽压力扣5分				
				未及时对主蒸汽温度和压力进行调整扣5分				
				未监视和调整一次风压或风量扣5分				
				如果锅炉灭火，未按灭火处理不得分				
6	使用工具	使用工具	2	工具使用不正确扣2分				
		维护工具	3	工具乱摆乱放扣3分				
7	安全及其他	按国家法规或企业规定		违规者停止操作，该题不得分			—	
		在规定时间内完成操作		超时停止操作，未完成的考核要点按评分标准扣分			—	
合　计			100					

试题40：中速磨煤机碾磨区堵煤故障处理(现场模拟)

（考核时间：25min）

序号	考核内容	考核要点	配分	评分标准	检测结果	扣分	得分	备注
1	准备工作	穿戴劳保用品	3	未穿戴整齐扣3分				
		工具、用具准备	2	工具选择不正确扣2分				
2	现象	①磨煤机电流逐渐增大；②磨煤机出口气粉混合温度下降；③磨煤机运转声音变得沉闷；④石子煤量异常增多；⑤锅炉蒸汽压力下降；⑥磨煤机压差增大；⑦对于负压直吹式系统，当磨煤机堵塞时，磨煤机进口负压偏小，磨煤机出口负压值增加；当磨煤机严重堵塞时，排粉机电流趋向下降；⑧对正压直吹式系统，当磨煤机堵塞时，磨煤机进口风压值增大，出口风压值减小；当磨煤机严重堵塞时，一次风机电流趋向下降	27	对现象判断少一项扣3分(7和8可根据本单位锅炉制粉系统类型选答)				

续表

序号	考核内容	考核要点	配分	评分标准	检测结果	扣分	得分	备注
3	原因	①手动方式时，运行控制不当，给煤量过多或通风量过少，风煤比例失常又未能及时纠正；②自动方式时，自动调节系统失控；③原煤太湿，磨煤机出口温度不能维持正常值；④干燥能力不足，给煤量和制粉量之间平衡受破坏；⑤石子煤箱未及时放掉堵塞，粗粉分离器调节挡板被杂物堵塞	20	分析少一项扣4分				
4	处理	加大通风量，减少给煤量或停止给煤机（给煤机停止，磨煤机没有跳闸逻辑）；清理石子煤箱；严重堵塞时，停止磨煤机运行，打开人孔将煤清理出来	43	未及时停止给煤扣10分				
				未调整通风量扣10分				
				未清理石子箱扣10分				
				严重时未停止磨煤机运行扣10分				
				未做好操作记录扣3分				
5	使用工具	使用工具	2	工具使用不正确扣2分				
		维护工具	3	工具乱摆乱放扣3分				
6	安全及其他	按国家法规或企业规定		违规者停止操作，该题不得分			—	
		在规定时间内完成操作		超时停止操作，未完成的考核要点按评分标准扣分			—	
合　计			100					

试题41：锅炉煤粉仓自燃与爆炸事故的处理（现场模拟）

（考核时间：20min）

序号	考核内容	考核要点	配分	评分标准	检测结果	扣分	得分	备注
1	准备工作	穿戴劳保用品	3	未穿戴整齐扣3分				
		工具、用具准备	2	工具选择不正确扣2分				
2	现象	①煤粉仓内温度不正常地升高；②粉仓内有烟或火星，并能嗅到烟气味；③严重时可能导致粉仓爆炸，爆炸时有巨大的响声，防爆门破裂；④煤粉自燃后结成焦炭或粉仓内壁材料裂纹脱落，使给粉机下粉不均或不下粉，严重时给煤机卡涩，造成燃烧不稳甚至锅炉灭火	20	对现象判断少一项扣5分				

续表

序号	考核内容	考核要点	配分	评分标准	检测结果	扣分	得分	备注
3	原因	①磨煤机出口温度高，粉仓温度超过规定值；②煤粉过细，挥发分高，水分低；③未执行粉仓降粉制度，粉仓内负压维持不够，吸潮管堵塞；④停炉时粉仓内余粉过多，未能严密封闭粉仓，又没有采取防范措施；⑤粉仓严重漏风及有外来火源，或在粉仓附近明火作业	20	原因分析少一项扣4分				
4	处理	如粉仓内温度超过110℃，停止制粉系统运行，关闭吸潮管挡板，加大锅炉负荷，迅速降低粉仓粉位，或加大制粉系统出力，迅速补粉，淹熄自燃的煤粉	15	粉仓温度超过规定值未停止制粉系统运行扣4分				
				未关闭吸潮管扣4分				
				未采取降粉、压粉处理扣4分				
				处理方法不正确扣3分				
		经降粉后，如粉仓内煤粉温度仍继续上升，可使用灭火装置，同时监视给粉机来粉情况，必要时投入油枪助燃	12	未采用灭火设施灭火扣3分				
				采用错误灭火方法扣7分				
				必要情况下未投入油枪扣2分				
		确认灭火后，方可重新启动制粉系统	5	未及时恢复正常运行扣5分				
5	防范措施	①经常检查粉仓吸潮管无堵塞；②控制磨煤机出口温度在规定范围内；③防止外来火源；④停炉时间超过3天时，将粉仓内煤粉烧尽；⑤消除粉仓揖风；⑥粉仓温度超过规定值，应立即降粉	18	漏一项扣3分				
6	使用工具	使用工具	2	工具使用不正确扣2分				
		维护工具	3	工具乱摆乱放扣3分				
7	安全及其他	按国家法规或企业规定		违规者停止操作，该题不得分			—	
		在规定时间内完成操作		超时停止操作，未完成的考核要点按评分标准扣分			—	
合　计			100					

试题 42：排粉机跳闸故障处理(现场模拟)

(考核时间：15min)

<table>
<tr><th>序号</th><th>考核内容</th><th>考核要点</th><th>配分</th><th>评分标准</th><th>检测结果</th><th>扣分</th><th>得分</th><th>备注</th></tr>
<tr><td rowspan="2">1</td><td rowspan="2">准备工作</td><td>穿戴劳保用品</td><td>3</td><td>未穿戴整齐扣 3 分</td><td></td><td></td><td></td><td></td></tr>
<tr><td>工具、用具准备</td><td>2</td><td>工具选择不正确扣 2 分</td><td></td><td></td><td></td><td></td></tr>
<tr><td>2</td><td>现象</td><td>①掉闸排粉机指示灯红灯灭，绿灯闪光，事故喇叭响；②掉闸排粉机系统的磨煤机、给煤机掉闸，电流指示回零；③系统各风门挡板动作；④炉膛负压增大；⑤过热蒸汽温度，压力下降</td><td>20</td><td>对现象判断少一项扣 4 分</td><td></td><td></td><td></td><td></td></tr>
<tr><td>3</td><td>原因</td><td>①锅炉辅机联锁动作；②电气设备故障；③厂用电中断；④有人误碰事故按钮</td><td>20</td><td>原因分析少一项扣 5 分</td><td></td><td></td><td></td><td></td></tr>
<tr><td rowspan="9">4</td><td rowspan="9">处理</td><td rowspan="9">①将掉闸的排粉机、磨煤机、给煤机开关复位；②调整锅炉燃烧工况，控制汽温、汽压。乏气送粉锅炉应及时投油助燃，并减负荷运行；③检查保护动作情况，如保护未动作，应手动完善，并开启三次风冷风门，若三次风管有烧红现象，应请示降负荷；④检查电气设备系统情况，若发现问题应及时处理；⑤故障消除后，送上电源，重新启动；⑥若排粉机故障需停电时，必须将三次风冷却风门选手动方式，手动开启对应的三次风冷却风门，排粉机送电后三次风门冷却选自动方式，恢复自动状态；⑦及时停止该侧制粉系统运行</td><td rowspan="9">40</td><td>未及时复位跳闸开关扣 3 分/个</td><td></td><td></td><td rowspan="9"></td><td></td></tr>
<tr><td>未及时调整燃烧工况扣 3 分</td><td></td><td></td><td></td></tr>
<tr><td>未及时检查锅炉保护扣 3 分</td><td></td><td></td><td></td></tr>
<tr><td>乏气送粉锅炉未及时投油助燃扣 5 分</td><td></td><td></td><td></td></tr>
<tr><td>热风送粉锅炉未检查三次风嘴情况扣 5 分</td><td></td><td></td><td></td></tr>
<tr><td>未及时联系电气扣 5 分</td><td></td><td></td><td></td></tr>
<tr><td>故障消除后未及时恢复扣 5 分</td><td></td><td></td><td></td></tr>
<tr><td>未对制粉系统进行检查扣 3 分</td><td></td><td></td><td></td></tr>
<tr><td>未对跳闸排粉机本体部分进行检查扣 3 分</td><td></td><td></td><td></td></tr>
<tr><td rowspan="3">5</td><td rowspan="3">注意事项</td><td rowspan="3">对于乏气送粉锅炉，排粉机跳闸容易造成锅炉灭火事故，当出现灭火时应按灭火事故处理；
当处理排粉机事故时，严禁打焦人工放渣；
事故过程应做好详细记录</td><td rowspan="3">10</td><td>当锅炉灭火未按灭火处理不得分</td><td></td><td></td><td rowspan="3"></td><td></td></tr>
<tr><td>锅炉灭火后采取爆燃恢复正常该题不得分</td><td></td><td></td><td></td></tr>
<tr><td>未说明严禁打焦扣 5 分</td><td></td><td></td><td></td></tr>
</table>

续表

序号	考核内容	考核要点	配分	评分标准	检测结果	扣分	得分	备注
				未做详细记录扣3分				
				未汇报有关人员扣2分				
6	使用工具	使用工具	2	工具使用不正确扣2分				
		维护工具	3	工具乱摆乱放扣3分				
7	安全及其他	按国家法规或企业规定		违规者停止操作，该题不得分			—	
		在规定时间内完成操作		超时停止操作，未完成的考核要点按评分标准扣分			—	
合计			100					

试题43：返料流化风系统的检查(现场模拟)

（考核时间：15min）

序号	考核内容	考核要点	配分	评分标准	检测结果	扣分	得分	备注
1	准备工作	穿戴劳保用品	3	未穿戴整齐扣3分				
		工具、用具准备	2	工具选择不正确扣2分				
2	检查工作	系统安装或检修工作已全部结束，所有工作票终结。现场整齐无杂物；系统管道保温和支吊架齐全，管道色标介质流向表示正确。管道连接正常；返料装置内风帽和风箱清理结束，已添加好物料，装置内外保温和防火耐磨料检查正常；流化风机启动前检查正常。风机绝缘合格。动力电已送；各流化分风门已做过风量试验并进行定位，风量显示器投用；各热工仪表投用；各流化风门活动试验，电动门限位试验均合格	75	未确认检修人员退出现场扣5分				
				未确认结束所有检修工作票扣5分				
				未对现场环境进行检查扣5分				
				未检查管道保温扣5分				
				未检查管道支承架扣5分				
				未检查管道介质示意和流向示意完好扣5分				
				未检查管道各连接点情况扣5分				
				未检查返料装置内的风帽情况扣5分				
				未检查风箱情况扣5分				
				未检查耐磨、保温材料扣5分				
				未确认流化风机完好，处于备用状态扣5分				
				未确认各流化风门处于完好状态扣5分				
				未检查仪表部分扣5分				
				未对流化风门现场校验扣5分				
				风门现场校验方法不对扣5分				

续表

序号	考核内容	考核要点	配分	评分标准	检测结果	扣分	得分	备注
3	注意事项	在检查前应做好联系工作，防止启动设备； 检查完毕后应做好详细记录	20	未做联系工作扣5分				
				无防止误启动措施扣12分				
				未做操作记录扣3分				
4	安全及其他	按国家法规或企业规定		违规者停止操作，该题不得分			—	
		在规定时间内完成操作		超时停止操作，未完成的考核要点按评分标准扣分			—	
合计			100					

试题44：返料系统的投入操作(现场模拟)

（考核时间：20min）

序号	考核内容	考核要点	配分	评分标准	检测结果	扣分	得分	备注
1	准备工作	穿戴劳保用品	3	未穿戴整齐扣3分				
		工具、用具准备	2	工具选择不正确扣2分				
2	检查	返料系统及其流化风机系统按规程检查完毕； 点火前，在返料器中放入一定高度的物料封堵返料器，防止烟气短路	20	未检查返料系统扣5分				
				未检查流化风扣5分				
				未检查松动风扣5分				
				未确认返料腿中的料位在规定位置扣5分				
3	投入操作	返料器最初投入时，应采取脉冲返料的方式，以防止启动过程中返料立管积累的物料突然大量进入床层造成床温突降或熄火，也为了防止立管中积累的可燃物大量进入床层中，引起温度飞升，造成结焦。当分离器灰鼓和返料器积灰量大，且温度过高或过低时，要及时放排，防止结焦和大量返料造成床温突降、灭火，在非脉冲式返料投入方式下更要严格控制。(此返料方式不适用于所有型号锅炉，应按各自型号锅炉适用)	62	返料投入过快扣5分				
				床温上升过快扣10分				
				没有做控制床温的操作扣5分				
				在床温控制操作中，操作方法不正确，但仍可继续进行扣5分				
				在床温控制操作中，操作方法不正确，无法继续进行扣5分				
				床温达到规定值，但未启动返料器扣8分				

续表

序号	考核内容	考核要点	配分	评分标准	检测结果	扣分	得分	备注
		当床温达到650~700℃以上时，开始启动返料器，脉冲返料。当检查发现返料器中细煤过多时，应及时通过排料管排料。在返料引起床温快速上升时，要及时加大风量抑制，调节返料风到适当位置，建立自动返料(此返料方式不适用于所有型号锅炉，应按各自型号锅炉适用)。 返料器(非机械式)开始进入正常运行状态后，检查系统有关膨胀节是否正常，如有异常应立即汇报处理。 检查各流化风分门，流量需要调节		投入返料器后未采取缓慢返料扣5分				
				床温过高时未采取措施控制扣9分				
				床温过高时采取控制措施不当扣5分				
				未检查膨胀节扣5分				
				未进行流化风调节扣5分				
4	注意事项	返料器(非机械式)开始进入正常运行状态后，应检查旋风分离器内差压和各处温度，检查立管上下差压，以及返料器内温度，防止二次燃烧。 操作完毕后应做好详细的记录	13	未监视返料器内温度扣3分				
				未监视分离器各点温度扣3分				
				未检查返料立管差压扣3分				
				未检查系统的正常性扣3分				
				未做操作记录扣1分				
5	安全及其他	按国家法规或企业规定		违规者停止操作，该题不得分			—	
		在规定时间内完成操作		超时停止操作，未完成的考核要点按评分标准扣分			—	
合　计			100					

试题45：管式燃烧器点火操作(现场模拟)

(考核时间：20min)

序号	考核内容	考核要点	配分	评分标准	检测结果	扣分	得分	备注
1	准备工作	穿戴劳保用品	3	未穿戴整齐扣3分				
		工具、用具准备	2	工具选择不正确扣2分				

续表

序号	考核内容	考核要点	配分	评分标准	检测结果	扣分	得分	备注
2	检查	系统仪用风和杂用压缩空气投入，压力正常。 所有热工仪表和电气控制柜电源投入。 电动门、风门有关试验合格。 油枪和点火枪推进装置进退校验合格。 点火枪高能点火器试点火合格。油枪喷嘴已清洗完毕并安装到位。 燃烧器火检试验合格。 燃烧器程控静态试验合格。 燃烧器风道内耐火保温材料已按要求敷设。系统管道检查全部合格。 增压风机检查正常。 燃油管道预先清洗完毕，处于可投用状态	30	未检查仪表用风扣5分				
				未检查压缩风系统扣5分				
				未检查热工仪表扣5分				
				未检查电气控制系统扣5分				
				未检查电动门扣3分				
				未检查风门扣3分/个				
				未对电动门和风门做试验扣3分/个				
				未做点火枪试验扣3分				
				未做油枪试验扣3分				
				未检查油枪雾化情况扣3分				
				未检查火检系统扣3分				
				未做燃烧器程控试验扣3分				
				未对燃烧器风道进行检查扣3分				
				未对增压风机进行检查扣3分				
				未确认燃油管道备用状态扣3分				
3	操作步骤	锅炉点火前期工作已全部执行，炉膛吹扫程序完毕。 得值长或调度令，可以进行点火操纵。 开启油泵，开启油枪和点火枪进油隔离门(注意燃油压力正常)，开启回油母管回油隔离门，燃油系统走循环。 投入油枪和点火枪的所有压缩空气系统。 全面检查燃油系统是否有泄漏，如有及时处理。 开启增压风机，调整出口风压至正常。 炉膛负压调整至比正常值稍负。 在CRT上调出燃烧器画面，按点火枪试验按钮，试验成功则按“油枪点火”按钮，进入延时。延时结束则燃烧器进入自动程序。	45	未进行燃油系统投入操作扣3分				
				未确认燃油已送到炉前扣3分				
				未进行炉膛吹扫扣3分				
				炉膛吹扫风量不够扣3分				
				炉膛吹扫时间不够扣3分				
				点火方法不正确扣3分				
				燃油没有进行循环扣2分				
				未投入压缩空气扣2分				
				未启动引风机扣2分				
				未启动一次风机扣2分				

续表

序号	考核内容	考核要点	配分	评分标准	检测结果	扣分	得分	备注
		油枪着火后，检查增压风机入口挡板自行切至自动位，确认回油母管回油门关闭，检查就地油枪着火和燃烧情况决定配风量，直至燃烧处于最佳状态。 根据一次风箱温度上升情况，与床温升温曲线相比较，调整燃烧器燃油压力（燃油量）。 汇报值长或调度，点火成功		未启动二次风机扣2分				
				未启动增压风机点火扣5分				
				未调整增压风机风压扣2分				
				未调整炉膛负压扣2分				
				点火操作不正确扣3~8分				
				点火完成后未进行火焰检查扣2分				
				燃烧的调节方法不正确扣3~5分				
				未对燃油量进行调节扣2分				
				没有汇报扣2分				
4	注意事项	按本单位操作票进行操作； 操作完毕后应进行全面检查； 操作完毕后应做好详细的记录	20	没有准备操作票扣5分				
				没有按照操作票执行扣5分				
				未检查系统的正常性扣3分				
				未做操作记录扣2分				
				操作错误，但可以继续进行扣10分				
				操作错误无法进行扣50分				
5	安全及其他	按国家法规或企业规定		违规者停止操作，该题不得分			—	
		在规定时间内完成操作		超时停止操作，未完成的考核要点按评分标准扣分			—	
合　计			100					

试题46：锅炉床温控制（现场模拟）

（考核时间：20min）

序号	考核内容	考核要点	配分	评分标准	检测结果	扣分	得分	备注
1	准备工作	穿戴劳保用品	3	未穿戴整齐扣3分				
		工具、用具准备	2	工具选择不正确扣2分				
2	床温控制方法	锅炉点火启动过程中，床温控制必须符合升温升压曲线的要求。一般规定升温速度不大于100℃/h。	85	不清楚启动时的床温升速扣5分				
				没有按升温曲线升温扣5分				
				正常运行时低于规定床温扣3分				

续表

序号	考核内容	考核要点	配分	评分标准	检测结果	扣分	得分	备注
		额定负荷时锅炉床温平均温度为(850~890℃)，变化范围控制在(±20℃)之间，各个床温测点的温度差值<(50℃)。 若床温超过该范围必须进行调整，调整一、二次风风量或改变一、二次风的比率，可以有效地控制密相区的燃烧份额从而控制床温。 增加一次风量，减少二次风量可以降低床层温度。反之提高床温。 增加床料量或石灰石量，以提高物料的循环量，可降低床温。反之提高床温。 增大排渣量，床压下降，物料减少将使床温下降。反之提高床温。(指一次风量投自动情况)。 床料的平均粒度过大，能使参与锅炉内循环和外循环的“可用”物料减少，将会使锅炉在较高的床温下运行。 应保证布风板一次风量大于临界流化风量，以防结焦。 在调整一、二次风风量或改变一、二次风的比率无效时，可以调整锅炉负荷，即增加给煤量或减少给煤量的方法来控制床温。 锅炉床温如太低，燃烧不稳时，可投用油燃烧器助燃以维持床温不下降		正常运行时高于规定床温扣3分				
				床温差值大于50℃扣5分				
				未采用调整一、二次风控制床温扣10分				
				调整床温方法不正确扣2~4分				
				未说明可以采用改变石灰石量调整床温扣3分				
				未采取调整排渣量调整床温扣3分				
				采取调整排渣量调整床温方法不正确扣5分				
				不能说明调整燃料颗粒度来调整床温扣3分				
				布风板风量未调整扣5分				
				调整无效后未采取调整锅炉负荷控制床温扣5分				
				床温太低时无投油助燃扣5分				
				投油助燃方法不正确扣3分				
				在操作过程中未监视锅炉主要参数扣3分				
3	注意事项	操作完毕后应对现场进行全面检查，核实操作中有无漏项、错项； 操作前应对系统进行检查，并将发现的缺陷记录，以便检修； 操作完毕后应做好详细的记录	10	未与相关岗位联系扣3分				
				操作前未进行检查扣3分				
				操作后未进行检查扣3分				
				未填写操作记录扣2分				
4	安全及其他	按国家法规或企业规定		违规者停止操作，该题不得分				—
		在规定时间内完成操作		超时停止操作，未完成的考核要点按评分标准扣分				—
		合　计	100					

试题47：锅炉床压调节(现场模拟)

(考核时间：15min)

序号	考核内容	考核要点	配分	评分标准	检测结果	扣分	得分	备注
1	准备工作	穿戴劳保用品	3	未穿戴整齐扣3分				
		工具、用具准备	2	工具选择不正确扣2分				
2	操作步骤	床压控制值	4	未控制在规定范围扣4分				
		床压控制方法(冷渣器排渣)	51	未调节冷渣器排渣量扣11分				
				排渣量控制方法不正确扣10分				
				排渣时未保证冷渣机各温度在规定范围内扣10分				
				排渣量不均匀扣10分				
				排渣时引起床压大波动扣10分				
		床压控制方法(增减石灰石和砂)	20	床压低未增加石灰石扣5分				
				床压低未增加砂扣5分				
				调整石灰石时未监视烟气SO_2的指标扣5分				
				未调节焦煤比来调节床压扣5分				
		操作完毕后应对现场进行全面检查。操作前应对系统进行检查。操作完毕后应做好详细的记录	20	未与相关岗位联系扣5分				
				操作前未进行检查扣5分				
				操作后未进行检查扣5分				
				未填写操作记录扣5分				
3	安全及其他	按国家法规或企业规定		违规者停止操作，该题不得分			—	
		在规定时间内完成操作		超时停止操作，未完成的考核要点按评分标准扣分			—	
合计			100					

试题48：给煤机给煤量的调整(现场模拟)

(考核时间：10min)

序号	考核内容	考核要点	配分	评分标准	检测结果	扣分	得分	备注
1	准备工作	穿戴劳保用品	3	未穿戴整齐扣3分				
		工具、用具准备	2	工具选择不正确扣2分				
2	操作步骤	给煤量的调整应根据不同的情况分别对待。	55	负荷变化未进行燃烧调整扣10分				

续表

序号	考核内容	考核要点	配分	评分标准	检测结果	扣分	得分	备注
		锅炉负荷调整时，如加负荷，应先加风后加煤，加风加煤交替进行，“少量多次”。减负荷时，先减煤后减风，减风减煤交替进行，也是“少量多次”。避免引起床温和汽压波动。 各台给煤机之间调整给煤量时，应掌握一个原则，即总给煤量保持不变，并力求每台给煤机的煤量分配均匀（无论有几台给煤机运行都执行这一原则）。 锅炉启动过程中，初始给煤方式为“脉动”方式，以后随着床温和其他参数的提高，实行连续给煤。避免锅炉启动后期产生“爆燃”现象		风、煤调整前后顺序错误扣5分				
				调整幅度过大扣3分				
				调整过程中使床温波动过大扣2分				
				调整过程中使床压波动过大扣2分				
				调整过程中使汽压波动过大扣2分				
				调整过程中使主蒸汽温度波动过大扣2分				
				给煤机调整幅度不均匀扣2分				
				启动初期未采取脉动给煤扣2分				
				启动后期未根据床温情况调整给煤量扣5分				
				启动时发生爆燃扣20分				
3	注意事项	给煤量调整时，应注意锅炉氧量和床温的变化。 调整给煤量后，应对给煤机运行和给煤情况以及煤仓料位进行一次检查。 不提倡用给煤量来调整床温和床压。 加强联系，同时做好安全防护工作。 操作完毕后应做好详细的记录	40	调整时未监视锅炉氧量扣5分				
				调整时未监视床温扣5分				
				未检查给煤机运行情况扣3分				
				在未说明特殊情况下利用给煤量增减来调整床温扣5分				
				在未说明特殊情况下利用给煤量增减来调整床压扣3分				
				在处理过程中未与有关岗位联系扣5分				
				在放灰时安全工作不到位扣10分				
				未检查系统的正常性扣3分				
				未记录扣1分				
4	安全及其他	按国家法规或企业规定		违规者停止操作，该题不得分			—	
		在规定时间内完成操作		超时停止操作，未完成的考核要点按评分标准扣分			—	
合　计			100					

试题49：给煤机密封风的调整(现场模拟)

（考核时间：15min）

序号	考核内容	考核要点	配分	评分标准	检测结果	扣分	得分	备注
1	准备工作	穿戴劳保用品	3	未穿戴整齐扣3分				
		工具、用具准备	2	工具选择不正确扣2分				
2	密封风的调整	给煤机密封风的调整应在专业的指导下进行	6	没有调整依据扣3分				
				没准备调整数据表扣3分				
		调整前，校验给煤机出口温度表显示正确	4	未校验温度表扣4分				
		给煤机正常启动前，将给煤机密封风、输送风、播煤风各自风门按规程初始设计规定开启	15	未调整密封风风门开度扣5分				
				未调整输送风风门开度扣5分				
				未调整播煤风风门开度扣5分				
		启动给煤机，记录其出口温度。如果出口温度接近于给风风机出口温度，说明密封风量合适；如果出口温度高于给风风机出口温度，说明密封风量太小，应增大密封风门开度，直至给煤机出口温度接近于给风风机出口温度；如果密封风门已开足还不能满足要求，则必须减小输送风和播煤风门开度。 调整结束后，做好风门开度位置记号，并交班	55	未启动给煤机扣10分				
				未记录温度值扣4分				
				调整方法不正确扣10分				
				不会调整扣10分				
				调整幅度过大扣10分				
				调整后未做操作记录扣3分				
				调整完毕后未做风门开度位置记号扣8分				
3	注意事项	加强联系，同时做好安全防护工作； 操作完毕后应做好详细的记录	15	在处理过程中未与有关岗位联系扣2分				
				在放灰时安全工作不到位扣10分				
				未检查系统的正常性扣3分				
				未记录扣1分				
4	安全及其他	按国家法规或企业规定		违规者停止操作，该题不得分			—	
		在规定时间内完成操作		超时停止操作，未完成的考核要点按评分标准扣分			—	
合计			100					

试题50：压火过程中锅炉控制(现场模拟)

(考核时间：30min)

序号	考核内容	考核要点	配分	评分标准	检测结果	扣分	得分	备注
1	准备工作	穿戴劳保用品	3	未穿戴整齐扣3分				
		工具、用具准备	2	工具选择不正确扣2分				
2	压火前工作	当需要循环流化床锅炉暂时停止运行时，可以对锅炉进行压火操作； 锅炉压火前，尽量保持床温和床压在正常值； 准备好操作票； 对锅炉设备进行全面检查	15	未明确接命令扣3分				
				未准备压火操作票扣3分				
				未进行检查扣3分				
				未保持床温扣3分				
				未保持床压扣3分				
3	压火操作	压火时首先关闭返料阀风(对机械阀而言)，然后锅炉应降至最小负荷后，停止加煤，燃尽床中燃料(决不允许挥发分在炉内累积，烟气含氧量升至正常运行的2倍左右，氧量的增加说明炉内大部分燃料已经燃烬)。 待料层温度比正常运行温度降低50℃左右时(此项操作可根据不同具体要求执行)，立即停掉一次风机和引风机，并迅速关严各风门，使料层从流化状态立即转变为静止堆积状态，与空气隔绝，动作越快越好。(也可在风道上设置快速启闭阀泄压，因为当风机停止时，旋转的叶轮有惯性，风压是慢慢降下来的，使料层不能马上达到静止状态，漏入的空气会使料层中的煤在流化状态不佳的过渡过程中继续燃烧，燃烧发热量不能及时传出而结焦，设置快速启闭阀可将这部分风量旁路释放)。 锅炉MFT后，检查氧量应快速上升，床温没有返升现象。 锅炉负荷至0，解列。关闭排汽阀(如汽压上升，则微开以维持一定压力)。 压火后，按规定进行参数抄录	60	未关闭返料风扣3分				
				未进行降负荷操作扣5分				
				降负荷操作不合理扣2~10分				
				停止给煤选择的时候不合理扣3分				
				没有停止给煤的操作扣5分				
				烟气的含氧量控制不合理扣3分				
				未调整烟气的含氧量扣5分				
				选择停止引风机的时机不合理扣2分				
				没有停止引风机运行扣5分				
				没有关闭风门挡板扣3分				
				压火后未监视氧量扣5分				
				压火后未监视床温扣5分				
				未解列锅炉扣3分				
				解列后未控制压力扣3分				
				压火后没有说明参数的抄录扣5分				

续表

序号	考核内容	考核要点	配分	评分标准	检测结果	扣分	得分	备注
4	注意事项	压火时，锅炉热容量较大，要及时加水维持较高汽包水位。为使料层散失热量尽量少，保证炉墙不在压火时骤冷，压火后应尽快将引风机挡板和所有门孔关闭严密，防止冷风漏入。 加强联系，同时做好安全防护工作。 操作完毕后应做好详细的记录	20	在处理过程中未与有关岗位联系扣5分				
				未注意汽包水位扣10分				
				未核实风门、挡板等处的严密性扣3分				
				未记录扣2分				
5	安全及其他	按国家法规或企业规定		违规者停止操作，该题不得分			—	
		在规定时间内完成操作		超时停止操作，未完成的考核要点按评分标准扣分			—	
合 计			100					

试题51：结焦原因分析(现场模拟或笔试)

(考核时间：15min)

序号	考核内容	考核要点	配分	评分标准	检测结果	扣分	得分	备注
1	结焦现象	局部床温异常升高；在床压正常情况下，水冷风室压力增大，送风机电流波动增大；床压指示不发生波动；炉膛负压增大；引风机电流减小；炉膛压差减小；排渣量减少；烟气氧量降低；床温上层高，下层低；负荷先升后降；严重时风道或风室会发生振动；局部火焰呈白色或发亮	50	漏一项扣4分				
2	结焦的原因分析	床温过高或床料熔点过低；运行中，长时间风煤配比不当，风量风压不足，流化工况不佳；风帽堵塞过多，或者耐火材料等大块杂物留在炉内；煤质变化过大，调整不及时；播煤风压低，给煤堆积在下煤口，流化不好，局部结焦；床料过粗、料层过高，流化不良；返料量不正常，造成大量塌灰；油煤混烧时间过长或油燃烧器雾化不好；石油焦的灰熔点太低；长时间低负荷运行；布风板一次风喷嘴结焦堵塞或喷嘴局部变形堵塞	45	未分析床温过高或床料熔点过低扣5分				
				未对风量分析扣5分				
				未对风帽堵塞进行分析扣4分				
				未对返料系统进行检查扣4分				
				未对燃油燃烧状况进行分析扣4分				
				未对煤质进行分析扣5分				
				未对流化情况进行分析扣4分				
				未对石油焦特性进行分析扣4分				
				未对负荷进行分析扣5分				
				未对床料工作情况进行分析扣5分				

续表

序号	考核内容	考核要点	配分	评分标准	检测结果	扣分	得分	备注
3	其他	操作完毕后应做好详细记录	5	未记录扣5分				
		合 计	100					

试题52：返料系统堵塞故障处理(现场模拟)

(考核时间：15min)

序号	考核内容	考核要点	配分	评分标准	检测结果	扣分	得分	备注
1	准备工作	穿戴劳保用品	3	未穿戴整齐扣3分				
		工具、用具准备	2	工具选择不正确扣2分				
2	返料系统堵塞故障处理	加强对回料器立管温度、压力的监视。 轻微堵灰时，应减少给煤，减少排渣量，适当降低锅炉负荷，同时反复切换松动风和返料风进行扰动，直至回料阀流化风压显著增加。 较重堵灰时，应停止给煤，停止放渣，降低锅炉负荷，同时反复切换松动风和返料风进行扰动，加强料腿放灰(但要注意安全)。 严重堵灰时，立即停止给煤，立即停止放渣，迅速降低锅炉负荷，反复切换松动风和返料风进行扰动，加强料腿放灰。堵塞严重不能维持锅炉正常运行时，应紧急停炉。 若风帽堵塞、耐火材料脱落或返料器结焦，应停炉处理	80	回料器立管温度、压力的监视不到位扣10分				
				轻微堵灰时，处理不到位扣10分				
				未减少给煤量扣3分				
				未减少排渣量扣3分				
				未适当调整锅炉负荷扣3分				
				未对返料系统进行放灰或扰动扣2分				
				较重堵灰时，处理不到位或造成事故扩大该题不得分				
				严重堵灰时未立即停止燃料系统扣10分				
				严重堵灰时未迅速降低锅炉负荷扣5分				
				必要时未紧急停炉扣该题得分的50%				
3	注意事项	加强联系，同时做好安全防护工作； 操作完毕后应做好详细的记录	15	在处理过程中未与有关岗位联系扣2分				
				在放灰时安全工作不到位扣10分				
				未检查系统的正常性扣2分				
				未记录扣1分				
4	安全及其他	按国家法规或企业规定		违规者停止操作，该题不得分			—	
		在规定时间内完成操作		超时停止操作，未完成的考核要点按评分标准扣分			—	
		合 计	100					

试题53：床温高处理（现场模拟）

（考核时间：10min）

<table>
<tr><th>序号</th><th>考核内容</th><th>考核要点</th><th>配分</th><th>评分标准</th><th>检测结果</th><th>扣分</th><th>得分</th><th>备注</th></tr>
<tr><td rowspan="2">1</td><td rowspan="2">准备工作</td><td>穿戴劳保用品</td><td>3</td><td>未穿戴整齐扣3分</td><td></td><td></td><td></td><td></td></tr>
<tr><td>工具、用具准备</td><td>2</td><td>工具选择不正确扣2分</td><td></td><td></td><td></td><td></td></tr>
<tr><td rowspan="13">2</td><td rowspan="13">床温高处理</td><td rowspan="13">床温高时，应适当增加流化风量、减小下二次风量；
必要时，增大排渣量，加入合适粒度的床料；
必要时，增大排渣量，加入合适粒度的床料；
调节入炉煤的粒度；
石灰石系统保持正常加料；
如果返料系统堵塞应尽快疏通；
如果炉膛结焦则增加流化风等方法清焦；
适当减少给煤量；
经上述处理仍无法把床温降下来，则停炉处理</td><td rowspan="13">95</td><td>未调整流化风量、减小下二次风量扣10分</td><td></td><td></td><td rowspan="13"></td><td></td></tr>
<tr><td>未调整排渣量和加床料扣10分</td><td></td><td></td><td></td></tr>
<tr><td>未调整燃料粒度扣10分</td><td></td><td></td><td></td></tr>
<tr><td>未调节返料量扣10分</td><td></td><td></td><td></td></tr>
<tr><td>石灰石系统未进行观察扣5分</td><td></td><td></td><td></td></tr>
<tr><td>返料系统堵塞处理方法不正确扣10分</td><td></td><td></td><td></td></tr>
<tr><td>清焦方法不正确扣5分</td><td></td><td></td><td></td></tr>
<tr><td>给煤量调节不到位扣5~10分</td><td></td><td></td><td></td></tr>
<tr><td>未对锅炉负荷进行调整扣5分</td><td></td><td></td><td></td></tr>
<tr><td>床温控制方法不正确或未进行汇报、申请停炉均扣10分</td><td></td><td></td><td></td></tr>
<tr><td>未合理调整燃料的粒径扣5分</td><td></td><td></td><td></td></tr>
<tr><td>未检查系统的正常性扣3分</td><td></td><td></td><td></td></tr>
<tr><td>未记录扣2分</td><td></td><td></td><td></td></tr>
<tr><td rowspan="2">3</td><td rowspan="2">安全及其他</td><td>按国家法规或企业规定</td><td rowspan="2"></td><td>违规者停止操作，该题不得分</td><td></td><td></td><td>—</td><td></td></tr>
<tr><td>在规定时间内完成操作</td><td>超时停止操作，未完成的考核要点按评分标准扣分</td><td></td><td></td><td>—</td><td></td></tr>
<tr><td colspan="3">合　计</td><td>100</td><td></td><td></td><td></td><td></td><td></td></tr>
</table>

试题54：床温低处理（现场模拟）

（考核时间：10min）

<table>
<tr><th>序号</th><th>考核内容</th><th>考核要点</th><th>配分</th><th>评分标准</th><th>检测结果</th><th>扣分</th><th>得分</th><th>备注</th></tr>
<tr><td rowspan="2">1</td><td rowspan="2">准备工作</td><td>穿戴劳保用品</td><td>3</td><td>未穿戴整齐扣3分</td><td></td><td></td><td></td><td></td></tr>
<tr><td>工具、用具准备</td><td>2</td><td>工具选择不正确扣2分</td><td></td><td></td><td></td><td></td></tr>
<tr><td rowspan="4">2</td><td rowspan="4">床温低处理</td><td rowspan="4">正常运行中，锅炉床温维持在830~890℃。温度太高或太低均不利于脱硫。
床温太低，对燃料着火和燃烧不利，会增加飞灰含碳量。正常运行中，保持给煤量和风量的稳定。一旦发现床温有不断下降趋势，应提前采取措施，不然待床温已经很低时才处理，往往需要较长时间来恢复。</td><td rowspan="4">95</td><td>无法表达出正常规定床温扣10分</td><td></td><td></td><td rowspan="4"></td><td></td></tr>
<tr><td>未保持给煤量和给风量的平衡扣10分</td><td></td><td></td><td></td></tr>
<tr><td>在床温下降前没有及时调整扣10分</td><td></td><td></td><td></td></tr>
<tr><td>未进行一、二次风调节扣5分</td><td></td><td></td><td></td></tr>
</table>

续表

序号	考核内容	考核要点	配分	评分标准	检测结果	扣分	得分	备注
		提高床温方法一：调节一、二次风比例，即在保证充分流化的前提下，减少一次风量，增加二次风量(总风量不变)。 提高床温方法二：适当提高床压并保持一次风量不变。 提高床温方法三：在保证烟气 SO_2 排放合格的前提下，适当减少石灰石量。 提高床温方法四：适当加负荷，即通过增加给煤量和风量，进而增加炉膛热负荷。 提高床温方法五：停用飞灰再循环。 提高床温方法六：调整煤种和煤颗粒度，一般改烧较好的煤，并适当调粗煤颗粒		一、二次风比例不合适扣 5 分				
				风量调整方法不正确扣 5 分				
				未适当提高床压扣 10 分				
				未对石灰石系统进行合理调整扣 5 分				
				未对锅炉负荷进行调整扣 10 分				
				不会停用飞灰再循环扣 7 分				
				未合理调整燃料的粒径扣 5 分				
				未检查系统的正常性扣 10 分				
				未记录扣 3 分				
3	安全及其他	按国家法规或企业规定		违规者停止操作，该题不得分			—	
		在规定时间内完成操作		超时停止操作，未完成的考核要点按评分标准扣分			—	
合计			100					

试题 55：返料器吹空形成烟气旁路故障处理(现场模拟)

(考核时间：20min)

序号	考核内容	考核要点	配分	评分标准	检测结果	扣分	得分	备注
1	准备工作	穿戴劳保用品	3	未穿戴整齐扣 5 分				
		工具、用具准备	2	工具选择不正确扣 2 分				
2	故障处理	增加石灰石给料量；调整石灰石粒径；补充床料，往炉膛加入底渣等；如床温和返料器超标，先减负荷，甚至停炉；多加煤少加焦，调整床压；调整燃料量的粒径；调整煤种(使用灰分大的煤种)；调整炉膛风压；适当增加流化风量	95	未增加石灰石给料量扣 10 分				
				未调整石灰石粒径扣 10 分				
				未补充床料扣 15 分				
				在床温和返料器超标时，未采取先减负荷处理扣 15 分				
				加入煤、焦比例不正确扣 10 分				
				未调整燃料的粒径扣 10 分				
				未说明可以采用灰分大的煤种来调整床层运行状况扣 5 分				
				未适当增加流化风量扣 10 分				
				未调节炉膛风压扣 10 分				
3	安全及其他	按国家法规或企业规定		违规者停止操作，该题不得分			—	
		在规定时间内完成操作		超时停止操作，未完成的考核要点按评分标准扣分			—	
合计			100					

试题56：返料器工作异常处理(现场模拟)

（考核时间：10min）

序号	考核内容	考核要点	配分	评分标准	检测结果	扣分	得分	备注
1	准备工作	穿戴劳保用品	3	未穿戴整齐扣5分				
		工具、用具准备	2	工具选择不正确扣2分				
2	操作步骤	返料器的二次燃烧。一般通过控制炉膛燃烧温度的方式解决或对立管进行冷却，降低灰温。形成烟气旁路。一般应停止返料风，对返料器加料封堵，重建物料分离循环之后，再投返料风，使返料器恢复工作。 返料器积料过多，投入后引起床温突降或细煤着火，床温飞升。一般在投入时返料器采用脉冲间断式投入，直到灰温接近床温时，再自动投放。如上述处理无效，停炉处理	65	未判断出原因扣5分				
				未调整返料器流化风扣10分				
				未观察返料情况扣10分				
				未监视床温、床压情况扣10分				
				未现场检查扣5分				
				未进行安全防护工作扣10分				
				未进行风量调整扣5分				
				未申请停炉扣5分				
3	注意事项	注意床温的变化，严禁出现床温大幅度下降；在处理返料装置故障中，处理幅度应缓慢，避免炉膛烟气走捷径进入分离器；在处理过程中应保持负荷的稳定性	30	未说明注意床温扣5分				
				处理动作过大，但未造成影响生产扣5分				
				处理动作过大，造成影响生产扣15分				
				未说明保持负荷稳定扣5分				
4	安全及其他	按国家法规或企业规定		违规者停止操作，该题不得分			—	
		在规定时间内完成操作		超时停止操作，未完成的考核要点按评分标准扣分			—	
合　计			100					

第三部分

技师/高级技师

一、石油石化职业资格等级标准（技师工作要求）

职业功能	工作内容	技能要求	相关知识
一、工艺操作	（一）锅炉启动前的准备	1. 能进行机组冷态调试 2. 能进行机组热态调试 3. 能实施锅炉动力场的试验 4. 能实施锅炉热平衡试验 5. 能完成制备燃料系统试验 6. 能完成大修后的启动前确认工作 7. 能进行开炉计划的实施和相关工种配合工作	1. 汽轮机启动过程暖管、暖机的要求 2. 反渗透基本原理 3. 软化水的生产过程 4. 离子交换系统生产原理 5. 操作流程的确认 6. 锅炉调试的指标 7. 锅炉热平衡试验标准
	（二）锅炉启动操作	1. 能按锅炉升压曲线和受热面壁温进行控制调整 2. 能执行机组整体开机方案 3. 能处理除氧器运行工况对锅炉运行的影响 4. 能处理高压加热器运行工况对锅炉运行的影响 5. 能完成锅炉热力试验 6. 能进行锅炉承压设备的化学清洗工作 7. 能进行安全阀校验操作	1. 锅水、蒸汽品质化验项目 2. 高加系统的启停对锅炉运行的影响 3. 除氧器简单工作原理 4. 开机方案的编写 5. 锅炉给水系统的组成及设备作用
	（三）锅炉正常操作	1. 能提出提高蒸汽动力循环经济性的具体措施 2. 能对燃料的燃烧调整 3. 能根据锅炉燃烧设备的工作特性进行调节 4. 能处理蒸汽热焓与锅炉参数的关系 5. 能独立处理和解决技术难题 6. 能指导锅炉及辅助岗位日常的操作 7. 能根据汽轮机或炼油、化工装置生产工况发生重大变化时临时制定锅炉所有岗位处理方案 8. 能根据燃料元素和工业成分组织一、二次风、其他风的风量、风速和温度的调整 9. 能进行给水三冲量调节	1. 煤粉细度分析方法 2. 发电机工作原理 3. 锅炉结焦的机理 4. 汽轮机的工作原理 5. 燃料的特性指标 6. 燃料的焦结性分析 7. 提高机组朗肯循环途径 8. q_2、q_3、q_4三者关系的确定
	（四）锅炉停运操作	1. 能组织完成锅炉大修前的吹扫工作 2. 能组织完成锅炉大修前的隔离（盲板）工作 3. 能根据锅炉停用时间安排燃料的清扫工作 4. 能根据机组停机方式制定锅炉降压速度 5. 能降低停炉助燃油的消耗	1. 蒸汽管道的保护 2. 大修停炉安全评估 3. 锅炉降压曲线的确定 4. 油枪雾化角的确定
二、设备使用与维护	（一）设备的使用	1. 能提出提高锅炉热经济性的措施 2. 能实施锅炉使用寿命管理的有关内容 3. 能根据锅炉受热面温度分析受热面积灰程度 4. 能组织人员对大修后的设备进行验收工作 5. 能在锅炉运行中组织实施减轻锅炉磨损的优化操作 6. 能在锅炉运行中组织实施防止锅炉受热面腐蚀的具体工作 7. 能根据尾部受热面情况分析和制定防止低温腐蚀方案	1. 安全环保有关制度 2. 能组织开展 QC 活动 3. 能组织开展技术攻关项目 4. 设备保养制度 5. 能处理排烟温度和低温腐蚀的关系 6. 汽包内部的检验内容 7. 受热面管子的检验内容

续表

职业功能	工作内容	技能要求	相关知识
	（二）运行设备的维护	1. 能对一般设备进行维修 2. 能查出锅炉整体设备运行中存在的隐患，并提出整改方案 3. 能在运行中确定轴承运行状况的好坏 4. 能在锅炉运行中处理过热器轻度结渣 5. 能在锅炉运行中减轻水冷壁的灰污	1. 编写设备运行中部分设备检修隔离方案 2. 金属材料基本常识 3. 滑动轴承的特性 4. 滚动轴承的种类
	（三）停运设备的维护	1. 能完成锅炉主要设备检修后的验收 2. 能准确、安全允许大修工作实施 3. 能查明锅炉受热面情况与锅炉运行调整的关系 4. 能根据锅炉停用时间安排锅炉的保养工作 5. 能提出设备大修和改进意见 6. 能配合进行锅炉检验 7. 能按操作要求进行受热面的钝化处理	1. 设备验收标准 2. 大修计划的确定 3. 设备检修技术要求 4. 锅炉汽包钝化膜的检查 5. 给水和蒸汽管道保温和支吊架及补偿器的规定
三、事故判断与处理	（一）判断事故	1. 能根据受热面爆管口分析锅炉运行状况和事故原因 2. 能进行锅炉启停过程中联箱膨胀卡涩或异常的分析判断 3. 能判断汽水共腾原因	1. 锅炉受热面爆管口宏观方面进行分析 2. 会编写反事故演练方案 紧急预案的编写
	（二）处理事故	1. 能处理锅炉安全阀故障 2. 能处理锅炉联箱膨胀故障 3. 能组织复杂的事故应急预案的演练 4. 能组织人员实施发电企业典型应急预案 5. 能组织人员实施石化企业典型应急预案 6. 能处理汽水共腾 7. 能处理给水流量中断 8. 能处理电网甩负荷故障 9. 能进行控制系统和仪表电源中断故障处理	1. 锅炉事故紧急预案启动的组织方法 2. 汽轮机转子叶轮汽蚀分析 3. 蒸汽管道和汽轮机叶轮结垢原因分析
四、绘图与计算	（一）绘图	1. 能识读锅炉主要辅机结构图 2. 能绘制技术改进图 3. 能识读简单装配图	1. 会识读锅炉主要电气设备简单线路图 2. 会识读锅炉主要仪表简单原理图
	（二）计算	1. 能计算锅炉净效率 2. 能计算供热标准煤耗 3. 能利用回热循环的组成计算经济指标	1. 能利用朗肯循环的组成计算经济指标 2. 能计算发电标准煤耗 3. 能计算供电标准煤耗
五、管理		1. 锅炉经济指标分析 2. 发电煤耗偏差分析 3. 发电机组可靠性管理一般知识 4. 能编写锅炉操作票 5. 具有锅炉清洁生产一般知识 6. 能进行班组成本管理 7. 达到协调各岗位的操作的水平	1. 能编写大修吹扫方案 2. 熟悉设备保养制度 3. 具有一定的触电、烫伤等急救知识 4. QC 质量管理 5. TnPM 管理 6. HSE 管理
六、培训与指导		1. 能进行技术讲座 2. 能组织开展事故演练并能总结、讲评 3. 能编写本工种培训大纲，并组织实施	具有一定职工培训理念

二、石油石化职业资格等级标准(高级技师工作要求)

职业功能	工作内容	技 能 要 求	相 关 知 识
一、工艺操作	(一)锅炉启动前的准备	1. 能编制锅炉各种试验方案 2. 能编写、审核开机方案 3. 能对锅炉设备进行常规的消缺处理	1. 能参与机组整体试验 2. 锅炉试验方案的编制 3. 金属材料蠕变分析
	(二)锅炉启动操作	1. 能在启动中对锅炉及锅炉相关设备进行统筹指挥 2. 能指挥新设备的试运行和投产工作 3. 能进行煮炉、酸洗工作 4. 能指导其他类型锅炉进行启动操作	
	(三)锅炉正常操作	1. 能对锅炉生产进行优化指挥 2. 能提出发电机组优化方案 3. 能指挥锅炉节能操作 4. 能提出锅炉清洁生产方案并组织实施 5. 能指导其他类型锅炉优化生产 6. 具有调整技术全面、燃烧调整技术精湛能力	
	(四)锅炉停运操作	1. 能全面指挥锅炉及电除尘、除灰除渣、脱硫、干灰处理、渣浆泵、油泵等岗位的停运操作 2. 能指导其他锅炉进行停运工作 3. 能使用微机控制对锅炉进行调整	
二、设备使用与维护	(一)设备的使用	1. 能完成锅炉寿命评估工作 2. 能进行锅炉金属技术监督工作 3. 能提出锅炉设备使用状况的分析报告	1. 锅炉常用钢材的使用温度规范和性质 2. 锅炉动设备的检修 3. 锅炉静设备的检修 4. 锅炉承压设备的检修
	(二)运行设备的维护	1. 能指导和控制好锅炉启动、停用和运行中的汽温、汽压和水位等主要参数的变化 2. 能通过现场检查和运行分析，及时发现并纠正不合理的运行方式	
	(三)停运设备的维护	1. 能制定确保检修安全的临时措施 2. 能对设备检修和检验	
三、事故判断与处理	(一)判断事故	1. 能解决锅炉及相关设备和工艺的疑难故障 2. 能编写锅炉各种故障分析例案 3. 能对电力系统相关事故分析总结 4. 能利用排除法分析事故	1. 事故的机理分析 2. 事故的管理 3. 事故的概论
	(二)处理事故	1. 能消除锅炉可以消除的隐患 2. 能处理生产调度系统事故 3. 具有针对性地做好事故预测，具有对复杂和不常见的事故妥善处理的能力	
四、绘图与计算	(一)绘图	1. 能编制系统网络图 2. 能参与审定技术改造图	锅炉整体安装资料
	(二)计算	1. 能够进行锅炉设备净效率计算 2. 能利用反平衡和正平衡计算锅炉效率	热电厂的生产成本

续表

<table>
<tr><th>职业功能</th><th>工作内容</th><th>技 能 要 求</th><th>相 关 知 识</th></tr>
<tr><td rowspan="2">五、管理</td><td>（一）生产管理</td><td>1. 能进行热电厂经济指标分析
2. 能采用电厂可靠性管理模式进行管理
3. 能制定劳动竞赛方案并组织实施
4. 能进行专业资料积累和管理
5. 能编写锅炉运行总结，事故分析报告和技术档案
6. 能掌握锅炉各类资料
7. 能独立编制锅炉启动措施和运行规程</td><td>1. 质量管理
2. 经济活动分析方法
3. 锅炉压力容器监督</td></tr>
<tr><td>（二）质量管理</td><td>1. 能组织职工开展 QC 活动
2. 能运用质量管理内涵，开展质量管理活动</td><td>先进管理方法</td></tr>
<tr><td>六、培训与指导</td><td colspan="2">1. 能宣讲国内外事故案例
2. 能对国内外新技术、新设备、新工艺和新管理进行学习传播
3. 指导中级、高级和技师的技能培训和传授技艺</td><td>培训计划和大纲的编写方法</td></tr>
</table>

三、理论知识鉴定要素细目表

<table>
<tr><th colspan="6">鉴 定 范 围</th><th colspan="3">鉴 定 点</th></tr>
<tr><th colspan="2">一级</th><th colspan="2">二级</th><th colspan="2">三级</th><th rowspan="2">代码</th><th rowspan="2">名 称</th><th rowspan="2">重要程度</th></tr>
<tr><th>代码</th><th>名 称</th><th>代码</th><th>名 称</th><th>代码</th><th>名 称</th></tr>
<tr><td rowspan="17">A</td><td rowspan="17">基本要求</td><td rowspan="17">B</td><td rowspan="17">基础知识</td><td rowspan="2">A</td><td rowspan="2">记录填写基础知识</td><td>001</td><td>工艺台账填写</td><td>X</td></tr>
<tr><td>002</td><td>班组管理手册填写方法</td><td>X</td></tr>
<tr><td rowspan="4">B</td><td rowspan="4">识图基础知识</td><td>001</td><td>设备布置图基础知识</td><td>X</td></tr>
<tr><td>002</td><td>管道布置图基础知识</td><td>X</td></tr>
<tr><td>003</td><td>机械制图基础知识</td><td>X</td></tr>
<tr><td>004</td><td>装配图内容</td><td>X</td></tr>
<tr><td rowspan="3">C</td><td rowspan="3">质量基础知识</td><td>001</td><td>ISO 9000 族标准质量管理审核的依据</td><td>X</td></tr>
<tr><td>002</td><td>ISO 9001 族标准质量管理审核的特点</td><td>X</td></tr>
<tr><td>003</td><td>ISO 9001 标准质量管理体系的总体思路</td><td>Y</td></tr>
<tr><td rowspan="3">D</td><td rowspan="3">计算机基础知识</td><td>001</td><td>数据库的概念</td><td>X</td></tr>
<tr><td>002</td><td>数据表的建立</td><td>Y</td></tr>
<tr><td>003</td><td>PowerPoint 课件的制作</td><td>Y</td></tr>
<tr><td rowspan="3">E</td><td rowspan="3">生产管理</td><td>001</td><td>生产的管理</td><td>X</td></tr>
<tr><td>002</td><td>设备的管理</td><td>X</td></tr>
<tr><td>003</td><td>现场的管理</td><td>X</td></tr>
<tr><td rowspan="2">F</td><td rowspan="2">编写技术文件</td><td>001</td><td>生产总结报告的常用格式</td><td>Y</td></tr>
<tr><td>002</td><td>技术论文的结构内容</td><td>X</td></tr>
</table>

续表

鉴定范围						鉴定点		
一级		二级		三级		代码	名称	重要程度
代码	名称	代码	名称	代码	名称			
						003	技术论文标题拟订的基本原则	X
						004	技术论文摘要拟订的基本原则	X
						005	技术论文编写的基本要素	X
						006	装置标定报告主要内容	X
						007	装置验收报告主要内容	X
						008	工艺技术规程主要内容	Z
						009	岗位操作法的主要内容	Y
						010	检修方案的主要内容	Y
						011	开工方案的主要内容	Y
						012	停工方案的主要内容	X
				G	技术改造	001	技术改造的目的	X
						002	技术改造的程序	X
						003	技术改造方案的主要内容	Y
						004	技术改造有关步骤	X
						005	技术改造申请书的编写格式	Z
						006	技术革新成果的鉴定知识	X
						007	技术改造的注意事项	X
						008	技术革新成果报告的主要内容	Z
				H	培训与指导	001	专项培训方案制订的要求	Y
						002	培训教学常用方法	Y
						003	培训教案编写的要求	X
						004	培训教学的组织实施	X
						005	评估培训效果的意义	Z
				I	流体力学基础知识	001	液体的稳定流动	X
						002	液体的连续流动	Z
						003	流体的静压	X
						004	层流的概念	Y
						005	紊流的概念	Y
				J	工程热力学基础知识	001	饱和温度与饱和压力的关系	X
						002	影响气体比热容的因素	Y
						003	气体与蒸汽的流动	X
						004	稳定热传导	Y

续表

鉴定范围						鉴定点		
一级		二级		三级		代码	名称	重要程度
代码	名称	代码	名称	代码	名称			
						005	影响传热的因素	X
						006	增加传热的方法	X
						007	并联、串联水泵的意义	X
				K	机械工程基础知识	001	电化学腐蚀的概念	Y
						002	电化学腐蚀的过程	Y
						003	齿轮变速原理	X
						004	液压机械原理	X
						005	链传动	X
						006	水泵的汽蚀余量	Y
						007	应力集中的概念	X
						008	离心泵的性能曲线	Z
				L	金属材料基本知识	001	合金元素在钢材中的作用	Y
						002	金属材料的显微结构性质	X
						003	钢的退火、正火	Y
						004	钢的淬火	Z
				M	热工仪表及自动装置	001	FSSS 系统工作原理	Y
						002	可编程控制系统	Y
						003	测量仪表准确度的概念	X
				N	计量基础知识	001	计量法的要求	X
						002	计量单位使用时的注意事项	X
						003	计量误差的概念	Y
				O	生产调度	001	电力系统故障	X
						002	电力系统调度	Y
				P	汽轮机基础知识	001	给水除氧方式和溶解氧指标	X
						002	汽轮机的启动方式	Y
						003	循环水生产过程	Z
						004	主蒸汽和再热蒸汽之间的关系	Y
				Q	电厂化学处理	001	炉外水处理和炉内水处理的关系	X
						002	锅内理化过程和水质调整	X
						003	化学监督的内容	Y
						004	化学除氧的工作原理	X

续表

鉴定范围						鉴定点		
一级		二级		三级		代码	名称	重要程度
代码	名称	代码	名称	代码	名称			
				R	电气基础知识	001	电动机的特性	Z
						002	变压器	Y
						003	发电机	X
						004	电力常识	X
						005	有关保护	Y
B	本专业知识	A	工艺操作	A	启动前准备	001	大修后强制循环泵充水目的	X
						002	水压试验合格条件	X
						003	工作票签发人应具备的条件	X
						004	化学清洗合格标准	X
						005	锅炉保护装置试验	X
						006	锅炉热效率试验	X
						007	管道冲洗工作	X
						008	联锁试验	X
						009	锅炉动力试验方法	X
						010	锅炉本体检修后的验收	X
						011	蒸汽吹管的方法	X
						012	无破坏性检验内容和方法	Y
						013	热力管道效率测试	Y
						014	锅炉燃烧调整试验	Z
						015	锅炉大修后的试验项目	X
						016	空气预热器漏风率试验方法	X
						017	锅炉排烟温度测试目的和方法	X
						018	锅炉烟气成分测定目的和方法	X
						019	飞灰、炉渣可燃物含量测定方法	X
				B	启动操作	001	漏风试验的方法	X
						002	锅炉动力场试验方法	X
						003	水压试验方案的制定	X
						004	电弧点火装置的工作过程	Y
						005	锅炉启动过程中循环倍率的变化	Y
						006	蒸汽侧影响汽温的因素	X
						007	灰分对锅炉运行影响的参数	X
						008	锅炉运行中受热面的磨损	X

续表

鉴定范围						鉴定点		
一级		二级		三级		代码	名称	重要程度
代码	名称	代码	名称	代码	名称			
						009	锅炉本体检修后的验收	X
						010	电除尘分部试验方法	Y
						011	减轻磨损的措施	X
						012	风机全特性试验的项目	X
						013	风机全特性试验的方法	X
				C	正常操作	001	收到基	X
						002	灰渣的组成	Y
						003	燃料炭粒燃烧区域分布	X
						004	灰渣物理热损失的形成规律	X
						005	电厂用煤质量标准	X
						006	影响燃料燃烧的因素	X
						007	锅炉热效率的相关指标	X
						008	气体燃料成分	X
						009	锅炉燃烧反应热力特性参数	Y
						010	气体燃料燃烧过程	X
						011	气体燃料火焰类型	Y
						012	空气干燥基的应用	Y
						013	入炉煤检斤管理	Z
						014	煤质对锅炉效率的影响	Z
						015	燃料油的静电特性	Y
						016	燃油燃烧过程中黑炭的形成	X
						017	灰的熔融性	X
						018	煤灰结渣性判断准则	Z
						019	汽压与汽包水位变化关系	X
						020	汽包锅炉燃烧过程调节系统机理	X
						021	汽压与主蒸汽温度变化关系	X
						022	负荷与汽压的变化关系	X
						023	锅炉储热能力与汽压变化关系	X
						024	锅炉燃烧惯性与汽压变化的关系	X
						025	给水自动调节原理	X
						026	主蒸汽温度自动调节原理	X
						027	燃烧自动调节原理	X

续表

鉴定范围						鉴定点		
一级		二级		三级		代码	名称	重要程度
代码	名称	代码	名称	代码	名称			
						028	污水处理	X
						029	减排	Y
						030	脱硫	X
						031	回转式空气预热器运行	Y
						032	经济负荷的概念	X
						033	提高锅炉效率方法	X
						034	燃烧调整与经济运行	X
						035	锅炉生产与环保	X
						036	降低固体未完全燃烧热损失的途径	X
						037	锅炉的热偏差	X
						038	锅炉受热面工质流动方式	X
						039	燃油燃烧器的配风应满足的条件	X
				D	停运操作	001	锅炉防冻	X
						002	停炉后煤粉仓的温度上升分析	Y
		B	设备使用与维护	A	设备使用	001	对流过热器管排列方式对传热的影响	Y
						002	离心式风机的特性曲线	X
						003	管道的技术规范	X
						004	NO_x排放控制方法	X
						005	影响NO_x排放的主要因素	X
						006	DCS 含义	X
						007	硫氧化物生成的过程	X
						008	锅炉离心式风机叶轮构造	Y
						009	轴流式风机的构造	X
						010	回转式空气预热器的组成	X
						011	回转式空气预热器传动装置特点	X
						012	伸缩式吹灰器的组成	X
						013	脉冲式安全阀工作原理	X
						014	弹簧式安全阀工作原理	X
						015	重锤式安全阀工作原理	X
						016	电除尘高压控制装置的作用	X
						017	锅炉π型布置的特点	X
						018	低压供电装置电机控制保护功能内容	X

续表

鉴定范围						鉴定点		
一级		二级		三级		代码	名称	重要程度
代码	名称	代码	名称	代码	名称			
						019	蒸汽参数与锅炉受热面布置的关系	X
						020	燃料性质对锅炉受热面的影响	X
						021	锅炉整体布置和整体布置方式	Y
						022	膜式水冷壁优点	X
						023	凝渣管的作用和结构	Y
						024	辐射过热器的布置型式	X
						025	联合式过热器热力特性	Y
						026	喷水式减温器保护套管作用	X
						027	波纹板分离器结构、工作原理	X
						028	水冷壁分成若干个回路的含义	X
						029	过热器分级、分段布置的意义	X
						030	锅炉承压部件检验方法	X
				B	设备维护	001	锅炉检修、安装质量与锅炉周期运行	Z
						002	锅炉运行热平衡试验	Y
						003	锅炉运行中硫酸盐的形成	Z
						004	锅炉运行中硫化物的形成	Z
						005	阀门关闭件与密封面的关系	Y
						006	离心泵运行维护内容	X
						007	电除尘运行中整流器检查内容	Y
						008	润滑剂的选择标准	X
						009	下降管带汽的危害	X
						010	锅炉气体腐蚀过程	Y
						011	锅炉电化学腐蚀过程	Y
						012	锅炉汽水腐蚀过程	Y
						013	锅炉气体腐蚀防止方法	X
						014	锅炉电化学腐蚀防止方法	X
						015	炉膛漏风系数的测定	X
						016	运行中给水泵再循环管使用条件	X
						017	工作票许可人负责的事项	X
						018	锅炉备用时发生腐蚀的原因分析	X
						019	防腐方法的制定原则	X
						020	锅炉压力保护法的程序	X

续表

鉴定范围						鉴定点		
一级		二级		三级		代码	名称	重要程度
代码	名称	代码	名称	代码	名称			
						021	锅炉保养的工艺	X
						022	气体保护法的操作程序	X
						023	联氨保护法的操作步骤	X
						024	不合理烟气走廊的确定和消除方法	X
						025	干式保护法的操作步骤	X
		C	事故判断与处理	A	事故判断	001	锅炉风机跳闸故障分析	X
						002	空压机排气参数异常原因分析	X
						003	自然循环回路中的停滞、倒流分析	X
						004	自然循环回路中的分层现象分析	X
						005	锅炉燃料油跳闸保护动作的条件	X
						006	锅炉主机跳闸的条件	X
						007	锅炉主蒸汽温度异常原因分析	X
						008	锅炉主蒸汽压力异常原因分析	X
						009	锅炉灭火原因分析	X
						010	防止炉膛放炮对策	X
						011	锅炉再热蒸汽温度异常原因分析	X
						012	锅炉长期过热爆管金属分析	X
						013	锅炉短期过热爆管金属分析	X
						014	锅炉容易发生高温蠕变部位分析	X
				B	事故处理	001	电网周波异常处理规范	X
						002	主蒸汽压力异常处理	X
						003	过热器管壁超温处理规范	X
						004	下降管入口处自行汽化的防止方法	X
						005	水压试验中防止超压方法	X
						006	锅炉主蒸汽温度异常处理规范	X
						007	锅炉再热蒸汽压力异常处理规范	X
						008	锅炉灭火处理	X
						009	全厂电源中断事故处理规范	X
						010	锅炉汽水共腾事故处理规范	X
						011	锅炉再热蒸汽温度异常处理规范	X

续表

鉴定范围						鉴定点		
一级		二级		三级		代码	名称	重要程度
代码	名称	代码	名称	代码	名称			
		D	绘图与计算	B	计算	001	风机参数	X
						002	磨煤机装载量计算	X
						003	管道阻力	X
						004	锅炉传热	X
						005	锅炉损失	X
						006	锅水处理	X
						007	机组效率	X
						008	燃料消耗	X
						009	使用寿命	X
						010	机组利用率	X
						011	基础知识计算	X
C	煤粉锅炉模块	A	工艺操作	A	启动前准备	001	最佳钢球量的确定	X
						002	煤粉细度试验方法	X
						003	滚筒磨煤机钢球选择	X
						004	影响煤粉细度的因素	X
				B	启动操作	001	分离器性能试验方法	X
						002	锅炉点火后煤粉投入时间选择考虑因素	X
				C	正常操作	001	煤的特性指标	Y
						002	焦炭的概念	Y
						003	煤炭的燃烧过程	Y
						004	燃料特性与制粉出力	X
						005	煤粉经济细度含义及有关因素	X
						006	滚筒磨煤机出力影响因素	X
						007	中速磨煤机提高出力的条件	X
						008	风量的调节方法	X
						009	四角布置燃烧器气流偏斜调整	X
						010	中储式制粉系统锅炉燃料量调节方法	X
						011	高速磨煤机出力调整	X
						012	炉内燃烧的调节方法	X
						013	制粉系统漏风与出力的关系	Y
				D	停运操作	001	灰熔融特性的温度分类	X
						002	排粉机磨损的因素	Y

续表

鉴定范围						鉴定点		
一级		二级		三级		代码	名称	重要程度
代码	名称	代码	名称	代码	名称			
		B	设备使用与维护	A	设备使用	001	煤粉动力场试验方法	X
						002	锅炉点火后，煤粉投入时间选择考虑的因素	X
						003	热一次风和冷一次风系统的特点	X
						004	直吹式制粉系统特点	Y
						005	正压、负压制粉系统优缺点	Y
						006	直流燃烧器在结构上的特点	Z
		C	事故判断与处理	A	事故判断	001	全厂厂用电中断分析	X
						002	煤粉锅炉炉膛灭火分析	X
				B	事故处理	001	风扇磨煤机内部撞击处理	Z
						002	低周波处理	Y
						003	锅炉灭火事故后处理	X
D	CFB 锅炉模块	A	工艺操作	A	启动前准备	001	CFB 锅炉风量标定试验	Y
						002	炉膛流态化试验	Y
						003	流化床冷渣器冷态流化试验	Y
						004	二次风口风速调整试验	Y
				B	启动操作	001	CFB 锅炉燃烧优化试验	X
						002	石灰石系统优化试验	X
				C	正常操作	001	循环流化床压力平衡关系	X
						002	物料平衡和能量平衡关系	X
						003	焦炭颗粒的燃烧	Z
						004	床温控制的理念	X
						005	石灰石制备输送系统的运行优化	X
						006	燃烧辅助系统运行优化	Y
						007	循环流化床锅炉中压力分布情况	Y
						008	循环流化床锅炉中颗粒浓度分布情况	Y
				D	停运操作	001	水冷壁外弯管防磨办法	Z
						002	循环流化床锅炉中颗粒浓度分布情况	X
		B	设备使用与维护	A	设备使用	001	外置热交换器的结构	Y
						002	采用惯性分离锅炉的主要特性	Y
						003	循环流化床锅炉受热面布置原则	Z
		C	事故分析与处理	A	事故分析	001	回料阀磨损的原因分析	X
						002	造成耐火材料磨损的机理	Z
						003	旋风分离磨损的原因分析	X

续表

鉴定范围						鉴定点		
一级		二级		三级		代码	名称	重要程度
代码	名称	代码	名称	代码	名称			
				B	事故处理	001	回料装置的流化空气量减少处理	X
						002	床温超温的分析处理	X

四、理论知识试题

判断题

1. 表示设备上各管口以及支座、地脚螺栓等周向安装方位的图样，称为设备安装方位图。（✓）

2. 设备图中，如图  管道立面图，其平面图为 。（×）

正确答案：设备图中，如图  管道立面图，其平面图为 。

3. 装配图中，当序号的指引线通过剖面线时，指引线的方向必须与剖面线平行。（×）

正确答案：装配图中，指引线不应互相相交，当序号的指引线通过剖面区域时，指引线应尽量不与剖面线平行，必要时，允许将指引线画成折线，但只准折一次。

4. 只有 ISO 9000 质量保证模式的标准才能作为质量审核的依据。（×）

正确答案：只有 GB/T 9001 质量保证模式的标准才能作为质量审核的依据。

5. 数据库就是存储和管理数据的仓库。（×）

正确答案：数据库就是互相关联的、通用化较强的综合性的数据集合。

6. 字段就是一个数据项，二维表的每一行、每个字段的名称叫字段名。（×）

正确答案：二维表即关系模型，属于数据模型一个类型，表的每一行表示一个记录值或一个元组。

7. 建设项目中若有少量不影响正常生产的未完工程，在核定投资，限期完成的条件下，亦应进行竣工验收。（✓）

8. 技术改造的过程中竣工验收时应以基础设计为依据。（×）

正确答案：技术改造的过程中竣工验收时应以批准的项目建议书、可行性研究报告、基础设计(初步设计)和有关修改文件和专业验收确认的文件为依据。

9. 技术改造项目正式验收后要按照对技术经济指标进行考核标定，编写运行标定报告。（×）

正确答案：技术改造项目正式验收后要组织对技术改造进行后评估，总结技术改造的效果和经验，根据生产运行实际情况提出建议。

10. 流体中各点的压力和流速随时间而变化的流动，称稳定流动。（×）

正确答案：当流体经某空间的各液体质点所具有的运动基本要素随时间而变化，称为稳定流动。

11. 流体的黏滞性随温度升高而升高的特性，对电厂锅炉燃油输送和雾化是个有利因素。（×）

正确答案：流体的黏滞性随温度升高而降低的特性，对电厂锅炉燃油输送和雾化是个有利因素。

12. 液体的连续流动是指液体质点的空间位置时刻都在随着时间的变化而变化。（√）

13. 流体内任一点的静压力大小与作用面的方位有关。（×）

正确答案：流体内任一点的静压力大小与作用面的方位无关。

14. 当流体流速介于上、下临界流速之间时，流体的流动状态属于层流。（×）

正确答案：当流体流速介于上、下临界流速之间时，流体的流动状态属于紊流。

15. 润滑油在低流速时最容易产生层流。（√）

16. 流体的黏性越大，在低速运动时越容易产生紊流。（×）

正确答案：流体的黏性越大，在低速运动时越容易产生层流。

17. 空气在低速运动时最容易出现紊流。（√）

18. 处于饱和状态下的水蒸气，随着温度的下降，仍然处于饱和状态。（√）

19. 饱和温度是液体固有的属性，与压力没有关系。（×）

正确答案：饱和温度随着饱和压力的变化而变化。

20. 比热容是物体固有的属性，是个不变的常数。（×）

正确答案：比热容是物体固有的属性，是个状态量。

21. 气体比热容的大小与气体的体积和压力的大小没有决定性的关系。（√）

22. 气体在流动过程中如果流速增加，则压力必然上升；如果压力升高，那么速度必然上升。（×）

正确答案：气体在流动过程中如果流速增加，则压力必然下降；如果压力升高那么速度必然降低。

23. 汽轮机的喷嘴是利用气体的膨胀获得较高流速的设备。（√）

24. 气体做功的形式除了膨胀和压缩这类与系统的界面移动有关的功外，还有气体在开口系统中流动而传递的功，也就是推动功。（√）

25. 导热系数是物质固有的属性，不会随着外界温度的变化而变化。（×）

正确答案：虽然导热系数是物质固有的一种属性，但是它会随着外界温度的变化而变化，平时应用的导热系数大部分为平均导热系数。

26. 在稳定热传导中，温度的变化率和温差是同一个概念。（×）

正确答案：温度变化率是温度随着时间的变化的快慢而改变，温差仅仅就是与温度的变化的大小有关，没有随着时间变化的物体量。

27. 增加传热物体的温差可以提高传热效果的好坏，说明温差是决定热量传递的决定性因素。（×）

正确答案：决定传热效果的因素有很多，温差这是其中的一个，比如导热系数。

28. 水冷壁结焦会导致水冷壁吸收的热量减少，主要原因是焦的导热系数很小，阻碍了水冷壁吸热。（√）

29. 增加传热的办法只有选择导热性能比较好的材料。（×）

正确答案：增加传热的方法很多，增加受热面，加强对流等。

30. 国标规定，凡是平均温度不高于350℃，导热系数不大于0.12 W/(m·K)的材料称为保温材料。（√）

31. 电化学腐蚀和化学腐蚀两者的区别是当化学腐蚀发生时，金属表面存在隔离的阴极与阳极，有微小的电流存在于两极之间，电化学腐蚀则不形成微电池。（×）

正确答案：电化学腐蚀是金属表面有微电池，而化学腐蚀没有。

32. 金属在酸性很弱或中性溶液里，空气里的氧气溶解于金属表面水膜中而发生的电化学腐蚀，叫吸氧腐蚀。 （×）

正确答案：电化学腐蚀中有吸氧腐蚀和析氢腐蚀，空气中的氧气溶解于金属表面水中而发生的电化学腐蚀称吸氧腐蚀。

33. 腐蚀是指金属在水溶液中的腐蚀，是典型的电化学腐蚀，干腐蚀则是指在干气体（通常是在高温）或非水溶液中的腐蚀。 （√）

34. 变速齿轮传动的稳定性差。 （×）

正确答案：变速齿轮的传动和一般的齿轮传动一样稳定。

35. 齿轮传动的传动比和两个啮合齿轮的分度圆没有任何关系。 （×）

正确答案：齿轮的传动比和分度圆的直径的比有关系。

36. 液压原理的定义：在一定的机械、电子系统内，依靠液体介质的动压力，完成能量的积压、传递、放大，实现机械功能的轻巧化、科学化、最大化。 （×）

正确答案：液压机械的机械能量的传递依靠的是液体介质的静压力。

37. 液压机械装置一般由动力、执行、控制和辅助四部分组成。 （√）

38. 液压机械具有结构简单、布局灵活、控制方便、轻巧、调速范围宽，快速性能好，工作平稳、噪声小等特点。 （×）

正确答案：液压机械最大的特点就是质量轻，结构简单。

39. 链传动由链条和安装在垂直轴上的链轮组成，通过链条和链轮齿的连续不断地啮合传递运动和动力。 （×）

正确答案：链条传动的链轮安装在平行的轴上。

40. 因为链传动不是刚性传动，所以存在一点间隙。 （√）

41. 液体在一定温度下，降低压力至该温度下的汽化压力时，液体便产生气泡。把这种产生气泡的现象称为汽蚀。 （√）

42. 水泵发生汽蚀的条件是由泵本身决定的，与外界没有关系。 （×）

正确答案：泵发生汽蚀的条件是由泵本身和吸入装置两方面决定的。

43. 应力集中是受力零件或构件在形状、尺寸急剧变化的局部出现应力显著增大的现象。 （√）

44. 传动轴轴肩圆角、键槽、油孔和紧配合等部位，受力后均不会产生应力集中的现象。 （×）

正确答案：传动轴轴肩圆角、键槽、油孔和紧配合等部位，受力后均产生应力集中现象。

45. 纯铁具有很好的塑性和韧性，同样具有较好的强度，在其中加入合金元素主要是为了改变其性能。 （×）

正确答案：纯铁具有比较小的强度。

46. 在水泵性能曲线上，对于一个任意的流量点，都可以找出一组与其相对应的扬程、功率、效率以及汽蚀余量值。 （√）

47. 水泵的性能曲线都是在一定的流量条件下，以试验的方法求得的。不同的流量，有不同的性能曲线。 （×）

正确答案：水泵的性能曲线是在一定的转速条件下，以试验的方法求得的。不同的转速下有不同的性能曲线。

48. 离心泵的最佳效率点并不是最佳工况点。 (×)

正确答案：离心泵的最佳效率点就是最佳工况点。

49. 金属在固态情况下一般都是晶体，即原子在空间的排列呈规律性排列；而液态下，金属原子的排列并不规则。因此，金属结晶就是金属液态转变为晶体的过程，也就是金属原子由无序到有序的排列过程。 (√)

50. 铁素体和渗碳体组成的机械混合物称为珠光体。 (√)

51. 退火和正火在操作过程没有什么区别，最大的区别就是正火和退火的对象不同。 (×)

正确答案：退火和正火最大的区别在于在加热到某个适当的温度以后冷却的速度不一样，正火的速度较快，退火的速度慢点。

52. 含碳量高的钢在正火后硬度过高，使得其切削性能变差，而且正火难以消除内应力。 (√)

53. 将钢加热到某个适当的温度，保持一定的时间以后，使其急剧冷却的工艺称为淬火。 (√)

54. 钢材淬火后，可能使得其硬度和强度有了较大的提高，并改善了某些物理和化学性能。由于其冷却速度快，所以硬度、强度提高的同时塑性和韧性也有所提高。 (×)

正确答案：由于金属的急剧冷却，硬度和强度有较大提高，但同时使得金属会出现内应力，塑性和韧性都有所下降，所以在淬火后大都还要进行高温回火处理。

55. 实现炉膛安全监控的系统称为炉膛的安全监控系统(FSSS)。 (√)

56. FSSS 系统主要应用于锅炉稳定运行。 (×)

正确答案：FSSS 主要应用于锅炉启动，点火以及运行工况突变时监视有关参数变化，保护设备。

57. FSSS 具有根据一定的程序以及设备的运行条件完成锅炉的启动、升负荷、正常运行监控和事故连续保护等功能。 (√)

58. 可编程控制器的指令表达方式是采用功能名称的英文缩写字母作为辅助记符来表达 PLC 各种功能命令。 (√)

59. 测量准确度是表示测量结果与被测量值之间的差别程度。 (×)

正确答案：测量准确度是表示测量结果与被测量值之间的一致程度。

60. 国务院计量行政部门对全国计量工作不实施统一管理。 (×)

正确答案：国务院计量行政部门对全国计量工作实施统一管理。

61. 电力供电系统中指的故障是指任何能引起相导体和地之间绝缘能力降低的异常情况。 (√)

62. 电力系统其产、供、销过程要在一段较长的时间完成和平衡。 (×)

正确答案：电力系统其产、供、销过程在一瞬间同时完成和平衡。

63. 热力除氧和化学除氧效果完全一样，在通常情况下都可以代替使用。 (×)

正确答案：除氧器不仅仅是除去给水中的氧气，同样也是在加热给水，所以热力除氧是不能被化学除氧所代替的。

64. 将汽轮机转子从静止状态加速至额定转速，并将负荷逐步加到额定值的过程称为汽轮机的启动。 (√)

65. 研究汽轮机的合理启动方式，本质上就是研究汽轮机合理的升压方式。（×）

正确答案：研究汽轮机的启动方式的本质是研究汽轮机的合理升温方式。

66. 循环水重要控制的指标是循环水的水量大小。（×）

正确答案：循环水主要控制的指标是循环水的水温以及循环水的水质。

67. 闭式循环类型的循环水水量不会减少，可以一直重复利用。（×）

正确答案：闭式循环类型的循环，循环水水量会有一定的损失，主要是冷却过程的水量蒸发，循环水池的漏水。

68. 再热蒸汽是从汽轮机汽缸抽汽，然后回锅炉进行再热，提高蒸汽的温度和压力。（×）

正确答案：再热蒸汽在锅炉内二次加热目的是提高再热蒸汽的温度，但是压力在其加热过程中不变。

69. 磷酸盐加入锅炉锅水中主要是为了降低锅水的硬度，也就是除去锅水中的钙离子和镁离子。（√）

70. 磷酸盐可以除去锅水中的钙离子和镁离子，所以可以不计数量的投入。（×）

正确答案：虽然磷酸盐可以除去锅水中的钙镁离子，但是它能够增加锅水中的含盐量，提高了过热蒸汽的导电度。

71. 对于汽轮机设备来说，过热蒸汽的导电度、过热蒸汽钠、过热蒸汽硅都是非常重要的指标，超标就会出现汽轮机叶片结垢的现象。（√）

72. 三相异步电动机主要由转子和外壳组成。（×）

正确答案：三相异步电动机主要由定子（固定部分）和转子（转动部分）组成。

73. 变压器是将发电机发出的交流电电压升高，通过输电线向远距离输送电能，减少电能损失。（√）

74. 变压器是一种非电能传递装置。（×）

正确答案：变压器是一种电能传递装置。

75. 发电机的额定电流是该台发电机正常连续运行时的最小工作电流。（×）

正确答案：发电机的额定电流是该台发电机正常连续运行时的最大工作电流。

76. 锅水循环泵在大修后只需充一半以上的水。（×）

正确答案：锅水循环泵在大修后必须充满水。

77. 锅水循环泵电动机里的通路较复杂，注水时需要非常迅速。（×）

正确答案：锅水循环泵电动机里的通路较复杂，注水时需要非常缓慢。

78. 锅水循环泵电动机冲洗合格后，不必再向电动机注水。（×）

正确答案：锅水循环泵电动机冲洗合格后，应将电动机上部出水口封闭，然后继续向电动机注水，直至水从泵壳出口管放水门流出为止。

79. 工作票签发人必须是车间和检修班组的主要负责人。（×）

正确答案：工作票签发人必须是车间和检修班组的主要负责人和技术负责人。

80. 工作票签发人必须熟悉安全规程、检修规程和运行规程的全部内容。（×）

正确答案：工作票签发人必须熟悉安全规程、检修规程和运行规程中的有关部分。

81. 被清洗的金属表面形成完整的保护膜，经联氨钝化生成的保护膜应呈红色。（×）

正确答案：被清洗的金属表面形成完整的保护膜，经联氨钝化生成的保护膜应呈棕红色或棕褐色。

82. 被清洗的金属表面应清洁，无残留的氧化铁皮和焊渣，无二次浮锈，无点蚀和镀铜现象。（√）

83. 各主燃烧器点火条件是：轻油点火器点火许可所具备条件。（×）

正确答案：轻油点火器点火许可条件是：各主燃烧器点火所具备的必须条件。

84. 锅炉热效率试验的煤样可以不是锅炉进入落煤管的原煤样。（×）

正确答案：锅炉热效率试验的煤样应来自锅炉进入落煤管的原煤样。

85. 锅炉热效率试验中不得进行排污、吹灰、打焦、投油助燃等工作。（√）

86. 在冲洗减温水管道时，喷水式减温器同时参加。（×）

正确答案：喷水式减温器不参加减温水管道的冲洗。

87. 管道冲洗应使用工业水。（×）

正确答案：管道冲洗应使用除盐水或软化水。

88. 辅机联锁试验通常在动态下进行。（×）

正确答案：辅机联锁试验通常在静态下进行。

89. 根据锅炉辅机联锁程序先进行总联锁试验，再进行分联锁试验。（×）

正确答案：根据锅炉辅机联锁程序先进行分联锁试验，再进行总联锁试验。

90. 空气动力场试验过程中，当燃烧器喷口达到试验要求的计算风速时，炉膛和燃烧器喷口区域的速度场将与热态工况基本相似。（√）

91. 空气动力场试验只适用观测的内容包括旋流燃烧器和四角布置的直流燃烧器。（×）

正确答案：空气动力场试验适用于旋流燃烧器、四角布置的直流燃烧器和燃烧室的气流分布。

92. 大修后的本体验收就是指受热面的验收。（×）

正确答案：大修后锅炉本体验收包括锅炉受热面的验收和燃烧系统的验收。

93. 锅炉大修后，汽包所有检修工具、备件、检修废料等物件全部清除，汽包内装置就位，人孔封闭。（√）

94. 保压法吹管可以提高操作人员的调节水平。（√）

95. 在热力管道效率测试时每一个参数连续测试时间不得少于 10min.（×）

正确答案：在热力管道效率测试时每一个参数连续测试时间不得少于 30min. 。

96. 在热力管道效率测试时每一个点要测试 3 次以上。（√）

97. 锅炉大修后的试验项目中的安全门校验必须在冷态下进行。（×）

正确答案：锅炉大修后的试验项目中的安全门校验必须在热态下进行。

98. 空气预热器漏风率是指进入空气预热器烟气侧的空气质量与进入该烟道的烟气质量之比。（√）

99. 准确测试排烟温度是为提高经济运行和为设备改造提供依据。（√）

100. 电站常用的烟气在线监测设备适应在温度 5～45℃范围内工作，所以常安装在烟囱前。（√）

101. 烟气中的 SO_2 采用连续监测，其目的是保护环境。（√）

102. 飞灰取样点一般要装在炉膛出口。（×）

正确答案：飞灰取样测点一般安装在空气预热器后或者电除尘前水平烟道直管段下方。

103. 炉渣样应在排渣口获取。（√）

104. 用正压法检查锅炉漏风试验中，10min 内风压下降少于 1000Pa 即算合格。 （×）

正确答案：如果正压法漏风试验中，10min 内风压下降少于 500Pa 即算合格。

105. 锅炉动力场试验应得出调节挡板开度对炉内各种工况的影响数据。 （√）

106. 锅炉水压试验升压速度不超过 1.0MPa/min。 （×）

正确答案：锅炉水压试验升压速度不超过 0.3MPa/min。

107. 锅炉水压试验降压时，速度应均匀缓慢，一般降压速度为 0.3~0.5MPa/min。 （√）

108. 在超压水压试验时，升至试验压力并保持 5min，进行全面检查。 （×）

正确答案：超压水压试验时，升至试验压力并保持 5min，待降到工作压力后进行全面检查。

109. 采用点火装置点火，放电结束后，点火装置中的电容中剩余电荷会通过接地装置泄放电荷。 （√）

110. 电弧点火装置采用了小电流，高电压。 （×）

正确答案：电弧点火装置采用了大电流，低电压。

111. 自然循环锅炉启动过程的汽泡状流动的循环倍率大于环状流动的循环倍率。 （×）

正确答案：环状流动的循环倍率大于汽泡状流动的循环倍率。

112. 随着锅炉升压时间的增加，水冷壁内流速增加，循环倍率下降。 （×）

正确答案：随着锅炉升压时间的增加，水冷壁内流速增加，循环倍率上升。

113. 自然循环锅炉启动初期，受热面热负荷不大，水冷壁内产生汽化核心，这种循环状态称为汽泡状流动。 （√）

114. 锅炉运行中，蒸汽压力变化速度过快会使蒸汽温度发生变化。 （√）

115. 对于汽包锅炉而言锅炉负荷的增加，主蒸汽温度下降。 （×）

正确答案：对于汽包锅炉而言锅炉负荷的增加，主蒸汽温度也升高。

116. 在锅炉运行中对流受热面的积灰现象可以依靠烟气的速度完全避免。 （×）

正确答案：锅炉运行中对流受热面的积灰一般是无法避免的。

117. 当烟气流速增加一倍时，对流受热面管子的磨损速度会增加七倍。 （√）

118. 对流受热面的磨损严重部位在第一排管迎烟气 35°~45°的位置。 （×）

正确答案：对流受热面的磨损严重部位在第一排管迎烟气 30°~40°的位置。

119. 整体验收包括冷态验收和热态验收。 （√）

120. 加快烟气流速可以减轻磨损。 （×）

正确答案：控制烟气走廊的烟气流速是减轻磨损的重要途径。

121. 保持均等管距可以减少局部烟速过高的现象。 （√）

122. 风机轴端功率值应符合产品说明。 （√）

123. 风机试验分为全特性试验和运行试验。 （√）

124. 全特性试验是在锅炉热态时风机单独运行或并列运行条件下进行的。 （×）

正确答案：全特性试验是在锅炉冷态时风机单独运行或并列运行条件下进行的。

125. 锅炉运行中应提供干燥无灰基分析数据给运行操作人员。 （×）

正确答案：锅炉运行中应提供收到基分析数据给运行操作人员。

126. 收到基与应用基最大区别是一个包含外水分，一个不包含外水分。 （×）

正确答案：收到基原名为应用基，均包含外水分。

127. 灰渣中酸性氧化物和碱性氧化物的比值决定了输灰管道和设备结垢、腐蚀的速度。（√）

128. 灰渣中的 K_2O 和 Na_2O 只占总含量的2%左右，它们属于酸性氧化物，对锅炉受热面危害不大。（×）

正确答案：K_2O 和 Na_2O 均属于碱性氧化物，对受热面危害较大，对除尘器也会造成一定的影响。

129. 灰分成分数据可以预测和分析锅炉排渣、排灰系统的运行状况，但对锅炉运行作用不大。（×）

正确答案：通过灰分分析可以判断和防止灰渣对锅炉本体设备的侵蚀、结渣和积灰。

130. 炭粒燃烧区域分为动力区和扩散区两类。（×）

正确答案：炭粒燃烧区域分为动力区、扩散区和过渡区。

131. 炭粒的燃烧为多相燃烧。（√）

132. 燃料在燃烧过程逐步将热量全部释放出去，最后形成灰渣。（×）

正确答案：燃料在燃烧过程逐步形成灰渣，而灰渣的热量在炉内不可能全部释放出去，它会随着灰渣离开锅炉。

133. 灰渣物理热量分为表面热量和内在热量。（√）

134.《GB 5751—1986》中，从电厂安全经济运行考虑，将电厂用煤分为四大类。（√）

135. 当无法供应锅炉设计煤种时，可选用本煤种的其他类别供应。（×）

正确答案：当无设计煤种供应时，可选择挥发分高一级的煤种。

136. 固态排渣锅炉化学不完全燃烧热损失比较大，可达到4%~8%。（×）

正确答案：固态排渣锅炉化学不完全燃烧损失约为总热量的1%~3%。

137. 锅炉净效率是指锅炉热效率的基础上扣除自用汽、给水热能、自用电量之后的热效率值。（√）

138. 天然气主要成分是 CH_4。（√）

139. 气体燃料中可燃烧的成分有 N_2、CO_2、H_2O 等。（×）

正确答案：气体燃料中可燃烧的成分有 H_2、CO、H_2S、CH_4 和 C_mH_n。

140. 物质的浓度参数的提高会使燃烧反应能力提高。（√）

141. 炉膛内在一定温度下化学反应速度与燃料中所有参加反应物的浓度乘积成反比。（×）

正确答案：炉膛内在一定温度下化学反应速度与燃料中所有参加反应物的浓度乘积成正比。

142. 气体燃料燃烧过程分为两个最基本的阶段，即着火阶段和着火后的燃烧阶段。（√）

143. 反应能力高、温度高、压力高的气体，燃烧速度慢一些。（×）

正确答案：反应能力高、温度高、压力高的气体，燃烧速度快。

144. 燃气燃烧时将供给的空气切断，燃烧所需要的空气由自然风提供，此时，火焰增长，发出白色的亮光。（×）

正确答案：如果依靠自然供风，此时，火焰增长，火焰呈黄色，冒黑烟。

145. 扩散火焰是依靠可燃气体与空气中的氧相互扩散来完成的燃烧过程。（√）

146. 通过燃烧器底部提供足够的空气，空气和可燃气体在管道内充分混合，此时的火焰强，火焰温度高，不冒黑烟。（√）

147. 空气干燥基固定炭是除去水分和灰分后的残留物，它属于一个重要指标。（×）

正确答案：空气干燥基固定炭是除去水分、灰分和挥发分后的残留物，它属于一个重要指标。

148. 锅炉的每月燃料使用量应根据煤水分的变化进行规定公式的调整，消除库存煤量的虚增。（√）

149. 当原煤含水量增加到15%时，锅炉热效率保持不变。（×）

正确答案：煤含水量增加到15%时，锅炉热效率下降1.5%。

150. 煤中的硫对设备会造成腐蚀，还会污染环境，降低社会效益，煤中硫每增加1%，燃用1t煤就会多排放20kg的SO_2气体。（√）

151. 燃油储存和运输过程中容易产生静电，因此，必须安装避雷装置。（×）

正确答案：接地装置和避雷装置作用不同，接地装置可将静电引入地层，而避雷装置是将雷电产生的电位冲击波沿规定的跨线、接地进入防雷电感应的接地装置上。

152. 重油燃烧冒黑烟的原因是部分高分子烃在500℃以上高温下裂解成炭黑，炭黑被烟气带走。（√）

153. 灰的熔融特性不影响受热面的布置。（×）

正确答案：灰的熔融特性影响炉膛出口温度的选择及受热面的布置。

154. 煤灰的熔融特性是判断锅炉运行中是否会结渣的主要因素之一。（√）

155. 硅铝比$2SiO_2/Al_2O_3=1.18$时不会结焦，当大于或小于1.18时，有自由SiO_2存在并可能与CaO、MgO、FeO形成共晶体，使煤灰熔化温度降低，产生结焦。（×）

正确答案：当大于1.18时，容易结焦。

156. 锅炉强化燃烧时，汽包水位暂时下降，然后又上升。（×）

正确答案：母管制锅炉强化燃烧，汽包水位先上升后下降。

157. 燃烧调节系统投入时应先投入引风，再投入燃料和送风系统，三个系统全部投入后该系统开始工作。（√）

158. 燃料调节中将燃料和风的配比与烟气含氧量以函数关系增减。（√）

159. 锅炉压力越高，升高单位压力时相应的饱和温度上升幅度越大。（×）

正确答案：随着压力升高，相应单位压力的饱和温度上升幅度越小。

160. 汽压降低时，过热汽温降低。（√）

161. 母管制锅炉协调性失调时，汽压高的锅炉，负荷会增加。（√）

162. 负荷变化速度越快，引起汽压变化速度越慢。（×）

正确答案：负荷变化速度越快，引起汽压变化速度越快。

163. 汽包锅炉的储热能力比同容量直流锅炉的储热能力大。（√）

164. 当炉内温度较高，化学反应速度较快，而物理混合速度较小时，燃烧速度的大小决定于炉内气体的扩散情况，这种燃烧情况称扩散燃烧。（√）

165. 锅炉燃烧设备的惯性大，当负荷变化时，恢复汽压的速度较快。（×）

正确答案：锅炉燃烧设备的惯性大，在变工况或经受内、外扰动时，锅炉汽压恢复的速度就越慢。

166. 给水三冲量调节指的是汽包水位、给水压力和给水流量。（×）

正确答案：给水三冲量调节指的是汽包水位、蒸汽流量和给水流量。

167. 蒸汽流量为三冲量自动调节中的导前脉冲信号。（√）

168. 减温器后的汽温为超前信号，如果这个信号能够稳定，那么，主蒸汽温度基本就能保持稳定。（×）

正确答案：减温器后的汽温稳定就能使该段出口汽温基本稳定。

169. 在单元制机组燃烧调整控制中，燃料量调节是在对主控指令和进风量进行比较后，在两者变化幅度为依据进行。（✓）

170. 燃烧器自动调节中燃烧调节器接受主信号和蒸发量与给水流量差值信号，并向送风机发出信号。（×）

正确答案：燃烧调节器要接受主信号和蒸发量与汽压变化的综合信号，并向送风机发出信号。

171. 灰场排水主要控制指标是：灰渣、灰水混合物、悬浮物以及工业用水。（×）

正确答案：灰场排水主要控制指标是：pH 值、悬浮物、氟化物、含砷量及各种重金属元素含量。

172. 提高碎渣机对灰渣的破碎能力，可防止大块灰渣堆积渣沟．增大渣沟流动的阻力和保持合适的冲渣水压力，以能冲动灰渣为宜均可以使冲渣水量降低。（✓）

173. 从设备维护角度方面可以采取提高设备的完好率和减少二次尘源来达到减排目的。（✓）

174. 回转式空气预热器运行时，转子要运转平稳无异常摩擦声，电流无大幅度变化。（✓）

175. 在经济负荷以上，锅炉效率随负荷的增加而降低。（✓）

176. 对于某一台锅炉，排污水量越多，锅炉的有效利用热量越多，导致锅炉效率升高。（×）

正确答案：对于某一台锅炉，排污水量越多，导致锅炉效率降低。

177. 提高过热蒸汽参数是提高机组经济性的重要途径，所以过热蒸汽温度的提高是不受限制的。（×）

正确答案：提高过热蒸汽参数是提高机组经济性的重要途径，但是过热蒸汽温度的提高是受金属材料的限制的。

178. 锅炉燃烧调整试验目的是为了掌握锅炉运行的技术经济特性，确保锅炉燃烧系统的最佳运行方式，从而保证锅炉机组安全经济运行。（✓）

179. 锅炉在不同的稳定工况下，参数之间的变化关系称为锅炉的动态参数。（×）

正确答案：锅炉在不同的稳定工况下，参数之间的变化关系称为锅炉的静态参数。

180. 电厂烟气、污水、灰渣的排放情况属于环境监督主要内容。（✓）

181. 煤燃烧后产生的烟尘、SO_2、NO_x、N_2O、CO、C_xH_y 及 CO_2 等气体绝大部分都会对大气环境造成污染。（×）

正确答案：煤燃烧后产生的烟尘、SO_2、NO_x、N_2O、CO、C_xH_y 及 CO_2 等气体都会对大气环境造成严重污染。

182. 影响锅炉灰渣物理热损失的主要因素是燃料中的灰分含量、炉渣占总灰分的份额和排渣方式。（✓）

183. 各种燃烧类型的锅炉固体未完全燃烧热损失基本一样。（×）

正确答案：悬浮燃烧锅炉比层燃锅炉的固体未完全燃烧热损失要小。

184. 降低炉内火焰中心的高度可以减少热偏差。（×）

正确答案：降低炉内火焰中心对减少热偏差没有什么影响。

185. 下降管含汽的原因是下降管进口处水自行汽化、下降管进口处上部形成旋涡斗或者汽包水容积含汽。 (√)

186. 循环锅炉低负荷运行时容易发生蒸发管内的停滞和倒流。 (×)

正确答案：自然循环锅炉低负荷运行时容易发生蒸发管内的停滞和倒流。

187. 降低燃烧器阻力，提高风速，可以使燃油锅炉后期混合加强。 (√)

188. 离燃油燃烧器越远，其气流速度越快，气油混合就越好。 (×)

正确答案：离燃油燃烧器越远，其气流速度越慢，气油混合就越困难。

189. 停炉后的煤粉仓温度急剧升高的原因是煤粉缓慢氧化放热。 (×)

正确答案：停炉后的煤粉仓温度急剧升高的原因是煤粉自燃的结果。

190. 停炉后的煤粉仓出现自燃情况下应该投入消防水灭火。 (×)

正确答案：对于煤粉仓的消防灭火不能使用消防水。

191. 逆流式对流受热面具有最大的传热温度，但蒸汽出口正好处于受热面中烟气和蒸汽温度最高的地方。 (√)

192. 顺流布置的过热器蒸汽出口温度高，金属壁温比较高。 (×)

正确答案：顺流布置的过热器蒸汽出口温度低，金属壁温比较低。

193. 风机的特性曲线是通过运行调整来确定。 (×)

正确答案：风机的特性曲线是通过试验方法确定。

194. 管道的布置应有 10‰倾斜度。 (×)

正确答案：管道的布置应有 2‰倾斜度。

195. 压力管道走向、坡度、膨胀指示器、蠕胀测点、监督段、支吊架装置和偏装等应符合 DL. 647-1998 要求。 (√)

196. 热力型 NO_x 形成主要控制因素是温度。 (√)

197. 在 1050℃以下时，热力型 NO_x 生成量很少。 (×)

正确答案：锅炉在 1350℃以下时，热力型 NO_x 生成量很少。

198. NO_x 形成的途径主要有两条，一是有机地结合在煤中的杂环氮化物在高温火焰中发生热分解，并进一步氧化而成 NO_x；二是供燃烧用的空气中的氮气在高温状态与氧发生化学反应而生成 NO_x。 (√)

199. DCS 能使机炉电化协调控制，实现全方位无人操作。 (×)

正确答案：DCS 能将各站之间从总体功能及优化处理方面充分的协调。

200. 燃烧反应中二氧化硫与火焰中的原子状态进行氧化反应，会生成三氧化硫。 (√)

201. 氧化铁或氧化钒是抑制三氧化硫生成的元素。 (×)

正确答案：氧化铁或氧化钒是使三氧化硫产生的催化剂。

202. 导流器就是风机出口风门。 (×)

正确答案：导流器就是风机入口挡板。

203. 离心式风机主要由动静两部分组成。转动部分有风轮和转轴；静止部分由风壳、轴承、支架、导流器、集流器和扩散器组成。 (√)

204. 轴流式风机有四种基本型式，即无静叶型、后置静叶型、前置静叶型、前后双静叶型。 (√)

205. 前置静叶型轴流风机即在机壳中有叶轮和出口导叶为一体。（×）

正确答案：前置静叶型轴流风机即在机壳中有叶轮，并有一个出口导叶。

206. 受热面回转式空气预热器主要由四个部分组成，即换热管、隔板、防磨管和管板。（×）

正确答案：受热面回转式空气预热器主要由四个部分组成，即转子、外壳、传动装置和密封装置

207. 受热面回转式空气预热器仓格中又用几块环向的隔板再分隔成几个小仓格，以增加传热面。（√）

208. 电动机通过减速器带动小齿轮，通过小齿轮带动转子转动，这就是受热面回转式预热器传动装置工作过程。（√）

209. 回转式空气预热器中的千斤顶由油泵驱动。（×）

正确答案：回转式空气预热器中的千斤顶由传动装置驱动。

210. 长吹灰器由跑车、提升阀、梁、墙箱、动力电缆、前托架、内管、吹灰枪管、电气接线箱等组成。（√）

211. 吹灰枪管后面有一个喷头，喷头上有喷嘴。（×）

正确答案：吹灰枪管前面有一个喷头，喷头上有喷嘴。

212. 脉冲式安全阀的主安全阀和小安全阀分别控制。（×）

正确答案：脉冲式安全阀的主安全阀是由小安全阀控制的。

213. 脉冲式安全阀的脉冲阀一般采用重锤式或弹簧式。（√）

214. 活塞弹簧式安全阀保留了脉冲安全阀主阀密封压力低的缺点。（×）

正确答案：活塞弹簧式安全阀保留了脉冲安全阀主阀密封压力高的优点。

215. 活塞弹簧式安全阀保留了脉冲阀不容易泄漏的优点。（×）

正确答案：活塞弹簧式安全阀克服了脉冲阀容易泄漏的缺点。

216. 重锤式安全阀的重锤向前移动即起跳压力提高。（×）

正确答案：重锤式安全阀的重锤向后移动即起跳压力提高。

217. 变压器属于电除尘高压控制装置中主要设备，它具有输出直流负高电压、小电流、温升低的特点。（√）

218. 电除尘电场是在负高电压作用下的起晕功率较正高压低，击穿电压又较正高压高，电场电压动态范围比较宽。（√）

219. π 型锅炉的省煤器布置在水平烟道内。（×）

正确答案：π 型锅炉的省煤器布置在竖井烟道内。

220. π 型布置锅炉的风机和笨重的转动机械都可以安装在地面。（√）

221. 锅炉容量增大时，炉膛截面积的增大比容量增大的比例要大。（×）

正确答案：锅炉容量增大时，炉膛截面积的增大比容量增大的比例要小。

222. 大容量锅炉布置双面水冷壁或增加辐射、半辐射过热器其目的是要使炉膛出口温度保持在允许值。（√）

223. 对于挥发分低的煤，空气预热器面积相应偏大，其目的是提高热空气温度。（√）

224. 对流烟道在炉膛上方与炉膛连成一个塔型整体，烟气由炉膛顶部出来向上流动，称为 π 型布置。（×）

正确答案：对流烟道在炉膛上方与炉膛连成一个塔型整体，烟气由炉膛顶部出来向上流

动，称为塔型布置。

225. 塔型布置锅炉所有对流受热面布置在炉膛的水平烟道和竖井烟道。（×）

正确答案：所有对流受热面布置在炉膛的上方的对流烟道内，这是塔型布置锅炉的一大特点。

226. 减轻炉墙质量，简化炉墙结构，这是膜式水冷壁独有的特点。（√）

227. 膜式水冷壁能充分保护炉墙。（√）

228. 鳍片可以代替受热面管子吸热，既增加了受热面积又节省钢材。（×）

正确答案：鳍片不可以代替受热面管子吸热，但它增加了受热面积又节省钢材。

229. 防渣管一般位于水平烟道中部。（×）

正确答案：防渣管位于炉膛出口，折焰角上部。

230. 设置防渣管是因为后墙水冷壁没有其他布置方式。（×）

正确答案：设置防渣管是为了降低炉膛出口烟温，起凝渣作用。

231. 辐射过热器可以布置成屏式过热器。（√）

232. 墙式过热器属于对流式过热器。（×）

正确答案：墙式过热器属于辐射式过热器。

233. 联合式过热器在汽包锅炉中，汽温是随着锅炉负荷增加而升高。（√）

234. 屏式过热器在联合过热器中其操作基本平缓，这是因为结构不同。（×）

正确答案：屏式过热器具有辐射和对流两种吸收热量形式，因此壁温控制基本平缓。

235. 喷水式减温器对内保护套管不会产生损坏。（×）

正确答案：喷水式减温器对内保护套管因本身不承受压力，虽然也会出现应力的不均，但不会影响锅炉运行。

236. 汽包内的波纹板分离器由许多格形板组成。（×）

正确答案：波纹板分离器由许多平行排列保持一定距离的波形板组成。

237. 汽包内的波纹板分离器有立式安装和平式安装两种。（√）

238. 过热蒸汽左右交叉流动有助于减轻沿炉膛宽度方向由于烟温不均而造成热负荷不均的影响。（√）

239. 有效减小过热器左右两侧热偏差的方法之一是使烟气交叉流动。（×）

正确答案：蒸汽交叉流动是有效减小过热器左右热偏差的方法之一。

240. 过热器分级、分段布置可以减小热偏差。（√）

241. 在锅炉大修中，动火作业（包括氧气瓶、乙炔气瓶等易燃易爆装置的放置）要与运行燃油母管保持足够的安全距离，并采取可靠的安全措施。（√）

242. 热平衡试验可以确定锅炉的最大和最小负荷。（√）

243. 锅炉热平衡试验只是针对锅炉的炉膛。（×）

正确答案：锅炉的热平衡试验的对象包括锅炉的炉膛、锅炉的制粉系统、锅炉的辅机等设备。

244. 燃料中含有 Na、K、S 等，燃烧后形成的 Na_2O 和 K_2O 凝结在管壁上，与烟气中的 SO_3 化合生成硫酸盐。（√）

245. 硫酸盐在高温作用下，管壁表面形成低熔点的复合硫酸盐，引起热腐蚀。（√）

246. 二氧化硫与水蒸气结合后不会构成对锅炉受热面的腐蚀。（×）

正确答案：二氧化硫与水蒸气结合生成亚硫酸，对受热面造成腐蚀。

247. 锅炉运行中硫化物一般是以硫的氧化物形式存在。(√)

248. 闸阀在全开的时候，密封面受工作介质的冲蚀比截止阀大。(×)

正确答案：闸阀在全开的时候，密封面受工作介质的冲蚀比截止阀小。

249. 闸阀一般都有两个密封面，易于加工和研磨。(×)

正确答案：闸阀的两个密封面，给加工、研磨和维修增加了一定的难度。

250. 离心泵润滑油箱液位，有刻度时以刻度为准；有看窗(油标)而无刻度线，油位应保持在1/3~1/2之间，在正常油位时，润滑油泄漏不大于5滴/min，压力注油，以机器说明为准。(√)

251. 检查离心泵电机外壳温度，机泵的轴承箱温度，轴承箱温度不超过85℃，电机外壳温度不超过95℃。(×)

正确答案：检查离心泵电机外壳温度，其轴承箱温度不超过65℃。

252. 离心泵的备用泵应每天盘车一次。(√)

253. 整流器干燥剂正常应该是红色。(×)

正确答案：整流器干燥剂正常应该是蓝色。

254. 对于负荷较大的设备，应选用黏度小或油性、挤压性差的润滑油。(×)

正确答案：对于负荷较大的设备，应选用黏度大或油性、挤压性好的润滑油。

255. 高速设备，需选用黏度较小的润滑油，或用黏度较大的润滑油制成的润滑脂。反之，则用黏度较大的润滑油或用黏度较小的润滑油制成的润滑脂。(√)

256. 下降管带汽不会对水循环造成任何影响。(×)

正确答案：下降管带汽可能造成循环停滞和循环倒流。

257. 由于锅炉烟气中含有酸性气体(如二氧化硫、三氧化硫和氮氧化物)和水蒸气，经常引起锅炉尾部受热面低温腐蚀。(√)

258. 溶解氧只会引起金属的化学腐蚀，而对电化学腐蚀影响不大。(×)

正确答案：溶解氧不仅可以引起金属的化学腐蚀，而且由于水中氧浓度分布不均匀，会导致危害更大的电化学腐蚀。

259. 当含氧量小于0.005mg/L时，一般会引起锅炉腐蚀。(×)

正确答案：当含氧量小于0.005mg/L时，一般不会引起锅炉腐蚀。

260. 由金属接触到电解质溶液构成微电池而发生的金属腐蚀过程叫电化学腐蚀。(√)

261. 电化学腐蚀中的微电池，其正极一般都是金属被氧化形成离子进入溶液。(×)

正确答案：电化学腐蚀中的微电池，其负极一般都是金属被氧化形成离子进入溶液。

262. 汽水腐蚀属于局部腐蚀，即电化学腐蚀。(×)

正确答案：汽水腐蚀属于均匀腐蚀，即纯化学腐蚀。

263. 二氧化碳腐蚀一般是均匀腐蚀。(√)

264. 二氧化碳腐蚀形成的铁锈粗，但是可以形成保护膜，阻止腐蚀继续下去。(×)

正确答案：二氧化碳腐蚀形成的铁锈粗，不能形成保护膜，使得腐蚀可以不断地继续下去。

265. 二氧化碳和氧气共存的时候不会加速腐蚀。(×)

正确答案：二氧化碳和氧气共存的时候会加速腐蚀。

266. 掺入少量元素可改变金属内部的组成结构，将金属制成合金，减弱抗腐蚀能力。（×）

正确答案：掺入少量元素可改变金属内部的组成结构，将金属制成合金，增强抗腐蚀能力。

267. 电化学金属腐蚀速率大小顺序排列是：原电池负极>电解池阳极>化学腐蚀>原电池正极>电解池阴极。（×）

正确答案：电化学金属腐蚀速率大小顺序排列是：电解池阳极>原电池负极>化学腐蚀>原电池正极>电解池阴极。

268. 电化学保护法是利用电化学反应使金属钝化而受到保护，或者利用原电池反应将需要保护的金属作为电池的正极而受到保护。（√）

269. 为防止金属腐蚀，将被保护的金属作为阳极，在一定条件下进行阳极氧化，使金属钝化(在金属表面形成金属氧化物组成的钝化膜)，这种方法叫阳极保护。（√）

270. 炉膛内部下部负压大于上部负压。（×）

正确答案：炉膛下部负压小于上部负压。

271. 在炉膛漏风系数测定前应该将送风量调大。（√）

272. 锅炉启动过程中由于用水量少，给水泵内部的水会由于过度加热导致汽化。（√）

273. 给水泵再循环管不能在给水泵出口压力过高的时候调节压力。（×）

正确答案：给水泵再循环管可以用于调节水泵出口压力。

274. DL标准规定工作票必须由分厂主任或副主任签发，或由分厂主任提出经企业领导批准的人员签发，其他人员签发的工作票无效。（√）

275. 停炉以后最主要的腐蚀是氢腐蚀。（×）

正确答案：停炉以后的锅炉最主要的腐蚀是氧腐蚀。

276. 停炉以后锅炉的保护方法本质上都是使得氧和受热面不发生反应。（√）

277. 锅炉停炉放干净水后不会产生腐蚀。（×）

正确答案：锅炉停炉放干净水后还会产生腐蚀。

278. 锅炉停运腐蚀危险大于运行时的金属腐蚀。（√）

279. 利用蒸汽对锅炉保护时应放尽锅水，投入加热蒸汽进行保护。（×）

正确答案：当利用蒸汽对锅炉保护时，应维持汽包水位。

280. 利用蒸汽保护法时，压力下降应及时点火或利用临炉蒸汽加热，保持其压力。（√）

281. 锅炉临修一般采用联胺保护法。（×）

正确答案：锅炉临修一般采用烘干法。

282. 锅炉保养的根本目的是保持受热面干燥和使得空气和受热面不接触。（√）

283. 余热烘干是在汽压降到0. 8~0. 5MPa时，将锅炉水全部放干。（√）

284. 余热烘干保护放水时应缓慢。（×）

正确答案：余热烘干保护放水时应迅速，防止蒸汽在过热器内凝结。

285. 按干燥剂种类的不同放置干燥剂的方法不同。（√）

286. 用工业水配制浓度为500~700mg/L的氨溶液可作锅炉联氨保护溶液。（×）

正确答案：用除盐水配制浓度为500~700mg/L的氨溶液可作锅炉联氨保护溶液。

287. 联胺保护加药时只能通过过热器疏水管逆向进入受热面。（×）

正确答案：联胺保护加药时应同时向过热器和省煤器加药。

288. 凡是造成锅炉烟道的烟速、烟气含尘量或设备有剧烈变化的烟道均属于不合理烟气走廊。 （√）

289. 提高炉膛出口温度，减少对流受热面的积灰和结焦，会增加不合理的烟气走廊形成。 （×）

正确答案：降低炉膛出口温度，减少对流受热面的积灰和结焦，避免不合理的烟气走廊形成。

290. 氮气可以保护受热面。 （√）

291. 充氮保养时可以开启空气阀。 （×）

正确答案：充氮保养时应保持锅炉的严密性。

292. 当两台送风机跳闸，事故喇叭响，引风机、回转式空气预热器跳闸，锅炉灭火。 （×）

正确答案：锅炉两台送风机跳闸，引风机和回转式空气预热器保持运行，锅炉灭火。

293. 空压机的二级缸进气阀漏气或损坏会引起二级缸排气压力升高。 （×）

正确答案：二级缸进气阀漏气或损坏会引起一级缸排气压力升高。

294. 自然循环停滞主要发生在受热面受热过高的水冷壁管中。 （×）

正确答案：自然循环停滞主要发生在受热面受热较弱的水冷壁管中。

295. 当受热弱的管子循环流速成为负值，此时，上升管中的水自上而下流动，即倒流。 （√）

296. 在锅炉负荷过小时，立式布置的水冷壁会出现汽水分层现象。 （×）

正确答案：在锅炉负荷过小时，水平布置的水冷壁会出现汽水分层现象。

297. 自然循环中的汽水分层一般发生在水平或倾斜角小、管内汽水混合物流速低的管子中。 （√）

298. 锅炉的重油燃烧器接到“熄火命令”后应立即执行熄火程序。 （√）

299. 锅炉主燃料中断时，燃油阀自动打开，使锅炉能在最短时间内投入运行。 （×）

正确答案：锅炉燃料中断后，保护动作，自动切断所有燃料。

300. 只要炉膛负压不超过规定正压值，保护就不会动作。 （×）

正确答案：当炉膛负压超过上限和下限都会保护动作。

301. 当风量一定范围内增大时，不论燃料量是否改变，主蒸汽温度都会升高。 （√）

302. 炉膛水冷壁结焦直接影响到水冷壁的吸热，对过热器热交换不会受到影响。 （×）

正确答案：炉膛水冷壁结焦，在锅炉负荷不变时，必须增加燃料，烟气容积和温度的增加使过热汽温度提高。

303. 机组甩负荷时主蒸汽压力急剧下降。 （×）

正确答案：机组甩负荷时主蒸汽压力急剧上升。

304. 炉膛内温度过低，将影响燃料的燃烧，容易造成锅炉灭火。 （√）

305. 挥发分越高，炉内燃烧越不稳定。 （×）

正确答案：挥发分越高，炉内燃烧越稳定。

306. 锅炉灭火放炮是由于炉膛灭火后没有立即切断炉膛供给的燃料而引起的炉膛燃料爆燃现象。 （√）

307. 锅炉如果燃烧恶化已出现明显灭火迹象时，立即投助燃油稳燃。 （×）

正确答案：锅炉如果燃烧恶化已出现明显灭火迹象时，禁止投油。

308. 过热器管发生泄漏，再热蒸汽温度上升幅度减小。（×）

正确答案：过热器管发生泄漏，再热蒸汽温度下降幅度增大。

309. 长期过热爆管的爆破口有撕裂现象。（×）

正确答案：长期过热爆管的爆破口没有撕裂现象。

310. 锅炉容易发生蠕变的部位是过热器管子和联箱。（√）

311. 省煤器最容易出现的问题就是蒸汽腐蚀和高温腐蚀。（×）

正确答案：省煤器最容易出现的问题就是磨损和低温腐蚀。

312. 当系统周波异常时，根据机组负荷情况，将锅炉自动切手动，立即切断部分燃烧器，防止超压。（√）

313. 当周波造成发电机跳闸，汽包锅炉应停炉，待事故处理完后重新点火升压。（×）

正确答案：当周波造成发电机跳闸，汽包锅炉应投油，打开排汽阀，随时准备冲转汽轮机。

314. 长期过热爆管的管子有明显的弯曲。（×）

正确答案：短期过热爆管的管子有明显的弯曲。

315. 锅炉负荷变化过大引起主蒸汽压力变化异常应调整燃料量，压力高时立即开启排汽阀。（√）

316. 如果过热器系统发生泄漏引起主蒸汽压力降低应按过热器泄漏的方法处理。（√）

317. 降低火焰中心位置，减少过剩空气系数，降低主蒸汽温度均可以降低过热器管壁温度。（√）

318. 过热器进行吹灰，减少过热器管积灰程度，只会提高过热器管壁温度。（×）

正确答案：过热器进行吹灰，减少过热器管积灰程度，可以降低过热器管壁温度。

319. 汽包水位不要过低运行是防止下降管倒流的最有效方法。（×）

正确答案：汽包水位不要过低运行是防止下降管入口处自行汽化的最有效方法。

320. 控制锅炉负荷，避免超负荷运行，可以防止下降管入口自行汽化。（√）

321. 汽包锅炉、直流锅炉和再热器三者的超水压试验压力等级不同，分别是工作压力的1.25、1.1和1.5倍。（×）

正确答案：汽包锅炉为汽包工作压力的1.25倍，直流锅炉为过热器出口联箱工作压力的1.25倍，再热器为进口联箱的工作压力1.1倍

322. 主蒸汽温度异常升高应及时检查炉膛是否漏风。（√）

323. 燃料的突然改变使主蒸汽温度异常变化只需及时调整燃烧器角度。（×）

正确答案：燃料的突然改变使主蒸汽温度异常变化应及时调整燃烧器角度或风量，调整火焰中心。

324. 过热器受热面严重积灰使主蒸汽温度升高时，应增大过热器吹灰力度。（×）

正确答案：过热器受热面严重积灰使主蒸汽温度下降时，应增大过热器吹灰力度。

325. 汽轮机抽汽系统故障使再热蒸汽压力发生异常变化应要求汽轮机处理。（√）

326. 再热器安全阀误动作应立即停炉检修。（×）

正确答案：再热器安全阀误动作应立即手动强制回座。

327. 炉膛燃烧恶化，已有灭火迹象时，要及时投油助燃，稳定燃烧。（×）

正确答案：炉膛燃烧恶化，已有灭火迹象时，严禁投油助燃。

328. 遇到全厂电源中断应将跳闸或失电辅机开关全部置于停止位置，关闭相应的风门挡板。 （✓）

329. 全厂电源中断时燃料会自动停止供给，其他风门或挡板保留现状，减少启动时间。 （×）

正确答案：全厂电源中断应立即关闭所有燃料阀门，以防突然来电或误操作造成炉内爆燃。

330. 在处理汽水共腾时，为了快速将锅水的含盐量降低，应多个联箱同时排。 （×）

正确答案：在处理汽水共腾时，为了快速将锅水的含盐量降低，应加强排污，增加底部排污次数，防止缺水事故或水循环破坏。

331. 当发生汽水共腾时，为了使锅水含盐量尽快下降，降低负荷后，可采取加大进水，开启事故放水阀。 （✓）

332. 当汽轮机负荷或其他因素使再热汽温异常变化应及时解除温度调节自动，手动控制。 （✓）

333. 增加再热蒸汽通过汽-汽热交换器的流量，再热蒸汽温度上升。 （×）

正确答案：增加再热蒸汽通过汽-汽热交换器的流量，再热蒸汽温度下降。

单选题

1. 班组管理手册按月定期填写，对于(C)必须在班委会讨论分析后填写。

A. 安全学习 B. 班组培训 C. 班组动态分析 D. 政治学习

2. 设备布置图中，表示设备安装基础用(B)线表示。

A. 细实 B. 粗实 C. 虚 D. 点划

3. 设备布置图中，非定型设备被遮盖的设备轮廓一般不画，如必须表示时，则用(D)线表示。

A. 细实 B. 粗实 C. 细虚 D. 粗虚

4. 如图 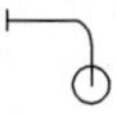 为一根管道空间走向的平面图，它的左视图是(B)。

A.  B. 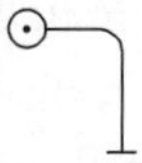 C.  D. 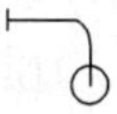

5. 如图 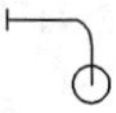 为一根管道空间走向的平面图，它的右视图是(A)。

A.  B. 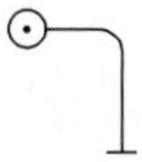 C.  D. 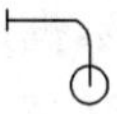

6. 如图 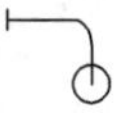 为一根管道空间走向的平面图，它的立面图是(C)。

A.  B. 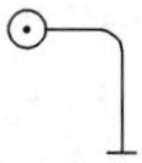 C.  D. 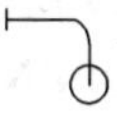

7. 管道设备图中，公称直径是表示管道的(B)。

A. 外径 B. 通流直径 C. 截面积 D. 半径的平方

8. 标高的表示方法(A)。

A.  B. 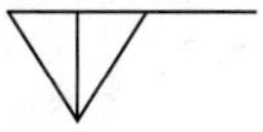 C. 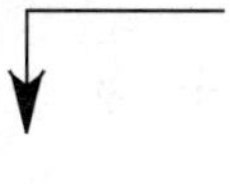 D. 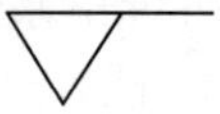

9. 在储罐的设备图中，表示设备(储罐)总的长度是(D)尺寸。
A. 特性　B. 装配　C. 安装　D. 总体
10. 关于零件图和装配图，下列说法不正确的是(C)。
A. 零件图表达零件的大小、形状及技术要求
B. 装配图是表示装配及其组成部分的连接、装配关系的图样
C. 零件图和装配图都用于指导零件的加工制造和检验
D. 零件图和装配图都是生产上的重要技术资料
11. 关于装配图画法下列说法正确的是(B)。
A. 全装配图中，两零件的接触面应画两条线
B. 同一零件的剖面线必须同向间隔一致
C. 装配图中，剖面线间隔必须一致
D. 装配图中，相邻零件的剖面线方向必须相反
12. 关于尺寸基准，下面的叙述正确的是(D)。
A. 根据零件结构的设计要求而选定的基准为设计基准，从设计基准出发标注尺寸，能保证零件的装配位置和工作性能
B. 根据零件加工、测量的要求而选定的基准为工艺基准。从工艺基准出发标注尺寸，能把尺寸标注与零件的加工制造联系起来，使零件便于制造、加工和测量
C. 零件的每一方向都必须有且只有一个主要基准，可以有也可以没有辅助基准
D. 零件的每一个方向的定向尺寸一律从该方向主要基准出发标注
13. 可以作为质量管理体系审核的依据应是(A)。
A. GB/T 19001　B. GB/T 19000　C. GB/T 19021　D. GB/T 19011
14. 以下(D)不能作为质量管理体系审核的依据。
A. 质量管理体系文件　B. 合同
C. GB/T 19001 标准及相关法律法规　D. T 19004 标准
15. 2000 版 ISO 9001 族标准的理论基础是(C)。
A. 持续改进原理　B. 系统理论
C. 八项质量管理原则　D. 十二项质量管理体系基础
16. 目前，比较流行的数据模型有三种，下列不属于这三种的是(D)和结构模型。
A. 层次　B. 网状　C. 关系　D. 星型
17. VFP 数据库中浏览数据表的命令是(A)。
A. BROWS　B. SET　C. USE　D. APPEND
18. VFP 数据库数据表追加新记录的命令为(C)。
A. APPEND　B. APPENDFROM
C. APPENDNEWRECORD　D. APPENDRECORDS
19. 用中文 Word“表格”菜单的“(C)”命令插入行。
A. 插入符号　B. 插入字符　C. 插入行　D. 插入列
20. 中文 Word 单元格的编辑包括在表格中(A)单元格、删除单元格、清除单元格内容及合并与拆分单元格等。
A. 插入　B. 剪切　C. 复制　D. 粘贴

21. 中文 Word 表格列的编辑包括表格列的(A)以及列宽的调整、表格列内容的清除等。

A. 插入　　B. 删除　　C. 移动　　D. 复制

22. 在 PowerPoint 中，若为幻灯片中的对象设置放映时的动画效果为"飞入"，应选择对话框(A)。

A. 自定义动画　　B. 幻灯片版式　　C. 自定义放映　　D. 幻灯片放映

23. 在 PowerPoint97 某含有多个对象的幻灯片中，选定某对象，按下“幻灯片放映”菜单下的“自定义动画”选项，设置“飞入”效果后，则(B)。

A. 该幻灯片放映效果为飞入　　B. 该对象放映效果为飞入

C. 下一张幻灯片放映效果为飞入　　D. 未设置效果的对象放映效果也为飞入

24. 对设备进行局部解体检查和调整、更换或维修磨损部件，属于设备的(B)维护保养。

A. 一级　　B. 二级　　C. 三级　　D. 日常

25. 分层管理是现场 5S 管理中(C)的常用方法。

A. 常清洁　　B. 常整顿　　C. 常组织　　D. 常规范

26. 目视管理是现场 5S 管理中(D)的常用方法。

A. 常组织　　B. 常整顿　　C. 常自律　　D. 常规范

27. 下面不属于技术论文的特点是(C)性。

A. 客观　　B. 理论　　C. 通用　　D. 创见

28. 下面不属于标准项目的是(A)。

A. 重要的技术改造项目　　B. 全面检查、清扫、修理

C. 消除设备缺陷，更换易损件　　D. 进行定期试验和鉴定

29. 在停车操作阶段不属于技师所必须具备的是(D)。

A. 组织完成装置停车吹扫工作

B. 按进度组织完成停车盲板的拆装工作

C. 控制并降低停车过程中物耗、能耗

D. 指导同类型的装置停车检修

30. 在技术改造方案中不应包括(A)。

A. 验收标准　　B. 改造主要内容

C. 预计改造效果及经济效益　　D. 计划进度安排

31. 为使培训计划富有成效，一个重要的方法是(A)。

A. 建立集体目标

B. 编成训练班次讲授所需的技术知识详解

C. 把关于雇员的作茧自缚情况的主要评价反馈给本人

D. 在实施培训计划后公布成绩

32. 头脑风暴法是围绕某个中心议题，毫无顾忌、畅所欲言地发表独立见解的一种(C)性思想方法。

A. 系统性　　B. 逻辑性　　C. 创造　　D. 启发性

33. (C)是整个课程设计过程的实质性阶段。

A. 课程规划　B. 课程安排　C. 课程实施　D. 课程评价

34.(A)是培训教案的实质性内容。

A. 确立培训主题　B. 材料整理　C. 材料搜集　D. 构思培训提纲

35. 根据组织需要及员工绩效与能力确定培训对象的总原则是(D)。

A. 当其需　B. 当其时

C. 当其利　D. 当其需，当其时，当其位、当其愿

36. 正确评估培训效果要坚持一个原则，即培训效果应在(B)中得到检验。

A. 培训过程　B. 实际工作　C. 培训教学　D. 培训评价

37. 培训效果的有效性是指(A)。

A. 培训工作对培训目标的实现程度　B. 培训工作带来的经济效益

C. 培训工作带来的社会效益　D. 培训工作带来的全部效益

38. 锅炉烟风系统正常运行时较长时间内运动的基本要素变化不大，所以一般视为(D)流动。

A. 没有明确定义　B. 随意　C. 非稳定　D. 稳定

39. 当流量一定时，下列叙述正确的是(B)。

A. 截面积大、流速快　B. 截面积大、流速小

C. 截面积小、流速小　D. 截面积与流速关系不大

40. 静止液体内任意一点位置变化时，若位置能头增加，则压力能头(C)。

A. 保持不变　B. 增大　C. 减小　D. 先增大后减小

41. 静止流体中，压力在垂直方向的变化率等于流体的(D)。

A. 相对密度　B. 比体积

C. 密度　D. 密度与重力加速度的乘积

42. 层流转变成紊流时的流速称为(B)。

A. 临界流速　B. 上临界流速　C. 下临界流速　D. 超临界流速

43. 下列流体中在低速运动时最容易出现紊流的是(A)。

A. 空气　B. 水　C. 润滑油　D. 重油

44. 作紊流运动的流体，层流边界的厚度随着流速的增加而(C)。

A. 增加　B. 增厚　C. 减薄　D. 增大

45. 处于饱和状态下的水蒸气，随着压力的升高其饱和状态仍(D)。

A. 水蒸气仍然处于饱和状态　B. 饱和温度降低

C. 饱和温度随之升高　D. 保持原有的平衡状态

46. 气体的饱和温度与饱和压力的关系是(C)。

A. 饱和温度不随着饱和压力变化而变化

B. 饱和压力随着饱和温度变化而变化

C. 饱和温度随着饱和压力变化而变化

D. 变化关系不确定

47. 下列物理量不属于状态量的是(D)。

A. 内能　B. 当量　C. 比热容　D. 功

48. 任何气体都具有流动性和可压缩性，过热蒸汽只是众多气体中的一种，过热蒸汽流

动的动力是(C)。

A. 具有压力　　B. 具有较高的过热度

C. 系统中存在压力差　　D. 外界施加的压力

49. 在导热现象中，通过给定截面积的热量，(A)于垂直于该截面积方向上的温度变化率和截面面积，而热量的传递方向与温度的升高方向(A)。

A. 正比　相反　　B. 反比　相同　　C. 正比　相同　　D. 反比　相反

50. 导热率的大小是表征导热效果的好坏，导热率越大(C)。

A. 导热效果越差　　B. 热阻越大　　C. 导热效果越好　　D. 热损失越大

51. 保持换热器表面的清洁，有利于热量的传递，其依据是提高换热器的(D)。

A. 流动速度　　B. 介质温度差　　C. 材料性质　　D. 导热系数

52. 增加换热面积有利于热量的传递，下面四种设备中(A)设备应用了这个原理。

A. 高压加热器　　B. 旋转式空气预热器

C. 冷却风机　　D. 电磁加热机

53. 锅炉受热面积灰影响换热的原因是(D)。

A. 减少了受热面积　　B. 增大了导热系数

C. 减弱了对流速度　　D. 增大了热阻

54. 不属于对流换热增加传热的方法有(D)。

A. 增大受热面积　　B. 加强对流换热速度

C. 提高冷热流体温差　　D. 提高流体温度

55. 并联水泵是两台或者是两台以上的水泵(C)。

A. 公共一个进口　　B. 公用一个出口

C. 公用一个进口一个出口　　D. 公用两个出口

56. 并联水泵最主要的目的是(C)。

A. 提供足够大的出口流量　　B. 提高出口压力

C. 起备用，保证运行安全　　D. 多此一举，无并联需要

57. 泵的串联多数情况下用于(B)。

A. 提供足够大的出口流量　　B. 保证足够大的出口压力

C. 保证设备的安全，各泵之间有备用　　D. 无此应用方式

58. 金属材料与电解质溶液接触，通过(C)产生的腐蚀。

A. 物理反应　　B. 化学反应　　C. 电极反应　　D. 热反应

59. 电化学腐蚀反应是一种(D)反应。

A. 氧化反应　　B. 还原反应

C. 中和反应　　D. 氧化还原反应

60. 在潮湿空气中，钢铁表面会吸附水汽而形成一层薄薄的水膜。水膜中溶有二氧化碳后就变成一种电解质溶液，使水里的(B)增多。

A. 氢氧根离子　　B. 氢离子　　C. 电子　　D. 水合离子

61. 析氢腐蚀中阴极发生的反应是(C)。

A. $2H_2O+O_2+4e \xlongequal{} 4OH^-$　　B. $2H^++2e \xlongequal{} 2H^-$

C. $Fe-2e \xlongequal{} Fe^{2+}$　　D. $H^++OH^- \xlongequal{} H_2O$

62. 金属腐蚀的本质是(D)。

A. $Fe-2e \xlongequal{} Fe^{2+}$　　B. $Cu-2e \xlongequal{} Cu^{2+}$

C. $Zn-2e \xlongequal{} Zn^{2+}$　　D. $M-xe^{-} \xlongequal{} M^{x+}$

63. 变速齿轮与一般减速器最大的不同在于(D)。

A. 有固定的传动比　　B. 齿轮固定不动

B. 传动稳定　　D. 可以形成不同的传动比

64. 齿轮传动的传动比等于主动轮和从动轮的(B)之比。

A. 齿高　　B. 分度圆　　C. 齿顶圆　　D. 齿根圆

65. 液压传递利用(B)的原理，受力面积越大压力越大，面积越小压力越小。

A. 压力不变　　B. 压强不变　　C. 能量不变　　D. 应力不变

66. 对于链条传动分类不正确的是(D)。

A. 传动链　　B. 起重链　　C. 曳引链　　D. 皮带链

67. (A)可以分为滚子链和齿形链。

A. 传动链　　B. 起重链　　C. 曳引链　　D. 皮带链

68. 水泵汽蚀穿孔最直接的原因是(C)。

A. 气泡的产生　　B. 气泡的不断长大

C. 气泡在凝结破裂时高频打击金属表面　　D. 热应力不均

69. 水泵汽蚀穿孔的最根本的原因是(A)。

A. 水泵气泡的产生

B. 气泡在凝结破裂时高频打击金属表面

C. 水泵的温度下降

D. 一定的温度下，水泵的压力下降

70. 反应局部应力程度的参数称为应力集中系数，它是(A)应力与不考虑应力集中时的应力的比值。

A. 峰值　　B. 最低　　C. 平均　　D. 瞬时

71. 反映应力集中程度的参数是(C)，它是峰值应力和不考虑应力集中时的应力的比值。

A. 疲劳强度　　B. 应力集中率　　C. 应力集中系数　　D. 持久强度

72. 下列对于合金钢中的合金元素作用描述正确的是(B)。

A. 碳：钢中随着含碳量的增加，金属在常温下的强度，硬度，韧性都随其升高

B. 锰：提高钢在常温下的强度，硬度和耐磨性

C. 钼：除了提高钢的高温组织稳定性以外，抗氧化能力增加，但是抗腐蚀性能降低

D. 钒：提高金属的焊接性能

73. 合金元素可以提高钢的强度和稳定性，增加特殊性能，下列合金元素可以提高钢的热稳定性的是(A)。

A. Mn　　B. V　　C. Mo　　D. Cr

74. 合金钢牌号的表示方式正确的是(C)。

A. (数字+元素符号)+元素符号　　B. (元素符号+数字)+元素符号

C. 数字+元素符号+数字　　D. 元素符号+数字

75. 下列金相结构与含碳量对应正确的是(A)。
A. 铁素体：0.006%　B. 奥氏体：1.12%
C. 珠光体：0.9%　D. 莱式体：5%

76. 不是正火所具备的性能是(D)。
A. 细化金属组织晶粒　B. 消除锻，轧后的组织缺陷
C. 改善机械性能　D. 提高金属的脆性

77. (D)工况条件下，锅炉不允许退出 FSSS。
A. 装置拒动　B. 装置检修
C. 锅炉试验或者设备故障　D. 剧烈变化

78. 以下四种中不属于同一类可编程控制器的主要元件是(A)。
A. 触点　B. 定时器　C. 计时器　D. 加法器

79. 下列仪表精确度等级最高的是(A)。
A. 0.1　B. 0.5　C. 1.0　D. 1.5

80. 时间单位"秒"的符号是(C)。
A. h　B. n　C. s　D. x

81. 比热容的单位符号是 J/(kg · K)，其单位名称是(A)
A. 焦尔每千克开尔文　B. 每千克开尔文焦尔
C. 焦尔每千克每开尔文　D. 焦尔千克开尔文

82. 在偏离规定的测量条件下多次测量同一量时，误差的绝对值和符号保持恒定，或者在该测量条件改变时，按某一测定规律变化的误差，称为(D)。
A. 偶然误差　B. 基本误差　C. 粗大误差　D. 系统误差

83. 测量设备在规定的条件下使用时产生的示值误差称为(B)。
A. 系统误差　B. 基本误差　C. 附加误差　D. 随机误差

84. 计量器具的零位误差应属于(B)。
A. 线性系统误差　B. 定值系统误差　C. 周期系统误差　D. 粗大误差

85. 联氨属于(B)除氧。
A. 热力除氧　B. 化学除氧　C. 混合除氧　D. 不属于除氧剂

86. 合格的除氧水，其溶解氧气的含量是(C)mg/L。
A. 1~3　B. 2~4　C. 2~7　D. 3~10

87. 循环水冷却方式属于(A)。
A. 空冷式　B. 水冷式　C. 油冷式　D. 化学试剂冷却方式

88. 主蒸汽与再热蒸汽之间的压力关系是(A)。
A. 主蒸汽压力大于再热蒸汽压力
B. 主蒸汽压力小于再热蒸汽压力
C. 主蒸汽压力等于再热蒸汽压力
D. 两者之间的压力大小没有办法直接比较

89. 再热蒸汽是从汽轮机的(A)抽气。
A. 高压缸　B. 中压缸　C. 低压缸　D. 尾部气缸

90. 再热蒸汽再热过程中(B)基本不变。

A. 温度　B. 压力　C. 能量　D. 焓值

91. 锅外水处理主要是要除去给水中的(B)。

A. 钠离子　B. 盐和碳　C. 酸　D. 碱

92. 以下不属于锅内水处理重点要除去的离子是(D)。

A. 钙离子　B. 镁离子　C. 二氧化硅　D. 钠离子

93. 以下药品中哪种不会在锅水加药利用到(D)。

A. 磷酸钠　B. 磷酸氢二钠　C. 氢氧化钠　D. 联氨

94. 锅水的磷酸根离子浓度高应采用(A)调整。

A. 减少投加磷酸钠的量　B. 增加磷酸钠的投加量

C. 加强底部排污　D. 加投联氨

95. 锅水导电度升高，运行中应该(B)。

A. 加强定期排污　B. 加大连续排污

C. 提高锅水 pH 值　D. 提高锅水磷酸根离子含量

96. 联氨是化学除氧最为常见的除氧剂，联氨与氧气最佳的反应温度是(B)。

A. 100~102℃　B. 103~105℃　C. 110℃　D. 100℃以下

97. 下列不属于给水指标的是(D)。

A. 给水含硅量　B. 给水导电度　C. 给水含氧量　D. 给水含碳量

98. 过热蒸汽的含硅量高会出现(B)。

A. 过热蒸汽导电度提高　B. 汽轮机叶片积垢

C. 过热蒸汽带水　D. 过热蒸汽钠含量会提高

99. 对于化学监督的指标描述正确的是(C)。

A. 给水的含氧量大于 20mg/L　B. 给水的 pH 值在 10.5~21.5

C. 过热蒸汽的导电度小于 0.3　D. 给水联氨浓度在 0~500mg/L

100. 对于联氨除氧化学反应正确的是(A)。

A. $N_2H_4+O_2=N_2+2H_2O$　B. $N_2H_4+1.5O_2=N_2O+2H_2O$

C. $N_2H_4+2O_2=2NO+2H_2O$　D. $N_2H_4+O_2=2NO+2H_2$

101. 对于化学除氧描述不正确的是(D)。

A. 化学除氧是将给水中的氧气通过化学的方法除去

B. 利用联氨，亚硫酸的还原性把氧气除去

C. 化学除氧属于锅内水处理

D. 化学除氧是利用焦炭等吸附剂把氧气吸收

102. 化学除氧与热力除氧最大的区别是(C)。

A. 化学除氧和热力除氧不能在同一装置中使用

B. 除氧的效果不一样

C. 除氧的原理不同

D. 化学除氧的成本比较低

103. 三相电动机一般采用(B)制供电。

A. 三相二线　B. 三相三线　C. 三相一线　D. 三相四线

104. 变压器是一种电能传递装置，交流电通过变压器变压后(C)不变。

A. 电压　　B. 电流　　C. 频率　　D. 总能量

105. 变压器低压线圈的导线直径比高压线圈的导线直径(C)。

A. 细　　B. 相等　　C. 粗　　D. 细很多

106. 发电厂的装机容量是指(C)的发电量。

A. 单机每小时　　B. 单机 24h

C. 所有机组每小时　　D. 所有机组 24h

107. (A)是指发生短路时，能满足系统稳定及设备安全的基本要求，首先动作跳闸，有选择地被保护的设备和全线路。

A. 主保护　　B. 后备保护　　C. 辅助保护　　D. 次保护

108. (B)是指主保护断路器拒动时，用以切除故障的保护。

A. 主保护　　B. 后备保护　　C. 辅助保护　　D. 次保护

109. 电动机铭牌参数上的温升是指(C)。

A. 电动机绕组温度　　B. 规定环境温度

C. 电动机绕组温度减去规定环境温度　　D. 电动机绕组温度加上规定环境温度

110. 从锅水循环泵电动机下部注水阀向电动机注水时，一般是通过(B)注水。

A. 水管　　B. 软管　　C. 进水口　　D. 入口阀

111. 大修后对强制循环泵充水时，充水速率不应超过(C)L/min。

A. 2. 25　　B. 2. 26　　C. 2. 27　　D. 2. 28

112. 锅炉压力大于 9. 8MPa，在保压期间下降值不得大于(A)MPa/min。

A. 0. 5　　B. 0. 8　　C. 1. 1　　D. 1. 5

113. 锅炉被清洗的金属表面形成完整的保护膜，经(C)钝化生成的保护膜呈钢灰色或银灰色。

A. 亚硝酸钙　　B. 亚硝酸镁　　C. 亚硝酸钠　　D. 亚硝酸铝

114. 化学清洗的腐蚀指示片平均腐蚀速度应小于(B)$g/(m^2 \cdot h)$。

A. 9　　B. 10　　C. 12　　D. 15

115. 当汽包水位高于Ⅱ值，锅炉(D)应自动开启。

A. 对空排汽阀　　B. 安全阀　　C. 底部排污阀　　D. 事故放水阀

116. 不同的锅炉全炉膛灭火保护设置不同，但总体设计都有“层”火焰信号、(B)、失去燃料(MFT)。

A. 单支燃烧器灭火　　B. 全炉膛失去火焰

C. 给料机跳闸　　D. 风量监视

117. 每个工况下的锅炉热效率试验持续时间要大于(D)h。

A. 1　　B. 2　　C. 3　　D. 4

118. 用蓄热法进行吹管时控制阀的开启时间应小于(A)min。

A. 1　　B. 5　　C. 10　　D. 15

119. 转动机械辅助油泵跳闸后，(A)。

A. 转动机械跳闸　　B. 转动机械继续运行

C. 转动机械可以强制运行　　D. 重新启动转动机械运行

120. 在对检修过的过热器验收时，过热器的(B)应安装到位，过热器管间距均匀。

A. 联箱　B. 管卡　C. 管束　D. 布置

121. 锅炉检修后承压部件主要依靠(C)方法验收。

A. 通管试验　B. 感官　C. 水压试验　D. 红外线检验

122. 在保证吹管系数的前提下，连续两次换靶检查，其冲击斑痕粒度不大于0.8mm，而且直观的斑痕少于(A)个为合格。

A. 8　B. 15　C. 22　D. 25

123. 对于高压以上锅炉，吹管压力应控制在(C)MPa。

A. 1~3　B. 3~5　C. 5~7　D. 工作压力

124. 锅炉检验时，当检查时发现缺陷应及时分析，必要时(C)。

A. 检修　B. 隐瞒　C. 增加检验项目　D. 重新检验

125. 射线探伤主要检查承压部件的(B)或应力较集中的部位。

A. 管壁　B. 焊接点　C. 弯头　D. 容易冲刷部位

126. 锅炉燃烧调整试验前锅炉应连续运行(D)h。

A. 12　B. 24　C. 36　D. 72

127. 锅炉燃烧调整试验前应在试验负荷稳定运行(A)以上。

A. 3h　B. 2h　C. 1h　D. 30min

128. (A)和各种保护装置的试验和整定均属于锅炉检修后的安全性能试验。

A. 辅机联锁试验　B. 水压试验　C. 漏风试验　D. 转机械试运行

129. 烟气成分测定方法有两种，即(A)。

A. 在线和手工　B. 在线和仪表　C. 手工和仪表　D. 仪表和化验

130. 飞灰取样位置的烟气分布越均匀越好，因此安装点尽可能(D)。

A. 靠近烟道弯曲点　B. 靠近受热面

C. 靠近挡板、阀门　D. 远离弯曲点或挡板

131. 利用飞灰介质和炭粒不同的物理介电特性，检测灰中的含碳多少，这是(B)工作原理。

A. 氧化锆　B. 含碳分析仪　C. 采样仪　D. 氧量表

132. 采用负压法进行燃烧室的严密性试验时，应首先启动(B)，保持燃烧室和炉膛负压。

A. 送风机　B. 引风机　C. 一次风机　D. 循环风机

133. 空气动力场试验目的是使(A)分配适宜，燃烧着火后能得到充分的空气供应，并得到均匀的扩散混合，以迅速烧尽。

A. 燃料和空气　B. 烟气和温度

C. 一次风和二次风　D. 流化风和高压风

134. 锅炉的工作压力试验是锅炉在冷态下对锅炉承压部件进行的一种(A)。

A. 严密性检查　B. 强度试验　C. 破坏性试验　D. 外部检验

135. 锅炉进行1.25倍的水压试验时(B)。

A. 就地云母水位计亦应参加水压试验

B. 就地云母水位计不应参加水压试验

C. 就地云母水位计是否参加试验无明确规定

D. 总工程师决定

136. 在两极之间产生(A)，将液态或气态燃料点燃，称为电弧点火器。

A. 电弧　B. 电流　C. 电阻　D. 电压

137. 电弧点火装置工作时(B)空间形成高温的电弧。

A. 点火枪与金属件　B. 炭棒和炭块

C. 点火枪与油枪　D. 电容与放电极

138. 电除尘的除尘效果测定是在除尘器(C)测出烟气含尘的百分比。

A. 入口　B. 出口　C. 出入口　D. 中部

139. 常用(A)来测量除尘器各点的动压。

A. 弹簧压力表　B. 多圈式压力表　C. 电子测速仪　D. 皮托管

140. 当锅炉接近额定压力时，产汽量的增多，循环倍率逐步(C)设计值。

A. 大于　B. 拉大差距　C. 靠近　D. 远离

141. 锅炉启动过程中水冷壁内弹状流动的形成必须经过(D)流动后才逐步形成。

A. 膜状　B. 雾状　C. 环状　D. 汽泡状

142. 直流锅炉过热蒸汽温度随着负荷的(D)。

A. 保持不变　B. 增加而增加　C. 降低而降低　D. 增加而降低

143. 当灰分直径小于(B)μm 时，灰粒自动会吸附在金属表面。

A. 2　B. 3　C. 4　D. 5

144. 对流受热面严重结焦会使排烟温度(A)。

A. 升高　B. 降低　C. 不变　D. 不稳定

145. 所有受热面中(C)为最容易磨损的设备。

A. 过热器　B. 减温器　C. 省煤器　D. 空气预热器

146. DL[1996]159 号规程规定，锅炉设备安装完毕并完成分步试运行后，300MW 以上机组应连续满负荷运行 168h，低于 300MW 机组应整套满负荷试运行(A)h。

A. 72　B. 24　C. 12　D. 108

147. 分段验收是在检修过程中由(C)组织有关人员验收已修好的设备和部件。

A. 厂　B. 施工单位　C. 车间(队)　D. 安全监察部门

148. 灰粒越粗、越硬，受热面(D)，因此要适当控制燃料的颗粒度。

A. 磨损越好　B. 磨损越轻　C. 磨损情况一般　D. 磨损越严重

149. 减少炉膛漏风，就可以减少烟气的(C)，减少对流受热面的磨损。

A. 比体积　B. 硬度　C. 容积　D. 黏度

150. 飞灰浓度越大，灰粒(A)，受热面磨损会加剧。

A. 冲击次数增多　B. 流速越快　C. 冲击次数减少　D. 流速越慢

151. 风机的全压是风机出口和入口压力(B)。

A. 之和　B. 之差　C. 乘积　D. 之商

152. 因为冷态条件下试验时，风机风门开度(A)，因此冷态试验更可以体现风机特性完整性。

A. 可以任意变动　B. 受到锅炉条件的限制

C. 烟气容积的影响　　D. 尘粒浓度的干扰

153. 全特性试验中要求将风机的入口导向器或节流阀全开，利用(D)调节风机的流量。

A. 一、二次风门的开度　　B. 风机入口挡板

C. 风机出口挡板　　D. 专设或远离风机的调节设备

154. 锅炉的热力试验均采用燃料的(A)成分结果作为试验基准。

A. 收到基　　B. 空干(分析)基　　C. 干燥基　　D. 干燥无灰基

155. 未经干燥处理，(B)的原煤组成是收到基特点。

A. 人工干燥　　B. 自然状态　　C. 水分析出　　D. 除去灰分

156. 下列属于酸性氧化物的是(D)。

A. 三氧化二铁　　B. 氧化镁　　C. 氧化钙　　D. 三氧化铝

157. 固态炉渣成分与灰的成分(B)。

A. 相差较大　　B. 变化不大

C. 成分种类基本相似，但百分比不一样　D. 成分不一样

158. 下列属于碱性氧化物的是(C)。

A. 二氧化硅　　B. 三氧化铝　　C. 氧化钠　　D. 二氧化钛

159. 炭粒燃烧的温度低于900~1000℃时，提高扩散速度对燃烧速度影响不大，燃烧速度取决于反应温度和碳的活化能，此时，称燃烧处于(A)。

A. 动力区　　B. 扩散区　　C. 过渡区　　D. 燃烧区

160. 炭粒燃烧的温度高于(A)℃时，提高温度对燃烧速度影响不大，燃烧速度取决于氧气向炭粒表面的扩散速度。此时，称燃烧处于扩散区。

A. 1500　　B. 1400　　C. 1200　　D. 1000

161. 判断炭粒燃烧是处于动力区、扩散区还是过渡区，可用炭粒表面氧气浓度和远离炭粒氧气浓度之比(即 C/C_0)来判断，当 C/C_0 接近(B)燃烧处于动力区。

A. 0　　B. 1　　C. 0.5　　D. 2

162. 燃料燃烧后存在的内在热量是燃料可燃成分发生强烈化学反应而(C)。

A. 燃料所有的热量　　B. 燃料大部分热量

C. 未释放出的残余热量　　D. 燃烧尽的热量

163. 发电厂用煤的(A)是以挥发分(5个等级)、发热量(5个等级)、全水分(4个等级)、灰分(3个等级)、硫分(4个等级)、灰熔融性(4个等级)和可磨性(3个等级)划分。

A. 技术条件　　B. 煤种　　C. 分类　　D. 基准

164. 对于不符合设计煤种的煤，在供给锅炉之前必须采用(D)的方法，使煤技术条件接近锅炉设计煤种。

A. 分供应　　B. 提前说明　　C. 预告　　D. 掺混

165. 燃料的着火热就是燃料燃烧(B)所需要的热量。它的大小与一次风量、风温及燃料着火温度的高低有关。

A. 燃烧阶段　　B. 准备阶段　　C. 全过程　　D. 燃尽阶段

166. 在锅炉热平衡方程式 $Q_r=Q_1+Q_2+Q_3+Q_4+Q_5+Q_6$ 中，Q_1 代表1kg燃料的(A)。

A. 有效利用热　　B. 燃烧的热量　　C. 总能量　　D. 发热量

167. (C)的机械未完全燃烧热损失大约在总热量的0.5%~5%范围内。

A. 液态排渣煤粉锅炉　　B. 层燃锅炉
C. 固态排渣煤粉锅炉　　D. 循环流化床锅炉

168. (D)是液化石油气主体成分。

A. CH_4　　B. CO_2　　C. H_2S　　D. C_mH_n

169. 炼油瓦斯气体是重质油在(A)生产轻质油时产生的低沸点可燃气体。

A. 裂解　　B. 催化　　C. 蒸馏　　D. 焦化

170. 如果气体燃料在燃烧过程可燃混合物气体处于静止或层流状态即称为(B)。

A. 湍流火焰传播　　B. 层流火焰传播
C. 辐射火焰传播　　D. 热传播

171. 气体燃料与空气预先混合后再燃烧和气体燃料与空气不预先混合，而在炉内混合后再燃烧。(B)适应于煤、油、气混燃锅炉。

A. 前者　　B. 后者　　C. 两种情况都　　D. 两种情况都不

172. 燃气燃烧所需要的空气由自然风提供，此时的火焰称为(B)。

A. 集中火焰　　B. 扩散火焰　　C. 预混火焰　　D. 湍流火焰

173. 混合和扩散快于化学反应速度，即称为(A)燃烧。

A. 预混　　B. 后混　　C. 扩散　　D. 湍流

174. 空气干燥基弹筒发热量只作为测定原始数据，应以(A)发热量作测定结果报出。

A. 高位　　B. 中位　　C. 低位　　D. 高位和低位

175. 锅炉燃煤必须使用空气干燥基(C)发热量，否则会造成很大的误差。

A. 高位　　B. 中位　　C. 低位　　D. 高位和低位

176. 检验所用的标准称量设备最大允许使用误差不得超过(A)。

A. 0. 1%　　B. 0. 2%　　C. 0. 3%　　D. 0. 4%

177. 电子皮带称允许误差为(D)。

A. 1. 5%　　B. 1. 2%　　C. 0. 8%　　D. 0. 5%

178. 原煤中灰分从 30%增大到 50%，每增加 1%的灰分，燃烧温度平均降低(D)℃。

A. 10　　B. 1　　C. 15　　D. 5

179. 燃料中的含水量每增加 5%，锅炉热效率要降低(D)。

A. 1. 5%　　B. 1. 2%　　C. 0. 8%　　D. 0. 5%

180. 当燃料油与设备静电火花放电时，其火花放电能量超过管道周围积存(D)的最小引燃能量 0. 009~2. 4MJ 时，就会发生爆炸。

A. 氢碳成分　　B. 可燃气体　　C. 气体分子　　D. 油气与空气混合物

181. 油管道的法兰之间有绝缘垫时，必须用(C)跨接技术连接起来。

A. 橡胶螺丝　　B. 防震垫螺丝　　C. 金属导体　　D. 管道焊接

182. 甲烷形成的炭黑直径很小，数量很多，在高温下炭黑粒子有很强的辐射能力，(B)，形成所谓的发光火焰。

A. 烟色呈黑色　　B. 发出光亮　　C. 发出爆炸声　　D. 炉内压力变化

183. 运行过程中充分让油滴在着火前就已经完全蒸发并和空气混合，就可以避免(A)和形成炭黑。

A. 热分解　　B. 汽化　　C. 凝结　　D. 回火

184. 还原性气氛越大，灰的(B)越大，越容易结焦。

A. 硬度　B. 黏度　C. 温度　D. 干度

185. 结渣是指软化或熔化的灰粒碰撞在水冷壁和主要受热面上生成(A)。

A. 熔渣层　B. 灰层　C. 垢层　D. 渣层

186. 单元制机组的给水泵出力一定时，当给水压力与蒸汽压力相差很小的情况下，如果出现汽包水位低，应(D)以提高水位。

A. 开大给水调节门　B. 关小给水调节门

C. 加大给水泵转数　D. 降低锅炉负荷

187. 在外界负荷不变的情况下，燃烧减弱时，主蒸汽压力降低，汽包水位(C)。

A. 上升　B. 下降　C. 先下降后上升　D. 先上升后下降

188. 燃烧率扰动时汽压的动态与(B)采用的控制方式有关。

A. 锅炉　B. 汽轮机　C. 发电机　D. 变压器

189. 如果将燃烧调节投入自动，那么，自动跟踪就会自然(D)。

A. 退出　B. 返回　C. 停止　D. 切换

190. 随着锅炉参数的提高，过热部分的吸热量比例(B)。

A. 不变　B. 增加　C. 减少　D. 按对数关系减少

191. 汽压升高时，过热汽温(A)。

A. 升高　B. 降低　C. 不变　D. 不一定

192. (A)变化速度是影响汽压变化速度最主要的因素。

A. 负荷　B. 汽温　C. 水位　D. 燃烧设备的惯性

193. 外界负荷快速降低时，汽压(A)。

A. 快速升高　B. 缓慢升高　C. 快速下降　D. 缓慢下降

194. 控制汽压稳定，实际上是保持锅炉蒸发量与(A)之间的平衡。

A. 汽轮机负荷　B. 给水流量　C. 汽包水位　D. 锅炉过热蒸汽量

195. 汽压的控制与调节是以改变(B)作为基本调节手段。

A. 汽轮机负荷　B. 锅炉蒸发量　C. 锅炉汽温　D. 锅炉水位

196. 锅炉的储热能力越大，汽压变化速度(B)。

A. 越快　B. 越慢　C. 不变　D. 不一定

197. 在外界负荷不变的情况下，汽压的稳定取决于(B)。

A. 炉膛容积热强度的大小　B. 炉内燃烧工况的稳定

C. 锅炉的储热能力　D. 水冷壁受热后热负荷大小

198. 燃烧设备惯性大，当负荷变化时，汽压变化速度(B)。

A. 快　B. 慢　C. 不变　D. 不一定

199. 在外界负荷不变的情况上，煤质劣化，不及时调整，将出现汽压(B)。

A. 升高　B. 降低

C. 不变　D. 不一定升高或降低

200. 水位的调节是通过改变(B)的开度实现的。

A. 编辑器　B. 给水调节阀　C. 执行机构　D. 气动(电动)机构

201. 锅炉运行时减温水阀应(D)，避免引起汽温大幅度波动或增大减温器的交变应力。

A. 大开　　B. 大关　　C. 关闭　　D. 小幅度开关

202. 主蒸汽汽温调节采取(B)调节。

A. 单冲量　　B. 双冲量　　C. 三冲量　　D. 多冲量

203. 主蒸汽调节系统中(A)作为主调节信号。

A. 被调节温度　　B. 减温水流量　　C. 执行机构开度　　D. 主蒸汽温度

204. 送风机调节器必须接受两个信号才能进行操作，一个是送风量信号，一个是(C)信号。

A. 排烟温度　　B. 二次风量　　C. 炉膛氧量校正　　D. 一次风量

205. 锅炉废水排放的回收利用有(C)两种。

A. 连续排污和定期排污　　B. 疏水和放水

C. 经常性排水和非经常性排水　　D. 灰水排放和污水排放

206. 减少(A)热损失，使电除尘效率升高，减少大气环境污染，既增效又减排。

A. 机械未完全燃烧　　B. 化学未完全燃烧

C. 散热　　D. 物理灰渣

207. 下图表示循环流化床(B)。

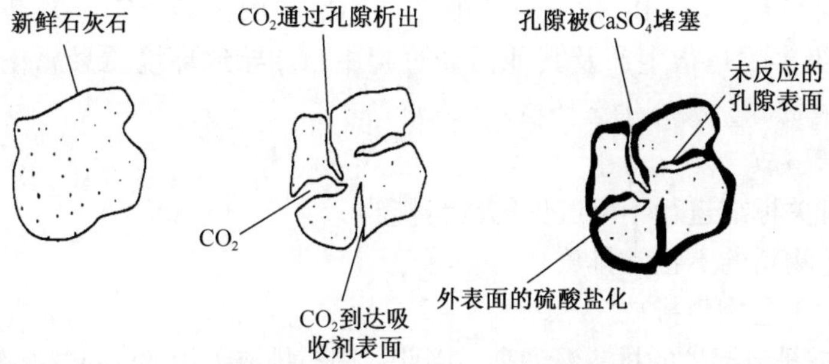

A. 循环过程　　B. 脱硫过程　　C. 燃烧过程　　D. 破碎过程

208. Ca/S 物质的量比对锅炉脱硫的影响是在其他工况相同的情况下，随着 Ca/S 物质的量比的增加，(B)。

A. 脱硫效率下降　　B. 脱硫效率增加

C. 脱硫效率稳定　　D. 脱硫效率不稳定

209. 当 Ca/S 物质的量比过大时，会带来副作用，增加灰渣物理热损失，增加磨损，还会使(D)排放增加。

A. SO_2　　B. CO　　C. SO_3　　D. NO_x

210. 回转式空气预热器运行时应考虑(D)的预防。

A. 电腐蚀　　B. 蒸汽腐蚀　　C. 高温腐蚀　　D. 低温腐蚀

211. 锅炉冬季可启动(B)，防止空气预热器腐蚀。

A. 冷风机　　B. 暖风器　　C. 高压风机　　D. 冷却器

212. 母管制锅炉负荷经济分配除了考虑(B)外，还必须注意锅炉运行的最低负荷值。

A. 机组容量的大小　　B. 煤耗微增率相等的原则

C. 机组运行小时数　　D. 机组参数的高低

213. 汽压降低，会使汽轮机汽耗(A)。

A. 增大　B. 减小　C. 不变　D. 不一定变化

214. 锅炉效率在(B)最高。

A. 满负荷　B. 75%~85%　C. 50%　D. 任意负荷

215. 锅炉超过经济负荷，效率随负荷增加而(B)。

A. 升高　B. 下降　C. 不变　D. 无法判定

216. 当机组负荷、煤质、燃烧室内压力不变的情况下，烟道阻力增大将使(A)。

A. 锅炉净效率下降　B. 锅炉净效率不变

C. 锅炉净效率提高　D. 风机效率升高

217. 当过剩空气系数不变时，负荷变化，锅炉效率也随着变化，在经济负荷以下时，锅炉的负荷增加，效率(C)。

A. 降低　B. 不变　C. 上升　D. 先上升后下降

218. 最佳的(A)可以获得较好的锅炉热效率。

A. 煤风比　B. 一次风风量　C. 燃煤量　D. 煤质

219. 排到大气中的70%的烟尘、90%的 SO_2、70%的 NO_x、71%的 CO、43%的 C_xH_y 和85%的 CO_2 均来自于(D)。

A. 炼钢产业　B. 化工生产排放　C. 矿山污染　D. 煤的燃烧

220. 环境污染事故是指生产及其他活动过程中(C)导致环境质量恶化，危害人身及牲畜安全，影响环境资源，破坏生态环境。

A. 生产事故

B. 按有关标准进行不可避免的废料排放

C. 工艺物料的不正常排放

D. 正常工艺物料排放

221. 由于液态排渣锅炉的排渣温度高，因此，固态排渣锅炉的 q_6(C)液态排渣锅炉的 q_6。

A. 高于　B. 等于　C. 低于　D. 相等

222. 锅炉产生热偏差的原因有两方面，即(D)。

A. 火焰偏斜，局部结渣

B. 烟温过高，安装不良

C. 烟温分布不均，烟速分布不均

D. 受热不均，并联管子中的蒸汽流量不均

223. 过热器采用中间联箱的主要目的是(A)。

A. 减少热偏差　B. 提高蒸汽温度　C. 降低蒸汽温度　D. 提高烟气温度

224. 过热器左、右交叉换热的目的是(D)。

A. 提高传热效率　B. 提高蒸汽温度　C. 降低蒸汽温度　D. 减少热偏差

225. 超高压大型自然循环锅炉推荐的循环倍率是(B)。

A. <5　B. 5~10　C. <10　D. >15

226. 膜态沸腾一般发生在(B)参数锅炉水冷壁管内。

A. 临界　B. 亚临界　C. 超临界　D. 高压

227. 油燃烧器的气流扩散角应(B)喷嘴的雾化角。

A. 大于　B. 小于　C. 等于　D. 不等于

228. 停炉后的煤粉仓吸潮管的状态应该是(B)。

A. 全开　B. 全关　C. 定时开　D. 定时关

229. 混合流布置的对流过热器是(B)的折中方案。

A. 半辐射和导热　B. 逆流和顺流、半辐射

C. 顺流和紊流　D. 逆流和层流

230. 离心式风机运行时流量或转速产生变化，(D)相应也发生变化。

A. 工作特性　B. 介质特性　C. 冷却水量　D. 其他参数

231. 汽水管道运行(B)h 后，应结合大修对管道支吊架进行检查、调整和管道应力分析。

A. 7 万　B. 8 万　C. 9 万　D. 10 万

232. 对于主蒸汽管道上的小管道、弯头运行(D)h 后应检查情况，尽可能予以更换。

A. 7 万　B. 8 万　C. 9 万　D. 10 万

233. 20G 钢管道若要求使用寿命不超过 20 年，使用温度可提高至(A)℃运行。

A. 450　B. 400　C. 350　D. 500

234. 控制燃料型 NO_x 的方法是(B)的富燃料燃烧条件下，使燃料停留时间增长。

A. $\alpha=1$　B. $\alpha<1$　C. $\alpha>1$　D. $\alpha=0.1$

235. 降低氧浓度可以减少(C)的生成。

A. SO_2　B. N_2　C. NO_x　D. SO

236. 锅炉燃烧过程中生成 NO_x 有(D)的 NO，5%的 NO_2，N_2O 很少。

A. 65%　B. 75%　C. 85%　D. 95%

237. 常说的燃料燃烧过程快速型是通过燃料产生 CH 原子团撞击 N_2 分子，生成(A)，进一步氧化成 NO_x。

A. CN 类化合物　B. 烷类　C. 硫化合物　D. 氢氧化合物

238. DCS 的自主性说明它是一个能独立运行的高可靠系统，各工作站能(B)自己的工作。

A. 靠工程师站完成　B. 独立完成

C. 依靠它站完成　D. 协助完成

239. 集中管理、分散控制的系统称为(A)。

A. DCS　B. DDC　C. SCC　D. CRT

240. 烟气中的酸露点要比水露点(A)。

A. 高　B. 低　C. 均匀　D. 很难确定

241. 锅炉硫氧化物会使金属(B)。

A. 磨损　B. 腐蚀　C. 疲劳　D. 催化

242. 离心式风机的叶轮由前盘、后盘、(D)、叶片四个部分组成。

A. 扩流器　B. 集流器　C. 蜗壳　D. 轮毂

243. 集流器是离心式风机保证气流均匀地充满叶轮入口的重要设备，它可以使风机(B)。它安装在叶轮入口处。

A. 出口阻力减小　B. 入口阻力减小　C. 入口阻力增大　D. 出口阻力增大

244. 轴流风机叶轮主要由动叶片、轮毂、叶柄、轴承、(D)、平衡块等组成。

A. 分流器　B. 驱动装置　C. 变速机构　D. 曲柄

245. 轴流式风机导叶装在(C)的后面。

A. 集流器　B. 风机入风口　C. 动叶轮　D. 消音器

246. 受热面回转式空气预热器中的(A)由主轴、中心筒、外圆筒、仓格板以及传热元件等组成。

A. 转子　B. 传动机构　C. 电动机构　D. 密封机构

247. 风罩回转式空气预热器是由定子、(B)、动装置、密封装置和固定风道、烟道组成。

A. 中风罩　B. 上风罩、下风罩　C. 上风罩　D. 下风罩

248. 回转式空气预热器有三种密封装置，其中(D)是用于阻止热冷端面与扇形板之间因压差而存在的漏风。

A. 环向密封　B. 轴向密封　C. 填料密封　D. 径环密封

249. 回转式空气预热器的可弯曲扇形板的外力由传动连接装置中的(D)，形成与转子下垂时近似曲面而达到密封目的。

A. 压缩风施压　B. 中压蒸汽施压　C. 杠杆力矩施压　D. 千斤顶施压

250. 提升阀是吹灰器控制吹灰介质的(C)，位于吹灰器下部，是吹灰器的主要部件。

A. 温度　B. 行程　C. 阀门　D. 前进方向

251. 吹灰器的吹灰枪是一根内壁光滑而外壁加有螺纹的管子，亦称为(B)。

A. 波纹管　B. 螺纹管　C. 光管　D. 无缝管

252. 当脉冲安全阀动作后蒸汽通过(D)进入主安全阀的活塞上端。

A. 排汽管　B. 来汽管　C. 疏水管　D. 脉冲管

253. 汽包上的脉冲安全阀主阀均安装在(C)上。

A. 汽包或集汽联箱　B. 过热器

C. 集汽联箱　D. 汽包

254. 脉冲安全阀中两个安全阀所承受的压力(A)。

A. 相等　B. 不相等

C. 主安全阀低于小安全阀　D. 主安全阀高于小安全阀

255. 正常运行时弹簧式安全阀弹簧向下的压紧力(D)蒸汽向上的推动力。

A. 近于　B. 等于　C. 小于　D. 大于

256. 弹簧式安全阀是通过阀杆上部的(B)改变弹簧的松紧程度，达到调整安全阀起跳压力。

A. 下部螺丝　B. 调整螺丝　C. 拉柄　D. 容器内部压力

257. 当重锤和杠杆重量形成的力距大于蒸汽作用在阀辩上的力所形成的力矩时，安全阀处于(A)。

A. 关闭状态　B. 开启状态　C. 预动作状态　D. 备用状态

258. 如果锅炉的压力(D)重锤和杠杆质量形成的力矩，安全阀动作。

A. 不等于　B. 等于　C. 低于　D. 高于

259. 电除尘的高压控制柜通过一组由电压自动调整器控制的晶闸管调压为(A)，提供

可以调节的输入电压。

A. 整流变压器　B. 升压变压器　C. 降压变压器　D. 双向变压器

260. (B)的作用是用于改善一次电流的波形，使一次电流的波形连续且平滑。

A. 电容　B. 电抗器　C. 电阻　D. 接触器

261. π 型锅炉由垂直炉膛，(D)和下行烟道三部分组成。

A. 转向室　B. 尾部烟道　C. 竖井烟道　D. 水平烟道

262. π 型锅炉主要缺点是占地面积大，烟气从炉膛进入对流烟道时改变流动方向，造成烟气速度场和(A)的不均匀。

A. 飞灰浓度场　B. 炉膛动力场

C. 炉膛温度分布　D. 炉内氧量分布

263. 将接触器和热继电器组合在一起，用于异步电动机的启动和停止控制，具有低电压和过载保护作用，这种组合电器称为(A)。

A. 磁力启动器　B. 电力启动器　C. 负荷启动器　D. 负载启动器

264. 大容量锅炉为了确保规定的过热蒸汽流速，采用了(C)的对流过热器结构。

A. 单管圈　B. 双管圈　C. 多重管圈　D. 多种形式

265. 在燃烧器区域水冷壁上敷设卫燃带是为了使(C)的煤稳定着火提供条件。

A. 低灰分　B. 高挥发分　C. 低挥发分　D. 高灰分

266. π 型布置的锅炉整体由炉膛、(D)及垂直下行对流烟道三部分组成。

A. 燃料系统　B. 冷灰斗　C. 电除尘　D. 水平对流烟道

267. 与其他水冷壁相比，膜式水冷壁气密性好，可以减少(B)，所以人们称为气密式水冷壁。

A. 助燃风量　B. 炉膛漏风　C. 烟道漏风　D. 结焦

268. 在中、大型锅炉采用膜式水冷壁可以增大炉膛的(A)。

A. 辐射受热面积　B. 对流受热面积

C. 热传导受热面积　D. 半辐射受热面积

269. 防渣管是通过(D)来防渣的。

A. 减少烟气氧量　B. 降低灰的熔点

C. 提高管壁温度　D. 降低炉膛出口烟温

270. 自上而下布置的辐射过热器因壁温高、工作条件差，一般需要采用(A)。

A. 高材质金属　B. A3 钢　C. 20G 钢　D. 碳素钢

271. 锅炉辐射过热器吸热份额(A)对流过热器吸热份额。

A. 小于　B. 等于

C. 大于　D. 根据负荷变化而变化

272. 在大容量直流锅炉中由于辐射过热器面积增大而使负荷上升，汽温(D)。

A. 上升　B. 更平稳　C. 变化幅度更大　D. 下降

273. 在喷水式减温器内喷嘴后安装了一段保护套管，其目的是使减温水溅在内套管，减少(C)。

A. 减温水对保护管的热应力　B. 蒸汽对筒身的阻力

C. 减温水对筒身的热应力　D. 蒸汽对保护管的热应力

274. 喷水式减温器内的保护套管与(B)相连。
A. 减温水管　B. 喷管　C. 联箱　D. 管座
275. 锅炉运行中，汽包内的波形板间形成的弯曲通道内充满(B)。
A. 给水　B. 饱和蒸汽　C. 过热蒸汽　D. 饱和水
276. 炉内温度分布不均，热负荷差异大是造成个别水冷壁内(D)的原因之一。
A. 结垢　B. 循环倍率上升　C. 大面积结焦　D. 循环不良
277. 锅炉每个联箱上一般有(A)根左右相邻水冷壁组合在一起。
A. 30　B. 50　C. 100　D. 150
278. 水冷壁分成若干组便于安装，也便于解决水冷壁的横向膨胀及(D)问题。
A. 温度上升　B. 振动　C. 冷胀热缩　D. 密封
279. 中压锅炉一般将过热器分为二到三级，高压锅炉则分为(A)级。
A. 3~5　B. 5~10　C. 8~12　D. 12 以上
280. 过热器分级布置后，每一级(B)不同，因此将高温过热器分为冷段和热段。
A. 压力　B. 焓增　C. 熵增　D. 湿度
281. 锅炉每(A)年应进行一次内部检验。
A. 两　B. 一　C. 三　D. 四
282. 对于过热器、水冷壁、省煤器应定期进行(A)检验，即取管样进行检验。
A. 破坏性　B. 内部　C. 结垢　D. 内部腐蚀

283. (B)是指锅炉安装过程中，在安装单位自检合格的基础上，由国家质量监督检验检疫总局(以下简称国家质检总局)核准的检验检测机构(以下简称监检机构)安装过程进行的强制性、验证性的法定检验。

A.《蒸汽锅炉安全技术监察规程》
B.《锅炉安装监督检验规则》
C.《电力建设施工及验收技术规范(锅炉机组篇)》
D.《机械设备安装工程施工及验收规范》

284. 锅炉安装监督检验项目分(A)。
A. A 类和 B 类　B. Ⅰ、Ⅱ类
C. 特殊类和普通类　D. 重点类和一般类

285. 锅炉安装监督检验结束后，监检机构一般设备应当在(A)个工作日内，大型设备可以在 30 个工作日内出具《锅炉安装监督检验证书》。

A. 10　B. 14　C. 15　D. 20
286. 对于制粉系统的热平衡试验目的是(C)。
A. 确定磨的可磨性　B. 确定磨的磨损性
C. 制定制粉系统的最佳出力曲线　D. 确定锅炉最高效率的煤粉细度
287. 热平衡试验的对象是(C)。
A. 检修的锅炉　B. 备用锅炉　C. 运行中的锅炉　D. 报废后的锅炉
288. 锅炉运行中的硫酸盐的形成的根本原因是(B)。
A. 锅炉的炉膛的高温　B. 燃料中含有钠、钾、硫等物质
C. 烟气中含有催化剂　D. 烟气含氧量高

289. 控制锅炉运行中硫酸盐的形成最有效的方法是(A)。

A. 采用含硫量小的煤种　　B. 运行中提高锅炉的过量空气系数

C. 降低运行中的过量空气系数　　D. 烟气脱硫

290. 锅炉运行中的硫化物形成的根本原因是(C)。

A. 锅炉燃烧的氧量不足　　B. 过热器管壁温度超温

C. 锅炉燃料中含有硫元素　　D. 烟气中含有还原性元素

291. 可以用于腐蚀性介质的阀门密封材料是(D)。

A. 铜合金　　B. 铬不锈钢　　C. 司太立合金　　D. 镍基合金

292. 一般闸阀有(B)个密封面。

A. 1　　B. 2　　C. 3　　D. 4

293. 电除尘启动前应该对整流设备进行测绝缘，其绝缘应该大于(D)Ω。

A. 400　　B. 600　　C. 800　　D. 1000

294. 电除尘启动前应该保证整流器的所有(A)清洁。

A. 瓷瓶　　B. 油箱　　C. 换热扇　　D. 本体

295. 在潮湿的工作环境里或有与水接触较多的工作条件下的动设备，其润滑油应该满足的条件是(C)。

A. 黏度较小的低凝点润滑油

B. 钠基脂

C. 抗乳化性能较强的油性、防锈性能较好的润滑油(脂)

D. 黏度较大、闪点较高、油性好以及氧化安定性好

296. 润滑油在高温条件下工作应该满足的条件是(D)。

A. 黏度较小、凝点低润滑油

B. 钠基脂

C. 抗乳化性能较强的油性、防锈性能较好的润滑油(脂)

D. 应选用黏度较大、闪点较高、油性好以及氧化安定性好

297. 循环润滑油系统中润滑油必须满足的条件是(B)。

A. 黏度较小凝点低的润滑油

B. 要求换油周期长、散热快，应选用黏度较小，抗泡沫性和抗氧化安定性较好的润滑油

C. 抗乳化性能较强的油性、防锈性能较好的润滑油(脂)

D. 应选用黏度较大、闪点较高、油性好以及氧化安定性好

298. 下降管带汽的直接结果是(B)。

A. 水冷壁汽水密度变小　　B. 影响水循环

C. 下降管密度减小　　D. 影响锅炉燃烧

299. 下降管带汽会造成水循环回路的运动压头(B)。

A. 增大　　B. 减小　　C. 不变化　　D. 无法确定

300. 锅炉给水含氧量大可能造成锅炉设备的(A)腐蚀。

A. 给水系统　　B. 过热蒸汽系统　　C. 烟道　　D. 空气门系统

301. 电化学腐蚀本质是(B)。

A. 氧化剂得到电子

B. 金属失去电子而变成离子透入溶液的过程

C. 电场的作用下，电荷定向移动

D. 电子的自由得失

302. 锅炉容易发生电化学腐蚀的部位是(C)。

A. 过热蒸汽系统　　B. 水冷壁的外壁

C. 给水系统管路的内壁　　D. 过热蒸汽管道的内壁

303. 过热蒸汽温度温度超过 570℃时，过热蒸汽直接与碳钢发生的反应是(D)

A. $Fe+H_2O = FeO+H_2$

B. $2Fe+3H_2O = Fe_2O_3+3H_2$

C. $3Fe+4H_2O = Fe_3O_4+4H_2$

D. $3Fe+4H_2O = FeO+Fe_2O_3+4H_2$

304. 氧气腐蚀一般分为(B)。

A. 热腐蚀和冷腐蚀　　B. 点腐蚀和溃疡腐蚀

C. 全部腐蚀和局部腐蚀　　D. 均匀腐蚀和点腐蚀

305. 在锅炉正常运行时，测出炉膛出口的过剩空气系数，然后使炉膛维持在正压下，测出炉膛出口过剩空气系数，两个数的差值就是(C)。

A. 过剩空气量　B. 氧量　C. 漏风系数　D. 最佳系数

306. 给水泵再循环管是给水泵出口到(C)的连接管道。

A. 锅炉　B. 汽轮机　C. 除氧器　D. 疏水扩容器

307. 给水泵再循环管投入条件是(C)。

A. 锅炉高负荷　B. 锅炉正常负荷　C. 锅炉低负荷　D. 锅炉启动过程中

308. 工作票不准任意涂改，涂改后上面应由(A)签字或盖章，否则工作票应无效。

A. 签发人或工作许可人　　B. 总工程师

C. 安全处长　　D. 生技处长

309. 工作如不能按计划期限完成，必须由(B)办理延期手续。

A. 车间主任　B. 工作负责人　C. 工作许可人　D. 工作票签发人

310. 运行班长必须在得到值长许可并做好安全措施之后才可允许(A)进行工作。

A. 检修人员　B. 签发人　C. 工作许可人　D. 技术人员

311. 受热面表面形成的水膜中含有(B)，对金属表面进行腐蚀。

A. 氢　B. 溶解氧　C. 水珠　D. 杂质

312. 锅炉停止运行时如果金属表面有(D)时，将会在锅炉运行时加剧腐蚀。

A. 水膜　B. 钝化膜　C. 灰物　D. 腐蚀沉积物

313. 采用压力保护，当主蒸汽联箱温度降到(D)℃以下时，开启给水小旁路溢流保压。

A. 50　B. 100　C. 110　D. 150

314. 用给水来保护锅炉，其压力应控制在(A)MPa。

A. 0.5~1.0　B. 1.0~1.5　C. 1.5~2.0　D. 2.0~2.5

315. 联氨保护法时，联胺剂加入采用(C)。

A. 给水泵　B. 循环泵　C. 加药泵　D. 疏水泵

316. 在进行联氨保护时，充液前应保证锅炉受热面内(A)。

A. 无空气　B. 无水　C. 无联胺成分　D. 无金属保护膜

317. 受热面局部磨损严重，可以确定此处有(B)。

A. 冷气流　B. 集中气流　C. 热气流　D. 分散气流

318. 锅炉(C)保养前可以保留受热面的积水。

A. 充联胺　B. 充氨液　C. 充氮　D. 放干燥剂

319. 锅炉充氮保养后锅炉应保持压力在(B)MPa 范围。

A. 0. 01　B. 0. 05　C. 0. 1　D. 0. 5

320. 锅炉投入自动调节运行，当一台引风机跳闸，另外一台运行引风机(D)。

A. 电压升高　B. 电压降低　C. 电流降低　D. 电流升高

321. 使空气压缩机排气压力变化的主要原因是进气阀或(B)漏气或损坏。

A. 油泵故障　B. 排气阀　C. 油位过低　D. 压力表故障

322. 空压机的二级缸排汽阀漏气或损坏引起(A)缸排气压力(A)。

A. 二级　降低　B. 一级　降低　C. 二级　升高　D. 二级　不变

323. 锅炉循环(B)，就是循环停滞。

A. 倍率大于 1　B. 流速接近于零　C. 倍率大于-1　D. 正常

324. 锅炉循环停滞时，进入上升管的水量(D)其出口蒸汽量。

A. 不等于　B. 小于　C. 大于　D. 等于

325. 自然水循环倒流会导致受热面金属超温或(C)损坏，严重时爆管。

A. 热应力　B. 机械应力　C. 疲劳　D. 过载

326. 水冷壁管子内(C)，这是汽水分层的表现。

A. 上部是水在流动，下部是汽在流动

B. 汽水混合流动

C. 下部是水在流动，上部是汽在流动

D. 下部是水在流动，上部的汽在静止状态

327. 直流式锅炉中为了防止水冷壁内汽水混合物发生分层，设计规定水冷壁应有大于(D)的倾斜角度。

A. 45°　B. 35°　C. 25°　D. 15°

328. 表面式减温器换热管泄漏，主蒸汽温度会大幅度(D)。

A. 摆动　B. 波动　C. 上升　D. 下降

329. 燃料的低位发热量升高，主蒸汽温度(B)。

A. 降低　B. 升高　C. 平稳　D. 上下波动

330. (A)，锅炉主蒸汽压力迅速下降。

A. 安全阀动作　B. 高加投入运行　C. 排污投入　D. 锅炉放渣

331. 当燃料中断或部分燃料中断时，(A)。

A. 主蒸汽压力迅速下降　B. 汽包水位下降

C. 主蒸汽温度上升　D. 锅炉炉内热负荷上升

332. 引风机或送风机调节挡板摆动会使(C)不稳定，严重时锅炉发生灭火事故。
A. 给水压力　B. 蒸汽流量　C. 炉膛负压　D. 汽包壁温

333. 锅炉点火(A)s未成功，三联阀应自动关闭。
A. 10　B. 20　C. 30　D. 40

334. 当燃料油速断阀执行机构接到锅炉FSSS保护动作信号应(B)速断阀。
A. 立即开启　B. 立即切断
C. 保持原状态　D. 通过人为关闭

335. 当锅炉灭火保护动作后，程序会自动(C)一定时间，然后才允许进行下道操作。
A. 排污　B. 吹灰　C. 吹扫　D. 排汽

336. 锅炉启停操作过程或非正常运行状态下，为了确保锅炉不发生停炉或放炮事故，应(B)。
A. 加强监视仪表反应　B. 投入所有保护
C. 精心调整　D. 将助燃油系统切换到旁路

337. 在锅炉燃烧不稳定时应及时(C)。
A. 加大燃料量　B. 减少燃料量　C. 投入助燃油　D. 减少锅炉负荷

338. 再热蒸汽温度变化对锅炉负荷的敏感性(B)过热蒸汽温度。
A. 小于　B. 大于　C. 等于　D. 无法比较

339. 烟气再循环挡板自动关闭，如果调整不及时会使再热蒸汽温度(D)。
A. 上升　B. 上下波动　C. 急剧上升　D. 急剧下降

340. 由于金属长时间处于幅度不很大的超温状态下运行，受热面过热破口处外壁会形成一层(D)。
A. 纯化膜　B. 水垢　C. 焦渣　D. 疏散氧化层

341. 破口四周有(A)的裂纹说明属于长期过热爆管。
A. 很多细小纵向平行　B. 很多细小横向平行
C. 很多细小径向平行　D. 很多细小相互交错

342. 在长期过热爆管段金属的组织碳化物明显呈(C)。
A. 渗碳体　B. 铁素体　C. 球化状　D. 珠光体

343. 破口光滑，靠近破口处有(D)，是由于爆管时淬火形成。
A. 黑色炭末　B. 松散氧化层　C. 球状碳化物　D. 珍珠光亮

344. 爆破口的断面(D)，越靠近边沿金属壁越薄，说明属于短期过热。
A. 柔软　B. 厚度大　C. 粗糙　D. 锐利

345. 破口处硬度高，而远离破口其硬度下降，逐步降到原金属特性。这属于短期过热爆管时(C)而形成。
A. 退火　B. 回火　C. 淬火　D. 渗碳

346. 当周波造成发电机跳闸，直流锅炉应保持(A)运行，做好汽轮机冲转准备。
A. 最低负荷　B. 最高负荷　C. 经济负荷　D. 额定负荷

347. 直流锅炉运行，系统周波波动幅度大时，应保持(D)正常。
A. 汽包水位　B. 循环倍率
C. 循环水泵的最小出力　D. 煤、水、风比例

348. 当系统周波降高，发电量减少，锅炉负荷降低，应投入高、低压旁路系统或打开(C)，防止锅炉超压。

A. 过热器空气阀　B. 集汽联箱疏水阀　C. 对空排汽阀　D. 安全阀

349. 主蒸汽安全阀动作造成主蒸汽压力下降，应(D)，无法回座应申请停炉。

A. 将其他安全阀人为全部动作降压　B. 减少燃料降压至回座

C. 开大排汽降压至到回座　D. 手动强制回座

350. (C)负荷过低时由于煤粉自流而引起主蒸汽压力异常升高，应调整给粉机转速和停止个别给粉机运行，消除自流。

A. 直吹式煤粉锅炉　B. CFB 锅炉

C. 中储式煤粉锅炉　D. 燃油锅炉

351. 如果个别过热器管壁温度过高应适当降低锅炉(C)运行，待锅炉检修时割管检查。

A. 再热蒸汽量　B. 负荷　C. 主蒸汽温度　D. 主蒸汽压力

352. 当过热器管内壁结垢造成管壁温度超温应申请停炉，进行(B)。

A. 碱煮　B. 酸洗　C. 更换　D. 检修

353. 降低过热器壁温可采用(D)方法。

A. 降低风温　B. 提高蒸汽温度　C. 增大烟道漏风　D. 水冷壁清焦和吹灰

354. 下降管入口流速应小于(A)m/s，减少下降管夹带饱和汽的可能性。

A. 3　B. 4　C. 5　D. 6

355. 一般要求汽包水位不低于(D)倍下降管内径的高度，这样可以防止下降管入口处自行汽化。

A. 1　B. 2　C. 3　D. 4

356. 水压试验的升压速度应缓慢，升压速度不得超过(C)MPa/min。

A. 0.1　B. 0.2　C. 0.3　D. 0.5

357. 为了使压力显示的准确性提高，防止超压，应在现场装设一个精度在(A)级以上并检验合格的压力表。

A. 0.5　B. 1.0　C. 1.5　D. 2.0

358. 当减温自动调节系统故障使主蒸汽温度异常变化，应立即将自动改为手动，调整(C)。

A. 风量　B. 负荷　C. 减温水量　D. 烟气挡板

359. 不论是低压还是高压旁路阀内漏过大而造成再热蒸汽压力异常，应(D)处理。

A. 立即处理　B. 在线　C. 紧急停炉　D. 申请停炉

360. 低压旁路误投入使再热蒸汽压力异常变化，应立即关闭(C)。

A. 汽轮机抽汽　B. 汽轮机进汽阀　C. 低压旁路阀　D. 高压旁路阀

361. 高压旁路错误投入会使再热蒸汽压力(A)，此时应立即关闭再热器高压旁路阀。

A. 升高　B. 降低　C. 反复波动　D. 先高后降

362. 锅炉灭火原因不明或短时无法消除故障时，按(C)步骤进行处理。

A. 事故停炉　B. 快速降压、降温

C. 正常降压、降温　D. 大修停炉

363. 锅炉灭火后短时间可查明灭火原因并消除，应按(C)程序进行点火带负荷。

A. 机组热态启动操作　B. 机组冷态启动操作

C. 机组强热态启动操作　D. 自行选择启动操作

364. 启动(A)是在黑启动时的首选。

A. 柴油发电机　B. 锅炉　C. 汽轮机　D. 发电机

365. 当再热蒸汽温度升高，经采取措施无效，超过规定值应(D)。

A. 加大负荷运行　B. 继续运行　C. 紧急停炉　D. 申请停炉

366. 发现锅炉汽水共腾，首先是设法(D)。

A. 开大连续排污阀　B. 进行底部排污

C. 加强换水　D. 减少锅炉负荷

367. 再热蒸汽温度变化不大时，首先应采用(B)调节，然后再考虑其他调节方法。

A. 减温器　B. 烟道烟气挡板

C. 汽-汽热交换器　D. 烟气再循环

多选题

1. 下列内容中，设备布置图必须具有的内容是(A，B，D)。

A. 一组视图　B. 尺寸及标注　C. 技术要求　D. 标题栏

2. 在化工设备图中，当控制元件位置与任一直角坐标轴平行时，可用(A，C，D)表示。

A. 
B. 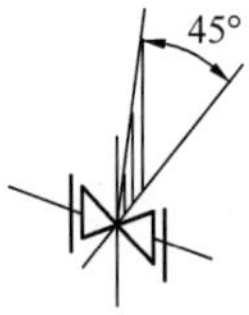

C. 
D. 

3. 公称尺寸相同的孔和轴装配在一起，并满足一定的使用要求称为配合。由于使用上对相互配合的松紧程度不同，配合又可分为(A，B，C)等三种。

A. 动配合　B. 静配合　C. 过渡配合　D. 动静配合

4. 下面的叙述不正确的是(A，B，D)。

A. 根据零件加工、测量的要求而选定的基准为工艺基准。从工艺基准出发标注尺寸，能把尺寸标注与零件的加工制造联系起来，使零件便于制造、加工和测量

B. 装配图中，相邻零件的剖面线方向必须相反

C. 零件的每一个方向的定向尺寸一律从该方向主要基准出发标注

D. 零件图和装配图都用于指导零件的加工制造和检验

5. 内部质量体系审核的依据(A，B，C，D)。

A. 合同要素　B. 质量文件

C. ISO 9000 族标准　D. 法律、法规要求

6. 采用“ISO 9001：2000 质量管理体系要求取代(A，B，C)质量保证模式，提高了使用标准的灵活性。

A. 94 版的 ISO 9001　B. 94 版的 ISO 9002

C. 94 版的 ISO 9003　D. 94 版 ISO 8402

7. ISO 9001 标准具有广泛的适用性，适用于(B，D)。

A. 大中型企业　B. 各种类型规模及所有产品的生产组织

C. 制造业　D. 各种类型规模及所有产品的服务组织

8. VFP 能用来建立索引的字段是(C，D)字段。

A. 通用型(图文型) B. 备注(文本型)
C. 日期 D. 逻辑

9. 演示文稿可创建的类型有(A，B，C)。

A. 空演示文稿 B. 设计模板 C. 内容提示向导 D. 都不正确

10. 关于幻灯片的背景，说法不正确的是(A，C，D)。

A. 只有一种背景 B. 可以是图片 C. 不能更改 D. 以上都错

11. 企业在安排产品生产进度计划时，对市场需求量大，而且比较稳定的产品，其全年任务可采取(A，B)。

A. 平均分配的方式 B. 分期递增方式
C. 抛物线形递增方式 D. 集中轮番方式

12. 设备的二级维护保养的主要内容是(C，D)。

A. 检查、清扫、调整电气(控制)部位
B. 彻底清洗、擦拭外表
C. 局部解体检查和调整
D. 更换或修复磨损的部件

13. 设备的一级维护保养的主要内容是(A，B，C)。

A. 彻底清洗、擦拭外表 B. 检查设备的内脏
C. 检查油箱油质、油量 D. 局部解体检查

14. 现场目视管理的基本要求是(A，B，C，D)。

A. 统一 B. 简约 C. 鲜明 D. 实用

15. 现场 5S 管理包括(C，D)。

A. 常组织 B. 常整洁 C. 常整顿 D. 常清洁

16. 在月度生产总结报告中对工艺指标完成情况的分析应包括(A，B，C，D)。

A. 去年同期工艺指标完成情况 B. 本月工艺指标完成情况
C. 计划本月工艺指标情况 D. 未达到工艺指标要求的原因

17. 技术论文中的参考文献目的是(A，C，D)。

A. 为了能反映出真实的科学依据
B. 为了借助名人效应
C. 为了分清是自己的观点或成果还是别人的观点或成果
D. 为了指明引用资料的出处便于检索

18. 技术论文标题拟订的基本要求为(B，C，D)。

A. 标新立异 B. 简短精练 C. 准确得体 D. 醒目

19. 技术论文的摘要的内容有(A，C，D)。

A. 研究的主要内容 B. 研究的目的和自我评价
C. 获得的基本结论和研究成果 D. 结论或结果的意义

20. 技术论文的写作要求是(A，B，D)。

A. 选题恰当 B. 主旨突出 C. 叙述全面 D. 语言准确

21. 装置标定报告的目的是(A，B，D)。

A. 进行重大工艺改造前为改造设计提供技术依据

B. 技术改造后考核改造结果，总结经验

C. 完成定期工作

D. 了解装置运行状况，获得一手资料，及时发现问题，有针对性地加以解决

22. 竣工验收报告的内容有(A，B，C，D)。

A. 工程设计　　B. 竣工决算与审计

C. 环境保护　　D. 建设项目综合评价

23. 在技术改造过程中(A，B，C)的项目应该优先申报。

A. 解决重大安全隐患　　B. 生产急需项目

C. 效益明显项目　　D. 技术成熟项目

24. 在技术改造方案中(A，C，D)设施应按设计要求与主体工程同时建成使用。

A. 环境保护　　B. 交通　　C. 消防　　D. 劳动安全卫生

25. 技术改造申请书应包括(A，B，C，D)。

A. 项目名称和立项依据　　B. 项目内容和改造方案

C. 项目投资预算及进度安排　　D. 预计经济效益分析

26. 进行技术革新成果鉴定必要的条件是(A，B，C，D)。

A. 技术革新确实取得了良好的效果

B. 申报单位编制好技术革新成果汇报

C. 确定鉴定小组人员、资格

D. 确定鉴定的时间、地点和参加人员，提供鉴定时所需各种要求

27. 培训过程由(A，C，D)等阶段组成。

A. 识别培训需要　　B. 编制培训程序文件

C. 提供培训　　D. 评价培训有效性

28. 案例教学具有以下优点：(A，B，C)。

A. 提供了一个系统的思考模式

B. 有利于使受培训者参与企业实际问题的解决

C. 可得到有关管理方面的知识与原则

D. 有利于获得感性知识，加深对所学内容的印象

29. 培训教学设计的内容包括(A，B)。

A. 培训教学方法的选用　　B. 培训课时的安排

C. 培训时机的选择　　D. 教材的选择

30. 企业组织培训时，培训的方法应该和培训目的相适应，如果培训目的是为了提高员工解决问题的能力，适合采用的方法是：(B，D)。

A. 头脑风暴法　　B. 案例分析法

C. 集体讨论　　D. 课题研究法

31. 培训效果的评估主要包括(A，B，D)层面。

A. 反应　　B. 学习　　C. 内容　　D. 结果

32. 在评估培训效果时，行为层面的评估主要包括(B，C，D)等内容。

A. 投资回报率　B. 客户的评价　C. 同事的评价　D. 主管的评价

33. 液体的流量是(A，B，C)。

A. 单位时间内通过截面积的质量

B. 单位时间内通过截面积的体积

C. 单位时间内通过截面积的物体物质的量

D. 单位时间通过截面积的密度

34. 一定的压力条件下的饱和水蒸气，在下列举例中的(A，B，D)物理量不会发生变化。

A. 饱和蒸汽的质量　B. 饱和水的质量

C. 饱和状态下水分子的位置　D. 没有变化的量

35. 黏性流体的流动状态呈(C，D)。

A. 逆流　B. 顺流　C. 层流　D. 紊流

36. 影响传热效果好坏的因素很多，以下因素(A，B，C)会影响传热的效果。

A. 导热系数　B. 受热面积　C. 温差　D. 压力

37. 影响对流换热系数的因素有(A，B，C，D)、传热面的形状、尺寸、相对位置。

A. 流体物理性质如：密度、黏度、热导率、比热容

B. 流体对流起因如：自然对流和强制对流

C. 流体流动状态：湍流、层流

D. 流体的相态变化：有无相变

38. 锅炉过热器增加传热的方法有(A，B，C，D)。

A. 增大受热面积　B. 选择导热性能比较好的金属

C. 加强烟气对流　D. 提高烟气温度

39. 下列属于液压缸的组成是(A，B，C，D)和排气装置。

A. 缸筒和缸盖　B. 活塞和活塞杆

C. 密封装置　D. 缓冲装置

40. 喷管是工程中经常用到的可以改变气体流速的装置，在喷管中气体因为是绝热膨胀，压力减低，流速增加，下列马赫数的变化与气体截面积变化关系不正确的是(A，B，D)。

A. $Ma<1$，气体截面积扩大　B. $Ma<1$，气体截面积缩小

C. $Ma=1$，气体截面积缩小到最小　D. $Ma>1$，气体截面积扩张

41. 纯铁按照其晶相结构的不同可以分为以下几类(A，C，D)。

A. α-Fe　B. β-Fe　C. γ-Fe　D. ε-Fe

42. 以下效果是退火所具备的是(A，B，C，D)和改善切削加工性能。

A. 消除锻件及焊接结构的应力

B. 消除冷加工后的应力

C. 消除铸件和锻件的不均匀组织和粗大晶粒

D. 消除合金钢脆而硬的特性

43. FSSS 系统由(A，B，C，D)、主逻辑控制等组成。

A. 火焰检测　B. 油层控制　C. 煤层控制　D. 电源装置

44. 可编程控制系统由(A，B，C，D)和电源组成。

A. 中央处理器　B. 存储器
C. 输入/输出组件　D. 编程器

45. 电力调度的主要工作有(A，B，C，D)。
A. 预测用电负荷　B. 制订发电任务、运行方式和运行计划
C. 进行安全监控和安全分析　D. 指挥操作和处理事故

46. 化学除氧剂常用的试剂有(A，B，C，D)和氢氧化亚铁。
A. 联氨　B. 亚硫酸钠　C. 铁屑　D. 亚硫酸

47. 汽轮机滑参数启动可以分为(A，B)。
A. 压力法滑参数启动　B. 真空法滑参数启动
C. 定参数启动　D. 热态启动

48. 三相异步电动机的转子根据构造上的不同分为(A，D)两种类型。
A. 鼠笼式　B. 旋转式　C. 绕组式　D. 绕线式

49. 交流发电机的频率决定于发电机的(B，C)。
A. 转子转矩　B. 转子转速　C. 磁极对数　D. 磁极方向

50. 对于变电所的变压器来说通常装设有(A，B，D)
A. 过电流保护　B. 电流速断保护
C. 过电压保护　D. 瓦斯保护

51. 循环水系统分类中，如果按照循环水热量是不是对外输送的方式可以分为(C，D)。
A. 空冷式　B. 水冷式　C. 开放式　D. 闭式

52. 超压试验合格标准中要求受压元件金属壁和焊缝没有任何(A，D)的泄漏痕迹。
A. 水珠　B. 烟气　C. 蒸汽　D. 水雾

53. 工作票签发人必须熟悉(A，C，D)中的有关部分内容。
A. 安全规程　B. 系统规程　C. 检修规程　D. 运行规程

54. 工作票签发人必须了解检修(B，C)标准。
A. 系统　B. 质量　C. 工艺　D. 工作

55. 保护试验时炉膛吹扫具备的条件是：(A，B，C)、风量应大于30%全负荷风量。
A. 所有燃料全部切断
B. 所有燃烧器风门应处于清扫位置
C. 至少有一台送风机及一台引风机在运行
D. 所有的给料装置投入运行

56. 锅炉辅机联锁试验中，应根据辅机联锁程序先进行(C，D)。
A. 事故按钮试验　B. 辅机总联锁试验
C. 给粉电源联锁试验　D. 制粉联锁试验

57. 空气动力场试验过程中，当燃烧器喷口达到试验要求的计算风速时，可用(A，B，C，D)进行观测。
A. 火花法　B. 飘带法　C. 纸屑法　D. 测量法

58. 进行冷态空气动力场试验时，应在冷炉状态下启动(B，D)，反复调整、测量，使燃烧器喷口达到试验要求的计算风速。

A. 排粉机　B. 引风机　C. 磨煤机　D. 送风机

59. 锅炉吹管的范围有(A，B，C)、汽动给水泵汽源管路。

A. 锅炉过热器和再热器　B. 主蒸汽管道和再热器管道

C. 给水管道　D. 高压旁路系统

60. 热力管道效率测试的条件有(A，B，C，D)。

A. 管道保温完整　B. 机组运行系统运行稳定

C. 机组额定负荷下运行　D. 利用经校验合格的仪表

61. 将锅炉燃烧调整试验分为(B，C，D)负荷下进行。

A. 20%　B. 60%　C. 80%　D. 100%

62. 以下属于锅炉大修后质量试验项目的有(A，B，C)。

A. 水压试验　B. 漏风试验　C. 转机试运行　D. 辅机联锁试验

63. 空气预热器漏风率试验时对锅炉运行工况要求有(A，B，C，D)和空气预热器进出口介质的质量测量和烟气取样点保持连续性。

A. 额定负荷运行　B. 辅机正常运行

C. 不做干扰试验的操作　D. 试验前运行 9h

64. 属于锅炉大修后的试验项目有(A，B，C，D)。

A. 水压试验　B. 漏风试验　C. 回转机械试运行　D. 辅机联锁试验

65. 飘带法是用布条显示(B，C，D)和涡流区的踪迹。

A. 煤的颗粒度　B. 气流方向　C. 微风区　D. 回流区

66. 电弧点火装置中的电极由(B，D)组成。

A. 放电管　B. 炭棒扼电圈　C. 屏蔽电缆　D. 炭块

67. 当点火装置电容的电压升到放电管击穿电压时，放电电流经过(A，B，C)直至在半导体电嘴间形成高压电火花。

A. 放电管　B. 扼电圈　C. 屏蔽电缆　D. 点火枪管

68. 以下情况有可能是对流过热器严重结焦的是(A，C)。

A. 烟气流动阻力增大　B. 烟气流动阻力减少

C. 引风机的耗电量增大　D. 引风机的耗电量减少

69. 错列排列的省煤器磨损最严重的是(B，C)管子。

A. 第一排　B. 等二排　C. 第三排　D. 第四排

70. 烟气在进入管式空气预热器后经过(A，B，C，D)几个阶段，因此对空气预热器的入口段磨损严重。

A. 较低流速　B. 流束收缩　C. 流束扩张　D. 流束正常

71. 检修后的锅炉验收分为(B，C，D)、整体试运行阶段。

A. 零部件验收　B. 分段验收　C. 分步试运行　D. 总验收

72. 电除尘分步试运行项目有(A，B，C，D)、阻力试验、粉尘理化特性的测定和烟气流速及参数的测定等。

A. 气流分布均匀性试验　B. 振打性能试验

C. V–I 特性试验　　D. 漏风试验

73. 进行电除尘的漏风试验时，主要检查各入、出口烟道和(A，B，C，D)的严密性。

A. 灰斗　　B. 卸灰装置　　C. 输灰装置　　D. 除灰系统

74. 风机全特性试验项目有：风机吸入侧的风压、(A，B，C，D)、风机电动机的轴端功率、转速等。

A. 风机压力侧风压　　B. 大气压力

C. 风机进出口输送介质的温度　　D. 流量

75. 在天然气、炼油装置加工尾气、焦炉煤气、高炉煤气和水煤气中，(A，B，C)属于高热值煤气。

A. 天然气　　B. 炼油装置加工尾气

C. 焦炉煤气　　D. 高炉煤气

76. 为了避免气体燃料燃烧时产生回火，应采取(A，C，D)等措施加以防止。

A. 燃料的流速大于燃料的燃烧速度

B. 降低气体压力，使其不产生较大的静电

C. 在气体管道上安装阻火器

D. 安装气体压力低值保护，运行中当燃料压力低于某值时，保护动作

77. 空气干燥基固定炭是除去(A，B，C)后的残留物，它属于一个重要指标。

A. 水分　　B. 灰分　　C. 挥发分　　D. 焦炭

78. 灰的熔点与煤的(A，C，D)有关。

A. 成分因素　　B. 水分因素　　C. 介质因素　　D. 浓度因素

79. 影响汽包水位变化的主要因素是(A，C，D)。

A. 锅炉负荷　　B. 燃烧器的惯性　　C. 燃烧工况　　D. 给水压力

80. 燃烧控制系统包括(A，B，C)系统。

A. 燃料　　B. 送风　　C. 引风　　D. 给水

81. 蒸汽压力变化速度过快对机组的影响有：(B，C，D)和危及汽轮机安全运行等。

A. 燃料量增多　　B. 水循环劣化

C. 蒸汽承压设备交变应力增加　　D. 容易出现虚假水位

82. 影响蒸汽压力变化速度的主要因素是：(A，B，C，D)等。

A. 负荷变化速度　　B. 锅炉储热能力

C. 燃烧设备的惯性　　D. 锅炉的容量

83. 锅炉给水自动调节采用的方案有(A，B，C)、变速泵给水全程调节系统。

A. 单冲量　　B. 三冲量

C. 串联三冲量给水全程调节系统　　D. 旁路调节系统

84. 单元制机组燃烧自动调节系统采用(B，C，D)调节方法。

A. 发电机跟锅炉调节方式　　B. 协调控制调节方式

C. 机跟炉的调节方式　　D. 炉跟机的调节方式

85. 灰水中含氟污水的治理，通常采取(A，B，C，D)、利用沉淀池自然除去水中的氟等方法。

A. 添加氧化钙、氢氧化钙或者碳酸钙生成氟化钙沉淀物

B. 添加硫酸铝等铝盐或藻朊胶钠一类的凝聚剂来沉淀

C. 采用含钙盐、磷酸盐的磷灰石处理

D. 用活性铝来去除水中氟离子

86. 运行中降低飞灰比电阻，保持除尘效率最方便方法是在电除尘入口处喷入适量的（B，D），增加烟尘的浓度，使其比电阻达到一定的数值。

A. 飞灰　　B. 蒸汽　　C. 燃料　　D. 水

87. 影响锅炉排尘浓度和分散度的主要因素是(B，C，D)和锅炉结构和运行操作。

A. 受热面比例　　B. 燃烧方式　　C. 煤质　　D. 锅炉负荷

88. 锅炉的输入热量是由三部分组成，分别是(A，B，C)。一般情况下可近似地等于燃料应用基低位发热量。

A. 应用基低位发热量　　B. 燃料的物理显热

C. 雾化重油所用蒸汽带入的热量　　D. 送风所带入的热量

89. 锅炉运行中影响燃烧经济性的因素有：(A，B，C，D)、锅炉负荷的高低、锅炉的漏风、给水温度、燃烧器工作情况及设备运行状况是否正常等。

A. 燃料性质的变化　　B. 燃料颗粒度的变化

C. 风量配比的合理性　　D. 炉内受热面清洁情况

90. 保证合理的(B，C，D)和燃料品质是提高锅炉经济运行的重要途径。

A. 漏风量　　B. 炉膛温度场

C. 均匀的热负荷分布　　D. 火焰中心位置

91. 锅炉燃烧大气污染主要表现在(A，C，D)、碳氧化物污染等方面。

A. 烟尘污染　　B. 锅炉排污水污染

C. SO_2污染　　D. 氮氧化物污染

92. 燃油燃烧器的配风应遵循(A，B，D)和强化后期混合基本原则。

A. 保持一定量的根部风　　B. 加强早期混合

C. 高负荷下运行　　D. 维持一个适当的回流区

93. 锅炉停炉后(D)最容易冻坏。

A. 省煤器　　B. 再热器　　C. 汽包　　D. 下联箱

94. 最好的防冻措施是：(B，C，D)和采用蒸汽压力保护。

A. 所有管道、受热面内注满水　　B. 将所有管道、受热面放尽水

C. 对于部分管道敷设伴热管线　　D. 做好保温防冻措施

95. 停炉以后对于煤粉仓有积粉的情况下必须(B，C，D)。

A. 打开吸潮管　　B. 给煤粉仓充氮

C. 关闭吸潮管　　D. 监视粉仓温度

96. 根据烟气和管内蒸汽的相互流动方向可将对流过热器分为(B，C，D)传热方式。

A. 紊流　　B. 逆流　　C. 顺流　　D. 混合流

97. 离心式风机的工作是以(B，D)、所需要的轴向功率及效率来体现的。

A. 电动机电流　　B. 输出流量　　C. 介质的浓度　　D. 产生全压

98. 离心式风机所产生的压头高低，主要与(A，C)和流体密度等因素有关。

A. 叶轮直径　B. 功率　C. 转速　D. 阻力

99. 燃料燃烧过程生成 NO_x 分为(B，C，D)。

A. 慢速型 NO_x　B. 热力型 NO_x　C. 燃料型 NO_x　D. 快速型 NO_x

100. 离心式风机叶片分为(A，C，D)。

A. 前弯叶片　B. 双向叶片　C. 后弯叶片　D. 径向叶片

101. 短吹灰器由支承板、(A，B，C，D)、内管、动力电缆、电气接线箱等组成。

A. 提升阀　B. 吹灰枪　C. 减速传动机械　D. 导向系统

102. 电动机保护的种类有(A，B，C，D)。

A. 机间短路保护　B. 接地保护　C. 过负荷保护　D. 低电压保护

103. 锅炉整体布置是指(A，B，C)之间的相互位置和相互关系。

A. 炉膛　B. 对流烟道　C. 各受热面　D. 烟道

104. 防止锅炉过热器腐蚀的方法有(A，C，D)。

A. 控制过热器管壁温度　B. 提高锅炉炉膛出口温度

C. 在煤粉中加入硫酸钙和硫酸镁　D. 除去燃料中的 Na、K、S 等

105. 控制三氧化硫产生的方式是(A，B，C，D)。

A. 控制二氧化硫　B. 控制 V_2O_5的产生

C. 控制过热器管壁温度　D. 控制燃料中的含硫量

106. 造成空气压缩机排汽温度高的原因有：(A，B，D)，活塞上、下气体串通等。

A. 气阀漏气　B. 活塞环损坏

C. 空气入口堵塞　D. 外部用风量减少

107. 阀门密封材料要考虑的因素有：(A，B，C，D)。

A. 耐腐蚀性　B. 耐擦伤性　C. 耐冲蚀性　D. 抗氧化性

108. 在高温条件下腐蚀锅炉的常见气体有(A，B，C，D)。

A. 二氧化硫　B. 硫化氢　C. 氯化氢　D. 三氧化硫

109. 锅炉内部腐蚀的气体有(A，C)。

A. 氧气　B. 二氧化硫　C. 二氧化碳　D. 氢气

110. 以下对给水泵再循环管作用描述正确的是(B，C)。

A. 调节给水泵的进口水压力　B. 调节给水泵出口供水压力

C. 防止给水泵汽蚀　D. 节省电能

111. 停炉以后受热面的氧腐蚀的氧气来源于(A，C)。

A. 水中的氧气　B. 二氧化碳的分解

C. 外界漏入的氧气　D. 金属内部的氧

112. 锅炉冷备用常采用(B，C，D)。

A. 余热干燥法　B. 联胺法　C. 氨液法　D. 充氮法

113. 常用的干燥剂有(A，C，D)。

A. 氯化钙　B. 干砂　C. 硅胶　D. 生石灰

114. 燃料性质中的(A，C，D)水分会对主蒸汽温度造成很大影响。

A. 挥发分　B. 硫　C. 发热量　D. 灰分

115. 短期过热爆管破口(A，B，C)等。

A. 断面锐利　　B. 塑性变形较大
C. 破口处管子胀粗　　D. 有很多细小裂纹

116.(A，B，C，D)、鼓包、下垂变形和氧化等缺陷，过热器都会存在。
A. 过热　　B. 磨损　　C. 蠕胀　　D. 高温腐蚀

117. 再热器出现的问题主要是(B，C)。
A. 过热　　B. 磨损　　C. 蠕胀　　D. 高温腐蚀

118. 主蒸汽温度过高处理方法是(A，B，C，D)、降低锅炉负荷等。
A. 自动调节改为手动调节　　B. 增加减温水量
C. 调整烟气挡板　　D. 降低火焰中心

119. 再热蒸汽温度下降，开启再热器疏水的目的是防止(B，C)水冲击。
A. 汽轮机高压缸　　B. 汽轮机中压缸
C. 汽轮机低压缸　　D. 管道

简答题

1. 质量体系审核的依据包括哪些内容？

答：①相关的质量保证模式标准(一般是 ISO 9001、9002、9003)；②质量手册或质量管理手册或质量保证手册；③程序文件；④质量计划；⑤合同或协议；⑥有关的法律、法规。

2. 2000 版标准质量修订后的核心标准有哪些？

答：① ISO 9000：2000 质量管理体系——基础和术语
② ISO 9001：2000 质量管理体系——要求；
③ ISO 9004：2000 质量管理体系——业绩改进指南；
④ ISO 19011：2000 质量和(或)环境管理体系审核指南。

3. 简述生产过程的基本内容。

答：①生产准备过程，②基本生产过程，③辅助生产过程，④生产服务过程。

4. 合理组织生产过程有哪些基本要求？

答：生产过程的组织要实现生产的比例性、连续性和节奏性。

5. 什么是设备检查？设备检查的目的是什么？

答：①设备检查是指对设备的运行状况、工作性能、磨损腐蚀程度等方面进行检查和校验；②设备检查能够及时查明和清除设备隐患，针对发现的问题提出解决的措施，有目的地做好维修前的准备工作，以缩短维修时间，提高维修质量。

6. 现场管理有哪些具体要求？

答：①组织均衡生产；②实现物流有序化；③设备状况良好；④纪律严明；⑤管理信息准确；⑥环境整洁，文明生产；⑦组织好安全生产，减少各种事故。

7. 什么是 5S 法？

答：5S 是五个单词的开始字母都有 S，这是日本企业所倡导的工作习惯，中文意思就是整理、整顿、清扫、清洁和教养。它代表了我们工作习惯的五个方面。

8. 月度生产总结报告的内容包括什么？

答：①主要产品种类、产量、质量完成情况；②主要设备运行情况，开工率和运行负荷；③工艺生产状况分析；④工艺指标完成情况及原因；⑤物耗、能耗完成情况及分析。

⑥经济技术分析；⑦存在的主要问题、隐患及相应的解决措施；⑧生产纪事。

9. 经济指标分析时应注意什么？

答：①指标的准确性。指标的采集汇总必须准确，错误的数据缺乏参照和分析性，甚至产生错误的结论；②指标的可比性。在进行指标分析时通常要在相同运行的状况下进行比较，通常要参照上个月和去年同期的指标。如果运行的状况发生变化，要对指标进行相应的修正，否则就失去了指标的可比性；③突出指标分析指导的作用。通过指标分析和对比要找出设备运行中存在的不足和问题，指导有目的地加以优化和改进。

10. 通常情况下技术论文的结构是怎样的？

答：在通常情况下技术论文的正文结构应该是按提出问题——分析问题——提供对策来布置的。①要概括情况、阐述背景、说明意义、提出问题；②在分析问题时必须观点明确，既要抓住矛盾的主要方面，又不能忽视次要方面，析因探源，寻求出路；③要概括前文，肯定中心论点，提出工作对策。提供的对策要有针对性和必要的论证。

11. 技术论文的写作步骤是什么？

答：①选题，确定论文的主攻方向和阐述或解决的问题。选题时一般要选择自己感兴趣的和人们关心的“焦点”问题；②搜集材料，要坚持少而精的原则，做到必要、可靠、新颖，同时必须充分；③研究资料，确定论点，选出可供论文作依据的材料，支持论点；④列出详细的提纲，使想法和观点文字化、明晰化、系统化，从而可以确定论文的主调和重点。提纲拟订好后，可以遵循论文写作的规范和通常格式动笔拟初稿。

12. 装置标定报告包含哪些内容？

答：装置标定报告包含以下内容：①标定的目的和内容，②设备技术规范，③试验标准，④试验仪器和测点，⑤试验方法和试验工况，⑥试验结果，⑦存在的主要问题及原因分析，⑧改进建议及效果评估。

13. 在竣工验收报告中关于工程设计应包括哪些内容？

答：①设计依据，②设计内容、规模、分工及进度，③设计条件，④重大设计修改，⑤设计评价及技术经济分析。

14. 在竣工验收报告中关于工程建设应包括哪些内容？

答：①工程建设概况，②工程建设组织及总体统筹计划，③工程进度控制，④工程质量控制，⑤工程安全控制，⑥工程投资控制，⑦未完工程安排，⑧工程建设体会。

15. 进行竣工验收应符合哪些要求？

答：①生产性项目和辅助性公用设施已按设计要求建完，能满足生产使用；②主要工艺设备和配套设施联动负荷试车合格，形成生产能力，能够生产出设计文件所规定的产品；③必要的生活设施，已按设计要求建成；④生产准备工作能适应投产需要；⑤环境保护设施、劳动安全卫生设施、消防设施已按设计要求与主体工程同时建成使用。

16. 工艺技术规程应包括哪些内容？

答：①总则，②原料、中间产品、产品的物、化性质以及产品单耗，③工艺流程，④生产原理，⑤设备状况及设备规范，⑥操作方法，⑦分析标准，⑧安全计划要求。

17. 岗位操作法应包括哪些内容？

答：①名称；②岗位职责和权限；③本岗位与上、下游的联系；④设备规范和技术特性，原料产品的物、化性质；⑤开工准备；⑥开工操作步骤；⑦典型状况下投、停运方法和步骤；⑧事故预防、判断及处理；⑨系统流程图；⑩运行参数正常范围和各种试验。

18. 设备检修准备工作有哪些内容？

答：①编制检修施工计划；②用统筹法制定检修综合进度，班组的施工进度由车间安排；③作好技术措施和安全措施；④准备好材料、备品备件、工具、起重搬运设施、试验设备、安全用具和安全设施及场地布置规划；⑤准备好技术记录，确定应测绘和校核的备品备件图纸；⑥各车间组织职工学习、讨论检修项目、进度、措施、质量要求；⑦做好劳动力的安排及特种工艺的培训和班组间协作；⑧做好重大特殊项目的施工组织设计；⑨研究确定检修中的技改项目和先进工艺；⑩准备好生活服务工作。

19. 检修方案应包括哪些内容？

答：①设备运行情况，②检修组织机构，③检修工期，④检修内容，⑤检修进度图，⑥检修的技术要求，⑦检修任务落实情况，⑧安全防范措施，⑨检修备品、备件，⑩检修验收内容和标准。

20. 在开车准备阶段技师应具备哪些技能要求？

答：①能完成开车流程的确认工作，②能完成开车化工原材料的准备工作，③能按进度组织完成开车盲板的拆装操作，④能组织做好装置开车介质的引入工作，⑤能组织完成装置自修项目的验收，⑥能按开车网络图计划要求，组织完成装置吹扫、试漏工作，⑦能参与装置开车条件的确认工作。

21. 开工方案应包括哪些内容？

答：①开工组织机构；②开工的条件确认；③开工前的准备条件；④开工的步骤及应注意的问题；⑤开工过程中事故预防和处理；⑥开工过程中安全分析及防范措施；⑦附录，重要的参数和控制点、网络图。

22. 技术改造的前期准备是什么？

答：通过选题和论证确定技术改造的项目和内容，提出立项申请和改造方案。经领导和专家批准后，进行改造设计和设计审查。改造项目确定后，需及时落实资金，完成设备、材料的采购，落实施工单位，组织设计交底。

23. 技术改造的步骤是什么？

答：①前期准备，确定技术改造的项目和内容，经领导和专家批准后，进行改造设计和设计审查。②实施阶段，根据改造设计的要求，施工单位应在规定工期内保质保量地完成改造的各项内容。③验收阶段，改造项目完成后，应及时组织投用试车，进行性能考核，检验是否达到设计要求，在运行正常后组织竣工验收，并填写竣工验收报告；④后评估阶段，在设备稳定运行一段时间后，应组织对技术改造进行后评估，总结技术改造的效果和经验，根据生产运行实际情况提出建议。

24. 技术改造验收报告的基本内容是什么？

答：①项目名称；②建设依据及规模；③工程设计全套资料，包括设计任务书、可行性研究报告、初步设计方案、竣工图纸、设计变更明细表及有关资料；④完整的设计概算、施工概算及工程决算；⑤完整的供应设备、材料明细表；⑥运行及标定报告；⑦技术经济分析评价；⑧安全环保措施；⑨存在的问题及改进意见。

25. 培训方案有哪些要素组成？

答：培训方案主要有培训目标、培训内容、培训指导者、受训者、培训日期和时间、培训场所与设备以及培训方法等要素组成。

26. 如何准备教案?

答:准备教案要从以下几个方面着手:

①做好培训需求分析②教案的编写:确定教案的核心内容与结构;选择合适的教案模式③培训方式的选择与应用.

27. 在培训教学的组织实施与管理的前期准备阶段,主要的工作有哪些?

答:①确认和通知参加培训的学员;②培训后勤准备;③确认培训时间;④教材的准备;⑤确认理想的讲师。

28. 培训评估具有什么意义?

答:①能为决策提供有关培训项目的系统信息,从而做出正确的判断;②可以促进培训管理水平的提升;③可使培训管理资源得到更广泛的推广和共享。

29. 试述液体静压力的特性。

答:液体静压力的方向和其作用面相垂直并指向作用面。静止液体内任意给定点的各个方向液体静压力均相等。

30. 简述增加传热的方法。

答:加大传热的温差,加大导热系数,增大传热面积,加强冷热流体之间的流动速度。

31. 简述同一台设备设置两个润滑油泵并联运行的意义。

答:①单泵日常运行;②一台工作,一台备用;③工作油泵油压低的时候备用泵自动启动,保证设备润滑油压;④短时间可以一台工作,一台检修,保证设备运行的连续性。

32. 什么是电化学腐蚀?

答:金属材料与电解质溶液接触,通过电极反应产生的腐蚀称为电化学腐蚀。

33. 简述析氢腐蚀的过程。

答:在钢铁制品中一般都含有碳。在潮湿空气中,钢铁表面会吸附水汽而形成一层薄薄的水膜。水膜中溶有二氧化碳后就变成一种电解质溶液,使水里的H^+增多。这就构成无数个以铁为负极、碳为正极、酸性水膜为电解质溶液的微小原电池。这些原电池里发生的氧化还原反应是负极(铁):铁被氧化 $Fe-2e = Fe_2$,正极(碳):溶液中的H^+被还原 $2H^+ + 2e = H_2\uparrow$,这样就形成无数的微小原电池。最后氢气在碳的表面放出,铁被腐蚀,所以叫析氢腐蚀。

34. 简述齿轮变速原理。

答:主轴进入行星齿轮变速机构,在这个机构中,多套行星齿轮在一起工作,产生不同速比以满足不同的负载和速度要求。

35. 简述链传动的特点。

答:①与带传动相比,没有弹性滑动,能保持准确的平均传动比,传动效率较高;链条不需要大的张紧力,所以轴与轴承所受载荷较小;不会打滑,传动可靠,过载能力强,能在低速重载下较好工作。②与齿轮传动相比,可以有较大的中心距,可在高温环境和多尘环境中工作,成本较低。③缺点是瞬时链速和瞬时传动比都是变化的,传动平稳性较差,工作中有冲击和噪声,不适合高速场合,不适用于转动方向频繁改变的情况。

36. 运行中如何防止水泵汽蚀?

答:①防止长时间在大流量下运行;②在同样转速和流量下,采用双吸泵,因减小进口流速、泵不易发生汽蚀；③泵发生汽蚀时，应把流量调小或降速运行；④泵吸水池的情况对泵汽蚀有重要影响。

37. 孔边应力集中的特点是什么？

答：①集中性，即在孔洞附近的应力远大于无孔时的应力；②局部性，即在离孔边较远之处(例如几倍孔径之外)，应力几乎不受孔的影响，其分布情况与数值大小都几乎与无孔时相同；③在弹性范围内，应力集中程度仅与孔的形状以及受力状态有关，而与荷载的大小无关。

38. 简述离心泵性能曲线的内容。

答：离心泵的性能曲线包括流量-扬程($Q-H$)曲线；流量-功率曲线($Q-N$)；流量-效率曲线($Q-\eta$)；流量-汽蚀余量($Q-NPSHr$)曲线。这些曲线都是在一定的转速下，以试验的方法求得的。不同的转速，有不同的性能曲线。

39. 钢中的硫、磷起什么样的作用？

答：硫和磷是钢中残存的有害成分。当钢材中有硫存在的时候，加热到1000~1200℃在进行锻造或者轧制过程中，会使得工质沿着晶界开裂。另外硫还使得钢中的焊接性能降低，焊缝易出现裂缝和气孔。磷使得钢的强度及硬度显著提高，但是塑性和韧性下降，特别是钢的脆性转变温度升高，增加了钢的冷脆性。

40. 正火的主要作用是什么？

答：正火主要作用：①代替部分完全退火；②用于普通结构件的最终热处理；③减少或者消除网状二次渗碳体，为球化退火做准备。

41. 钢材在淬火时要注意什么问题？

答：①严格控制淬火加热温度，②合理选择淬火介质，③正确选择淬火方法。

42. 锅炉炉膛安全监控系统的FSSS有哪些跳闸条件？

答：包括：①两台送风机跳闸，②两台引风机跳闸，③汽包水位低，④汽包水位高，⑤手动跳闸，⑥风量小于30%，⑦炉膛压力高，⑧炉膛压力低，⑨失去系统电源，⑩机组火焰故障，⑪失去燃料跳闸。

43. 可编程控制系统具有哪些特点？

答：①通用性强；②功能强；③编程简单，易于掌握；④可靠性高；⑤维修方便，工作量小；⑥体积小，质量轻，功耗小。

44. 造成测量误差的原因主要有哪些方面？

答：①测量方法引起的误差；②测量工具，仪器引起的误差；③测量环境变化引起的误差；④测量人员的水平和观察能力的误差；⑤被测量对象本身变化引起的误差。

45. 简述电力系统调度的职责。

答：①电力系统调度有指挥、监督和管理电力生产运行的职能。②它领导电力系统内发电、输电、变电、配电及供电部门按安全、经济运行要求向用户不间断地提供优质电能；③在事故情况下，采取措施，迅速排除事故，及时恢复至正常运行状态。

46. 简述热力除氧的原理。

答：热力除氧的原理是将容器中的水在定压下(0.02~0.025MPa)加热至沸腾，使水中的氧气析出，同时及时排出水面上的氧气等气体，使得容器中的蒸汽压力近乎等于水面上的全压力而其他的气体的分压力趋于零，这样溶解于水中的氧气及其他的气体就可以从水中逸出。

47. 汽轮机启动按照启动前汽轮机金属温度(汽轮机汽缸或转子表面温度)水平如何分类?

答:冷态启动:金属温度低于150~180℃以下称为冷态启动。温态启动:金属温度在180~350℃之间称为温态启动。热态启动:金属温度在350℃以上,称为热态启动。有时热态又分为热态(350~450℃)和极热态(450℃以上)。

48. 简述滑参数启动比定参数启动的优点。

答:单元式机组的滑参数启动具有以下的优点:①缩短了启动的时间,从而增加了运行调度的灵活性;②增加了机组的安全可靠性;③提高了经济性。

49. 简述循环水的生产过程。

答:①循环水池通过循环水泵,将循环水送到汽轮机的凝汽器入口;②循环水进入凝汽器,冷却蒸汽,同时提高循环水的温度;③加热后的循环水进入冷却塔冷却;④冷却风机冷却循环水;⑤对循环水加药,保证循环水水质合格;⑥再通过循环水泵供水给凝汽器,达到了冷却水的循环利用。

50. 简述主蒸汽与再热蒸汽的区别。

答:①两种蒸汽的参数不同;②主蒸汽与再热蒸汽的压力等级不同;③过热器与再热器在烟道中的位置不一样;④主蒸汽和再热蒸汽的来源不同,主蒸汽来自锅炉供汽,再热蒸汽是从汽轮机汽缸抽汽;⑤两种汽体的焓值不一样,做功的能力大小不一样;⑥再热蒸汽是为了防止汽轮机蒸汽到了末级叶片温度不够,产生水损伤汽轮机叶片,所以再次入锅炉来提高汽体的焓值。

51. 锅内水处理和锅外水处理的关系如何?

答:①锅外水处理属于水处理的粗调,锅内水处理是锅水处理的二次处理,属于细调;②锅外水处理主要是除盐,调整给水酸碱度,保证给水质量。锅内水处理则是保证过热蒸汽品质;③锅外水处理主要是以离子交换或者反渗透作为主要处理手段,而锅内水处理则是利用磷酸盐将钙镁离子形成不溶于水的化合物,然后通过定期排污排出锅外;④虽然锅内外水处理的方式、保证的指标不一样的,但是两者目的是一样的,就是保证锅炉设备的安全,稳定运行。

52. 给水的含氧量高该如何处理?

答:①联系除氧岗位,加强热力除氧;②加大化学除氧的力度,也就是在正常指标以下尽量多投加联氨。

53. 简述化学监督的意义。

答:①保证给水品质合格;②保证锅水品质合格;③过热蒸汽的蒸汽品质合格;④保护给水设备;⑤保护过热器设备;⑥保证汽轮机设备的安全运行。

54. 简述化学除氧的详细工作原理,并以联氨为例来详细说明。

答:化学除氧是利用化学物质除氧。联氨是具有还原性的物质,可作为除氧的除氧剂。而氧气是具有比较强的氧化性的气体。化学除氧的实质就是氧化性的氧气与还原性的反应剂进行化学反应,从而除去了给水中的氧气的过程。联氨除去氧气的化学反应方程式:$N_2H_4+O_2 = N_2+2H_2O$,利用联氨的还原性把给水中的氧气反应为对设备基本没有什么损害的氮气,从而达到了除氧,并保护给水设备及管道的目的。

55. 如何改变三相异步电动机的转子方向？

答：①调换电源任意两相的接线，即改变三相的相序；②改变了旋转磁场的旋转方向，同时也改变了电动机的旋转方向。

56. 什么是变压器的铜损、铁损？

答：铜损是电流通过绕组时，变压器一次、二次绕组的电阻所消耗的电能之和；铁损是交变磁通在铁芯中产生的涡流损失和磁滞损失之和。

57. 在电力系统中，什么情况下引起的过电压持续时间较短？

答：在电力系统中，由于操作或故障的过渡过程引起的过电压，持续时间较短。

58. 电力系统故障类型有哪些？

答：①单相短路接地；②相间短路；③两相短路接地。

59. 为何要在大修后对强制循环泵充水？

答：在大修后对强制循环泵充水是为了排尽电动机内部所有空气。如果在电动机里留有空气，将影响轴承润滑，甚至最终导致轴承损坏。如果空气残留在定子里，将影响在绕组里产生的热量的消散，引起局部过热和绝缘材料老化，并最终导致绕组损坏。

60. 大修后锅炉冷态动力场试验包括哪些内容？

答：包括：① 一、二、三次风速标定、调平；②炉膛速度场及假想切圆或料层以及料层分布情况；③炉膛出口速度场测定等。

61. 蒸汽吹管稳压法要点有哪些？

答：①达到吹扫压力，逐渐开大吹管控制阀；②使燃料量与蒸汽量保持平衡；③每次吹扫持续时间 15~30min。

62. 定期内外部检验周期怎样规定？

答：①每年至少一次外部检验；②每次大修进行内外部检验。

63. 无破坏性检测方法包括哪些内容？

答：外观检查、壁厚测量、磁粉探伤、渗透探伤、涡流探伤、超声波探伤、射线探伤、光谱分析、晶相试验、硬度测定、碳化物合金元素分析、部件表面腐蚀产物分析、应力测量、内窥镜检查、水压试验等。

64. 空气预热器漏风率测试结果作用是什么？

答：测得空气预热器的漏风率或漏风系数与设计值对比，做出评价，如果空气预热器的漏风率或漏风系数超过设计值，则应分析原因，提出改进措施。

65. 排烟温度测试时对锅炉运行工况有什么要求？

答：①额定负荷运行，各参数稳定；②锅炉辅机运行正常；③热风再循环解列；④测试期间不允许进行干扰试验的任何操作。

66. 简述烟气分析仪工作过程。

答：将烟气样加热到 130~150℃成为干气，经二次过滤和汽水分离之后，再经过过滤，气体样无尘、无水，最后经红外线分析仪测出气样中 SO_2浓度。火电厂的烟气中含 SO_2最高不允许超过 1200mg/m^3。火电厂的烟气中含 SO_2排放浓度应小于 600mg/m^3。

67. 简述飞灰含碳量分析仪工作原理。

答：①飞灰取样器将样送入测控机柜，②测控机柜测出灰中含碳量，③通过显示仪表显示出数据，④灰样通过排灰机构返回烟道。

68. 如何进行正压法漏风试验?

答: 正压法漏风试验是燃烧室和烟道内保持正压来检查其是否漏风。具体的做法是，将引风机入口挡板和各炉门全部关闭，灰斗水封充水至最高水位，在送风机入口撒入白粉或施放烟幕。随后启动送风机，则白粉或烟幕被送入燃烧室和烟道中；将燃烧室保持正压 50~100Pa(5~10mmH_2O)，如有缝隙和不严密，则白粉或烟幕就会从此逸出，并留下的痕迹。试验后，可按漏风处留下的痕迹进行堵塞处理。对微正压炉作漏风试验，还需引入压缩空气以提高燃烧室压力，其试验压力为 5×10^3Pa(500mmH_2O)。

69. 空气动力场试验中炉膛观察法内容有哪些?

答: 对于炉膛气流的观察内容：①火焰或气流在炉内充满度，②炉内气流是否冲刷管壁、贴壁和偏斜，③各种气流相互干扰情况。

70. 水压试验的标准是什么?

答: 水压试验合格标准是:

①关闭上水门、停止给水泵后，5min 内汽包压力下降值不超过 0. 5MPa，再热器压力下降值不超过 0. 25MPa；②承压部件金属壁和焊缝没有漏泄痕迹；③承压部件无明显的残余变形(水冷壁下联箱在允许限度内的下移不算作残余变形)。

71. 汽压变化对汽温有何影响?

答: 当汽压升高时，过热汽温也相应升高。这是因为汽压升高时，饱和温度随着升高，则从水变为蒸汽需消耗更多的热量。在燃料量不变的情况下，锅炉的蒸发量瞬时减小，通过过热器的蒸汽量减少，相对吸热量增加，导致过热器温度升高。

72. 分步试运行主要有哪些项目?

答: ①由运行、检修、生产技术部门人员共同参加，检验设备的可靠性；②检查检修项目完成情况，设备检修质量，技术资料和有关数据的记录、登记、归档情况；③质量检验，包括转机试运行、水压试验、漏风试验；④设备调试，安全阀的检验和整定；⑤性能试验，辅机联锁试验和保护装置的试验和整定。

73. 电除尘器电气部分大修的项目有哪些?

答: 电除尘器电气部分大修的项目是：①电除尘器高压硅整流变压器，②高压供电设备，③低压电气部分。

74. 当炭粒燃烧处于过渡区时，温度和扩散速度对燃烧速度各有何影响?

答: 当炭粒燃烧处于过渡区时，提高温度和提高扩散速度都可以提高燃烧速度，若扩散速度不变，只提高温度，燃烧过程向扩散区转化；若温度不变，只提高扩散速度，燃烧过程向动力区转化。

75. 强化燃料燃烧途径有哪些?

答: ①适当提高一、二次风(流化风)温度，减少着火热需要的炉内热量；②控制一次(流化风)风量，但要满足挥发分燃烧对氧量的需要；③合理控制燃料的颗粒度，使相对表面积增大；④合理配风，提高燃料的完全燃烧程度；⑤维持燃烧区域适当高温，使燃烧反应迅速，提供完全燃烧条件；⑥维持合理的锅炉负荷，防止结渣或缩短燃料在炉膛内停留时间。

76. 燃料燃烧反应时有哪几个过程?

答: 固体燃料的燃烧属于固体与气体之间进行的多相燃烧反应，反应是在固相表面上进行的。发生在固相表面上的多相燃烧包括以下几个过程：①参加燃烧的氧气从周围环境扩散到燃料表面；②氧气被燃烧表面吸附；③在燃料表面进行燃烧化学反应；④燃烧产物由燃料表面所吸附；⑤燃烧产物离开燃料表面，扩散到周围环境中。

77. 为什么燃烧气体燃料时会有回火的危险？

答：气体燃料燃烧时有一定的速度，当气体燃料在空气中的浓度处于燃烧极限浓度范围内，而且可燃气体在管道内的流速低于燃烧速度时，火焰就会向燃料来源的方向传播而产生回火。运行中应使燃料的流速大于燃料的燃烧速度，也就是要控制气体燃料的压力不低于规定的数值。

78. 简述燃煤挥发分高低的优缺点。

答：①挥发分含量高，燃煤着火温度低，所需着火热少，燃烧稳定，燃烧热损失少；②挥发分高的煤，火焰传播速度快，着火迅速、稳定，不易灭火；③挥发分高的煤容易发生原煤自燃或爆燃，造成经济损失和设备损坏；④由于挥发分高使燃料着火提前，对锅炉燃烧器造成威胁。

79. 燃料油产生静电与哪些因素有关？

答：产生静电电压的高低与油的流速、管道的材料和粗糙度、空气的湿度以及油中杂质的含量有关。

80. 运行中汽压变化对汽包水位有何影响？

答：①运行中当汽压突然降低时，由于对应的饱和温度降低使部分锅水蒸发，引起锅水体积膨胀，故水位要上升；②反之当汽压升高时，由于对应饱和温度的升高，锅水中的部分蒸汽凝结下来，使锅水体积缩小，故水位下降；③如果变化是由于外扰引起的，则上述的水位变化现象是暂时的，很快就向相反的方向变化。

81. 汽压变化为什么对主蒸汽温度有影响？

答：一般当压力升高时，过热蒸汽温度也要升高。原因是由于当汽压升高时，饱和温度随着升高，则从水变为蒸汽需要消耗更多的热量，在燃料不变的情况下，锅炉的蒸发量要瞬时减少，过热器所通过的蒸汽量减少，相对蒸汽的吸热量增大，导致过热蒸汽温度升高。

82. 在锅炉运行中为何要进行水位调节？

答：保持汽包水位正常，是锅炉和汽轮机安全运行的重要保证。水位过高，蒸汽空间高度减小，蒸汽带水量增加，使蒸汽品质恶化，容易造成管壁结垢，使管子过热烧坏。汽包严重满水时，会造成蒸汽大量带水，过热汽温急剧下降，引起主蒸汽管道和汽轮机严重水冲击，损坏汽轮机叶片和推力瓦。水位过低，破坏锅炉水循环，使水冷壁的安全受到威胁。若严重缺水，容易造成炉管爆破。因此，运行中必须保证汽包水位正常。

83. 锅炉负荷调节对飞灰排放量的影响？

答：当负荷变动时，锅炉效率随着变化。当在经济负荷以上时，燃料消耗量比略小于负荷增加比，而在经济负荷以上时，燃料量增加比则略高于负荷增加比。由于燃料量的增加，所以说在经济负荷以上时，锅炉产生平均负荷的飞灰排放量增大。

84. 改变燃烧条件降低 NO_x 排放的主要技术措施有哪些？

答：有①低过量空气燃烧；②空气分级燃烧；③燃料分级燃烧；④烟气再循环；⑤低 NO_x 燃烧器；⑥降低流化床燃烧温度。

85. 过氧量对氮氧化物排放的影响有哪些？

答：随过氧量的增加，NO_x、N_2O 的排放均增加，且 NO_x 增加的速度大大超过 N_2O 浓度的增加速度。通过减少过氧量的方法可同时达到减少 NO_x、N_2O 的目的。分级燃烧能显著降低 NO_x、N_2O 的排放量。

86. 汽压过低对机组运行安全性和经济性有何影响？

答：①如果汽压降低，则会减少蒸汽在汽轮机中的做功焓降，使蒸汽做功能力降低，汽耗、煤耗增大；②若汽压过低，由于在相同负荷下汽轮机进汽量增大，使汽轮机轴向推力增加，易发生推力轴瓦烧毁事故。

87. 锅炉减排技术主要包含哪几方面？

答：锅炉减排技术主要体现在四个方面：①燃料预处理；②锅炉的合理运行和使用，提高锅炉的实际使用效率；③改造和完善现有锅炉的燃烧系统，提高锅炉的燃烧效率；④设计生产高效锅炉，提高锅炉的设计效率。

88. 如何防止和减少热偏差？

答：①燃烧器应尽可能均匀投入，每个燃烧器的负荷也力求均匀，以维持炉内良好的温度场和速度场，防止火焰中心发生偏斜；②应及时进行吹灰和打焦，防止受热面积灰、结焦，引起热偏差；③应尽可能采用双风机运行，如采用单风机运行，则应采取相应措施，使烟道两侧烟气流速均匀。

89. 油燃烧器早期的混合应注意什么？

答：①必须使每个燃烧器的喷油量和风量相适应，②气流的扩散角不宜过大，③油雾化器位置应合适。

90. 简述停炉以后的煤粉仓温度上升的原因。

答：煤粉在存储过程中会引起煤粉仓温度上升有：

①粉仓不严密或者吸潮管关闭不严；②以及煤粉管漏入空气的氧化作用会缓慢地放出热量等原因；③再由于煤粉仓的散热条件比较差，燃料的温度会不断上升，直到上升到煤粉的燃点，所以停炉以后一定要关闭吸潮管，煤粉仓充氮，以及监视煤粉仓温度。

91. 对流过热器的热力特性是什么？

答：①在汽包锅炉对流过热器的出口汽温随着负荷的增加而升高，这是因为在对流过热器中，烟气在管外的换热主要是对流换热；②对流换热不仅决定于烟气的温度，还与烟气的流速有关；③当锅炉负荷增加时，燃料量增加，烟气量增多，通过过热器的烟气流速相应增大，因而提高了烟气侧对流放热系数；④炉膛出口烟温提高，提高了平均温差。虽然流经过热器的蒸汽量随锅炉负荷的增加而增大，其吸热量增多。因此每千克蒸汽所获得的热量相对增多，出口汽温升高。

92. 为什么锅炉采用两级燃烧可以减少 NO_x 生成？

答：煤和油在燃烧时生成 NO 和 NO_2，总称为 NO_x。如果采用两级燃烧，火焰最高温度区的氧气浓度较低，而在氧气浓度较高的区域，火焰拉长使得平均温度降低，所以 NO_x 生成量减少。采用两级燃烧一般可减少 NO_x30%左右。

93. DCS 的优越性表现在哪些方面？

答：DCS 优越性可归纳如下几点：自主性提高协调性加强、在线和实时性跟踪、具有高可靠性和高适应性，还可以实现技术人员，操作人员系统对话等。

94. 减少硫氧化物生成途径有哪些?

答:燃用含硫量低的燃料;控制炉内温度,使炉内温度分布均匀;减少过剩氧量;在一定的条件下降低受热面温度,抑制燃料中的催化剂催化能力的上升。

95. 离心式风机有哪些主要性能参数?

答:离心式风机的主要性能参数有流量、扬程、全风压、功率、效率和转速。

96. 轴流风机的导叶进出角怎么规定?

答:轴流风机的导叶出口角与轴向一致,进口角正对准气流从叶片中流出的方向。

97. 为何回转式空气预热器要设置密封装置?

答:在回转式空气预热器中,因为转动的转子与固定的外壳之间有间隙,而空气侧与烟气侧之间又有相当大的差压,所以总是要漏风的。为了减少漏风量,回转式预热器装有各种密封装置。

98. 简述脉冲安全阀动作原理。

答:正常运行时,主安全阀被高压蒸汽压紧,当汽压超过规定值时,小安全阀开启,蒸汽经导汽管引入主安全阀上面,蒸汽在活塞上的压力克服弹簧的压紧力,将主阀打开,排汽泄压。当压力下降到一定数值后,小安全阀关闭,活塞汽源切断,主安全阀关闭。

99. 简述弹簧式安全阀动作原理。

答:弹簧式安全阀的阀瓣是靠弹簧的力量压紧在阀座上的。当蒸汽作用在阀瓣上的力超过弹簧的压紧力时,弹簧被压缩,同时阀杆上升,阀瓣开启,蒸汽排出。安全阀的开启压力是通过调整螺栓,即调整弹簧的松紧度来实现的。当容器内介质压力低于弹簧压紧力时,阀瓣被弹簧压紧在阀座上,并使阀门关闭。

100. 电除尘高压控制装置的作用是什么?

答:向电除尘的电场提供电能,达到烟气粉尘荷电和收集粉尘的目的。

101. π型布置的主要优点有哪些?

答:π型布置的主要优点是:①锅炉的排烟口在下部,送、引风机和除尘器等设备均可在地面布置,锅炉结构和厂房都较低,减轻了厂房和锅炉构架的载荷;②烟气在垂直烟道中向下流动,便于清除积灰,并有自行吹灰作用;③下行对流竖井中的受热面易于布置成逆流传热方式,可加强对流传热;④对于水平烟道中的受热面,可采用比较简单的悬吊方式,此外,π型布置尾部受热面的检修比较方便。

102. 电动机控制回路中熔断器的作用是什么?

答:电动机控制回路中熔断器也称保险,是电动机负载最简单的保护设备。当电动机过载或者发生短路故障引起电流过大时,熔断器的熔丝或熔片发热而熔断,从而切断了负载电源,使导线和电动机等电气设备免遭损坏的危险。

103. 燃料水分对锅炉整体布置有何影响?

答:燃料的水分增多,将引起炉温下降,使炉内辐射传热量减少,对流受热面的吸热量增大。此外,对于水分多的燃料,要求较高的热空气温度,因此空气预热器的受热面要布置多些。这样,对于Π型布置的锅炉来说,要求炉膛的高度较小,尾部对流竖井的高度较大,给锅炉的整体布置带来不便。

104. 为什么容量相同,燃油锅炉的炉膛比煤粉锅炉、CFB锅炉小?

答:炉膛容积的大小,在锅炉容量确定后,主要决定于:①容积热负荷的大小;②燃料的种类。一般炉膛出口处的温度比烟气中灰分开始变形的温度低50~100℃，以防止在炉膛出口处和以后的对流受热面结渣。燃煤锅炉炉膛出口烟温为1050~1100℃，而燃油锅炉灰分很少，炉膛出口没有结焦可能，不用考虑防渣问题，炉膛出口温度可高些。因此燃油锅炉容积热负荷比煤粉锅炉高，体积比煤粉锅炉小。

105. 什么是凝渣管?

答: 布置在炉膛出口具有较大节距的对流蒸发受热面称为凝渣管或防渣管。

106. 何谓半辐射式过热器?

答: 将过热器管子紧密排列像"屏"一样，吊在炉膛出口或炉膛上部，既能吸收炉内高温火焰的辐射热，又能吸收屏间烟气的辐射热和烟气流过时的对流热，这样的过热器称为半辐射热式过热器。

107. 简述汽包内的波形板分离器(百叶窗)的工作原理。

答: 波形板分离器的工作原理是：经过粗分离的蒸汽进入波形板分离器后，在波形板之间曲折流动。蒸汽中的小水滴在离心力、惯性力和重力的作用下被抛到板壁上，使水滴粘附在波形板上并形成水膜。膜在重力的作用下流入汽包水容积，使汽、水得到进一步分离。由于利用附着力分离蒸汽中细小水滴的效果较好，所以波形板分离器被广泛用于细分离设备。

108. 过热器在布置上为何要分级或分段?

答: 分级布置的主要原因是减小热偏差，分级后每一级的受热面积不太大，蒸汽流过后的焓增就不太大，这时即使有热偏差存在，热偏差的绝对值也不会太大；加上级与级之间有中间混合联箱，蒸汽在中间联箱内相互混合，即可消除前一级受热面中所形成的热偏差。

109. 高压给水系统水压试验的范围一般包括哪些设备?

答: 高压给水系统水压试验的范围一般包括锅炉主给水截止门至过热器出口主汽门范围内的省煤器、汽包、锅炉循环泵、水冷壁、过热器、减温器、联箱以及汽水管道阀门，与其相关的空气门、疏水门、放水门和锅水取样门。

110. 锅炉的安装质量必须具备的文件有哪些?

答: 有①设备缺陷记录和签证；②设计变更资料；③隐蔽工程中间验收记录和签证；④安装技术记录和签证；⑤质量评估表；⑥安装竣工图。

111. 锅炉运行热平衡试验的任务是什么?

答: 锅炉运行热平衡试验的任务是：①查明锅炉机组在各种负荷下合理的运行方式，如火焰位置，过量空气系数，燃料和空气扰动情况，煤粉燃烧及其每层之间分配情况等；②在不改变原设备和辅机设备运行条件下，确定设备的最大和最低负荷；③求出锅炉机组的指标及各项热损失；④查出热损失高于设计值的原因，制定降低热损失和提高效率的措施；⑤校核锅炉机组个别部件的运行情况；⑥求出烟、风道的流体阻力特性和辅机运行特性曲线；⑦做出锅炉机组最佳的经济燃烧特性；⑧做出制粉系统最佳经济出力曲线。

112. 简述硫酸盐的形成过程。

答: 生成硫酸盐(M_2SO_4)煤中碱性成分转变成硫酸盐有两种途径：一是在炉内高温下与氯结合的挥发的钠，除一部分被熔融硅酸盐捕捉外，余下的则与烟气中SO_3反应，转换成Na_2SO_4；二是存在于非挥发性的铝硅酸盐中的钾，通过与挥发的钠置换反应被释放出来(可占硅酸盐40%)并与SO_3化合，而转换成的K_2SO_4。

113. 简述硫化物在高温下对受热面的腐蚀过程。

答：硫化物型高温腐蚀的具体腐蚀反应过程如下：①产生自由的硫原子；②生成硫化亚铁(FeS)，在还原性气氛中，由于缺氧，原子状态的硫能单独存在；③在管外壁温度超过537K时，H_2S还可以透过疏松的Fe_2O_3直接与较致密的磁性氧化铁层Fe_3O_4(即Fe_2O_3-FeO)中复合的FeO作用生成硫化亚铁(FeS)；④生成的SO_2在渣层内由于灰渣的催化作用有可能转化成SO_3，从而促进硫酸盐的腐蚀。

114. 离心泵的运行维护内容有哪些?

答：离心泵在正常运转时，司泵员要对以下内容认真巡检：检查机泵出口压力、流量、电流等，不超负荷运转，并准确记录电流、压力等参数。听声音，分辨机泵、电机的运转声音，判断有无异常。检查机泵、电机及泵座的振动情况，如振动严重，换泵检查。检查电机外壳温度、机泵的轴承箱温度、轴承箱温度不超过65℃，电机温度不超过95℃。保证正常的润滑油油质情况及润滑油箱的液位情况。润滑油箱液位，有刻度时以刻度为准；有看窗(油标)而无刻度线，油位应保持在1/3~1/2之间，在正常油位时，润滑油泄漏不大于5滴/min，压力注油，以机器说明为准。检查机泵密封及各法兰，丝堵，冷却水，封油接头是否泄漏。检查备用泵的备用情况，每天要盘车一次。

115. 润滑油选择的依据是什么?

答：①负荷大时，应选用黏度大或油性、挤压性好的润滑油；②速度高时，需选用黏度较小的润滑油，或用黏度较大的润滑油制成的润滑脂；③温度的影响；④在潮湿的工作环境或有与水接触较多的工作条件下，应选用抗乳化性能较强的油性、防锈性能较好的润滑油(脂)，不能选用钠基脂；⑤摩擦表面粗糙时，要求使用黏度较大或针入度较小的润滑油(脂)，反之，应选用黏度较小或针入度较大的润滑油(脂)；⑥摩擦表面位置：在垂直导轨、丝杠上润滑油容易流失，应选用黏度较大的润滑油，立式轴承宜选用润滑脂，这样可以减少流失，保持润滑；⑦润滑方式：在循环润滑系统中，要求换油周期长、散热快，应选用黏度较小，抗泡沫性和抗氧化安定性较好的润滑油。

116. 下降管带汽有哪些危害?

答：下降管带汽时，将使得下降管中工质平均密度减少，循环运动压头降低，工质的平均容积流量增大，流速增加，造成流动阻力增大。结果是使克服上升管阻力的能力减少，循环水速降低，增加了循环停滞，倒流等事故发生的可能性。

117. 用化学式描述锅炉吸氧腐蚀过程。

答：吸氧腐蚀(中性或弱酸性溶液)

负极：$2Fe-4e^- = 2Fe^{2+}$

正极：$O_2+4e^-+2H_2O = 4OH^-$

总式：$2Fe+O_2+2H_2O = 2Fe(OH)_2$

离子方程式：$Fe_2^++2OH^- = Fe(OH)_2$

$4Fe(OH)_2+O_2+2H_2O = 4Fe(OH)_3$

118. 简述锅炉汽水腐蚀的过程。

答：锅炉的汽水腐蚀是过热器中的主要腐蚀方式，属于均匀腐蚀，是一种纯化学腐蚀，是由于金属铁被过热蒸汽氧化而发生的。在蒸汽管道中，出现汽水分层或者循环停滞时也会发生汽水腐蚀。

119. 简单描述阴极保护法。

答：阴极保护是将被保护的金属变为阴极，以防止金属腐蚀的方法。阴极保护法有两种：①外加电流的阴极保护法；②牺牲阴极保护法。

120. 电力工业管理法规定锅炉各部位因漏入空气而增加的过剩空气系数是多少？

答：锅炉本体和过热器的漏风系数：0.10；蛇形管省煤器每一级：0.02；管式空气预热器每一级：0.05。

121. 给水泵为什么要装再循环管？

答：给水泵在启动后，出水阀还未开启时或外界负荷大幅度减少时（机组低负荷运行），给水流量很小或为零，这时泵内只有少量或根本无水通过，叶轮产生的摩擦热不能被给水带走，使泵内温度升高，当泵内温度超过泵所处压力下的饱和温度时，给水就会发生汽化，形成汽蚀。为了防止这种现象的发生，打开再循环管，使一部分给水流量返回到除氧器。

122. 工作许可人（值长、运行班长或指定的值班人员）应对哪些事情负责？

答：①修设备与运行设备确已隔断；②安全措施确已完善和正确地执行；③对工作负责人正确说明哪些设备有压力、高温和有爆炸危险等。

123. 制定锅炉防腐蚀方法的原则是什么？

答：①不使空气进入停运的锅炉汽水系统；②保持金属内表面干燥；③在金属表面形成具有防腐蚀作用的钝化膜；④使金属表面浸泡在含有除氧剂和其他保护剂的水溶液中。

124. 干燥剂应怎样置放在受热面内？

答：干燥剂应放置在特制的铁盘内，然后放入汽包中；严密封闭人孔，关闭阀门，与外界隔绝；定期检查，发现干燥剂失效，应立即更换。

125. 联胺保护投入后应做哪些工作？

答：加强监督，保持联胺含量大于200mg/L，pH10~10.5出现异常时应查明原因，及时处理。

126. 怎样进行充氮保养？

答：在锅炉压力降至0.3~0.5MPa时，投入充氮管路；锅炉压力降至0.05MPa时，向汽包和过热器等处充入高纯度氮气（>99.9%）

127. 两台引风机同时跳闸，锅炉有什么现象？

答：事故喇叭响，辅机大联锁保护动作，燃料输送锅炉的设备全部跳闸，锅炉灭火，汽温、汽压迅速下降，汽包水位先低后高。

128. 遇到哪些情况锅炉燃料油跳闸保护动作？

答：①炉膛燃油火焰全部消失；②燃油压力低于允许值；③燃油温度低于允许值；④燃油支路油阀全部关闭；⑤主燃料保护动作。

129. 影响过热蒸汽温度变化的因素有哪些？

答：影响过热蒸汽温度变化的因素主要有：①燃料性质的变化；②风量变化；③燃料工况的变化；④受热面积灰或结渣的影响；⑤给水温度变化；⑥过热汽压的变化；⑦烟气挡板开度的变化；⑧饱和蒸汽湿度的变化等。

130. 锅炉灭火的原因有哪些？

答：①引、送风机，一次风机，给粉机全部或部分掉闸；②炉膛负压过大，一次风速过大，来粉不均，一次风管堵塞；③床温过低、流化风量或风压不合适；④低负荷运行时燃烧调整不当或制粉系统调整不当；⑤炉温太低或塌焦；⑥煤质变劣，挥发分低，锅炉燃烧恶化；⑦负荷波动大，风量调整不及时；⑧炉膛水冷壁严重爆破，制粉系统爆破；⑨锅炉保护动作；⑩厂用电消失或引、送风机跳闸，给粉电源消失；⑪燃油系统故障，油温、油压低，油中带水。

131. 何谓锅炉灭火放炮？

答：灭火放炮是指当锅炉发生灭火后，由于未及时切断燃料或强制关小引风，造成在炉膛内积存的可燃物浓度过大，遇明火时瞬间着火燃烧爆炸，从而使烟气侧压力突然升高的现象。

132. 运行方面造成爆管的原因有哪些？

答：①升压、停炉操作程序不当；②运行过程中汽压、汽温超极限；③受热面热偏差过大，局部得不到冷却；④运行调节不当，结焦严重；⑤锅炉负荷变化幅度过大，使水循环不正常；⑥受热面磨损严重；⑦管壁腐蚀或管内结垢；⑧制造、安装、检修质量差。

133. 简述短期过热爆管的原因。

答：包括：①锅炉结构布置不合理；②锅炉水冷壁或联箱内有异物；③运行中未维持良好的汽水循环；④燃烧室工况不稳定；⑤汽包缺水。

134. 防止锅炉灭火措施有哪些？

答：防止锅炉灭火措施有：①加强燃煤的监督管理，加强配煤管理和煤质分析，做好调整燃烧的应变措施；②进行燃烧调整，确定一、二次风量、风速、合理的过量空气量、风煤比等；③运行中在负荷过低、煤质恶劣等情况下，应及时进行燃烧调整，投油助燃。

135. 380V 厂用电源全部消失怎样处理？

答：①将各跳闸转动机械开关放至停止位置，启动备用辅机；②自动调节器切换为手动；③电动门在电源未恢复前需要操作则到现场就地手摇；④关闭各减温水门尽量维持汽温合格，汽包水位应保持略低些；⑤若在处理中锅炉灭火，则应按锅炉灭火处理；⑥厂用电恢复后，重新启动辅机点火，恢复正常运行。

计算题

1. 发电机额定电压为 10.5kV，当三相绕组为星形连接时，求各绕组的电压为多少？

解：各绕组的电压 $Uph=U_L/\sqrt{3}=10.5/\sqrt{3}\approx 6.06(\text{kV})$

答：各绕组的电压是 6.06kV。

2. 某风机运行测试结果：入口动压为 10Pa，入口静压为-10Pa 出口动压为 30Pa，出口静压 200Pa。计算该风机的全风压。

解：风机入口全压=入口动压+入口静压=10-10=0(Pa)

风机出口全压=入口动压+入口静压=30+200=230(Pa)

风机全压=出口全压-入口全压=230-0=230(Pa)

答：风机全压为 230Pa。

3. 锅炉送风机入口风温为 27℃时，风量为 80000m^3，经过空气预热器加热到 327℃以后，风量又是多少立方米？

解：$T_1=273+27=300(\text{K})$

$T_2=273+327=600(\text{K})$

$V_1/V_2=T_1/T_2$

$V_2=80000\times600/300=160000(m^3)$

答： 风量 $160000m^3$。

4. 某锅炉一次风管道直径 D 为 300mm，测得风速为 23m/s，试计算其通风量每小时为多少立方米。

解： 已知 $\omega=23m/s$，$D=300mm=0.3m$

根据 $Q=\omega F$，$F=\pi D^2/4$

$$Q=\omega\pi D^2/4=23\times3.14\times0.3^2/4=1.626(m^3/s)=1.625\times3600=5850(m^3/h)$$

答： 通风量为 $5850m^3/h$。

5. 利用公式 $\Phi=G/(\rho V)$ 计算，某台钢球磨煤机钢球装载量为 110t，筒体容积为 $86.4m^3$，钢球堆积密度为 $4.9t/m^3$，求钢球装载系数。

解： 已知 $G=110t$，$\rho=4.9t/m^3$，$V=86.4m^3$

$\Phi=G/(\rho V)\times100\%=110/(4.9\times86.4)\times100\%=25.98\%$

答： 钢球装载系数为 25.98%。

6. 测得某风管由于阻力而产生的压力降 ΔP 为 30Pa，风量 Q 为 $10m^3/s$ 时，试计算其特性参数。($\Delta P=KQ^2$)

解： 根据 $\Delta P=KQ^2$

$K=\Delta P/Q^2=30/10^2=0.3$

答： 该风管的特性参数为 0.3。

7. 某送风机运行实测风机全压为 $500mmH_2O$，流量 $Q=3\times10^5m^3/h$，轴功率 $p=600kW$，风温为 20℃，求风机效率。

解： $\eta=[QH/(102\times p\times3600)]\times100\%$

$=[3\times10^5\times500/(102\times600\times3600)]\times100\%=68.08\%$

答： 该风机效率为 68.08%。

8. 某锅炉水冷壁管垂直高度为 30m，由冷炉生火至带满负荷，壁温由 20℃ 升高至 360℃，求其热伸长值 ΔL。(线膨胀系数 $\alpha_L=0.000012℃^{-1}$)。

解： 热伸长值：

$$\Delta L=L\alpha_L\Delta t=30000\times0.000012\times(360-20)=122.4(mm)$$

答： 热伸长值 $\Delta L=122.4mm$。

9. 10t 水流经加热器后它的焓从 334.9kJ/kg 增至 502.4kJ/kg，求在加热器内吸收多少热量？

解： $q=i_2-i_1=502.4-334.9=167.5(kJ/kg)$

$Q=D\cdot q=10\times167.5\times10^3=1.675\times10^6(kJ)$

答： 10t 水在加热器中吸收 1.675×10kJ 热量。

10. 求绝对黑体在温度 $t=1000℃$，每小时所辐射的热量。[$E_0=C_0(T/100)^4$]。

解： 应用四次方定律，当 $t=1000℃$ 时，

$E_0 = C_0(T/100)^4 = 5.67\times[(273+1000)/100]^4 = 148901(\text{W/m}^2)$

答： 当温度为1000℃时，辐射的热量为148901W/m²。

11. 一台5×10^4kW机组换热器，其表面单位面积上的换热量是$Q=23000\text{W/m}^2$，凝结器铜管内、外壁温差2℃，求水蒸气的凝结换热系数。

解： $Q=\alpha(t_1-t_2)=23000/2=11500\text{W/(m}^2\cdot℃)$

答： 水蒸气的凝结换热系数11500W/(m²·℃)。

12. 某发电厂一昼夜发电1.2×10^6kW·h，此功应由多少热量转换而来？（不考虑其他能量损失。）

解： 因为1kW·h=860kcal=860×4.1868kJ=3.6×10^3(kJ)

所以$Q=3.6\times10^3\times1.2\times10^6=4.32\times10^9$(kJ)

答： 此功应由4.32×10^9kJ的热量转换来。

13. 某循环热源温度为527℃，汽源温度为27℃，在此温度范围内，循环可能达到的最大热效率是多少？

解： 已知$T_1=527+273=800\text{K}$，$T_2=27+273=300\text{K}$

$$\eta_{max}=\eta_k=1-T_2/T_1=1-300/800=0.625\times100\%=62.5\%$$

答： 最大热效率是62.5%。

14. 某锅炉额定蒸汽流量670t/h时，散热损失为0.2%，当锅炉实际蒸汽流量为610t/h时，锅炉散热损失是多少？

解： $q_5=0.2\%\times670/610=0.2197\%$

答： 锅炉蒸发量610t/h时，锅炉散热损失是0.2197%。

15. 某锅炉热效率试验测定，飞灰可燃物$C_{fh}=6.5\%$，炉渣含碳量$C_{lz}=2.5\%$，燃煤的低位发热量$Q_{ar.net}=20908\text{kJ/kg}$，灰分$A_{ar}=26\%$，燃煤量$B=56\text{t/h}$，飞灰占燃料总灰分的份额$a_{fh}=95\%$，炉渣占燃料总灰分的份额$a_{lz}=5\%$，求锅炉机械未燃烧损失。

解： $q_4=(32866A_{ar}/Q_{ar\cdot net})\times[a_{fh}\cdot C_{fh}/(100-C_{fh})+a_{lz}\cdot C_{lz}/(100-C_{lz})]\times100\%$

$=(32866\times26\%/20908)\times[0.95\times6.5/(100-6.5)+$

$0.05\times2.5/(100-2.5)]\times100\%=2.75\%$

答： 锅炉机械不完全燃烧热损失q_4为2.75%。

16. 某锅炉锅水含盐量是$S_{ls}=400\text{mg/kg}$，给水的含盐量为$S_{gs}=3.96\text{mg/kg}$，忽略蒸汽带走的含盐量S_q，求此锅炉的排污率。$\left(P=\dfrac{S_{gs}-S_q}{S_{ls}-S_{gs}}\times100\%\right)$。

解： 根据$P=\dfrac{S_{gs}-S_q}{S_{ls}-S_{gs}}\times100\%$

由于S_q忽略不计

$$P=\frac{S_{gs}}{S_{ls}-S_{gs}}\times100\%=\frac{3.96}{400-3.96}\approx1\%$$

答： 此锅炉的排污率为1%。

17. 在蒸汽机里，新蒸汽的温度为227℃，排汽温度为100℃，按卡诺循环计算热效率是多少？（$\eta_{卡}=1-T_2/T_1$）

解：已知 $T_1=227+273=500(K)$

$$T_2=100+273=373(K)$$

$$\eta_{卡}=1-T_2/T_1=1-373/500=25.4\%$$

答：按卡诺循环计算热效率是25.4%。

18. 某汽轮发电机额定功率为20×10^4kW，年发电量为114800×10^4kW·h，求该机组年利用小时T_s。

解：已知 $W=114800\times10^4$kW·h，$p=20\times10^4$kW·h

$$T_s=W/p=114800\times10^4/20\times10^4=5740(h)$$

答：该机组年利用小时为5740h。

19. 某发电机组发电煤耗为310g/(kW·h)，厂用电率8%，求供电煤耗。

解：$b_g=b_f/(1-0.08)=310/(1-0.08)=337[g/(kW\cdot h)]$

答：供电煤耗为337g/(kW·h)。

20. 某锅炉蒸汽流量670t/h，锅炉效率$\eta_{gl}=92.25\%$，燃煤量$B=98$t/h，燃煤的低位发热量$Q_{ar\cdot net}=20930$kJ/kg，制粉系统单耗$\eta_{zf}=27$kW·h/t(煤)，引风机单耗$\eta_x=2.4$kW·h/t(汽)，送风机单耗$\eta_f=3.5$kW·h/t(汽)，给水泵单耗$\eta_g=8$kW·h/t(汽)，发电机标准煤耗$b=350$g/(kW·h)，求该锅炉的净效率。

解：$\Sigma P=D(\eta_x+\eta_f+\eta_g)+B\eta_{zf}$

$=670(2.4+3.5+8)+98\times27=11959(kW)$

锅炉的净效率

$\eta_j=\eta_{gl}-[3600\Sigma P\cdot b/(B\cdot Q_{ar\cdot net})]\times100\%$

$=92.25\%-[(3600\times11959\times0.35)/(98\times10^3\times20930)]\times100\%$

$=92.25\%-0.0073\times100\%$

$=92.25\%-0.73\%$

$=91.52\%$

答：该锅炉的净效率为91.52%。

21. 已知某锅炉的燃料消耗量为100t/h，燃料发热量为20000kJ/kg，其正平衡效率为90.5%，求该锅炉的输出热量。

解：$Q_1=BQ_{ar,net}\eta=100\times10^3\times20000\times90.5\%=1.81\times10^9(kJ/h)$

答：该锅炉的输出热量为1.81×10^9kJ/h。

22. 某锅炉蒸汽流量670t/h，燃煤量$B=98$t/h，制粉系统单耗$\eta_{zf}=27$kW·h/t(煤)，引风机单耗$\eta_x=2.4$kW·h/t(汽)，送风机单耗$\eta_f=3.5$kW·h/t(汽)，给水泵单耗$\eta_g=8$kW·h/t(汽)，求该锅炉的吨汽电耗量。

解：$\Sigma P=D\times(\eta_x+\eta_f+\eta_g)+B\eta_{zf}=670\times(2.4+3.5+8)+98\times27=11959(kW)$

答：该锅炉的吨汽电耗量为11959kW。

23. 已知某锅炉机械未燃烧损失热$q_4=2.75\%$，燃煤量$B=56$t/h，求每小时损失多少原煤？

解：$q_4=56\times2.75\%=1.54(t/h)$

答：每小时的损失原煤1.54t。

24. 某台锅炉燃用低位发热量$Q_{ar\cdot net}=23417$kJ/kg，耗煤量为50t/h，合标煤多少吨？（标准煤$Q_{ar\cdot net}=29271.2$kJ/kg）

解：$B_b=BQ_{ar\cdot net}/29271.2=50\times23417/29271.2=40(t)$

答：需标准煤40t。

25. 某台发电机日发电如下表，求日平均负荷系数。

时间	1	2	3	4	5	6	7	8	9	10	11	12
负荷/MW	160	160	160	160	160	160	200	250	300	300	290	280
时间	13	14	15	16	17	18	19	20	21	22	23	24
负荷/MW	200	200	260	260	260	260	320	320	320	200	200	160

解：$p_{rp}=\sum_{i=1}^{24}p_i/24=5540/24=230.83(MW)$

$\mu_{平均}=p_{日平均负荷}/p_{日最大负荷}=(230.83/320)\times100\%=72\%$

答：日平均负荷系数为72%。

26. 某台机组，锅炉每天烧煤$B=2800t$，燃煤的低位发热量$Q_{ar\cdot net}=21995kJ/kg$，其中28%变为电能，试求该机组单机容量是多少？（$1kW\cdot h=860\times4.1868=3600kJ$）

解：$P=[BQ_{ar\cdot net}/(3600\times24)]\times0.28$

$=[2800\times10^3\times21995/(3600\times24)]\times0.28$

$=199584\approx200(MW)$

答：该机组容量为200MW。

27. 某台300MW发电机组年可用小时7388h，强迫停运3次，求平均无故障可用小时。

解：平均无故障可用小时=可用小时/强迫停运次数=7388/3=2462.67(h)

答：平均无故障可用2462.67h。

28. 1kg蒸汽在锅炉中吸热$q_1=2.51\times10^3kJ/kg$，蒸汽通过汽机做功后在凝汽器中放出热量$q_2=2.09\times10^3kJ/kg$，蒸汽流量为440t/h，如果做的功全部用来发电，问每天能发多少电？(不考虑其他能量损失)

解：已知$q_1=2.51\times10^3kJ/kg$，$q_2=2.09\times10^3kJ/kg$，$D=440t/h=4.4\times10^5kg/h$

$$Q=D\times(q_1-q_2)=4.4\times10^5\times(2.51-2.09)\times10^3=1.848\times10^8(kJ/h)$$

因为$1kW\cdot h=3600kJ$，所以$1kJ=1/3600=2.78\times10^{-4}kW\cdot h$

每天发电$W=2.78\times10^{-4}\times1.848\times10^8\times24=123.3\times10^4(kW\cdot h)$

答：每天发电量$1.233\times10^6kW\cdot h$。

29. 锅炉汽包压力表读数为9.604MPa，大气压力表的读数为101.7kPa，求汽包内工质的绝对压力。

解：已知$P_g=9.604MPa$，$P_a=101.7kPa=0.1017MPa$

$$p=p_g+p_a=9.604+0.1017=9.7057(MPa)$$

答：汽包内工质的绝对压力是9.7057MPa。

30. 某给水泵，已知其直径$d_1=200mm$处的断面平均流速$c_1=0.795m/s$，求$d_2=100mm$处端面的平均流速c_2为多少？

解：根据连续性流动方程式

$$c_1F_1 = c_2F_2$$

$$c_2 = c_1F_1/F_2 = c_1 \times (d_1^2\pi/4)/(d_2^2\pi/4) = 0.795 \times 0.2^2/0.1^2 = 3.18(m/s)$$

答：D_2处断面的平均流速为 3.18m/s。

31. 某锅炉空气预热器出口温度为 340℃，出口风压为 3kPa，当地大气压力 92110Pa，求空气预热器出口实际密度。(空气的标准密度为 1.293kg/m^3。)

解：已知 $t=340℃$，$P_0=92110Pa$，$H=3000Pa$

$$\rho L = 1.293 \times [273/(273 + t)] \times [(p_0 + H)/101308]$$
$$= 1.293 \times [273/(273 + 340)] \times [(92110 + 3000)/101308]$$
$$= 0.54(kg/m^3)$$

答：空气预热器出口的真实密度为 0.54kg/m^3。

煤粉锅炉模块

单选题

1. 磨煤机采用直径大小一致的钢球。（×）

正确答案：滚筒磨煤机的钢球采用直径不同的、按照一定尺寸比例混合的钢球。

2. 煤粉细度试验是在锅炉停止以后进行的。（×）

正确答案：煤粉细度试验是在锅炉运行稳定时候进行的。

3. 滚筒磨煤机一般对于难磨的原煤采用大直径钢球，易磨的煤粉采用小直径钢球。（√）

4. 滚筒磨煤机的钢球采用大小直径的钢球按照一定的比例混合配置。（√）

5. 制粉系统通风量的变化对锅炉的运行没有任何影响。（×）

正确答案：对于中储式制粉系统来说，制粉系统的风量的变化直接关系到一次风的变化，也会导致锅炉运行状况发生变化。

6. 在进行分离器试验时，回粉管和旋风分离器落粉管取样应安装等速取样装置取样。（×）

正确答案：在进行分离器试验时，回粉管和旋风分离器落粉管取样应采用活动取样管取样。

7. 煤的发热量，煤灰的熔融性能以及煤的可磨性只与锅炉的安全运行有关系。（×）

正确答案：煤的发热量，煤灰的熔融性能以及煤的可磨性与锅炉的安全和经济运行都有关系。

8. 煤灰的熔融性的好坏关系到锅炉的结焦性能。（√）

9. 焦炭的挥发分含量是 10%。（×）

正确答案：焦炭的挥发分含量是 0。

10. 煤粉燃烧过程起决定作用的是煤粉和空气的混合程度。（×）

正确答案：煤粉燃烧过程是物理反应速度和化学反应速度共同决定的。

11. 煤粉燃烧属于绝对的化学反应过程，绝对没有物理过程。（×）

正确答案：煤粉的燃烧属于化学反应，但是其中有物理过程。

12. 锅炉燃烧中无烟煤、贫煤、烟煤、褐煤是按照收到基从小到大的顺序排列的。（×）

正确答案：锅炉燃烧中无烟煤、贫煤、烟煤、褐煤是按照干燥无灰基的挥发分从小到大的顺序排列的。

13. 钢球磨煤机的启动要求是磨煤机空载。 （√）

14. 钢球磨煤机的出力是由磨煤机的通风出力、磨煤机研磨出力和干燥三者其中的任何一个因素决定。 （×）

正确答案：钢球磨煤机的出力是由磨煤机的通风出力、磨煤机研磨出力、干燥出力三个因素综合的结果。

15. 中速磨煤机的制粉原理是对原煤的撞击作用。 （×）

正确答案：中速磨煤机的制粉的主要原理是对于原煤的碾压。

16. 中速钢球磨煤机没有加压系统。 （×）

正确答案：中速钢球磨煤机有加压系统。

17. 风量的轴向导流器调节是调整风道上的轴向导流器的叶片的开度来实现是的。（√）

18. 风机的变速调节只能从通过改变风机的转速着手。 （×）

正确答案：风机的变速调节可以通过调整风机的转速和电机的转速来调节。

19. 四角布置燃烧器气流偏斜的原因是煤粉气流的刚度不够。 （√）

20. 四角布置燃烧器射流偏斜可以使锅炉的水冷壁上面的积灰清除，所以偏斜有利于受热面的传热。 （×）

正确答案：四角布置燃烧器的射流气流偏斜严重的会造成锅炉水冷壁结焦和磨损。

21. 中储式制粉系统燃烧的调节可以通过调整煤粉仓的存粉量来调整。 （×）

正确答案：中储式制粉系统燃烧调节需要通过调整给粉机的转速来实现，改变粉仓的存粉量不能实现锅炉燃料的调节。

22. 中储式制粉系统为了保证给粉机的运行稳定性，需要在分离器的出口安装粉筛。（√）

23. 制粉系统干燥剂的温度不会影响磨煤机的出力。 （×）

正确答案：制粉系统的干燥剂温度会影响磨煤机的出力。

24. 高速磨煤机的冲击板、护板和分离器受到严重磨损时，可以使得磨煤机运行周期缩短，还会使得磨煤机通风量和出粉量降低。 （√）

25. 煤种对不同的磨煤机都有影响。 （√）

26. 燃烧器角度和煤粉细度的调整可以改变锅炉的火焰中心位置。 （√）

27. 软化温度是决定煤灰结焦性能的最关键因素。 （√）

28. 磨煤机前漏风会导致磨煤机的干燥出力升高，提高磨煤机的出力。 （×）

正确答案：磨煤机前漏风会导致磨煤机的干燥出力降低，同时降低了磨煤机出力。

29. 排粉机磨损的严重程度与排粉机的转速有直接关系。 （×）

正确答案：排粉机磨损的严重程度与排粉机内部的流动介质有关系。

30. 排粉机内部流动的煤粉气流的颗粒大小是影响排粉机磨损的重要因素。 （√）

31. 排粉机的磨损是短期作用导致的结果。 （×）

正确答案：排粉机的磨损是煤粉和风长期作用的结果。

32. 空气动力场试验不仅要测量燃烧器周围的气流情况，同样也需要测量燃烧室气流。 （√）

33. 做空气动力场试验的时候只要启动送风机。 （×）

正确答案：做空气动力场试验的时候既需要启动送风机，也需要启动引风机，然后按照锅炉的不同负荷测试通风情况。

34. 挥发分高的煤粉要比挥发分低的煤粉在点火以后迟投入。（×）

正确答案：挥发分高的煤粉要比挥发分低的煤粉在点火以后早投入。

35. 在点火以后，炉膛的温度较低时，投入煤粉燃烧器，煤粉着火缓慢造成煤粉的机械不完全燃烧的损失增大。（√）

36. 冷热一次风系统中都需要专门安装密封风机。（×）

正确答案：冷一次风系统中不需要专门安装密封风机，一次风风机可以兼做密封风机，热一次风系统才需要专门设备密封风机。

37. 热一次风系统空气流量大，风机磨损较严重，工质温度高，风机效率低。（√）

38. 直吹式制粉系统中不能使用筒式磨煤机。（×）

正确答案：直吹式制粉系统中可以使用筒式磨煤机，只有在对基本负荷的锅炉情况下使用。

39. 直吹式制粉系统和整个锅炉运行密切相关，制粉系统的正常与否关系到机组的运行安全。（√）

40. 在直吹式负压制粉系统中，排粉机的叶片容易磨损。（√）

41. 负压制粉系统由于对排粉机的磨损严重，增加了运行维护的费用，导致排风机电耗减小。（×）

正确答案：负压制粉系统由于对排粉机的磨损严重，增加了运行维护的费用，导致排风机电耗增大。

42. 直流燃烧器的各种射流都呈直线流，没有旋转。（√）

43. 直流燃烧器的风粉混合物，在进入炉膛之前还需要通过蜗壳扰动。（×）

正确答案：直流燃烧器的风粉混合物在进入炉膛之前不再进行扰动。

44. 直吹式制粉系统缺点是制粉设备出现故障时，必须提高负荷，直到停炉，所以安全性好。（×）

正确答案：直吹式制粉系统缺点是制粉设备出现故障时，必须降低负荷，直到停炉，所以安全性差。

45. 低周波引起大型电动机跳闸后应立即启动，维持低负荷运行。（×）

正确答案：低周波引起大型电动机跳闸后应禁止立即启动。

单选题

1. 滚筒磨煤机的最佳钢球装载量，一般使用（C）来代替。

A. 钢球密度　　B. 钢球比例

C. 钢球充满系数　　D. 钢球数量

2. 我国滚筒磨煤机的最佳钢球装载量对应的钢球充满系数是（B）。

A. 0.05~0.1　　B. 0.1~0.35

C. 0.25~0.3　　D. 0.3~0.5

3. 钢球充满系数的定义是（D）。

A. 钢球密度与原煤密度之比　　B. 钢球质量和磨煤机质量的比值

C. 钢球的数量和原煤混合质量比　　D. 钢球体积和磨煤机内部空间的比值

4. 制粉系统的最佳煤粉细度又叫（C）。

A. 最好煤粉细度　　B. 高效率细度　　C. 经济细度　　D. 实惠细度

5. 煤粉细度试验一般选择锅炉的负荷是(C)。

A. 50%额定负荷　　B. 70%~80%额定负荷

C. 额定负荷　　D. 120%额定负荷

6. 煤种的经济细度数据的来源是(B)。

A. 经验总结　　B. 试验结果　　C. 设计数据　　D. 燃烧工况

7. 煤粉细度的调节和控制主要是通过(A)来完成。

A. 粗粉分离器　　B. 细粉分离器

C. 磨煤机的下煤量　　D. 磨煤机内部钢球的装载量

8. 钢球磨煤机制粉系统中小钢球的主要作用是(A)。

A. 研磨粗粉　　B. 砸碎大颗粒　　C. 加热原煤　　D. 减小通风阻力

9. 分离器性能试验是在保持磨煤机出力和通风量不变,(A)测定的制粉系统试验。

A. 调节分离器折向挡板角度　　B. 调节磨煤机给煤量

C. 调节通风温度　　D. 调节原煤颗粒度

10. 投用煤粉燃烧器时,热风温度需要达到(B)℃以上。

A. 100　　B. 200　　C. 300　　D. 400

11. 煤粉锅炉点火时,当油燃烧器已投入四支以上,炉膛燃烧良好,并且过热器后烟气温度达到(B)℃以上时,可依次投入主燃烧器,在投入时应防止发生烟气再燃烧事故。

A. 100　　B. 200　　C. 300　　D. 400

12. 煤的灰熔性指标的物理意义是表示(C)。

A. 煤灰的变形性能　　B. 煤灰的溶化性能

C. 煤灰中灰分的熔点高低　　D. 煤灰的热阻性能

13. 焦炭属于(C)。

A. 混合物　　B. 化合物　　C. 单质　　D. 盐

14. 下列和焦炭组成成分完全相同的是(D)。

A. 钻石　　B. 石英石　　C. 石油　　D. 金刚石

15. 下列不属于煤粉燃烧的三个条件的是(C)。

A. 温度越高,化学反应速度快,燃烧就愈快

B. 空气冲刷碳表面的速度愈快,碳和氧接触越好,燃烧就愈快

C. 足够的煤粉细度

D. 要使煤在炉膛内有足够的燃烧时间

16. 煤粉锅炉的燃烧损失,制粉电耗和金属损耗之和最小的煤粉细度成为(C)。

A. 正常细度　　B. 最大细度　　C. 经济细度　　D. 最小细度

17. 煤粉细度主要取决于煤种的(A)。

A. 挥发分　　B. 灰分　　C. 水分　　D. 焦炭

18. 磨煤机的出口温度的控制目的是(C)。

A. 防止制粉系统管道过热　　B. 防止煤粉的挥发分的析出

C. 防止煤粉在制粉系统管道内部燃烧　　D. 为了减少煤粉分离器的受热

19. 在给煤量和风量不变的前提下,磨煤机热风温度下降会导致的结果是(D)。

A. 磨煤机的出口温度升高　　B. 磨煤机出力提高

C. 磨煤机的钢球损耗率减小　　D. 磨煤机的出口温度下降

20. 中速磨煤机托盘的转速调节的作用是(D)。

A. 调节磨煤机的通风出力　　B. 调整磨煤机的干燥出力

C. 调节煤粉细度　　D. 调节磨煤机的给煤量

21. 风量的变速调节是通过调节(C)来实现的。

A. 风门挡板　　B. 轴向导流器　　C. 风机转速　　D. 叶片开度

22. 风机的变速调节的方法是通过(A)调整风机转速。

A. 液力偶合器　　B. 减速器　　C. 变速齿轮　　D. 整流器

23. 下列不是四角布置燃烧器气流偏斜可能造成的结果的是(D)。

A. 水冷壁结焦　　B. 水冷壁磨损

C. 炉膛火焰充满程度降低　　D. 省煤器爆管

24. 下列不属于对四角布置直流燃烧器气流偏斜调整的措施是(D)。

A. 合理配风　　B. 调整煤粉细度

C. 调整一次风的风速　　D. 增大锅炉的漏风

25. 中储式制粉系统与直吹式制粉系统最大的结构差别是(B)。

A. 直吹式制粉系统有粉仓　　B. 中储式制粉系统有粉仓

C. 两种制粉系统都有粉仓　　D. 两种系统都有磨煤机

26. 中储式制粉系统锅炉燃料量的调节是通过调节(C)来实现的。

A. 一次风的风速　　B. 磨煤机的下煤量

C. 给粉机的转速　　D. 二次风的风速

27. 高速磨煤机在锅炉系统中的作用是(A)。

A. 制粉　　B. 送风机　　C. 通风　　D. 引风机

28. 运行中高速磨煤机的出力增大之前，首先需要(B)。

A. 增加磨煤机的转速　　B. 增加磨煤的通风量

C. 增加磨煤机的下煤量　　D. 增加磨煤机的干燥剂的温度

29. 下列不属于锅炉燃烧调节的操作是(D)。

A. 配风操作　　B. 一次风风速调整

C. 燃烧器角度调整　　D. 中储式制粉系统的磨煤机下煤量调整

30. 磨煤机之后漏风会使得磨煤机的出力(A)。

A. 降低　　B. 升高　　C. 不变化　　D. 不确定

31. 磨煤机之后漏风会造成一次风(B)。

A. 温度升高　　B. 温度下降

C. 温度不变化　　D. 温度变化不确定

32. 下列不属于煤灰的三个特征温度是(C)。

A. 变形温度　　B. 软化温度　　C. 凝固温度　　D. 熔化温度

33. 为了防止锅炉结焦，一般要求锅炉的炉膛出口烟气温度低于软化温度(C)℃。

A. 40　　B. 40~50　　C. 50~100　　D. 100~120

34. 对于煤灰熔点描述不正确的是(C)。

A. ST>1400℃的煤称为是难熔灰分煤

B. ST = 1200 ~ 1400℃的煤称为是中熔灰分煤

C. ST<1200℃的煤称为易熔性煤

D. 熔化温度是决定结焦的最重要因素

35. 下列对于排粉机磨损的原因描述准确的是(B)。

A. 高温气流的腐蚀　　B. 煤粉气流对于叶片的磨损

C. 热应力不均导致磨损　　D. 低温腐蚀

36. 下列不属于空气动力场试验的目的是(D)。

A. 测试锅炉炉膛运行的可靠性和经济性

B. 确定空气和燃烧产物的运行情况

C. 判断炉膛空气动力场工况是否良好

D. 测量锅炉制粉系统效率

37. 下列不属于四角布置的直流燃烧器空气动力场试验的内容的是(D)。

A. 射流的射程和沿着轴线的衰减程度

B. 四角射流的切圆大小和位置

C. 射流偏离燃烧器的几何中心线的情况

D. 射流的旋转情况以及出口气流的均匀性

38. 锅炉点火以后，煤粉的投入是热风的温度一般要求在(D)℃以上。

A. 120　　B. 130　　C. 140　　D. 150

39. 锅炉点火后，煤粉燃烧器的投入会导致锅炉的火焰中心位置(A)。

A. 升高　　B. 降低　　C. 不变化　　D. 不确定

40. 在正压直吹式制粉系统中，排粉机装在(B)之后，抽取热空气送入磨煤机的系统称为热一次风系统。

A. 磨煤机　　B. 空气预热器　　C. 省煤器　　D. 过热器

41. 在正压直吹式制粉系统中，排粉机装在(B)之前，抽取冷空气送入磨煤机的系统称为冷一次风系统。

A. 磨煤机　　B. 空气预热器　　C. 省煤器　　D. 过热器

42. 直吹式制粉系统的系统制粉量等于(D)。

A. 锅炉的负荷　　B. 锅炉的给水量

C. 汽轮机的负荷　　D. 锅炉的燃煤消耗量

43. 正压制粉系统不会减低锅炉经济性，但是磨煤机和煤粉管道对于系统的(C)要求提高。

A. 保温性能　　B. 硬度性能　　C. 密封性能　　D. 强度性能

44. 负压制粉系统最大的优点是(D)。

A. 工作噪声小　　B. 制粉系统电耗小

C. 汽漏风严重　　D. 工作环境干净

45. 直流燃烧器的各种气流的旋转度是(A)。

A. 0°　　B. 30°　　C. 45°　　D. 90°

46. 风扇式磨煤机内部发生撞击声应立即(B)。

A. 调整间隙　　B. 停止运行　　C. 加大给煤量　　D. 减少给煤量

47. 石化行业一般在低周波时会(A)，大型电动设备只有等待系统周波恢复正常时方可按指令进行启动。

A. 自动减载　　B. 自动加载
C. 自动停止发电机组运行　　D. 自动将所有装置停止供电

48. 煤粉锅炉灭火后，(C)处理方法会扩大事故。

A. 检查给粉机全停，燃油跳闸阀关闭，制粉系统全停；一次风机全停
B. 关闭一次风门，全开二次风门，关闭过热器、再热器减温水电动门
C. 在发现灭火时应借助炉内温度，迅速投入一支油枪，维持汽轮机低负荷运转，避免非计划停机
D. 停炉后严格控制降压速度，采取自然降压，严禁用开启电磁泄压阀的方法降压

多选题

1. 制粉系统最佳煤粉经济细度是锅炉(B，C)之和最小。

A. 化学未完全燃烧损失　　B. 机械未完全燃烧损失
C. 磨煤机电耗　　D. 磨煤机损失

2. 钢球磨煤机内部的细小钢球的危害有(A，B，C)。

A. 小钢球吸收大钢球冲击力　　B. 磨煤机的出力下降
C. 磨煤机的电耗增加　　D. 磨煤机的出力增加

3. 制粉系统分离器试验可以测定出(A，B，C，D)、煤粉系数调节系数、煤粉均匀性系数和磨煤机电耗等。

A. 煤粉细度　　B. 分离器阻力　　C. 分离器效率　　D. 循环倍率

4. 煤粉锅炉投用燃烧器要考虑(A，B，C)因素。

A. 煤粉气流着火的稳定性　　B. 对汽温、汽压的影响
C. 经济方面的影响　　D. 给水流量的影响

5. 煤的主要特征性能指标有(A，B，C)。

A. 发热量　　B. 煤灰的灰熔性　　C. 可磨性　　D. 磨煤机电耗

6. 焦炭和原煤的区别是(A，B，C)。

A. 焦炭属于纯净物，原煤是混合物　　B. 原煤的相对表面积小
C. 原煤的组成成分多　　D. 原煤的颜色黑

7. 煤炭的燃烧的三个条件是(A，B，D)。

A. 温度越高，化学反应速度快，燃烧就愈快
B. 空气冲刷碳表面的速度愈快，碳和氧接触越好，燃烧就愈快
C. 足够的煤粉细度
D. 要使煤在炉膛内有足够的燃烧时间

8. 磨煤机的出力包括(A，B，D)。

A. 干燥出力　　B. 通风出力　　C. 冷却出力　　D. 磨煤出力

9. 通入磨煤机的热风的作用是(A，C，D)。

A. 干燥煤粉　　B. 携带煤灰　　C. 携带煤粉　　D. 预热煤粉

10. 影响煤粉细度的因素有(A，B，C)。

A. 煤种　　B. 制粉系统设备

C. 燃烧器的类型　　D. 烟道的结构

11. 磨煤机的钢球数量的减少对制粉系统的影响是(B，C)。
A. 增大了磨煤机的煤粉细度　　B. 减小了磨煤机的煤粉细度
C. 降低了磨煤机的出力　　D. 增加了磨煤机的金属损耗

12. 磨煤机的钢球数量的减少对制粉系统的影响是(B，C)。
A. 增大了磨煤机的煤粉细度　　B. 减小了磨煤机的煤粉细度
C. 降低了磨煤机的出力　　D. 增加了磨煤机的金属损耗

13. 中速钢球磨煤机提高出力的方法是(A，B，C)。
A. 增大磨煤机的通风出力　　B. 提高磨煤机的干燥出力
C. 选择合理的下煤量　　D. 经常更换磨煤机钢球

14. 下列属于风量调节方法的是(A，B，C)。
A. 节流调节　　B. 变速调节
C. 轴向导流器调节　　D. 温度调节

15. 四角布置燃烧器的偏斜原因有(A，B，C，D)。
A. 射流两侧存在压力差　　B. 炉膛尺寸的宽度和深度的影响
C. 射流上游燃烧器的横向推动作用　　D. 射流的刚性不够

16. 影响高速磨煤机出力的因素有(A，B，C，D)。
A. 风扇磨煤机的冲击板磨损　　B. 通风出力
C. 磨煤机的分离器磨损　　D. 干燥出力

17. 提高煤粉炉火焰中心可能造成的结果是(A，B，C)。
A. 炉膛出口烟气温度升高　　B. 造成过热器结焦
C. 排烟温度升高　　D. 过热汽温降低

18. 锅炉主汽温度升高应该采取的措施是(A，B，C)。
A. 投加减温水　　B. 调低火焰中心
C. 减少燃料的投加　　D. 增大燃料的投加

19. 煤灰中的主要成分是(A，B，C，D)。
A. 二氧化硅　　B. 氧化铝　　C. 氧化亚铁　　D. 氧化钙

20. 下列对于排粉机的作用描述正确的是(A，B，C，D)。
A. 作为制粉系统的负压的动力来源
B. 作为锅炉的一次风
C. 空气和煤粉的混合的动力来源
D. 将煤粉携带进入炉膛的动力来源

21. 下列因素属于锅炉点火以后在煤粉投入时应该考虑的是(A，B，C)。
A. 煤粉气流着火的稳定性　　B. 对气温，气压的影响
C. 从经济考虑　　D. 操作人员的时间空余

22. 风扇磨煤机直吹式制粉系统可以分为(A，D)。
A. 热风干燥系统　　B. 温风系统
C. 冷风系统　　D. 热风和烟气干燥系统

23. 直流燃烧器按照一、二次风的布置情况，可以分为(A，B)。

A. 均等配风　B. 分级配风　C. 间断配风　D. 完全配风

24. 电气设备故障或因外界不可抗力造成的瞬时(A，C)会引起厂用电中断。

A. 停电　B. 停水　C. 晃电　D. 停汽

25. 在(B，D)造成的全停电时，应人工切断锅炉所有燃料，做好电源恢复重新启动准备。

A. 锅炉设备故障　B. 电气设备故障

C. 汽机设备故障　D. 因外界不可抗力

26. 炉膛负压过大、(A，B，C，D)是造成锅炉灭火的主要原因。

A. 一次风速过高　B. 来粉不均

C. 粉仓无粉或棚粉　D. 一次风管堵塞

27. 煤质变劣、(B，C)、煤粉过粗，锅炉燃烧恶化等因素，容易引起锅炉灭火。

A. 挥发分低　B. 挥发分高　C. 水分过大　D. 水分过小

简答题

1. 煤机的最佳钢球量如何确定?

答: 在一定范围内，磨煤机的钢球数量越多，磨煤机的出力越大。但是当钢球的数量超过某个限度时，钢球在圆筒所占的容积增加，增加了通风阻力，降低了磨煤机的钢球下落的高度和空气携带煤粉的能力，使得磨煤机的出力降低。因此对于给定的燃煤和钢球，存在一个钢球的最佳装载量，一般使用最佳钢球充满系数来表示。钢球充满系数等于钢球体积所占磨煤机滚筒内部体积的比例。一般情况下，磨煤机的最佳钢球充满系数在0.1~0.25之间。

2. 钢球磨煤机为什么要采用不同直径的钢球?

答: 钢球在磨煤机内部运行中，原煤中的颗粒大，坚硬的煤主要依靠大钢球砸碎，因为钢球的直径大，质量重，被磨煤机抬高到一定的高度以后落下来的冲击力大。而将粗粉制成合格的细粉，则依靠小直径钢球，因为小直径钢球的直径小，数量多，相互的接触面积大，相互的撞击次数也多，便于碾磨。

3. 影响煤粉经济细度的因素有哪些?

答: 影响煤粉经济细度的因素很多，主要有以下几个方面:

①燃料的特性。一般来说挥发分高，发热量高的煤粉容易燃烧，煤粉可以磨得粗一点。②磨煤机和分离器的性能。当磨煤机制粉的颗粒均匀时，即使煤粉粗一点，也能燃烧得比较完全。③燃烧方式。对燃烧热负荷很高的锅炉或旋风炉，由于燃烧很强烈，故可以燃烧的煤粉粗一点。

4. 简述煤的主要特性指标以及作用。

答: 煤的特性指标包括煤的发热量，煤灰的熔融性能，煤的可磨性等指标。煤的发热量是衡量煤的发热能力高低的物理量；煤的熔融性能是反映煤灰的结焦性能的参数；煤的可磨性是反映原煤的可磨性能的参数，同时也是磨煤机选择的依据。

5. 描述煤炭的燃烧过程。

答: 煤从进入炉膛到燃烧完毕，一般经历四个阶段：①水分蒸发阶段。当温度达到105℃左右时，水分全部被蒸发。②挥发物着火阶段。煤不断吸收热量后，温度继续上升，挥发物随之析出，当温度达到着火点时，挥发物开始燃烧。挥发物燃烧速度快，一般只占煤整个燃烧时间的1/10左右。③焦炭燃烧阶段。煤中的挥发物着火燃烧后，余下的炭和灰组成的固体物便是焦炭。此时焦炭温度上升很快，固定炭剧烈燃烧，放出大量的热量，煤的燃烧速度和燃尽程度主要取决于这个阶段。④燃尽阶段。这个阶段使灰渣中的焦炭尽量烧完，以降低不完全燃烧热损失，提高效率。

6. 磨煤机的出力有哪些？具体作用是什么？

答：磨煤机的出力包括通风出力、干燥出力、磨煤出力三种。通风出力是表示制粉系统中携带煤粉的能力；干燥出力是表示制粉系统的风对于原煤的干燥能力；磨煤出力表示制粉系统的制粉能力。

7. 影响中速磨煤机的出力有哪些因素？

答：中速磨煤机的出力的影响因素主要与磨煤机的碾压装置的运行工况，碾磨部件的磨损程度以及转盘上的煤层的厚度有关系。

8. 制粉系统漏风对出力的影响有哪些？

答：制粉系统漏风会降低制粉系统出力。如果漏风在磨煤机之前，使得通过磨煤机的风量增加，为了保证磨煤机入口的负压，势必要减少热风，使得磨煤机的干燥出力下降，从而造成磨煤机的出力下降。如果系统漏风出现在磨煤机之后将会增大排粉机的负荷和通风单位电耗，加大了一次风量，降低了一次风温。当排粉机出力不够时，会减小磨煤机的通风量，使得磨煤机的干燥条件变差，磨煤机的出力降低。

9. 影响灰熔点的因素有哪些？

答：成分因素：灰中的不同成分有不同的熔点；介质因素：当同一种灰分周围的介质发生改变的时候，其灰熔点也会改变；浓度因素：不同的灰分会根据烟气中的灰的浓度不一样而发生改变。

10. 良好炉膛空气动力场工况表现在哪些方面？

答：良好的空气动力场工况表现在以下三个方面：有足够的热烟气从燃烧中心区回流到一次风粉混合物的射流根部，使得燃料喷入炉膛以后能够迅速受热着火，并且保持稳定的着火前沿；燃料和空气分布均匀，燃料着火以后能得到充分的空气供应，并且达到均匀的扩散混合，以利于迅速燃尽；炉膛内部应该有良好的火焰充满度，并形成适中的燃烧中心，这要求炉膛内部气流无偏斜，不冲刷炉墙，避免停止区和无涡流区，而且燃烧器射流也不应该发生剧烈的干扰和冲击。

11. 锅炉点火以后，在投入煤粉的时间选择上要考虑的因素有哪些？

答：①煤粉气流的稳定性。如燃烧使用挥发分比较高的煤种，则可以早投煤粉，如果是挥发分较低的煤种则要迟点投入；②对汽温，汽压的影响。煤粉燃烧器的投入，提高了锅炉炉膛燃烧的强度，使得火焰中心相对提高，从而使得汽温汽压的升高速度加快；③从经济方面考虑。提早投入煤粉可以减少燃油消耗，降低费用。但是当炉膛温度降低时投入煤粉燃烧器，煤粉的着火速度慢，不能完全燃烧，使得机械不完全燃烧的损失增大，造成浪费。

12. 热一次风系统和冷一次风系统各有什么特点？

答：采用热一次风机时，空气体积流量大，使得风机叶轮直径以及出口的宽度增加，风机钢损耗增大；工质的温度高，风机的效率下降，电耗增大；风机轴承和密封部位工作条件也变差。冷一次风机可以兼做制粉系统的密封风机，而热一次风系统则需要专门设置密封风机。另外，热一次风风机的热风温度受到限制，从而限制了制粉系统的干燥出力，所以热风一次风系统不适合磨制水分较大的煤种，而冷一次风系统则没有这种限制。

13. 简述直吹式制粉系统的特点。

答：优点：系统简单，设备部件少，布置紧凑，初期投资少，输粉电耗小，发生爆炸的可能性小。缺点：①制粉系统出现故障的时候，锅炉必须降低负荷或者停炉处理；②锅炉的负荷发生变化的时候，制粉系统必须相应调整锅炉负荷；③制粉系统对于锅炉负荷变化有一定的延后性；④制粉系统的给粉量调节只能在磨煤机之前，容易出现下粉不均匀现象。

14. 正压直吹式制粉系统与负压制粉系统的优缺点有哪些？

答：在负压制粉系统中，排粉机叶片很容易磨损，增加运行维护的费用，也导致了排粉机的电耗增大，效率降低，从而使得制粉系统可靠性降低。另外，负压制粉系统使得锅炉漏风量增大，势必使经过空气预热器的空气量减少，结果是增加了排烟热损失，降低了锅炉效率。这种系统的最大的优点是工作环境比较干净。正压直吹式系统中，不存在排粉机磨损的问题，不会降低锅炉运行的经济性，但是磨煤机和煤粉管道之间的密封要求提高。

15. 描述切向燃烧的直流燃烧器常见布置方式。

答：切向燃烧的直流燃烧器的常见布置方式有：正四角布置法，四墙布置法，两角对冲、两角相切，大切角四角切圆法，八角切圆法，切角双室炉膛法，双室炉膛法，大小切圆法，六角切圆法。

CFB 锅炉模块

判断题

1. CFB 锅炉风量标定主要是指一、二次风总风量标定试验。 （√）

2. 冷渣器内的流化状态不受炉膛内流态状态的影响。 （×）

正确答案：冷渣器内的流化状态受炉膛内流态状态的影响。

3. 冷渣器流态试验过程基本与炉内冷态流化试验相同。 （×）

正确答案：冷渣器流态试验过程与炉内冷态流化试验不相同。

4. 保持一定的床料才能进行二次风口风速的调整试验。 （×）

正确答案：床料全部放尽才能进行二次风口风速的调整试验。

5. CFB 锅炉循环量会对炉膛的压力产生影响。 （√）

6. CFB 锅炉的物料平衡就是能量平衡。 （×）

正确答案：CFB 锅炉的热量平衡是物料平衡与能量平衡。

7. 煤的水分对 CFB 锅炉影响不大，所以，煤水分增加不会对经济运行造成影响。 （×）

正确答案：煤的水分对 CFB 锅炉影响很大，煤中水分大，床温下降，在保持负荷不变时，给煤量增加。

8. 石灰石平均粒径比灰渣平均粒径小时在 CFB 炉内可以起到润滑作用。 （√）

9. 石灰石制备输送系统优化运行包括石灰石系统的优化和系统故障处理。 （×）

正确答案：石灰石制备输送系统优化运行包括石灰石系统的优化和防潮、防堵、防磨最佳参数的确定。

10. CFB 锅炉炉膛上部颗粒浓度小于下部颗粒浓度。 （√）

11. 随着 CFB 锅炉运行工况的变化，稀相区和密相区浓度会接近，甚至倒换位置。 （×）

正确答案：不论 CFB 锅炉运行工况怎么变化，稀相区和密相区的结构不变。

12. 溢流式热交换器由内循环通道、固体回料通道、外循环通道、风室、颗粒返回通道组成。（×）

正确答案：下流式热交换器由内循环通道、固体回料通道、外循环通道、风室、颗粒返回通道组成。

13. 在惯性分离中惯性分离的阻力与流量成二次方关系。（√）

14. CFB 锅炉在固体循环回路上布置外置式流化床热交换器是增加受热面的一个途径。（√）

15. 回料阀隔板的磨损原因是循环灰的纵向运动而致。（×）

正确答案：回料阀隔板的磨损原因是循环灰的横向运动而致。

16. 旋风分离器入口烟道磨损幅度最小。（×）

正确答案：旋风分离器入口烟道及上部区域易磨损。

17. CFB 锅炉回料装置流化空气量减少时，应停止返料风，加大物料封堵，重建物料分离系统。（×）

正确答案：CFB 锅炉回料装置流化空气量减少时，排除返料器中的物质，除焦。

18. 当循环流化床锅炉返料装置无法恢复运行时应停炉处理。（√）

单选题

1. CFB 锅炉在进行冷态化试验前，在炉内无床料情况下，应启动（C），测量不同风量时的布风板阻力。

A. 引风机　B. 冷却风机　C. 一次风机　D. 高压风机

2. 炉膛流化试验中如果利用工具可以轻松接触到布风板上的风帽，则说明此处（A）。

A. 流化正常　B. 风帽堵塞　C. 流化不正常　D. 无燃料

3. CFB 锅炉一般要求前墙二次风稍（C）后墙二次风。

A. 小于　B. 等于　C. 大于　D. 大于或小于

4. CFB 锅炉燃烧优化试验中获得最重要的数据是（B）。

A. 脱硫率　B. 飞灰含碳量　C. 氧量　D. 散热损失

5. 在石灰石系统优化试验中应选用筛孔径为 0~50mm 共（D）个筛孔系列的筛分设备。

A. 5　B. 8　C. 10　D. 15

6. CFB 锅炉风量增加，炉膛压降（B）。

A. 下降　B. 增加　C. 保持不变　D. 下降或增加

7. CFB 锅炉风量增加，炉内上部（C）。

A. 换热量减小，循环量增加　B. 换热量减小，循环量减小

C. 换热量增加，循环量增加　D. 换热量不变，循环量增加

8. 整个 CFB 锅炉系统的压力平衡关系是（B）。

A. $P_{床}-P_{分}-P_{腿}-P_{阀}=0$　B. $P_{床}+P_{分}+P_{腿}+P_{阀}=0$

C. $P_{床}-P_{分}+P_{腿}+P_{阀}=0$　D. $P_{床}+P_{分}-P_{腿}+P_{阀}=0$

9. 焦炭颗粒燃尽取决于颗粒在（D）内停留时间和燃料特性所决定的燃烧反应速率。

A. 床层　B. 密相区　C. 稀相区　D. 炉膛

10. 保证压缩空气的干燥程度可提高石灰石输送系统的（A）。

A. 经济性　B. 反应性　C. 故障性　D. 可操作性

11. CFB 锅炉的炉内压力分布反映了床内固体颗粒的载料量及气固之间的(C)交换现象。

A. 能量　　B. 热量　　C. 动量　　D. 力量

12. CFB 锅炉床层压降随运行风速的(D)。

A. 增加而增加　　B. 增加而下降

C. 下降而下降　　D. 根据运行工况确定

13. CFB 床内压降和速度成(B)关系。

A. 反比　　B. 正比　　C. 二次方比　　D. 三次方比

14. 在工艺上减少 CFB 锅炉水冷壁磨损途径是合理控制(C)。

A. 温度　　B. 烟气量　　C. 烟速　　D. 风量

15. 燃料中含(C)越多，越会增加 CFB 锅炉炉内磨损。

A. 纤维物质　　B. 软性杂质　　C. 硬杂质　　D. 碳

16. CFB 锅炉炉膛上部颗粒大部分由密相区供给，少部分为(A)供给。

A. 二次风从床层一定高度　　B. 返料装置

C. 给煤机　　D. 冷渣装置

17. CFB 锅炉床内的颗粒速度底部为加速区，上部为(B)区。

A. 分流　　B. 充分发展　　C. 潜伏　　D. 集中

18. 外置热交换器是一个(A)流化床。

A. 鼓泡　　B. 快速　　C. 湍流　　D. 固定床

19. 惯性分离中气体流动速度的大小与转弯半径的大小成(A)。

A. 反比　　B. 正比　　C. 平方比　　D. 不成比例

20. 在 CFB 锅炉，旋风分离器内惯性分离效率达(C)。

A. 45%　　B. 60%　　C. 75%　　D. 92%

21. CFB 锅炉进入对流烟道的烟气温度应在(B)℃以内。

A. 800　　B. 1000　　C. 1200　　D. 1350

22. 回料阀回料量是给煤量的(D)倍。

A. 10~20　　B. 15~25　　C. 20~30　　D. 20~40

23. 回料阀内部容易受到(C)的磨损。

A. 空气　　B. 烟气　　C. 回料　　D. 煤

24. 在启动或停止 CFB 锅炉过程中，受急冷急热影响，易产生(A)损坏旋风分离器防磨层。

A. 应力　　B. 温度　　C. 冲刷　　D. 撞击

25. 返料器不正常时，应(A)，调节进入各种返料器的风门开度，均匀配风。

A. 提高风压　　B. 降低风压　　C. 提高床温　　D. 降低床温

26. 当回料风中断，检查(C)。

A. 引风机　　B. 密封风机　　C. 高压返料风机　　D. 冷却风机

27. CFB 锅炉床温超温已超过规定值 5℃范围时必须立即调整(C)。

A. 风热比　　B. 风温比　　C. 风量比　　D. 风水比

多选题

1. 风量标定试验时一般风机挡板开度选 20%、(A，B，C)和 100%。

A. 40%　　B. 60%　　C. 80%　　D. 120%

2. CFB 锅炉炉内燃烧优化试验包括(A，B，D)内容。

A. 二次风配平试验　　B. 一、二次风比调整试验

C. 冷态试验　　D. 优化试验

3. 石灰石系统优化试验主要包括：(A，B，C，D)和给料系统阻力等。

A. 石灰石粒径分布特性　　B. 破碎机出力

C. 破碎机电耗　　D. 给料系统出力

4. 燃料灰分、焦炭、脱硫剂、添加剂在(B，C，D)中形成的动态平衡，称为 CFB 的物料平衡。

A. 输送系统　　B. 炉膛　　C. 分离器　　D. 回料装置

5. 煤粉制备、输送给煤系统的运行优化内容包括(A，B，C，D)、燃煤制备系统的运行优化。

A. 煤质波动的影响及其运行对策

B. 给煤粒度和水分变化的影响及其运行对策

C. 破碎筛分设备性能的影响及其运行对策

D. 给煤输送机的运行优化

6. 燃烧参数运行优化主要是通过一系列的(B，C，D)来完成。

A. 风机试运行　　B. 热态试验　　C. 冷态试验　　D. 风煤调试

7. CFB 锅炉炉内燃烧参数运行优化的目的就是使炉内风煤混合均匀，炉内(A，B)氧浓度分布均匀，提高燃烧效率。

A. 温度　　B. 压力　　C. 强度　　D. 阻力

8. 外置热交换器内部一般布置有(A，C)、省煤器。

A. 过热器　　B. 空气预热器　　C. 再热器　　D. 减温器

9. CFB 锅炉炉膛内最容易磨损的部位是(A，C)、炉衬与水冷壁。

A. 风帽的帽子　　B. 给料口

C. 双面水冷壁下部　　D. 检查孔附近

简答题

1. 焦炭颗粒的燃烧速率受到哪些因素的影响?

答：焦炭颗粒的燃烧速率受到颗粒外部流动边界层传质阻力、气相主流区氧含量、焦炭颗粒内孔隙率(即颗粒内传质阻力)和焦炭颗粒温度四个因素的影响

2. 燃烧辅助系统运行优化主要包括哪些内容?

答：包括：①燃煤制备、输送及给煤系统的运行优化；②石灰石输送系统的运行优化；③底渣冷却系统的运行优化；④锅炉其他辅助系统的运行优化。

3. CFB 循环流化床锅炉优化运行主要包括哪些内容?

答：包括①炉内燃烧参数的运行优化；②流态化工况的运行优化；③燃烧辅助系统的运行优化。

4. 影响惯性分离效率的主要因素有哪些？

答：有①气流速度；②粒径和浓度；③尾部抽气。

5. CFB 锅炉在设计布置时依照什么原则？

答：①燃烧应在炉膛中完成；②炉膛出口烟温应有利于对流受热面的布置。

6. CFB 锅炉运行操作方面如何预防耐火材料损坏？

答：①锅炉中应严格控制升温速度，确保恒温时间；②启停炉要严格按升温及降温曲线进行；③运行中床温不能大起大落。

7. CFB 锅炉运行方面怎样减少旋风器磨损？

答：①运行方面应控制风速；②避免燃料粒度过粗。

8. 循环流化床锅炉床温为什么要控制在一定范围？

答：为降低不完全燃烧热损失，提高传热系数，减少 C、O、N_2O 排放，运行床温应尽可能高一些，然而出于脱硫、降低 NO_x 排放和防止床内结焦考虑，运行床温比最佳燃烧床温稍低一些。一般应保持密相区温度至少低于灰的初始变形温度 100~150℃或更多，所以额定负荷运行时，炉内床温沿炉膛高度的变化宜控制在 20℃以内。

五、技能操作鉴定要素细目表（技师）

鉴定范围						鉴定点	
一级		二级		三级		代码	名称
代码	名称	代码	名称	代码	名称		
A	技能要求（通用模块）	A	工艺操作	A	启动前准备	001	流量计一次仪表的投入操作
						002	锅炉水压试验操作
						003	锅炉保护试验
						004	锅炉 MFT 试验
						005	锅炉连锁试验
						006	调节阀门的试验
						007	锅炉安全门的整定与校验
				B	启动操作	001	混合式减温器反冲洗操作
						002	锅炉并汽操作
						003	汽包锅炉冷态启动升压升温操作
						004	机组从初负荷到满负荷过程中锅炉的调节
						005	锅炉定参数启动升压操作
						006	机组滑参数启动升压操作
				C	正常操作	001	锅炉过热器壁温控制调整的方法
						002	锅炉负荷的调整
						003	母管制锅炉经济运行调整

续表

鉴定范围						鉴定点	
一级		二级		三级		代码	名称
代码	名称	代码	名称	代码	名称		
				D	停运操作	001	锅炉运行中并列风机单机停运操作
						002	汽包锅炉定参数停炉操作
		B	设备使用与维护	A	设备使用	001	锅炉吹灰操作
						002	并列风机调整中出现喘振处理方法
				B	设备维护	001	锅炉停炉后的保养操作
						002	安全阀的运行维护
						003	余热烘干法的操作
						004	压力法保护的操作
		C	事故判断与处理	A	事故判断	001	水冷壁管短期过热爆管分析判断
						002	水冷壁管长期过热爆管分析判断
						003	过热器管过热爆管分析判断
						004	汽包内钝化膜破坏原因分析
				B	事故处理	001	减温系统故障处理
						002	热控及仪表电源中断故障处理
						003	锅炉尾部烟道再燃烧事故处理
						004	锅炉缺水事故的处理
						005	锅炉过热器损坏故障的处理
						006	锅炉蒸汽管道损坏事故的处理
						007	锅炉汽水共腾事故的处理
						008	锅炉给水流量骤降或中断事故的处理
						009	甩负荷故障的处理
						010	厂用电中断事故的处理
						011	锅炉 MFT 动作事故处理
		D	绘图与计算	A	绘图	001	编制生产管理网络图
						002	绘制过热器布置图
						003	绘制锅炉联锁保护方框图
						004	绘制汽包内部主要部件布置示意图
						005	绘制高压电动机控制回路原理图
						006	绘制 MFT 动作逻辑图

续表

鉴定范围						鉴定点	
一级		二级		三级		代码	名称
代码	名称	代码	名称	代码	名称		
B	技能要求（煤粉锅炉模块）	A	工艺操作	A	启动前准备	001	中储式制粉系统检修后启动前的检查工作
						002	碗式磨煤机加压油系统的检查
				B	启动操作	001	煤粉锅炉燃油点火操作步骤
						002	排粉机的启动操作
				C	正常操作	001	磨煤机运行出力的调整
						002	煤粉细度的调整操作
						003	锅炉燃烧调整操作
				D	停运操作	001	紧急停止制粉系统的操作
		B	设备使用与维护	A	设备使用	001	燃烧器火焰的检查
				B	设备维护	001	变速机构日常运行维护
						002	制粉系统防爆门的制作
		C	事故判断与处理	A	事故判断	001	火焰偏斜原因分析
				B	事故处理	001	炉内受热面灰污现象处理
						002	煤粉锅炉过热器结焦处理
						003	制粉系统自燃与爆炸事故的处理
						004	煤粉锅炉炉膛严重结焦处理
C	技能要求（CFB 锅炉模块）	A	工艺操作	A	启动前准备	001	CFB 锅炉密封性试验操作
				B	启动操作	001	升压过程中床温的调整
				C	正常操作	001	正常运行床温的调整
						002	锅炉燃烧调整操作
				D	停运操作	001	锅炉压火操作
						002	飞灰再循环系统停止运行操作
		B	设备使用与维护	A	设备使用	001	筛分设备运行中调整
						002	制备设备颗粒度的调整
				B	设备维护	001	锅炉易磨损部位检查及维护
		C	事故判断与处理	A	事故判断	001	石油焦、煤、石灰石和砂掺烧过程中问题分析
				B	事故处理	001	旋风分离器堵塞故障的处理
						002	床料结块故障处理
						003	床料流化不良处理

六、技能操作试题(技师)

试题1：流量计一次仪表的投入操作(现场模拟)

(考核时间：10min)

序号	考核内容	考核要点	配分	评分标准	检测结果	扣分	得分	备注
1	准备工作	穿戴劳保用品	3	未穿戴整齐扣3分				
		工具、用具准备	2	工具选择不正确扣2分				
2	操作程序	联系工作和系统的检查	20	未办理投入操作票扣5分				
				未确认仪表系统正常扣5分				
				操作与热工人员未共同到场扣3分				
				未检查阀门是否完好扣4分				
				未确认变送器就位扣3分				
		投入操作	70	未确认关闭二次阀扣5分				
				未确认关闭平衡阀扣10分				
				未缓慢开启正压一次阀扣5分				
				未缓慢开启负压一次阀扣5分				
				检修后未进行冲洗管道扣4分				
				冲洗后未关闭疏水阀扣5分				
				未开启平衡阀扣10分				
				未缓慢开启正压二次阀扣5分				
				未缓慢开启负压二次阀扣5分				
				未关闭平衡阀扣10分				
				投入后未进行检查扣3分				
				未做好操作记录扣3分				
3	使用工具	使用工具	2	工具使用不正确扣2分				
		维护工具	3	工具乱摆乱放扣3分				
4	安全及其他	按国家法规或企业规定		操作过程中违反安全规程及运行规程的，该题不得分			—	
		在规定时间内完成操作		超时停止操作，未完成的考核要点按评分标准扣分			—	
合　计			100					

试题2：锅炉MFT试验(现场模拟或口试)

(考核时间：25min)

序号	考核内容	考核要点	配分	评分标准	检测结果	扣分	得分	备注
1	准备工作	穿戴劳保用品	3	未穿戴整齐扣3分				
		工具、用具准备	2	工具选择不正确扣2分				

续表

序号	考核内容	考核要点	配分	评分标准	检测结果	扣分	得分	备注
2	煤粉锅炉MFT试验操作	汽包水位高或低Ⅲ值试验操作	20	未按规定进水扣6分				
				未进行汽包水位实际传动试验扣1分				
				未投入水位保护扣1分				
				水位高Ⅲ值时未确认保护动作扣2分				
				水位高Ⅲ值时未确认事故放水门开启扣2分				
				水位低Ⅲ值时未确认保护动作扣2分				
				水位低Ⅲ值时未确认开启备用给水门扣2分				
				水位低Ⅲ值时未确认停止排污扣2分				
				高Ⅲ值时未确认主蒸汽阀关闭扣2分				
		炉膛压力高、低二值试验操作	10	未进行炉膛压力实际传动试验扣1分				
				未启动引风机扣2分				
				未启动送风机扣2分				
				未调整炉膛负压扣1分				
				未确认炉膛压力高二值保护动作扣2分				
				未确认炉膛压力低二值保护动作扣2分				
		引风机全停	5	停一台引风机时未确认风门位置扣3分				
				引风机全停时未确认保护动作扣2分				
		送风机全停	5	送风机全停时未确认保护动作扣3分				
				送风机全停时未确认引风机运行扣2分				
		炉膛失去全部火焰	15	试验前未联系热控人员扣3分				
				不清楚火焰信号丧失多少保护动作扣4分				
				达到动作条件而未核实是否动作扣4分				
				保护动作后未确认引风机运行扣2分				
				保护动作后未确认送风机运行扣2分				

续表

序号	考核内容	考核要点	配分	评分标准	检测结果	扣分	得分	备注
		所有燃料全部中断	6	未人为切断所有燃料扣3分				
				未确认保护动作扣3分				
		手动保护停炉	3	未确认所有燃料中断扣3分				
		送风量低于额定风量30%保护试验	6	未人为减少风量扣3分				
				低于30%未确认保护动作扣3分				
		试验中检查和要求	25	不清楚达到动作信号后的延时时间扣2分				
				保护动作后未检查所有燃料关闭扣15分				
				未确认过热器减温水调节阀关闭扣3分				
				未确认MFT报警扣5分				
				保护试验时操作错误，但不会影响后期操作扣该项目的30%；保护试验时操作错误，使后期操作无法进行扣该项目的50%				
3	安全及其他	按国家法规或企业规定		操作过程中违反安全规程及运行规程的，该题不得分			—	
		在规定时间内完成操作		超时停止操作，未完成的考核要点按评分标准扣分			—	
合计			100					

试题3：机组从初负荷到满负荷过程中锅炉的调节(现场模拟或笔试)

（考核时间：35min）

序号	考核内容	考核要点	配分	评分标准	检测结果	扣分	得分	备注
1	准备工作	穿戴劳保用品	3	未穿戴整齐扣3分				
		工具、用具准备	2	工具选择不正确扣2分				
2	操作程序	锅炉调节的任务	5	未保持锅炉蒸发量在额定值内扣3分				
				未满足用汽户的要求扣2分				
		初负荷到满负荷过程中锅炉的调节主要内容	25	未根据负荷上升增加风量扣5分				
				未根据负荷上升增加燃料量扣5分				

续表

序号	考核内容	考核要点	配分	评分标准	检测结果	扣分	得分	备注
				未根据负荷上升增加给水量扣5分				
				未采取措施使锅水和蒸汽品质合格扣5分				
				未调整燃烧，减少热损失扣5分				
		锅炉调整过程中监控的主要参数	60	锅炉蒸发量超过额定值扣6分				
				过热器出口蒸汽温度超过规定值扣6分				
				蒸汽压力超过规定值扣6分				
				再热器出口蒸汽温度、压力超过规定值扣6分				
				两侧蒸汽温差大于20℃扣5分				
				两侧烟温差大于40℃扣6分				
				排烟温度超过规定值扣5分				
				受热面管壁温度超过允许值扣5分				
				炉膛负压不在规定范围扣5分				
				空气预热器烟(风)温度未在规定值扣5分				
				炉膛出口氧量未保持最佳值扣5分				
3	使用工具	使用工具	2	工具使用不正确扣2分				
		维护工具	3	工具乱摆乱放扣3分				
4	安全及其他	按国家法规或企业规定		操作过程中违反安全规程及运行规程的，该题不得分			—	
		在规定时间内完成操作		超时停止操作，未完成的考核要点按评分标准扣分			—	
合　计			100					

试题4：母管制锅炉经济运行调整(现场模拟)

(考核时间：15min)

序号	考核内容	考核要点	配分	评分标准	检测结果	扣分	得分	备注
1	准备工作	穿戴劳保用品	3	未穿戴整齐扣3分				
		工具、用具准备	2	工具选择不正确扣2分				

续表

序号	考核内容	考核要点	配分	评分标准	检测结果	扣分	得分	备注
2	操作程序	锅炉运行分析	30	未进行锅炉运行状况分析扣5分				
				未进行锅炉经济状态分析扣5分				
				未进行锅炉安全状况分析扣5分				
				没有考虑机组运行模式扣5分				
				未考虑安全供汽对经济运行影响扣5分				
		经济运行调整基本方法	60	未将中、大型锅炉带高负荷扣10分				
				未将燃油气锅炉在最小出力运行扣10分				
				未让微增煤耗率小的锅炉带满负荷扣7分				
				未让高效率的锅炉带固定负荷扣10分				
				未让低效率的锅炉带调节负荷扣9分				
				未让综合效率高的锅炉带高负荷扣7分				
				未将调节方法进行总结扣4分				
				未做好操作记录扣3分				
3	使用工具	使用工具	2	工具使用不正确扣2分				
		维护工具	3	工具乱摆乱放扣3分				
4	安全及其他	按国家法规或企业规定		操作过程中违反安全规程及运行规程的，该题不得分			—	
		在规定时间内完成操作		超时停止操作，未完成的考核要点按评分标准扣分			—	
合计			100					

试题5：水冷壁管短期过热爆管分析判断(现场模拟或笔试)

(考核时间：20min)

序号	考核内容	考核要点	配分	评分标准	检测结果	扣分	得分	备注
1	水冷壁管短期过热爆管分析	结构布置不合理； 管内有杂物堵塞，造成管子局部过热； 运行中未维持良好的水循环； 燃烧器运行不正常，造成气流偏斜，冲刷管壁造成磨损； 锅炉严重缺水后，又强行上水，或严重缺水使管子过热爆破； 燃煤含硫量高； 给水或炉水品质不合格，使管内结垢、腐蚀	35	未分析结构布置是否合理扣5分				
				未分析管内是否有杂物堵塞扣5分				
				未分析燃烧调整不当扣10分				
				未分析水循环情况扣5分				
				未分析燃煤含硫量扣5分				
				未分析管内结垢、腐蚀情况扣5分				
2	水冷壁管短期过热爆管判断	炉内有管子爆破响声和汽水喷出声，炉膛或烟道有蒸汽和烟气向外喷出；炉膛和烟道负压变正，燃烧不稳，爆破严重时炉膛可能灭火；汽包水位下降，主蒸汽压力下降，汽温不稳定；给水流量不正常地大于蒸汽流量；锅炉排烟温度降低，没判断出；烟道两侧的烟温差明显增大(爆破侧烟温降低)；灰斗内有湿灰或有汽冒出	65	未说明水冷壁爆管时炉内有管子爆破响声扣5分				
				未说明水冷壁爆管时炉内汽水喷出声扣5分				
				未说明炉膛或烟道有蒸汽喷出现象扣5分				
				未说明炉膛或烟道有烟气向外喷出现象扣5分				
				未说明炉膛压力变化扣5分				
				未说明爆破严重时可能灭火扣5分				
				未说明汽包水位变化扣5分				
				未说明主蒸汽压力变化扣5分				
				未说明汽温变化扣5分				
				未说明给水流量与蒸汽流量差值变化扣5分				
				未说明排烟温度变化扣5分				
				未说明烟道两侧的烟温差变化扣5分				
				未说明灰斗内现象扣5分				
		合　计	100					

试题6：汽包内钝化膜破坏原因分析(现场模拟或笔试)

(考核时间：10min)

序号	考核内容	考核要点	配分	评分标准	检测结果	扣分	得分	备注
1	汽包内钝化膜破坏原因分析	①锅炉停止后，汽包内表面往往因受潮而附着一层水膜，当外界空气大量进入内部时，空气中的氧便溶解在水膜中，使水膜饱含溶解氧，引起金属表面氧化腐蚀； ②金属内表面上有沉积物或水渣，这些物质具有吸收空气中湿分的能力，使金属表面产生水膜，由于金属表面电化学的不均匀而发生电化学腐蚀； ③沉积物中含有盐类物质，会溶解在金属表面的水膜中而产生垢下腐蚀； ④经常启停的锅炉腐蚀尤其严重，腐蚀产物会使蒸汽品质恶化	100	未分析停炉保养不到位原因扣10分				
				未分析锅内水处理不好原因扣20分				
				未分析电化学腐蚀原因扣15分				
				未分析锅炉运行排污情况扣20分				
				未分析垢下腐蚀的原因扣15分				
				未分析锅内加药失调扣20分				
		合　计	100					

试题7：减温系统故障的处理(现场模拟或笔试)

(考核时间：15min)

序号	考核内容	考核要点	配分	评分标准	检测结果	扣分	得分	备注
1	准备工作	穿戴劳保用品	3	未穿戴整齐扣3分				
		工具、用具准备	2	工具选择不正确扣2分				
2	操作程序	减温系统故障现象	15	未说明汽温不正常地升高现象扣3分				
				未说明两侧汽温偏差增大现象扣3分				
				未说明减温水流量减少现象扣3分				
				未说明严重时流量指示无反应扣3分				

续表

序号	考核内容	考核要点	配分	评分标准	检测结果	扣分	得分	备注
		减温系统故障原因	25	未确认减温器喷嘴堵塞扣4分				
				未分析减温水调整门连杆断扣4分				
				未分析减温水调整门卡涩扣3分				
				未分析给水压力过低扣3分				
				未分析减温水总门关闭扣3分				
				未分析减温水一、二次门关闭扣4分				
				未分析调节系统失灵扣4分				
		减温系统故障处理一	15	未联系机、电稳定负荷，注意汽温变化扣3分				
				汽温升高未采用改变燃烧方式来调整扣3分				
				未监视汽包水位扣3分				
				未监视减温水流量的变化扣3分				
				未联系仪表人员扣3分				
		减温系统故障处理二	10	未进行减温水反冲洗扣4分				
				水反冲洗方法不正确扣2分				
				阀门故障未联系检修处理扣4分				
		减温系统故障处理三	25	未检查减温水各截门确已全开扣4分				
				未采取降低锅炉负荷，控制炉膛出口烟气温度方法控制汽温扣5分				
				未采取降低锅炉负荷，控制炉膛出口烟气温度方法控制过热器壁温扣5分				
				经处理汽温、壁温仍超过规定值未申请停炉扣6分				
				未做好操作记录和汇报扣5分				

续表

序号	考核内容	考核要点	配分	评分标准	检测结果	扣分	得分	备注
3	使用工具	使用工具	2	工具使用不正确扣2分				
		维护工具	3	工具乱摆乱放扣3分				
4	安全及其他	按国家法规或企业规定		操作过程中违反安全规程及运行规程的，该题不得分			—	
		在规定时间内完成操作		到时停止操作，未完成的考核要点按评分标准扣分			—	
合　计			100					

试题8：厂用电中断事故的处理(现场模拟)

(考核时间：15min)

序号	考核内容	考核要点	配分	评分标准	检测结果	扣分	得分	备注
1	准备工作	穿戴劳保用品	3	未穿戴整齐扣3分				
		工具、用具准备	2	工具选择不正确扣2分				
2	操作程序	厂用电中断事故的现象	20	未确认高电压表指示回零扣3分				
				未确认电压表指示回零扣2分				
				未确认电流表指示回零扣3分				
				未确认所有运行中电动机停止转动扣3分				
				未确认低压保护动作扣3分				
				未确认信号闪光，事故音响报警扣3分				
				未确认锅炉灭火扣3分				
		厂用电中断事故的原因	15	未分析电力系统发生故障造成扣5分				
				未分析发电机故障造成扣5分				
				未分析出厂用工作电源故障，备用电源未能投入造成扣5分				
		厂用电中断事故的处理(高压或低压厂用电源部分中断，未造成锅炉灭火时)	15	未保持适当负荷扣3分				
				未对燃烧进行调整扣3分				
				未稳定各参数扣3分				
				未及时投油助燃扣3分				
				未要求恢复电源扣3分				

续表

序号	考核内容	考核要点	配分	评分标准	检测结果	扣分	得分	备注
		厂用电中断事故的处理(厂用电源中断，造成锅炉灭火时)	40	未按锅炉灭火处理扣10分				
				未将跳闸转机开关复位扣10分				
				未将回转空气预热器开关置于盘车位置(或用气动电动机带动)扣5分				
				电源恢复后，未重新点火扣10分				
				未做好操作记录和汇报扣5分				
3	使用工具	使用工具	2	工具使用不正确扣2分				
		维护工具	3	工具乱摆乱放扣3分				
4	安全及其他	按国家法规或企业规定		操作过程中违反安全规程及运行规程的，该题不得分			—	
		在规定时间内完成操作		到时停止操作，未完成的考核要点按评分标准扣分			—	
合　计			100					

试题9：锅炉MFT动作事故的处理(现场模拟)

(考核时间：15min)

序号	考核内容	考核要点	配分	评分标准	检测结果	扣分	得分	备注
1	准备工作	穿戴劳保用品	3	未穿戴整齐扣3分				
		工具、用具准备	2	工具选择不正确扣2分				
2	操作程序	MFT动作事故的原因	25	未分析锅炉灭火原因扣4分				
				未分析燃料中断原因扣3分				
				未分析风机全部跳闸原因扣3分				
				未分析水位过高或过低原因扣3分				
				未分析炉膛负压过大原因扣3分				
				未分析炉膛负压过小原因扣3分				
				未分析总风量过低原因扣3分				
				未分析本锅炉其他保护动作扣3分				

续表

序号	考核内容	考核要点	配分	评分标准	检测结果	扣分	得分	备注
		MFT 动作后，应自动完成动作内容	15	未确认所有燃料中断扣 5 分				
				未确认油循环阀自动开启扣 5 分				
				对未自动完成动作的没有人为干预扣 5 分				
		MFT 动作事故的处理	50	未将所有跳闸设备复位扣 4 分				
				未查明 MFT 原因扣 4 分				
				未消除 MFT 动作故障点扣 4 分				
				未开启各层二次风门扣 3 分				
				未关闭所有一次风门扣 3 分				
				未关闭过热器减温水阀扣 3 分				
				未关闭再热器减温水阀扣 3 分				
				未终止吹灰扣 3 分				
				未终止定期排污扣 3 分				
				当参数无法满足汽轮机要求时未停机组扣 4 分				
				停炉后未采取锅炉热备用状态扣 3 分				
				其他方面未按紧急停炉处理扣 3~8分				
				未做好操作记录和汇报扣 5 分				
3	使用工具	使用工具	2	工具使用不正确扣 2 分				
		维护工具	3	工具乱摆乱放扣 3 分				
4	安全及其他	按国家法规或企业规定		操作过程中违反安全规程及运行规程的，该题不得分			—	
		在规定时间内完成操作		到时停止操作，未完成的考核要点按评分标准扣分			—	
		合　计	100					

试题10：编制生产管理网络图(笔试)

（考核时间：30min）

序号	考核内容	考核要点	配分	评分标准	检测结果	扣分	得分	备注
1	准备工作	工具、用具准备	5	未自带工具扣5分				
2	图示方法	生产管理层次	21	无生产管理层次扣10分				
				生产管理层次不太明了扣5分				
				无班组级扣3分				
				无技术管理级扣3分				
		明确各管理层与日常生产管理的关系	49	未简单描述技术管理层职责扣5分				
				未表述清楚班组长主要职责扣10分				
				未表述清楚班组长主要权力扣7分				
				未表述清楚班组长与上层次关系扣7分				
				未表述清楚班组长与下层次关系扣7分				
				未表述清楚主操工作职责扣7分				
				未表述清楚副操工作职责扣6分				
3	卷面	绘图卷面清晰，整洁	25	未用写出职责扣20分				
				卷面不整洁扣5分				
合　计			100					

试题11：绘制汽包内部主要部件布置示意图(笔试)

（考核时间：30min）

序号	考核内容	考核要点	配分	评分标准	检测结果	扣分	得分	备注
1	准备工作	工具、用具准备	5	未自带工具扣5分				
2	图示方法	汽包内部设备布置正确	40	汽包表示方法错误扣5分				
				未画旋风(涡轮)分离器扣4分				
				未画波形板分离器扣3分				
				未画孔板分离器扣4分				

续表

序号	考核内容	考核要点	配分	评分标准	检测结果	扣分	得分	备注
				未画清洗板扣 3 分				
				未画加药管扣 3 分				
				未画排污管扣 3 分				
				未画清洗水配水装置扣 2 分				
				未画汽包内给水管扣 5 分				
				未画虹吸管扣 1 分				
				未画下降管入口十字板扣 2 分				
				未画汽包内事故放水管扣 5 分				
		汽包与各类管子的连接位置	25	未画下降管头扣 3 分				
				未画事故放水管头扣 2 分				
				未画给水管座扣 3 分				
				未画再循环管座扣 3 分				
				未画加药管座扣 3 分				
				未画排污管头扣 2 分				
				未画饱和蒸汽引出管头扣 3 分				
				未画汽水混合物引入管头扣 3 分				
				未画就地水位计管头扣 3 分				
		设备位置正确性	20	中心水位与汽包中心线关系错误扣 5 分				
				汽包内各管口大约位置差距太大扣 5 分/点				
				汽包内设备位置差距太大扣 5 分/点				
3	卷面	绘图卷面清晰，整洁	10	卷面不整洁扣 10 分				
合　计			100					

试题12：中储式制粉系统检修后启动前的检查工作(笔试)

(考核时间：15min)

序号	考核内容	考核要点	配分	评分标准	检测结果	扣分	得分	备注
1	准备工作	穿戴劳保用品	3	未穿戴整齐扣3分				
		工具、用具准备	2	工具选择不正确扣2分				
2	操作程序	制粉系统检修后的现场检查	10	工作票不注销扣5分				
				未核实系统检修工作已结束扣3分				
				未对现场环境进行检查扣2分				
		静设备的检查	25	未确认人孔门完好并严密扣2分				
				未确认检查孔关闭并严密扣2分				
				未检查冷却水系统扣2分				
				未检查润滑油油质扣3分				
				未检查润滑油系统扣3分				
				未确认各阀门开关位置正确扣3分				
				未检查磨煤机大齿轮喷油装置扣2分				
				未检查各挡板风门扣2分				
				未确认各挡板风门开关位置正确扣2分				
				未对系统设备进行检查扣4分				
		转机的检查	25	未检查磨煤机主轴扣2分				
				未检查磨煤机减速箱扣3分				
				未检查排粉机扣2分				
				未检查磨煤机联轴器扣3分				
				未检查所有防护罩扣3分				

续表

序号	考核内容	考核要点	配分	评分标准	检测结果	扣分	得分	备注
				未要求测磨煤机电动机绝缘扣2分				
				未要求测排粉机电动机绝缘扣2分				
				未要求测油泵电动机绝缘扣2分				
				未检查各电动机接地线扣2分				
				未要求送电扣2分				
				未检查各转动机械地脚螺栓扣2分				
		润滑油和冷却水系统的投入	30	未投入冷却水系统扣5分				
				未确认减速箱润滑油位正常扣5分				
				未确认排粉机轴承内的润滑油位正常扣4分				
				未启动高压润滑油系统扣5分				
				未启动低压润滑油系统扣5分				
				未确认各点润滑油正常扣3分				
				未启动磨煤机大齿轮喷油装置扣3分				
3	使用工具	使用工具	2	工具使用不正确扣2分				
		维护工具	3	工具乱摆乱放扣3分				
4	安全及其他	按国家法规或企业规定		操作过程中违反安全规程及运行规程的，该题不得分			—	
		在规定时间内完成操作		到时停止操作，未完成的考核要点按评分标准扣分			—	
		合　　计	100					

试题13：碗式磨煤机加压油系统的检查(现场模拟)

(考核时间：15min)

序号	考核内容	考核要点	配分	评分标准	检测结果	扣分	得分	备注
1	准备工作	穿戴劳保用品	3	未穿戴整齐扣3分				
		工具、用具准备	2	工具选择不正确扣2分				

续表

序号	考核内容	考核要点	配分	评分标准	检测结果	扣分	得分	备注
2	操作程序	检查油箱油位，油温的检查	15	不检查油箱油位扣5分				
				不检查油温扣5分				
				不检查油质扣5分				
		高压油系统的检查	20	不检查高压油泵运转情况扣5分				
				不检查各点油压扣5分				
				不检查各管道完好情况扣5分				
				不检查连接法兰处有无泄漏扣5分				
		系统各设备的检查	30	不检查换向阀工作情况扣5分				
				不检查溢流阀工作情况扣5分				
				不检查减压阀工作情况扣5分				
				不检查滤油器工作情况扣5分				
				不检查各阀门工作情况扣5分				
				不定期加油扣5分				
		高压缸工作情况的检查	17	不对高压缸工作情况进行检查扣9分				
				不对高压缸油系统进行检查扣8分				
		热工测量和控制装置的检查	8	不检查热工测量设备扣4分				
				不检查控制装置扣4分				
3	使用工具	使用工具	2	工具使用不正确扣2分				
		维护工具	3	工具乱摆乱放扣3分				
4	安全及其他	按国家法规或企业规定		操作过程中违反安全规程及运行规程的，该题不得分			—	
		在规定时间内完成操作		到时停止操作，未完成的考核要点按评分标准扣分			—	
合　计			100					

试题14：磨煤机运行出力的调整(现场模拟)

(考核时间：15min)

序号	考核内容	考核要点	配分	评分标准	检测结果	扣分	得分	备注
1	准备工作	穿戴劳保用品	3	未穿戴整齐，扣3分				
		工具、用具准备	2	工具选择不正确，扣2分				
2	操作程序	磨煤机出力的调整原则	29	不知道最佳通风量扣3分				
				不知道如何调整风量扣11分				
				未根据磨煤机进出口压差调整出力扣3分				
				未根据磨煤机出口温度调整出力扣3分				
				未根据磨煤机电流调整出力扣3分				
				未根据制粉系统风压调整出力扣3分				
				未使磨煤机进出口压差接近高限运行扣3分				
		磨煤机出力的调整(干燥出力、通风出力和研磨出力的调整)	28	未调整给煤机的给煤量扣4分				
				未调整磨煤机进口热、温和冷风量扣5分				
				未根据原煤的水分调整风温扣4分				
				未根据原煤的水分调整再循环门开度扣4分				
				不清楚如何采用通风量调整煤粉细度扣5分				
				不按时增加钢球扣3分				
				不合理配比大小钢球扣3分				
		在煤质、通风磨煤机运行出力的调整(经济运行的调整)	33	不清楚观察钢球量扣3分				
				无法表明钢球大小尺寸比例对出力的影响扣3分				
				不清楚分离器挡板如何调整扣3分				
				不清楚煤粉细度与磨煤机出力的关系扣3分				

续表

序号	考核内容	考核要点	配分	评分标准	检测结果	扣分	得分	备注
				不清楚原煤可磨性与磨煤机出力的关系扣3分				
				不知道如何根据燃煤燃烧情况调整煤粉细度扣4分				
				不清楚漏风对经济运行的影响扣3分				
				不清楚磨煤机出口温度对出力的影响扣3分				
				不清楚磨煤机出口温度对制粉系统安全的影响扣5分				
				不知道如何处理磨煤机出力、制粉系统安全和锅炉经济运行三者关系扣3分				
3	使用工具	使用工具	2	工具使用不正确扣2分				
		维护工具	3	工具乱摆乱放扣3分				
4	安全及其他	按国家法规或企业规定		操作过程中违反安全规程及运行规程的，该题不得分			—	
		在规定时间内完成操作		到时停止操作，未完成的考核要点按评分标准扣分			—	
合　计			100					

试题15：紧急停止制粉系统的操作(现场模拟)

（考核时间：15min）

序号	考核内容	考核要点	配分	评分标准	检测结果	扣分	得分	备注
1	准备工作	穿戴劳保用品	3	未穿戴整齐扣3分				
		工具、用具准备	2	工具选择不正确扣2分				
2	操作程序	紧急停止制粉系统运行条件	35	制粉系统发生着火未停扣6分				
				制粉系统发生爆炸未停扣6分				
				设备异常运行，危及人身安全未作停炉处理扣8分				
				轴承温度超过允许值未停扣3分				
				电流突然增大，超过额定值扣3分				

续表

序号	考核内容	考核要点	配分	评分标准	检测结果	扣分	得分	备注
				发生严重振动，危及设备安全未停扣3分				
				电动机发生故障或厂用电中断未停扣3分				
				紧急停炉未停止制粉系统运行扣3分				
		排粉机、磨煤机、给煤机操作	15	未停止排粉机运行扣5分				
				未检查磨煤机、给煤机是否掉闸扣5分				
				未将掉闸开关复位扣5分				
		保护的操作	20	未检查保护动作情况扣10分				
				保护未动作没有手动动作扣10分				
		风门挡板操作	20	未开启三次风冷却风门扣5分				
				各挡板开关置位不正确扣5分/点				
3	使用工具	使用工具	2	工具使用不正确扣2分				
		维护工具	3	工具乱摆乱放扣3分				
4	安全及其他	按国家法规或企业规定		操作过程中违反安全规程及运行规程的，该题不得分			—	
		在规定时间内完成操作		到时停止操作，未完成的考核要点按评分标准扣分			—	
合计			100					

试题16：燃烧器火焰的检查(现场模拟)

（考核时间：15min）

序号	考核内容	考核要点	配分	评分标准	检测结果	扣分	得分	备注
1	准备工作	穿戴劳保用品	3	未穿戴整齐扣3分				
		工具、用具准备	2	工具选择不正确扣2分				
2	操作程序	煤粉燃烧器的检查	25	未检查煤粉气流着火点扣5分				
				未检查火焰颜色扣5分				
				未检查气流角度扣5分				

续表

序号	考核内容	考核要点	配分	评分标准	检测结果	扣分	得分	备注
				未检查燃烧器情况扣5分				
				未检查燃烧器附近结焦情况扣5分				
		配风的调整	45	火焰发亮，呈白色时未减少风量扣5分				
				火焰发暗发红未增加风量扣5分				
				未结合炉膛出口烟气氧量调整风量扣15分				
				着火点离喷口距离小于200mm，未加大一次风速扣10分				
				着火点离喷口大于300 mm未减小一次风速扣10分				
		注意事项	20	检查前未增大炉膛负压扣10分				
				检查前未做好防止燃烧波动的措施扣5分				
				检查时未做好火焰外喷伤人的措施扣5分				
3	使用工具	使用工具	2	工具使用不正确扣2分				
		维护工具	3	工具乱摆乱放扣3分				
4	安全及其他	按国家法规或企业规定		操作过程中违反安全规程及运行规程的，该题不得分			—	
		在规定时间内完成操作		到时停止操作，未完成的考核要点按评分标准扣分			—	
合计			100					

试题17：制粉系统防爆门(膜板式)的制作(现场模拟)

（考核时间：15min）

序号	考核内容	考核要点	配分	评分标准	检测结果	扣分	得分	备注
1	准备工作	穿戴劳保用品	3	未穿戴整齐扣3分				
		工具、用具准备	2	工具选择不正确扣2分				

续表

序号	考核内容	考核要点	配分	评分标准	检测结果	扣分	得分	备注
2	防爆门的制作方法	防爆门制作前的尺寸和规定核实	35	未确认系统内部压力值的多少扣5分				
				未确认防爆门直径扣5分				
				未查阅板厚的规定扣5分				
				未核实防爆板材质扣4分				
				未测量螺丝孔直径扣4分				
				未测量孔间距扣4分				
				未确认孔数扣4分				
				未准备好工具扣4分				
		防爆门制作画线操作	20	未确定板上圆心点扣4分				
				未确定最大半径扣3分				
				未确定最小半径扣3分				
				未画出螺丝孔中心距板心半径扣3分				
				未将圆周分为等份扣3分				
				未确定螺丝孔中心点扣4分				
		防爆门的剪裁和工具的使用	35	不会使用画针扣3分				
				不会使用铁皮剪扣3分				
				未在防爆板开十字沟痕扣5分				
				十字沟痕深度不符合规定扣5分				
				制作的防爆门无法使用扣30分				
3	使用工具	使用工具	2	工具使用不正确扣2分				
		维护工具	3	工具乱摆乱放扣3分				
4	安全及其他	按国家法规或企业规定		操作过程中违反安全规程及运行规程的，该题不得分			—	
		在规定时间内完成操作		到时停止操作，未完成的考核要点按评分标准扣分			—	
		合　计	100					

试题 18：火焰偏斜原因分析（笔试）

（考核时间：15min）

序号	考核内容	考核要点	配分	评分标准	检测结果	扣分	得分	备注
1	火焰偏斜原因分析	结构因素分析	30	未分析射流两侧的补气条件不同引起的附加静压差而造成火焰偏斜，扣 5 分				
				未分析邻角气流的横向推力而造成火焰偏斜，扣 5 分				
				未分析假想切圆直径过大而造成火焰偏斜，扣 5 分				
				未分析燃烧器高宽比及一次风口高宽比大，射流刚性小而造成火焰偏斜，扣 5 分				
				未分析燃烧器喷口排列密度大，不利二次风对一次风的支撑而造成火焰偏斜，扣 5 分				
				未分析炉膛断面不成正方形，使射流补气条件差而造成火焰偏斜，扣 5 分				
		运行因素	70	未分析二次风与一次风射流的动量比不合适而造成火焰偏斜，扣 15 分				
				未分析一次风煤粉气流刚性不够而造成火焰偏斜，扣 10 分				
				未分析火焰中心控制不当而造成火焰偏斜，扣 10 分				
				未分析四角动量、风粉分配不均而造成火焰偏斜，扣 10 分				
				未分析燃烧器配风不均而造成火焰偏斜，扣 15 分				
				未分析燃烧器缺角或缺对角运行而造成火焰偏斜，扣 10 分				
		合　计	100					

试题19：炉内受热面灰污现象的处理(现场模拟或笔试)

(考核时间：15min)

序号	考核内容	考核要点	配分	评分标准	检测结果	扣分	得分	备注
1	准备工作	穿戴劳保用品	3	未穿戴整齐扣3分				
		工具、用具准备	2	工具选择不正确扣2分				
2	操作程序	加强监视的内容	20	未对受热面管壁温度进行监视扣10分				
				未控制过热汽温扣5分				
				未控制再热汽温扣5分				
		处理方法	70	未加强受热面进行吹灰扣13分				
				未采取合理配煤方式控制灰污扣10分				
				未适当提高烟气速度扣10分				
				未适当降低炉膛出口烟气温度扣12分				
				当受热面管壁温度高时未适当降低锅炉负荷扣10分				
				未采取人工除灰扣10分				
				未做详细记录和汇报扣5分				
3	使用工具	使用工具	2	工具使用不正确扣2分				
		维护工具	3	工具乱摆乱放扣3分				
4	安全及其他	按国家法规或企业规定		操作过程中违反安全规程及运行规程的，该题不得分			—	
		在规定时间内完成操作		到时停止操作，未完成的考核要点按评分标准扣分			—	
合计			100					

试题20：制粉系统自燃与爆炸事故的处理(现场模拟或笔试)

(考核时间：15min)

序号	考核内容	考核要点	配分	评分标准	检测结果	扣分	得分	备注
1	准备工作	穿戴劳保用品	3	未穿戴整齐扣3分				
		工具、用具准备	2	工具选择不正确扣2分				

续表

序号	考核内容	考核要点	配分	评分标准	检测结果	扣分	得分	备注
2	操作程序	自燃与爆炸事故的处理	60	未紧急停止制粉系统扣10分				
				未关闭各风门扣5分				
				未隔离所有空气扣5分				
				未关闭吸潮管挡板扣5分				
				必要时未投入消防系统扣5分				
				灭火后，未打开各人孔门，检查扣5分				
				未检查各部温度扣5分				
				未检查爆破中设备损坏程度扣5分				
				不严重时未清理积粉扣3分				
				未进行通风干燥扣3分				
				未检查粗粉分离器回粉管扣3分				
				未检查细粉分离器下粉管扣3分				
				未尽快启动制粉系统扣3分				
				未做好操作记录和汇报扣5分				
		运行方面防止爆炸的方法	30	未提出加强原煤管理扣5分				
				未防止易燃易爆物混入原煤扣5分				
				未严格控制磨煤机出口温度扣5分				
				未定期降粉扣5分				
				未提出消除粉仓漏风扣5分				
				未监视粉仓及各部位温度扣5分				
3	使用工具	使用工具	2	工具使用不正确扣2分				
		维护工具	3	工具乱摆乱放扣3分				
4	安全及其他	按国家法规或企业规定		操作过程中违反安全规程及运行规程的，该题不得分			—	
		在规定时间内完成操作		到时停止操作，未完成的考核要点按评分标准扣分			—	
		合　计	100					

试题21：煤粉锅炉炉膛严重结焦处理(现场模拟或笔试)

（考核时间：25min）

序号	考核内容	考核要点	配分	评分标准	检测结果	扣分	得分	备注
1	准备工作	穿戴劳保用品	3	未穿戴整齐扣3分				
		工具、用具准备	2	工具选择不正确扣2分				
2	操作程序	煤粉锅炉炉膛结焦现象	24	未表明火焰白亮刺眼现象扣3分				
				未表明炉膛温度升高现象扣3分				
				未表明排烟温度升高现象扣3分				
				未表明主蒸汽温度升高现象扣3分				
				未表明再热汽温度升高现象扣3分				
				未表明主蒸汽压力下降现象扣3分				
				未表明锅炉负荷下降现象扣3分				
				未表明热风温度升高现象扣3分				
		煤粉锅炉炉膛结焦处理	40	未调整火焰中心位置扣5分				
				未加强水冷壁吹灰扣5分				
				未进行人工除焦扣5分				
				人工除焦方法不正确扣4分				
				未加强汽温、汽压的控制扣5分				
				未要求燃料改变配比扣3分				
				未做好大面积掉焦的事故预想扣3分				
				必要时未降负荷处理扣5分				
				无效时未申请停炉处理扣5分				
		煤粉锅炉炉膛结焦的防止	26	未清除喷燃器口结焦扣5分				
				未防止火焰偏斜扣4分				
				未合理调整一、二次风压扣4分				

续表

序号	考核内容	考核要点	配分	评分标准	检测结果	扣分	得分	备注
				未减少还原性气体的产生扣4分				
				未保证二次风量，避免不完全燃烧扣4分				
				未减少炉膛漏风扣5分				
3	使用工具	使用工具	2	工具使用不正确扣2分				
		维护工具	3	工具乱摆乱放扣3分				
4	安全及其他	按国家法规或企业规定		操作过程中违反安全规程及运行规程的，该题不得分			—	
		在规定时间内完成操作		到时停止操作，未完成的考核要点按评分标准扣分			—	
合　计			100					

试题22：CFB锅炉密封性试验操作(现场模拟或笔试)

(考核时间：20min)

序号	考核内容	考核要点	配分	评分标准	检测结果	扣分	得分	备注
1	准备工作	穿戴劳保用品	3	未穿戴整齐扣3分				
		工具、用具准备	2	工具选择不正确扣2分				
2	试验方法	系统检查能力	30	未确认检修工作结束扣4分				
				未收回检修工作票扣4分				
				未准备试验操作票扣4分				
				未对炉膛检查扣3分				
				未对旋风分离器检查扣3分				
				未对烟道进行检查扣3分				
				未对除尘器进行检查扣3分				
				未对风机进行检查扣3分				
				未对风门挡板进行检查扣3分				
		试验方法一	30	未对风门挡板开关试验扣5分				
				未准备好石灰石粉或其他白色粉末扣5分				
				未确定检查人员到位扣5分				
				未退出联锁扣5分				

续表

序号	考核内容	考核要点	配分	评分标准	检测结果	扣分	得分	备注
				未开启一台一次风机或二次风机扣5分				
				未调整风量，使炉膛风压微正扣5分				
				未在锅炉本体由上而下播撒石灰石粉进行泄漏检查扣5分				
		试验方法二	30	未退出连锁扣4分				
				未启动一台引风机扣3分				
				未开启引风机出口挡板扣3分				
				未微开入口导叶，使炉膛微负压扣4分				
				未在二次风机入口处撒播石灰石粉，观察锅炉本体有无泄露扣5分				
				试验完毕未停止风机运行扣3分				
				未记录检查结果扣3分				
				未按试验操作票执行扣5分				
3	使用工具	使用工具	2	工具使用不正确扣2分				
		维护工具	3	工具乱摆乱放扣3分				
4	安全及其他	按国家法规或企业规定		操作过程中违反安全规程及运行规程的，该题不得分			—	
		在规定时间内完成操作		到时停止操作，未完成的考核要点按评分标准扣分			—	
		合　计	100					

试题23：正常运行床温的调整(现场模拟)

（考核时间：30min）

序号	考核内容	考核要点	配分	评分标准	检测结果	扣分	得分	备注
1	准备工作	穿戴劳保用品	3	未穿戴整齐扣3分				
		工具、用具准备	2	工具选择不正确扣2分				

续表

序号	考核内容	考核要点	配分	评分标准	检测结果	扣分	得分	备注
2	正常运行床温的调整方法	额定负荷时锅炉床温控制值规定	12	床温平均温度未控制在规定范围扣4分				
				床温变化范围没在平均温度±20℃之间扣4分				
				各个床温测点的温度差值>50℃扣4分				
		调整一、二次风方法改变床温	25	未采用调整一、二次风风量改变密相区的燃烧份额从而控制床温扣5分				
				未采用改变一、二次风的比率改变密相区的燃烧份额从而控制床温扣5分				
				降低床温时未增加一次风量，减少二次风量扣5分				
				提高床温时未减少一次风量，增加二次风量扣5分				
				未保证布风板一次风量大于临界流化风量扣5分				
		调整床料方法改变床温	10	未采取增加床料量方式降低床温扣5分				
				未采取减少床料量方式提高床温扣5分				
		调整加返料量方式改变床温	10	未采取增加返料量方式降低床温扣5分				
				未采取减少返料量方式提高床温扣5分				
		调整石灰石量方式改变床温	8	未采取增加石灰石量降低床温扣4分				
				未采取减少石灰石量提高床温扣4分				
		调整排渣和燃料量方式改变床温	10	未采用调整排渣量来调整床温的方法扣5分				
				未采用调整燃料平均粒度来调整床温的方法扣5分				

续表

序号	考核内容	考核要点	配分	评分标准	检测结果	扣分	得分	备注
		在调整一、二次风风量或改变一、二次风比率无效时的处理	10	未增加给煤量提高床温扣5分				
				未减少给煤量降低床温扣5分				
		锅炉床温如太低，燃烧不稳时的处理	5	未投用油燃烧器助燃提高床温扣4分				
3	使用工具	使用工具	2	工具使用不正确扣2分				
		维护工具	3	工具乱摆乱放扣3分				
4	安全及其他	按国家法规或企业规定		操作过程中违反安全规程及运行规程的，该题不得分			—	
		在规定时间内完成操作		到时停止操作，未完成的考核要点按评分标准扣分			—	
合　计			100					

试题24：锅炉压火操作(现场模拟)

(考核时间：15min)

序号	考核内容	考核要点	配分	评分标准	检测结果	扣分	得分	备注
1	准备工作	穿戴劳保用品	3	未穿戴整齐扣3分				
		工具、用具准备	2	工具选择不正确扣2分				
2	操作程序	压火前的工作	25	未准备好操作票扣10分				
				未准备好充足的燃料扣5分				
				压火前未控制床温扣5分				
				压火前给煤量控制不合理扣5分				
		压火的操作	40	未关闭返料阀风扣5分				
				未停二次风机扣5分				
				未瞬间停止给煤扣5分				
				床温下降约50℃时未停一次风机扣5分				
				未迅速关闭所有风门扣5分				
				风量控制不合理或氧量控制不合适扣5分				
				风量关闭速度过慢扣5分				
				压火速度过慢扣5分				

续表

序号	考核内容	考核要点	配分	评分标准	检测结果	扣分	得分	备注
		压火后的工作	25	压火后没有监视水位扣7分				
				当压火时间长，床温低于700℃时未重新启动一次扣7分				
				待床温升高后未进行压火扣8分				
				未做好操作记录扣3分				
3	使用工具	使用工具	2	工具使用不正确扣2分				
		维护工具	3	工具乱摆乱放扣3分				
4	安全及其他	按国家法规或企业规定		操作过程中违反安全规程及运行规程的，该题不得分			—	
		在规定时间内完成操作		到时停止操作，未完成的考核要点按评分标准扣分			—	
合　计			100					

试题25：飞灰再循环系统停止运行操作(现场模拟)

（考核时间：15min）

序号	考核内容	考核要点	配分	评分标准	检测结果	扣分	得分	备注
1	准备工作	穿戴劳保用品	3	未穿戴整齐扣3分				
		工具、用具准备	2	工具选择不正确扣2分				
2	操作程序	操作前的准备和联系	22	未做好停止运行前的准备工作扣7分				
				未做好联系工作扣5分				
				未经司炉的同意开始操作扣5分				
				未检查飞灰再循环吹扫系统扣5分				
		锅炉床料的调整	20	锅炉床料未进行调整扣10分				
				锅炉床料控制不合理扣5分				
				飞灰再循环停止时，床料补充不及时扣5分				
		飞灰输送系统的停止操作	10	飞灰输送系统停止运行操作不正确扣10分				

续表

序号	考核内容	考核要点	配分	评分标准	检测结果	扣分	得分	备注
		飞灰再循环系统的吹扫工作	15	未进行飞灰再循环系统吹扫扣5分				
				吹扫方法不正确扣5分				
				吹扫完毕，压缩空气未退出扣5分				
		飞灰再循环系统停止运行过程中仓泵的调整	20	未停止仓泵进料扣5分				
				未退出仓泵自动控制扣5分				
				未人工吹扫仓泵扣5分				
				仓泵吹扫后未检查吹扫状况扣5分				
		操作记录的填写	3	未做好操作记录扣3分				
3	使用工具	使用工具	2	工具使用不正确扣2分				
		维护工具	3	工具乱摆乱放扣3分				
4	安全及其他	按国家法规或企业规定		操作过程中违反安全规程及运行规程的，该题不得分			—	
		在规定时间内完成操作		到时停止操作，未完成的考核要点按评分标准扣分			—	
合　计			100					

试题26：制备设备颗粒度的调整(现场模拟)

（考核时间：15min）

序号	考核内容	考核要点	配分	评分标准	检测结果	扣分	得分	备注
1	准备工作	穿戴劳保用品	3	未穿戴整齐扣3分				
		工具、用具准备	2	工具选择不正确扣2分				
2	操作程序	调整前的检查和分析	25	未对燃料颗粒度进行分析扣5分				
				未对燃料颗粒大小比例进行分析扣5分				
				未对破碎机的破碎工作情况进行分析扣5分				
				不清楚调整燃料颗粒度的目的扣5分				
				未对筛分设备进行分析扣5分				

续表

序号	考核内容	考核要点	配分	评分标准	检测结果	扣分	得分	备注
		调整破碎机时安全措施	10	破碎设备未停电进行调整扣5分				
				未做好相关安全措施扣5分				
		环锤式破碎机调整	15	未调整破碎器块前后位置扣5分				
				未检查破碎锤头磨损情况扣5分				
				未检查破碎器块磨损情况扣5分				
				不会调整扣15分				
		辊式破碎机的调整	15	未调整辊与辊的间隙扣5分				
				未调整辊子与破碎板之间的距离扣5分				
				未检查破碎辊子磨损情况扣5分				
				不会调整扣15分				
		滚筒破碎机的调整	10	未调整速度扣5分				
				未调整料窗筛孔尺寸扣5分				
		调整后的工作和记录	15	调整完毕后未对燃烧情况进行观察扣5分				
				未将调整结果和锅炉的影响进行对比和总结扣7分				
				未做好详细记录扣3分				
3	使用工具	使用工具	2	工具使用不正确扣2分				
		维护工具	3	工具乱摆乱放扣3分				
4	安全及其他	按国家法规或企业规定		操作过程中违反安全规程及运行规程的，该题不得分			—	
		在规定时间内完成操作		到时停止操作，未完成的考核要点按评分标准扣分			—	
合计			100					

试题27：锅炉易磨损部位检查及维护(现场模拟或笔试)

（考核时间：120min）

序号	考核内容	考核要点	配分	评分标准	检测结果	扣分	得分	备注
1	准备工作	穿戴劳保用品	3	未穿戴整齐扣3分				
		工具、用具准备	2	工具选择不正确扣2分				
2	操作技能	设备检查(风帽的检查)	25	未检查风帽有无裂缝扣3分				
				未检查风帽有烧损缝扣3分				
				未检查风帽有无圆顶凸缘磨损扣4分				
				未检查风帽有无顶部穿孔扣2分				
				未检查风帽有无堵塞扣2分				
				未检查风帽有无变形扣2分				
				未检查风帽风口方向有无改变扣2分				
				未疏通风帽气流孔扣4分				
				未要求对缺陷风帽检修扣3分				
		设备检查(布风板的检查)	8	未检查布风板耐磨耐火材料覆盖层情况扣3分				
				未要求修补脱落耐火材料覆盖层扣2分				
				未疏通布风板气流孔扣3分				
		设备检查(旋风分离器的检查)	5	未对耐磨浇注材料进行检查扣3分				
				未要求修补脱落耐火材料覆盖层扣2分				
		设备检查(烟道的检查)	10	未检查炉膛出口耐磨层扣3分				
				未检查膨胀器前后耐磨层扣3分				
				未检查炉膛出口耐磨层扣2分				
				未要求修补脱落耐火材料覆盖层扣2分				
		设备检查(受热面的检查)	8	未检查省煤器悬吊管防磨层扣3分				
				未检查水冷壁防磨层扣3分				
				未要求修补脱落耐火材料覆盖层扣2分				

续表

序号	考核内容	考核要点	配分	评分标准	检测结果	扣分	得分	备注
		设备检查(冷渣器的检查)	5	未检查冷渣器内耐火耐磨层扣3分				
				未要求修补脱落耐火材料覆盖层扣2分				
		设备检查(其他的检查)	4	未检查炉膛人孔门耐火层扣2分				
				未检查二次风口耐火层扣2分				
		运行维护	25	未严格按要求正确烘炉扣3分				
				未选择合适的一次流化风量扣2分				
				未选择合适的一次流化风速扣2分				
				未提高入炉石灰石的宽筛分颗粒度质量扣2分				
				未提高入炉煤的宽筛分颗粒度质量扣2分				
				增加负荷幅度过大、过快扣3分				
				风机启停操作幅度过快扣3分				
				锅炉启停过程中未按床温曲线进行扣3分				
				锅炉启停过程中旋风分离器内温度变化过快扣2分				
				冷渣器运行中超温扣3分				
3	使用工具	使用工具	2	工具使用不正确扣2分				
		维护工具	3	工具乱摆乱放扣3分				
4	安全及其他	按国家法规或企业规定		操作过程中违反安全规程及运行规程的，该题不得分			—	
		在规定时间内完成操作		到时停止操作，未完成的考核要点按评分标准扣分			—	
合　计			100					

试题28：石油焦、煤、石灰石和砂掺烧过程中问题分析(笔试)

（考核时间：45min）

序号	考核内容	考核要点	配分	评分标准	检测结果	扣分	得分	备注
1	问题分析	石油焦比例分析	35	未对石油焦比例越高，灰分越少进行分析扣10分				
				未对石油焦比例与炉内工况进行分析扣10分				
				未对石油焦比例与受热面结焦关系进行分析扣10分				
				未对石油焦比例变化对脱硫效果的影响进行分析扣5分				
		石灰石和砂比例分析	50	未对石灰石和砂比例变化与炉内可燃物关系进行分析扣15分				
				未对石灰石和砂比例变化对床温的影响进行分析扣15分				
				未对石灰石和砂比例变化对床压的影响进行分析扣10分				
				未对石灰石比例变化对脱硫的影响进行分析扣10分				
		煤比例的分析	15	未对煤比例变化与排渣量的关系进行分析扣5分				
				未对煤比例变化对床温的影响进行分析扣10分				
		合　计	100					

试题29：旋风分离器堵塞故障的处理(现场模拟或笔试)

（考核时间：30min）

序号	考核内容	考核要点	配分	评分标准	检测结果	扣分	得分	备注
1	准备工作	穿戴劳保用品	3	未穿戴整齐扣3分				
		工具、用具准备	2	工具选择不正确扣2分				

续表

序号	考核内容	考核要点	配分	评分标准	检测结果	扣分	得分	备注
2	操作步骤	旋风分离器堵塞的原因	25	未分析回料阀故障原因扣4分				
				未分析高压流化风量低，回料阀堵塞原因扣3分				
				未分析风帽磨损，造成堵塞原因扣3分				
				未分析耐火层脱落造成堵塞扣3分				
				未分析返料温度过高，造成结焦扣3分				
				未分析燃料细颗粒比例太大，回料阀内燃烧所造成扣3分				
				未分析煤质变化大所造成扣3分				
				未分析给煤量过多，炭过多集中回料所造成扣3分				
		旋风分离器堵塞的现象	20	未指出回料高位报警现象扣2分				
				未指出床压上升现象扣2分				
				未指出负荷下降扣2分				
				未指出回料温度升高现象扣2分				
				未指出一次风量增大现象扣2分				
				未指出炉膛出口负压变小扣2分				
				未指出汽温、汽压下降现象扣4分				
				未指出返料阀工作不正常现象扣4分				
		旋风分离器堵塞故障的处理	45	轻微时未减少给燃料量扣7分				
				轻微时未减少排渣量扣7分				
				轻微时未调整锅炉负荷扣5分				
				轻微时未疏通返料系统扣5分				

续表

序号	考核内容	考核要点	配分	评分标准	检测结果	扣分	得分	备注
				严重时未停止给燃料扣4分				
				严重时未停止排渣扣4分				
				未采用料腿放灰扣3分				
				无效时未申请停炉处理扣5分				
				未做好详细操作记录和汇报扣5分				
3	使用工具	使用工具	2	工具使用不正确扣2分				
		维护工具	3	工具乱摆乱放扣3分				
4	安全及其他	按国家法规或企业规定		操作过程中违反安全规程及运行规程的，该题不得分			—	
		在规定时间内完成操作		到时停止操作，未完成的考核要点按评分标准扣分			—	
合　计			100					

试题30：床料结块故障处理(现场模拟或笔试)

（考核时间：30min）

序号	考核内容	考核要点	配分	评分标准	检测结果	扣分	得分	备注
1	准备工作	穿戴劳保用品	3	未穿戴整齐扣3分				
		工具、用具准备	2	工具选择不正确扣2分				
2		床料结块原因	25	未分析燃料灰熔点太低原因扣3分				
				未分析风煤配比严重失调原因扣4分				
				未分析风量不足原因扣3分				
				未分析风压不足原因扣3分				
				未分析流化工况不佳原因扣3分				
				未分析低负荷长期运行原因扣3分				
				未分析布风板一次风喷嘴结焦堵塞原因扣3分				
				未分析喷嘴局部变形堵塞造成扣3分				

续表

序号	考核内容	考核要点	配分	评分标准	检测结果	扣分	得分	备注
		床料结块现象	15	未指出炉膛内有白色火花扣3分				
				未指出检查孔和窥视可见渣块扣3分				
				未指出锅炉负荷下降现象扣3分				
				未指出床温升高现象扣3分				
				未指出回料装置有堵塞现象扣3分				
		床料结块故障处理	50	未调整燃烧扣7分				
				未增大流化速度扣7分				
				未调整二次风喷嘴的风量扣6分				
				未加大底灰排放量扣7分				
				经多次调整处理无效时，未申请停炉处理扣5分				
				结焦停炉方法未按正常停炉操作扣10分				
				未做好记录和汇报扣5分				
3	使用工具	使用工具	2	工具使用不正确扣2分				
		维护工具	3	工具乱摆乱放扣3分				
4	安全及其他	按国家法规或企业规定		操作过程中违反安全规程及运行规程的，该题不得分			—	
		在规定时间内完成操作		到时停止操作，未完成的考核要点按评分标准扣分			—	
合计			100					

试题31：床料流化不良处理(现场模拟或笔试)

(考核时间：30min)

序号	考核内容	考核要点	配分	评分标准	检测结果	扣分	得分	备注
1	准备工作	穿戴劳保用品	3	未穿戴整齐扣3分				
		工具、用具准备	2	工具选择不正确扣2分				

续表

序号	考核内容	考核要点	配分	评分标准	检测结果	扣分	得分	备注
2	床料流化不良操作方法	床料流化不良的原因	20	未说明风机跳闸造成扣 2 分				
				未说明一次风压过低扣 2 分				
				未说明床温局部过高扣 2 分				
				未说明床料结焦造成扣 2 分				
				未说明排渣量过小扣 2 分				
				未说明锅炉未排渣扣 2 分				
				未说明喷嘴朝向发生改变扣 2 分				
				未说明部分风帽堵塞扣 2 分				
				未说明风帽磨损严重扣 2 分				
				未说明一次风不均匀扣 2 分				
		床料流化不良的现象	11	未对床温温度测量数据进行核实扣 2 分				
				未表明床温差值增大现象扣 2 分				
				不清楚床温正常允许差值扣 2 分				
				未表明床压显示在静态扣 2 分				
				未表明床压指示高于一次风箱压力扣 3 分				
		床料流化不良的前期处理	27	未调整锅炉负荷扣 3 分				
				未适当降低锅炉负荷扣 3 分				
				未检查床料量扣 2 分				
				未调整一次风箱压力扣 2 分				
				未监视一次风机的电流扣 3 分				
				未与相关岗位联系扣 3 分				
				未要求调整锅炉负荷扣 3 分				
				未将炉膛三点压力开关手动打至正常位置扣 3 分				
				未切除石油焦给料机联锁扣 2 分				
				未停止排渣扣 3 分				

续表

序号	考核内容	考核要点	配分	评分标准	检测结果	扣分	得分	备注
		床料流化不良的处理	32	未将流化风调节阀置于手动扣2分				
				未将布风板风量调节阀置于手动扣2分				
				未将一次风机入口挡板调节阀置于手动扣2分				
				未监视炉膛压力扣2分				
				必要时未手动控制炉膛压力扣2分				
				未控制布风板风量调节阀扣2分				
				布风板风量调节阀开度不合适扣2分				
				未监视一次风量扣2分				
				未监视床压扣2分				
				未监视床温扣3分				
				10min内，未重复三次上述操作扣2分				
				三次操作无效，未采取排放床料方法来脉动床料，扣2分				
				未将联锁恢复至正常操作状态扣2分				
				未将控制器恢复至正常操作状态扣2分				
				未做好详细记录扣3分				
3	使用工具	使用工具	2	工具使用不正确扣2分				
		维护工具	3	工具乱摆乱放扣3分				
4	安全及其他	按国家法规或企业规定		操作过程中违反安全规程及运行规程的，该题不得分			—	
		在规定时间内完成操作		到时停止操作，未完成的考核要点按评分标准扣分			—	
合计			100					

七、技能操作鉴定要素细目表(高级技师)

鉴定范围						鉴定点	
一级		二级		三级		代码	名称
代码	名称	代码	名称	代码	名称		
A	技能要求(通用模块)	A	工艺操作	A	启动前准备	001	大修后锅炉启动方案
						002	锅炉冷态动力场试验
						003	锅炉漏风试验
				B	启动操作	001	机组启动节能操作方法
						002	整套机组启动指挥方法
						003	机组从初负荷到满负荷过程中锅炉的调节
				C	正常操作	001	优化操作方案的编制
						002	装置的优化管理
						003	母管制锅炉经济运行调整
						004	组织实施节能降耗措施
				D	停运操作	001	机组停运节能操作方法
						002	整套机组停止运行指挥方法
						003	大修停炉方案的制定
		B	设备使用与维护	A	设备使用	001	锅炉燃料能耗分析
						002	锅炉金属消耗分析
				B	设备维护	001	锅炉受热面管壁高温腐蚀处理
						002	检修计划的编制
						003	设备检修方案的编制
		C	事故判断与处理	A	事故判断	001	装置事故预案的编制
						002	四管短期过热爆管分析
						003	四管长期过热爆管分析
				B	事故处理	001	四管短期过热爆管预防方案
						002	四管长期过热爆管预防方案
						003	锅炉过热器损坏故障的处理
		D	绘图与计算	A	绘图	001	绘制本装置设备结构图
						002	绘制电厂热力流程图
						003	绘制工艺管理网络图

续表

鉴定范围						鉴定点	
一级		二级		三级		代码	名称
代码	名称	代码	名称	代码	名称		
B	技能要求（煤粉锅炉模块）	A	工艺操作	A	启动前准备	001	燃烧器角度的试验
				B	启动操作	001	煤可磨系数与制粉系统运行方案的确定
						002	排粉机减磨方法
				C	正常操作	001	降低 NO_x 的操作
						002	锅炉损失分析
						003	锅炉低氧燃烧方案的制定
				D	停运操作	001	制粉系统大修前停运方案制定
						002	制粉系统检修计划编写
		B	设备使用与维护	A	设备使用	001	锅炉运行维护项目的确定方法
				B	设备维护	001	大修项目的制定原则
		C	事故判断与处理	A	事故判断	001	煤粉锅炉使用寿命缩短的分析
				B	事故处理	001	系统低周波故障处理
C	技能要求（CFB 锅炉模块）	A	工艺操作	A	启动前准备	001	CFB 锅炉启动方案的制定
				B	启动操作	001	CFB 新锅炉耐火层的保护
				C	正常操作	001	CFB 锅炉运行数据的采集
				D	停运操作	001	燃料、石灰石制备系统大修前停运方案制定
		B	设备使用与维护	A	设备使用	001	锅炉运行维护项目的确定方法
				B	设备维护	001	CFB 锅炉检修项目的制定原则
		C	事故判断与处理	A	事故判断	001	石油焦、煤、石灰石和砂掺烧问题分析
				B	事故处理	001	CFB 锅炉系统低周波故障处理

八、技能操作试题（高级技师）

试题 1：大修后锅炉启动方案（笔试）

（考核时间：35min）

序号	考核内容	考核要点	配分	评分标准	检测结果	扣分	得分	备注
1	说明	编写大修后锅炉启动的依据、方案、目的及要求	5	没有锅炉大修后的启动依据扣1分				
				没有锅炉大修后的启动方案扣2分				
				没有锅炉大修后的启动目的扣1分				
				没有锅炉大修后的启动要求扣1分				

续表

序号	考核内容	考核要点	配分	评分标准	检测结果	扣分	得分	备注
2	模式	针对本次锅炉大修后启动的时间计划安排以及启动方式的确定	5	未说明是是单元制启动还是母管制启动方式扣3分				
				未说明是是滑参数启动还是定参数启动方式扣2分				
3	大修后锅炉的各项验收工作	分段验收内容	30	未安排对锅炉本体受热面进行验收扣3分				
				未安排对减温器进行验收扣3分				
				未安排对空气预热器验收扣3分				
				未安排对锅炉水循环泵验收扣3分				
				未安排对蒸汽、给水管道验收扣2分				
				未安排对汽包及其内部汽水分离装置和外置汽水分离器验收扣2分				
				未安排对锅炉构架、炉墙、护板及其各类支吊设备、膨胀指示器验收扣2分				
				未安排对风道、烟道及风门、挡板和防爆装置验收扣2分				
				未安排对回转机械验收扣3分				
				未安排对燃料制备设备验收扣3分				
				未安排对除渣、除尘、吹灰、排污装置验收扣3分				
				未安排对监测测量仪表、报警与灯光显示装置验收扣1分				

续表

序号	考核内容	考核要点	配分	评分标准	检测结果	扣分	得分	备注
		分步试验收内容	20	未安排检查检修项目的完成情况、设备检修质量、技术资料和有关数据的记录、登记、归档情况扣3分				
				未安排转机试运行扣3分				
				未安排水压试验扣3分				
				未安排漏风试验扣3分				
				未安排安全门的检验及整定扣3分				
				未安排辅机联锁试验扣3分				
				未安排保护装置试验和整定扣2分				
		总体验收和整体试运行(冷态验收)	5	未核对设备、系统的变动情况或改造情况及交底情况扣1分				
				未安排对设备标志、安全装置、自动装置、保护装置、照明、通信设备进行全面检查扣2分				
				未安排对转动机械、执行机构、传动机构的动作是否灵活正确，炉本体、风烟道、制粉设备、汽水系统全面检查扣2				
		总体验收和整体试运行(热态验收)	20	未安排24h运行扣1分				
				未鉴定额定工况运行下的连续性扣2分				
				未安排鉴定锅炉各运行参数情况扣2分				
				未安排鉴定排烟温度、飞灰可燃物、锅炉效率情况扣3分				
				未安排鉴定炉膛燃烧的稳定性和可调性能扣3分				
				未安排对燃料制备设备、通风设备的出力和经济性能试验扣3分				

续表

序号	考核内容	考核要点	配分	评分标准	检测结果	扣分	得分	备注
				未安排进行转动机械的可靠性和连续性运行试验扣3分				
				未安排对自动调节装置、保护装置的试验扣3分				
4	其他工作	启动条件的确定和升压过程工作	15	没有要求确认大修后锅炉具备启动条件扣5分				
				没有大修后锅炉的点火、升温、升压等操作规定扣5分				
				没有表明启动过程中的注意事项扣5分				
合　计			100					

试题2：锅炉冷态动力场试验(现场模拟或笔试)

(考核时间：15min)

序号	考核内容	考核要点	配分	评分标准	检测结果	扣分	得分	备注
1	准备工作	穿戴劳保用品	3	未穿戴整齐扣3分				
		工具、用具准备	2	工具选择不正确扣2分				
2	冷态动力场试验全过程	试验说明	12	未编写试验大纲扣5分				
				未组织技术人员对试验方案进行讨论扣1分				
				未确认现场符合要求扣3分				
				未准备试验仪器及材料扣3分				
		试验目的	15	没有目的扣10分				
				试验目的不明确扣5分				
		试验方法	23	试验前未按试验要求进行检查扣5分				
				未启动引风机扣5分				
				未启动送风机扣5分				

续表

序号	考核内容	考核要点	配分	评分标准	检测结果	扣分	得分	备注
				未按不同风门开度测量燃烧器喷口风速扣4分				
				未采取方法检查炉内空气动力场情况扣4分				
		试验遵循的原则	10	未使燃烧室及燃烧器各风口速度大于雷诺数扣1分				
				总风量使引风机或送风机过负荷扣5分				
				一、二、三次风与实际不相符扣4分				
		试验时安全措施	20	试验没有专人负责指挥协调扣2分				
				没有按照批准的试验大纲执行扣5分				
				试验现场安全事项未按《电业工作安全规程》执行扣5分				
				试验现场未按“集团公司各类票证管理制度”执行扣8分				
		指导和记录	10	没有试验记录扣3分				
				试验后没有提供给运行人员试验数据和操作指引扣7分				
3	使用工具	使用工具	2	工具使用不正确扣2分				
		维护工具	3	工具乱摆乱放扣3分				
4	安全及其他	按国家法规或企业规定		操作过程中违反安全规程及运行规程的，该题不得分			—	
		在规定时间内完成操作		超时停止操作，未完成的考核要点按评分标准扣分			—	
	合　计		100					

试题3：机组启动节能操作方法(现场模拟或笔试)

（考核时间：30min）

序号	考核内容	考核要点	配分	评分标准	检测结果	扣分	得分	备注
1	机组启动节能操作方法	点火燃油时的节能	10	未保证油嘴的雾化均匀性扣5分				
				点火升压过程未考虑节油扣5分				
		燃烧器的改进	10	未提出改进燃烧器等设备扣5分				
				未提出低负荷时燃烧器的稳燃扣5分				
		过量空气系数的调整	20	未针对不同的负荷和煤种，合理配风，维持最佳过量空气系数扣5分				
				高负荷时过量空气系数偏大扣5分				
				当低负荷时，过量空气系数偏小扣5分				
				煤质差时过量空气系数偏小扣5分				
		排烟温度的控制	7	未合理控制排烟温度扣5分				
				发现比平时有所升高未查找原因扣2分				
		一、二次风和飞灰可燃物的控制	15	未根据煤质分析报告及时调整一、二次风的比例和大小扣5分				
				未根据飞灰可燃物分析报告及时调整一、二次风的比例和大小扣5分				
				未根据煤质分析报告调整最合理的煤粉细度扣5分				
				未根据飞灰可燃物分析报告调整最合理的煤粉细度扣3分				
		确定制粉系统的最佳运行方式	20	未确定制粉系统的最佳运行方式扣4分				
				未使磨煤机入口温度高限运行扣4分				

续表

序号	考核内容	考核要点	配分	评分标准	检测结果	扣分	得分	备注
				在许可范围内未降低排粉机出口风压扣4分				
				未使磨煤机内钢球装载量在最佳状态扣2分				
				未使系统风量在最佳状态扣3分				
				未将粗粉分离器档板在维持磨煤机、排粉机优化运行状态下尽量开大扣3分				
		提高给水出口温度	3	未使给水温度在最佳设计值运行扣3分				
		提高蒸汽参数，减少系统损失的方法	15	未尽量使主蒸汽温度在高值运行扣5分				
				未尽量使再热器温度在高值运行扣5分				
				未尽量减少不可逆的损失扣5分				
合　计			100					

试题4：整套机组启动指挥方法(现场模拟或笔试)

(考核时间：30min)

序号	考核内容	考核要点	配分	评分标准	检测结果	扣分	得分	备注
1	启动前的准备工作	生产准备工作	35	新机组启动前验收，没做到扣5分				
				编制新机组启动方案，没做到扣5分				
				确认新机组启动方案，没做到扣5分				
				确认所有冷态试验合格，没做到扣5分				
				未成立机组启动工作组扣5分				
				未明确相关人员职责和任务扣5分				
				未明确启动操作、维修应遵守的规章制度和联系方式扣5分				

续表

序号	考核内容	考核要点	配分	评分标准	检测结果	扣分	得分	备注
2	整套机组启动指挥方法	指挥机组启动时应考虑的几个方面	35	未会审方案扣5分				
				未对现场、设备资料、安装质量、试验记录和数据进行验收扣5分				
				未明确控制室进入人员扣5分				
				指令未以现场为准扣5分				
				越级发令进行操作扣5分				
				启动后的负荷未进行安排扣5分				
				没有制定事故预想扣5分				
		机组整套启动试运行应满足的条件	30	未说明锅炉机组整套启动升压并向汽轮机供汽的条件扣10分				
				未说明锅炉满负荷后，可做到断油的条件扣10分				
				未说明锅炉满负荷时，可做到所有设备投入正常运行的条件扣10分				
合　计			100					

试题5：优化操作方案的编制（笔试）

（考核时间：15min）

序号	考核内容	考核要点	配分	评分标准	检测结果	扣分	得分	备注
1	操作程序	锅炉及主要辅机调整	40	未进行风量标定扣8分				
				未进行制粉系统调整扣8分				
				未进行燃烧器配风调整扣8分				
				未进行运行经济性的调整扣8分				
				未进行降低污染物的调整扣8分				
		汽轮机及主要辅机调整	5	未进行定、滑压运行参数的选择扣3分				
				未进行汽动给水泵最佳运行方式确定扣2分				

续表

序号	考核内容	考核要点	配分	评分标准	检测结果	扣分	得分	备注
		机组整体调整	10	未进行机炉联合试验扣5分				
				未进行机组升降负荷试验扣5分				
		热控系统调整	15	未进行一次风量控制试验扣5分				
				未进行二次风量曲线控制试验扣5分				
				未确认汽温、汽压控制曲线试验扣5分				
		运行优化在线分析和在岗培训	30	未进行建立运行优化在线分析扣10分				
				未进行班组运行经济指标分析扣10分				
				未对运行人员进行合理的操作指导扣10分				
合　计			100					

试题6：组织实施节能降耗的措施(笔试)

(考核时间：15min)

序号	考核内容	考核要点	配分	评分标准	检测结果	扣分	得分	备注
1	准备工作	穿戴劳保用品	3	未穿戴整齐扣3分				
		工具、用具准备	2	工具选择不正确扣2分				
2	操作程序	管理内容与要求	35	未确定节能降耗内容扣5分				
				未确定节能降耗要求扣5分				
				未确定本单位能源消耗指标扣5分				
				未确定综合能耗定额扣3分				
				未确定单项经济指标扣4分				
				未制定合理的节能降耗的目标扣5分				
				未制定合理的节能降耗计划扣4分				
				未制定合理的节能降耗实施方案扣4分				

续表

序号	考核内容	考核要点	配分	评分标准	检测结果	扣分	得分	备注
		管理的实施	15	运行管理没有到位扣5分				
				设备管理没有到位扣5分				
				热力试验管理没有到位扣5分				
		锅炉专业经济指标管理	25	未开展综合性指标核算扣4分				
				未开展锅炉专业指标公布扣5分				
				未开展自用汽耗的核算扣3分				
				未开展工业水消耗核算扣3分				
				未开展煤耗核算扣3分				
				未开展除氧水消耗核算扣3分				
				未开展自用电耗核算扣3分				
		节能分析及总结	8	未定期召开班组节能会扣3分				
				未定期召开班组经济分析会3分				
				未组织专题分析扣2分				
		节能管理资料	12	未学习本专业节能文件、标准和管理制度扣5分				
				未整理指标台账统计报表扣5分				
				未收集经验扣3分				
合　计			100					

试题7：机组停运节能操作方法(现场模拟)

（考核时间：35min）

序号	考核内容	考核要点	配分	评分标准	检测结果	扣分	得分	备注
1	准备工作	穿戴劳保用品	3	未穿戴整齐扣3分				
		工具、用具准备	2	工具选择不正确扣2分				
2	操作程序	单元制机组滑参数停机	19	未联系汽轮机岗位扣4分				
				未联系发电机岗位扣3分				
				未联系燃料岗位扣3分				
				未联系除灰岗位扣4分				
				未联系化学岗位扣3分				
				未联系热工人员扣2分				

续表

序号	考核内容	考核要点	配分	评分标准	检测结果	扣分	得分	备注
		单元制机组滑参数停机的优点	15	未说明可利用停炉余热发电扣5分				
				未说明机组各部件冷却均匀的优点扣5分				
				未说明可缩短停机开缸时间的优点扣5分				
		改进燃烧器，降低油耗	15	未提出改造燃烧器扣7分				
				未采取措施降低锅炉燃油消耗量扣8分				
		机组降负荷时锅炉的操作	18	机组负荷降至70%～80%左右，汽机调速汽门未全开扣7分				
				锅炉未随负荷逐渐降温、降压扣7分				
				荷降至50%时未停止一套引、送风机运行扣6分				
		中间再热单元机组	3	未利用旁路系统将多余蒸汽排入凝结器扣1分				
				未回收工质扣2分				
		机组停运节能操作	13	未控制降压速度扣3分				
				未保持50℃的过热度扣5分				
				锅炉熄火时机组负荷过高扣5分				
		停炉冷却方式的确定	7	机组解列的参数未取决于停机目的扣3分				
				机组检修或冷备用时未降低蒸汽参数扣4分				
3	使用工具	使用工具	2	工具使用不正确扣2分				
		维护工具	3	工具乱摆乱放扣3分				
4	安全及其他	按国家法规或企业规定		操作过程中违反安全规程及运行规程的，该题不得分			—	
		在规定时间内完成操作		超时停止操作，未完成的考核要点按评分标准扣分			—	
		合　计	100					

试题 8：锅炉燃料能耗分析（笔试）

（考核时间：30min）

序号	考核内容	考核要点	配分	评分标准	检测结果	扣分	得分	备注
1	分析方法	燃料能耗的分析指标	10	未指出锅炉热效率分析指标扣5分				
				未指出锅炉吨汽标煤耗率扣5分				
		锅炉热损失分析	40	未进行锅炉热效率分析扣5分				
				未进行锅炉排烟热损失分析扣6分				
				未进行化学未燃烧热损失分析扣6分				
				未进行物理灰渣热损失分析扣6分				
				未进行机械未燃烧热损失分析扣6分				
				未进行排污热损失分析扣6分				
				未进行锅炉散热分析扣5分				
		锅炉燃料能耗分析有关的指标	25	未分析排烟温度扣5分				
				未分析烟气氧量值扣5分				
				未分析一氧化碳值扣5分				
				未分析飞灰可燃物值扣5分				
				未分析炉渣可燃物值扣5分				
		原煤成分对燃料能耗的影响	25	未进行煤中灰分分析扣5分				
				未进行煤中水分分析扣5分				
				未进行煤中挥发分分析扣5分				
				未进行煤中含硫量分析扣5分				
				未进行煤质变化对锅炉经济的分析扣5分				
合计			100					

试题9：锅炉金属消耗分析(笔试)

（考核时间：15min）

序号	考核内容	考核要点	配分	评分标准	检测结果	扣分	得分	备注
1	金属消耗分析	设备角度分析	35	未分析钢球质量差造成钢球消耗量增大扣8分				
				未分析制粉系统漏风造成制粉系统出力下降扣8分				
				未分析给煤机出力下降原因扣8分				
				未分析小钢球比例过大原因扣8分				
				未分析磨煤机筒体内衬瓦损坏变形原因扣6分				
		运行角度分析	55	未分析给煤量调整原因扣10分				
				未及时增加钢球扣10分				
				未保持最佳通风量运行扣10分				
				未分析锅炉负荷因素扣5分				
				未分析煤粉细度因素扣10分				
				未分析经济运行调整因素扣10分				
		原煤角度分析	10	未分析原煤可磨系数高于设计值因素扣5分				
				未分析原煤中杂质增多扣5分				
合　计			100					

试题10：锅炉受热面管壁高温腐蚀处理(现场模拟或笔试)

（考核时间：30min）

序号	考核内容	考核要点	配分	评分标准	检测结果	扣分	得分	备注
1	准备工作	穿戴劳保用品	3	未穿戴整齐扣3分				
		工具、用具准备	2	工具选择不正确扣2分				
2	操作程序	设备方面处理途径	15	未提出水冷壁金属表面喷涂耐腐蚀材料扣5分				
				未提出采用耐腐蚀金属材料扣5分				
				未提出采用20钢渗铝办法扣5分				

续表

序号	考核内容	考核要点	配分	评分标准	检测结果	扣分	得分	备注
		工艺方面处理途径	75	未采用低氧燃烧扣10分				
				运行中未合理配风，强化炉内气流的湍流混合扣10分				
				未加强一次风煤粉气流的调整扣10分				
				未将各燃烧器煤粉流量相等扣10分				
				未及时吹灰扣10分				
				未及时清除结焦块扣11分				
				未采用烟气再循环扣10分				
				未提出采用贴壁风技术扣2分				
				未提出在燃料中加入添加剂扣2分				
3	使用工具	使用工具	2	工具使用不正确扣2分				
		维护工具	3	工具乱摆乱放扣3分				
4	安全及其他	按国家法规或企业规定		操作过程中违反安全规程及运行规程的，该题不得分			—	
		在规定时间内完成操作		超时停止操作，未完成的考核要点按评分标准扣分			—	
	合　　计		100					

试题11：装置事故预案的编制(笔试)

（考核时间：30min）

序号	考核内容	考核要点	配分	评分标准	检测结果	扣分	得分	备注
1	装置事故预案的编制	装置事故预案的编制总则	20	没有说明该预案的目的扣5分				
				没有明确预案是为了消灭哪些事故扣5分				
				预案的编制没有要求技术管理人员参与扣2分				
				预案的编制没有要求安监人员参与扣3分				
				事故预案没有正式文字学习扣5分				

续表

序号	考核内容	考核要点	配分	评分标准	检测结果	扣分	得分	备注
		装置事故预案的编制范围	50	未结合本单位的生产情况，制定的具体事故预案扣10分				
				未结合本单位内发生的设备损坏教训编制事故预案扣10分				
				未结合人身事故教训编制事故预案扣10分				
				未结合安全生产中存在的设备隐患和重大缺陷编制事故预案扣10分				
				未结合外单位的事故教训编制事故预案扣10分				
		装置事故预案的编制要求	30	未按应自上而下的编制原则进行扣3分				
				未充分汇集员工的智慧扣5分				
				未参考有关资料进行编制扣5分				
				事故预案初编完成后未经相关部门审批扣5分				
				编制事故预案时未遵循轻重缓急的原则扣5分				
				编制事故预案时未按照规定的内容和格式扣5分				
		合　　计	100					

试题12：绘制本装置设备结构图(笔试)

（考核时间：30min）

序号	考核内容	考核要点	配分	评分标准	检测结果	扣分	得分	备注
1	准备工作	工具、用具准备	5	未自带工具扣5分				
2	图示方法	设备整体布置	57	汽包位置错误扣5分				
				过热器位置错误扣5分/点				
				水冷壁位置错误扣5分				
				省煤器位置错误扣5分/点				

续表

序号	考核内容	考核要点	配分	评分标准	检测结果	扣分	得分	备注
				空气预热器位置错误扣5分/点				
				下降管位置错误扣5分				
				再热器位置错误扣5分/点				
				减温器位置错误扣5分/点				
				燃烧器位置错误扣5分				
				折焰角位置错误扣5分				
				汽-汽热交换器位置错误扣5分				
				联箱位置错误扣3分/点				
				遗漏主要设备扣5分/点				
				遗漏辅助设备扣3分/点				
		设备名称和示意	8	设备零部件名称错误扣5分/点				
				设备外形示意错误扣3分/点				
		介质的名称和流向	15	介质的名称错误扣3分/点				
				介质的流向错误扣3分/点				
				设备管线连接错误扣3分/点				
		设备型号	10	设备型号错误扣10分				
3	卷面	绘图卷面清晰，整洁	5	卷面不整洁扣10分				
合　计			100					

试题13：绘制电厂热力流程图(笔试)

(考核时间：30min)

序号	考核内容	考核要点	配分	评分标准	检测结果	扣分	得分	备注
1	准备工作	工具、用具准备	5	未自带工具扣5分				
2	图示方法	工艺流程走向正确，排布合理	20	工艺流程画错一处扣5分				
				工艺流程走向画错一处扣5分				
				工艺流程排列不整齐扣10分				
		流程图内设备位置正确，无遗漏，排列整齐	70	流程图内设备画错一处扣5分				
				流程图内设备排列不整齐扣5分				
				流程图内设备名称错误扣5分/点				

续表

序号	考核内容	考核要点	配分	评分标准	检测结果	扣分	得分	备注
3	卷面	绘图卷面清晰，整洁	5	卷面不整洁扣5分				
合　计			100					

试题14：燃烧器角度的试验(现场模拟或笔试)

（考核时间：15min）

序号	考核内容	考核要点	配分	评分标准	检测结果	扣分	得分	备注
1	准备工作	穿戴劳保用品	3	未穿戴整齐扣3分				
		工具、用具准备	2	工具选择不正确扣2分				
2	试验说明	试验设备的准备	20	未收集燃烧系统大修更换设备资料扣2分				
				未收集燃烧系统技改资料扣2分				
				未编写试验大纲扣4分				
				未做好试验仪器的准备工作扣4分				
				未准备好试验材料扣4分				
		试验方案的准备		没有组织人员讨论方案扣2分				
				没有具体的人员安排扣2分				
3	试验目的	设备方面	10	未收集变动后燃烧器角度测定数据扣4分				
				未收集变动后燃烧器切角数据扣2分				
				未收集变动后燃烧器上下摆动幅度数据扣4分				
		运行方面	20	未摸清锅炉运行中炉内火焰中心变化位置扣10分				
				未给运行操作提供一定的操作依据扣10分				
4	试验方法	燃烧器角度测试	10	未进行燃烧器上摆动最大角度试验扣3分				
				未进行燃烧器水平试验扣4分				
				未进行燃烧器上摆动最小角度试验扣3分				

续表

序号	考核内容	考核要点	配分	评分标准	检测结果	扣分	得分	备注
		燃烧器角度与一、二次风的关系	10	未测量下二次风与摆角的关系扣5分				
				未测量上二次风与摆角的关系扣5分				
5	试验时安全措施	指挥和人员安排	10	没有专人负责指挥扣4分				
				没有协调性扣3分				
				没有按照方案进行扣4分				
		安全规定	10	没有按照《电业工作安全规程》进行扣5分				
				没有按照“集团公司各类票证管理制度”执行扣5分				
6	使用工具	使用工具	2	工具使用不正确扣2分				
		维护工具	3	工具乱摆乱放扣3分				
7	安全及其他	按国家法规或企业规定		操作过程中违反安全规程及运行规程的，该题不得分			—	
		在规定时间内完成操作		超时停止操作，未完成的考核要点按评分标准扣分			—	
合　计			100					

试题15：煤可磨系数与制粉系统运行方案的确定(笔试)

（考核时间：30min）

序号	考核内容	考核要点	配分	评分标准	检测结果	扣分	得分	备注
1	确定方法	原煤可磨系数大小确定钢球直径大小比例	15	可磨系数1.2~1.6的煤未均匀分配扣5分				
				可磨系数>1.6的煤小钢球的比例未适当大些扣5分				
				可磨系数<1.2的煤小钢球的比例未适当小些扣5分				
		原煤颗粒大小确定钢球直径大小比例	20	原煤颗粒小未增加小钢球比例扣10分				
				原煤颗粒大未减少小钢球比例扣10分				

续表

序号	考核内容	考核要点	配分	评分标准	检测结果	扣分	得分	备注
		磨煤机通风量的确定	30	可磨系数1.2~1.6时通风量未保持在设计值(最佳)扣10分				
				可磨系数>1.6时，通风量未大于设计值(最佳)扣10分				
				可磨系数<1.2时，通风量未小于设计值(最佳)扣10分				
		风温的确定	30	可磨系数1.2~1.6时，风温未在适中位置扣10分				
				可磨系数>1.6时，风温未在稍高位置扣10分				
				可磨系数<1.2时，风温未在稍低位置扣10分				
		数据的提供	5	未要求提供原煤可磨系数扣5分				
		合　计	100					

试题16：降低NO_x的操作(现场模拟或笔试)

(考核时间：30min)

序号	考核内容	考核要点	配分	评分标准	检测结果	扣分	得分	备注
1	准备工作	穿戴劳保用品	3	未穿戴整齐扣3分				
		工具、用具准备	2	工具选择不正确扣2分				
2	降低NO_x的操作	温度型NO_x的控制操作	25	未采用分级配风扣10分				
				未沿火焰行程适量分散地送入空气扣5分				
				未使燃烧中心各处的火焰温度分布均匀扣5分				
				出现局部区域火焰温度很高的现象扣5分				
		燃料型NO_x的控制操作	5	未提出总量80%~90%时采用双调风燃烧器方案扣2分				
				未使燃料着火阶段处于缺氧状态扣3分				

续表

序号	考核内容	考核要点	配分	评分标准	检测结果	扣分	得分	备注
		快速温度型 NO_x 的控制操作	5	未采用低氧燃烧方式控制扣5分				
		调节途径与监督	55	未进行氧量调节扣15分				
				未进行燃烧调节扣10分				
				未进行风量调节扣10分				
				对一、二次风配比不正确扣10分				
				未对燃料进行分析扣10分				
3	使用工具	使用工具	2	工具使用不正确扣2分				
		维护工具	3	工具乱摆乱放扣3分				
4	安全及其他	按国家法规或企业规定		操作过程中违反安全规程及运行规程的，该题不得分			—	
		在规定时间内完成操作		到时停止操作，未完成的考核要点按评分标准扣分			—	
合　计			100					

试题17：锅炉运行维护项目的确定方法(笔试)

(考核时间：15min)

序号	考核内容	考核要点	配分	评分标准	检测结果	扣分	得分	备注
1	锅炉运行维护项目的确定方法	锅炉运行维护项目的确定总则	30	没有要求设备不得超铭牌规定参数运行扣10分				
				没有保持设备健康水平，提高利用率扣5分				
				没有降低设备的寿命周期费用内容扣5分				
				未要求严格执行设备使用方面的规章制度扣5分				
				未要求对运行设备勤检查、勤分析、勤联系、勤调整扣5分				
		锅炉运行维护项目确定方法的内容	70	没有建立日常维护制度扣10分				
				没有要求运行人员负责清洁、润滑、紧固、调整等工作扣10分				

续表

序号	考核内容	考核要点	配分	评分标准	检测结果	扣分	得分	备注
				未建立定期维护制度扣5分				
				未建立设备缺陷管理制度扣5分				
				未建立设备定期切换和试验制度扣10分				
				未利用仪器对运行设备进行检测扣5分				
				未建立员工培训制度扣5分				
				未根据设备的技术条件和特点，制定设备运行规程扣10分				
				未根据设备和系统变更情况整理运行操作规程扣10分				
合　计			100					

试题18：大修项目的制定原则(笔试)

（考核时间：30min）

序号	考核内容	考核要点	配分	评分标准	检测结果	扣分	得分	备注
1	制定原则	检修项目的确定	50	未根据四级分类内容进行制定扣10分				
				定期检修项目中无设备磨损和老化内容扣5分				
				状态检修未根据设备状态信息、评估安排检修项目扣10分				
				改进性检修中未安排对设备先天性缺陷或事故源进行检修扣10分				
				故障检修中未安排设备故障或设备失效的检修内容扣10分				
		检修工程规划和计划的编制	20	未根据三年检修工程滚动规划进行编制扣10分				
				未按年度检修工程计划进行编制扣10分				

续表

序号	考核内容	考核要点	配分	评分标准	检测结果	扣分	得分	备注
		检修全过程管理	30	未将技术资料管理落实扣5分				
				未落实备品、备件管理扣5分				
				未落实费用管理扣5分				
				未落实检修计划管理扣5分				
				未落实检修进度管理扣5分				
				未落实检修质量评价和总结扣10分				
合　计			100					

试题19：煤粉锅炉使用寿命缩短的分析(笔试)

（考核时间：30min）

序号	考核内容	考核要点	配分	评分标准	检测结果	扣分	得分	备注
1	主导因素	设计因素	16	未分析设计燃烧方式扣2分				
				未分析锅炉整体外型布置因素扣2分				
				未分析排烟温度因素扣2分				
				未分析热空气温度因素扣2分				
				未分析炉膛出口温度因素扣2分				
				未分析锅炉燃烧反应热力特性参数扣2分				
				未分析火焰中心高度扣1分				
				未分析燃烧设计切圆直径扣1分				
				未分析设计煤种的选择扣2分				
		安装维修因素	4	未分析安装工艺到位程度扣2分				
				未分析承压设备安装质量扣2分				

续表

序号	考核内容	考核要点	配分	评分标准	检测结果	扣分	得分	备注
		运行控制水平及停炉后的保养	30	未分析启停操作不当扣3分				
				未分析锅炉启停次数影响扣3分				
				未分析锅炉停止运行后的保护方式扣3分				
				未分析锅炉燃烧煤种偏离影响扣3分				
				未分析锅炉积灰结垢扣3分				
				未分析燃烧器负荷分配不均影响扣3分				
				未分析过剩空气量影响扣3分				
				未分析煤粉细度影响扣3分				
				未分析细粉分离器效率影响扣3分				
				未分析四角风粉不均影响扣3分				
		锅内过程因素	30	未分析锅炉受热工质流形影响扣4分				
				未分析受热面的热偏差影响扣4分				
				未分析受热面管壁温度影响扣4分				
				未分析传热恶化影响扣4分				
				未分析受热面管内结垢、腐蚀影响扣5分				
				未分析气体的腐蚀影响扣4分				
				未分析碱性腐蚀扣2分				
				未分析电化学腐蚀扣3分				
		炉内过程因素	10	未分析煤颗粒的影响扣3分				
				未分析结焦、灰污的影响扣3分				
				未分析受热面磨损扣4分				

续表

序号	考核内容	考核要点	配分	评分标准	检测结果	扣分	得分	备注
		热管材料质量	10	未分析热管材料缺陷扣1分				
				未分析金属长期在高温下的组织变化影响扣1分				
				未分析管子过热扣4分				
合　计			100					

试题20：CFB锅炉启动方案的制定（笔试）

（考核时间：30min）

序号	考核内容	考核要点	配分	评分标准	检测结果	扣分	得分	备注
1	启动方案的制定	启动前准备工作	50	未确定燃料输送系统有足够的输送能力扣3分				
				未确定整个汽机系统达到启动条件扣3分				
				未确定电气系统各项联锁试验合格，电气系统达到启动条件扣2分				
				未确定锅炉机组大小修后，各项检修项目已全部验收合格，达到启动条件扣2分				
				未确定各风机单机试运行，联锁及事故按钮校验合格，绝缘合格扣2分				
				未联系电气为相关设备送电扣2分				
				未确定压缩空气系统正常扣2分				
				未确定底灰飞灰输送系统正常扣2分				
				未确定石灰石输送系统正常扣2分				

续表

序号	考核内容	考核要点	配分	评分标准	检测结果	扣分	得分	备注
				未确定飞灰和烟气再循环系统正常扣2分				
				未确定除尘器、吹灰蒸汽系统正常扣2分				
				未确定杂用气系统、燃油系统正常扣2分				
				未确定热控人员已投用锅炉所有表计扣2分				
				未确定热控/电气/DCS/生产运行联合试验合格扣2分				
				未对各联锁逐一确认扣2分				
				未对锅炉各联锁保护/风机联锁和水位监视进行试验扣3分				
				未进行锅炉 MFT 动作试验扣3分				
				未对所有电动/气动调门以及执行机进行校验扣2分				
				未对所有风门进行试验扣2分				
				未对远动调节阀和电动风门开度指示、开关位置进行校对扣2分				
				未进行计量显示仪表、声光报警试验扣2分				
				未对所有电动阀的开关行程校验扣2分				
				未对所有转动设备的冷却水和润滑油系统检查扣2分				
				未对消防水/消防设施/事故照明检查扣2分				

续表

序号	考核内容	考核要点	配分	评分标准	检测结果	扣分	得分	备注
		锅炉启动程序	50	未制定锅炉燃料仓进料/石灰石仓进料(化学化验合格)、油库进油内容扣10分				
				未制定杂用蒸汽系统投入方案扣2分				
				未制定整个检查内容扣10分				
				未写清楚各系统阀门、风门、档板放于启动前位置扣5分				
				未说明除尘器的要求扣5分				
				未安排添加符合要求的床料扣8分				
				未安排所有启动前的试验、单机试验和联锁保护试验扣5分				
				未安排布风板阻力试验、布风板均匀性试验以及临界流化风速等试验扣5分				
合　计			100					

试题21：CFB锅炉运行数据的采集(现场模拟或笔试)

(考核时间：15min)

序号	考核内容	考核要点	配分	评分标准	检测结果	扣分	得分	备注
1	准备工作	穿戴劳保用品	3	未穿戴整齐扣3分				
		工具、用具准备	2	工具选择不正确扣2分				
2	CFB锅炉运行数据的采集	CFB锅炉运行数据采集对象	10	未指出数字量数据采集扣4分				
				未指出模拟量数据采集扣3分				
				未指出开关量数据采集扣3分				
		运行数据采集(DAS)作用	15	未指出可进行数据的处理、显示、报警、记录、储存扣5分				
				未指出可进行操作指导扣5分				
				未指出可进行故障分析扣5分				

续表

序号	考核内容	考核要点	配分	评分标准	检测结果	扣分	得分	备注
		CFB锅炉运行监视参数	60	未监视主蒸汽和再热蒸汽温度、压力扣10分				
				未监视床压、床温扣10分				
				未监视给水压力扣6分				
				未监视汽包水位扣6分				
				未监视各点金属温度扣6分				
				未监视风烟温度、压力扣6分				
				未监视烟气含氧量扣6分				
				未监视给料量、料位计扣5分				
				未监视转动设备电流、振动、温度扣5分				
			5	未提出数据采集应有代表性、真实性和准确性扣3分				
				对测点损坏不及时维修扣2分				
3	使用工具	使用工具	2	工具使用不正确扣2分				
		维护工具	3	工具乱摆乱放扣3分				
4	安全及其他	按国家法规或企业规定		操作过程中违反安全规程及运行规程的，该题不得分			—	
		在规定时间内完成操作		到时停止操作，未完成的考核要点按评分标准扣分			—	
合　计			100					

试题22：CFB新锅炉耐火层的保护（现场模拟或笔试）

（考核时间：15min）

序号	考核内容	考核要点	配分	评分标准	检测结果	扣分	得分	备注
1	准备工作	穿戴劳保用品	3	未穿戴整齐扣3分				
		工具、用具准备	2	工具选择不正确扣2分				

续表

序号	考核内容	考核要点	配分	评分标准	检测结果	扣分	得分	备注
2	CFB 新锅炉耐火层的保护	烘炉需要实现的目标	40	未表明为了避免水分快速蒸发而导致内衬损坏扣 8 分				
				未表明为了使耐火耐磨内衬材料充分固化扣 8 分				
				未表明为了使耐磨层缓慢、充分而又均匀膨胀扣 8 分				
				未表明为了避免耐磨层热力集中扣 8 分				
				未表明为了避免耐火耐磨材料晶格转变时的膨胀不均匀现象扣 8 分				
		保护方法	40	未介绍采用油枪烘炉过程扣 10 分				
				未介绍采用热烟气无烟烘炉方法扣 10 分				
				未要求严格按照锅炉烘炉温度曲线进行扣 10 分				
				未规定烘炉过程中的投煤方法扣 10 分				
3	使用工具	使用工具	2	工具使用不正确扣 2 分				
		维护工具	3	工具乱摆乱放扣 3 分				
4	安全及其他	按国家法规或企业规定	10	违规一次总分扣 5 分；严重违规停止操作			—	
		在规定时间内完成操作		每超时 1min 总分扣 5 分，超时 3min 停止操作			—	
合　计			100					

试题23：CFB锅炉检修项目的制定原则（笔试）

（考核时间：30min）

序号	考核内容	考核要点	配分	评分标准	检测结果	扣分	得分	备注
1	制定原则	检修项目的确定	50	未根据四级分类内容进行制定扣10分				
				定期检修项目中设备磨损和老化内容扣10分				
				状态检修未根据设备状态信息、评估进行安排检修项目扣10分				
				改进性检修中未安排对设备先天性缺陷或事故源进行检修扣10分				
				故障检修中未安排设备故障或设备失效的检修内容扣10分				
		检修工程规划和计划的编制	20	未根据三年检修工程滚动规划进行编制扣10分				
				未按年度检修工程计划进行编制扣10分				
		检修全过程管理	30	未将技术资料管理落实扣5分				
				未将备品、备件管理管理落实扣5分				
				未将费用管理落实扣5分				
				未将检修计划管理落实扣5分				
				未将检修进度管理落实扣5分				
				未落实检修质量评价和总结扣5分				
		合计	100					

试题24：CFB锅炉煤、焦、石灰石、砂掺烧问题分析（笔试）

（考核时间：20min）

序号	考核内容	考核要点	配分	评分标准	检测结果	扣分	得分	备注
1	CFB锅炉煤、焦、石灰石、砂掺烧问题分析	掺烧时，对燃烧的影响	30	未分析石灰石、砂吸热问题扣8分				
				未分析石灰石、砂对床温的影响扣8分				
				未分析石灰石、砂前期对燃烧的影响扣7分				
				未分析石灰石、砂后期对燃烧的影响扣7分				

续表

序号	考核内容	考核要点	配分	评分标准	检测结果	扣分	得分	备注
		掺烧时对受热面和耐火耐磨材料的磨损	10	未分析受热面的磨损扣5分				
				未分析耐火耐磨的磨损扣5分				
		掺烧时对结焦特性的考虑	10	未考虑原煤和焦的特性扣5分				
				未考虑原煤和焦混烧时的结焦特性扣5分				
		掺烧时对床压的影响考虑	10	未考虑煤、焦、石灰石、砂掺烧比例改变时床压影响扣10分				
		掺烧时对燃烧效率的影响考虑	5	未考虑掺烧砂对煤、焦的燃烧效率扣5分				
		掺烧时对厂用电率考虑	5	未考虑掺烧石灰石和砂后要增加冷渣器的排渣能力、一次风机耗电率扣5分				
		掺烧时，对给煤机、石灰石和输石系统的运行能力考虑	30	未考虑煤焦混合的均匀性扣7分				
				未考虑给煤机的出力扣8分				
				未考虑输石系统的防磨和堵塞扣8分				
				未考虑石灰石系统的防磨和堵塞扣7分				
合计			100					